Peter-Röcher · Kannibalismus in der prähistorischen Forschung

für Peter

Berlin im Mai 1994

Ulrich

Universitätsforschungen zur prähistorischen Archäologie

Band 20

Aus dem Seminar für Ur- und Frühgeschichte
der Freien Universität Berlin

1994

In Kommission bei Dr. Rudolf Habelt GmbH, Bonn

Kannibalismus in der prähistorischen Forschung

Studien zu einer paradigmatischen Deutung und ihren Grundlagen

von

Heidi Peter-Röcher

1994

In Kommission bei Dr. Rudolf Habelt GmbH, Bonn

Gedruckt mit Unterstützung der Gesellschaft für Archäologische Denkmalpflege, Berlin

Die Deutsche Bibliothek – CIP-Einheitsaufnahme

Peter-Röcher, Heidi:
Kannibalismus in der prähistorischen Forschung : Studien zu einer paradigmatischen Deutung und ihren Grundlagen / von Heidi Peter-Röcher. – Bonn: Habelt, 1994
(Universitätsforschungen zur prähistorischen Archäologie; Bd. 20)
ISBN 3-7749-2646-8
NE: GT

ISBN 3-7749-2646-8

Vorwort der Herausgeber

Die Reihe "Universitätsforschungen zur prähistorischen Archäologie" soll einem in der jüngeren Vergangenheit entstandenen Bedürfnis Rechnung tragen, nämlich Examensarbeiten und andere Forschungsleistungen vornehmlich jüngerer Wissenschaftler aus den deutschsprachigen Universitätsinstituten in die Öffentlichkeit zu tragen. Die etablierten Reihen und Zeitschriften des Faches reichen längst nicht mehr aus, die vorhandenen Manuskripte aufzunehmen. Die Universitäten waren deshalb aufgerufen, Abhilfe zu schaffen. Einige von ihnen haben mit den ihnen zur Verfügung stehenden Mitteln und zumeist unter tatkräftigem Handanlegen der Autoren die vorliegende Reihe begründet und ediert.

Ursprünglich hatten sich fünf Universitätsinstitute in Deutschland zur Herausgabe der Reihe zusammengefunden, der Kreis ist inzwischen jedoch größer geworden. Er lädt alle interessierten Institutsleiter ein, als Mitherausgeber tätig zu werden und Arbeiten aus ihrem Bereich der Reihe zukommen zu lassen. Für die einzelnen Bände zeichnen jeweils die Autoren und die Institutsleiter ihrer Herkunft, die in der Titelei deutlich gekennzeichnet sind, verantwortlich. Bei gleicher Anordnung des Deckblattes haben die verschiedenen beteiligten Universitäten jeweils eine spezifische Farbe. Institute und Autoren stellen Satz und Umbruch her, sie sorgen für den Ausdruck und dessen Finanzierung, während der Dr. Rudolf Habelt Verlag den Vertrieb der Bände sichert.

Herausgeber sind derzeit:

Bernhard Hänsel (Berlin) Harald Hauptmann (Heidelberg)

Walter Janssen (Würzburg) Albrecht Jockenhövel (Münster) Andreas Lippert (Wien)

Jens Lüning (Frankfurt/Main) Michael Müller-Wille (Kiel)

Margarita Primas (Zürich) Konrad Spindler (Innsbruck) Wolfgang Taute (Köln)

Vorwort

Thema der vorliegenden Arbeit ist der Kannibalismus in der prähistorischen Forschung. Untersucht werden die Grundlagen für dieses als paradigmatisch zu bezeichnende Interpretationsschema: Befundkontexte, anthropologische Hinweise und Deutungsgeschichte sowie Quellen zur Anthropophagie aus Antike, Mittelalter und Neuzeit.

Für Gespräche, Anregungen und Kritik bin ich folgenden Personen zu besonderem Dank verpflichtet: C. Becker, B. Danner, F. Falkenstein, S. Hansen, C. Sennewald, B. Thode und H. Ullrich.

Für die freundliche Unterstützung bei der Beschaffung von Literatur danke ich E. Hausmann und H. Stahl.

Meinem akademischen Lehrer B. Hänsel schulde ich für seine Förderung dieser Arbeit, die im Sommer 1993 als Dissertation angenommen wurde, großen Dank, insbesondere für seine Aufgeschlossenheit und seine ständige Bereitschaft zu anregender Kritik und konstruktiven Gesprächen.

Das Manuskript oder Manuskriptteile haben C. Becker, M.-L. Dunkelmann, F. Falkenstein, S. Hansen und B. Thode Korrektur gelesen und mit Anregungen versehen, wofür ich herzlichst danke. Insbesondere F. Falkenstein bin ich zu Dank verpflichtet.

Die Arbeit ist meinen Eltern gewidmet.

H. P.-R.

Inhaltsverzeichnis

Einleitung

Der prähistorische Mensch als Kannibale ist eine Vorstellung, die auch außerhalb der archäologischen Disziplinen seit langem prägend auf unser Geschichtsbild wirkt und gleichsam zur Allgemeinbildung gehört. Sie hat ihre Grundlage in ethnologischen Quellen und in antiken Überlieferungen historischer und mythischer Natur. Nachdem in der Anfangszeit unseres Faches eine lebhafte Diskussion über die Frage stattfand, ob der Kannibalismus im prähistorischen Europa existierte, wird heute die Interpretation menschlicher Knochen, die Schnittspuren aufweisen, fragmentiert sind oder in irgendeiner Weise "abnormal" behandelt wurden, als Zeugnis anthropophager Vorgänge allgemein akzeptiert und nicht mehr hinterfragt - dieses Deutungsschema wurde zu einem Paradigma[1].

Grundsätzliche Überlegungen zur Nachweisbarkeit der Anthropophagie erschienen nicht notwendig. Indizien, die eine anthropogene Einwirkung an Knochen vermuten ließen, oder auch nur die zerstreute Lagerung von Skelettresten in archäologischen Kontexten, konnten unproblematisch mit Kannibalismus in Verbindung gebracht werden und erforderten kaum weitere Erwägungen. Die Frage, wie sich etwa im anthropologischen Befund kannibalistische Handlungen von sekundären Bestattungen, Zerstückelungen usw. unterscheiden lassen, wurde selten gestellt und nicht zufriedenstellend beantwortet. Dennoch ist die Überzeugung verbreitet, Kannibalismus ließe sich am Knochenbefund sicher nachweisen. Dies hängt damit zusammen, daß eine Erörterung anderer Deutungsmöglichkeiten nicht in umfassender Weise stattfand: Selbst wenn Interpretationen wie beispielsweise Sekundärbestattungen in Erwägung gezogen wurden, konnten Schnittspuren u.ä. als Kannibalismushinweis oder gar -beweis dienen. Ein weiteres Indiz zeigte sich im archäologischen Befund, war es doch kaum vorstellbar, daß Menschenknochen, die im Abfall auftraten oder mit Funden, die als solcher interpretiert wurden, etwas anderes darstellen könnten als Überreste von Mahlzeiten. Vorstellungen von Pietät und angemessenem Handeln, die in unserer kulturellen Tradition wurzeln, dienten als Grundlage für die Interpretation prähistorischer Kontexte.

Die Überzeugung, daß Kannibalismus existierte und entsprechende Handlungen einfach nachzuweisen seien, hatte zur Folge, daß es nur selten als notwendig erachtet wurde, Befunde genau zu beschreiben und die Beschreibung von einer Deutung zu trennen. Häufig sind die in der Literatur veröffentlichten Informationen so mangelhaft, daß ihnen kaum mehr als das Vorkommen menschlicher Knochen zu entnehmen ist, mithin die oft damit verbundene Deutung unbegründet erscheint und nicht ohne Zweifel akzeptiert werden kann. Es ist bei der Behandlung des prähistorischen Kannibalismus jedoch allgemein üblich, Befunde, die einmal mit dieser Deutung veröffentlicht worden sind, nicht erneut zu überprüfen und zu diskutieren, wie es bei anderen Fragestellungen als selbstverständlich angesehen wird. Dies mag darin begründet sein, daß es sich um einen Bereich handelt, der zum 'Grundwissen' unseres Faches gehört, und Quellenkritik erst möglich oder wünschenswert erscheint, wenn Zweifel an einer traditionellen Interpretation auftauchen. Ferner mag eine Rolle spielen, daß Fragestellungen, die über rein archäologische Probleme hinausgehen, nur selten umfassender, d.h. unter Verwendung von Erkenntnissen aus anderen Wissenschaftsdisziplinen, behandelt werden - Anthropophagie bietet sich als weithin bekanntes und akzeptiertes Interpretationsschema an.

Die unkritische Rezeption von Befunddeutungen kann zur Folge haben, daß eine falsche Vorstellung von der Häufigkeit, dem Vorkommen und der Verbreitung des Kannibalismus entsteht, die sich wiederum auf die Bewertung des Gesamtphänomens und seine Interpretation auswirkt. Die Annahme, Kannibalismus gehöre zum rituellen oder nutritiven Repertoire einer Gesellschaft, wie dies für viele prähistorische Kulturen behauptet wird, setzt voraus, daß entsprechende Hinweise nicht nur vereinzelt auftreten und gut untersuchte, kritisch diskutierte Befunde, deren Interpretation überzeugend erscheint, die Grundlage bilden.

Zusammenfassende Arbeiten über prähistorischen Kannibalismus sind selten. Zu erwähnen ist die unpublizierte Wiener Dissertation J. Tomschiks von 1929 "Über prähistorische Anthropophagie. Ein Versuch zur Lösung des Problems auf kulturhistorischer Grundlage". Danach legte O. Kunkel anläßlich der Publikation seiner Grabungs-

---

[1] Nach der Definition von Kuhn 1979.

ergebnisse aus der Jungfernhöhle bei Tiefenellern 1955 Material zur Anthropophagie aus antiken und ethnologischen Quellen sowie der Prähistorie vor. 1963 stellte H. Friesinger Befunde vom Paläolithikum bis zur Eisenzeit zusammen. Sein Ziel war es, die Fundplätze anthropophagen Handelns, soweit sie ein brauchbares Material ergeben haben, zu analysieren und sie in ein Verhältnis zueinander zu stellen[2]. Er referierte jedoch nur die Meinungen der Autoren, die die Befunde publizierten, die Befunde selbst werden nicht diskutiert und teilweise sogar verfälscht[3]. 1968 stellte H. Jankuhn Funde vom Neolithikum bis in die Zeit um Christi Geburt zusammen, die er als Zeugnisse für Anthropophagie sah. Weitere Untersuchungen zu diesem Thema waren regional oder thematisch begrenzt und beschränkten sich meist auf eine kleinere Anzahl von Befunden[4].

Untersuchungen zum Kannibalismus aus dem ethnologischen Bereich sind ebenfalls selten, sieht man von den populärwissenschaftlichen Veröffentlichungen ab. Eine umfangreiche Materialzusammenstellung legte E. Volhard 1939 vor - er verzichtete jedoch auf Quellenkritik, und seine Studie ist daher nur mit Vorbehalten zu verwenden. Ferner zu erwähnen sind die von M. Harris und M. Harner vorgelegten Arbeiten, in denen nachzuweisen versucht wird, daß Kannibalismus in enger Verbindung mit der Ernährungsstrategie einer Gesellschaft steht[5]. Psychoanalytische und psychologische Erklärungsmodelle finden sich in den Untersuchungen von E. Sagan über Kannibalismus und menschliche Aggression[6] und P. Sanday über Kannibalismus als kulturelles System[7]. 1983 veröffentlichten P. Brown und D. Tuzin eine Aufsatzsammlung zur Ethnographie des Kannibalismus, die als Reaktion auf die von W. Arens 1979 publizierte Arbeit "The Man-Eating Myth. Anthropology and Anthropophagy" verstanden werden kann. Letztere löst bis heute heftige Diskussionen aus, denn Arens bezweifelte die Existenz eines gesellschaftlich akzeptierten Kannibalismus und begründete seine Ablehnung mit dem Fehlen von Augenzeugenberichten.

Die Interpretation prähistorischer Befunde stützt sich auf Forschungsergebnisse und Erkenntnisse der Ethnologie. Sollte sich die Hypothese von Arens bestätigen, so wäre eine entsprechende Deutung auch für archäologische Kontexte schwer denkbar und wenig plausibel.

Die vorliegende Arbeit versteht sich als Beitrag zur inzwischen unvermeidlich gewordenen Diskussion um die Existenz und Nachweisbarkeit der Anthropophagie. Sie umfaßt einen archäologischen Teil, auf dem der Schwerpunkt liegt - er beschäftigt sich mit dem Problem, inwieweit in diesem Bereich Kannibalismus nachzuweisen ist. Es werden die Möglichkeiten der Anthropologie und Fragen der Interpretation prähistorischer Kontexte untersucht, die im Zusammenhang mit deren Deutung als Hinweis auf Anthropophagie stehen. Eine Darstellung der Deutungsgeschichte behandelt die historische Entwicklung des Denkens über Kannibalismus und seine Bewertung in unserem Fach. Schließlich werden ausgewählte Befunde besprochen, die als beispielhaft für die vorliegende Problematik gelten können[8]. Es erschien weder notwendig noch sinnvoll, eine möglichst umfassende Zusammenstellung der Befunde vorzulegen, die mit Kannibalismus in Verbindung gebracht wurden. Die Untersuchung beschränkt sich im wesentlichen auf gut dokumentierte und/oder für ihre Interpretation als Hinweis auf Anthropophagie bekannte Fundkomplexe. Ihre Besprechung erfolgt im Text, auf eine Vorlage in Katalogform wurde verzichtet. Im zweiten Teil der Arbeit werden historische und ethnologische Quellen behandelt. Kapitel III zeigt, daß der Kannibalismus als negatives Bewertungsschema tief im abendländischen Denken verwurzelt ist, was bei der Begegnung mit fremden Völkern auch in hohem Maß zum Tragen kam. Besonders deutlich wird dies in der Entdeckungsgeschichte Amerikas. In Kapitel IV werden ethnologische Quellen behandelt, darunter vor allem solche, die in der heutigen Literatur umstritten sind. Wert wurde auf die Unterscheidung von realen und symbolischen Handlungen gelegt, da letztere für die Deutung archäologischer Befunde keine Rolle spielen. Um ethnologische Quellen als Stütze für die Interpretation prähistorischer Kontexte verwenden zu können, sind Augenzeugenberich-

---

[2] Friesinger 1963, 1.

[3] Vgl. z.B. ebd. 14 (Istalloskö-Höhle): *"Die menschlichen Röhrenknochen waren gewaltsam aufgebrochen"* mit dem Originalbericht: *"(...) die Menschenknochen hingegen sind nicht gespalten, sondern nur zerbrochen."* Saád 1930, 110.

[4] Z.B. Rolle 1970; E. Hoffmann 1971.

[5] Harner 1977; Harris 1977; ders. 1988.

[6] Sagan 1974.

[7] Sanday 1986.

[8] Zur leichteren Orientierung im Text ist ein Register der Fundorte angefügt, da einige auch an anderen Stellen besprochen werden.

te notwendig, in denen der Verzehr eines menschlichen Körpers beschrieben wird. Kannibalismus als Bestandteil von Denksystemen, auch unserem eigenen, kann ohne Augenzeugenberichte nicht als tatsächlich praktizierte Sitte behandelt werden, wie dies in verschiedenen ethnologischen Arbeiten geschieht.

Abschließend sei darauf hingewiesen, daß zur Darstellung bestimmter Sachverhalte oder Meinungen häufiger die Form des Zitats gewählt wurde. Dies erschien notwendig, um Argumentationen und Ansichten zu verdeutlichen bzw. möglichst authentisch zu vermitteln sowie die zeitlich, weltanschaulich oder forschungsgeschichtlich bedingte Ausdrucksweise nicht zu verfälschen. Bei dem hier besprochenen Themenkomplex handelt es sich nicht nur um die Erörterung von Fakten, sondern auch darum, die hinter den Informationen stehenden Ansichten zu verfolgen und zu untersuchen, inwieweit diese die Darstellung der 'Fakten' geprägt oder sie womöglich erst in der jeweils vorliegenden Form geschaffen haben. Dies betrifft sowohl den archäologischen als auch den ethnologischen Teil der Untersuchung, die sich insofern auch als forschungsgeschichtliche Arbeit versteht.

I. Definition

Anthropophagie[1] und synonym dazu Kannibalismus - Menschenfresserei - sind die Bezeichnungen für den Verzehr von Menschen durch seine 'Artgenossen'[2]. Der Begriff Kannibalismus bzw. Kannibale ist von den Kariben abgeleitet, die von ihren Nachbarn, den Arawak, Aruak oder Tainos, als Menschenfresser beschrieben wurden. Kolumbus übernahm den von ihm mißverstandenen Stammesnamen mit der damit verbundenen Einschätzung der Arawak, ohne den Kariben begegnet zu sein[3]. Die Kariben - Caniben - Cannibalen wurden zu Namensgebern für die vermeintlichen Menschenfresser der Neuzeit[4]. Heute wird der Begriff Kannibalismus gewöhnlich synonym zu Anthropophagie und Menschenfresserei verwendet, also auch auf vorneuzeitliche Gesellschaften übertragen.

Der Ethnologe E. Frank betonte die Schwierigkeiten einer genauen Definition des Kannibalismus, denn einen gemeinschaftlichen Nenner für alle Praktiken zu finden, die schon mit diesem Namen belegt worden seien, erscheine heute nahezu unmöglich. *"Die Geschichte der wissenschaftlichen Auseinandersetzung mit dem Phänomen 'Kannibalismus' ließe sich leicht als die Geschichte des Zerfalls der Einheit des Begriffs beschreiben, eines Zerfalls in ein immer breiteres Spektrum dem Wesen nach getrennt zu betrachtender Spielarten, deren Unterschiede weniger in der Handlung selbst als in der Motivation der Handelnden oder auch dem situativen Kontext der Handlung zu sehen sind"*[5]. Eine ausführliche Differenzierung des Kannibalismus findet sich bei E. Volhard. Er unterteilte ihn in profanen (Hunger; Genußsucht), gerichtlichen, magischen und rituellen Kannibalismus (Götterkult; Totenfest und Patrophagie; Siegesmahl; Initiation)[6]. Untersuchungsgegenstand seiner Studie war die Anthropophagie als Sitte, als fester Bestandteil einer Kultur. Kannibalismus in äußerster Hungersnot oder in einem Anflug von Raserei, bei dem andere zerfleischt, gebissen und vielleicht einzelne Fleischstücke der Opfer verschlungen wurden, sei ein physiologisches oder psychopathologisches Problem und nicht Gegenstand der Kulturkunde[7]. In der Untersuchung von F. Schwenn über die Menschenopfer bei den Griechen und Römern findet sich eine nicht näher begründete Unterscheidung zwischen dem Verzehren von menschlichem Opferfleisch und wirklichem Kannibalismus, mit dem wohl alle Handlungen gemeint sind, die nicht mit Opfern in Verbindung stehen[8]. Im Handbuch zur Ur- und Frühgeschichte Europas von J. Filip wird Anthropophagie als eine Gewohnheit bezeichnet, Menschenfleisch und Mencheneingeweide zu essen[9], wobei unterschieden wird zwischen nutritiver (Not und Mangel), ritueller (Ehrenbezeugung), mystischer (Erlangung von Kraft usw.) und pathologischer (abnorm) Anthropophagie. J. Chochol sprach von profanen, rituellen, ethnischen und sozialen Motivationen für

[1] Griech. anthropos = Mensch, phagein = essen. Herodot erwähnte die 'Androphagoi', einen Volksstamm nördlich der Skythen (IV, 18), angeblich Nomaden ohne Gesetze und mit allerrohesten Sitten. *"Sie sind die einzigen unter jenen Völkerschaften, die Menschenfleisch essen."* Herodot IV, 106.

[2] 'Kannibalismus' wird auch auf das Fressen von Artgenossen im Tierreich übertragen.

[3] Kolumbus schenkte den Aussagen der Arawak jedoch zuerst keinen Glauben, schrieb er doch in seinem Bordbuch z.B. am 23. November 1492: Die Indianer *"berichteten, daß dieses Land sehr groß sei und dort Menschen lebten, die ein Auge mitten in der Stirne hätten, und andere, die sie als Kannibalen bezeichneten, und vor denen sie scheinbar große Angst hatten. (...) Jene Kannibalen werden wohl einige Indianer gefangen genommen haben, deren Anverwandte sich dann, als sie sahen, daß ihre Angehörigen nicht mehr heimkehrten, eingebildet haben, daß dieselben aufgefressen worden seien. Schließlich hatten ja auch einige Indianer das gleiche von uns Christen vermutet, als wir das erste Mal bei ihnen erschienen."* Kolumbus 1981, 116f. Vgl. die Untersuchung von Hulme 1978 und Kap. IV.3.2. Da Kolumbus glaubte, sich in Asien zu befinden, hoffte er noch, daß es sich dabei um das Land des 'Großen Khan' handelte. Nach Aufgabe dieser Hoffnung klassifizierte er die Kariben als Menschenfresser.

[4] "Cannibal" erscheint nach C. W. Thomsen (1987, 40) erstmals im "Oxford English Dictionary" 1553, d.h. zu dieser Zeit war das Wort bereits Bestandteil der englischen Sprache.

[5] Frank 1988, 2.

[6] Volhard 1939, 374ff.

[7] Ebd. XV; im weiteren Verlauf seiner Untersuchung differenzierte er hier jedoch nicht mehr.

[8] Schwenn 1915, 25f.

[9] S. 36. In dieser Definition ist die Aufnahme von Knochenasche nicht enthalten.

Kannibalismus[10], W. Bleicher erwähnte sieben Spielarten der Anthropophagie, die er nicht näher erläuterte[11]. Nach P. Sanday, die eine umfassende Interpretation auf psychologischer bzw. psychosozialer Grundlage versuchte, ist Kannibalismus eine komplexe menschliche Vorstellung mit vielen Bedeutungen. Häufig stelle sie eine kulturelle Theorie dar (Ordnung - Chaos, Gut - Böse, Tod - Reproduktion), die es Menschen möglich macht, das Verlangen zu regulieren und eine soziale Ordnung zu errichten und aufrechtzuerhalten. Als Symbol des Chaos werde Kannibalismus mit allem gleichgesetzt, was dominiert, kontrolliert oder unterdrückt werden muß. Als lebensgebendes Symbol oder Symbol der Ordnung regeneriere ritueller Kannibalismus soziale Kategorien mittels der Übertragung von Lebensessenz zwischen Lebenden und Toten oder Menschlichem und Heiligem. *"Society is reproduced in the social power that these rites confer and in the reaffirmation of the social hierarchy"*[12]. I. M. Lewis betonte den Zusammenhang zwischen Essen, Sexualität und Aggression. Die Vorstellungen des Verzehrens, Einverleibens, Verschlingens und der Bezähmung konstituieren wirksame Symbole der Macht. In den allgemeinmenschlichen Erfahrungen des Saugens, Essens und der Sexualität verwurzelt, stellen sie die vermutlich umfassendste allgemeine thematische und emotionale Matrix für alles dar, was mit Kannibalismus zusammenhängt. Es könne daher kaum überraschen, so schloß er seine Betrachtungen über den 'Kochtopf des Kannibalen', daß auch dort, wo die Praxis des Kannibalismus verschwunden ist oder nie bestanden hat, der Gedanke der Menschenfresserei in den Mythen und der Vorstellungswelt der Völker mit einer derart starken Beschwörungskraft überlebt hat[13]. Wie sich an den angeführten Beispielen zeigt, ist eine begriffliche Definition allgemeingültiger Natur bisher nicht möglich - jeder, der sich mit der Thematik beschäftigt, setzt unterschiedliche Schwerpunkte. Sie wird auch in Zukunft kaum möglich sein, da "der Kannibalismus" nicht existiert, sondern Handlungen, Symbole und Denksysteme verschiedener Art vorhanden sind, die sich mit dem menschlichen Körper auseinandersetzen.

Genau genommen ließe sich jede Handlung als kannibalistisch bezeichnen, bei der Substanz eines menschlichen Körpers bewußt oder unbewußt in Mund oder Magen eines anderen Menschen gelangt[14]. Inwiefern die Aufnahme von Knochenasche oder von zerkleinerter Knochensubstanz, das Verzehren eines Auges, das Ablecken von oder Beschmieren mit Blut, die Einverleibung kleiner Partikel von Haut, Fleisch oder Knochenmark usw. als reale kannibalistische oder doch eher als symbolische Handlungen zu bezeichnen sind, bedarf der Diskussion - alle dienten sie der Definition von Kannibalenvölkern, nur Europa wurde davon ausgenommen, obwohl auch hier Derartiges zu beobachten war[15].

Verhaftet ist der Begriff Kannibalismus jedoch vor allem mit der Vorstellung des Fleischessens, d.h. dem Verzehr eines menschlichen Körpers oder größerer Teile von ihm. Dies ist auch die einzige Art der Anthropophagie, über die in der Archäologie diskutiert wird bzw. die archäologisch nachweisbar sein könnte.

Eine heute allgemein akzeptierte Differenzierung anthropophager Handlungen ist die Trennung in Exo- und Endokannibalismus. Das Verspeisen von Fremden und Feinden wird unter dem Begriff Exokannibalismus zusammengefaßt, das von Verwandten oder Gruppenangehörigen als Endokannibalismus bezeichnet, wozu auch die Aufnahme von Nahrungsmitteln zählt, die mit Knochenasche vermischt getrunken oder gegessen werden[16]. Beide Formen gehören in den Bereich der gesellschaftlich akzeptierten und regelmäßig praktizierten Handlungen.

---

[10] Chochol 1972, 16.

[11] Bleicher 1983, 115.

[12] Sanday 1986, 214. Die Frage, ob die in ihrer Arbeit besprochenen Fälle tatsächlich reale kannibalistische Handlungen oder aber symbolische Formen bzw. Kategorien zur Grundlage haben, soll an dieser Stelle nicht behandelt werden. Sie selbst legte auf diese Frage wenig Wert, vgl. ebd. 8f.

[13] Lewis 1989, 104.

[14] Auch das Stillen gehört im Grunde in diesen Bereich.

[15] Vgl. Kap. II.1.2.2.7 und III.1.4, ferner Richter 1960, 97f., der von dem Brauch berichtete, einer Leiche in die Zehen zu beißen oder ihr die Nägel an Händen und Füßen abzubeißen, um sich von Zahnweh oder schwerem Leiden zu befreien; s.a. Bächtold-Stäubli, HDA, Bd. V, 1038f. (Leiche, Pflicht der Hinterbliebenen); vgl. ferner den Streit um die Transsubstantiation bei der Eucharistie (Redondi 1991, 208ff.) und die Vorwürfe des Kannibalismus gegen den Papst und die Katholiken (Lestringant 1982).

[16] So einfach und eindeutig ist die Trennung jedoch nicht: Wird ein Feind vor dem Verzehr erst in die Gruppe aufgenommen, um welche Form handelt es sich dann?

Als Gründe können profane ('Genäschigkeit', kulinarischer Kannibalismus, der Mensch als Nahrungsmittel) oder/und rituelle Motivationen angenommen werden. Der Begriff Autokannibalismus beschreibt ein sich selbst essen - es gibt, wohl eher anekdotische und mythische, Berichte von solchen Handlungen; diese Form ist als Foltermethode überliefert[17].

Andere Ursachen für Anthropophagie finden sich in Notsituationen - Hungersnot, Belagerung einer Stadt, Flugzeugabsturz - oder lassen sich auf pathologische Defekte zurückführen[18]. Diese Handlungen stehen außerhalb gesellschaftlich akzeptierter Verhaltensweisen und sind bis heute, auch in Europa, nachweisbar. Die Erörterung der ethnologischen Quellen zur Anthropophagie (Kap. IV) bezieht sich ausschließlich auf diese als sozial anerkannte und institutionalisierte Praxis.

---

[17] Vgl. z.B. Dole 1962, 567; Knowles 1940, 188; von Hentig 1987, 40f.
[18] Vgl. z.B. Hellwig 1919; Peter 1972.

II. Anthropophagie in der Urgeschichte

1. Grundlagen

In diesem Abschnitt werden die Grundlagen für die Interpretation prähistorischer Befunde als Hinweis auf Kannibalismus behandelt. Die Argumente hierfür stammen aus drei Wissenschaften, der Ethnologie, der Anthropologie und der Archäologie, die im folgenden besprochen werden sollen.

1.1 Zur Bedeutung der Ethnologie für die Interpretation menschlicher Skelettreste in "nicht-sepulkralem" Kontext

Eine Deutung von archäologischen Funden und Befunden ist nur über Vergleiche mit historisch und rezent bekannten Verhaltensweisen, Gegenständen und Strukturen möglich, da keine Interpretation ohne Bezugnahme auf Bekanntes erfolgen kann. Verzichtet man auf historische oder ethnologische Vergleiche, wird der Rahmen der Interpretation auf die Denk- und Verhaltensweisen der eigenen Kultur beschränkt.

Seit Beginn der prähistorischen Forschung hat man die Notwendigkeit des ethnologischen Vergleichs gesehen und versucht, archäologische Funde und Befunde mit Hilfe von ethnographischen Beobachtungen zu erklären. Auch für zerstreute menschliche Skelettreste in Siedlungen und Höhlen wurde nach Vergleichen aus diesem Bereich gesucht, wobei Anthropophagie als Möglichkeit der Interpretation seit der Entdeckung der ersten derartigen Befunde entschieden bevorzugt worden ist[1]. Für D. Brothwell war das Erstaunliche daran, daß Kannibalismus als eine mögliche Erklärung unter anderen gesehen wurde, gewöhnlich aber, ohne die anderen zu erörtern[2]. Dies geschah unter Berufung auf vermeintlich weit verbreitete und häufig anzutreffende anthropophage Sitten bei rezenten Völkern[3] und Berichte antiker und mittelalterlicher Autoren[4]. Es kommt hinzu, daß die Anthropophagie ein Phänomen darstellt, das sich als Bestandteil unseres Allgemeinwissens bezeichnen läßt. E. Frank betonte in diesem Zusammenhang, daß nur wenige Nicht-Ethnologen genau wüßten, was sakrales Königstum, Kreuzbasenheirat oder Matrilinearität bedeuten, aber kaum jemand daran zweifle zu wissen, was gemeint ist, wenn es sich um Kannibalismus handelt[5].

Das breite Spektrum an Erklärungsmöglichkeiten, das die Ethnologie für Funde menschlicher Skelettreste in Siedlungszusammenhang bietet[6], wurde weitgehend ignoriert. Die Deutung konzentrierte sich auf die Kanniba-

---

[1] Auch unvollständige bzw. ungewöhnliche Bestattungen wurden so interpretiert: z.B. Gross-Czernosek: Weinzierl 1897, (47); 'Kung Björns hög': Almgren 1905, 36 u. 57; Singen: Artelt 1931; Pfungstadt, Grab 4: G. Loewe in: Jorns 1953, 70; Las Stocki: W. Hensel, Ausgr. u. Funde 2, 1957, 301; Blankenburg: Behm-Blancke 1989, 141.

[2] *"In actual fact, the scattered fragments could have resulted from various causes."* Brothwell 1961, 305.

[3] U.a. Garrigou 1867a, 208; ders. 1867c, 330; Nehring 1884, (90); Matiegka 1896, 130, 136-140; Chauvet 1897, 264; Rutot 1907, 321; Birkner 1913, 190; Tomschik 1929; Lehmann 1929, 116; Maringer 1956, 282; Jelínek 1957, 126; Klindt-Jensen 1957, 37; Helmuth 1968; Jankuhn 1968, 62, 69; T. Malinowski 1970, 724; E. Hoffmann 1971, 14ff.; Behm-Blancke 1976a, 86; Whimster 1981, 177, 184; Walter 1985, 75 Anm. 30; Lange 1983, 111; Lorenz 1986, 190. Vgl. auch die Zusammenstellung rezenter Sitten durch R. Thurnwald in: Ebert, Stichwort Kannibalismus, 207ff.

[4] U.a. Petersen 1875; Matiegka 1896, 132; Kunkel 1955, 122f.; Behm-Blancke 1976a, 86; Abels u. Radunz 1975/76, 49-51; Eibner 1976, 81; Schauer 1981, 413; Berg, Rolle u. Seemann 1981, 121.

[5] Frank 1987, 199.

[6] Vgl. Kap. II.1.2.2 und 3.1.

lismus-Hypothese[7]. Ein Grund dafür ist nicht zuletzt im Bereich der Ethnologie selbst zu suchen, denn entsprechende Berichte finden sich, besonders in älteren Quellen, sehr häufig.

Die Ansicht, prähistorische Befunde seien mit Hilfe von ethnologischen Vergleichen zu interpretieren, wurde, wie bereits erwähnt, schon früh vertreten. Capellini betonte 1873, daß das Studium des Kannibalismus bei den Wilden, die ihn noch bis heute ausüben, helfen könne, die Gewohnheiten der *"anciens troglodytes anthropophages"* zu verstehen[8]. C. Vogt stellte ethnologische und historische Beispiele für Anthropophagie und Menschenopfer zusammen und meinte einleitend, daß unsere Vorfahren in Europa Wilde waren, deren Sitten und Gebräuche nur im Vergleich mit der Lebensweise der heutigen Wilden verstanden werden könnten[9]. Der besonders in den älteren Arbeiten häufig vermittelte Eindruck, in den sogenannten Naturvölkern, den 'Wilden', hätte man den minimalen und ursprünglichen Zustand des Menschen und der Gesellschaft vor Augen[10], ist falsch, aber noch nicht ganz überwunden[11].

Die Interpretation archäologischer Befunde und der Versuch einer Rekonstruktion vorgeschichtlicher Verhältnisse ist jedoch nicht ohne Rekurs auf Erkenntnisse möglich, die in Stammesgesellschaften gewonnen wurden. Die Verwendung ethnologischer Parallelen zur Deutung archäologischer Kontexte[12] kann aber keinen Anspruch erheben, die realen Bedeutungsinhalte der Überreste materieller und geistiger Kultur auch tatsächlich aufdecken zu können, wie G. Weiss betonte[13]. Durch "Wildern" in der ethnographischen Literatur, durch die Suche nach passenden Einzelheiten für schon vorher festgelegte Interpretationen[14] gewinnen diese nicht an Wahrscheinlichkeit - auf die gleiche Weise ließen sich meist auch andere Interpretationen begründen[15]. Ein derartiges Vorgehen birgt ferner die Gefahr, einmal gefundene Muster immer wieder zu verwenden und weitere Möglichkeiten außer acht zu lassen. Aus der ethnologischen Literatur ist Kannibalismus zur Genüge bekannt, Beispiele lassen sich problemlos anführen und die Suche nach anderen Deutungsmöglichkeiten für entsprechende Befunde erübrigt sich. Eine weitere Schwierigkeit zeigt sich darin, daß die benutzten Quellen nicht auf ihre Authentizität und ihren Wert hin geprüft, mithin u.U. Material oder Theorien verwendet werden, die in der ethnologischen Forschung als veraltet oder fehlerhaft angesehen sind - wenn die Quellen überhaupt konkret genannt werden und nicht nur die Aussage erfolgt, aus der Ethnologie sei dies oder jenes 'bekannt'.

Die Ethnologie zeigt eine Vielfalt von Verhaltensweisen, die der Archäologe ohne ihre Hilfe, nur mit seinem eigenen kulturellen Hintergrund ausgestattet, nicht erschließen kann[16]. Mit ihrer Kenntnis sind einseitige, von un-

---

[7] Ferner findet sich für menschliche Knochen in Siedlungen auch relativ häufig die pauschale Deutung als 'Grabrest', oft ohne nähere Erläuterung oder genaue Beschreibung des Befundes. Ganze Skelette wurden als Hinweise auf Siedlungsbestattungen, Seuchen, Unfälle, Menschenopfer oder Kampfhandlungen gedeutet (letzteres wurde von Wiedemer 1963 für die Knochen in Manching und anderen Spätlatènesiedlungen angenommen; vgl. noch Capelle 1987, 184).

[8] Capellini 1873, 415. Zum Begriff Troglodyten vgl. z.B. auch Karsten 1876, (77); Lartet 1869; Lartet u. Chaplain 1874; Rutot 1907. Aus der Antike übernommen für Menschen, die in Höhlen wohnen (ursprünglich bei Herodot IV, 183: aithiopische Höhlenbewohner, die sich von Reptilien ernährten; später bezogen auf verschiedene Völkerschaften, u.a. Inder und Nubier). Vgl. ferner C. Linné, Systema Naturae (1758): Einteilung der Gattung 'Homo' in H. sapiens und H. troglodytes.

[9] C. Vogt 1873, 295.

[10] Kramer 1978, 11. Er stellte fest, daß erst die weltweite praktische und theoretische Kritik am Kolonialismus diese Einstellung als Ideologie erkannt und ihre Selbstverständlichkeit als die des europäischen Ethnozentrismus bewußt gemacht hat.

[11] Vgl. z.B. Ullrich 1989, 51.

[12] Eine Zusammenstellung der Arbeiten zu diesem Thema findet sich bei Orme 1974.

[13] Weiss 1983, 28; s.a. Gräbner 1911, 69 Anm. 3.

[14] Vgl. z.B. T. Makiewicz, der darauf hinwies, daß in der Praxis diejenigen Analogien angebracht wurden, *"die zu der 'a priori' festgelegten Interpretation eines gegebenen Faktes paßten."* Makiewicz 1987, 251.

[15] M. A. Smith betonte, daß *"Western standards of value which condition our own thought"* nicht absolut sind. Vom Gebrauch ethnographischer Analogie wurde erwartet, diesem Ethnozentrismus abzuhelfen (1955, 4; zit. nach Orme 1974, 202). Die beschriebene Praxis des "Wilderns" entspricht dieser Erwartung nicht. Ethnozentrismus ist nach wie vor ein bestimmender Faktor bei der Interpretation archäologischer Kontexte, insbesondere in Bereichen, die rituelle Handlungen im weitesten Sinn betreffen, wie sich im Verlauf der vorliegenden Untersuchung zeigen wird.

[16] L. Pauli stellte zutreffend fest, daß *"der hauptsächliche Nutzen ethnographischer Parallelen für die Vorgeschichtsforschung darin besteht, den Horizont des Archäologen zu erweitern, damit er sich seinem eigenen Material mit einer besseren Vorstellung über menschliche Verhaltensweisen und Gebräuche zuwenden kann. Dies schließt von vornherein eine Suche nach*

serer Kultur und Denkweise geprägte Deutungsschemata vermeidbar. Ferner ist die Einbeziehung allgemeiner theoretischer Modelle hilfreich bei der Suche nach möglichen Interpretationen für regelhaft auftretende Befundkontexte und für Rekonstruktionsversuche der sozialen Organisation, die jede Geschichtswissenschaft anstreben sollte.

Der Ethnologe E. Leach warnte jedoch davor, zu große Hoffnungen in die Möglichkeiten der Zusammenarbeit mit der Ethnologie zu setzen: Sobald der Archäologe beginne, Fragen nach dem 'wie' und 'warum' zu stellen, verläßt er den Bereich der Fakten und begibt sich auf das Gebiet der puren Spekulation. Das bedeute nicht, daß er nicht spekulieren sollte, er müsse aber verstehen, was er macht und wann. Man könne natürlich mit dem Suchen von ethnographischen Parallelen Ideen aufgreifen, aber auch der engste ethnographische Vergleich kann nicht mehr anbieten als eine Illustration des Möglichen, er kann niemals als Beleg für das Wahrscheinliche dienen[17]. Er entwarf zur Verdeutlichung das Modell einer 'Black Box': Beobachtbar ist Eingang (x) und Ausgang (y) - die Vorgänge innerhalb der 'Black Box' sind nicht mit Sicherheit rekonstruierbar[18]. Der Archäologe kann hoffen, 'x' mittels Beobachtung von 'y' zu erschließen; aber der Inhalt der 'Black Box', so etwa die soziale Organisation, bleibe für immer ein Rätsel[19]. Leach betonte aber abschließend auch die Notwendigkeit der Spekulation: *"What matters, in the minds of the actors, is religion and politics. Archaeologists who concentrate their attention exclusively on the kitchen aspects of the garbage pit are certainly missing a lot"*[20].

Die Deutung menschlicher Knochen in archäologischen Kontexten als Hinweise für anthropophage Handlungen beruht auf Parallelen aus der Ethnologie[21]. R. Andree stellte dies schon 1887 deutlich heraus, indem er betonte, daß die Analogie, die Existenz des Kannibalismus in der Gegenwart, das Entscheidende für eine solche Interpretation sei, weniger der Knochenbefund[22].

Die ethnologischen Quellen werden in einem späteren Kapitel (Kap. IV) erörtert um zu prüfen, inwieweit hier eine solide Grundlage für das prähistorische Erklärungsmodell vorliegt. Die Ethnologie bietet aber auch andere Möglichkeiten der Interpretation. Daher ist es erforderlich, die anthropologischen Kriterien zur Bestimmung von Spuren, die auf Kannibalismus deuten sollen, zu besprechen. Es wird im folgenden Abschnitt untersucht, ob Kriterien existieren, die dem zweifelsfreien Nachweis anthropophager Handlungen dienen können und damit eine von der Ethnologie unabhängige Begründung ermöglichen würden.

Eins-zu-eins Korrelationen aus, die nur zu einem willkürlichen Herauspicken gerade passender Befunde führen würde, ohne daß ein Beweis für die Richtigkeit der Interpretation angetreten werden könnte." Pauli 1975, 157.

[17] Leach 1973, 764.

[18] Ebd. 765.

[19] Ebd. 767.

[20] Ebd. 769.

[21] So z.B. auch betont bei Narr 1960, 281.

[22] Andree 1887, 2.

1.2 Zur Bedeutung der Anthropologie für die Kannibalismus-Hypothese

Es läßt sich in der Literatur keine einheitliche Definition der Kriterien feststellen, die auf Anthropophagie hinweisen sollen. Schnitt[23]- und/oder Hack- bzw. Schlagspuren[24], zerbrochene Knochen[25], Schädel[26] und Schädelteile[27], einzelne Knochen[28], unvollständige Skelette[29] und Brandspuren[30] wurden, einfach oder in Kombination, als Hinweise für Anthropophagie gewertet.

Die Bezeichnungen 'zerschlagen' und 'zerbrochen' sind häufig synonym gebraucht und nicht mit der nötigen Sorgfalt getrennt - ersteres setzt immerhin den Nachweis von Schlagspuren voraus, die nur selten explizit erwähnt werden, letzteres kann sehr viele Ursachen haben und muß nicht auf anthropogene Einwirkung zurückgehen.

Häufiger wurde die Deutung als Hinweis auf kannibalistische Handlungen auch damit begründet, daß es sich bei dem jeweiligen Befund nicht um ein Grab handeln könne, da die Skelettreste nicht in anatomisch richtigem Zusammenhang angetroffen wurden, die in dieser Zeit übliche Bestattungsart eine andere sei oder keine 'pietätvolle' Beisetzung vorliege[31]. Ferner findet sich oft der Hinweis auf eine den Tierknochen entsprechende Behandlung der Menschenknochen, gewöhnlich aber, ohne einen genauen Vergleich vorzulegen, der die Voraussetzung für diese Behauptung wäre[32]. Manchmal werden die postulierten "Anzeichen für Anthropophagie" gar nicht definiert und beschrieben[33].

Auch Befunde, bei denen betont wurde, daß keine anthropogene Einwirkung an den menschlichen Knochen festzustellen war, wurden mit kannibalistischen Handlungen in Verbindung gebracht. A. Roujou veröffentlichte 1867 die Fundstelle von Villeneuve-Saint-Georges und stellte hinsichtlich der dort gefundenen Menschenknochen fest, daß zwar kein sicherer Beweis für Anthropophagie vorliege, da an den Menschenknochen keine Spuren auftreten, wie sie an einigen Tierknochen festzustellen seien, man aber daraus nicht schließen müsse, daß es sich nicht um Kannibalen handele[34]. Ebenso meinte H. Matiegka zu den menschlichen Schädelknochen aus einer vermutlich bronzezeitlichen Siedlungsgrube bei Přemyšlení, die keine Spuren aufwiesen: *"Dieser negative Befund beweist na-*

---

[23] Lehmann 1929, 113f.; Gieseler 1952, 172; Tihelka 1956, 52; Preuß 1957, 208f.; Pleiner 1958, 141; Brøndsted 1960, 136; Jankuhn 1968, 63; Behm-Blancke 1976a, 84; Abels 1977, 116; Walter 1985, 41ff.

[24] Baer u. von Hellwald 1874, 184f.; Bayer 1928, 64; Tomschik 1929, Teil II; Brøndsted 1960, 136; Helmuth 1968, 101; Dieck 1969, 361; Kunwald 1970, 68; Ambros 1971, 10; Behm-Blancke 1976a, 84; Gieseler 1977, 43; Malmer 1984, 374; Kneipp u. Büttner 1988, 496.

[25] Saád 1930, 109.

[26] Lehmann 1929, 113, 116; G. Zimmermann 1935, 228; von Königswald 1937, zit. in: Roper 1969, 442; Asmus 1942, 275; Gieseler 1952, 172; Adámek 1961, 214; Jacob-Friesen 1963, 251 (Ofnet!); Helmuth 1968, 101; Schaefer 1971, 109; Eibner 1976, 81; Bahn 1983, 235; Behm-Blancke 1989, 141.

[27] Karsten 1876, (76); Rosensprung 1936, 343; Hrala u. Fridrich 1972 (Objekt 30); J.-W. Neugebauer, Fundber. Österr. 17, 1978, 236; Marschall 1987, 170.

[28] Garrigou 1867a, 208; Childe 1949, 99; Schwabedissen 1958, 29; Balcer u. Biggerstaff 1972, 95; Rech 1979, 87; H.-J. Barthel 1981, 235; Neugebauer 1983/84, 181.

[29] Bayer 1923, 84; Gieseler 1952, 172; U. Fischer 1956, 242; Neugebauer 1987, 49.

[30] Bayer 1923, 8; ders. 1928, 64; G. Zimmermann 1935, 228; Rosensprung 1936, 343; Gieseler 1952, 172; U. Fischer 1956, 53, 263; Vollrath 1959, 89; Mania 1971, 183; Behm-Blancke 1976a, 85; R. A. Maier 1977, 28; Schmidt u. Schneider in: Coblenz u. Simon 1979, 150; Krüger 1980, 215.

[31] Roujou 1867, 238; Matiegka 1896, 130; Birkner 1913, 189; Bayer 1923, 83; Saád 1930, 110; G. Loewe in: Jorns 1953, 71; Kunkel 1955, 118; Vollrath 1959, 89; Friesinger 1963, 28; Helmuth 1968, 101; Dieck 1969, 361.

[32] Garrigou 1867c, 327; Roujou 1867, 239; Chauvet 1897, 263; Reinecke u. Wagner 1926, 65; Lehmann 1929, 112; Childe 1929, 170; Kraft 1932, 265; Birkner 1936, 76; Maringer 1956, 249; Friesinger 1963, 29; Rolle 1970, 47, 52.

[33] Behm-Blancke 1956, 276f.; Schwabedissen 1958, 29; Vlassa 1972, 176; Bahn 1983, 235; Stork 1983, 40.

[34] *"Ils ne me paraissaient pas une preuve certaine de l'anthropophagie, parce qu'ils ne portaient pas de stries et de coupures comme un certain nombre d'os d'animaux. (...) Les stries n'ont pas été produites en coupant les chairs: de leur absence sur les os humains, il ne faut donc pas conclure que ces tribus primitives n'étaient pas cannibales, mais seulement qu'elles employaient rarement les tendons humains."* Roujou 1867, 239f.

türlich nicht, dass diese Knochen nicht von Anthropophagen-Mahlen herrühren. Jene drei Stücke vom Untherteil des Schädels gehören derselben jungen Person an und sind 'vollkommen weiss und hart', wie ausgekocht"[35]. J. Jelínek veröffentlichte 1957 seine Untersuchung der in die mittlere Bronzezeit datierten Menschenknochen aus dem Graben der Siedlung Hradisko bei Kroměříž und bemerkte, daß das menschliche Skelettmaterial im Gegensatz zu den Tierknochen keine Schnittspuren und keine Spuren von absichtlicher Längsspaltung aufwies, die Knochen lediglich oft zerbrochen und unvollständig waren. Dennoch kam er zu dem Schluß, daß die Bestattung der menschlichen Überreste von Anthropophagie begleitet war[36].

Natürlich kann das Fehlen von Spuren an menschlichen Knochen, die sich auf anthropogene Einwirkung zurückführen lassen, nicht als Beleg dafür gelten, daß keine kannibalistische Handlung stattgefunden hat. Auch Tierknochen weisen gewöhnlich nur zu einem relativ geringen Prozentsatz Schnittspuren auf. Der Nachweis einer solchen Einwirkung ist jedoch notwendig, um natürliche Faktoren, die zur Fragmentierung von Knochen führen können, auszuschließen. Andererseits belegt der Nachweis von Schnitt- und Schlagspuren zwar eine anthropogene Einwirkung, nicht aber kannibalistische Handlungen, wie noch zu zeigen sein wird. Derartige Spuren können u.U. als Indiz für Anthropophagie, jedoch nicht als Beweis aufgefaßt werden.

1.2.1 Artifizielle Spuren an menschlichen Knochen: Probleme der Identifizierung

Die Diskussion auf dem Kongreß in Lissabon 1880, die im Anschluß an den Bericht von J. Delgado über die Befunde in der Höhle Furninha a Peniche in Portugal stattfand, zeigt die Probleme, die bei der Identifikation artifizieller Spuren auftraten. Es wurde eine Kommission zur Untersuchung der menschlichen Knochen eingesetzt, um die Frage der Anthropophagie zu klären. Übereinstimmend wurde festgestellt, daß an einigen Langknochen Spuren von Nagetieren, an vielen weiteren Spuren von Fleischfressern zu konstatieren seien; anthropogen entstandene Spuren an den Knochen blieben zweifelhaft. Die darauf folgende Abstimmung, ob hier ein Beweis für Anthropophagie vorliege oder nicht, ergab etwa die gleiche Anzahl an Stimmen für jede der beiden Möglichkeiten[37]. Abschließend bemerkte H. Schaaffhausen, daß das vorhandene Material aus der Höhle vielleicht überzeugendere Stücke enthalten könnte als diejenigen, die er und Delgado für die Kommission ausgesucht hatten[38], was jedoch nicht geprüft wurde.

J. Steenstrup erörterte 1890 die Problematik der auf natürliche Weise entstandenen Spuren an Knochen und machte insbesondere auf die durch Verwitterung verursachten Veränderungen aufmerksam. Die so entstandenen Linien, Risse und Spalten würden als Beweis für die artifizielle Zerteilung der menschlichen Knochen gesehen, obwohl man weder die erforderlichen Schlagmarken noch den durch diese bedingten Lauf der Spaltungslinien zu Gesicht bekomme[39]. Seine Kritik bezog sich auf die in verschiedenen Publikationen[40] so gedeuteten menschlichen Skelettreste aus Megalithgräbern, gegen deren Interpretation als anthropophage Relikte er sich wandte.

1907 stellte M. Baudouin die Frage, wie sich prähistorische Anthropophagie überhaupt wissenschaftlich nachweisen lasse, da ja nur die Knochen auffindbar seien und an diesen bislang keine menschlichen Zahnspuren festgestellt wurden. Er meinte, es sei nicht zu unterscheiden, ob Knochen absichtlich oder zufällig zerbrochen wurden und schlug eine vergleichende Untersuchung von prähistorischen Knochen mit solchen aus Neuseeland vor, die

---

[35] Matiegka 1896, 135.

[36] Jelínek 1957, 122f. Vergleichbar ferner Nehring 1884, (89); Lehmann 1929, 117; Kunkel 1955, 73.

[37] 2: ja; 2: wahrscheinlich; 1: zweifelhaft; 3: nein; Delgado 1884, 270-272.

[38] *"Les pièces, que la commission à examinées, avaient été choisies par moi et par M. Delgado peu de temps avant la discussion. La collection en contient peut-être d'autres, qui sont plus concluantes encore. '(...) Je remarque encore, que des ossements, qui ne sont pas brûlés par le feu, peuvent provenir pourtant de ces affreux repas. Il y a des cannibales, tels que les Fidjiens, qui ne rôtissent pas les cadavres, mais qui les font cuire.' Il ne manque pas d'autres témoins pour confirmer notre opinion. Les anciens auteurs font mention de cannibales, qui sont troglodytes, tel que Polyphème cité par Homère. Des voyageurs modernes ont trouvé en Afrique chez les Basutos des troglodytes anthropophages."* Delgado 1884, 276f. und 277 Anm. 1.

[39] Steenstrup 1890, 16.

[40] Vgl. z.B. C. Vogt 1873, 297; ebenso noch Matiegka 1896, 134.

von Menschen stammen, von denen man wisse, daß sie gegessen worden sind[41]. Ein solcher Vergleich ist m. W. nie vorgenommen worden.

Menschliche Zahnspuren an Knochen wären als überzeugende Hinweise auf Anthropophagie zu werten, die Annahme, daß solche Spuren existieren könnten, ist jedoch nicht sehr wahrscheinlich, zum einen wegen des Zahnmusters[42], zum anderen wegen des Eßverhaltens. Sie wurden selten erwähnt und sind in keinem Fall überzeugend belegt.

Garrigou bemerkte an einem Humerus aus der Höhle von Sabart *"des empreintes de dents larges et plates. (...) Ces empreintes sont, pour moi, celles des dents larges et aplaties de l'homme brachycéphale de cette époque"*[43]. W. Baer und F. von Hellwald berichteten über Funde aus Schottland, wo *"man Menschenschädel mit Steingeräthen und Topfscherben gefunden"* hat *"und zugleich auch Kinderknochen, an denen Owen deutlich die Spuren von Menschenzähnen erkannt haben will"*[44].

W. Gieseler dachte bei der Untersuchung einer Clavicula des Skeletts von Neuessing erst an menschliche Schneidezähne, die den Knochen aufgebissen hätten, entschied sich dann aber gegen diese Möglichkeit und meinte, daß das Schlüsselbein vielleicht mit einem Steinwerkzeug aufgeschlagen worden sei[45]. Wie sich an diesem Beispiel zeigt, ist es in manchen Fällen sehr problematisch, die Ursachen von Knochenverletzungen zu bestimmen und den Hergang zu rekonstruieren - auch die postulierte Zerschlagung mit einem Steinwerkzeug ist nur eine mögliche Ursache und keine eindeutige Diagnose.

Einige allgemeine Bemerkungen zum Befund von Neuessing[46] sollen an dieser Stelle folgen. W. Gieseler konnte am Skelett Manipulationen feststellen, die er überzeugend auf anthropogene Einwirkung zurückführte. Der Leichnam wurde in den Gelenken des Schulter- und Beckengürtels sowie an einigen Extremitäten zerstückelt, ferner soll er seiner Muskeln und Weichteile der Brust- und Bauchregion entblößt worden sein[47]. Auf einige Probleme muß in diesem Zusammenhang aufmerksam gemacht werden. Die Annahme der Zerstückelung ist überzeugend und wird genauer besprochen. W. Gieseler meinte, daß versucht wurde, die Knochen in den großen Gelenken (Schulter-, Hüft- und Kniegelenk) zu trennen, was nur unvollkommen gelang[48], meist nicht unmittel-

---

[41] *"D'autre part, supposons qu'ils brisaient aussi les os pour en manger la moelle! A quoi reconnaîtrait-on ce bris intentionnel, d'ordre gastronomique, du bris accidentel? (...) Il serait à souhaiter qu'au Congrès d'Autun, M. Rutot veuille bien apporter les débris osseux qui lui paraissent les plus caractéristiques, pour que l'on puisse discuter, sérieusement et scientifiquement, au lieu de recourir à une imagination trop fertile, et les rapprocher d'ossements d'hommes MANGÉS en Nouvelle Zélande, si l'on en possède!"* Baudouin in: Rutot 1907, 324f.

[42] An dieser Stelle soll darauf aufmerksam gemacht werden, daß Schweine, die vermutlich relativ frei im Siedlungsumfeld gehalten worden sind, als Verursacher von Defekten an Skelettmaterial in die Diskussion einbezogen werden sollten. Bisher liegen m. W. kaum Untersuchungen zum Fraßverhalten von Omnivoren vor (u.a. Greenfield 1988; vgl. Sommer 1991, 114f.), sie sind jedoch in der Lage, Knochen zu zerbrechen (Danner 1990, 24) und zu verzehren. Schweineverbiß dürfte wegen des Zahnmusters schwer nachzuweisen sein, ist jedoch bei der Untersuchung von fragmentierten Knochen in Erwägung zu ziehen. Es sollen sich nach Angaben U. Sommers (1991, 115) lange, schaufelförmige Zahnspuren an Tierknochen gefunden haben. Vgl. auch Kneipp u. Büttner 1988 (Feststellung von Schweinefraß an menschlichen Knochen, allerdings ohne nähere Erläuterung).

[43] Garrigou 1867c, 328. Diese Spuren seien von denen der Fleischfresser sehr verschieden, zumal, wie er anmerkte, von denen von Hunden, die als einzige in Frage kämen (ebd. 327 u. Anm. 1), eine Überlegung, der nicht zu folgen ist.

[44] Baer u. von Hellwald 1874, 185.

[45] *"Daß der Gedanke an menschliche Zähne übrigens nicht abwegig ist, zeigen Bemerkungen von dem führenden französischen Altsteinzeitforscher H. Breuil (1952) über das Zerbeißen tierischer Knochen durch den Menschen (...)."* Gieseler 1977, 42. Breuil schrieb: *"Erwähnenswert ist noch, daß auch der Mensch in bestimmten Fällen Knochen zerbissen hat, spongiöse Knochen übrigens, d.h. solche, die mit fettiger Substanz gefüllt sind (...) Und ich kann versichern, daß in der Moustérienschicht von Castillo (Santander) in Nordspanien solche Knochen nicht selten sind. Sie waren natürlich vorher zerbrochen worden."* Zit. nach Gieseler, ebd. Es fehlen jedoch empirische Untersuchungen, ein Nachweis gelang bisher nicht; vgl. Binford 1981, 147f., Beobachtungen bei Nunamiut (Eskimo).

[46] Das Skelett kam 1913 bei Grabungen H. Obermaiers in der mittleren Klause im Altmühltal zutage. Es fand sich in eine Moustérienschicht eingetieft. Die Datierung ist umstritten; vgl. dazu Narr 1977, 53ff., bes. 55, und Schröter 1979, 155f.

[47] Gieseler 1977, 48.

[48] Ob die Ursache hierfür mangelnde anatomische Kenntnisse waren, wie Gieseler meinte, sei dahingestellt.

bar am Gelenk selbst, sondern oft nur unter starker Zertrümmerung in anschließenden Gebieten. So würden sich die Beschädigungen an den Gelenkrändern der Schulterblätter und an den zugehörigen Oberarmknochen erklären; ferner ließen sich die großen Substanzverluste am Becken und an den Beinen darauf zurückführen[49].

Für Kannibalismus bei diesem Befund sprechen seiner Meinung nach die starke Zertrümmerung des Gehirnschädels zum Zweck der Gehirnentnahme, wobei er den Nachweis schuldig bleibt, daß die Zertrümmerung auf anthropogene Einwirkung zurückgeht, sowie die ausgedehnten Zerstörungen im Bereich der Brust- und Bauchregion, die auf eine Entfernung der Weichteile mitsamt Teilen der zugehörigen Wirbel und Rippen deuten sollen, was er im einzelnen nicht belegt. Die Rippen seien in kleine, unregelmäßige Stücke zerbrochen und einige machen *"völlig den Eindruck, daß sie im Feuer geglüht worden sind"*[50], ein Eindruck, den er nicht begründet. Im Fundprotokoll heißt es, daß sich der Kopf vollständig platt gedrückt und entsprechend deformiert zeigte, ebenso der Brustkorb, der nur fragmentarisch gehoben werden konnte[51], wobei der Grund dafür nicht angegeben wird[52]. Wichtig ist in diesem Zusammenhang, daß das Entfernen der Weichteile der Brust- und Bauchregion nicht nachgewiesen wurde.

Weiterhin stellte W. Gieseler fest, daß bei beiden Humeri das obere Ende aus Bruchstücken aufgebaut werden mußte, ohne daß damit sämtliche Lücken zu schließen waren. Die Markräume seien ausgehöhlt[53]. Es ist nicht eindeutig, was mit dieser Aussage gemeint ist - sind die Epiphysen gemeint, so wäre die Spongiosa entfernt, was mit dem Mark wenig zu tun hätte, die Markräume andererseits sind immer ausgehöhlt, da sie nichts anderes als vergängliches Mark enthalten. Auch J. Chochol glaubte in seiner Untersuchung Knovízer Skelettreste aus Siedlungen *"in einigen Fällen Auskratzen der Markhöhle der Gliedmaßenknochen"*[54] feststellen zu können. Das Mark ist jedoch sehr leicht zu entfernen und muß keinesfalls ausgekratzt werden. An Tierknochen werden gewöhnlich keine derartigen Kratzspuren beobachtet[55]. Aus der Siedlung Seeberg, Burgäschisee-Süd, sind allerdings zwei Tierknochenfragmente (Humerus, Femur) bekannt, bei denen die Spongiosa herausgearbeitet wurde[56]. Dies steht nicht mit Markgewinnung in Zusammenhang, da im eigentlichen Spongiosa-Bereich kein Mark vorhanden ist.

Nach diesem Exkurs müssen wir uns nochmals dem Befund von Neuessing zuwenden, bevor das eigentliche Thema dieses Abschnitts, die Probleme der Identifizierung von Spuren an den Knochen, wieder aufgenommen werden kann. Sicher nachgewiesen ist eine partielle Zerstückelung des Skeletts, eher fraglich eine teilweise Entfleischung. Die Bestreuung mit, Deponierung in oder Beigabe von Ocker[57] sowie die sorgfältige Niederlegung deuten auf eine Bestattung. W. Gieseler sah in diesem Befund einen sicheren Nachweis von Kannibalismus, eine denkbare Interpretation, jedoch keine überzeugende - belegt ist nur, daß der Leichnam teilweise zerstückelt wurde.

J. Tomschik behandelte 1929 umfassend das Problem der prähistorischen Anthropophagie und widmete ein Kapitel der 'Methode der Beurteilung des Knochenbefundes'. Er wies auf Nagespuren und Verletzungsmöglichkeiten durch natürliche Ursachen hin und betonte besonders die Möglichkeit der Spaltung von Röhrenknochen in

---

[49] Gieseler 1977, 43.

[50] Ebd. 50. Vgl. Schröter 1979, 155, der aus dem Rippenmaterial zwei Tierknochenfragmente, davon eins mit Bearbeitungsspuren, aussondern konnte.

[51] Narr 1977, 54. So könnte sich jedenfalls das Fehlen des Brustbeins erklären; vgl. Gieseler 1977, 40: *"Sternum: fehlt!"* (Ausrufungszeichen im Original).

[52] Vgl. Schröter 1979, 156, der Steindruck, u.U. auch Verwitterung und Beschädigung während der Ausgrabung in Erwägung zog und den schlechten Erhaltungszustand von Schädel und Brustkorb auf natürliche Ursachen, vor allem die Lagerung des Skeletts, zurückführte.

[53] Gieseler 1977, 41.

[54] Chochol 1979, 40.

[55] Freundlicher Hinweis von Dr. C. Becker, Archäozoologin am Seminar für Ur- und Frühgeschichte der Freien Universität Berlin.

[56] Von E. Bleuer als 'Behältnis' interpretiert. Es handelte sich um Knochen vom Ur; Bleuer 1988, 128 u. Taf. 21.

[57] Die Annahme Gieselers, daß der Ocker *"über die abgenagten Knochen gestreut worden sein"* müsse (1977, 49), ist nicht begründet. Nach dem Fundprotokoll lag das Skelett in eine mächtige Rötelumhüllung eingebettet (Narr 1977, 54).

Längsrichtung durch Feuchtigkeit und Austrocknung. Tomschik sah von Menschenhand gespaltene Knochen als Beweis für Anthropophagie an, meinte aber, daß ein Hiebinstrument zur Spaltung notwendig sei[58].

Eine Unterscheidung von natürlich und anthropogen entstandenen Veränderungen an Knochen ist häufig problematisch. Beachtenswert ist der Hinweis von M. Kunter, daß es bei ausgegrabenen Skeletten oft sehr schwer sei, unverheilte Kampfverletzungen und andere traumatische Läsionen von postmortalen Schäden, die durch Bodendruck, Grabräuber, Nagerfraß oder unsachgemäße Skelettbergung hervorgerufen wurden, zu unterscheiden[59]. Bei einer Nachuntersuchung von Pfahlbau-Schädeln aus der Seeufersiedlung Vinelz[60] am Bieler See stellte sich ein interessanter Befund heraus. An einer Schädelbasis hatte Virchow 1885 eine zu Lebzeiten beigebrachte Verwundung konstatiert[61]. K. Gerhardt stellte fest, daß die von Virchow beschriebene verdächtige Ausbuchtung in der Hauptsache aus dem dort ganz natürlich vorhandenen Canalis condylaris besteht, und es sich insgesamt um postmortale Auflösungs- oder Zerbröckelungserscheinungen handelt; *"die 'Verwundung' dürfen wir vergessen und ebenso die Folgerungen, die damit verbunden worden sind"*[62].

C. Wells behandelte 1967 das Problem der 'Pseudopathologie' und ging in diesem Zusammenhang auch kurz auf den Kannibalismus ein, den er erwähnte, weil er häufig bei völlig unzulänglichen Beweisstücken diagnostiziert werde. Die zerstreute Lagerung von Skelettresten, besonders wenn sie mit gesplitterten Langknochen und einer beschädigten Schädelbasis verbunden ist, werde oft als Indiz für Kannibalismus gesehen, *"the bones cracked for marrow and the skull opened for its brain."* Dies sei rücksichtsloser Beweismißbrauch, da es für derartige Befunde viele Gründe gebe: *"Bones may be scattered and broken from many causes and disintegration of the base of the skull is so common that few long series of inhumations fail to show many such specimens (...)"*[63].

Neuere taphonomische Untersuchungen[64] haben dazu beigetragen, Kriterien für das Erkennen und die Unterscheidung von natürlich und artifiziell entstandenen Spuren an Knochen zu entwickeln[65], vor allem auf experimenteller Grundlage. Die Unterscheidung anthropogener Einwirkung von Tierverbiß, Sedimentabrasion und Trampeln[66] ist häufig schwierig und erfordert sorgfältige, auch mikroskopische Diagnoseverfahren - makroskopisch ist eine Unterscheidung oft nicht möglich. Weitere Untersuchungen betreffen den Zerfall von Körpern unter verschiedenen Bedingungen in bezug auf Verteilungsmuster und Erhaltungsgrad mit und ohne Einwirkung von Tieren[67] sowie den Einfluß verschiedener Faktoren auf die Erhaltung von Knochenmaterial in Siedlungen[68].

S. Eickhoff und B. Herrmann befaßten sich 1985 ausführlicher mit dem Problem der Unterscheidung von Schnitt- und Nagespuren und stellten fest, daß das Fehlen zuverlässiger Kriterien auffallend sei[69]. C. Becker betonte in ihrer Rezension der Arbeit von H. Berke, daß Ritz- und Hackspuren in vielen Darstellungen von Knochenmaterialien nur geringe Beachtung erfahren[70]. Schon das bloße Erkennen solcher Bearbeitungsspuren sei keineswegs einfach und unstrittig, wie ein kleines Experiment zeige, das H. Berke an den Anfang der Analyse stellte - nur dem Fachmann gelang es mit einem befriedigenden Ergebnis, intentionell angebrachte Spuren von ähnlich ausse-

---

[58] Vgl. auch schon de Quatrefages 1867, der Längsspaltung von Knochen als Indiz für Anthropophagie ansah, dabei die Wichtigkeit der Unterscheidung von künstlicher und natürlicher Spaltung betonte (in: Garrigou 1867b, Discussion, 290ff.).

[59] Kunter 1981, 225. Vgl. ferner Boddington, Garland u. Janaway 1987; Ullrich 1989, 69 Anm. 5.

[60] Die Schädel sind nicht sicher datiert, wahrscheinlich aber der Schnurkeramik zuzuordnen (Gerhardt u. Strahm 1975, 45ff.).

[61] *"Die Gelenkfortsätze sind abgebrochen und vom Foramen magnum aus erstreckt sich nach links eine gerade, ziemlich scharfrandige Ausbuchtung, welche wie eine bei Lebzeiten beigebrachte Verwundung aussieht."* Virchow 1885, zit. nach ebd. 80.

[62] Ebd. 80f.

[63] Wells 1967, 14.

[64] Zusammenfassend Shipman 1981.

[65] U.a. Miller 1975; Shipman u. Rose 1983; Aird 1985; Eickhoff u. Herrmann 1985; Fulcheri, Massa u. Garetto 1986.

[66] Behrensmeyer, Gordon u. Yanagi 1986; Olsen u. Shipman 1988.

[67] Z.B. Andrews u. Cook 1985; Grupe 1984.

[68] Z.B. Wilson 1985.

[69] Eickhoff u. Herrmann 1985, 263; vgl. auch P. Schröter, Bayer. Vorgeschbl. 47, 1982, 263ff. und Taf. 15.

[70] C. Becker, Prähist. Zeitschr. 65, 1990, 72; vgl. auch Boessneck u. von den Driesch 1975, 2.

henden, aber rein anatomisch-strukturell bedingten Beschaffenheiten der natürlichen Knochenoberfläche zu unterscheiden[71].

Insbesondere bei Knochenfragmenten sind u.U. Diagnoseprobleme gegeben, wenn z.B. das Zentrum der Gewalteinwirkung nicht eindeutig bestimmbar ist. So können beispielsweise auch durch größere Schwankungen der Bodenfeuchte oder ungleichmäßigen starken Druck nach der Ablagerung auf der Oberfläche oder im Boden Defekte entstehen, die traumatischen Einwirkungen gleichen[72]. P. M. Aird behandelte 1985 die Unterscheidung von Schlachtspuren und anderen postmortalen Zerstörungen an Tierknochenmaterial. Er stellte fest, daß viele Brüche nicht eindeutig zu klassifizieren waren, da sie nicht mit Sicherheit auf absichtliches oder zufälliges Zerbrechen zurückgeführt werden konnten[73]. A. K. Behrensmeyer, K. D. Gordon und G. T. Yanagi untersuchten 1986 die Wirkung von Trampeln auf die Knochenoberfläche und verglichen die so entstandenen Spuren mit Schnittspuren, wobei sie betonten, daß selbst mikroskopische Untersuchungen allein für eine Unterscheidung nicht ausreichend seien. Sie gaben zu bedenken, daß die falsche Identifizierung auch nur einiger Trampelmarken als Schnittspuren ernsthafte Konsequenzen für die Interpretation des Verhaltens des frühen Menschen haben könne[74]. S. L. Olsen und P. Shipman kamen zu dem Ergebnis, daß Häufigkeit, Lage und Oberflächlichkeit vieler Trampelmarken diese von Schnittspuren unterscheidet, warnten aber davor, sich auf eines der genannten Kriterien allein zu verlassen. Erfahrene Beobachter seien jedoch in der Lage, beide Arten von Spuren zu unterscheiden[75].

Angesichts der in diesem Abschnitt behandelten Probleme bei der Identifikation anthropogener Einwirkungen an Knochen und deren Unterscheidung von Tierfraß und natürlich bedingten Veränderungen sollten Berichte, die für einen Befund Anthropophagie postulieren, mit Vorsicht aufgenommen und genau geprüft werden. Der überzeugende Nachweis von Spuren, die durch den Menschen verursacht wurden, wie Schnitt- oder Hackspuren, wäre die Voraussetzung für eine solche Deutung. Bei älteren Berichten und vor allem dann, wenn keine anthropologische Untersuchung vorliegt, müssen die dort gegebenen Informationen sorgfältig und mit Vorsicht beurteilt werden, grundsätzlich sind in diesen Fällen Zweifel an Aussagen wie 'zerschlagene' oder 'aufgespaltene' Knochen angebracht.

1.2.2 Artifizielle Spuren an menschlichen Knochen: Probleme der Interpretation

Mehrere Autoren befaßten sich ausführlicher mit der Definition von Kriterien, die Anthropophagie belegen sollen. H. Helmuth beschäftigte sich 1968 in einem Aufsatz über "Kannibalismus in Paläanthropologie und Ethnologie" mit dieser Thematik und führte folgende Merkmale an, die seiner Meinung nach ausreichend für den Nachweis von Anthropophagie sind: aufgespaltene Extremitätenknochen *"zur Entnahme des Marks"*, Exartikulationen, Schädelverletzungen und insbesondere Schädelbasiseröffnungen. In hohem Maß überzeugend sei die Lage in Feuerstellen oder Abfallhaufen[76].

Im selben Jahr behandelte H. Jankuhn dieses Thema im Rahmen seiner Untersuchung über "Spuren von Anthropophagie in der Capitulatio de partibus Saxoniae". Er erörterte die Kriterien, nach denen Befunde entsprechend gedeutet werden können oder müssen und betonte, es sei eine Unterscheidung notwendig zwischen Indizien, die Kannibalismus bezeugen können und solchen, deren Aussagen zwingend seien. Er stellte fest, daß Menschenknochen, die auf Siedlungsplätzen und an Opferstätten gelegentlich zwischen Tierknochen auftreten, Anthropophagie bezeugen können, es aber nicht zu tun brauchen, da ihr Vorkommen auch anders interpretiert werden kann. Als sichere Indizien betrachtete er eine immer wieder auftauchende, zweckgerichtete Behandlung, wie charakteristi-

---

[71] Ebd. (Becker) 73.

[72] Danner 1990, 13f.

[73] Aird 1985, 16.

[74] Behrensmeyer, Gordon u. Yanagi 1986, 770f.

[75] Olsen u. Shipman 1988, 552. *"(...) while trampling may have a great impact on spatial relationships of bone in archaeological deposits through movement, it is unlikely to produce striations deep enough and with a distribution, orientation, morphology and frequency likely to cause misinterpretation by knowledgeable observers."* Ebd.

[76] Helmuth 1968, 101.

sche Längsspaltung der Röhrenknochen und Öffnung des Schädels zur Gehirnentnahme. *"'(...) Manipulation an den Schädeln und Schnittspuren an den Knochen, scheinen mir einer natürlichen Entstehung zu widersprechen. Vor allen Dingen kann im Zweifelsfalle eine sorgfältige Knochenuntersuchung den Charakter der mechanischen Verletzung klären.' (Renate Rolle)"*[77]. Eine artifizielle Eröffnung des Schädels und Schnittspuren an Knochen bezeugen sicher eine anthropogene Einwirkung, die jedoch nicht a priori mit kannibalistischen Handlungen in Verbindung gebracht werden kann.

Im folgenden erörterte H. Jankuhn Befunde vom Neolithikum bis in die Völkerwanderungszeit, die nach seiner Meinung die vorgegebenen Kriterien erfüllen und eine große Anzahl nicht wegzuinterpretierender Zeugnisse für Anthropophagie darstellen sollen[78]. Er führte u.a. die Jungfernhöhle bei Tiefenellern an. *"Die Menschen sind getötet worden, das Zerschlagen der Schädel und der Röhrenknochen sowie die Tatsache, daß ein Teil der Knochen angebrannt war, spricht für Kannibalismus"*[79]. Bei der anthropologischen Bearbeitung der menschlichen Skelettreste durch G. Asmus konnten jedoch weder Schnittspuren noch eindeutige Schlag- oder Hackspuren festgestellt werden. Die Tötung der Individuen ist nicht belegt, Vermutungen über die Todesursache leiten sich eher aus der gewünschten Deutung ab als umgekehrt, wie es der Fall sein sollte. Brandspuren traten relativ selten auf und könnten auch mit dem Einwerfen von Feuerbränden in Zusammenhang stehen[80]. Einen weiteren Hinweis auf Anthropophagie möchte H. Jankuhn in den *"aus der Schicht Goldberg III stammenden zerschlagenen Schädeln und Röhrenknochen"* sehen[81]. Hier liegt jedoch keine anthropologische Untersuchung vor; nach einem Brief des Ausgräbers G. Bersu an J. Tomschik handelte es sich überwiegend um Schädel- und Röhrenknochen - hauptsächlich Femur - mit unsauberen Brüchen, aber ohne Hieb-, Schnitt- oder Schlagspuren[82]. Keiner der von H. Jankuhn zitierten Befunde erfordert "zwingend" eine Deutung als Hinweis auf Kannibalismus - diese stellt nur eine mögliche Interpretation unter anderen dar.

R. Rolle behandelte 1970 das "Problem der Menschenopfer und kultischen Anthropophagie in der vorrömischen Eisenzeit". Sie betonte, daß Menschenknochen, die den Tierknochen vergleichbar behandelt wurden, auch die gleiche Bedeutung - als Nahrungsreste - zukommen muß. *"Deutliche Anzeichen von Anthropophagie liegen aus dem Oppidum von Altenburg-Rheinau vor. (...) Mitten unter den Tierknochen, 'aufgeschlagen wie sie', lag in Grube Nr. 3 das obere Ende eines menschlichen Oberschenkels"*[83]. Da dem Fundbericht aber keine weitere Information zu entnehmen ist und auch keine anthropologische Untersuchung vorliegt, ist diese Aussage nur als unbegründete Behauptung zu werten, auch nach den von R. Rolle selbst angeführten Kriterien[84]. Um eine übereinstimmende Behandlung von Tier- und Menschenknochen feststellen zu können, reichen die Fragmentierung von Knochen und Zerlegungsspuren an ihnen nicht aus. Erforderlich wären detaillierte Vergleiche, die Übereinstimmungen im Schlachtmuster ergeben.

In ihrem Aufsatz ging R. Rolle auch auf das Problem der "kultischen" Zerstückelung von Menschen ein, die nicht mit Kannibalismus verbunden zu sein brauche, diesem aber, wie sie betonte, in der Praxis und im archäologisch-anthropologischen Bild sehr verwandt erscheine[85]. An späterer Stelle führte sie aus, daß es bisher noch nicht möglich sei, die kultische Zerstückelung von Menschen, als besondere Form der Opferung, deutlich genug von

---

[77] Jankuhn 1968, 63.

[78] Ebd.

[79] Ebd. 64.

[80] Asmus in: Kunkel 1955, 65ff. Vgl. Kap. II.3.7 und Kunkel 1955, 127.

[81] Jankuhn 1968, 64.

[82] Tomschik 1929, 85f. An anderer Stelle sprach Bersu allerdings auch von zerschlagenen Röhrenknochen (1930, 138). Hier liegt ein Beispiel für den undifferenzierten Gebrauch der Begriffe 'zerschlagen' und 'zerbrochen' vor. Zur Deutung meinte er: *"Ob es sich hierbei um Reste kannibalischer Mahlzeiten oder um Überbleibsel von Kulthandlungen und Zaubereien handelt, ist heute nicht mehr sicher zu entscheiden."*

[83] Rolle 1970, 52; nach G. Kraft, Nachrbl. Dt. Vorzeit 7, 1931, 217; nach Kraft 1932, 265, war der Knochen auch *"geschwärzt"*.

[84] *"Treten solcherart behandelte menschliche Skeletteile vereinzelt auf, so werden, besonders bei den älteren Grabungen, Zweifel an der Vollständigkeit oder Sorgfalt der Ausgrabung am Platze sein. Sicher können Knochen nachträglich sehr leicht verletzt werden (...)."* Rolle 1970, 47.

[85] Ebd.

kannibalistischen Erscheinungen abzuheben. Nur sorgfältige Knochenuntersuchungen würden Klarheit darüber schaffen können, mit welcher Absicht die Zerstückelung vorgenommen wurde und welche kultische Bedeutung ihr zukomme[86]. Die Frage, welche anthropologischen Kriterien einer solchen Unterscheidung dienen könnten, blieb jedoch unbeantwortet. R. Rolle behandelte u.a. die hallstattzeitlichen Funde aus der Majda-Hraško-Höhle in der Slowakei, in der *"eindeutige kultisch-anthropophage Äußerungen an menschlichen Skelettresten festgestellt wurden. (...) Intentionale postmortale Schädelzertrümmerung durch Hiebe, Schnitte und stumpfe Schläge wurde nachgewiesen, sowie Koch- und Schlagspuren an den übrigen Knochen"*[87]. Dem anthropologischen Bericht zufolge konnte ein stumpfer Schlag an der Schädeldecke des Mannes II diagnostiziert werden, weitere an einer Mandibula. Ferner wies der Schädel eine Hiebwunde auf. *"Der Hieb wurde wahrscheinlich erst dem abgekochten Knochen versetzt und eher von innen her geführt."* Weiterhin konnten Schnittspuren an Schädel I und Schädel II, die zu 'Masken' verarbeitet waren, festgestellt werden[88]. Es erhebt sich die Frage, ob die Spuren an den menschlichen Knochen nicht eher mit der Herstellung der erwähnten Masken als mit Kannibalismus in Verbindung gebracht werden müssen und in diesem Fall ein Beispiel für "kultische Zerstückelung" vorliegt.

Andere Autoren haben Bedenken, die Existenz artifizieller Spuren an menschlichen Knochen als sicheren Nachweis von Anthropophagie zu werten. G. Lange bezweifelte, daß Knochenzertrümmerungen, Brandschwärzung und Schnittspuren als Indiz für eine derartige Interpretation genügen, bezweifelte dies vor allem für Schnittspuren allein[89]. Ebenso meinte K. J. Narr, daß gewaltsame Tötung, Leichenzerteilung und sekundäre Beisetzung von Leichenteilen an sich noch kein Beweis für Kannibalismus sein können, ebensowenig sei das Vorkommen isolierter Schädel und Unterkiefer durch Kannibalismus allein zu interpretieren[90]. D. Brothwell betonte in diesem Zusammenhang, daß es bei jedem Versuch, kulturelle Verhaltensweisen anhand archäologischer Überreste zu rekonstruieren, sehr wichtig sei, alle Möglichkeiten der Interpretation einzubeziehen[91]. Er zweifelte daran, daß *"the skeletal evidence of malicious injury is in any way indicative of cannibalism"*[92].

Der Nachweis von Schnittspuren genügt nicht. Auch eine Übereinstimmung von Zerlegungsspuren an tierischen und menschlichen Knochen ist m. E. nicht ausreichend - die Abgrenzung zum Phänomen der Zerstückelung[93] kann mit Hilfe anthropologischer Kriterien allein kaum erfolgen. Es wären detaillierte Vergleiche - Fragmentierungsmuster, Repräsentanzfrequenz, relative Repräsentanz usw. - mit dem 'Schlachtverhalten' erforderlich, wie dieses z.B. von J. Boessneck und A. von den Driesch exemplarisch an neolithischen Tierknochen herausgearbeitet wurde[94]. Derartigen detaillierten Vergleichen steht jedoch meist die eher geringe Anzahl menschlicher Reste in entsprechenden Fundkomplexen entgegen. Selbst wenn Anthropophagie als plausible Erklärung für einen Befund angenommen werden kann, ist damit noch nicht die zugrundeliegende Motivation erschlossen - wie soll beispielsweise anhand eines Befundes zwischen Hunger- und rituellem Kannibalismus unterschieden werden[95]? Gleichfalls problematisch sind weitere Indizien wie Brandspuren, zerschlagene und zerbrochene Knochen, unvoll-

---

[86] Ebd. 52.
[87] Ebd. 48, nach dem Bericht von Bárta 1958.
[88] Vlček u. Kukla 1959.
[89] Lange 1983, 111.
[90] Narr 1960, 280.
[91] Brothwell 1961, 306.
[92] Ders. 1971/72, 233.
[93] Z.B. Wahle 1911; Beninger 1931, vgl. dagegen Preidel 1953; Tschumi 1949; Tackenberg 1955; Lies 1973; Behm-Blancke 1976b, 376; Pleinerová 1981; Kreiner 1983/84.
[94] Boessneck u. von den Driesch 1975.
[95] Bei mitgefundenen Tierknochen müßte eine exakte Gleichzeitigkeit erwiesen sein, um Hunger weitgehend ausschließen zu können. Ein ritueller Kontext ist auch in Notsituationen denkbar, da Ausnahmesituationen und gewöhnlich verabscheute Handlungen, wie das Essen von Menschenfleisch aus Not, auch spezielle Vorkehrungen erforderlich machen können; Tierknochen aus derartigen Befunden sollten nicht pauschal als Nahrungsreste gedeutet werden. Möglich wäre z.B. die Interpretation als 'magisches' Mittel, als Ausdruck des Wunsches, einen bestimmten Zustand - Verfügbarkeit von Tieren/Nahrung - herbeizuführen. In der Grube von Zauschwitz (Coblenz 1962a) fanden sich beispielsweise außer den Menschenknochen nur zwei halbe, nicht zusammengehörige Metatarsi vom Rind. Eine Möglichkeit der Unterscheidung wäre eventuell gegeben, wenn derartige Befunde regelmäßig und in vergleichbaren Zusammenhängen auftreten würden, was jedoch bisher nicht der Fall ist.

ständige Skelette und Schädel(teile), da die Interpretationsmöglichkeiten vielfältig sind und nicht nur den Bereich der Anthropophagie umfassen. Dies soll im folgenden erörtert werden.

1.2.2.1 Vergleich mit Tierknochen

Der Hinweis auf eine übereinstimmende Behandlung von Menschen- und Tierknochen entbehrt meist einer überzeugenden Grundlage, da entsprechende Untersuchungen fehlen. Nur selten wird ein Vergleich vorgelegt, gewöhnlich handelt es sich um unbegründete Hypothesen.

Fragmentierte menschliche Knochen werden häufig mit Tierknochen verglichen, da auf den ersten Blick Unterschiede nicht zu erkennen sind - gemeinsames Kriterium ist die Tatsache der Fragmentierung. Eine genaue Analyse ist jedoch erforderlich, wie das Beispiel Manching zeigt. Bei der Untersuchung der Tierknochen wurde auch das menschliche Skelettmaterial grob gesichtet, wonach sich die Menschenknochen in der Art der Zerschlagung nicht von den Schlachttierknochen unterschieden[96]. Bei der späteren Untersuchung durch G. Lange wurde deutlich, daß Unterschiede vorhanden waren: Im Gegensatz zu den Tierknochen wurden die Diaphysen der Menschenknochen vorwiegend als mehr oder weniger große, zusammenhängende Stücke geborgen. Vielen Langknochen fehlen die Epiphysen, die auch im Fundmaterial nicht enthalten sind, wogegen bei den Tierknochen viele Endstücke mit Epiphysen vorliegen[97], ein bei Schlachtabfall zu erwartendes Ergebnis. Dieses unterschiedliche Merkmalsbild muß bei der Interpretation zum Tragen kommen. Es ist hinsichtlich des Zustands der Menschenknochen unwahrscheinlich anzunehmen, daß er in irgendeiner Weise mit der Absicht der Markgewinnung in Zusammenhang stehen könnte, wodurch eine Deutung als Hinweis auf Kannibalismus[98] an Überzeugungskraft einbüßt. An diesem Beispiel zeigt sich auch ein schon oben angedeuteter wichtiger Aspekt, der der Materialmenge, die für eine Untersuchung zur Verfügung steht - wären in Manching nur geringe menschliche Reste zutage gekommen, hätte sich das Merkmalsbild anders darstellen können, ohne signifikante Unterschiede zum Erscheinungsbild der Tierknochen aufzuweisen.

S. M. Wall, J. H. Musgrave und P. M. Warren veröffentlichten 1986 eine Arbeit über die menschlichen Knochen aus dem 'Keller' eines Hauses in Knossos (SM Ib). Es handelte sich um Skelettreste von zwei bis vier Kindern, von denen einige Knochen noch im Verband aufgefunden wurden[99]. Ein hoher Prozentsatz dieser Knochen, ca. 35,7 %, wies Schnittspuren auf, Brandspuren waren nicht vorhanden[100]. Die Autoren sahen die Entfernung des Fleisches als beste Möglichkeit der Erklärung für diese Spuren, die unterstützt werde durch das Vorkommen von vergleichbaren Schlachtspuren an Tierknochen aus allen in der Grabung repräsentierten Perioden. Zerlegung sei die wahrscheinliche Erklärung für einige der Spuren, als Hauptziel aber wäre die Entfernung des Fleisches zu sehen; Beweise für das absichtliche Entfernen von Gehirn, Herz und Lungen lägen gleichfalls vor. Eine mit allen angeführten Beobachtungen übereinstimmende Deutung sei *"preparation of meat and removal of flesh for cooking"*[101]. P. M. Warren veröffentlichte schon 1981 einen Vorbericht zu den Befunden in Knossos und stellte bezüglich der Kinderknochen fest, daß von ihnen sicher das Fleisch entfernt wurde, ein Vorgang, der unnötig kompliziert erscheine, wenn die Kinder nur geopfert worden wären, der jedoch, entsprechend der Behandlung der Tierknochen, eher mit Essensvorbereitung korrespondiere. Er brachte dann die von ihm rekonstruierten Vorgänge mit dem Mythos des Zagreus in Verbindung[102]. Die Ablehnung der Möglichkeit des Opfers scheint mir nicht begründet - der Begriff 'kompliziert' dürfte hier kaum ein Kriterium sein. Denkbar wäre z.B., daß nur das Fleisch verbrannt werden sollte oder durfte. Die beschriebenen Handlungen wirken eher bei der Annahme von Nahrungszubereitung unnötig kompliziert.

Der Hinweis auf die Gleichbehandlung von Menschen- und Tierknochen ist nicht ganz überzeugend. An den menschlichen Knochen fanden sich an 79 von 199 Knochen Schnittspuren, sowohl feine, die denen auf den Tier-

---

96 Boessneck u.a. 1971, 5.

97 Lange 1983, 21.

98 So z.B. Lorenz 1986. Zu Manching vgl. Kap. II.3.9.

99 Wall, Musgrave u. Warren 1986, 342.

100 Ebd. 333; an anderen Stellen fanden sich weitere Menschenknochen, auch von Erwachsenen, aber ohne Schnittspuren.

101 Ebd. 386.

102 Warren 1981, 163.

knochen entsprechen, als auch an drei Knochen tiefere Spuren. Die Tierknochen im 'Children's Room' - darunter drei von Hunden - waren z.T. verbrannt, z.T. nicht verbrannt; von 251 Knochen wiesen nur 19 feine Schnittmarken auf. Menschliche Hand- und Fußknochen waren unterrepräsentiert, die vorhandenen zeigten Spuren, die auf Häuten schließen lassen[103]. Die Schnittmarken an den Knochen deuten sicher auf eine sorgfältige Exkarnation, aber der Sinn dieser Handlungen ist damit nicht schon notwendig erschlossen. In der auf den oben erwähnten Bericht von P. M. Warren folgenden Diskussion führte G. Cadogan aus, es sei so wenig über SM I-Bestattungen bekannt, daß zu entsprechenden Vorbereitungen kaum etwas gesagt werden könne[104]. J. Muhly äußerte sich zu den tiefen Spuren an den Knochen und meinte, daß diese nach Entfernung des Fleisches entstanden sein könnten. *"Thus, we may not be dealing with cannibalism but with a sort of ritual that took place after the death of the children"*[105].

Der Befund aus Knossos ist nicht eindeutig zu beurteilen. Es könnte sich um Vorgänge handeln, die mit Kannibalismus verbunden waren, ebenso wahrscheinlich ist die Annahme von Handlungen, die damit nicht in Zusammenhang standen. Ob wir es hier mit dem Bereich des Opfers oder dem der Bestattung zu tun haben, ist gegenwärtig kaum zu entscheiden. Sicher ist jedoch, daß es sich um ein kompliziertes Ritual handelte, das offenbar Häutung, die Entfernung der Innereien sowie Zerlegung und eine sorgfältige Exkarnation umfaßte, Vorgänge, die entgegen der Meinung von P. M. Warren und im Vergleich mit den Tierknochen zu kompliziert erscheinen, wenn sie nur der Nahrungszubereitung bzw. -vorbereitung dienten. Um das Fleisch zu kochen, hätte man es kaum vorher sorgfältig vom Knochen gelöst, worauf der hohe Prozentsatz an Schnittspuren deutet, die sich an den Tierknochen viel seltener fanden. Hinzu kommt, daß die genaue zeitliche Abfolge der verschiedenen Handlungen nicht bekannt ist, d.h. beispielsweise, daß die Entfernung des Fleisches bzw. die Säuberung der Knochen - je nachdem, was als Ziel der Handlungen gelten soll - auch einige Zeit nach dem Tod der Kinder vorgenommen worden sein kann. Dies wäre bei der Annahme von sekundären Bestattungen zu erwarten.

1.2.2.2 Schnittspuren

Schnittspuren an menschlichen Knochen könnten auf Anthropophagie deuten, reichen als Beleg aber nicht aus. B.-U. Abels und K. Radunz veröffentlichten 1975/76 eine hallstattzeitliche Grube aus Lichtenfels/Stadtteil Mistelfeld in Oberfranken. Darin fanden sich Skelettreste von drei Individuen, Scherben und Tierknochen; wegen vorausgegangenen Baggerarbeiten konnten nicht alle Funde geborgen werden. Den Autoren zufolge weist der eindeutige Grabungsbefund und seine Auswertung ohne Zweifel auf Anthropophagie hin[106].

Die anthropologische Untersuchung ergab, daß bei der Bestattung die Bänder noch nicht vergangen waren, da einige Phalangen im Zusammenhang geborgen wurden. Am distalen Ende eines linken Humerus konnten zwei, an der proximalen Hälfte der jugendlichen Tibia fünf Schnittspuren festgestellt werden. Der größere Teil der menschlichen Extremitätenknochen war zerbrochen, im Gegensatz zu den Tierknochen, die alle in Längsrichtung gespalten seien. Schädelverletzungen, die auf einen menschlichen Eingriff schließen lassen, wurden nicht nachgewiesen. Beinahe alle Gelenke waren beschädigt, so daß man den Eindruck gewinnen könne, die Toten seien zerstückelt worden[107]. Der anthropologische Befund ließe in Verbindung mit den gespaltenen Tierknochen und den fortgeworfenen Keramikresten die Vermutung zu, daß es sich hierbei um einen Fall von Anthropophagie handele. Ohne die Schnittspuren an Tibia und Humerus könnte es sich, nach B.-U. Abels, auch um eine rituelle Bestattung handeln[108].

---

[103] Wodurch das Fehlen einiger Hand- und Fußknochen zu erklären wäre. Wall, Musgrave u. Warren 1986, 342ff.

[104] P. M. Warren erwog ebenfalls die Möglichkeit sekundärer Bestattung, zu der die Entfernung noch anhaftenden Fleisches gehören könnte, verwarf sie aber, da diese nur von Erwachsenen bekannt sei (1981, 159).

[105] Warren 1981, 167; dort auch Hinweise auf andere Fundorte (Zakros, Amman): Hägg u. Marinatos 1981, 215. Vgl. v.a. Branigan 1987; Fountoulakis 1987; Ottoson 1980, 201-204. Vgl. ferner Hermann 1956 (Zerstückelung, Exkarnation). Hingewiesen sei auch auf das mykenische Kuppelgrab von Dendra (in einem Schacht Menschen- und Hundeknochen), Persson 1931, 69.

[106] Abels u. Radunz 1975/76, 48.

[107] Ebd. 56.

[108] Abels 1977, 116.

Der Annahme, daß es sich mit den erwähnten Schnittspuren nicht um eine rituelle Bestattung handeln kann, ist nicht zu folgen. Der vorliegende Befund deutet allenfalls auf (partielle) Zerstückelung und eventuell Sekundär- bzw. 'verzögerte' Bestattung[109], für Anthropophagie ist kein überzeugender Hinweis anzuführen. Schnittspuren und Beschädigung der Gelenke sind bei der Zerlegung oder Zerstückelung eines Leichnams zu erwarten, aus welchen Gründen dies geschah, ist aus den Spuren an den Knochen allein nicht zu erschließen. Die Interpretation als Hinweis auf Kannibalismus wird auch durch den archäologischen Befund nicht gestützt, bei den "fortgeworfenen Keramikresten" kann es sich ebenso um Gefäße, die bei der Niederlegung benutzt wurden, oder um Beigaben handeln.

Vergleichbar argumentierte D. Walter in bezug auf die menschlichen Knochen aus der Nordspalte der Ilsenhöhle bei Ranis, von denen einige Schnittspuren aufwiesen: *"Da im Grabungstagebuch zwar Oxydspuren an den Knochen, aber keine Bronzen verzeichnet wurden (...), könnte man an sekundäre Teilbestattungen denken; Schnittspuren an einigen Knochen lassen den Verdacht auf Anthropophagie aufkommen"*[110]. Schnittspuren wären bei der Annahme sekundärer Teilbestattungen nicht überraschend und erfordern keine Verbindung mit anthropophagen Handlungen. Die Oxyd- und Schnittspuren können jedoch Hinweise für eine hypothetische Rekonstruktion der zeitlichen Abfolge der Bestattung geben: Die primäre Lagerung erstreckte sich über einen längeren Zeitraum, worauf die Oxydspuren deuten, der aber für die völlige Skelettierung des Leichnams nicht ausreichte, da der Sehnenverband noch teilweise erhalten war, worauf die Schnittspuren deuten könnten (Entfernung der Sehnen). Nach der Säuberung der Knochen wurde ein Teil von ihnen in der Höhle deponiert, ohne Beigabe der Bronzen.

1.2.2.3 Zerbrochene und zerschlagene Knochen

Die Deutung von zerbrochenen und zerschlagenen Knochen ist problematisch. Es wird nicht immer eindeutig zwischen den Begriffen unterschieden und der Nachweis von Schlagspuren häufig nicht erbracht. Sind solche vorhanden, läßt sich die Interpretation nicht auf den Bereich der Anthropophagie beschränken, wie weiter unten (Kap. II.1.2.2.7) gezeigt werden soll.

Zerbrochene Knochen können auf verschiedene Ursachen zurückgehen, wurden aber auch mit kannibalistischen Handlungen in Verbindung gebracht. So waren die menschlichen Röhrenknochen aus der Istalloskóer Höhle in Ungarn *"eher nur gebrochen"*, die darunter vermischt vorkommenden Tierknochen aber *"in typischer Weise gespalten."* Die Knochen fanden sich in einer 'Feuerstelle' zusammen mit Scherben der Bükker Kultur, zwei Steinbeilen, einigen Klingen und Pfriemen. A. von Saád interpretierte den Befund als Hinweis auf Anthropophagie: *"Der Gesamteindruck spricht meiner Ansicht nach am ehesten für Kannibalismus, da die aufgebrochenen und verbrannten Tierknochen, die verbrannten und gebrochenen, hauptsächlich von jugendlichen Individuen stammenden Menschenknochen, Geschirre, Ockerreste, Klingen, Steinbeile und andere Geräte in größter Unordnung aufeinandergehäuft, keinen Grund zur Annahme der Beerdigung geben"*[111]. Ein Grund für die Interpretation des Befundes als Kannibalenmahlzeit ist die Unordnung allemal nicht. Wenn die Überreste - nach einer Bestattungszeremonie - an der Oberfläche liegengelassen wurden, ist keine andere Auffindungssituation zu erwarten.

Auf die Argumentation A. von Saáds berief sich einige Jahre später R. Wetzel bei der Interpretation der an den Übergang vom Alt- zum Mittelneolithikum datierten 'Knochentrümmerstätte' im Hohlenstein bei Asselfingen in Baden-Württemberg: *"Sicher ist bisher, daß es sich nicht um eine fortlaufende Bestattung handelte, sondern um eine einmalige Massentötung. (...) Der Gedanke des Kannibalismus, den Birkner bei der Besprechung ähnlicher Funde im Nördlinger Hohlenstein und ein paar anderen bayerischen Höhlen ausgesprochen hat, liegt nahe, nachdem vor allem die Röhrenknochen in einer Weise aufgebrochen sind, die nur auf die Gewinnung des Marks zielen konnte; er liegt im Hohlenstein so nahe wie bei den geradezu lächerlich ähnlichen Knochentrümmerfunden von Saád aus der Istállóköer Höhle. Auch dazu müßte von vornherein daran erinnert werden, daß 'Menschenfresserei' kaum je mit einfacher Nahrungsgewinnung zu tun hat, sondern auch in ihren rohesten For-*

---

109 Vgl. z.B. Doerr 1935, 748ff.; Meyer-Orlac 1982, 123ff., bes. 155ff.; Kruk u. Milisauskas 1982, 216; Branigan 1987.

110 Walter 1985, 47. Es handelte sich vornehmlich um Schädelfragmente bzw. Unterkieferteile sowie fragmentierte, angeblich zerschlagene Langknochen. Die Datierung ist unsicher (vielleicht eisenzeitlich).

111 Saád 1930, 109f.

men kultisch bestimmt ist"[112]. Bei diesen Überlegungen scheint es keine Rolle zu spielen, ob die Spuren an den Knochen tatsächlich auf anthropogene Einwirkungen zurückgehen[113].

Die anthropologische Untersuchung des Materials der 'Knochentrümmerstätte' wurde von W. Gieseler durchgeführt und in sehr knapper Form veröffentlicht[114]. Es handelte sich nach Zählung der Schläfenbeine, die am zahlreichsten vertreten waren, um Reste von mindestens 38 Individuen[115] sowie einige Tierknochen. Alle Knochen waren zerkleinert, sämtliche Extremitätenknochen zerbrochen und der Länge nach meistens bis zu den Epiphysen hin aufgespalten. Die Wirbel sollen am besten erhalten gewesen sein[116]. An einer Rippe fanden sich quer verlaufende tiefe Kerben[117]. Von einer über diesem Befund gelegenen Feuerstelle sollen Knochen dunkel verfärbt sein, die Anzahl ist nicht vermerkt[118]. Nähere Informationen zu Spuren an den Knochen fehlen. Es ist beispielsweise nach dem Bericht nicht zu beurteilen, ob Zerlegungs- und/oder Schlagspuren festgestellt werden konnten, oder ob vielleicht 'trockene' Knochen niedergelegt und 'zertrümmert' wurden, d.h. es fehlt eine Bestimmung des Zeitpunkts, der Art und des Umfangs der traumatischen Einwirkungen. Die von R. Wetzel postulierte "Massentötung" ist nicht nachgewiesen. Die Steinsetzung und die Feuerstelle über den Knochen deuten auf sorgfältige und absichtliche Deponierung der menschlichen Reste.

Bei der Deutung des Befundes, so stellte W. Gieseler fest, werde man als Anthropologe wohl stets zuerst an Kannibalismus denken[119]. Er bezog sich dabei auf einen Befund aus dem Hohlenstein bei Ederheim, den F. Birkner veröffentlicht hatte. Dort fanden sich *"gemischt mit Scherben und Tierknochen menschliche Knochen von Kindern und Erwachsenen, welche wie die Tierreste alle zerbrochen waren. Allem Anschein nach handelt es sich um Spuren von Kannibalismus"*[120]. Es sollen Knochenstücke von Oberschenkeln und von Schädeln gefunden worden sein, letztere angeblich mit Ritzspuren. Dieser Befund läßt sich heute nicht mehr beurteilen[121], eine erneute Untersuchung der menschlichen Reste aus der 'Knochentrümmerstätte' bliebe abzuwarten.

1.2.2.4 Brandspuren

Brandspuren an Knochen können verschiedene Ursachen haben und durch Kontakt mit Feuer oder Brandresten entstehen - ihr Vorhandensein erfordert nicht zwangsläufig eine Deutung der Skelettreste als 'Nahrungsabfall'[122]. Verteilen sie sich über den gesamten Knochen oder größere Teile, so ist dieser selbst dem Feuer ausgesetzt gewesen, entweder ohne Fleisch, oder das Fleisch ist verkohlt. Bei der Zubereitung von Nahrung sind eher keine oder nur wenige Brandspuren zu erwarten, und zwar an den Stellen, an denen wenig oder kein Fleisch vorhanden war, so etwa am Unterkiefer oder an den Knochenenden bzw. den Zerlegungsstellen. Gleiches gilt, wenn die Absicht die Entfernung des Fleisches ist, beispielsweise bei der Reinigung eines Schädels, der zu diesem Zweck dem Feuer ausgesetzt werden kann.

Nach J. Wahl wurden z.B. tote Nadowessi (Sioux) bis zu ihrer Überführung auf ein Gerüst gelegt, später wurde das Fleisch von den Knochen gebrannt und diese dann mitgenommen[123]. R. Martin berichtete über Samoa, daß dort die Ahnenschädel in einem Regenmacherhain (maradan) in großen Tridacnamuscheln, die sich bei Regen

---

112 Wetzel 1938, 211. Vgl. dagegen Seewald 1971, 391, die für diesen Befund "zweckbedingten Nahrungskannibalismus" postulierte.

113 Vgl. ebenso Wetzel 1961, 63.

114 Gieseler 1938, 226f.

115 Nach einer nicht veröffentlichten Untersuchung von K. Keller 1300 kleingeschlagene menschliche Knochenreste von mindestens 41 Individuen, überwiegend Kinder unter 14 Jahren (vgl. Wetzel 1961).

116 Gieseler 1938, 226.

117 Ebd.

118 Ebd. 227.

119 Ebd.

120 Birkner 1914, zit. nach Gieseler 1938, 227.

121 Vgl. Dehn u. Sangmeister 1954, Nr. 25, und Weissmüller 1986, 171, 248f.

122 Zur Rolle des Feuers vgl. z.B. Maringer 1974.

123 Wahl u. Wahl 1984, 444; in einem anderen Fall wurden Schädel, Becken und Extremitätenknochen mit Holzkohle eingerieben, die restlichen Teile verbrannt (ebd.).

mit Wasser füllen, aufbewahrt werden. Fürchtet man aufgrund allzu starken Regens Fäulnis, wird unter den Schädeln ein Feuer angezündet, um die Geister der Verstorbenen zu beschwören, an der Rauchsäule gen Himmel zu steigen und die Wolken zu teilen[124].

Auch bei Brandspuren ist eine anthropologische Untersuchung erforderlich, um diese von Verfärbungen an Knochen, die durch die Lagerung im Boden entstehen können, zu unterscheiden. Eine Nachuntersuchung von menschlichen Knochen aus der Rothesteinhöhle im Ith, die Reste einer grau-braunen Verfärbung aufwiesen, ergab, daß sich diese Spuren auf natürliche Ursachen zurückführen lassen[125]. Dieses Ergebnis zeigt deutlich, wie vorsichtig alte Beschreibungen aufgenommen werden müssen. Nach dem Bericht des Ausgräbers der Rothesteinhöhle, A. Wollemann, waren *"die Röhrenknochen sämmtlich zerschlagen"*[126] *"und angebrannt, so dass an den Feuern ohne Zweifel einst Menschen verbrannt wurden. (...) Nach meiner Meinung sind diese Knochen bei den Mahlzeiten zertrümmert, um Mark und Saft aus ihnen zu genießen; (...)"*[127]. Die Deutung als Reste anthropophager Mahlzeiten ging in die Literatur ein[128]; Unterschiede zeigten sich nur in der Wertung des Befundes als Hinweis auf profane oder aber kultische Handlungen.

1.2.2.5 Schädel und Schädelteile

Die Interpretation von Schädeln und Schädelresten als Zeugnisse anthropophager Vorgänge findet sich zwar häufig, ist jedoch nicht mehr als eine unter vielen Möglichkeiten und keine zwingend notwendige Schlußfolgerung. Eine artifizielle Öffnung der Schädelbasis[129] deutet auf ein Entfernen des Gehirns hin, nicht aber auf dessen Verzehr - es fällt auf, daß in diesen Fällen vor allem darauf geachtet wurde, den Schädel nicht zu beschädigen. Hingewiesen sei in diesem Zusammenhang auf die Tatsache, daß an Tierschädeln eine Erweiterung des Foramen magnum eher selten zu konstatieren ist - zur Entnahme des Gehirns wird der Schädel meist in Längs- und/oder Querrichtung zerschlagen[130]. K. J. Narr stellte bezüglich der Interpretation des Schädels von Monte Circeo als Nachweis für Anthropophagie im Paläolithikum durch W. Gieseler zutreffend fest, daß Tötung und Kannibalismus die Bestattung von Köpfen oder Schädelkult selbstverständlich nicht ausschließen, man jedoch nicht umgekehrt aus Tötung oder Bestattung von Köpfen zwingend auf Kannibalismus schließen könne[131].

1935 veröffentlichte G. Zimmermann zwei lengyelzeitliche Schädel aus Langenlois in Niederösterreich. Die genaueren Fundumstände sind unklar, ehemals soll es sich um vier bis fünf Schädel sowie einen Hundeschädel gehandelt haben. "Stark zertrümmerte Skeletteile von zwei Menschen" wurden nachträglich aus dem Aushub gebor-

---

[124] Martin 1920, 27f.

[125] Es fanden sich *"im Knochengewebe deutlich Zerstörungsspuren in Form von kleinen sogenannten Bohrkanälchen (...), die durch verschiedene Einflüsse während der Bodenlagerung (z.B. Algen- und Pilzwachstum) verursacht wurden. Die makroskopisch auffällige Verfärbung könnte auf die Einlagerung von Mineralien (z.B. Mangan) zurückzuführen sein, oder auch auf die Einwirkung von Sekundärmetaboliten der postmortal in den Knochen eingewanderten Mikroorganismen."* M. Schultz in: Geschwinde 1988, 143, 148. Allerdings standen für die Nachuntersuchung nur noch wenige Reste des ursprünglich vorhandenen Materials der Grabung Wollemann zur Verfügung, die Hauptmasse stammt aus späteren Grabungen. Die Untersuchung der Knochen durch Nehring ergab aber auch keine sicheren artifiziellen Spuren und keine, die er eindeutig als Brandspuren interpretierte (er sprach von "abgebrühten" Knochen), vgl. Nehring 1884.

[126] Bei der Nachuntersuchung konnten lediglich zwei Schnittspuren an einer menschlichen Rippe festgestellt werden (M. Schultz in: Geschwinde 1988, 143).

[127] Wollemann 1883, (517); dieser Meinung schloß sich auch Nehring 1884 an; vgl. Kap. II.3.2.

[128] Vgl. z.B. Matiegka 1896, 134; Lehmann 1929, 117; Jacob-Friesen 1963, 250; Claus 1964, 165; Krüger 1980, 215; Kubach 1983, 140.

[129] Zusammenfassend Kiszely 1970.

[130] Freundlicher Hinweis von Dr. C. Becker, Archäozoologin am Seminar für Ur- und Frühgeschichte der Freien Universität Berlin.

[131] Narr 1960, 281. Vgl. auch A. Krämer 1924 (Ofnet) - zu Schädelbechern u.a. Breuil u. Obermaier 1909; Krenn 1929; Moßler 1949; A. Ross 1962, bes. 36f. (Gebrauch von Schädeln zu Heilzwecken noch bis in das 19. Jahrhundert) - allgemein Maringer 1982 - Rozoy 1965; Dombay 1969; G. Behm-Blancke, Alt-Thüringen 24, 1989, 208 (Fehlen von Schädeln in Gräbern) - Hülle 1931; Wegewitz 1960; Walther 1989 (Schädelbestattungen); Willvonseder 1937 (fünf zusätzliche Schädel im Grab) - Petres 1972, 379; F.-R. Herrmann 1973 (Kelheim) - s.a. Herrmann u. Rötting 1986.

gen, aber nicht untersucht[132]. Von einem Schädel war nur noch Gesicht und Unterkiefer vorhanden, der hintere Teil sei abgebrochen und verlorengegangen[133]. Das Gesicht zeigte, so Zimmermann, in der Gegend des rechten Brauenbogens deutliche Brandspuren, gleichfalls in der Stirngegend, daher soll es sich um das Opfer einer Kannibalenmahlzeit gehandelt haben[134]. Daß Brandspuren nicht auf Kannibalismus deuten müssen, wurde oben bereits angesprochen. Aus den vorhandenen Angaben lassen sich keine Schlüsse ziehen, eine Interpretation als Hinweis auf Anthropophagie überfordert den Befund.

1910 wurde von Heiderich ein Kinderschädel aus einer bandkeramischen Grube bei Hanau publiziert, den H. Friesinger 1963 in seine Zusammenstellung von Befunden aufnahm, die auf Anthropophagie weisen sollen[135]. Nach dem Bericht von Heiderich handelte es sich nicht um einen Schädel mit Weichteilen, der Unterkiefer, die beiden Felsenbeine und ein Jochbein fehlten. Diese Knochen müssen, so der Autor, schon vor der Einbettung der übrigen in das Erdreich, also vor der Zerstörung der Grube verloren gegangen sein. Er kam zu dem Ergebnis, daß ein von Weichteilen befreiter Schädel in der noch benutzten "Wohn"grube aufbewahrt worden sei, der dann bei der Zerstörung der Grube auseinanderfiel, wobei sich die größeren Knochen so lagern mußten, wie sie gefunden wurden. *"Nun findet sich noch an beiden Teilen des Stirnbeins eine Brandspur, die zum Teil an den Bruchflächen sitzt, zum Teil aber auch auf den an der Coronarnaht liegenden Rand des Knochens übergreift, während das angrenzende Scheitelbein keine Brandspur aufweist."* Dies beweise, daß der Schädel schon auseinandergefallen gewesen sein muß, als das Stirnbein mit Feuer in Berührung kam[136].

Auch Schädelteile erzwingen keine Deutung als Hinweis auf Anthropophagie[137]. R. von Heine-Geldern beschrieb Kopfjagd und Menschenopfer in Assam und Birma. Er berichtete u.a., daß ein Schädel, wenn der Kaufpreis für das Opfer von mehreren Verwandten aufgebracht worden ist, unter diesen geteilt werde, wobei derjenige, der am meisten Geld hergegeben hat, das größte Stück erhält, um damit sein Haus zu schmücken[138]. Die Herstellung der Schrumpfköpfe (tsantsas) der Jívaro-Indianer (Shuar) im Grenzgebiet zwischen Ekuador und Peru ist in diesem Zusammenhang interessant. R. Martin beschrieb den Vorgang: *"Der Kopf wird tief am Unterrande des Halses vom Rumpf getrennt und an der dorsalen Fläche durch einen Median-sagittal-Schnitt vom Hinterhaupt bis zum Halsende gespalten. Von dieser Öffnung aus wird die Kopfschwarte langsam nach oben fortschreitend von den Knochen gelöst und schließlich der Schädel extrahiert. In Fällen eines glatten Halsschnittrandes ohne mediansagittale Incisur scheint dies nur in partibus möglich zu sein"*[139]. Die archäologisch überlieferten Reste einer solchen Prozedur wären vermutlich Schädel oder deren Teile mit traumatischen, perimortal[140] entstandenen Einwirkungen, die wahrscheinlich im 'Abfall' zutage treten würden.

---

[132] Vgl. dazu H. Friesinger, Arch. Austriaca 35, 1964, 1ff.

[133] G. Zimmermann 1935, 228; nähere Angaben dazu fehlen.

[134] Ebd. Vgl. auch die Funde von Bisamberg: Jungwirth 1956 und Urban 1979, Anm. 11: *"Der 1933 gefundene Schädel aus Bisamberg wurde mehrmals in Zusammenhang mit anthropophagen Handlungen erwähnt (...). Solche scheinen uns jedoch nicht vorzuliegen. Auf Grund der Hiebverletzungen können wir lediglich auf eine gewaltsame Tötung schließen. Da der Schädel aus dem Jahre 1933 weder beim Ausgraben genau beobachtet, noch bei einer wissenschaftlich beobachteten Fundaufsammlung geborgen wurde und weiter keine sichtbaren Nachweise einer anthropophagen Handlung erkennbar sind, möchten wir eine Deutung, die auf Kannibalismus schließen läßt, ablehnen."*

[135] Friesinger 1963, 12.

[136] Heiderich 1910, 21.

[137] Zu Schädelrondeln u.a. Piggott 1940; Károlyi 1964; Behm-Blancke 1964; Grimm 1964/65; Chochol 1967; Moser u. Übelacker 1977; Schacht 1982; Urban, Teschler-Nicola u. Schultz 1985, 85ff.; Abels 1987 - Ciugudean 1983, 172 (in Gräbern menschliche Kieferknochen auf der Brust der Toten) - vgl. auch R. A. Maier 1989: im Bereich eines neuzeitlichen Bestattungsplatzes ein teilweise bearbeitetes menschliches Schädelstück in einer Pfostengrube (170 u. Abb. 129).

[138] R. von Heine-Geldern 1917, 13; dort weitere Beispiele; anzumerken ist, daß weder Geschlecht noch Alter eine Rolle spielen, nur die Zähne schon durchgebrochen sein müssen. Auch bei Kopfjagdtrophäen kann es sich um Schädel von Frauen und Kindern handeln, u.a. deshalb, weil durch das für die Erlangung eines solchen Schädels häufig notwendige tiefe Eindringen in feindliches Gebiet Mut gezeigt wird. Allgemein kommt es auf den Kopf an, weniger auf die Umstände der Erbeutung (häufiger wird Wert darauf gelegt, den Namen des Opfers zu erfahren). Unsere Vorstellungen von Tapferkeit usw. sind nicht anzuwenden.

[139] Martin 1920, 52.

[140] Bei traumatischen Einwirkungen an Knochen kann differenziert werden zwischen:

Wie diese Beispiele zeigen, muß die Interpretation von Befunden vorsichtig erfolgen, eine einseitige Deutung als Hinweis auf Kannibalismus wäre zu verkürzt. Andere Möglichkeiten sind einzubeziehen.

1.2.2.6 Hungerkannibalismus und nutritive Anthropophagie

Im Rahmen der Diskussion über prähistorische Anthropophagie wurde die Möglichkeit, entsprechende Befunde als Zeugnisse von Notsituationen[141] zu interpretieren, weitgehend ignoriert - ob sie in archäologischen Fundkomplexen zu belegen wären, ist eine andere Frage: Wenn es sich um singuläre Erscheinungen handelt, ist ihre Faßbarkeit vom methodischen Ansatz her ausgeschlossen; fehlende Redundanz und strukturelle Unbestimmbarkeit, Faktoren, mit denen gerechnet werden muß, stehen der Möglichkeit einer Identifizierung derartiger Ereignisse im Fundmaterial entgegen.

Die Deutung einiger Befunde aus Höhlen als Hinweise auf Notsituationen findet sich bei O. Paret, allerdings lediglich aufgrund 'moralischer Bedenken' gegen die Sitte des Kannibalismus, die er auch für die Menschen der neolithischen Zeit postulierte, denn in *"der jungsteinzeitlichen indogermanischen Welt Mitteleuropas mußte aber Kannibalismus als unerhört erscheinen. (...) Offenbar liegt im Hohlenstein im Lonetal und an den anderen genannten Orten"* - Hanseles Hohl bei Fronhofen und Jungfernhöhle bei Tiefenellern - *"echter Kannibalismus vor, wie man das in den Dürrejahren 1922 in der Ukraine erlebt hat. (...) So findet sich die Lösung der auffallenden Erscheinung in der Erkenntnis der Klimakatastrophe. (...) Aus dem Neckarland oder dem Ries flüchtende Bauern haben auf ihrem Fluchtweg nach den Seen in den Höhlen Obdach gesucht. Nach dem Verlust und Verzehr der mitgeführten Haustiere griffen sie in der Verzweiflung zum äußersten Mittel, um ihr Leben noch kurze Zeit zu fristen"*[142]. Diese auf Klimatheorien basierende Interpretation der Befunde erscheint, wie D. Walter feststellte, zu vereinfacht, besonders unter dem Aspekt des gemeinsamen Vorkommens menschlicher und tierischer Knochen, wodurch sich die Annahme eines Nahrungskannibalismus von selbst ad absurdum zu führen scheint[143]. Nach Meinung C. Seewalds lassen sich die Befunde im "bewohnbaren" Hohlenstein-Stadel als Zeugnis eines zweckbedingten Nahrungskannibalismus interpretieren, da keine exakten Anhaltspunkte für eine zeremonielle Behandlung der menschlichen Knochenteile entdeckt werden konnten[144]. Was damit genau gemeint ist, führte sie nicht näher aus - der Hauptgrund scheint die Einordnung des Hohlensteins in ihre Kategorie 'Wohnhöhle' zu sein.

O. Klindt-Jensen postulierte für die menschlichen Knochen aus Dyrholmen bei Randers in Dänemark Hungerkannibalismus. Die menschlichen Langknochen seien wegen des Marks zerschlagen, und Spuren an den Wirbeln deuteten auf Enthauptung. Er meinte, eine gewisse Amateurhaftigkeit feststellen zu müssen, denn kein Anatom und mutmaßlich kein erfahrener Kannibale würde versuchen, den menschlichen Körper auf diese Weise zu zerlegen. *"The head had been scalped with a circular cut of a flint knife, but no such cut would have been necessary to reach the edible brain. (...) It seems most probable, however, that it was hunger that occasionally drove the Ertebølle people to cannibalism"*[145]. Das Ziel einer Skalpierung ist jedoch nicht das Gehirn, sondern die Erlangung des Skalps; ein weiteres oder zusätzliches Motiv liegt in der Verunglimpfung des so Behandelten. Ebenfalls möglich ist ein Zusammenhang mit der Säuberung des Schädels. A. Dieck und S. Anger wiesen darauf hin, daß sich

---

prämortaler Einwirkung: Defektränder zeigen Heilungsreaktionen; perimortaler Einwirkung: um den Tod herum, der Knochen reagierte noch vital - es läßt sich nicht beweisen, ob das Trauma vor oder nach dem Tod des betreffenden Individuums entstand; postmortaler Einwirkung: lange nach dem Tod, keine vitale Knochenreaktion. Vgl. Wahl u. König 1987, 115; Danner 1990, 12.

[141] Vorkommnisse dieser Art sind im Mittelalter und in der Neuzeit mehrfach nachweisbar, vgl. z.B. den Bericht von Abd al-Latif (zit. in: Tannahil 1975, 47ff.); Reed 1974; Simpson 1984; Beattie u. Geiger 1992, 51ff. (Bericht über die Franklin-Expedition); Delumeau 1989, 230f. - Archäologisch z.B. Flinn, Turner u. Brew 1976.

[142] Paret 1961, 87, 88. Zum 'Hohlenstein' vgl. Kap. II.1.2.2.3.

[143] Walter 1985, 75. Das gemeinsame Vorkommen allein kann jedoch kaum als ausreichendes Gegenargument gesehen werden - die feststellbare Gleichzeitigkeit ist nur relativer Natur.

[144] *"Für den bewohnbaren Hohlenstein-Stadel konnten keine exakten Anhaltspunkte für eine zeremoniell-religiöse Behandlung der menschlichen Knochenteile entdeckt werden. (...) Soweit diese Relikte aus moderner Sicht überhaupt noch deutbar sind, scheint es sich um einen zweckbedingten Nahrungs-Kannibalismus gehandelt zu haben, so wenig zusagend diese Vorstellung auch sein mag."* Seewald 1971, 391.

[145] Klindt-Jensen 1957, 36f.

an einem Knochen Nagespuren von Hunden fanden, und es sich daher nicht um Hungerkannibalismus handeln könne - sie nahmen "religiös-magische Motivationen" an[146]. Die Skalpierungsspuren deuten darauf hin, daß die Manipulationen nicht ausgeführt wurden, um das Gehirn zu Nahrungszwecken zu entfernen. Schnittspuren weisen sicher auf Zerlegung hin, auch Schlagspuren können so interpretiert werden, eine Deutung als Kannibalismus ist damit nicht gegeben. Hingewiesen sei hier z.B. auf Totenrituale der Andamanen[147] und auf die Interpretation späterer Funde von Alvastra durch O. Frödin und C. M. Fürst, die verschiedene Möglichkeiten erwogen, darunter die Mitnahme von Körpertrophäen unterschiedlichster Art oder Teilbestattungen im Dorfgebiet[148].

1986 wurde eine Untersuchung der Knochenbefunde aus der Höhle Fontbrégoua in Südostfrankreich veröffentlicht[149]. Aufgrund eines Vergleichs der Tier- und Menschenknochen von diesem Fundplatz konnte, den Autoren zufolge, der erste sichere Nachweis für prähistorischen Kannibalismus erbracht werden.

Auffällig ist, daß in der Höhle Menschen- und Tierknochen nur getrennt auftraten und das genaue zeitliche - etwa jährliche oder jahreszeitliche - Verhältnis dieser Knochen zueinander archäologisch nicht bestimmt werden konnte[150]. Die Autoren sprachen von nutritiver Anthropophagie, ohne die Möglichkeit einer Notsituation oder eines rituellen Kontextes näher zu erörtern.

Es konnten Herdstellen, Aschelinsen, Gruben und 13 separate Knochenansammlungen in flachen Vertiefungen festgestellt werden, von denen drei (H1 - H3) nur menschliche Reste enthielten. Nur H3 war noch intakt: Schädelreste fehlten, und alle Knochen waren stark fragmentiert. Im gestörten Knochendepot H1 fanden sich dagegen viele Schädel(teile)[151], zudem Tierfraßspuren an den Knochen. *"Our inference that animal and human meat was eaten is based on the evidence of ordinary butchering practices and unceremonial patterns of discard in a domestic setting. Similarities in the treatment of animal and human remains are striking. The evidence of breakage to extract marrow and the mode of discard contrast strongly with known secondary burial practices. Elements of rituals seem to be present in the treatment of human skulls, but they are consistent with an interpretation of exocannibalism. Feature 2 suggests that Bos skulls could also be an object of special consideration"*[152]. *"Secondary burial may mimic cannibalism if it includes active dismemberment and defleshing of the body; however, the absence of bone breakage for marrow and the mode of bone disposal will set it apart from dietary cannibalism"*[153]. Vier Kriterien sollen demnach im Vergleich mit den Tierknochen einen Nahrungskannibalismus belegen: gleiche Schlachttechniken, gleiche Art der Langknochenfragmentierung, gleiche Art der Abfallbeseitigung und Zubereitungsspuren (Braten, Kochen); letztere konnten nicht nachgewiesen werden. Die Spuren an den Knochen bei sekundären Bestattungen, die Zerlegung und Entfleischung umfassen, entsprechen Schlachtspuren. Dies kann auch, entgegen der Behauptung der Autoren, Fragmentierung der Knochen einbeziehen, was nichts mit

---

[146] Dieck u. Anger 1978, 166f.

[147] Martin 1920, 56f.; Radcliffe-Brown 1933, 113: Schädel und Unterkiefer auf jedem Lagerplatz, seltener auch Gliedmaßenknochen.

[148] *"Ist der Weg zu lang und zu beschwerlich, als daß der Sieger den Körper des gefallenen Widersachers ganz und gar mitführen könnte, wird er zerstückelt, um leichter fortgetragen werden zu können, oder - wenn auch das zu beschwerlich wird - wird ein Teil des Körpers mitgenommen, der Kopf, ein Arm oder ein Bein. Findet man auch das schwer oder unmöglich, so begnügt man sich mit einer Hand, ja einem Finger. Die Röhrenknochen der Extremitäten werden dann an vielen Stellen, z.B. bei den Araukanern in Chile, als Trophäen in der Weise benutzt, daß daraus Flöten und Pfeifen verfertigt werden (...). Wäre es nicht vielleicht denkbar, daß (...) die Toten oben auf festem Boden beerdigt oder in den Schlamm des Sumpfes versenkt wurden, mit Ausnahme eines Teiles des Körpers, welcher sein Grab (...) in einem gewissen, hierfür bestimmten Teil des Dorfgebietes"* fand?, Frödin u. Fürst 1921, 59, 65. R. Meyer-Orlac berichtete, nach Rasmussen, von Häuptlingsgräbern auf Rippen und Kiefern eines Walfisches (Point Hope): *"Menschengebeine sähe man dort überall verstreut herumliegen, so zahlreich, 'daß der ansässige Missionar in dem letzten Jahr über viertausend Schädel hat begraben lassen'."* Meyer-Orlac 1982, 105.

[149] Courtin u. Villa 1986a, 1986b.

[150] Unkalibrierte C^{14}-Daten ergaben Begehungen im 5. und 4. Jahrtausend.

[151] Fünf unvollständige Schädel, zwei Schädelfragmente und sechs Unterkiefer sowie postcraniale Knochenfragmente.

[152] Courtin u. Villa 1986b, 436; *"Five human and seven animal crania have long sagittal marks along the midline, frontal to occipital."* Ebd. Anm. 29; die Knochenansammlung 2 war mit einem Steinkreis umstellt, darin der Teil eines Rinderschädels mit Horn und Häutungsmarken; ferner fanden sich in Vertiefung 8 meist sehr fragmentierte Schafsknochen unter einem schweren Stein.

[153] Ebd. 431.

Markentnahme zu tun haben muß[154]. Bemerkenswert ist, daß alle Markknochen in den Ansammlungen und alle Knochen - also nicht nur die Markknochen - in H3 zerbrochen bzw. stark fragmentiert sind[155]. Es stellt sich die Frage, warum die Menschenknochen alle fragmentiert sind. *"It is notable that there are no graves at the site. The mode of burial in Provence for this time period was individual inhumation, however, documentation of this practice is not extensive"*[156], was doch aber bedeutet, daß die übliche Bestattungsart auch eine andere gewesen sein kann. Die Voraussetzung der Theorie des profanen Nahrungskannibalismus[157] ist, daß es sich bei der Höhle um einen gewöhnlichen, saisonal genutzten Wohnplatz gehandelt hat, da keine Anzeichen für Riten vorhanden waren. Die Annahme, bei den Funden handele es sich um Abfall in der Bedeutung von 'Müll', wie im Modell der Autoren vertreten, ist jedoch wenig wahrscheinlich. Dagegen sprechen die oben angeführte Schädelbehandlung und die sorgfältige, getrennte[158] Deponierung der Tier- und Menschenreste in wahrscheinlich künstlich angelegten flachen Vertiefungen sowie das Vorkommen von karbonisiertem Getreide. Es dürfte sich eher um die Überreste von rituellen Vorgängen, von Bestattungen oder Opfern, handeln, bei denen die Zertrümmerung der Knochen möglicherweise erforderlich war. Erinnert sei in diesem Zusammenhang auch daran, daß im Menschenknochendepot H3 sämtliche Knochen, nicht nur die markhaltigen, stark fragmentiert waren. Die Interpretation der Befunde als Hinweis auf Kannibalismus ist möglich, ein sicherer Nachweis, wie von den Autoren behauptet, liegt jedoch nicht vor.

1.2.2.7 Möglichkeiten der Interpretation

Es gibt viele Möglichkeiten, Befunde mit menschlichen Knochen oder Skeletten in Siedlungen und Höhlen zu interpretieren. Abgesehen von der Deutung als Reste anthropophager (ritueller) Vorgänge kann es sich um nicht regelhaft auftretende bzw. nur am Einzelfall diskutierbare Möglichkeiten handeln, auf die hier nur kurz hingewiesen sein soll: Überreste von Kriegshandlungen oder Massakern[159], Seuchenopfer, Hungerkannibalismus, Knochen aus älteren, durch Anlage eines Hauses oder einer Grube zerstörten Bestattungen[160], durch Hunde in eine Siedlung gebrachte Knochen, Mordopfer, Unfälle[161]; sogar durch Handel erworbene Knochen sind nicht auszuschließen, wie das Beispiel der Tifalmin auf Neuguinea zeigt: *"All men possess a number of charms, and some of these include human relics. (...) but they had been bought from the Atbalmin, and their power therefore can be regarded as purely magical, not connected with the ancestor cult"*[162].

Wesentlich sind jedoch zwei Möglichkeiten der Interpretation: Es kann sich um den Niederschlag bisher nicht erkannter Umgangsformen mit Verstorbenen der eigenen Gruppe[163] oder mit Fremden - z.B. Trophäen - oder um

---

[154] Vgl. z.B. Ullrich 1989; Martin 1920, 13; Habenstein u. Lamers 1963, 82f.; Haglund 1976, 13; im folgenden weitere Beispiele.

[155] Courtin u. Villa 1986b, 435.

[156] Ebd. 434.

[157] Die Möglichkeit einer Notsituation wurde nicht in Erwägung gezogen.

[158] H3 und das Tierknochendepot 9 sind grob gleichzeitig datiert (3740 ± 190); an weiteren Funden sind Keramik, Steingeräte und vor allem karbonisiertes Getreide zu nennen.

[159] Vgl. z.B. die Befunde im römischen Siedlungsareal von Augst und Kaiseraugst: Menschenknochen mit Schnittspuren, die auf Zerstückelung deuten, und recht häufig Einzelknochen: Furger u. Schibler 1988, 178ff. (anthropologische Bearbeitung durch B. Kaufmann), bes. 192ff.

[160] Ein gut dokumentierter Fall ist z.B. aus der lengyelzeitlichen Siedlung in Aszód bekannt, wo eine Grube ein Grab schnitt, und sich der zum Skelett gehörige Schädel in dieser Grube fand: N. Kalicz, Mitt. Arch. Inst. Budapest 3, 1972, 67.

[161] Gut denkbar beispielsweise für Fingerknochen u.ä., wobei diese auch in den Bereich des Trauerverhaltens der Hinterbliebenen gehören können: Zur Fingerverstümmelung vgl. Stubbe 1985, 81; ferner ebd. 78ff. (Trauermutilation); Schiefenhövel 1986, 204f.

[162] Cranstone 1971, 137f.

[163] H.-P. Storch meinte in seiner Bearbeitung frühneolithischer Bestattungssitten am südlichen Oberrhein mit Bezug auf das Ungleichgewicht zwischen Siedlungen und Gräberfeldern: *"Möglich wäre aber auch, daß wir Relikte anderer Bestattungsformen in den Händen haben, sie aber nicht als solche erkennen bzw. deuten können."* (Reste von Sekundär- und Schädelbestattungen; Storch 1984/85, 24). Es sind auch aus Menschenknochen hergestellte Artefakte bekannt, die in Zusammenhang mit Trauerriten stehen, vgl. z.B. B. Malinowski 1983a, 120.

Überreste von Opfern handeln[164].

Artifiziell zerschlagene oder gespaltene Knochenreste müssen nicht auf eine Entnahme des Marks zu Nahrungszwecken hinweisen. Man könnte in diesem Zusammenhang auch an die bei einem Opfer häufig erforderliche Zerstörung der Materialien denken, die ebenfalls für die Überreste von blutigen Opfern notwendig sein kann. A. Götze berichtete 1893 über eine hallstattzeitlich datierte Grube mit Skeletteilen von vier Menschen im 'Bärenhügel' (Wohlsborn), die er als Reste von Opfern interpretierte. Er wies auf das Moment des Zerstückelns im Bereich der Votivfunde hin und war der Ansicht, dies könnte auch auf andere Arten von Opfern zutreffen[165].

Von Jacob Le Moyne ist ein Bericht über das Skalpieren[166] in Nordamerika überliefert, in dem er erwähnte, daß nach einer Schlacht den Erschlagenen Arme und Beine aufgeschnitten und zertrümmert werden konnten, und ein Teil getrocknet mit der Kopfhaut in die Dörfer gebracht wurde[167].

K. W. Bolle zitierte mehrere Berichte über das 'Meriah'-Opfer der Khond in Indien. Das Opfer mußte gekauft werden, Kriminelle oder Kriegsgefangene galten nicht als geeignet. In eine vorbereitete Grube floß das Blut eines Schweines, in dem das Opfer ertränkt wurde - der Körper wurde dann zerstückelt und auf die Dörfer verteilt, das Fleisch an verschiedenen Orten, im Dorf und an dessen Grenzen, vergraben. Der Kopf blieb unberührt und wurde mit den übriggebliebenen Knochen in der Grube beerdigt[168]. In einem anderen Bericht heißt es, daß das Opfer von der Menge zerstückelt wurde[169].

---

164 Eine Zusammenstellung von Möglichkeiten aus ethnologischen Quellen findet sich bei Kandert 1982; s.a. Ucko 1969, allgemein zu Formen der Bestattung und deren archäologischem Erscheinungsbild. Vgl. ferner Martin 1920, bes. 24ff.; von Königswald 1960. Bearbeitete Menschenknochen wurden häufiger auf italienischen prähistorischen Fundplätzen entdeckt (vgl. z.B. Bellintani u. Cassoli 1984). In einem schnurkeramischen Grab in Prag-Kobylisy lagen Tierzähne und mehrere, z.T. durchbohrte menschliche Fingerglieder (R. A. Maier 1961, 252 Anm. 397). In Lidbury fanden sich eine bearbeitete menschliche Ulna, in Ham Hill vier durchbohrte Femurköpfe (Whimster 1981, 185). - Ferner Cadoux 1987 u. Brunaux 1986, 21ff. (Ribemont-sur-Ancre) und ders., Meniel u. Poplin 1985. - Vgl. auch Beninger 1931; Mania u. Baumann 1968 (Knochenbestattung, diese ohne Schnittspuren und sortiert); Kaufmann 1989, 135 Anm. 25 (verzierter menschlicher Unterkiefer, Bronzezeit); Spennemann 1984, 206. - Auch profane Nutzungsmöglichkeiten sind nicht auszuschließen: Eine menschliche Schädelkalotte mit Gebrauchsspuren stammt aus einem Keller der römischen Siedlung in Walheim (Wahl u. Planck 1989). Aus dem Mittelalter ist von der Wiprechtsburg bei Groitzsch ein pfriemartiges Gerät aus einem menschlichen Radius mit starker Gebrauchspolitur bekannt (H.-H. Müller 1977, 166f.).

165 Götze 1893, (145).

166 Diese Sitte kam erst zu voller Blüte, nachdem die Europäer Prämien auf die Skalps ausgesetzt hatten.

167 *"Gleicher weiß / nach gehaltener Schlacht / pflegen sie mit gemeldten Rohrmessern der Erschlagenen Arme von den Schultern / und die Schenkel von den Hüfften an / auffzuschneiden / und die blossen Bein mit einem Stecken zu zerschmettern / darnach die andern zerschlagene und blutige Theyl eben mit demselben Feuwer zusengen / und wider zu trücknen / und hernach sampt der Haut deß Häupts oben auff die Spieß zu stecken / und also triumphirend heym zu bringen."* Le Moyne 1603, zit. nach v. Welck 1985, 185.

168 *"The victim must always be purchased. Criminals, or prisoners captured in war, are not considered fitting subjects. (...) they kill a hog in sacrifice, and, having the blood allowed to flow into a pit prepared for the purpose, the victim who, if it has been found possible, has been previously made senseless from intoxication, is seized and thrown in, and his face pressed down until he is suffocated in the bloody mire amid the noise of instruments. The Zanee"* ('Priester') *"then cuts a piece of flesh from the body, and buries it with ceremony near the effigy and village idol, as an offering to the earth. All the rest afterwards go through the same form, and carry the bloody prize to their villages, where the same rites are performed, part being interred near the village idol, and little bits on the boundaries. The head and face remain untouched, and the bones, when bare, are buried with them in the pit."* Bolle 1983/84, 51f.

169 *"(...) One of the villagers officiates as priest, who cuts a small hole in the stomach of the victim, and with the blood that flows from the wound the idol is besmeared. Then the crowds from the neighbouring villages rush forward, and he is literally cut into pieces. Each person who is so fortunate as to procure it carries away a morsel of flesh, and presents it to the idol of his own village."* Ebd. 52.

Die noch im 19. Jahrhundert öffentlich vollzogenen Hinrichtungen, die in der Tradition des Opfers zu sehen sind[170], zogen jeweils viele Zuschauer bzw. "Teilnehmer" an. Blut und Knochen der Hingerichteten galten, wie auch die von Heiligen, als Heilmittel und hatten Amulettcharakter[171]. Moritz Busch berichtete als Augenzeuge von Hinrichtungen in Dresden, wie das Armsünderblut von der sich zum Schafott drängenden Volksmenge begierig mit Löffeln in Töpfe aufgeschöpft oder mit Tüchern aufgetunkt wurde, *"da es die fallende Sucht heilte, wenn der an dieser Leidende es trank und dann so lange fortlief, als er Kraft und Athem hatte"*[172].

Auch an einen Bestattungsritus wäre zu denken. Interessant ist die Feststellung verschiedener Anthropologen, die bei Leichenbranduntersuchungen eine zusätzliche Zertrümmerung der Knochenreste konstatierten, sei dies aus praktischen oder/und rituellen Gründen[173]. P. Holck konnte das Zerteilen von Leichen vor der Verbrennung wahrscheinlich machen[174].

G. Tessmann zufolge wurden bei der Bestattung der Cashibo in Peru alle Teile, auch die Knochen, die zuletzt zerteilt und zerbrochen wurden, verbrannt[175]. Manchmal wird auch nur das Fleisch verbrannt, die Knochen aufbewahrt oder separat beigesetzt[176]. Bei den Karaiben Guayanas sollen nach einem Jahr die Reste wieder ausgegraben, dann die Knochen sorgfältig abgeschabt und in Behältern beigesetzt worden sein[177].

In Europa war bzw. ist das Ausgraben der Überreste, die Reinigung und dann die erneute Beisetzung der Knochen ebenfalls bekannt - üblich in Teilen von Kärnten, Jugoslawien, Rumänien[178] und Griechenland. Erinnert sei auch an die noch im vorigen Jahrhundert verbreitete Sitte der Bestattung in Gebeinhäusern (in oder bei Kirchen); das wohl berühmteste Beispiel ist das Beinhaus von Hallstatt, wo die bemalten Schädel, meist ohne Unterkiefer, über den gestapelten Langknochen aufgereiht lagen[179].

Werden traumatische Einwirkungen an Skelettresten konstatiert, so ist nicht nur an Tötungen[180] zu denken, sondern auch an das Phänomen der Bestrafung von Toten, die aus verschiedenen Gründen erfolgen kann[181].

L. Haglund führte zusammenfassend Möglichkeiten der Behandlung von Verstorbenen in Australien an. Der Körper wurde oft verstümmelt, zerteilt, es wurden Eingeweide entfernt, Gliedmaßen oder Finger gebrochen, indem man Steine auf den Leichnam warf oder auf ihn sprang, Teile des Körpers als Reliquien getragen, wie Schädel, Finger oder andere Knochen, Zähne, Haar, Haut oder getrocknetes Fleisch. Auch das ganze Skelett konnte für eine bestimmte Zeit mitgeführt werden[182].

---

[170] Vgl. Schwenn 1915, 27; von Hentig 1954/55; ders. 1987; van Dülmen 1988. Interessant ist die Gleichsetzung von Schlächter (Metzger) und Henker, der in deutschen Quellen auch Fleischer oder Fleischhacker genannt wird (von Hentig 1987, 228).

[171] Vgl. z.B. Richter 1960; Bächtold-Stäubli, HDA (Knochen, bes. 9, 13; Hingerichteter, bes. 39f., 43ff.).

[172] Deutscher Volksglaube, Leipzig 1877, zit. nach Richter 1960, 99; weitere Beispiele ebd. 95, 98; Leder 1986, 124ff. *"Das Volk drängt herbei und versucht in hemmungsloser Gier, das Blut des Enthaupteten aufzufangen. Es gilt als äußerst heilkräftig, zum Beispiel gegen Epilepsie, und ist daher heiß begehrt. Die Henkersknechte füllen kleine Becher mit dem aus dem Halsstumpf hervorquellenden Blut und verkaufen diese an die herandrängenden Kranken, die sich nicht scheuen, das dampfende Blut zu trinken. Läßt der Blutstrom nach, so werden immer noch Tücher damit getränkt und verkauft. Das Weihespiel endet mit einem Kannibalenakt."* Leder 1986, 124f. Ferner Schwenn 1915, 191 (Gladiatorenblut gegen Epilepsie).

[173] Angeführt bei Wahl 1982, 30.

[174] Holck 1986, 178ff. Vgl. ferner Wahl 1982, 33 u. Anm. 11 (Schnittspuren). Weiterhin Branigan 1987 (Mesara Tholoi, 'Skelett'bestattungen), bes. 49f. (Brechen von Knochen).

[175] Tessmann 1930, 152f.

[176] Z.B. Wahl u. Wahl 1984, 446.

[177] Koch(-Grünberg) 1899, 83. Vgl. auch Doerr 1935, 748ff.

[178] Vgl. Meyer-Orlac 1982, 406 Anm. 669.

[179] Vgl. z.B. Morton 1954, 121-123 (mit Abb.). - Allgemein: Ariès 1985, v.a. 43ff., 63ff.

[180] Wobei neben kriegerischen Vorgängen, Opferhandlungen u.ä. auch z.B. reguläre Kindes- und Altentötung in Erwägung gezogen werden muß (Koty 1939; Weiss 1986, 218).

[181] H. von Hentig 1954/55; MacLeod 1981.

[182] *"The corpse was often mutilated at some stage: flayed, roasted and butchered (and maybe eaten), or a spear might be put through the body or hair pulled or singed or nails burnt or genitalia or viscera removed or body openings sown up or limbs or toes or fingers broken. The bones might be broken by dropping stones on the body or by jumping on it. Parts of the*

Von den Warramunga wurde berichtet, daß sie einen Armknochen des Toten bis zur abschließenden Zeremonie aufbewahrten. Diesen zerschlug man dann mit einer Axt, deponierte die Reste in einer kleinen Grube und beschwerte sie mit einem Stein[183].

Eine Verwendung von Knochenmark zu anderen Zwecken als zu solchen der Nahrung ist denkbar. Es wäre beispielsweise zu überlegen, ob eine Spaltung von tierischen Langknochen in jedem Fall auf eine Mahlzeit hindeuten muß, wie dies H. Jankuhn bezüglich des Pferdes auf kaiserzeitlichen Opferplätzen formulierte: *"Daß auch seine Opferung im Zusammenhang mit dem Kultmahl erfolgte, beweisen gelegentlich auftretende zerschlagene Pferdeknochen (...)"*[184]. Da diese selten auftreten, andererseits nur bestimmte ausgewählte Teile des Pferdes niedergelegt wurden und die Überreste anderer Tiere als Nahrungsabfall häufig sind, Pferdeknochen auch auf Siedlungsplätzen mengenmäßig nicht ins Gewicht fallen, sollte eventuell eine andere Verwendung des Knochenmarks in Erwägung gezogen werden - denkbar wäre z.B., daß nur dieses für bestimmte Handlungen oder Riten gebraucht wurde, nicht aber die Knochen. Eine Entfernung des Marks könnte auch mit einer Reinigung der Knochen in Zusammenhang stehen[185].

Knochen spielen häufig eine wichtige Rolle in Ritual und Vorstellungswelt vieler Gesellschaften. In seiner Untersuchung des Todes von Captain Cook auf Hawaii beschrieb M. Sahlins die Behandlung der Leichname von Häuptlingen. Verschiedene Verfahrensweisen waren möglich, von denen einige hier angeführt werden sollen: Ein erschlagener Rivale wurde - wie ein Schwein - an einer offenen Feuerstelle abgesengt. In der Regel ließ man dann den Körper auf dem Altar verwesen. Eine andere Möglichkeit bestand darin, ihn aus dem Tempel zu bringen und zu rösten oder zu kochen, um die Ablösung des Fleisches vom Knochen zu erleichtern. Die Knochen wurden dann unter den Gefolgsleuten des jetzt amtierenden Häuptlings verteilt. Die Knochen der Häuptlinge, die nicht durch Rivalen beseitigt worden sind, wurden in einem Behältnis im Tempel aufbewahrt; um das Fleisch von ihnen zu lösen, ließ man den Körper verwesen oder in einem Erdofen backen[186]. Auch im Trauerverhalten der Trobriander in Melanesien spielten Knochen eine Rolle. Der Leichnam wurde exhumiert und einige Knochen von den Söhnen des Verstorbenen herausgelöst; einige hoben sie als Reliquien auf, andere verteilten sie an bestimmte Verwandte. Die Knochen wurden gereinigt, aus dem Schädel wurde ein Kalkgefäß hergestellt, aus Radius, Ulna, Tibia und einigen anderen Knochen Spachtel geschnitzt. Den Unterkiefer des Verstorbenen trug die Witwe am Hals. Die Knochen gingen durch mehrere Hände, ehe sie endgültig - nach einigen Jahren - auf Felsklippen deponiert wurden. Nägel, Zähne und Haare erhielten entferntere Verschwägerte und Freunde, die diese als Reliquien trugen[187]. Nach R. Martin trugen in der Südsee die Hinterbliebenen Rippen, Zähne, Hand- und Fußphalangen Verstorbener in Form von Halsketten; in Tibet wurden die Fingerglieder zu Rosenkränzen aneinander gereiht.

---

corpse could be removed and carried as relics, e.g. skull or fingers or toes or some other bones, teeth, hair, skin or dried flesh. (The whole skeleton might be carried around for some time.) Bones could be regarded as amulets. Ashes could be amulets or medicine or a mourning cosmetic." Haglund 1976, 13. Zum Knochenbrechen vor der Bestattung s.a. Martin 1920, 13; Delumeau 1989, 120; zum Zerstückeln vor der Bestattung/Verbrennung z.B. MacLeod 1925, 131; Doerr 1935, 405f. - Bei den Moskito wurde das Skelett eines Mannes nach einem Jahr wieder ausgegraben, zu einem Ganzen verbunden und von der Witwe ein Jahr mitgeführt. Danach wurden die Knochen an der Tür oder auf dem Dach niedergelegt (Meyer-Orlac 1982, 368 Anm. 385).

[183] Ein niedriger Graben wurde gezogen, *"über welchem eine Anzahl geschmückter Männer breitbeinig steht, worauf dann einige ebenfalls bemalte Frauen unter den gespreizten Beinen der Männer her durch den Graben kriechen. Die letzte dieser Frauen trägt den Armknochen und sobald sie aus dem Graben aufsteht, nimmt ein Verwandter ihr das Bündel ab, trägt es zu einem anderen Manne, der neben dem Totemzeichen mit erhobener Axt bereit steht und dann den Knochen zerschlägt. Die Reste werden darauf schnell in eine kleine Grube beerdigt und mit einem großen, flachen Stein beschwert."* Doerr 1935, 406. Vgl. auch Stubbe 1985, 32, 61.

[184] Jankuhn 1967, 146.

[185] In diesem Zusammenhang sind vielleicht auch Elemente des Volksglaubens in bezug auf die Verwendung von Knochen zu bestimmten Zwecken interessant (Frazer 1989, 42-44). Ruthenische Einbrecher sollen z.B. menschliche Schienbeine, in denen das Mark durch Talg ersetzt wurde, als Lichter benutzt haben, mit denen sie dreimal um ein Haus gingen, um die Bewohner einzuschläfern (ebd. 43).

[186] Sahlins 1986, 46f.

[187] B. Malinowski 1983a, 119f. Weitere Beispiele: Wahl 1984; MacLeod 1925, 125.

Ferner erwähnte er ein Halsband aus den Wirbelkörpern eines Kleinkindes, das sich unter den Objekten der Abbott-Sammlung von den Andamanen findet[188]. Diese wenigen Beispiele sollen vorerst genügen.

Erinnert sei in diesem Zusammenhang an den christlichen Reliquienkult, zu dem, als Reliquien erster Ordnung, die leiblichen Überreste der Heiligen zu zählen sind: vollständige Knochengerüste, Knochenpartikel und -fragmente, Röhrenknochen, Schädelkalotten[189] sowie auch Haut- und Fleischteile[190]. Eine plastische Beschreibung der Vorgänge bei der Entnahme von Reliquien während der öffentlichen Aufbahrung eines Heiligen findet sich in einem von Marzani 1730 überlieferten Bericht, in dem es heißt: *"(...) alle gleichsamb in die Wett laufend, sich zur Leich hinzu machten und dieser ein Stücklein von dem Sarch, der andere von dem Hembd, andere von denen Näglen, oder von den Haaren, oder gar auch Stücklein von dem Fleisch herab gezwacket und darvon getragen (...)"*[191].

Nach einem Bericht von Bosman aus dem 17. Jahrhundert hatte bei den Asante jeder *"Priest or Feticheer (...) his peculiar Idol, prepared and adjusted in a particular and different manner, but most of them like the following Description: They have a great Wooden Pipe (cask) filled with Earth, Oil, Blood, and the bones of dead Men and Beasts, Feathers, Hair, and to be short, all sorts of Excrementitious and filthy Trash, which they do not endeavour to mould into any shape, but lay it into a confused heap in the Pipe"*[192]. Der archäologisch noch feststellbare Überrest von einem solchen Behältnis und seinem Inhalt wäre "Abfall" - hauptsächlich zerbrochene Menschen- und Tierknochen.

Es läßt sich an den Knochen selbst nicht unterscheiden, ob das Fleisch oder das Gehirn nur entfernt, wobei auch Kochen eine Rolle spielen kann, oder dann auch gegessen wurde. Das Kochen bzw. Skelettieren von Leichnamen war z.B. auch im Mittelalter bekannt, um einen Transport über weite Strecken zu erleichtern. So wurde der Leichnam von Friedrich I. Barbarossa, der 1190 in Kilikien ertrank, nach Antiochia gebracht, dort zerlegt und gekocht, das Fleisch beigesetzt und die Knochen in Tyrus vorläufig bestattet[193]. Ludwig IV. von Thüringen starb 1227 in Süditalien und wurde in Otranto beigesetzt. Nach der Rückkehr vom Kreuzzug gruben seine Gefolgsleute den Leichnam wieder aus, zerlegten und kochten ihn, um seine Knochen in die Heimat zu überführen[194]. Papst Bonifaz VIII. wandte sich 1299 dagegen, daß Leichen in Wasser gekocht, zerteilt oder verbrannt werden - ein Mißbrauch, vor dem christliche Frömmigkeit schaudere. Jedoch war man, wie N. Ohler betonte, weiterhin daran interessiert, wenigstens die Knochen Vornehmer dort zu haben, wo man meinte, angemessen für sie sorgen zu können. Und wer hatte schon die Zeit, den natürlichen Verwesungsprozeß abzuwarten?[195].

---

[188] Martin 1920, 57. Vgl. ferner ebd. 37, 45, 61. Henschen 1966, 40ff.

[189] Richter 1960, 91. Vgl. auch Pfister 1974, 323f., 433ff., 607ff. Bei der Eroberung von Byzanz wurden auch Reliquien gestohlen: *"Eine Spur vom Blut Jesu, Holz vom wahren Kreuz, ein Stück vom heiligen Johannes, ein Arm des Apostels Jacobus."* Ohler 1991, 315. Zu Schädelbechern vgl. Andree 1912, 1-14.

[190] Richter 1960, 92.

[191] Ebd. 86. N. Ohler meinte: *"(...) über weitergehende ›Reliquienentnahmen‹ dürften Chronisten im Bestreben, Grenzen der Achtbarkeit zu wahren, nicht selten schweigend hinweggegangen sein. Abgeschnitten oder abgerissen wurden der aufgebahrten Elisabeth von Thüringen nicht nur Teile der um ihr Gesicht gewickelten Tücher, auch nicht nur Haare und Nägel; im Bestreben, kostbare Reliquien zu gewinnen, verstümmelte man ihr sogar Ohren und Brüste."* Ohler 1990, 99. Von den Überresten einer 'Klosterfrau' aus der Schweiz überlieferte R. Andree einen Bericht von Murner 1751: *"'Wie sie wieder aussgraben worden, trancke eine kranke Schwester mit grossem Glauben und Andacht aus ihrer Hirnschallen, die wurd von stunden ihrer Krankheit entlediget.'"* Andree 1912, 12.

[192] Zit. nach McLeod 1981, 60. *"Bosman's derisive account indicates the underlying European contempt for many aspects of local life which were treated with a ruthless literalism. The contents of the barrel, 'Excrementitious and filthy Trash', were taken at face value and denied a symbolic dimension."* Ebd.

[193] Uhsadel-Gülke 1972, 18. Vgl. Schuchhardt 1920, 499; Mannus, Ergbd. 2, 36 (G. Albrecht). Der Normanne Heinrich I. (gestorben 1135) wurde durch einen Metzger ausgeweidet. *"Nur gegen hohe Belohnung fand sich einer, der mit einem Beil das Haupt spaltete, um das übelstinkende Gehirn zu entfernen. Der Mann starb an Leichenvergiftung (...)."* Brückner 1966, 57, zit. nach Meyer-Orlac 1982, 360 Anm. 314.

[194] Ohler 1990, 103f.

[195] Ebd. 105.

Es fehlen weitgehend Untersuchungen zu Verwendungsmöglichkeiten von oder Umgehensweisen mit Fleisch, Mark und Knochen. H. Ullrich konnte beispielsweise überzeugend darlegen, daß im Paläolithikum vermutlich menschliche Knochen bzw. Knochenfragmente im Rahmen von Bestattungsritualen eine Rolle spielten. Schnitt- und häufige Schabspuren, die so auf den Tierknochen nicht auftraten, deuten darauf hin, daß die Knochen sorgfältig entfleischt wurden[196]. Das Ziel der festgestellten Manipulationen am Leichnam und am Knochen sei es gewesen, Knochen bzw. -bruchstücke von Verstorbenen für bestimmte Zeremonien zu erhalten, und zwar vorwiegend vom Schädel. Nur mit dieser Interpretation erscheinen, so H. Ullrich, die Manipulationen in ihrer Gesamtheit verständlich und sinnvoll[197]. Er führte jedoch zwei Kriterien an, die nach seiner Meinung auch auf Kannibalismus hinweisen, m. E. aber nicht überzeugend sind: Zum einen eine gewaltsam eröffnete Schädelbasis - womit lediglich ein Entfernen des Gehirns plausibel gemacht werden kann -, zum anderen longitudinal aufgeschlagene Langknochen, die er nur an einem Fundort, Krapina, feststellte. Dort lagen *"zahlreiche längs aufgespaltene Knochenbruchstücke von Femur und Tibia, einige auch von Humerus sowie ein gespaltener Radius vor. Die Bruchstücke lassen meist Schnittmarken, auch Kratzspuren erkennen"*[198]. Der Zustand der Knochen kann auch mit den oben schon beschriebenen Manipulationen erklärt werden und muß nicht auf anthropophage Handlungen zurückgehen. F. Le Mort stellte fest, daß der prähistorische Kannibalismus bis heute nur an einem einzigen Fundort, Fontbrégoua[199], erwiesen sei. In Krapina wäre, so betonte sie, die Existenz von Spuren, die auf Entfleischung deuten, die einzig sichere Tatsache, die jedoch für den Nachweis von Anthropophagie nicht ausreiche[200].

1.2.3 Zusammenfassung

Die Möglichkeiten der Anthropologie, mittels Spuren an Knochen einen Nachweis für anthropophage Handlungen erbringen zu können, sind sehr überschätzt worden. Bei der Besprechung der Indizien, die Kannibalismus belegen sollen, hat sich gezeigt, daß diese Interpretation häufig denkbar, jedoch nie zwingend ist.

Ein nicht zu unterschätzendes Problem stellt die Identifizierung artifiziell entstandener Spuren an Knochen und ihre Unterscheidung von Tierfraß und natürlich bedingten Veränderungen dar. Die in den letzten Jahren gewonnenen Erkenntnisse zeigen, wie schwierig eine solche Unterscheidung selbst für Anthropologen sein kann und mahnen zur Vorsicht bei älteren Berichten, dies umso mehr, wenn keine anthropologische Untersuchung vorliegt.

Die Kriterien, die als Hinweis für Kannibalismus in Anspruch genommen werden, sind problematisch, da sie keine eindeutigen Beweise darstellen. Menschliche Zahnspuren an Knochen sind nicht überzeugend nachgewiesen. Schnittspuren können eine Zerteilung, Entfleischung oder Entfernung der Sehnen belegen und einen Hinweis auf Zerstückelung, sekundäre Bestattung u.v.m. geben - ob damit anthropophage Handlungen verbunden waren, ist anhand der Spuren nicht zu entscheiden. Gleiches trifft auf weitere Indizien zu, wie etwa zerschlagene Knochen, denen nicht anzusehen ist, ob aus ihnen das Mark entfernt und tatsächlich verzehrt wurde, der Grund für die Zerschlagung also die Entnahme des Marks zu kannibalistischen Zwecken war. Auch eine Gehirnentnahme deutet nicht zwingend auf dessen Verzehr. Problematisch ist in diesem Zusammenhang, daß häufig, auch in anthropologischen Untersuchungen, nicht zwischen den Begriffen 'zerschlagen' und 'zerbrochen' differenziert wird, und somit eine Entscheidung über das Vorliegen anthropogener Einwirkung schwer oder unmöglich ist. Ein Vergleich mit Tierknochen könnte auf ähnliche Zerlegungsmuster deuten, auch dies wäre jedoch kein zwingender Beweis, da eine Zerlegung meist an geeigneten Stellen durchgeführt wird. Zudem ist ein solcher Vergleich dadurch erschwert, daß Schnitt- und Hackspuren bei der Bearbeitung von Tierknochen in der Literatur selten genauer besprochen werden. Aussagen über eine Gleichbehandlung von Menschen- und Tierknochen sind ohne eine Vorlage des entsprechenden Materials mit Vorsicht zu behandeln. Brandspuren an menschlichen Knochen können auf viele Ursachen zurückgehen - als Hinweis auf Kannibalismus sind sie jedoch kaum zu verwerten.

---

[196] Ullrich 1986, 227f.

[197] Ders. 1989, 59. *"Nach Abschluß dieser Zeremonien sind die Knochen einfach entweder weggeworfen, an bestimmten Stellen des Rastplatzes deponiert oder rituell bestattet worden."* Ebd. 64.

[198] Ebd. 64f. Vgl. dazu auch Trinkaus 1985, der den Zustand der Knochen großteils auf natürliche Ursachen zurückführte.

[199] Vgl. dazu Kap. II.1.2.2.6.

[200] Le Mort 1988, 47.

Die besprochenen Indizien können auf anthropophage Handlungen deuten, belegen diese aber nicht. Die Interpretation von menschlichen Skelettresten als Hinweis auf (rituelle) anthropophage Vorgänge ergab sich aus der Prämisse der Existenz solcher Sitten bei rezenten Völkern, und diese Möglichkeit wurde häufig a priori einzig für plausibel gehalten[201]. Anthropologische Untersuchungen der Knochen sind unerläßlich. Prä-, peri- und postmortale Verletzungen, Schnitt-, Biß- und Brandspuren, die Spaltung oder das Zerbrechen von Knochen in 'frischem' oder 'trockenem' Zustand durch artifizielle oder natürliche Einwirkungen können nur durch genaue anthropologische Untersuchungen festgestellt werden. Eine weitergehende Interpretation in Richtung auf Kannibalismus kann von anthropologischer Seite allein aber nicht erfolgen. Es fanden sich keine Kriterien für Spuren an menschlichen Knochen, die zwingend nur mit der Annahme von Anthropophagie zu erklären wären. Andere Deutungen sind, wie anhand von Beispielen gezeigt werden konnte, grundsätzlich immer denkbar.

1.3 Bestattung, Abfall und Opfer: Probleme der Deutung archäologischer Befunde

Es ist notwendig, allgemein auf die Bereiche Bestattung, Abfall und Opfer einzugehen, da sie in engem Zusammenhang mit der Deutung von Befunden als Hinweis auf Kannibalismus zu sehen sind. Die Annahme des Vorliegens anthropophager Handlungen wird häufig mit dem archäologischen Befund begründet, der diese Vermutung, neben anthropologischen Argumenten und solchen aus der Ethnologie, belegen soll. Die Hypothese, es liege keine Bestattung vor oder die menschlichen Reste seien wie Abfall behandelt worden, stützt die Interpretation als Hinweis auf Anthropophagie. Derartige Zuordnungen, etwa die zur Kategorie 'Abfall', bergen jedoch Probleme, wie im folgenden gezeigt werden soll. Es muß die Definition dessen, was eine Bestattung ist, erörtert werden - Begriffe wie Pietät, Vollständigkeit, Ort und Zeit fallen in diesen Bereich. Ferner ist das Problem der Unterscheidung von Opferfunden, Bestattungen und gewöhnlichen 'Abfallgruben' zu behandeln - der Begriff 'Bothros' wäre hier zu nennen sowie die Problematik von Höhlenfunden.

In der prähistorischen Forschung dienen drei vermeintlich eindeutige, klar umschriebene und relativ eng gefaßte Kategorien der Klassifikation von Befunden: Siedlung, Grab und Depot. Was nicht direkt in diese Bereiche einzuordnen ist, wird unter dem Begriff 'Kult' zusammengefaßt. Dieser ist als arbeitstechnischer, der Verständigung dienender Begriff notwendig, auch wenn es sich nicht um einen sachlichen, sondern bereits um einen interpretativen Terminus[202] handelt. Mit ihm werden Befunde benannt, die man nicht dem profanen Bereich zuordnen möchte und keiner anderen Kategorie anschließen kann. Problematisch ist jedoch seine universale Anwendung, die häufig nur verschleiert, daß sich der hier eingeordnete archäologische Befund vorerst einer inhaltlichen Erkenntnis entzieht.

Die Kategorie Grab umfaßt Körper- und Brand-, Einzel- und Mehrfachbestattungen, Flach- und Hügelgräber sowie die Lage in Gräberfeldern, Gruppen oder als Einzelgräber. In der Regel werden Beigaben in Form von Gefäßen, Nahrung, Trachtbestandteilen, Geräten oder Waffen erwartet[203]. Hinzu kommt als "Mischform" der Kategorien Siedlung und Grab die Siedlungsbestattung, zu der bisher keine eindeutige inhaltliche Definition[204] vor-

[201] Dies zeigt sich oft schon in der Ausdrucksweise "Aufspalten zur Entnahme des Marks/des Gehirns", die ja bereits eine Deutung einschließt.

[202] Kult: Alle menschlichen Handlungen und Verhaltensweisen, die im Zusammenhang mit der Verehrung 'göttlicher' Kräfte im weiteren Sinn stehen (z.B. auch Ahnen).

[203] Am Beispiel der Bestattung einer Frau der Kogi-Indianer sei illustriert, was Beigaben bedeuten können - symbolische Dimensionen, die archäologisch nicht zu erschließen sind: Die Frau wird auf Steine gebettet, die beigegebene Nahrung hat auch sexuelle Bedeutung (Samen), Muscheln repräsentieren die lebenden Familienmitglieder, die Schale eines Bauchfüßlers symbolisiert den 'Gatten' der Toten, damit sie aus dem Jenseits keine entsprechende Forderung stellt, was den Tod eines männlichen Mitglieds des Stammes zur Folge hätte (Reichel-Dolmatoff 1967). Hingewiesen sei auch auf die uns wertlos erscheinende Qualität der Beigaben.

[204] Der Begriff Siedlungsbestattung als solcher ist eindeutig definiert: als "Bestattung in der Siedlung" im Gegensatz zum "extra muros-Brauch". Problematisch ist die Frage, welche Befunde als Siedlungsbestattung angesprochen werden können. Diese Frage ist, zumindest für den mitteleuropäischen Raum, umstritten.

liegt - weder zur Frage, welche Befunde als Siedlungsbestattung bezeichnet werden können, noch zu der einer Unterscheidung von Bestattung und Opfer.

Der Bereich der Siedlungsbestattung führt an das hier behandelte Problem heran: Welche Art von Befund kann als Zeugnis von Bestattung interpretiert werden, wann sind Begriffe wie nichtrituell und pietätlos angemessen, welche Fundumstände rechtfertigen eine Deutung als Abfall, als Zeugnis anthropophager Vorgänge oder als Opfer? Primär-, Sekundär- und 'Sonder'bestattung sowie Menschenopfer und Kannibalismus werden diskutiert. Dabei ist häufig festzustellen, daß bestimmte Befundkontexte a priori eine bestimmte Deutung erfahren - so werden beispielsweise in Gruben aufgefundene (fragmentierte) menschliche Skelettreste meist mit kannibalistischen Handlungen in Verbindung gebracht. Ähnliches gilt für Funde in Höhlen, die gewöhnlich als (z.T. mit Kannibalismus verbundene) Menschenopfer interpretiert werden, wobei die dorthin führende Argumentation letztlich auf einem Zirkelschluß basiert - Ausgangspunkt ist die Annahme, die jeweils reguläre Bestattungsform sei bekannt, wodurch von vornherein die Möglichkeit ausgeschlossen wird, daß Höhlen als reguläre Bestattungsplätze definiert werden könnten.

Im folgenden sollen die angesprochenen Probleme erörtert werden, insbesondere hinsichtlich der Frage, inwieweit aus dem archäologischen Befund eine Deutung als Hinweis auf Anthropophagie zu begründen ist.

1.3.1 Bestattung

Bestattung[205] bedeutet ganz allgemein die intentionelle Deponierung von menschlichen - und auch tierischen[206] - Überresten im, auf oder über dem Boden, im Moor, in Höhlen etc., mit oder ohne spezielle Grabanlage. Diese Definition muß aber weiter eingeschränkt werden, da sie beispielsweise auch eine Deponierung der Reste von Menschenopfern einschließt. Daher sollte der Begriff nur auf die Fälle angewandt werden, bei denen es sich relativ sicher um Bestattungen von Verstorbenen der eigenen Gruppe bzw. der entsprechenden Kultur handelt; dies schließt rituelle Sonderbehandlungen bestimmter Individuen ein. Für unsichere Fälle wären neutralere Begriffe wie Deponierung oder Niederlegung vorzuziehen.

W. Stöhr unterschied zwischen Bestattung und Totenritual. Unter letzterem verstand er alle Handlungen und Verhaltensweisen einer Gesellschaft, die in direktem Zusammenhang mit dem Tod eines ihrer Mitglieder stehen. Der Tote wird als Einheit von Körper, Seele und sozialem Phänomen begriffen. Bestattung dagegen definierte er als das Verhältnis einer Gesellschaft zur Leiche und betonte, daß eine Identität zwischen Bestattung und Totenritual schon deshalb ausgeschlossen sei, weil auch zwei oder mehr Bestattungsformen organisch im Totenritual einer Gruppe vereint sein können[207].

Archäologisch erkennbar überliefert ist lediglich die Bestattung sowie eng mit dieser zusammenhängende Elemente des Totenrituals. Verschiedene Bestattungsformen müssen weder auf unterschiedliche Bevölkerungsgruppen noch auf unterschiedliche Glaubensvorstellungen bzw. deren Wandel deuten[208]. Es sollte nicht außer acht gelassen werden, daß in der archäologischen Überlieferung nur der geringste Teil umfangreicher Handlungen[209] dokumentiert ist, Handlungen, die weniger den Toten als die Hinterbliebenen betreffen. Jeder Todesfall ist als eine mehr oder weniger tiefgreifende Störung des sozialen Gleichgewichts, der Integrität einer Gemeinschaft zu sehen

---

205 Bestattung: mittelhochdeutsch 'bestatunge' = "Begräbnis"; bestatten: von mittelhochdeutsch 'staten' (verstärkt 'bestaten') = "an seinen Ort bringen", bereits verhüllend für 'begraben' gebraucht (vgl. Duden, Bd. 7, Herkunftswörterbuch, S. 62). Im deutschen Sprachgebrauch bzw. in der ethnologischen Literatur generell für die Deponierung von Toten verwendet (z.B. Baumbestattung), da kein Ausdruck existiert, der beispielsweise dem englischen "disposal of the dead" entsprechen würde.

206 Siehe z.B. Behrens 1964.

207 Stöhr 1959, 1.

208 Vgl. z.B. die Untersuchung von Kroeber 1927.

209 So finden z.B. im Rahmen von Bestattungszeremonien oft große, mehrfache Verteilungs- und Tauschaktionen statt. *"Das Anhäufen und Präsentieren von Nahrungsmitteln, Luxusgütern und Wertmessern verschiedendster Art festigt die Stellung der Gruppenmitglieder im gesellschaftlichen Beziehungsgefüge und verleiht dem eigentlichen Anlaß der Zusammenkunft, der Bestattung, eine oft nur zweitrangige Bedeutung."* Weiss 1986, 221.

und erfordert Maßnahmen zu deren Wiederherstellung wie auch zur Eingliederung des Verstorbenen in das Jenseits. Diese sind im einzelnen verschieden, folgen jedoch grundsätzlich dem von R. Hertz (1907) und A. van Gennep (1909) herausgearbeiteten Schema der Übergangsriten, der 'rites de passage'.

Ausgehend von der statischen Ordnung des Soziallebens untersuchte A. van Gennep Veränderungen wie Zustands-, Zeit- oder Raumwechsel, die diese Ordnung gefährden und von Riten begleitet werden, die die Veränderungen sowohl gewährleisten als auch kontrollieren. Sie erfolgen in Form einer Dreiphasenstruktur: Separation[210], liminale, Schwellen- oder Übergangsphase[211] und Integration oder Angliederung. Übergangsriten liegt die Vorstellung einer Grenzüberschreitung zugrunde; der Übergang von einem in einen anderen Seinszustand wird symbolisch in Analogie zu Sterben und Geborenwerden zum Ausdruck gebracht. Alle Übergänge wie Geburt, Initiation, Heirat, Bestattung, Opfer sind als Grenzüberschreitungen aufzufassen - Tod in der alten Welt, Seinswechsel und Wiedergeburt in der neuen Welt[212].

R. Hertz untersuchte, ausgehend von Material aus Indonesien und insbesondere aus Borneo[213], zweistufige Bestattungsriten und entwickelte allgemeine Aussagen über deren Ablauf und Funktion. Dem physischen Tod und dem Leichenbegängnis, mit dem die Unreinheit beginnt, folgt eine Zwischenphase, in der die als unrein und gefährlich geltende Leiche durch temporäre Bestattung räumlich isoliert und dem Verfall preisgegeben ist. Die Seele befindet sich in einem instabilen Zustand zwischen den Welten der Lebenden und der Vorfahren, die Hinterbliebenen sind unrein und erfahren soziale Desintegration, was durch räumliche und/oder optische Isolierung ausgedrückt sein kann. Solidaritätsriten und solche der Abwehr sind erforderlich. Diese Zwischenphase wird mit der Abschlußzeremonie beendet, die die Rückkehr zur Stabilität markiert. Die freigelegten Knochen sind dafür sichtbarer Ausdruck und werden an ihren endgültigen Bestattungsort transportiert. Der Seele wird damit ermöglicht, in die Welt der Toten einzugehen und eine schützende Funktion zu übernehmen, die Hinterbliebenen werden in die Gesellschaft reintegriert und ihre Trauerpflichten aufgehoben[214].

Die Bestattung kann ein-, zwei- oder mehrstufig[215] erfolgen - archäologisch faßbar ist gewöhnlich nur die endgültige Deponierungsform der Leiche bzw. der Knochen oder Brandreste. Dies bedeutet, daß das Totenritual und die unterschiedlichen Stufen der Bestattung archäologisch nicht näher erschließbar sind. Zeitliche, räumliche und inhaltliche Aspekte bleiben weitgehend verborgen. Zudem besteht die Möglichkeit, daß eine Bestattung gar nicht als solche erkannt wird oder werden kann, z.B. dann, wenn nicht alle Knochen zusammen niedergelegt wurden oder die Grablegung nicht auf einem Gräberfeld erfolgte.

In bisher noch seltenen Fällen war es durch sorgfältige Ausgrabung möglich, einige Aspekte des Totenrituals zu erschließen[216]. Dies bezieht sich aber meist auf die Zeit nach der endgültigen Bestattung, mit der die sozialen Pflichten der Lebenden gegenüber den Toten nicht abgeschlossen sein müssen (was auch umgekehrt zutrifft). Manchmal kann auch die zeitliche Dimension bruchstückhaft erfaßt werden. So wurde z.B. in Schadeleben eine endneolithische Knochendeponierung aufgedeckt: Die Extremitätenknochen lagen paarweise sortiert und die Rip-

---

[210] Lösung vom alten Zustand, Ort usw.

[211] Zugehörigkeit weder zum alten noch zum neuen Zustand, Ort; Position 'zwischen zwei Welten'.

[212] A. van Gennep 1986. Die Bedeutung der Zwischenphase wurde von Turner herausgearbeitet (1964; 1967). Zum Opfer vgl. Hubert u. Mauss 1968.

[213] Er bezog sich vor allem auf die Olo Ngaju genannten Einwohner Südostborneos (im Anschluß an die von ihm benutzte Literatur), eine Sammelbezeichnung, hinter der sich verschiedene Gruppen verbergen (Huntington u. Metcalf 1980, 82).

[214] Hertz 1960, 25ff. Auch wenn er Gesellschaften ohne zweistufige Bestattung vernachlässigte, sind die beschriebenen Phasen grundsätzlich verfolgbar, wobei sich seine Betonung des biologischen Verfallsprozesses zu sehr an den von ihm behandelten konkreten Gegebenheiten orientierte. Genereller van Gennep 1986, 142-159. Zur Kritik an Hertz s. Evans-Pritchard 1981, 170-183. Die Praxis der Sekundärbestattung ist, wie R. Huntington und P. Metcalf betonten, verbreiteter als allgemein angenommen (1980, 15, mit Beispielen; zur Kritik an Hertz ebd. 68ff.).

[215] So erfolgt z.B. bei den Eipo im Hochland von Neuguinea primär eine Baumbestattung und nach etwa einem Jahr die Sekundärbestattung der mumifizierten oder skelettierten Leiche in einem dafür errichteten kleinen Gartenhäuschen. In einigen Fällen kann eine Tertiärbestattung folgen; nach dem Zerfall des Gartenhäuschens werden Schädel und Skeletteile (vor allem Röhrenknochen) unter überhängenden Felsen deponiert (Schiefenhövel 1986, 202).

[216] So z.B. in Vollmarshausen: Bergmann 1973, 58ff.; ders. 1982.

pen parallel geordnet; Schnittspuren fehlten[217]. In Beilngries, Im Ried West, fanden sich in Grab 48 Tier- und Menschenknochen zu einer fiktiven Leiche niedergelegt: Schädel, Rumpf und Teile der Extremitäten waren menschlich, Hüft- und Schenkelknochen stammten von Pferd oder Rind[218]. In beiden Fällen müssen vor der endgültigen Deponierung Manipulationen am Leichnam vorgenommen worden sein bzw. muß es sich um eine Sekundärbestattung handeln.

In Pfungstadt, Kr. Darmstadt, fanden sich sechs Urnengräber und eine Knochenbestattung der Urnenfelderzeit. Grab 4 enthielt, *"abweichend von allen anderen Befunden"*, unverbrannte Knochen sowie Gefäße. *"Armknochen, Rippen, Zähne, Schädelteile und zerbrochene Beinknochen wirr durcheinander."* 10 cm entfernt wurde eine kleinere Grube mit einem Beckenbruchstück aufgedeckt. *"Die Knochen gehören einem eben erwachsenen Individuum an (adult). - Offensichtlich liegt hier eine lieblose Teilbestattung vor, deren Befund den Gedanken an Kannibalismus nahelegt"*[219]. Welche Knochen fehlen, ist nicht vermerkt, und der Befund allein deutet sicher nicht auf Kannibalismus, zumal nur zerbrochene Knochen erwähnt sind - er könnte auch als liebevolle Sekundärbestattung interpretiert werden.

Im Rahmen archäologischer Erörterungen von Bestattungssitten sind drei Annahmen weit verbreitet:

a) alle oder die meisten Mitglieder einer Gruppe werden auf die gleiche Art bestattet, d.h. jede Kultur hat eine ihr eigene Bestattungsform;

b) die Bestattung richtet sich nach Regeln einer unserem Empfinden gemäßen Pietät;

c) die Bestattung erfolgt mehr oder weniger kurze Zeit nach dem Tod und gewöhnlich in Form einer vollständigen Leiche (bzw. deren Brandresten).

Hinzu kommt die Annahme, daß Bestattungssitten eher zu den konservativen Elementen einer Gesellschaft gehören, was durch ethnographische Untersuchungen jedoch nicht grundsätzlich bestätigt wird[220]. Zu berücksichtigen ist das weitgehende Fehlen ethnographischer Berichte, die sich auf einen längeren, unter Umständen Jahrzehnte umfassenden Beobachtungszeitraum stützen. 'Restudies' sind bisher noch relativ selten, zudem umstritten[221].

Diese Annahmen führten dazu, daß Befunde, die von den erwähnten Regeln abweichen, nicht als Bestattung definiert oder/und mit Begriffen wie "nichtrituell"[222] und "pietätlos" belegt wurden. P. J. Ucko stellte fest, es sei für viele Archäologen offenbar schwer gewesen zu akzeptieren, daß ein Teil der Erwachsenen einer Gruppe einfach nicht begraben wurde. Das offensichtlich vorhandene Gefühl, daß Verlassen oder Aussetzen mangelnde Sorge um die Toten bedeute, werde durch ethnographisch bekannte Praxis nicht gestützt. *"Abandonment is simply one of the many forms of disposal of the dead among, for example, the Australian aborigines, and is regarded by them in no different way from all their other methods"*[223].

Die Art und Weise einer Bestattung kann sich nach unterschiedlichen Gesichtspunkten richten; die Entscheidung über die jeweils angemessene Form treffen die Hinterbliebenen bzw. die Ausrichter des Begräbnisses, die innerhalb eines kulturell vorgegebenen Rahmens handeln[224]. Dabei können Aspekte wie Geschlecht, Alter, Reichtum,

---

217 Mania u. Baumann 1968; ein Rinderunterkiefer lag über den Langknochen, und auf den Beckenresten stand ein unverzierter Becher mit der Mündung nach unten; eine Deutung als Opfer kann natürlich nicht a priori ausgeschlossen werden.

218 Nach Meyer-Orlac 1982, 200; vgl. ferner Pauli 1975, bes. 146ff.; Grimm 1976, 275.

219 G. Loewe in: Jorns 1953, 70.

220 P. J. Ucko führte aus: *"(...) one of the features characterizing burial rites is their speed of change and their relative instability."* Ucko 1969, 273. Vgl. ferner Kroeber 1927.

221 Allgemein dazu z.B. Holmes 1987.

222 Der Begriff wird häufig benutzt - meist als Synonym für pietätlos. Was aber ist eine nichtrituelle Bestattung? Wenn ein Ritus fehlt, kann es sich nicht um eine Bestattung handeln - ob dieser ausgeprägt oder für uns anhand der archäologischen Quellen nachvollziehbar ist, wäre eine andere Frage. Gemeint ist wohl eine Behandlung, die von der - angenommenen - üblichen der Toten abweicht, also eine rituelle 'Sonderbestattung' oder Sonderbehandlung.

223 Ucko 1969, 270. Die Nandi überließen z.B. ihre Toten den Hyänen, die die Reise ins 'Geist-Land' ermöglichten; alte Menschen und Kleinkinder dagegen wurden begraben, da sie das Medium Hyänen nicht benötigten (ebd.).

224 Dieser Rahmen kann weit gefaßt sein und auch individuell verschieden gehandhabt werden; vgl. z.B. Schiefenhövel 1986.

Sozialprestige, Zugehörigkeit zu einer bestimmten Gruppe und Todesart verschiedene Formen der Bestattung erforderlich machen[225]. Aber auch weitere Kriterien wie Kinderlosigkeit, ein "falscher" Todeszeitpunkt, beispielsweise an einem Festtag, oder eine Häufung von Todesfällen können zu abweichenden Formen führen. Ferner ist die Frage der Kosten ein möglicher Faktor - die Ausrichtung eines Totenfestes kann so viele Mittel erfordern, daß die Bestattung um Jahre hinausgezögert wird. Holz kann zu teuer oder die richtige Holzart nicht verfügbar sein und aus diesen Gründen dann eine Erdbestattung erfolgen. H.-J. Hässler machte darauf aufmerksam, daß auch jahreszeitlich bedingte Unterschiede in Erwägung gezogen werden müssen[226].

Grundsätzlich ist nicht davon auszugehen, daß sich alle Bestattungsarten, die im jeweiligen kulturellen Rahmen einer Gruppe möglich waren, auch archäologisch nachweisen lassen oder ohne weiteres als solche erkennbar sind[227]. Die Beispiele, die oben (Kap. II.1.2) angeführt wurden, dürften dies deutlich gemacht haben. Es ist auch bei regelhaft bestattenden Kulturen[228] damit zu rechnen, daß sich Formen von 'Sonderbestattungen' oder besser rituellen Sonderbehandlungen bestimmter Individuen oder Bevölkerungsgruppen - z.B. Kindern - außerhalb der regulären Bestattungsplätze im archäologischen Fundgut zeigen[229]. Ein zu prüfender Aspekt ist die Frage, ob das, was wir als regelhafte Bestattungsform sehen bzw. herausgearbeitet haben, auch tatsächlich die Norm war, oder eventuell nur eine von mehreren Möglichkeiten darstellte[230].

Im Bereich der Knovízer Kultur, für die Gräberfelder mit Brandbestattungen charakteristisch sind, treten beispielsweise sehr häufig Skelette und Skeletteile bzw. Knochen in Siedlungen auf, die am ehesten als (Teil-) Bestattungen zu interpretieren sind. Ob es angesichts der hohen Zahl entsprechender Befunde noch sinnvoll ist, hier von 'Sonderbestattung' zu sprechen, wäre zu untersuchen[231]. Der Begriff Sonderbestattung ist problematisch. In der Ethnologie findet er keine Verwendung, in der archäologischen und anthropologischen Literatur werden damit gewöhnlich Einzelfälle bezeichnet, die in irgendeiner Form von der postulierten Norm abweichen - z.B. eine andere Leichenbehandlung, Ausrichtung, Lage im Grab, topographische Lage des Grabes, Ausstattung usw. In der Regel ist dieser Begriff mit negativen Assoziationen verbunden, vor allem mit "gefürchteten Toten", andere Sonderbestattungen werden erst gar nicht als solche bezeichnet, wie etwa Fürstengräber oder allgemein sehr reiche Bestattungen, die ja ebenfalls selten sind und von der Norm eindeutig abweichen. Dies weist auf eine unterschiedliche Wertung und Deutung - letztere erscheinen uns 'normal', weil wir mit einer reichen Oberschicht rechnen und sich diese auch im Grab ausdrücken sollte, was durchaus nicht sein muß. Problematisch ist die Abgrenzung von Sonder- zu Minderheitenbestattungen und grundsätzlich die Frage, wie hoch die Anzahl von Sonderbestattungen eigentlich sein muß und wie sie erscheinen müssen, um aus dieser Kategorie in die einer "regulären" zu wechseln. Die Erörterung sollte nicht von 'moralischen' Erwägungen begleitet sein. Begriffe wie pietätlos, nichtrituell und irregulär verhindern, a priori angewandt, den Zugang zu den Befunden und können allenfalls nach Auswertung umfangreicheren Materials sinnvoll sein. Beispielsweise müßte im Fall der angespro-

---

225 Siehe z.B. Sell 1952; Kyll 1964; Schwidetzky 1965; Pentikäinen 1969. Ferner Nock 1932, 322.

226 Hässler 1972. Interessant ist sein Hinweis, daß zahlenmäßige Unterschiede bei den zur Tracht gehörigen Gegenständen, *"die man nicht als Beigaben bezeichnen sollte"*, auch jahreszeitliche Indikatoren sein könnten - im Winter ist mehr Kleidung erforderlich - und weniger ein Hinweis auf die gesellschaftliche Position der Individuen (ebd. 75).

227 Bisher haben z.B. Flußfunde nur wenig Beachtung gefunden; menschliche Knochen sind in dieser Fundkategorie häufig, allerdings schwer oder überhaupt nicht zu datieren und problematisch zu interpretieren (dazu z.B. Grimm 1957 und Bradley u. Gordon 1988).

228 Wobei zu fragen wäre, wie groß eigentlich die Regelhaftigkeit jeweils ist.

229 Für den christlichen Bereich denke man an ungetaufte Kinder und Selbstmörder, die nicht in geweihter Erde bestattet werden durften. Die Juden hatten eigene Friedhöfe. In einem frühmittelalterlichen Dorf in Pilsting (Niederbayern) kamen z.B. beigabenlose menschliche Skelette und Skeletteile in Gruben oder Löchern zutage (12 Befunde in situ, weitere bei der Durchsicht der gereinigten Knochen), bei denen es sich um Überreste von Kindern handelte (das jüngste ein Fötus, das älteste 6 Jahre). R. Ganslmeier dachte bei der Deutung an Ungetaufte oder an "praktische" Geburtenkontrolle (Ganslmeier 1987, 153).

230 Vgl. die oben (Anm. 223) erwähnte Praxis der Nandi - archäologisch überliefert und als Bestattung nach heute geltender Sicht erkennbar wäre vermutlich die Erdbestattung der Alten und Kinder, wobei sich das Problem ergeben würde, wo der Rest der Bevölkerung seine Grabstätten hatte. Ob diese als solche identifiziert würden, sollten sich Reste finden, ist nach dem momentanen Stand der Forschung zu bezweifeln.

231 Ebenso die Deutung als Hinweis auf Kannibalismus. Näheres zu Knovíz s. Kap. II.3.5; zusammenfassend Hrala 1989.

chenen Knovízer Befunde überlegt werden, ob es sich um Bestattungen handeln könnte und wenn ja, ob der Terminus 'Sonderbestattung' angemessen ist.

J. Kandert stellte mit Bezug auf Knovízer Befunde aus der ethnologischen Literatur bekannte Formen der Niederlegung von Leichnamen zusammen, die nach langer Zeit und bei Unkenntnis der ursprünglichen Vorstellungswelt möglicherweise als Überreste von nichtrituellen Bestattungen, kannibalistischen Festmählern und Menschenopfern interpretiert werden. So können durcheinanderliegende (und verbrannte) Menschen- und Tierknochen Opferreste darstellen, die Tierknochen auch Reste von Tieropfern, die über oder in der Nähe von Sekundärbestattungen von Ahnen u.ä. vollzogen wurden. Zertrümmerte und verbrannte Menschenknochen sind als Reste einer Sekundärbestattung interpretierbar. Bei Einzelknochen kann es sich um rituelle Gegenstände, Sekundärbestattung von Körperteilen, Reste von Kopfjagd und 'magischen' Riten sowie Teile von auswärts Verstorbenen handeln, die nicht vollständig zurückgebracht wurden. Unvollständige Skelettfunde und verstreute Knochen können auch Überreste einer Primärbestattung auf der Erdoberfläche bzw. auf Podesten darstellen oder den übrigbleibenden Teil eines Leichnams nach der Herausnahme bestimmter Knochen für eine Sekundärbestattung u.ä.[232].

Eine vorläufige Bestattung in der Siedlung dürfte in der Regel keine Spuren hinterlassen - gut denkbar wäre jedoch ebenfalls, daß einzelne Knochenreste übrigbleiben oder eine geplante Sekundärbestattung, aus welchen Gründen auch immer, nicht stattfindet. Grundsätzlich sind für menschliche Skelettreste oder Einzelknochen in Gruben und Kulturschichten mehrere Möglichkeiten der Interpretation vorstellbar: a) Bestattung oder b) Opfer im weitesten Sinn; c) Abfall (z.B. 'magische' Gegenstände, die ihren Wert verloren haben, Reste von Unfällen; Überreste von Bestattungen etc.); d) Überreste kannibalistischer Handlungen; e) Zufall (z.B. Reste von oberirdisch, in Dorfnähe oder -peripherie deponierten Leichen, Überreste alter Bestattungen bei Verlagerung einer Siedlung usw.). Die Grenzen können fließend sein[233]. Diese vielfältigen Möglichkeiten machen deutlich, daß eine Interpretation immer schwierig ist und eine sorgfältige Grabung und Untersuchung der Knochen erfordert, um wenigstens Ansatzpunkte zu gewinnen. Die Auswertung eines einzelnen Befundes kann jedoch nicht oder nur selten zu einer plausiblen Deutung führen.

Das häufige Auftreten menschlicher Knochen in Latènesiedlungen könnte unter anderem[234] auch mit Totenritual und Bestattung in Zusammenhang stehen. Der Hinweis von G. Lange, daß nach ersten groben Befundauswertungen den Brandgräbern im Goldstein von Bad Nauheim ausgerechnet solche Knochen und Knochenabschnitte zu fehlen scheinen, welche in den Gruben der benachbarten Siedlung zum Vorschein gekommen seien[235], ist hier aufschlußreich. Weitere Untersuchungen mit dieser Fragestellung wären - auch für den Bereich der Knovízer Kultur - zu begrüßen.

Angesichts der Tatsache, daß sich im archäologischen Befund nur die Endstufe von Handlungen niederschlägt, deren zeitlicher Umfang und deren Bedeutung weitgehend unbekannt bleiben, sind Begriffe wie Pietät unangemessen, weil über Ereignisse vor der endgültigen Deponierung nahezu nichts bekannt ist. Das Verständnis von Pietät und dem, was als angemessen gilt, ist zudem gesellschaftsspezifisch different und keinesfalls von modernen westlichen Gesellschaften auf andere rezente oder prähistorische Kulturen übertragbar.

---

[232] Kandert 1982, 199f.

[233] So ist z.B. ein Säuglingsskelett aus einer Grube der vorrömischen Eisenzeit vom "Steinbühl" bei Nörten-Hardenberg in Niedersachsen vielleicht als Mischform zwischen Bestattung und Abfall zu sehen, als Deponierung im Abfall (vgl. McLeod 1981, 37). Es kann aufgrund fehlender Vergleichsfunde und mangelnder Kenntnis von Gräbern in diesem Gebiet nicht entschieden werden, ob es sich hier um die übliche Bestattung von - eventuell vor der Namensgebung o.ä. - verstorbenen Kindern handelt. Das Säuglingsskelett fand sich in der oberen Schicht einer *"normalen Abfallgrube"* (in der jedoch u.a. die einzige Fibel der Grabung zutage kam; Heege 1990/91, 406), wobei *"kaum von einem großen zeitlichen Abstand zwischen Schicht 1 und 3 und damit einer sehr langen Verfülldauer der Grube ausgegangen werden"* kann (ebd. 403). Vgl. in diesem Zusammenhang z.B. auch Gebühr, Hartung u. Meier 1989, 90ff. (Haithabu); Ganslmeier 1987.

[234] Zweifellos ist es nicht sinnvoll, alle Befunde gleichartig interpretieren zu wollen. Verschiedene Aspekte, wie z.B. die von antiken Schriftstellern mehrfach überlieferte Kopfjagd, vielleicht verbunden mit der Mitnahme weiterer Körpertrophäen, müßten hier Beachtung finden.

[235] Lange 1983, 112.

In Tibet sind mehrere Möglichkeiten der Bestattung bekannt - Kremation, Wasser- und Erdbestattung sowie 'Luft-Bestattung' (Ja-Tor), bei der der Körper Tieren, meist Vögeln, überlassen wird. *"When it is decided to give the body air burial, it is borne by members of the funeral caste to a desolate spot set aside near each village for this use."* Sandelholz wird verbrannt, um die Vögel anzulocken, und der Körper vorbereitet. Nach der Öffnung des Unterleibs und der Entfernung der Eingeweide erfolgt die Zerlegung des Körpers. Danach wird von einigen Männern, darunter Priestern, das Fleisch von den Knochen gelöst, nicht anders, als es Metzger bei geschlachtetem Vieh zu tun pflegen[236]. Nur die Körper der Verdammten, so der Glaube, werden von den Vögeln gemieden. Die archäologische Untersuchung eines solchen Bestattungsplatzes würde, wenn überhaupt etwas zurückbleibt, zerschlagene menschliche Knochen mit Schnittspuren sowie wahrscheinlich einige Artefakte und Gefäßreste ergeben, deren Deutung als Hinweis auf Anthropophagie und pietätlosen Umgang mit Toten nach unserer üblichen Betrachtungsweise fast zwangsläufig wäre.

Für den Bereich der Michelsberger Kultur stellte W. Kimmig fest, daß nur geringe Aufschlüsse über Grabbrauch und Totenkult zu gewinnen seien - wenige Skelettbestattungen, bei denen sich ein fühlbares Unbehagen über den Charakter dieser 'Gräber' nicht unterdrücken ließe[237]. *"Was kann der Grund für solche Methoden der Gleichgültigkeit, der Gefühlsroheit, ja des Aberglaubens gewesen sein? Waren es Feinde, die man opferte, oder Verbrecher, waren es Kranke, an Seuchen Gestorbene, die man wie ein Tier verscharrte?"*[238]. Die Beurteilung der menschlichen Knochen, Skelette und Skeletteile aus Michelsberger Fundzusammenhängen in Siedlungen, Höhlen und Erdwerken ist nicht einfach. Sicher ist mit unterschiedlichen Arten der Bestattung zu rechnen, u.a. auch mit Sekundär- und Teilbestattung sowie Exkarnation[239]. Die Handlungen vor der endgültigen Deponierung, das Totenritual und die dahinterstehende Gedankenwelt sind aber nicht erschließbar - Begriffe wie Gleichgültigkeit oder Gefühlsroheit dürften daher kaum angemessen sein.

Bei den Mambai auf Timor (Ostindonesien) werden die Toten beispielsweise nach einiger Zeit der "Aufbahrung"[240] in eine Matte gerollt und auf dem Tanzplatz im Zentrum des Dorfes begraben[241]. Dieser ist nicht groß, und bei der Aushebung von Gräbern gelangen häufig die Knochen älterer Bestattungen an die Oberfläche, denen jedoch keine besondere Aufmerksamkeit geschenkt wird[242]. Dies kann nicht als Zeichen der Gleichgültigkeit gegenüber den Verstorbenen gewertet werden, sondern nur als Zeichen dafür, daß den materiellen Überresten keine besondere Rolle zukommt, wie dies bei zweistufigen Bestattungsriten im engeren Sinn der Fall ist. Das Fest[243] für die Toten, mit dem sie an ihren endgültigen Aufenthaltsort geschickt werden, findet in irregulären Abständen für all jene statt, die seit dem letzten Fest gestorben sind. Es ist eine symbolische Wiederholung des Todes und der Bestattung, bei der verschiedene Gegenstände die Verstorbenen repräsentieren. Der Eintritt des Todes wird mittels eines Stößels und eines Mörsers dargestellt, die Toten sind durch ihre im Kulthaus aufbewahrten Betelnußbeutel repräsentiert. Diese werden auf dem Tanzplatz bestattet und den Toten Opfer und Gaben dargebracht[244]. Archäologisch feststellbar wären vermutlich einige Skelette und viele mehr oder weniger zusammenhanglos aufgefundene Knochen. Alle anderen Vorgänge sind kaum erschließbar. Dies führt uns deutlich die Begrenztheit archäologischer Erkenntnismöglichkeit vor Augen und zeigt, wie unangemessen direkte

---

[236] Habenstein u. Lamers 1963, 82f. Hingewiesen sei hier auch auf die 'Türme des Schweigens' der Parsen, auf denen die Toten Aasfressern ausgesetzt werden (ebd. 181ff.). M. W. wurden prähistorische Knochen noch nicht unter diesem Aspekt (Spuren von Raubvögeln) untersucht. Vgl. auch Çatal Hüyük (Geier hacken nach kopflosen Menschen); Mellaart 1967, 197ff. Ferner Sommer 1991, 115 (nur Verschleppung angesprochen).

[237] Kimmig 1947, 112.

[238] Ebd. 114.

[239] De Laet 1958; allgemein Lüning 1967, 126-134; Lichardus 1986. Inwieweit sich unter diesen Befunden auch die Überreste von Opfern verbergen, ist zur Zeit kaum zu beurteilen.

[240] Der Körper wird nach Eintritt des Todes in das Kulthaus seiner agnatischen Deszendenzgruppe gebracht und auf eine Matte gelegt, wo er mehrere Tage bleibt.

[241] In einem unbedeutenden Dorf kann die Bestattung auch im Umkreis erfolgen.

[242] Huntington u. Metcalf 1980, 89f.

[243] Zuweilen auch mehrere.

[244] Huntington u. Metcalf 1980, 90.

Rückschlüsse aus der Auffindungssituation - zerstreute menschliche Knochen = pietätloser Umgang mit Verstorbenen - sein können.

K. Raddatz behandelte die Problematik des Totenbrauchtums im Mittelneolithikum und betonte, daß keineswegs mit einer einheitlichen Behandlung der Leichname zu rechnen sei[245]. Er führte den Vorschlag R. A. Maiers, neolithischen Erdwerken und verwandten Anlagen 'kultischen' Charakter zuzusprechen, weiter aus und kam zu der Vermutung, daß in ihnen die Leichname der Verstorbenen ausgesetzt wurden, um sie dem Zerfall preiszugeben, und die dort in Gruben und Gräben angetroffenen Skelette, Skeletteile und Knochenfragmente sich als Reste von diesen deuten ließen. Die Vermengung mit 'Siedlungsschutt' und die Brandspuren könnten auf rituelle Handlungen hinweisen, die mit der Aussetzung der Leichname in Zusammenhang standen[246]. Diese Deutung dürfte sicher im wesentlichen zutreffen, doch sollte eine einseitige Ansprache der mittel- bzw. endneolithischen Erdwerke als Anlagen funeralen Charakters vermieden werden. Sie können durchaus verschiedenen Zwecken gleichzeitig gedient haben - Deutungen als Versammlungsort, Marktplatz, Heiligtum, Festplatz und Funeralanlage schließen sich gegenseitig nicht aus[247]. J. Petrasch kam in seiner Untersuchung über "Mittelneolithische Kreisgrabenanlagen in Mitteleuropa" zu dem Ergebnis, daß ihnen Zentralplatzfunktion zuerkannt werden muß, und sie als zentrale Versammlungsplätze wirtschaftlichen und sozialen oder religiösen Charakters zu deuten seien[248].

Interessant für das Problem menschlicher Skelettreste in derartigen Anlagen ist ein Befund aus dem Michelsberger Erdwerk bei Heilbronn-Ilsfeld, wo sich in einem der erschlossenen Grabenstücke dicht an der inneren Grabenkante Reste eines Skeletts in "gestreckter Rückenlage" fanden. Vorhanden waren noch Ober- und Unterschenkel samt Fußknochen sowie alle Fingerknochen beider Hände in anatomisch korrekter Lage. Im Planum zeigte sich unmittelbar oberhalb der Fingerknochen eine deutliche Grenze in der Bodenverfärbung: An den hellbraunen Lehm, in dem die Überreste lagen, stieß dunkler, lehmig-humoser Boden, so daß der aufgefundene Zustand des Skeletts auf die Erneuerung des Grabens zurückzuführen sein dürfte[249]. Dieser Befund macht deutlich, daß auch Umstände, die nicht mit dem Leichnam in Zusammenhang standen, für die Auffindungssituation verantwortlich sein können, was nur selten so eindeutig dokumentiert ist.

Im Mittelalter und in der frühen Neuzeit, darauf sei hier hingewiesen, war die Bestattung bei und in der Kirche üblich. Dies führte - besonders in den Städten - zu Platzmangel und, wahrscheinlich im Zusammenhang mit den großen Pestepidemien, zu Massengräbern für Hunderte von Toten, die nur notdürftig bedeckt wurden. Vom 16. bis zum 18. Jahrhundert wurden diese Massengräber zum üblichen Bestattungsort der Armen[250]. Der Bereich Friedhof/Kirche war aber zugleich, wie P. Ariès es formulierte, Brennpunkt des sozialen Lebens. Er entsprach im Mittelalter und bis in das 17. Jahrhundert hinein ebenso der Vorstellung eines öffentlichen Platzes wie der heute ausschließlich gültigen eines den Toten vorbehaltenen Raums[251]. Dort befindliche Personen genossen Asylrecht, was teilweise zur Errichtung fester Wohnstätten auf den Friedhöfen führte. Die dort Ansässigen waren aber nicht

---

245 Raddatz 1980, 64.

246 Ebd. 62f. *"Daß sich bisher im Inneren einiger der Erdwerke, in deren Gräben Reste menschlicher Skelette angetroffen worden sind, keine Spuren finden ließen, die auf diese Funktion deuten, braucht nicht zu verwundern, denn erklärlicherweise muß nach der Verwesung der Leichname mit dem restlosen Abbau der auf der Erdoberfläche verbliebenen Skelettreste gerechnet werden. Zudem ist zu berücksichtigen, daß Siedlungsspuren im Inneren der Erdwerke selbst bisher nur sehr spärlich nachgewiesen werden konnten."*

247 *"Derartige Kultplätze und Grabhöfe, Fest- und Spielplätze oder Spielbahnen von Cursus-Art, Marktstätten, sind für die neolithische Zeit nicht nur vorauszusetzen - sie sind in großen megalithischen Anlagen, in Henge-Monumenten und Alignements West- und Nordeuropas längst bekannt."* R. A. Maier 1962, 20. Der Versuch einer Trennung in sakrale und profane Anlagen dürfte kaum sinnvoll sein, da dies eher modern westlichem Denken entspricht. P. J. R. Modderman (1976, 101) stellte fest: *"The idea of separating a certain space for religious and/or social purposes is so human that it might appear at any time in any place."* Vgl. aber auch Boelicke 1976/77.

248 Petrasch 1990, 518. Er betonte, daß aufgrund des Fundmaterials und der Befunde nicht zwischen einer möglichen profanen und sakralen Funktion unterschieden werden könne; zudem sei zu fragen, ob dieser Themenkomplex überhaupt mit archäologischen Verfahren lösbar ist (ebd. 513 u. Anm. 486).

249 R. Koch 1971, 63f.

250 Ariès 1985, 77; allgemein 43-95; seine Untersuchung beschränkt sich im wesentlichen auf Frankreich.

251 Ebd. 83. Vgl. Ohler 1990, 16f., 154ff., der von der Multifunktionalität der Friedhöfe sprach.

die einzigen, die sich auf dem Friedhof aufhielten, ohne sich etwas aus dem Anblick und den Gerüchen der Gräber und Ossuarien zu machen. Der Friedhof, so Ariès, diente als Forum, Haupt- und Spielplatz, auf dem die Einwohner der Gemeinde sich treffen und spazierengehen konnten, um ihre geistlichen und weltlichen Geschäfte zu erledigen sowie ihre Liebschaften und Belustigungen zu betreiben[252].

1.3.2 Bestattung - Abfall - Opfer[253]

H. Helmuth sah Funde menschlicher Knochen und Knochenreste, die in Feuerstellen oder Abfallhaufen lagen, als überzeugenden Hinweis auf Kannibalismus[254]. Möglich wäre aber auch die Annahme einer 'Sonderbehandlung', bei der die rituelle Unreinheit des Toten durch die Deponierung im Abfall symbolisch ihren Ausdruck findet. So wurden beispielsweise bei den Asante Kleinkinder, Jugendliche vor der Pubertät, sterile Männer und Frauen, Hexen, exekutierte Kriminelle, Individuen, die durch bestimmte Ereignisse starben - z.B. Schlangenbiß, Blitzschlag, Ertrinken, vom Baum fallen - und Selbstmörder von der normalen Bestattung ausgeschlossen. Sterile Männer und Frauen wurden in flachen Gräbern in der Müllgrube niedergelegt, manchmal mit dornigen Zweigen eingefaßt. Man verstümmelte ihre Körper, beschimpfte sie und verbot ihren Seelen, unfruchtbar in die Welt zurückzukehren[255]. Gelegentlich wurde Material aus der Müllgrube (*"fertile black soil"*) auch für die Gärten benutzt[256].

Bestattung oder Teilbestattung in bzw. unter Feuerstellen und in "Abfallgruben" kann aber auch positiv bewertet werden. So ist denkbar, daß z.B. Getreidespeicher oder Vorratsgruben, neben ihrer funktionellen Bedeutung, auch einen sakralen Raum darstellten[257], der - noch nach dem Ende ihrer Funktion als Speicher - bestehen blieb. Dort deponierte Knochen von Ahnen könnten dann als Garantie für Nahrungsüberfluß u.ä. oder als Schutz angesehen werden. *"(...) deposition in a storage pit, a symbol of the economic safety, well-being, and even power of the community may be seen as an expression of the involvement of an ancestor or a member of the lineage with the continuity of agricultural production"*[258].

Der Begriff Abfallgrube ist problematisch, da es sich meist um sekundäre Verfüllungen von Gruben handelt, die ehemals anderen Funktionen dienten. Speziell für den Zweck der 'Abfall'beseitigung angelegte Gruben dürften eher mit der Deponierung von Rückständen ritueller Handlungen in Verbindung zu bringen sein[259]. Eine pauschale Wertung von Scherben u.ä. Überresten als Abfall - in der Bedeutung von Müll nach unserem Verständnis - ist nicht immer zutreffend. R. A. Maier sprach im Zusammenhang mit seiner Bearbeitung der südbayerischen Erdwerke derartige Probleme an, indem er danach fragte, welcher Art denn eigentlich der "Siedlungsabfall" in den Gräben des Altheimer Erdwerks sei, da die entsprechenden Siedlungskomplexe fehlen. Vielleicht unterschätze oder vereinfache man eher die Möglichkeiten, aufgrund derer sich solcher Kulturschutt bilden kann[260].

U. Sommer beschäftigte sich im Rahmen ihrer Untersuchung "Zur Entstehung archäologischer Fundvergesellschaftungen" auch mit dem Begriff des Abfalls. Sie betonte, daß es stark kulturabhängig sei, was als Abfall gilt und wie er behandelt wird. Aufschlußreich ist ihre Erörterung der sozialen und symbolischen Bedeutung von Schmutz und Abfall, die vor Augen führt, daß unsere Einstellung zu und Bewertung von Abfall, Schmutz und

---

[252] Ariès 1985, 85f.

[253] Der Begriff des Opfers, seine Bedeutung und Interpretation kann hier nicht behandelt werden. Die verschiedenen Auffassungen sind zusammengestellt bei Gladigow 1984, der sich umfassend mit der Problematik von Opfern in vor- und frühgeschichtlichen Epochen auseinandersetzt. Ferner u.a. Jankuhn 1970; Kötting 1984; Capelle 1985; 1987. Vgl. weiterhin die klassische Arbeit von Hubert u. Mauss (1968); ferner u.a. Bourdillon u. Fortes 1980; Burkert 1976, 1981, 1983; Honko 1973; van Baal 1976; Staal 1979.

[254] Helmuth 1968, 101.

[255] McLeod 1981, 37.

[256] Ebd. 36.

[257] Hinweise auf die Sakralität des (unterirdischen) Getreidespeichers: Gladigow 1984, 27f.

[258] L. Walker in: Cunliffe 1984, 461.

[259] Vgl. zu diesem Problem z.B. Wegewitz 1955, der einleitend feststellte: *"Wenn in einer Grube Gefäßscherben, Tierknochen und Holzkohle enthalten waren, bezeichnete man sie als Abfallgruben."* (S. 4). Ferner A. Ross 1968; 1976.

[260] R. A. Maier 1962, 11. Zu Altheim: Driehaus 1960, 12ff.

Verunreinigung eine spezifische und keine allgemeingültige ist[261]. Abfallforschung gehört zu den bisher weitgehend vernachlässigten Gebieten - die verbreitete Assoziation Abfall = Müll = Schmutz hat etwa die Erörterung der Frage, wie sich die Rückstände ritueller Vorgänge im archäologischen Fundgut abzeichnen können, in den Hintergrund treten lassen und dazu geführt, daß nur ein begrenzter Bereich möglicher Opferhandlungen umfassender diskutiert wurde[262].

J.-W. Neugebauer bezeichnete die in den Grabenfüllungen des frühlengyelzeitlichen Erdwerks Friebritz angetroffenen, z.T. größeren Mengen an Gefäßresten, Stein- und Knochengeräten sowie Tierknochen als Siedlungsabfälle. Er schloß daraus, daß die damit vergesellschafteten vereinzelten Menschenknochenfunde ebenfalls Abfall darstellen und auf Anthropophagie deuten. Man dürfe diese nicht mit eventuell durchgeführten 'kultischen' Handlungen im Inneren in Verbindung bringen[263]. Nach welchen Kriterien lassen sich aber gewöhnliche Siedlungsabfälle von solchen unterscheiden, die bei rituellen Handlungen - Opfern oder Bestattungs-/Totenritualen[264] - anfallen? Zu erwarten sind Gefäße bzw. Scherben, Geräte und Tierknochen, ferner eventuell Holzkohle und Aschereste. Als Indiz kann auch karbonisiertes Getreide gewertet werden, das durch Verkohlen unbrauchbar gemacht bzw. geopfert wurde, wobei die Möglichkeit des zufälligen Verbrennens, beispielsweise beim Brand eines Speichers, beachtet werden muß. J. Z. Smith betonte in seinem Aufsatz "The Bare Facts of Ritual", daß es nichts gebe, was von sich aus heilig oder profan wäre. Diese Bereiche seien keine selbständigen Kategorien, sondern eher *"situational or relational categories, mobile boundaries which shift according to the map being employed."* Es gebe nur Dinge, die in Beziehung zu etwas heilig sind: *"The sacra are sacred solely because they are used in a sacred place; there is no inherent difference between a sacred and an ordinary vessel. By being used in a sacred place they are held to be open to the possibility of significance, to be seen as agents of meaning as well as of utility"*[265]. Archäologisch gesehen sind diese Bereiche nur schwer zu erfassen. Vorsicht ist geboten und eine allzu schnelle Zuordnung von materiellen Resten zur Kategorie Müll sollte nicht erfolgen. Es könnte auch argumentiert werden, daß das Auftreten von Menschenknochen als Indiz für rituelle Handlungen zu werten und der mit diesen zusammen vorkommende Abfall daher nicht als 'gewöhnlicher Siedlungsmüll' anzusprechen ist.

J. Makkay stellte unter Hinweis auf altgriechische Heiligtümer zwei mögliche Grubentypen heraus, und zwar zum einen wirkliche Opfergruben, in denen blutige oder unblutige Opfer dargebracht wurden, zum anderen Gruben für Abfälle im Dienst der Heiligtümer oder der Altäre[266]. J. E. Levy kam nach Durchsicht ethnologischer Quellen zu folgenden allgemeinen Charakteristika der zu erwartenden materiellen Rückstände von Opferhandlungen: 1) Lage: spezieller Ort, d.h. ein bestimmter begrenzter Bereich, der für einen großen Teil der Bevölkerung verboten oder verborgen ist (hier wäre zu ergänzen: zumindest zeitweise); 2) spezielle Unterklasse der von der Gemeinschaft benutzten materiellen Kultur (Beschränkungen von Form, Farbe, Qualität etc.); 3) in spezieller Art angeordnet; 4) kombiniert mit Nahrungsresten, Tieropfern und Libationen[267]. Diese Kriterien dürften archäologisch nicht immer nachzuweisen sein - insbesondere die im Bereich einer Siedlung dargebrachten Opfer, für die das un-

---

261 Sommer 1991, 64ff. Sie unterschied zwischen Abfall, der potentiell wiederverwertbar ist, und Müll, der auch als Rohmaterial nicht mehr als verwertbar gilt. Der Übergang vom Gebrauchsgegenstand zu Abfall und Müll kann ein allmählicher sein, die uns vertraute scharf definierte Grenze ist kulturspezifisch.

262 Hauptsächlich Hort-, Moor- und Gewässerfunde (u.a. Stjernquist 1962/63; dies. 1987; Kirchner 1968; W. H. Zimmermann 1970; Rech 1974); ferner Höhlen (vgl. unten). Die Frage nach Opfern beschränkte sich im wesentlichen auf den Ort sowie auf eine bestimmte Materialgruppe, die Horte. Zu diesen siehe S. Hansen 1991. Weiterhin sei auf die verbreitete, oft voreilige Zuordnung menschlicher Skelette außerhalb eindeutig erkennbarer Grabzusammenhänge zur Kategorie 'Menschenopfer' hingewiesen.

263 Neugebauer 1983/84, 181.

264 Daß die in Bestattungszeremonien benutzten Gegenstände nicht unbedingt im - wo sie dann u.U. unzutreffend als Beigaben bezeichnet werden würden - oder am Grab deponiert werden, zeigt der "place of pots" der Asante, der räumlich nicht mit dem Bestattungsplatz in Verbindung steht. Hier wurden *"various pots used in funeral rituals (...) finally placed and, in some areas, terracotta effigies (...) of important people (...) and their servants."* McLeod 1981, 39.

265 J. Z. Smith 1980/81, 115f.

266 Makkay 1975, 162. Vgl. z.B. Schäfer 1976.

267 Levy 1981/82, 176; verwendet wurden sowohl Daten von Opfern und Gaben als auch solche von Totenopfern/-gaben; bei letzteren spielte Nahrung eine geringere Rolle.

ter 1) aufgeführte Kriterium nicht zutreffen muß, sind nur schwer von 'profanen'[268] Hinterlassenschaften und 'Siedlungsbestattungen' abzugrenzen. Was ist archäologisch auffindbar, wenn Menschen- und Tieropfer dargebracht werden, wobei die Tiere gegessen[269], der (die) Mensch(en) eventuell zerstückelt (und u.U. verteilt) wird (werden)? Wahrscheinlich eine Abfallgrube mit (zerschlagenen) Gefäßen (und sonstigen Gebrauchsgegenständen), Tier- und Menschenknochen oder ganzen bzw. Teilskeletten. Ein solcher Befund wird häufig als Überrest einer kannibalistischen Handlung gedeutet. Denkbar wäre auch eine Interpretation als Bestattung. In der Analyse der eisenzeitlichen menschlichen Knochenreste aus Danebury, Hampshire, werden Überlegungen allgemeiner Art zum Totenritual angeführt, insbesondere zur sekundären Bestattung und den damit verbundenen Glaubensvorstellungen. Die liminale Periode, die Zwischenphase, in der sich die Seele zwischen den Welten befindet und die Hinterbliebenen soziale Desintegration erfahren, wird beispielsweise bei einigen Gruppen auf Borneo mit einem Fest beendet, in dessen Verlauf die Überreste des Toten zu einem neuen Ort gebracht werden[270]. *"In such cases it would not be surprising to see the faunal remains buried with the corpse. (...) Hertz showed that in some societies there is a strong symbolic link between the liminal concepts of growth and decay whereby the secondary burial of a corpse after a period of putrescence may be associated with agricultural-fertility rituals within the community, strongly connecting the practice of secondary burial with that of sacrifice (...)"*[271]. An diesem Beispiel zeigt sich, daß von uns strikt getrennt gesehene Kategorien wie Grab bzw. Bestattung und Opfer eng zusammengehören können. Nach R. Hertz sind Sekundärbestattung und Opfer durch die Vorstellung verbunden, daß Objekte in dieser Welt zerstört werden müssen, damit sie in die nächste gelangen können. Was für die schnelle Zerstörung des Opfers gelte, treffe ebenso auf die langsame des Körpers durch die Verwesung zu[272].

Der Versuch einer Definition von Kriterien, die ein Erkennen und eine Unterscheidung bzw. eine differenzierte Interpretation der Überreste von Bestattungen und Opfern ermöglichen, kann nur auf der Grundlage einer umfassenden vergleichenden Aufarbeitung möglichst aller relevanten Befunde der jeweiligen archäologischen Kultur erfolgen. Dazu gehört auch der Versuch einer Aufklärung der inneren Struktur von Siedlungen. Die Frage, ob eine Unterscheidung letztlich im Einzelfall möglich sein wird, muß vorläufig negativ beantwortet werden; zugleich ist fraglich, ob sie überhaupt immer notwendig oder sinnvoll wäre. Befunde wie die von Aulnay-aux-Planches oder Libenice zeigen hier die Problematik recht deutlich (Opfer-/Bestattungsplatz, Heiligtum)[273].

Das "Grab des Fremden" bei den Berbern weist auf die Grenzen, denen die archäologische Erkenntnismöglichkeit unterliegt. Es handelt sich um ein Grab in der Siedlung, in dem ein Fremder oder ein Mann ohne männliche Nachkommen bestattet ist. Darauf wird 'das Böse' abgewälzt und durch eine Bedeckung mit Scherben und Gefäßen 'festgehalten'[274]. Archäologisch könnte dies als Menschenopfer gedeutet werden, tatsächlich handelt es sich aber um eine "Bestattung", da das Moment des Tötens fehlt. Eine symbolische Verbindung mit dem Menschenopfer ist gleichzeitig, durch die Funktion als Sündenbock, gegeben.

---

[268] Wichtig ist in diesem Zusammenhang, daß auch profane Schlachtungen Opfercharakter haben. In den homerischen Epen heißen alle Schlachttiere "heiliges Vieh", auch wenn sie nicht speziell den Göttern geopfert werden (Baudy 1983, 155; allgemein 153ff.). Ferner interessant ist die Gleichsetzung von Schlächter (Metzger) und Henker, der in deutschen Quellen auch Fleischer oder Fleischhacker genannt wird (vgl. von Hentig 1987, 228; Schlächter wurden häufig als Henker benutzt. *"Der berufsmäßige Schlächter kam erst nach dem Hausvater, der das Tier zum Opfer oder zum Feste tötete"*). Die Buphonien in Athen wurden auch als Ochsen"mord" bezeichnet (von Hentig 1987, 226). Diese wenigen Anmerkungen lassen deutlich werden, daß eine Abgrenzung von sakral und profan wenig sinnvoll scheint, da die Bereiche ineinander übergehen. So heißt Opfern eben auch, *"einen Festbraten zur Verfügung stellen. Götterfeste sind die wichtigsten Gelegenheiten, überhaupt Fleisch zu essen."* Burkert 1983, 22.

[269] Dies muß nicht unbedingt der Fall sein, vgl. z.B. Turner 1977, 194 (Ndembu): *"It is important to note that the fowls are not eaten in a communion meal. There is a communion meal but the sacred food eaten is not meat but beans and cassava (manioc)."*

[270] Vgl. Kap. II.1.3.1.

[271] L. Walker in: Cunliffe 1984, 462f.

[272] Huntington u. Metcalf 1980, 15.

[273] Soudský u. Rybová 1962; vgl. dazu die Rezension von W. Kimmig, Germania 43, 1965, 172-184 - zusammenfassend: Schwarz 1962, 34ff.; Lambot 1989.

[274] Bourdieu 1987, 433 Anm. 1; 372f. Anm. 1.

1.3.3 Zur Problematik der Deutung von Höhlenfunden

Problematisch sind die Funde menschlicher Überreste in Höhlen, die häufig auftreten, aber - vor allem in Schachthöhlen - nur selten genauer datiert werden können. Postmesolithische Hinterlassenschaften werden heute überwiegend nicht mehr als Siedlungszeugnisse interpretiert. Eine reguläre Dauerbesiedlung selbst günstig beschaffener, hallenartiger Höhlen sei jetzt auszuschließen, wie R. A. Maier feststellte. Eine gelegentliche Zuflucht unter Ausnahmebedingungen wäre denkbar, dieser Annahme widerspreche jedoch die Fundstatistik mit ihren sich wiederholenden Schwerpunkten[275]. Für paläolithische Höhlenfunde zeichnet sich eine ähnliche Tendenz ab. So stellte H. Ullrich fest, es sei wahrscheinlich, daß einige Höhlen allein zum Zweck von rituellen Handlungen aufgesucht worden seien und keine eigentlichen Rastplätze darstellen, wie es bisher vermutet wurde[276].

Die Deutung von Fundkomplexen in Höhlen als Überreste von Opferhandlungen vom Neolithikum bis mindestens in die späte Eisenzeit ist inzwischen allgemein akzeptiert[277], und die menschlichen Reste werden als Hinweise auf Menschenopfer und kultischen Kannibalismus interpretiert. Die Meinung C. Seewalds, im Hohlenstein-Stadel das Zeugnis eines "zweckbedingten Nahrungs-Kannibalismus" vorliegen zu haben, dürfte heute vereinzelt dastehen[278].

Die Ablehnung der Deutung von Höhlenfunden als Bestattungen[279] ist vor allem von der Prämisse bestimmt, daß die regulären Gräber der entsprechenden Zeiten bekannt seien, und die Befunde aus Höhlen daher eine andere Interpretation erfordern. Bei der Deutung der vornehmlich in die späte Hallstattzeit datierten Funde aus dem Dietersberg-Schacht bei Egloffstein[280] erörterte J. R. Erl die Frage, ob es sich bei den menschlichen Skelettresten um reguläre Bestattungen handeln könnte. Er verneinte sie, da alles dagegen spreche, was von der "religiösen Grundeinstellung" jener Zeiten bekannt sei. In seinen Augen hätte die Aufnahme der Schachthöhlenbestattung einen völligen Wandel der bislang geltenden Anschauungen über Tod und Jenseits zur Voraussetzung; zudem müßte eine "Spaltung der religiösen Grundanschauungen" angenommen werden, da viele gleichzeitige reguläre Bestattungen in der Umgebung der Schachthöhlen existierten[281]. Diese Argumentation beruht zweifellos auf den Grundeinstellungen seiner Zeit - wie bereits betont, sind Bestattungsform und Totenritual/Jenseitsvorstellungen nicht notwendig identisch. Er entschied sich für die Interpretation als Opfer, vor allem aufgrund der bedeutungsvollen Eigenart der Fundstätten selbst[282]. Auch O. Kunkel lehnte für die - großteils bandkeramischen - Funde aus

---

[275] R. A. Maier 1984, 205. Vgl. ferner z.B. Torbrügge 1979, 61; Pätzold 1983, 17; vorsichtiger: Walter 1985, 92; Geschwinde 1988, 103ff.

[276] Ullrich 1989, 64.

[277] Mit Ausnahmen in Westeuropa, wo die Höhlen teilweise als Bestattungsplätze interpretiert werden. Vgl. ferner z.B. Drechsler-Bižić 1979; Reim 1978.

[278] Seewald 1971, 391. Vgl. aber auch neuerdings Courtin u. Villa 1986a, 1986b.

[279] Zur Deutung als Bestattung vgl. Kersten 1933, 141 (wenn auch als 'merkwürdig' eingestuft); Krebs 1933, 221; Behagel 1943 (nach Walter 1985, 80); Dehn u. Sangmeister 1954, 30f. - Ethnologisch zur Höhlenbestattung mit vielen Beispielen: Doerr 1935, 727-730. - Vgl. ferner Wallace 1951; Pastron u. Clewlow 1974. - Bei den Jimar (Neuguinea) werden die ausgegrabenen oder vom Gerüst genommenen Knochen mit großen Zangen auf Rindenstücke gehoben. Diese werden zusammengebunden und weit von der Siedlung entfernt in einer Felsspalte oder zwischen Baumwurzeln deponiert. Aus den Oberschenkelknochen wurden in der Regel Dolche hergestellt (Kunt u. Nyikes 1986, 50).

[280] Erl 1953. Es fanden sich Überreste von mindestens 35 Individuen (ebd. 303 Anm. 13), die als Leichen eingebracht wurden (höchstens drei gleichzeitig; ebd. 232), ferner Trachtbestandteile (Schmuck, Perlen), eine Lanzenspitze, eine Schale, Holzkohle und Tierreste.

[281] Ebd. 275. Dies könnte aber auch dahingehend interpretiert werden, daß Höhle und Grabhügelbereich gemeinsam eine 'Bestattungszone' bilden. Ein weiteres Argument gegen Bestattung sah er im vorwiegend jugendlichen Alter der Individuen (ebd.). Es fanden sich jedoch sowohl Erwachsene als auch Jugendliche, Kinder, Kleinkinder und Föten (ebd. 237ff.) - warum diese Zusammensetzung die Annahme von Opfern unterstützt, erläuterte er nicht. Sie spricht m. E. dagegen: Opfer sind rituelle Handlungen, die nach bestimmten Regeln durchgeführt werden - es ist nur schwer vorstellbar, daß die Kategorie der Wiederholung für den eigentlichen Opfergegenstand nicht zutrifft, d.h., daß es ohne Bedeutung gewesen sein soll, ob man Kinder, Säuglinge oder Erwachsene opferte. Ebenso spricht die Zusammensetzung des eingebrachten Materials gegen die Opferinterpretation, da dieses offensichtlich Beigabencharakter aufweist.

[282] Erl 1953, 275 u. 276ff.

der Jungfernhöhle bei Tiefenellern die Deutung als Bestattungen mit der Begründung ab, daß das reguläre Bestattungsritual der Bandkeramiker zur Genüge bekannt sei, auch wenn Gräber verhältnismäßig selten sind, und daher eine solche Deutung wenig Wahrscheinlichkeit für sich habe[283]. P. Schauer meinte, daß im Gegensatz zu den süd- und westeuropäischen Regionen, besonders den Landschaften Italiens, Belgiens, Süd- und Westfrankreichs, Bestattungshöhlen, die anstelle von Friedhöfen angelegt wurden, aus der Zone nordwärts der Alpen nicht bekannt seien[284]. M. Geschwinde stellte fest, daß aus den meisten Höhlen Funde menschlicher Knochen bekannt geworden sind, ebenso einzelne vollständige Skelette. Diese könnten jedoch nicht als reguläre Bestattungen gelten, da sie nicht im Einklang mit den aus anderen archäologischen Funden bekannten Grabformen stünden. Sie müßten als Hinweis auf die besondere Bedeutung der Höhlen gewertet werden[285]. R. A. Maier behandelte diese Frage auf der Grundlage von zwei Schacht- bzw. Spalthöhlen der Fränkischen Alb[286] und konstatierte, daß es sich aufgrund der Beschaffenheit der beiden Fundplätze, der Fundumstände und der Fundkombinationen weder um Siedlungs- noch um Bestattungszeugnisse handeln könne, da reguläre Siedlungs- und Gräberfunde der fraglichen Zeitspanne im Umkreis der Schwäbisch-Fränkischen Alb insgesamt ein anderes Bild böten. Andere Erklärungsmöglichkeiten für die vorliegenden Befunde wie kriegerische Massaker oder Verlochung von Seuchenopfern würden in Anbetracht zeitlich gestaffelter und dennoch gleichbleibender Fundkombinationen scheitern. Daher müsse es sich um die Reste brauchmäßiger und religiös motivierter Deponierungen, um Opferzeugnisse handeln. Die angesprochenen Höhlen seien als Opferplätze zu werten[287].

Der Ausgangspunkt für die Begründung der Annahme, Höhlen seien Opfer- und keine Grabstätten, ist die Vermutung, daß das Bestattungsritual jeweils bekannt sei. Dies schließt wiederum von vornherein aus, daß Höhlen als Bestattungsplätze definiert werden könnten[288]. Da aber davon auszugehen ist, daß verschiedene Bestattungsformen möglich sind, ist diese Argumentation unzureichend, zumal ja z.B. gerade in der Urnenfelderzeit durchaus vielfältige 'reguläre' Formen praktiziert wurden. Für die Zeit der Bandkeramik sind im süddeutschen Gebiet verhältnismäßig wenige reguläre Bestattungen bekannt. Der Begriff regulär ist ohnehin fragwürdig, weil durch seine Anwendung Befunde außerhalb bekannter und akzeptierter Grabformen (Flach-, Hügel-, Skelett- und Brandgrab) a priori aus dem Bereich möglicher Bestattungsformen ausgeschlossen werden. Die Gefahr eines Zirkelschlusses ist gegeben.

Die von R. A. Maier angesprochene brauchmäßige und religiös motivierte Deponierung in den Höhlen trifft sowohl für die Annahme von Opfern als auch für die von Bestattungen zu. Auch die von C. Colpe entwickelten Kriterien für die Identifizierung vorgeschichtlicher Opferplätze und Heiligtümer - Wiederholung und Außergewöhnlichkeit - sind für den Bereich der Höhlen nicht brauchbar, da sie beide Möglichkeiten, Opfer und Bestattung, gleichermaßen umfassen[289]. R. A. Maier wies selbst darauf hin, daß gewisse allgemeine Analogien zwischen den Opferbräuchen in Höhlen und den regionalen und überregionalen Bestattungssitten festzustellen sind. Hierzu zählte er Manipulationen an menschlichen Leichnamen und Körper- oder Skeletteilen, 'Amulette' aus Schädelknochen und Imitationen von solchen, die Beigabe bzw. Deponierung von Gefäßen oder Gefäßteilen, die Steinanhäufung bei Flachgräbern und Grabhügeln als Äquivalent der Steinverfüllung von Schächten. Hinzu komme die Beigabe bzw. Deponierung von Tieren und Tierteilen, so beispielsweise die von Schweinen (häufig Ferkeln) in Hallstatt- und Latènegräbern[290]. In diesem Zusammenhang ging R. A. Maier auch auf Funde menschlicher Überreste in Siedlungen der Bronze-, Urnenfelder- und Latènezeit ein, wollte aber für derartige Erscheinungen eher

---

283 Kunkel 1955, 125.

284 Schauer 1981, 412.

285 Geschwinde 1988, 106.

286 'Veldensteiner Forst' und 'Hormersdorf', datiert in die Urnenfelder- und Späthallstatt/Frühlatènezeit.

287 R. A. Maier 1977, 27. Vgl. ferner Torbrügge 1979, 62; Pätzold 1983, 17f.; Kubach 1983, 140; Polenz 1982/83, 117, 119; Walter 1985, 80.

288 In West- und Südfrankreich wird beispielsweise umgekehrt argumentiert: Da dort 'reguläre' Gräber der Urnenfelderzeit weitgehend fehlen, werden die Höhlen als Bestattungsplätze interpretiert.

289 Colpe 1970, bes. 34f.; R. A. Maier 1977, 27f. Anm. 12. - Grundsätzlich sind diese Kriterien auch auf Gräberfelder und Siedlungsbestattungen anwendbar. Außergewöhnlichkeit dürfte archäologisch nicht unbedingt bestimmbar sein.

290 R. A. Maier 1977, 29f., dazu Anm. 16-19. Vgl. Kluge 1985.

Opfer- als Funeralcharakter annehmen[291]. Er betonte das Versenkungsmotiv und wies dabei auch auf Deponierungen in Gewässern hin. Die hinter solchen Fundklassen und Fundregionen erkennbare Dynamik in Zeit und Raum erlaube, die künstlichen Erdgruben und Erdschächte innerhalb von Siedlungen der Jungsteinzeit, Bronze- und Urnenfelderzeit und damit den Erscheinungskomplex der 'Siedlungsbestattungen' oder besser 'Siedlungsopfer' beizuziehen[292]. Damit schließt sich der Kreis seiner Argumentation, wobei die Tatsache, daß auch bei Gräbern das "Versenkungsmotiv" eine Rolle spielt, keine Beachtung fand.

Eine strikte Trennung der Kategorien Bestattung und Opfer dürfte kaum die tatsächlichen Verhältnisse treffen. Als Opfergruben interpretierte Fundstellen auf Gräberfeldern oder Befunde in der Nähe von Megalithgräbern weisen in diese Richtung. Auch Opfer in Siedlungen könnten entsprechend gedeutet werden - beispielsweise in Verbindung mit Totenerinnerungsfeiern stehend, wobei ein räumlicher Zusammenhang zwischen Grab und Opferstelle nicht gegeben sein muß[293]. Die inhaltliche Interpretation von Opfern, die Benennung zugrundeliegender Glaubensinhalte, dürfte jedoch im Einzelfall nicht möglich sein. Bei Höhlen ist vorstellbar, daß Bestattungs- und Opferplatz keine räumliche Trennung erfuhren und die Frage nach der einen oder der anderen Kategorie möglicherweise falsch gestellt ist, wenn sich beide vermischen. Um diese Problematik zu untersuchen, muß man von der Prämisse absehen, bei Höhlen handele es sich grundsätzlich um Opferplätze, weil die reguläre Bestattungsform bekannt sei.

W. Torbrügge stellte für die Oberpfalz fest, daß auch bei größeren Systemen mit einigermaßen bequemen Zugängen und Vorplätzen menschliche Schädel und Skelettreste sofort auf Opferplatzfunktionen verweisen. Hier wie in den Schachthöhlen könne weder von gewöhnlichen Beisetzungen die Rede sein, noch von der Sonderbestattung gefährlicher Toter im Sinn Paulis. *"Im Gesamtbestand des Skelettmaterials aus den Albhöhlen ergeben sich eindeutige Hinweise auf gewaltsame Tötung im periodischen Wechsel vom Neolithikum bis in die frühe Latènezeit, und zwar über die Zeiten hinweg mit bezeichnenden Materialkombinationen"*[294]. Bei der Annahme von Bestattungen wäre das Spektrum durchaus nicht auf Sonderbestattungen gefährlicher Toter im Sinn von L. Pauli[295] beschränkt. Es könnte sich um normale Bestattungen bestimmter Bevölkerungsgruppen oder um 'Sonderbestattungen' aus verschiedenen und vielfältig motivierten, jedenfalls kaum erschließbaren Gründen handeln.

L. Pauli und G. Glowatzki vermuteten, daß Menschen, die sonderbestattet wurden oder besonders häufig Amulette trugen, und Menschen, die eine Gemeinschaft im Rahmen kultischer Handlungen tötete und opferte, möglicherweise etwa demselben Personenkreis angehörten[296]. Geopfert wurden, den Autoren zufolge, jene Menschen, die ohnehin der Gemeinschaft zur Last fielen, nämlich nicht lebensfähige Neugeborene, hustende Mädchen, hinkende Knaben, epileptische Frauen und unzurechnungsfähige Männer, wobei sie immerhin in Rechnung stellten, daß die Wahrscheinlichkeit, die damit verbundenen Merkmale anthropologisch am Skelett feststellen zu können, sehr gering sei[297]. Diese Vermutung griff R. A. Maier auf: *"Gesichtspunkte, nach welchen Kriterien die Menschenopfer ausgesucht wurden, haben neuerdings Untersuchungen von Archäologen und Anthropologen beigebracht, denen zufolge eine Opferung Kranker und solcher Menschen, >die ohnehin der Gemeinschaft zur Last fielen<, als Regelfall auch für Schachthöhlen- und Felsspalten-Heiligtümer der Alb angenommen wird"*[298]. Selbst wenn derartige Individuen anthropologisch zu bestimmen wären und dazu noch gehäuft in den Höhlen aufträten[299], wären solche Folgerungen unangemessen. Die gesellschaftliche Stellung von z.B. epileptischen oder 'geistesgestörten'

---

[291] Ebd. (Maier) 29 Anm. 16.

[292] Ebd. 31.

[293] Dies soll keinesfalls heißen, daß alle Befunde in diese Richtung interpretiert werden sollten.

[294] Torbrügge 1979, 62; die Verletzungen können auch postmortal sein; anthropologische Untersuchungen von Skelettmaterial aus Höhlen sind relativ selten; ferner wies er später (S. 63) darauf hin, daß sich die Skelettreste meist nicht zweifelsfrei mit bestimmten Schichten verbinden lassen.

[295] Vgl. auch R. A. Maier 1977, 27 Anm. 11; nach Pauli 1975.

[296] Pauli u. Glowatzki 1979, 148.

[297] Ebd. 149.

[298] R. A. Maier 1984, 207.

[299] Das Beispiel eines vermutlich geistesgestörten Mannes aus dem Klingloch (Pauli u. Glowatzki 1979, 148) dürfte für eine Verallgemeinerung, wie sie oben zitiert wurde, kaum ausreichen.

Individuen kann sehr unterschiedlich, muß aber keinesfalls gering sein. Zudem könnte es sich auch gerade deswegen um 'Sonderbestattungen' handeln.

Ein recht gutes Argument für die Deutung der Höhlenfunde als Opferreste wäre der von D. Walter postulierte Zusammenhang von Trockenperioden mit gehäuften Belegen der Höhlennutzung[300], der allerdings nicht gesichert ist. So stellte M. Geschwinde fest, daß sich diese These in seinem Untersuchungsgebiet nicht erhärten ließ[301].

Die Frage, ob es sich bei den Funden aus Höhlen um Opfer- oder Bestattungszeugnisse handelt, muß vorläufig offenbleiben. Beide Möglichkeiten sind denkbar und schließen sich gegenseitig nicht aus[302]. Eine Annäherung an die Beantwortung dieser Frage scheint m. E. vor allem auf zwei Weisen möglich: Zum einen müßten, wenn es sich um Opferzeugnisse handeln soll, relevante Unterschiede zum Beigabenspektrum "regulärer" Bestattungen der jeweiligen Zeit herausgearbeitet werden, unter Beachtung möglicher, beispielsweise geschlechtsspezifischer, Unterschiede - ansonsten wären die in den Höhlen zusammen mit menschlichen Skelettresten angetroffenen Gefäßreste, Trachtbestandteile usw. zunächst als Beigaben und nicht als Opferzeugnisse anzusprechen. Hinzu kommen eventuell Gefäße, Geräte, Nahrungsreste und Opfergaben, die mit den Bestattungsfeierlichkeiten oder Totenfesten in Zusammenhang standen, d.h. das Materialspektrum kann gegenüber dem in Gräbern reichhaltiger sein. Zum anderen wäre zu untersuchen, welches Materialspektrum innerhalb einer bestimmten Kultur als Opfer in Frage kommt und dieses dann mit dem aus Höhlen zu vergleichen. Wie im vorhergehenden Abschnitt bereits deutlich geworden ist, steht die Erforschung dieses Bereichs erst am Anfang.

1.3.4 Zusammenfassung

Archäologische Kriterien, Auffindungsmuster, die einen Befund nur als Hinweis auf Kannibalismus zu interpretieren erlauben, konnten nicht benannt werden. Argumente hierfür, wie die Lage von menschlichen Knochen im Abfall oder ihre vermeintlich nichtrituelle Behandlung, sind keine zweifelsfreien Hinweise, da andere Deutungen ebenso wahrscheinlich sein können.

Die Erforschung von Bereichen, die über einfache Kategorien wie Siedlung und Grab hinausgehen, steht noch am Anfang. Es konnte gezeigt werden, daß bisher keine ausreichenden Definitionen und Identifizierungskriterien zu Bestattungen in Siedlungen und zu Opfern existieren, die die Voraussetzung für weitergehende Deutungen wären. Eine Zuordnung zu bestimmten Kategorien erfolgt oft auf der Grundlage des heutigen Verständnisses von Pietät, von Umgehensweisen mit Toten und daraus resultierend der a priori-Definition dessen, was Bestattung und was Opfer sein bzw. nicht sein kann.

Die Anwendung von Begriffen wie nichtrituell oder pietätlos setzt die Kenntnis dessen voraus, was als rituell gesehen wurde und als angemessen galt. In der archäologischen Überlieferung ist jedoch nur ein kleiner Ausschnitt der materiellen Kultur dokumentiert, damit verbundene oder dem zugrundeliegende Riten und Glaubensvorstellungen sind kaum zu erschließen. Bei der Interpretation sollte vermieden werden, daß heutige Wertmaßstäbe und Vorstellungen die Grundlage für die Zuordnung von Befunden zu bestimmten Bereichen bilden.

---

[300] Walter 1985, 86; dies betrifft nach ihm die jüngere Linienbandkeramik, die ausgehende Frühbronzezeit, die Urnenfelder-, Späthallstatt/Frühlatènezeit und die Spätlatènezeit; das Raster ist sehr grob und weitere Untersuchungen - neben klimatischen - wären erforderlich, so z.B. ein Vergleich mit Siedlungsstruktur und Bestattungswesen unter Einbeziehung der Siedlungsbestattungen. E. Sangmeister stellte z.B. für die süddeutsche Bandkeramik heraus, daß Gräber und Idole praktisch nur aus der älteren Phase stammen, Belege für Höhlennutzung aus der jüngeren (in: Müller-Beck 1983, 457, 469); in letzterer häufen sich auch die Belege für menschliche Skelettreste in Siedlungen. Hingewiesen sei hier auch auf die mehrfach erwähnte 'Verstümmelung' bzw. das absichtliche Zerbrechen von Tonidolen: z.B. Höckmann 1972, 190; Maurer 1982, 57ff.; Kaufmann 1989, 113. - Vgl. auch Rollefson 1986, 47.

[301] Geschwinde 1988, 127. Vgl. ebenso Weissmüller 1986, 138ff.

[302] Dies unter zwei Aspekten: 1) Eine Höhle kann Bestattungs- und Opferplatz zugleich sein; 2) es sind nicht alle Höhlen unbedingt gleichartig zu interpretieren - wenn eine Höhle als Opferplatz identifiziert werden konnte, müssen deshalb nicht andere Höhlen gleichen Zwecken gedient haben. Vgl. auch Kap. II.3.2.

E. Leach betonte: *"(...) when the facts of history are known in detail, 'explanations' which are in any way adequate are always enormously complicated"*[303]. Eine in diesem Sinn adäquate Interpretation archäologischer Kontexte ist nicht möglich, jede Deutung kann nur eine mehr oder weniger grobe Annäherung sein. Befunde sprechen jedoch nicht für sich, sie müssen interpretiert werden. Um allzu grobe oder einseitige Deutungen zu vermeiden, ist es notwendig, alle Möglichkeiten einzubeziehen, auch wenn damit, zumindest vorerst, kein klares Ergebnis zu erzielen ist. Die Problematik konnte am Beispiel von Siedlungs- und Höhlenfunden dargestellt werden, die sich zur Zeit nicht eindeutig einer bestimmten Kategorie zuordnen lassen.

2. Zur Deutungsgeschichte

2.1 Diskussion um die Existenz des prähistorischen Kannibalismus

Die aus Reiseberichten insbesondere seit der Entdeckung Amerikas[304] allgemein bekannt und populär gewordene Anthropophagie der 'Wilden' wurde seit den ersten Funden zerstreuter menschlicher Skelettreste auch für die prähistorischen Menschen Europas diskutiert. F. Garrigou erörterte 1867 diese Frage und bemerkte, es sei nur natürlich zu glauben, daß angesichts der heutigen Wilden, die Kannibalen seien, ohne vom Hunger getrieben zu werden, auch der vorgeschichtliche Mensch anthropophag war, wenn sich die Gelegenheit bot. Die menschlichen Reste inmitten von Küchenabfällen seien ein unwiderlegbarer Beweis für Kannibalismus[305]. E. Cartailhac betonte dagegen auf dem Kongreß in Lissabon 1880, daß Anthropophagie zwar von vielen heutigen Wilden praktiziert werde, jedoch nicht von allen. Letzteres sollte auch für die Wilden des prähistorischen Westeuropa gelten, da kein Befund bekannt sei, der solchen der Kannibalenvölker vergleichbar wäre[306].

Diese beiden gegensätzlichen Meinungen repräsentieren die Positionen, die die Diskussion um die Existenz des prähistorischen Kannibalismus in Europa vornehmlich in der zweiten Hälfte des 19. Jahrhunderts bestimmten. Es ging primär um die Frage, ob die Handlungsweisen, die in Berichten über weit entfernt lebende 'Wilde' selbstverständlich waren und ohne die geringsten Zweifel akzeptiert wurden, auch für die Urbewohner Europas, die eigenen Vorfahren, angenommen werden könnten. In dieser Kontroverse spiegelt sich die Diskussion um den 'guten' und den 'schlechten Wilden', der eine als Projektion des Wunschbildes eines glücklichen, einfachen Lebens in der Natur[307], der andere als kannibalisches, ungezügeltes und rohes Schreckbild. Diese schon auf antike Tradition zurückgehenden Bilder[308] sind bis heute mit wechselnden Schwerpunkten zu verfolgen - im 19. Jahrhundert wurde "der Wilde" überwiegend als roh, eher von tierischer als menschlicher Wesensart charakterisiert[309]. H. Schaaffhausen bemerkte dazu in seinem Aufsatz über 'Menschenfresserei', daß es kaum einen anderen Gegenstand der anthropologischen Forschung geben könne, der uns so überzeugend wie dieser die fortschreitende Veredelung der menschlichen Natur vor Augen stelle, die manche immer noch leugnen, indem sie das lebende Geschlecht nur für den entarteten Abkömmling besserer Vorfahren halten[310]. Das Ergebnis seiner Untersuchung war die Feststellung, daß der Europäer in sittlicher und moralischer Hinsicht an der Spitze der Entwicklung zu sehen sei, und er hielt den Bewunderern des 'guten Wilden' und der Antike die Sitte der Menschenopfer und der Anthropophagie entgegen: *"Das traurige Gemälde, welches die Betrachtung der Menschenfresserei und des Menschenopfers vor*

---

303 Leach 1973, 769f.; vgl. auch ders. 1977.

304 Zu vorher in Europa gängigen Vorstellungen vgl. Kap. III.

305 Garrigou 1867c, 330.

306 Diskussion im Anschluß an Delgado 1884, 267.

307 Vgl. allgemein Kohl 1986.

308 Z.B. Androphagen (Herodot IV, 18 u. 106) / Hyperboreer (K. E. Müller 1980, 183); Stoiker, bes. Diogenes (K. E. Müller 1972, 270f. Anm. 516) - vgl. ferner Kap. III.

309 Vgl. Bitterli 1970, 87.

310 Schaaffhausen 1870, 245.

uns aufrollt, muss denen vor Augen gehalten werden, welche in dem Wilden mit dem Vorurtheile Rousseau's nur den unverdorbenen Sohn der Natur zu sehen meinen, aber auch denen, die, geblendet durch den Glanz grosser Thaten und Charaktere und den einer hoch ausgebildeten geistigen Befähigung (...) das Alterthum nur bewundern und die klassischen Völker uns in jeder Beziehung als Muster der Humanität hinstellen wollen"[311].

Die Befunde selbst spielten eine periphere Rolle - sie wurden von Befürwortern und Gegnern des prähistorischen Kannibalismus gleichermaßen für ihre Argumentation benutzt und meist ohne tiefergehende Fundkritik verwendet. Die Informationen zu ihnen waren häufig spärlich, erst 1896 legte H. Matiegka mit dem anthropologischen Material der Gruben von Knovíz eine umfangreichere und vergleichsweise genaue Publikation entsprechender Befunde vor[312]. Heute nur noch forschungsgeschichtlich interessant ist die Interpretation von Urnengräbern durch Baron Dücker, der in diesen Überreste von *"sacrifices anthropophages"* sehen wollte[313], eine Meinung, die zu seiner Zeit diskutiert wurde[314]. Die Urnen enthalten nicht etwa Asche, so Baron Dücker, sondern scharfkantige, zerschlagene Knochensplitter, die *"zwar meistens die Einwirkung der Wärme durch eine eigenthümliche Zerborstung erkennen lassen, dagegen aber selten das Ansehen des eigenthümlichen Verbranntseins zeigen."* Die Knochenreste stammen seiner Ansicht nach sehr häufig von Kindern oder jugendlichen Individuen und zeigen auffallend kleine Dimensionen. Die gute Erhaltung der Knochen, die scharfkantige Form und besonders der Umstand, daß es sich nur um Röhrenknochen handele, brachten ihn auf den Gedanken, unsere Vorfahren hätten die Leichen, *"mochten diese von Kriegszügen oder von Opfern oder von sonstigen Mordthaten herrühren, nicht eigentlich verbrannt, sondern vielmehr gebraten, abgenagt und dann die Knochenreste in Urnen bestattet (...)"*[315]. Dieses Beispiel zeigt, daß alle Arten von Befunden, auch 'reguläre' Brandbestattungen, eine solche Deutung erfahren konnten.

Die Diskussion um die Existenz der prähistorischen Anthropophagie wurde weniger mit Argumenten als mit Gefühlen bestritten, und moralische Erwägungen sowie evolutionistische Hypothesen[316] nahmen einen höheren Stellenwert ein als eine gründliche Untersuchung und Bewertung der vorliegenden Befunde. Jeder vereinzelt auftretende Menschenknochen wurde als Beleg betrachtet, häufig ungeachtet der genaueren Fundumstände, ohne Untersuchung etwaiger Spuren, die auf anthropogene Einwirkung weisen könnten, und ohne Einbeziehung anderer Deutungsmöglichkeiten. Gelegentlich wurden derartige Untersuchungen gefordert[317], meist begnügte man sich mit der Feststellung, daß äußerste Vorsicht bei der Interpretation notwendig sei, ohne diese dann zu verwirklichen[318]. Der Hinweis auf eine angeblich den Tierknochen entsprechende Behandlung oder darauf, daß es sich nicht um eine Bestattung handeln könne[319], reichte gewöhnlich als Begründung aus. Selbst ein so überzeugter Vertreter des prähistorischen Kannibalismus wie H. Schaaffhausen mußte jedoch zugeben, daß die tatsächlichen Beweise noch nicht so zahlreich seien, wie häufig angegeben[320]. Die Beweisführung stützte sich auch im wesentlichen nicht auf Befunde, sondern auf antike Quellen und vor allem auf moderne Reiseberichte, in denen Kannibalismus sehr häufig Erwähnung fand. Die Annahme lag nahe, auch in archäologischen Kontexten Hinweise auf entsprechende Vorgänge zu finden. H. Schaaffhausen bemerkte in diesem Zusammenhang, daß es keine unrichtige Voraussetzung gewesen sei, wenn man bei der Auffindung von Resten des Menschen aus der ältesten Vorzeit Beweise für Kannibalismus zu finden erwartete, denn auch in vielen anderen Beziehungen gleiche der Urmensch Europas dem heutigen Wilden, und die ältesten Sagen der Menschheit *"gedenken dieses Gräuels. Ich hatte schon früher es ausgesprochen (1857), dass man die Sitten der noch jetzt lebenden wilden Völker benutzen*

---

[311] Ebd. 285f.

[312] Matiegka 1896, vgl. Kap. II.3.3.

[313] Dücker 1875, 314.

[314] Vgl. Karsten 1876, (76); abgelehnt von Matiegka 1896, 134.

[315] Dücker, zit. nach Baer u. von Hellwald 1874, 185f.

[316] Vgl. Kap. II.2.3.

[317] U.a. A. de Longpérier in: Schaaffhausen 1870, 266; Virchow in: Wollemann 1883, (520); Steenstrup 1890, 16; Baudouin in: Rutot 1907, 324f.

[318] Vgl. z.B. Matiegka 1896, 133ff.

[319] Unter Bestattung wurde, wie dies bis heute weitgehend üblich ist, eine den europäischen Vorstellungen von Pietät im Umgang mit Toten entsprechende Niederlegung verstanden.

[320] Schaaffhausen 1870, 265.

müsse, um sich ein Bild von den Anfängen unserer eigenen Cultur entwerfen zu können (...)"[321]. Die Gegner des prähistorischen Kannibalismus konnten sich angesichts der Fülle ethnographischen Materials[322] nicht durchsetzen, zumal sie ihn eher aus moralischen Erwägungen ablehnten. R. Virchow stellte z.B. 1883 im Zusammenhang mit bronzezeitlichen Funden aus der Rothesteinhöhle in Niedersachsen fest, daß deren Interpretation als Hinweis auf Kannibalismus eine Neuigkeit ersten Ranges wäre, denn bis jetzt hätte sich eine derartige Vermutung immer nur auf Menschen der Steinzeit gerichtet[323], und selbst für diese sei sie noch keineswegs sichergestellt. Für die Bronzezeit, immerhin eine Periode schon vorgerückter Kultur, ließe sich eine derartige Hypothese ohne absolut zwingende Gründe nicht akzeptieren[324]. Er plädierte für sorgfältige Untersuchungen der Spuren an Knochen sowie von deren Ursachen und nahm in bezug auf Theorien und Deutungen eine vorsichtige Haltung ein. J. Steenstrup bemerkte 1890: *"Unserer Väter wettergesprungene, lange Röhrenknochen aus den grossen Steinkammern wurden alsdann bei all ihrer Unschuld zu Verräthern einer schändlichen Menschenfresserei (Cannibalismus) gestempelt, deren diese Vorzeitmenschen sich schuldig gemacht haben sollen"*[325]. Seine zu Recht erhobene Forderung nach genauer Untersuchung der Knochen geht einher mit moralischer Empörung über die Vorstellung von unseren Vorfahren als Kannibalen[326].

Eine grundsätzliche Diskussion über die Nachweisbarkeit der Anthropophagie wurde in der prähistorischen Forschung nicht geführt. Dies lag darin begründet, daß entsprechende Gebräuche aus der ethnographischen Literatur bekannt waren und eine Diskussion kaum mehr notwendig erschien. R. Andree beschrieb 1887 in einer zusammenfassenden Studie zur Anthropophagie diese Situation in unmißverständlicher Weise. Er betonte, daß sich aus dem Knochenbefund allein niemals mit absoluter Sicherheit ein Nachweis für Kannibalismus erbringen lasse, da auch andere Deutungsmöglichkeiten denkbar seien. Das Zerschlagen und Öffnen von Knochen könne verschiedene Gründe gehabt haben; es sei bekannt, daß heute noch *"einzelne Völker das Mark von Röhrenknochen nur gewinnen, um damit Felle zu gerben. Das kann auch bei einem prähistorischen Volke der Fall gewesen sein und dann ist es ausgeschlossen, hier aus dem Knochenbefunde auf Anthropophagie zu schließen"*[327]. Wiederholt hätte daher die Vorstellung von prähistorischen Anthropophagen Gegner gefunden. Der Knochenbefund ist jedoch seiner Ansicht nach nicht das Entscheidende: Seien auch die Schlüsse, die man aus den zerschlagenen Menschenknochen selbst ziehen könne, hinfällig, so bliebe doch die Möglichkeit und Wahrscheinlichkeit, daß es sich um anthropophage Relikte handelt, und zwar aufgrund der Analogie, die zwischen den vorgeschichtlichen Völkern und den heute der Anthropophagie ergebenen Naturvölkern bestehe, eine in seinen Augen 'schlagende' Analogie, die nicht mehr besonders hervorgehoben zu werden brauche[328]. Nur selten findet sich eine Aussage, die die Gründe für die Interpretation von Befunden als Hinweis auf Kannibalismus so deutlich nennt. Aber eben diese Analogie ist die Grundlage der heutigen Lehrmeinung, eine Tatsache, der man sich kaum noch bewußt ist. Ohne die Berichte über Kannibalismus bei rezenten Völkern wären Hypothesen über prähistorische Anthropophagie schwer denkbar. R. Andree beschrieb dann auch plastisch die Anwendung dieser "Analogie-Methode": *"Nachdem durch Spring einmal der Kannibalismus des vorhistorischen Menschen angeregt worden war, begannen die Forscher eifrig nach neuen Belegen zu suchen und die aufgefundenen Menschenknochen unter dem Gesichtspunkte der Anthropophagie zu betrachten"*[329]. Diese Haltung ist bis heute zu verfolgen - andere Deutungsmöglichkeiten sind weitgehend vernachlässigt worden, und die Existenz der prähistorischen Anthropophagie unterliegt kaum einem Zweifel[330]. Gelegentlich geäußerte Bedenken[331] fanden nur wenig Beachtung, erst in neuerer Zeit beginnt

---

[321] Ebd. 264.

[322] Dessen Glaubwürdigkeit gelegentlich schon damals angezweifelt wurde; vgl. Ratzel 1887, 82f., der seine Überlegungen jedoch nicht konsequent zu Ende führte (ebd. 83f.). - Vgl. ferner Ashley-Montagu 1937, 57; allgemein Kap. IV.

[323] Dies trifft nicht zu; vgl. z.B. C. Vogt 1873, 297f.

[324] Virchow in: Wollemann 1883, (520).

[325] Steenstrup 1890, 16.

[326] Vergleichbar auch noch O. Paret 1961, 87, der bezüglich eines kultischen Kannibalismus im Neolithikum meinte, daß man sich derartiges in Mitteleuropa kaum vorstellen könne.

[327] Andree 1887, 2.

[328] Ebd.

[329] Ebd. 3.

[330] Vgl. z.B. Happ 1991, u.a. 49, 52, 69, 83f., 92, 110f., der entsprechende Befunde ohne die geringste kritische Erörterung als Überreste von Kannibalenmahlzeiten bezeichnete. Schon 1884 bemerkte A. C. Smith zum Problem der Anthropophagie,

sich, unter anderem als Folge der Quellendiskussion in der Ethnologie, eine kritischere Einstellung abzuzeichnen[332].

2.2 Überlegungen zur Rasse

Die Vorstellung, der sittlich und moralisch weit über den 'unzivilisierten Wilden' stehende Europäer stamme direkt von kannibalischen Vorfahren ab, fiel einigen Forschern offenbar schwer. Um dieser Annahme zu entgehen, wurde manchmal argumentiert, daß sie andersrassig waren und eher mit heutigen 'Primitiven' zu vergleichen seien als mit den modernen Bewohnern Europas. Die Funde aus der Höhle von Chauvaux bei Namur in Belgien, schon 1842 von A. Spring ergraben, aber erst später publiziert[333], wurden als Reste von kannibalistischen Mahlzeiten gedeutet. W. Baer und F. von Hellwald berichteten 1874 darüber und stellten fest, daß diese Höhlenbewohner Menschenfresser waren, *"- das ist ausgemacht, und zwar haben sie nicht das Menschenfleisch aus Nothwendigkeit gegessen, sondern sie waren Kannibalen im wahren Sinne des Wortes,- reine Feinschmecker"* - hier spiegelt sich die Ausdrucksweise vieler ethnographischer Berichte aus dieser Zeit. Beide betonten aber nachdrücklich, daß sie einer Rasse angehörten, die sehr verschieden war von denen, die heute das mittlere und westliche Europa bewohnen: *"Es war eine Rasse von kleinem Wuchs (...) ziemlich von der Statur der Lappen und Eskimos. Der Schädel hatte nur einen geringen Umfang, er war kurz oder brachycephal, wie man heute sagt, mit fliehender Stirn, abgeplatteten Schläfen, breiten Nasenlöchern, vorstehenden Kinnbacken, schiefen Zähnen. Dies sind die Hauptcharaktere, - übereinstimmender, wie Spring mit Recht bemerkt, mit denen der Neger und Indianer Amerika's als mit denen irgendeiner Rasse, die in der geschichtlichen Zeit Europa bewohnt hat"*[334]. Die Einwanderung der Arier - Kelten und Germanen - beendete dann die Herrschaft dieser kleinen, häßlichen und wilden Rasse, die nur noch in der Volkslegende fortlebe[335]. Somit schien ausgeschlossen, daß Menschenfresser zu unseren direkten Vorfahren gehörten.

R. Virchow hatte darauf hingewiesen, daß in der Höhle von Chauvaux auch Bestattungen gefunden worden seien und die Beobachtungen Springs unzureichend wären. H. Karsten bemerkte dazu: *"Könnte nicht die Höhle von Chauvaux, nachdem der Cannibalismus menschlicheren Sitten Platz gemacht, von den Nachkommen der Troglodyten, wie auch an vielen anderen Orten, als Begräbnisplatz benutzt worden sein?"*[336]. Er faßte den Stand der Diskussion über prähistorische Anthropophagie zusammen: *"Obgleich die Richtigkeit dieses von seinen Zeitgenossen vielfach verworfenen Ergebnisses der Beobachtungen Spring's neuerlich von Garrigou durch ähnliche Beobachtungen in einer Höhle bei Montesquieu-Avantes bestätigt wurde, kann man sich auch heute noch nicht mit der Idee befreunden, dass die Urbewohner Europa's gleich denen der übrigen Erdtheile - und diese z.Th. noch jetzt - Anthropophagen waren, wie wir das noch kürzlich aus Virchow's Rede entnahmen"* - Virchow war der Mei-

---

bezogen auf die Diskussion in Großbritannien: *"For there are, without doubt, many matters in connection with the early Britons, some of them so often repeated till they are popularly believed and generally accepted, but which have no foundation beyond probability. (...) Such, for instance, is the alleged sacrifice of human victims, and the cannibal feasts, often attributed to British warriors, which (...) I am very far from admitting proved."* Zit. nach Brothwell 1961, 304.

331 Narr 1960; Brothwell 1961.

332 Vgl. z.B. Salaš 1990; Bahn 1991, 92 Anm. 2.

333 1853. Lit. bei Matiegka 1896, 133 Anm. 1. Vgl. Congrès International d'Anthr. et d'Arch. Préhist. 4, Kopenhagen 1869 (1875), 84-86; Schaaffhausen 1870, 265; Andree 1887, 2f.

334 Baer u. von Hellwald 1874, 183. - Vgl. in diesem Zusammenhang z.B. die Beschreibung eines vermeintlichen Kannibalenhäuptlings durch Karl Mauch, der vor seinem Besuch dort schon entsprechende Gerüchte hörte (u.a., daß dieser die Schamteile junger Mädchen bevorzugte), selbst aber nichts sah: *"Was das Aussehen dieses Häuptlings betrifft, so entspricht es ganz solcher Möglichkeit; ich habe nirgends eine Physiognomie beobachtet, welche so sehr der tierischen sich nähert: breite, aufgeworfene Lippen mit ungemein stark ausgebildeten Freßwerkzeugen; die Lider bedecken zur Hälfte die kleinen blutrünstigen Augen; eine sehr niedrige Stirne, rohes Geschwätz bei kreischender Stimme;"* (die Sprache verstand er nicht) *"roh gebaut und äußerst schmutzig; eine treffliche Kreatur, einen Kannibalen darzustellen (...)."* Zit. nach Andree 1887, 35.

335 Baer u. von Hellwald 1874, 183.

336 Karsten 1876, (77) - zum Begriff Troglodyten vgl. Kap. II Anm. 8.

nung, daß man nicht jeden zertrümmerten und auseinandergeworfenen menschlichen Knochen als Belegstück betrachten könne und die Beobachtungen von Spring und Karsten unzureichend seien - *"Das von mir in der Höhle an der Rosenhalde gefundene menschliche Scheitelbein und das ganze Vorkommen der menschlichen Skelettheile in der Höhle zwingt mich, der Ansicht Spring's und Garrigou's beizutreten, der sich auch schon v. Dücker, durch das Studium pommerscher Todtenurnen bewogen, anschloß"*[337].

J. Bayer, der 1923 einen "sicheren Fall von prähistorischem Kannibalismus" aus Niederösterreich (Hankenfeld) veröffentlichte, erwog ebenfalls noch die Möglichkeit einer andersrassigen Bevölkerung. Nach einem Vergleich mit den bronzezeitlichen Funden aus Knovíz und dem neolithischen, vermutlich skalpierten Schädel aus Achenheim[338] kam er zu dem Schluß, *"daß es sich in beiden Fällen um die auch für unseren vorliegenden Fund in Betracht kommenden Kulturstufen handelt, für die sich vielleicht einmal auf Grund einer größeren Anzahl derartiger Funde eine menschenfressende Bevölkerungsschichte nachweisen lassen wird, die möglicherweise andersrassig war und rituelle Menschenschlachtungen vornahm, worauf die kunstgerechte Schädelbehandlung hinzuweisen scheint"*[339].

Eine andere Variante, die hier erwähnt werden soll, diskutierte B. Škerlj 1939 in seinem Aufsatz "Kannibalismus im Altpaläolithikum?", in dem er von zwei Gattungen oder Arten des Menschen ausging und die Hypothese aufstellte, daß von 'echtem' Kannibalismus noch nicht gesprochen werden könne: *"wurde nicht der Urmensch das Opfer einer anderen Gattung (oder mindestens Art), des echten Menschen (Homo, bzw. Homo sapiens), von dem eben wie gewöhnlich auch an diesen Fundplätzen"* - Chou-Kou-Tien und Krapina - *"keine Spur verblieb?"*[340]. Für den Angehörigen der Gattung Homo wäre ein Angehöriger der Gattung Pithecanthropus nichts weiter als ein Jagdtier[341]. Echten Kannibalismus könne man wohl erst im Jungpaläolithikum, zunächst als kultische Erscheinung, nach Austilgung des Neandertalers erwarten[342].

2.3 Modelle zur Entstehung und Entwicklung der Anthropophagie

1888 veröffentlichte H. Schaaffhausen magdalénienzeitliche Feuersteinwerkzeuge, zerschlagene Tierknochen sowie menschliche Rippenstücke und zwei kindliche Schneidezähne vom Martinsberg bei Andernach, die er offensichtlich als Reste von Mahlzeiten deutete: *"Es müssen menschliche Rippenstücke unter Speiseabfällen zu einer Vermuthung führen, die ich nicht aussprechen will. Dass sie von Begrabenen herrühren sollen, deren Gebeine auf irgend eine Weise hierhergelangt sind, ist nicht wohl anzunehmen"*[343]. Schon 1865/66 wurden in der Höhle von La Naulette bei Dinant in Belgien neben Knochen diluvialer Säugetiere auch einige menschliche Knochen - ein Unterkieferbruchstück, ein Eckzahn, eine Ulna und einige Mittelfußknochen - entdeckt, die Dupont als Mahlzeitreste interpretierte[344]. H. Schaaffhausen sah die Skelettreste aus dem Neandertal in ähnlicher Weise: *"(...) als man die merkwürdigen Ueberbleibsel des Menschen in einer Höhle des Neanderthales fand, bemerkte ich, dass dieselben ein unerwartetes Licht auf die Nachrichten der alten Schriftsteller über die früheren Bewohner des nördlichen Europa werfen, die meist als Cannibalen geschildert werden, und dass sie uns den geschichtlichen*

---

[337] Karsten 1876, (76). Vgl. weiterhin u.a. Schaaffhausen 1870; Capellini 1871; Chierici 1873 (Reggio; nur Menschenopfer angenommen); Chauvet 1897 - vorsichtiger: G. de Mortillet 1886.

[338] Matiegka 1896 (Knovíz); Forrer 1922 (Achenheim); allgemein zur Skalpierung vgl. Dieck 1969 und Dieck u. Anger 1978.

[339] Bayer 1923, 84. Bei der angesprochenen kunstgerechten Schädelbehandlung handelte es sich um Skalpierungs- und Schabspuren, die auf eine Reinigung deuten. In welchem Zusammenhang dies mit rituellen Menschenschlachtungen stehen könnte, führte er nicht näher aus. Vgl. Kap. II.3.4.

[340] Škerlj 1939, 113.

[341] Ebd. 117.

[342] Ebd. 118.

[343] Schaaffhausen 1888, 30; nähere Fundumstände sind nicht bekannt.

[344] Gieseler 1952, 161.

Hintergrund der noch im Volke lebenden Sagen und Märchen vom Menschenfresser erkennen lassen"[345].

Die meisten Befunde, die bis zum Ende des 19. Jahrhunderts bekannt und entsprechend interpretiert wurden, datieren jedoch in spätere Zeiten. So ist in Übereinstimmung mit ethnographischen Berichten[346] auch die Meinung vertreten worden, daß Kannibalismus eher ein Merkmal von 'fortgeschritteneren' Kulturen sei. Er wurde hauptsächlich mit Funden der Jungsteinzeit sowie in geringerem Maß der Bronzezeit in Verbindung gebracht und als ein allgemeines und notwendiges Stadium der Menschheitsentwicklung gesehen. Dies schloß nicht aus, auch Funde der älteren Steinzeit in entsprechender Weise zu interpretieren. Sie waren jedoch anfangs nur spärlich vertreten, und die Überzeugung, daß in dieser Zeit Kannibalismus herrschte, gründete sich mehr auf theoretische Spekulationen[347]. Diese finden ihre Erklärung darin, daß der Urmensch als primitivster Vertreter unserer Spezies im Grunde gar nicht anders vorstellbar war als mit rohesten, eben kannibalischen Sitten, die sich mit fortschreitender Kultur allmählich "besserten": War Kannibalismus anfangs durch Roheit und Leckerei geprägt, kamen später Motive wie Rachsucht, Liebe gegenüber Angehörigen und schließlich Anthropophagie als Ausdruck religiöser Gesinnung hinzu, die vom Menschenopfer ohne Kannibalismus abgelöst wurden, bis auch dieses durch Tiere und endlich symbolische Formen ersetzt war.

C. Vogt stellte 1873 fest, daß alle Fälle aus Epochen stammen, die eine relativ fortgeschrittene Kultur bezeugen, dem Ende der Jungsteinzeit und der Bronzezeit. Man müsse zu dem schrecklichen aber unvermeidbaren Schluß gelangen, diese Bräuche würden eine allgemeine und daher notwendige Stufe der Entwicklung der menschlichen Kultur bilden[348]. Trotz fehlender Belege meinte F. Garrigou, es sei dennoch wahrscheinlich, daß der Mensch des 'Rentierzeitalters' ebenfalls anthropophag war[349]. Für ihn stellte der Kannibalismus, ebenso wie die Gewohnheit des Fleischessens, eine Entwicklungsstufe dar, die Frucht eines gewissen kulturellen Grades. *"Je suis porté à penser que l'anthropophagie, de même que l'habitude de manger exclusivement de la chair, est le fruit d'un certain degré de civilisation, ou, pour mieux dire, de changements dans les habitudes morales et intellectuelles, lentement survenus chez l'homme primitif, chez l'homme singe"*[350].

---

[345] Schaaffhausen 1870, 264. Vgl. ferner Capellini 1873; Chauvet 1897.

[346] G. Schweinfurth schrieb z.B. bezogen auf die Monbuttu in Zentralafrika: *"Die angeführten Tatsachen beweisen aufs neue, und sie bieten uns nicht das erste Beispiel der Art, daß oft gerade Völker Anthropophagen sein können, welche sich durch eine auffällig hohe Kulturstufe von solchen unterscheiden, die den Genuß von Menschenfleisch verabscheuen."* Schweinfurth o.J. (1874), 230f.; ebenso Schaaffhausen 1870, 255; Volhard 1939, X.

[347] Vgl. z.B. noch die Zusammenstellung bei Andree 1887, 3f., der nur wenige und kaum überzeugende paläolithische Befunde anführen konnte, bei den meisten jüngeren interessanterweise aber auch auf eine Datierung verzichtete, obwohl sie ihm bekannt sein mußte. Mortillet stellte fest (Diskussion im Anschluß an Rutot 1907, 324): *"Il est vraiment curieux de constater que la plupart des os humains, à l'aide desquels on a cherché à démontrer que les paléolithiques européens étaient d'affreux cannibales, se rapportent à une période beaucoup plus récente: le Néolithique."*

[348] *"(...) tous ses cas sans exception se rapportent à des époques témoignant d'une civilisation relativement avancée. Les os humains cassés et en partie carbonisés et privés de moelle qu'ont découverts M. Spring à Chauvaux, M. Roujou à Villeneuve-St.-Georges, le docteur Clément à Saint-Aubin dans les palafittes du temps du bronze, M. Worsaae dans le Dolmen de Borreby, M. Garrigou dans la grotte de Montesquieux-Avantes et M. Capellini dans une grotte de l'île de Palmaria; tous ses os ont été trouvés associés, soit à des instruments, soit à des os d'animaux actuels sauvages ou domestiques, qui témoignent de la fin de l'époque de la pierre polie ou de l'époque du bronze. (...) En revanche jamais encore on n'a trouvé de preuves de cannibalisme datant des époques du renne ou du mammouth. (...) on arrive à la conclusion terrible mais inévitable, que ces usages forment un passage général et par conséquent nécessaire de tout développement de la civilisation humaine."* Vogt 1873, 297f. Die hier angeführten Befunde waren die in der damaligen Diskussion wichtigsten, auf die immer wieder verwiesen wurde (vgl. Schaaffhausen 1870, 265ff.; Karsten 1876, (76); Andree 1887, 3-6; Matiegka 1896, 133f.). - Die Meinung, die von Berg, Rolle u. Seemann 1981, 120, vertreten wurde: *"Im Weltbild der meisten europäischen Forscher verbot die erreichte Kulturhöhe etwa der Jungsteinzeit und auch der Bronzezeit Exzesse wie Kannibalismus von selbst"*, läßt sich anhand der Literatur nicht bestätigen. Lediglich Virchow äußerte für die Bronzezeit Bedenken (im Anschluß an Wollemann 1883, (520)). Die Diskussion bezog sich auf alle Zeiten.

[349] *"Des observations ultérieures permettront, je n'en doute pas, de confirmer les probabilités que je ne fais qu'émettre aujourd'hui sur ce dernier point, consécutivement à l'assertion du même genre donnée par le docteur Spring au sujet de certaines cavernes de Belgique."* Garrigou 1867c, 329f.

[350] Ebd. 330.

Anthropophagie als Stadium der Menschheitsentwicklung ist eine alte Vorstellung, die schon in antiken Quellen zu verfolgen ist. Platon versuchte, die Verhältnisse der Vorzeit aus Restvorkommen in der Gegenwart zu rekonstruieren und schloß u.a. von den Menschenopfern der barbarischen Völker auf einen ehemals allgemein geübten Kannibalismus[351]. Theophrast deutete die Tieropfer als Ablösung einer von Notzeiten erzwungenen Menschenfresserei[352]. Nach der orphischen Kulturentstehungslehre machte Orpheus dem anthropophagen Urzustand ein Ende, denn einstmals, *"da lebten die Menschen vom gegenseitigen Fraße, / Und der stärkere Mann zerfleischte als Beute den schwächeren"*, bis der Kulturheros das Fleischessen verbot und Bodenbau, eine geordnete Lebensführung sowie die Schrift brachte[353]. Athenaios von Naukratis entwarf Anfang des 3. Jahrhunderts in seinem 'Gelehrtengastmahl' ein bemerkenswertes evolutionistisches Modell kulinarischer Natur: *"Als noch Kannibalismus und zahlreiche andere Übel herrschten, erstand ein gewisser - und keinesfalls törichter - Mann, der als erster das Opferfleisch röstete. Und weil es so angenehmer als Menschenfleisch schmeckte, ließ man davon ab, einander zu verspeisen, und ging dazu über, die geopferten Tiere auf diese Weise zuzubereiten. Durch die genußreiche Erfahrung belehrt, schritt man dann alsbald auch zur Erfindung der Kochkunst fort. (...) Und als alle nun aufgehört hatten, auch das Fleisch der verstorbenen Menschen zu essen, wuchs in ihnen, der Genüsse wegen, von denen ich spreche, der Wunsch heran, zusammenzuleben, so daß sich alsbald die ersten zu einer Gemeinschaft formierten und - alles, wie gesagt, infolge der Kochkunst - nach und nach auch ganze Städte entstanden"*[354].

Die Vorstellung eines anthropophagen Urzustandes war allgemein verbreitet. Es ist keine Erkenntnis des 19. Jahrhunderts, die Sage vom kannibalischen Urzustand der Menschheit endgültig zerstört zu haben, wie E. Volhard meinte[355]. Als Ursache dieser Erkenntnis sah er die Feststellung vieler Reisender, daß sich Kannibalenvölker durch eine bemerkenswert hohe Kultur vor anderen, nicht kannibalischen Naturvölkern auszeichneten[356]. Dies wurde zwar weitgehend akzeptiert, hatte aber keinen Einfluß auf die Interpretation paläolithischer Verhältnisse[357]. Geblieben ist, nach E. Volhard, die Überzeugung vom Kannibalismus als unumgängliche Entwicklungsstufe der Menschheit, die früher einmal bei allen Völkern nachweisbar sein sollte - bis die Entdeckung der Kulturkreise auch diese Ansicht als falsch erwies, denn die Menschenfresserei sei nicht allgemeinmenschlich, sondern einem ganz bestimmten Kulturkreis eigentümlich, in Afrika als 'Masken- und Geheimbund-Kulturkreis' bezeichnet, der historisch dem frühen Neolithikum entspreche und in vorgeschichtlicher Zeit eine sehr viel weitere Verbreitung gehabt haben müsse[358]. Diese Überlegungen sollen hier nicht näher behandelt werden, es sei nur darauf hingewiesen, daß E. Volhard in seiner Untersuchung auf Quellenkritik gänzlich verzichtete und seine Verbreitungskarten lediglich die Überzeugungen europäischer Reisender, keineswegs die tatsächliche Verbreitung des Kannibalismus dokumentieren. Auf die Unzulänglichkeit seiner Quellen wies er selbst hin, zog daraus jedoch

---

351 K. E. Müller 1972, 193.

352 'Über die Frömmigkeit'; Burkert 1972, 15.

353 K. E. Müller 1972, 64f. Anm. 38, nach einem bei Sextus Empiricus überlieferten Fragment. Vgl. ferner 170f., 184f. Diese Vorstellung ist nicht auf Europa beschränkt. Als Beispiel seien die "Comentarios Reales de los Incas" (erstmals 1609 publiziert) des Garcilaso de la Vega (el Inca) angeführt, der sich auf eine Erzählung seines Onkels berief: Die Menschen der alten Zeiten lebten wie wilde Tiere, ohne Religion und Regierung, sie bauten nichts an und gingen nackt. *"Sie lebten, wie es sich gerade ergab, zu zweit oder zu dritt in Felshöhlen oder Spalten oder in Erdlöchern; wie die Tiere aßen sie die Kräuter auf den Feldern und Baumwurzeln und Menschenfleisch."* Erst als der Vater, die Sonne, einen Sohn und eine Tochter schickte - die Stammeltern der Inka-Könige - lernten die Menschen, wie vernünftige und gesittete Wesen zu leben (zit. nach Monegal 1982, 191).

354 K. E. Müller 1972, 263 Anm. 477.

355 Volhard 1939, X.

356 Ebd. IXf. Vgl. aber auch Andree 1887, 99, der die Meinung vertrat, daß die Anthropophagie sowohl bei seßhaften, ackerbautreibenden Völkern "im günstigen Schwange" sei als auch nicht minder bei umherschweifenden Horden, wie in Amerika und Australien.

357 Vgl. auch die Kritik bei K. J. Narr (1960, 280f.): *"Selbstverständlich steht es jedem frei, die Auffassung zu vertreten, daß altsteinzeitliche Befunde nicht durch die Zustände bei heutigen Wildbeutervölkern zu erklären seien; doch ist es dann - wenn man schon die Tatsache übersehen will, daß auch die Interpretation als Kannibalismus sich ja schließlich auf historische und völkerkundliche Parallelen beruft - zumindest methodisch inkonsequent, auf der gleichen Seite Parallelen von kulturgeschichtlich jungen Völkern heranzuziehen, weil diese der eigenen Auffassung genehm sind."*

358 Volhard 1939, X u. 365.

keine Konsequenzen[359]. Heute ist die Überzeugung von der Existenz kannibalistischer Vorfahren, vom Australopithecus bis zum Homo sapiens, weit verbreitet[360]. Dies führte zur Entwicklung von Theorien über einen angeborenen Aggressionstrieb, die in den populärwissenschaftlichen Arbeiten von R. Ardrey, der die frühen Menschen als Mörder und Kannibalen charakterisierte[361], ihren vorläufigen Höhepunkt erreichten. Diese Problematik kann hier nur angedeutet werden. Grundlage der angesprochenen Theorien sind jedenfalls Forschungsergebnisse der Prähistorie, die beträchtliche Auswirkungen auf andere Wissenschaftsdisziplinen haben können. Umso mehr ist es erforderlich, Lehrmeinungen unseres Faches immer wieder kritisch zu diskutieren und zu prüfen, inwieweit die diesen zugrundeliegenden Befundinterpretationen begründet erscheinen.

Märchen, Sagen[362] und Berichte antiker Schriftsteller wurden und werden für das europäische Gebiet als Hinweise auf die ehemalige Existenz der Anthropophagie gedeutet. Außereuropäischen Völkern, von denen keine kannibalistischen Praktiken berichtet wurden, ist häufig unterstellt worden, sie ehemals ausgeübt zu haben, und Anzeichen dafür wurden überall entdeckt[363]. *"Blicken wir auf die heute lebenden wilden Völker, so erfahren wir, dass der Cannibalismus noch in ausgedehntem Maasse unter ihnen verbreitet ist, dass er sich gewohnheitsmässig noch bei allen Racen und, Europa ausgenommen, in allen Ländern findet. Viele schämten sich der Unsitte im Umgange mit den Europäern und legten sie ab, andere läugneten selbst, dass ihre Vorfahren sie geübt"*[364]. G. Forster, der Begleiter von Cook, gab in seinem 1777 veröffentlichten Reisebericht der Überzeugung Ausdruck, daß die Tahitier früher Menschenfresser gewesen sein müssen, ehe sie durch die Vortrefflichkeit des Landes und des Klimas sowie den Überfluß an guten Nahrungsmitteln gesitteter wurden[365]. Denn es sei bekannt, daß diese Art von Barbarei bei allen Nationen in den Gebrauch überging, Menschen zu opfern, und daß sich diese gottesdienstliche Zeremonie, selbst bei zunehmender Kultur und Verbesserung der Sitten, noch lange erhalten hätte. *"So opferten die Griechen, Carthaginenser und Römer, ihren Göttern noch immer Menschen, als ihre Cultur schon den höchsten Gipfel erreicht hatte"*[366]. In seinen Augen war es unzweifelhaft, daß fast alle Völker in den ältesten Zeiten Kannibalen gewesen sind[367]. Nach der Überzeugung von R. Andree ist der Kannibalismus eine angeborene Eigenschaft der primitiven Völker und gehört zu den Kinderkrankheiten der Menschheit, die allmählich von der Kultur überwunden werden[368]. Die heutige Anthropophagie erscheine nur als Überrest der einst allgemein

---

[359] Ebd. 367ff.; u.a. bemerkte er, daß bei keiner anderen Erscheinung die Quellen, auf die sich eine wissenschaftliche Untersuchung im allgemeinen stützen kann, nämlich Berichte von Augenzeugen, so verschwindend gering seien wie beim Kannibalismus (ebd. 368f.). Vgl. Kap. IV.2.

[360] Z.B. R. Knußmann, Vergleichende Biologie des Menschen, Stuttgart-New York 1980, 277, 307, 310, 314f.; Burkert 1980, 110; Bucher 1982, 76 u. Anm. 6. Vgl. auch Freud, Totem und Tabu.

[361] Z.B. Ardrey 1978. Vgl. dazu vor allem die Arbeit von Brain 1981, der die Australopithecinen als Opfer von Raubtieren sieht; ferner Ullrich 1989, 67f., der näher auf diese Theorien eingeht.

[362] *"Wie die vergleichende Mythologie in den Volksmärchen und Sagen reichen Stoff zum Wiederaufbau der alten Götterwelt gefunden hat, so können, und mit noch größerem Rechte, die Anklänge, welche Märchen und Sagen verschiedener, heute auf einer hohen Kulturstufe stehender Völker an Menschenfresserei zeigen, als Überlebsel aufgefaßt werden und dazu dienen, das ehemalige Vorhandensein der Anthropophagie bei solchen Völkern darzuthun."* Andree 1887, 6. Bemerkenswert ist in diesem Zusammenhang, daß der Kannibalismus als Hinweis auf einstige Realität gedeutet wird, andere häufig vorkommende Elemente, wie Inzest, jedoch nicht. In Märchen, Mythen und Sagen dürften sich doch eher 'ideale Welten' oder, im vorliegenden Fall, 'verkehrte' bzw. 'verbotene Welten' widerspiegeln, die mit realer Vergangenheit keineswegs einfach gleichgesetzt werden dürfen. Zu rekonstruieren sind Glaubensvorstellungen. H. Zinser betonte, daß mythische und literarische Produkte sich nicht notwendigerweise auf eine vorhistorische Zeit beziehen, sondern auch Tendenzen sichtbar machen, die in der Realität sonst keinen Ausdruck gefunden haben (Zinser 1981, 20).

[363] Spitzgefeilte Zähne, menschliche Knochen im Hausbereich, entsprechende Ausdrücke in der Sprache usw.; vgl. z.B. Volhard 1939, 104; B. Malinowski 1984, 62; selbst das Essen von Hundefleisch wurde als Kannibalismusanzeiger gewertet: *"Alle Stämme der in Rede stehenden Gruppe verraten dadurch, daß sie Hundefleisch essen, ein Hinneigen zum Kannibalismus."* Schweinfurth o.J. (1874), 127. Nach Andree ist kein Erdteil vom Kannibalismus freizusprechen: *"wo er heute nicht mehr herrscht, da bestand er früher (...)."* Andree 1887, 99 (vgl. 21, 24 usw.).

[364] Schaaffhausen 1870, 253.

[365] Forster 1983, 570.

[366] Ebd. 637.

[367] Ebd. 570.

[368] Andree 1887, 98.

vorhandenen. *"Diejenigen Völker, bei denen wir sie noch finden, haben sie seit Urzeiten, über die ersten Vorkommnisse bei ihnen liegen keine Nachrichten vor und nirgends läßt sich erkennen, daß erst neuerdings der Kannibalismus eingeführt worden sei"*[369]. H. Schaaffhausen sah solche Zustände der Roheit nur als eine der ersten und eine notwendige Stufe der Entwicklung der Völker, die vorübergehen, um milderen Sitten zu weichen - Menschenfresserei sei jedoch keine ursprüngliche Naturanlage des Menschen, *"denn dieser ist, wie die anthropoiden Affen, nach seinem Gebisse ein Fruchtesser. (...) Da nun der Genuss des Menschenfleisches unter den heutigen Wilden noch so allgemein verbreitet ist und uns in der ältesten Geschichte aller Völker begegnet, so müssen wir für diese Rohheit, die bei den Thieren nicht ihres Gleichen hat, besondere Gründe suchen"*[370]. Er führte mehrere Gründe an, die zur Erklärung dieser 'abscheulichen Gewohnheit' zur Verfügung stünden: Hunger, Rachegefühl, Aberglaube und Leckerei[371]. Bei einigen 'rohen' Völkern sei eine gottesdienstliche Bedeutung der Anthropophagie festzustellen - gewissermaßen als Rudiment "uralter Sitten". Insbesondere käme dies für solche in Frage, bei denen der Grad der Bildung mit einem so grausamen und rohen Schauspiel im Widerspruch stehe und nur noch bei besonderen Festen in Verbindung mit dem Menschenopfer vorkomme. Er wandte sich aber gegen die Annahme eines allgemeinen Zusammenhangs der Anthropophagie mit dem Menschenopfer, da eine solche Beziehung bei heutigen Kannibalen nur sehr selten auftrete[372]. *"Alle Menschenopfer sind gewiss nicht aus dem Cannibalismus entstanden. Vielen liegt die Vorstellung der Sühne zugrunde. (...) In den religiösen Vorstellungen unserer Zeit sind die letzten Spuren dieser Anschauung noch nicht verschwunden, werden aber einer höheren Auffassung des göttlichen Wesens weichen müssen"*[373].

Die Herleitung des Menschenopfers aus oder die Verbindung mit der Anthropophagie war eine verbreitete Auffassung. So bemerkte G. Forster, daß solche Opfer häufig Überbleibsel des Menschenfressens seien[374]. H. Matiegka sah die Menschenopfer in enger Verbindung zur Anthropophagie, meinte jedoch, daß sie nicht immer ihren Ursprung in ihr hätten[375] - sie seien entweder Reste der Anthropophagie oder aber Äquivalente, die in keiner Hinsicht unterschätzt werden dürften[376]. Die Menschenopfer würden dann durch Tieropfer ersetzt und schließlich durch rein symbolische Handlungen, wie beispielsweise die Eucharistie, abgelöst[377]. Die Entwicklung der Menschheit umfaßt in diesem Modell also mehrere Stufen, die eine steigende geistige und moralische Reife bezeugen: Vom Kannibalismus über das Menschenopfer zum tierischen 'Ersatzopfer' und in den 'höheren' Religionen dann zu symbolischen Handlungen, wobei jeweils verschiedene Unterstufen und Variationen möglich sind.

Nach H. Matiegka entstand die Anthropophagie aus Nahrungsmangel - es sei denkbar, daß der Mensch in der Eiszeit aus Not zum Genuß von Menschenfleisch gezwungen wurde. Nachdem die Zeit der Not geschwunden war, hätte der vorhistorische Europäer Freund und Feind aus Genäschigkeit, aus Rache und vielleicht aus Liebe verzehrt. Dieser Zustand sei durch die symbolische Anthropophagie abgelöst worden, bei der nur ein bestimmter Teil, mal der Kopf, mal die Brust oder die Glieder verzehrt, wenigstens gebraten oder endlich verbrannt wurden, den Freunden oder Göttern zur Ehre, wie er es formulierte; *"der übrige Körper wurde verbrannt. Und so entwikkelte sich die rituelle Leichenverbrennung und die Sitte der theilweisen Leichenverbrennung. Wie anders liesse sich der Uebergang von der Bestattung zur Leichenverbrennung besser erklären, als durch die Anthropophagie?"* Die teilweise Verbrennung könne am besten durch rituelle, symbolische und ursprünglich tatsächliche Anthropophagie erklärt werden. Der Leichnam werde gleichsam zum Verzehren verbrannt, ursprünglich bloß gebraten. *"Der Genuss von Menschenfleisch erscheint dann schon nicht so schrecklich, wenn wir ihn neben die blutige Durchführung dieses Ritus hinstellen. Diese symbolische Anthropophagie ist dann die letzte Station in diesem*

---

[369] Ebd. 99.

[370] Schaaffhausen 1870, 245f.

[371] Ebd. 248, später nannte er noch Roheit als Ursache (ebd. 250).

[372] Ebd. 248.

[373] Ebd. 267. Entsühnung als Motiv für das Menschenopfer auch bei Schwenn 1915.

[374] Forster 1983, 570; ebenso F. A. Wolf 1802, nach Schwenn 1915, 5 Anm. 2 - auch der umgekehrte Weg wurde vertreten (Meiners 1774), vgl. ebd.

[375] Matiegka 1896, 132.

[376] Ebd. 137.

[377] Mogk 1909, 606; Schwenn 1915, 5f.; Kunkel 1955; Behm-Blancke 1958, 249; Thiel 1984, 121; Sagan 1987, 158; Kaufmann 1989, 135f. Anm. 28.

Fortschritte; denn wie Lombroso nach Ferri schreibt, wird die Tödtung aus Ruhmsucht und brutaler Böswilligkeit, die Anthropophagie im Kriege und aus blosser Leckerei immer seltener, während der religiöse Mord und die religiöse Menschenfresserei fortdauern und anfänglich der ganze Körper, später blos einige Theile gegessen werden. Dann folgen die Thieropfer und endlich die Opfer symbolischer Figuren"[378]. G. Asmus leitete dagegen die Körperbestattung aus der Anthropophagie ab, für die sie kultische Gründe annahm: Aus den Anfängen der kultischen Kannibalenmahlzeit mit den zerschlagenen Knochen soll sich allmählich weiter nach Westen in jüngerer Zeit die Teilbestattung und noch weiter westlich die richtige Körperbestattung entwickelt haben[379], der eine größere sittliche Reife zugrunde liege als dem Kannibalismus. Sie sah die Bestattung des ganzen Körpers als folgerichtige Entwicklung aus der ursprünglichen Anthropophagie[380].

O. Almgren, der 1905 'Kung Björns hög', einen reich ausgestatteten Grabhügel in Upsala[381] veröffentlichte, beschrieb die Entwicklung der Anthropophagie von einer in der Steinzeit üblichen Sitte über den rituellen Gebrauch in der Bronzezeit bis hin zu Menschenopfern ohne Kannibalismus[382]. Der Anlaß zu diesen Überlegungen war ein fragmentierter menschlicher Knochen, der sich zusammen mit weiteren Skelettresten, die nach der anthropologischen Bestimmung von mindestens drei erwachsenen Individuen stammen sollen, sowie Tierknochen in der Aufschüttung des Hügels fand[383]. Als Erklärungsmöglichkeiten bieten sich vor allem Sekundärbestattungen[384] oder Menschenopfer an - ein Teil der Knochen könnte auch zu dem dann verbrannten Individuum gehören. Als Beleg für Kannibalismus, wie O. Almgren den Befund deutete, ist er nicht zu werten.

R. Andree nahm in seiner Untersuchung über "Menschenschädel als Trinkgefäße" Hunger als eine der ursprünglichen Triebfedern des in der Urzeit angeblich allgemein verbreiteten Kannibalismus an, meinte jedoch, daß 'wir Kulturmenschen' nicht mehr alle Beweggründe des 'Urmenschen' verstünden. *"Gewiss scheuten sie nicht vor Leichen zurück, waren nicht wählerisch im Genuss widerlicher Dinge, und Gefühlsfeinheit wird ihnen so ferne gelegen haben wie ästhetischer Sinn."* Im Urstadium verfiel der Leichnam menschenfresserischer Gewohnheit und die Hirnschale wurde einfacher Gebrauchsgegenstand. Daraus sei der Exokannibalismus aus Rachsucht gegenüber dem besiegten Feind und endlich der Endokannibalismus aus Liebe zu den Angehörigen und Freunden entstanden. Mit zunehmender Kultur ließe sich ein allmähliches Schwinden des Brauches feststellen, *"der heute nur noch bei zwei Extremen, bei den barbarischten Völkern und im religiösen Kultus, besteht"*[385]. K. Krenn vermutete, daß der Brauch des Schädelbechers nichts anderes als ein abgeschwächter oder verfeinerter Kannibalismus sei und ein Mittelglied zwischen Kannibalismus und Schädelkult darstelle. In den meisten Fällen sei es aber gar nicht zum Kannibalismus gekommen, denn viele Völker, die den Schädelbecher kultivieren und kultiviert haben, waren nie Kannibalen und werden es nie werden[386]. Diese Einschränkung ist wohl notwendig, da der Schädelbecher z.B. auch im christlichen Reliquienkult eine große Rolle spielt, und man ihn in diesem Bereich kaum mit Kannibalismus in Verbindung bringen möchte.

---

[378] Matiegka 1896, 140.

[379] Asmus 1942, 275.

[380] Ebd. 276.

[381] Es handelte sich um eine Brandbestattung in einem Sarg. Die Untersuchung von E. Clason ergab, daß die Brandreste *"einer Person von oder unter Mittellänge mit einem ziemlich grazilen Knochenbau angehört haben. Es wäre sogar ganz möglich, dass sie von einem Weibe herrührten, was ja indessen aus archäologischen Gründen ausgeschlossen ist. Es muss also, sagt Professor Clason, wenn es ein mächtiger Häuptling war, ein kluger Mann gewesen sein, denn kräftig war er nicht."* Almgren 1905, 57.

[382] *"Vielleicht könnte man sogar schon eine zusammenhängende Entwicklung dieser Sitte in Upland verfolgen: in der Steinzeit Kannibalismus als übliche Sitte, wenn die Gelegenheit es bot, in der Bronzezeit als ritueller Gebrauch bei einem besonders feierlichen Leichenschmause, und endlich am Ausgang der Heidenzeit (im 11:ten Jh.) Menschenopfer ohne Verzehrung der Leichen bei den grossen, alle neun Jahre wiederkehrenden Feiern am Tempel von Gamla Upsala (nach Adam von Bremen, Lib. IV, 27)."* Almgren 1905, 57.

[383] Ebd.

[384] Almgren lehnte die Möglichkeit von Sekundärbestattungen mit der Begründung ab, die menschlichen Knochen seien fast ausschließlich in ungestörten Schichten angetroffen worden. Mit 'Sekundärbestattungen' sind hier jedoch offensichtlich Nachbestattungen gemeint.

[385] Andree 1912, 32.

[386] Krenn 1929, 121.

Interessant sind, was hier nur angedeutet werden soll, Überlegungen verschiedener Autoren, die den Kannibalismus bzw. seinen Ursprung mit "mutterrechtlichen" Gesellschaften in Beziehung brachten: *"Alle Zeichen deuten dahin, daß der Kannibalismus in dieser Kultur speziell auch seine Heimstätte hat, (...) daß gerade typische Mutterrechtsgebiete, wie Melanesien, Kongogebiet usw., als die eigentlichen Herde des Kannibalismus deutlich sich ausweisen"*[387]. Belegt werden kann dies nicht, ist aber zeitbedingt gesehen interessant als Gegenüberstellung von Mutterrecht - Kannibalismus - Wildheit und Patriarchat - Ordnung - Zivilisation. Mit dieser Vorstellung ist das Postulat einer historischen Abfolge verbunden, einer Entwicklung vom primitiven Stofflichen zum höherstehenden Geistigen. Die Unterordnung der Frau unter den Geist sei, wie J. J. Bachofen meinte, ihre wahre Bestimmung[388]. In seiner Untersuchung der Vorstellung vom Mutterrecht kam H. Zinser zu dem Ergebnis, daß bisher alle Behauptungen über matriarchale Verhältnisse einer Nachprüfung nicht haben standhalten können. Sie müßten als Projektionen, Wunsch- und Angstbilder, als Neutralisierungen oder sonstige Abwehrstrategien von Männern verstanden werden[389].

Derartige rein hypothetische, dem Evolutionismus eng verhaftete und heute überwiegend nur noch als kurios zu bezeichnende Konstruktionen, wie sie oben beschrieben wurden, sind nicht als überholte Theorien des 19. Jahrhunderts zu betrachten, sie haben sich im Gegenteil bis heute gehalten und sowohl in der prähistorischen Forschung als auch in anderen Fächern ihre Spuren hinterlassen.

Dem von R. Thurnwald verfaßten Artikel "Kannibalismus" im Reallexikon der Vorgeschichte ist zu entnehmen, daß unter den höheren Stämmen der Gedanke des Opfers gegenüber dem bloßen Verzehren des Leichnams hervortrete und die Tradition des Kannibalismus in der Gestalt des Menschenopfers und ferner des tierischen Ersatzopfers weit in die Kulturen höherer Völker hineinreiche[390] - also eine progressive Entwicklung vom Kannibalismus, der später mit dem Opfer verbunden ist, über das Menschen- zum tierischen Opfer. Allein der Begriff Ersatzopfer sollte vermieden werden, da er immer einen Vorgänger (den Menschen) voraussetzt, eine Annahme, die rein hypothetisch ist. O. Kunkel postulierte, daß eine weite Spanne zwischen dem alten wirklichen Menschenopferritual und den vergeistigten Symbolformen auf höherer religiöser Ebene liege[391]. In einer neueren kulturanthropologischen Untersuchung zu Formen der Trauer von H. Stubbe findet sich eine Darstellung der Entwicklungsgeschichte der Witwentötung - ein Brauch, der schon in der Jungsteinzeit und Kupferzeit in gewaltsamer Weise ausgeübt worden sei. *"Nach und nach wurde jedoch dieses strikte Gebot aufgeweicht, und statt der Witwe wurde nun eine Sklavin (Konkubine) zur Totenfolge gezwungen, und schließlich wurde dann die reale Totenfolge durch eine symbolische ersetzt"*, z.B. Haaropfer, Trauerverstümmelung, Wiederverheiratungsverbote[392].

G. Behm-Blancke sah 'Patrophagie' und einen daraus entstandenen 'Gefallenen-Kannibalismus' als Urformen der Anthropophagie, in Anlehnung an R. Steinmetz. Dieser nahm Endokannibalismus als früheste Form an, da dem 'Urmenschen' eine feinere Psyche fehlte und er aus Nahrungsmangel auf das reichlich vorhandene Menschenfleisch zurückgreifen mußte. Die toten Stammesangehörigen wurden angeblich verzehrt, weil sie die leichteste Beute darstellten[393]. Auch H. Becher sah den Endokannibalismus als früheste Form, aber mit abweichender Begründung: Da aus Liebe und Zuneigung sehr leicht Haß- und Rachegefühle entstehen könnten, sei es einleuchtend, daß sich der Exokannibalismus nur aus dem Endokannibalismus entwickelt haben kann, aber niemals umgekehrt[394].

---

[387] Schmidt u. Koppers, Völker und Kulturen III, 558, zit. nach Volhard 1939, 365; ebenso Tomschik 1929, Kap. I B; vgl. Krenn 1929, 115.

[388] Vgl. Zinser 1981, 12f.; die Stufe des Mutterrechts unterteilte Bachofen 1861 in die Abfolge Hetärismus, Amazonentum und eheliche Gynäkokratie.

[389] Zinser 1981, 90. Vgl. ebenso die Untersuchungen von Wesel 1980 und K. E. Müller 1989.

[390] Ebert, 207 (Stichwort Kannibalismus).

[391] Kunkel 1955, 128.

[392] Stubbe 1985, 98; vgl. auch ebd. 86.

[393] Steinmetz 1896, 47f.

[394] Becher 1967, 251. Hingewiesen sei in diesem Zusammenhang darauf, daß er keinen Kannibalismus beobachtet hat. Grundlage seines Artikels ist ein neunmonatiger Forschungsaufenthalt bei Surára- und Pakidái-Indianern, bei denen er den Tod eines jungen Mannes miterlebte, dessen Baumbestattung und die anschließende Verbrennung der Knochen. Diese sollen zerstampft und mit Bananensuppe vermischt bei dem einmal jährlich stattfindenden Totenerinnerungsfest getrunken worden

Nach G. Behm-Blancke entwickelten sich aus diesen Urformen solche des 'niederen Kannibalismus': Der 'funerale'[395] und 'fruchtbarkeitsmagische', dann der 'mythische Ahnen-' und der 'Kopfjagd-Kannibalismus' und diesen folgend als 'höherer Kannibalismus' der 'Göttliche', aus dem das Menschenopfer ohne Kannibalismus erwächst; als höchste Stufe bezeichnete er das symbolische Verzehren des göttlichen Leibes im Sakrament der Kommunion[396]. Dieser stark evolutionistischen Konstruktion, ganz der Tradition des 19. Jahrhunderts verhaftet, fehlen jegliche Belege. Abgesehen davon, daß prähistorischer Kannibalismus schwer bzw. gar nicht nachweisbar ist, wären die angesprochenen Formen selbst bei eindeutigen Befundkontexten prinzipiell nicht unterscheidbar. Auch die hier angeführten ethnologischen Untersuchungen[397] können nur als wenig überzeugende Hypothesen gewertet werden.

Die Annahme, daß Tieropfer einen Ersatz für Menschenopfer darstellen und, da die Tiere im Rahmen der Opferhandlung meist verzehrt werden, auch einen Ersatz für Anthropophagie, ist eine bis heute verbreitete Hypothese, die in der Tradition des 19. Jahrhunderts zu sehen ist[398] - eine Zeit phantasievoller Rekonstruktionen der Menschheitsentwicklung, die an Befunden und Beobachtungen häufiger nur insofern Interesse hatte, als sie sich den jeweiligen Modellvorstellungen anpassen ließen. Tierische Opfer (wie auch andere Dinge) können einen Ersatz für menschliche darstellen, beispielsweise unter der Voraussetzung, daß das Opfer symbolisch die Opfernden repräsentiert[399] oder die Stelle des Menschen in Wiederholung eines mythischen Opfers einnimmt. Daraus jedoch den Schluß zu ziehen, ehemals sei tatsächlich ein Mensch geopfert worden, führt zu weit. Es ist problematisch, symbolische Dimensionen in reale historische Vorgänge umzuinterpretieren, unter Verwendung von (aitiologischen) Mythen, die als Wiedergabe tatsächlicher Entwicklungen gesehen werden. W. Burkert beschrieb das Verhältnis von Ritus und Mythos in seiner Arbeit über den 'Homo necans': *"Der Mythos zieht die Linien zu Ende: die Drohgebärde wird zum Mord, die gespielte Klage zur echten Trauer, die angedeutete Erotik zur Geschichte von Liebe und Tod. So wird das Als-Ob des Ritus zur mythischen Wirklichkeit, wie umgekehrt der Ritus dem tradierten Mythos seinen Wirklichkeitsgehalt bestätigt"*[400]. Daß in einzelnen Fällen Menschen- durch Tieropfer abgelöst worden sein können, soll nicht bestritten werden, direkte Belege fehlen jedoch. Die Folge derartiger Konstruktionen kann das (unterbewußte) Postulat einer fortschreitenden Höherentwicklung des Menschen sein:

---

sein, an dem er aber offenbar nicht teilgenommen hat (Becher 1967, 249). - Vgl. ferner Jankuhn 1968, 69: *"Das Auftreten von Zeugnissen für Anthropophagie in Gräbern würde am ehesten auf Endokannibalismus hinweisen können."*

[395] Zu dem Patrophagie der Definition nach eigentlich gehört.

[396] Behm-Blancke 1958, 249. - Ders., Alt-Thüringen 4, 1959/60, 138 Abb. 44, allgemein 131-142. Ausgangspunkt seiner Überlegungen waren die menschlichen Skelettreste aus Ehringsdorf: Zwei Calvariae und weitere Schädelteile (sowie Skelettreste eines wahrscheinlich verunglückten Kindes, die hier keine Rolle spielen), die er a priori als Reste von Kannibalenmahlzeiten interpretierte. *"Mit dem Befund der Calvaria Ehringsdorf H hat sich Weidenreich (...) eingehend auseinandergesetzt. Mehrere Hiebspuren auf der Stirn lassen vermuten, daß das weibliche Individuum erschlagen wurde. Den Schädel trennte man sodann vom Rumpf, öffnete ihn an der Basis und entfernte das Gehirn, wahrscheinlich um es für eine Kannibalenmahlzeit zu verwenden. Eine neue Untersuchung der Calvaria hat ergeben, daß die von Weidenreich für alte Schnittspuren von Steinwerkzeugen gehaltenen Verletzungen kritisch zu betrachten sind. Konservator E. Lindig hat offensichtlich bei der Freilegung des Objekts dort, wo die Schädelteile im Gestein unübersichtlich übereinander lagen, mit einem schmalen Meißel, der noch vorliegt, ungewollt Schnittspuren erzeugt. (...) Die Feststellung Weidenreichs, die Frau sei erschlagen und ihr Schädel gewaltsam geöffnet worden, kann jedoch aus triftigen Gründen aufrecht erhalten werden."* Behm-Blancke 1959/60, 132f. Die triftigen Gründe nannte er nicht. *"Es ist m. E. nicht angebracht, die Calvaria mit einem Versenkungsopfer ähnlich denen der letzteiszeitlichen Rentierjäger in Verbindung zu bringen. Fänden sich in den ehemaligen Wasserbecken nur menschliche Skelettreste, speziell Schädel, so wäre das besondere Verfahren, die Kannibalenmahlzeitreste zu beseitigen, offenkundig."* Ebd. 133f. Für ihn ist offenbar grundsätzlich keine andere Erklärung als Kannibalismus denkbar. *"Wenn überhaupt sich hinter den Ehringsdorfer Kannibalenmahlzeitresten eine bestimmte Vorstellung verbirgt, müssen wir zur Klärung der Sachlage einen anderen Weg einschlagen: Wir müssen eine Wesensdeutung des altpaläolithischen Kannibalismus versuchen."* Ebd. 134. Zur Kritik vgl. Narr 1960.

[397] Steinmetz 1896; Becher 1967.

[398] F. Schwenn bemerkte (1915, 81): *"Die Rubrik 'Ablösung des Menschenopfers' hört erst in der allerletzten Zeit auf, alle möglichen Zeremonien, die an keinem anderen Orte unterzubringen sind, zu sammeln."*

[399] Vgl. z.B. Beattie 1980, 30. Ferner Girard 1992, 11ff. Tatsächlicher Ersatz (von außen aufgezwungen) durch Büffel: Bolle 1983/84, 49 (Khond).

[400] Burkert 1972, 44.

'Primitiven' Gesellschaften wird die Möglichkeit symbolischer Handlungen abgesprochen, sie tun, was in ihren Mythen beschrieben ist, während wir, gewissermaßen auf höherem geistigen Niveau, nur noch symbolisch handeln. Interessant ist in diesem Zusammenhang, daß in ethnographischen Reiseberichten häufiger die mythische mit der realen Ebene verwechselt, d.h. angenommen wurde, daß die in mythischen Erzählungen zum Ausdruck kommenden Handlungen auch tatsächlich wie beschrieben stattfanden. Dies lag zum einen daran, daß den Beobachtern oft die Teilnahme an entsprechenden Riten verwehrt blieb, mithin eine Überprüfung nicht stattfinden konnte, zum anderen daran, daß den 'Wilden' alles zugetraut wurde, nur keine ausgeprägte Symbolik[401]. W. Arens stellte zutreffend fest, es sei offenbar nicht leicht zu akzeptieren, daß andere ebenso feinsinnige symbolische Strukturen entwickelt haben könnten wie wir selbst[402]. Es soll, dies sei betont, keine geschichts- oder entwicklungsfeindliche Position vertreten werden. Entwicklungen sind zu verfolgen, sollten jedoch, wenn Modelle dafür erstellt werden, auch mit Fakten belegt sein.

Es ist für die Bandkeramik postuliert worden, daß in ihren späten Phasen das Menschen- durch Tieropfer ersetzt wurde: Die Zunahme der Tieropfer in postlinienbandkeramischer Zeit sei ein Beleg dafür, daß es verstärkt an die Stelle des Menschenopfers rücke und zunächst selbst eine Form des Substitutopfers darstelle, ehe es im Verlauf der Trichterbecherkultur zur dominierenden Opferform geworden sei[403]. Da Untersuchungen zu Menschen- und Tieropfern insbesondere im Siedlungsbereich sowie deren Abgrenzung von Bestattungen erst am Anfang stehen, mithin diese Kategorien noch gar nicht umfassend definiert sind, können derartige Schlußfolgerungen nur nach intensiver Aufarbeitung des gesamten Materialbestands getroffen werden, einer Aufarbeitung, die nicht von a priori-Definitionen bestimmt werden sollte[404].

Für E. Sagan ist der Kannibalismus die elementare Form institutionalisierter Aggression und charakteristisch für eine primitive Stufe gesellschaftlicher Entwicklung. Der Kannibale *"is compelled to take the urge for oral incorporation literally"*[405]. Er entwarf ein Entwicklungsmodell, in dem er 'primitive', 'komplexe' und 'archaische' Gesellschaften mit Kannibalismus, Menschen- und Tieropfern verband. Das Menschenopfer, das Mittel zur Ablehnung des Kannibalismus, so Sagan, werde selbst abgelehnt, wenn es keine reale Möglichkeit zur Menschenfresserei mehr gebe. Die Menschen würden sich dem Tieropfer zuwenden, wenn sie sicher seien, nie mehr in den Kannibalismus regredieren zu können, und das Tieropfer sollen sie aufgeben, wenn klar sei, daß sie das Menschenopfer für immer aufgegeben haben[406].

G. J. Baudy legte 1983 eine Studie der 'Tischordnung als Wurzel sozialer Organisation' vor, in der er sich insbesondere der altgriechischen Gesellschaft widmete. Die Verteilung des Fleisches erfolgt in hierarchischer Ordnung, die Opferfeste der archaischen Gesellschaften sind Kosmogonien im Kleinformat, wie er feststellte[407]. Die Küche einer Gesellschaft ist eine Sprache, in der sie unbewußt ihre Struktur zum Ausdruck bringt[408].

---

401 Beispiele dafür werden angeführt in den Untersuchungen von Kremser 1981; van Baal 1981, 181, 218; Steadman u. Merbs 1982. J. van Baal berichtete über das vermeintlich kannibalistische Ezam-Uzum-Ritual der Marind-anim, Pflanzer und Kopfjäger in Neuguinea. Der mythischen Version zufolge, die Nicht-Eingeweihten einzig zugänglich ist, werden ein Mann und eine Frau (ein kopulierendes Paar) geopfert und gegessen. Im Ritual sind sie jedoch durch Kokosnüsse, als menschliche Köpfe geschmückt, symbolisiert. *"They are indeed crushed and eaten. The story of the copulating pair is the story told to the non-initiates."* J. van Baal 1981, 181. - Man stelle sich umgekehrt vor, Beobachtern aus einer fremden Kultur wäre die Eucharistie nur aus den Erzählungen der Gläubigen und aus schriftlichen Quellen zugänglich: Ob sie diese als symbolische Handlung auffassen würden, wäre abhängig von ihren Erwartungen und den Personen, mit denen sie zufällig Kontakt haben. Selbst die Beobachtung der Abendmahlszeremonie würde nicht unbedingt zu der Erkenntnis führen, daß es sich tatsächlich nur um einen symbolischen Verzehr handelt.

402 Arens 1980, 70.

403 Kaufmann 1989, 135f. Anm. 28.

404 Vgl. Kap. II.1.3.

405 Sagan 1974, 28.

406 Ders. 1987, 158.

407 Baudy 1983, 134; die beiden Grundtendenzen der menschlichen Tischgemeinschaft seien Verstärkung des Gruppenzusammenhalts und distributive Markierung von Rangunterschieden.

408 Ebd. 133, nach Lévi-Strauss, Mythologica III, 532.

Das in dieser Studie gleichzeitig entworfene evolutionistische Modell soll kurz besprochen werden, da es im vorliegenden Zusammenhang aufschlußreich ist. Nach einer Beschreibung wildbeuterischer Gesellschaften beschäftigte sich G. J. Baudy mit den Hackbaukulturen, in denen die Frauen seiner Meinung nach produktionstechnisch eine wichtige Rolle gewinnen, die die Männer durch das kannibalistische Opfer (aus dem die Kulturpflanzen in mythischer Zeit entstanden) bzw. Kultmahl zurückgewinnen[409]. Dies soll sich in bäuerlichen Kulturen mit Getreideanbau und Schlachtvieh als Produkte männlicher Arbeit zugunsten der Männer ändern[410]. Die Männer haben aber auch in Hackbaukulturen die Kontrolle über die Produktionsmittel und ermöglichen das Wachstum, so daß die Rolle der Frauen auf die eigentliche Arbeit beschränkt bleibt.

In historischer Zeit hätte das Essen von Menschenfleisch seine Bindung an Vegetationsriten so weit gelockert, daß es auch in anderen Zusammenhängen auftauchen und schließlich völlig profan luxurieren konnte, aber in die männlichen Geheimbundriten eingebettet bliebe[411]. Die im Gebiet der alten Hochkulturen beheimateten Vegetationsmythen seien den pflanzerischen Demagottmythen[412] strukturparallel, anders als in den Hackbaukulturen wurden hier jedoch Haustiere geschlachtet, die jene Gottheiten vom Osiris-Dionysos-Typ repräsentierten. *"Nunmehr besetzten Schlachtopfer und Getreidefrucht auch prestigemäßig die Planstelle des kannibalischen Mahls, das den Männern der Pflanzerkultur als statusgarantierendes Medium diente"*[413]. Die Menschenopfer im Vorderen Orient und im Mittelmeerraum seien möglicherweise als Reduktionsstufe eines vormaligen frühneolithischen kannibalischen Opfers zu betrachten[414]. Schließlich entwirft G. J. Baudy ein Gesamtbild vom kannibalischen über das Menschen- zum Tieropfer, nachdem er mythische Zerstückelungen (u.a. Purusha, Ymir) und die Zuweisung bestimmter Körperteile zu sozialen Statusrollen auf Hawaii (Fürst als Kopf, Häuptling als Schulter usw.) analysiert hat - soziale Rollen erscheinen in seinen Augen mit den Opferfleischanteilen der Rollenträger identifiziert, und der mythische Mensch, den die einzelnen sozialen Kategorien zusammensetzen, spiegele das zerstückelte Kannibalenopfer wider[415]. Daß der menschliche Körper als soziales Klassifikationsmodell dient, bietet sich an, ob dies jedoch auf die ehemalige Verteilung bei einem kannibalischen Mahl hindeuten muß, ist fraglich[416]. *"Die archaischen Hochkulturen des Vorderen Orients und des Mittelmeerraums praktizierten das Menschenopfer zwar noch, als die kannibalische Orgie, die sich mit ihm einst verband, nur noch mythisch nachwirkte, ersetzten es aber zunehmend durch tierische Opfer, vor allem durch solche von Rindern, was dann dazu führte, daß im Mythos neben den zerstückelten Urmenschen das zerstückelte Urrind trat"*[417].

Wie in diesem Abschnitt deutlich geworden ist, haben sich bestimmte Überzeugungen, die u.a. im Evolutionismus des 19. Jahrhunderts wurzeln, bis heute erhalten und die Ansichten über die Entwicklung der Menschheit mitbe-

---

[409] Baudy 1983, 146f. Auch bei Wildbeutern trägt die Frau in überwiegendem Maß zur Ernährung bei, das Fleisch besitzt jedoch einen höheren Prestigewert. - Wichtig ist, daß die Fleischverteilung die Gruppe umfaßt, die Sammelerträge gewöhnlich auf den engeren Familienkreis beschränkt bleiben (vgl. K. E. Müller 1989, 27ff.).

[410] Baudy 1983, 148.

[411] Ebd. 147. Es sei darauf hingewiesen, daß auch die Hackbaukulturen in historischer bzw. der Neuzeit beschrieben wurden; ob sie tatsächlich die älteste, im frühen Neolithikum wurzelnde Schicht darstellen, sei bezweifelt. Jedenfalls war die Frau auch in diesen Kulturen nicht im Besitz der kulturtragenden Güter, wie von Baudy (1983, 146) behauptet; vgl. z.B. K. E. Müller 1989, 42ff.

[412] Vgl. Jensen 1944/49; 1960.

[413] Baudy 1983, 148. Angemerkt sei, daß auch Pflanzerkulturen Haustiere halten, über die Männer die Kontrolle haben. - Der Kannibalismus der Pflanzerkulturen ist nicht überzeugend nachgewiesen; vgl. z.B. Wirz 1922, 1925 und van Baal 1981, 181, 218, ferner Kap. IV. Warum in den Hochkulturen bei strukturparallelen Mythen plötzlich das Tier an die Stelle des Menschen getreten sein soll, wirkt nicht recht überzeugend.

[414] Baudy 1983, 148 Anm. 77.

[415] Ebd. 152f.

[416] Vgl. z.B. M. Douglas 1981, 106, die feststellte, daß der menschliche Körper immer und in jedem Fall als Abbild der Gesellschaft aufgefaßt werde, daß es überhaupt keine natürliche, von der Dimension des Sozialen freie Wahrnehmung und Betrachtung des Körpers geben könne. *"Das Verhältnis zwischen Kopf und Füßen, zwischen Gehirn und Sexualorganen, zwischen Mund und After wird meist so behandelt, daß in ihm die relevanten Abstufungen der sozialen Hierarchie zum Ausdruck kommen."* Der Körper und seine Glieder bieten, wie U. Jeggle (1986, 30) es formulierte, die Möglichkeit, Weltbilder auszudrücken.

[417] Baudy 1983, 153.

stimmt und geprägt. Die Grundlagen, auf denen diese Theorien aufbauen, sind ethno- bzw. eurozentrische Vorstellungen, die weniger durch Befunde als durch traditionelle Denkmuster gestützt werden. Es ist notwendig und an der Zeit, sich dieser Grundlagen bewußt zu werden, sie zu reflektieren und zu prüfen.

2.4 Bewertung und Ursachen des Kannibalismus

Die Anthropophagie hat seit jeher eine vorwiegend negative Bewertung erfahren. Sie diente, und dies nicht nur in Europa, der Abgrenzung gegen Fremdes, der Definition des 'Primitiven', 'Wilden', 'Barbarischen' und gleichzeitig der Herausstellung des eigenen kulturellen Standes[418]. Ausdrücke wie "scheußlich" zur Charakterisierung entsprechender Sitten finden sich von Homer[419] bis in die heutige Zeit.

Auf der anderen Seite stehen, ebenfalls seit der Antike, die Verfechter eines 'Goldenen Zeitalters', die ihren Mitbürgern den Spiegel vorhielten und die Welt degenerieren sahen. Der Stoiker Diogenes verteidigte den Inzest und die Anthropophagie als nicht wider die Natur, wie das Beispiel der Barbaren beweise. Sein Versuch, rohes Fleisch zu essen, endete mit Verdauungsstörungen[420]. Montaigne stellte in seinem Essai "Des Cannibales" dem Kannibalismus der Wilden die pervertierten Gebräuche seiner eigenen Gesellschaft gegenüber, die diesem weit unterlegen seien: *"Ich finde, daß es eine schlimmere Barbarei ist, einen Menschen lebendig zu fressen, einen noch von Gefühlen belebten Körper mit Folter und Qualen zu zerreißen, ihn bei langsamem Feuer zu rösten, ihn von Hunden und Schweinen zerbeißen und zerfleischen zu lassen (wie wir es nicht nur gelesen, sondern in jüngster Zeit gesehen haben, und dies nicht nur unter alten Feinden, sondern Nachbarn und Mitbürgern, und, was noch schlimmer ist, unter dem Vorwand der Frömmigkeit und der Religion), als ihn zu braten und zu verspeisen, wenn er bereits verendet ist"*[421]. Diese politisch-philosophischen Entwürfe seien hier lediglich als Gegenposition erwähnt[422].

Insbesondere die älteren Abhandlungen und Berichte zur Anthropophagie sind gewöhnlich durch Abscheu und Ekel vor kannibalistischen Praktiken gekennzeichnet, gleichzeitig aber auch durch ein geradezu morbides Vergnügen[423], sie aufzuzählen und zu beschreiben - meist ohne die geringste Quellenkritik und in wilder Durchmischung ethnographischer Informationen mit Sagen, Märchen, Verleumdungen und Phantasiegebilden ohne die geringste Differenzierung und Diskussion. Die Sage von Polyphem wurde mit der gleichen Ernsthaftigkeit als Beleg angeführt[424] wie Berichte von Reisenden und Missionaren, deren Glaubwürdigkeit und Kompetenz nicht geprüft wurde, selbst dann nicht, wenn für ein Gebiet widersprüchliche Aussagen vorlagen. Diese wurden im Gegenteil gemeinsam angeführt und dienten als gegenseitige Bestätigung für die Existenz des Kannibalismus[425]. S.

---

[418] Vgl. Lewis 1987, 370.

[419] Z.B. Homer, Odyssee, Zehnter Gesang, Vers 125.

[420] K. E. Müller 1972, 270f. Anm. 516. Der Genuß rohen Fleisches galt allgemein als barbarisches Charakteristikum; vgl. z.B. ebd. 121f. (Herodot), 201 (Aristoteles).

[421] Zit. nach Kohl 1986, 23f. Zu Montaigne s.a. Gewecke 1992a, 227ff.

[422] Hingewiesen sei auch auf J. Swift, "A Modest Proposal" (1729), eine beißende politische Satire mit dem 'bescheidenen Vorschlag', irische Kinder als Nahrungsmittel zu verwenden bzw. zu domestizieren. Die Ethnologin R. Benedict verfaßte um 1925 einen Essay über die "Nutzanwendungen des Kannibalismus", der in dieser Tradition zu sehen ist: *"(...) Die Menschheit hat viele Tausende von Jahren Experimente mit dem Essen von menschlichem Fleisch angestellt, und es hat ihr daran nicht gemangelt. Besonders hat es sich erwiesen, daß es das Empfinden von Solidarität innerhalb der Gruppe und das der Antipathie dem Fremden gegenüber fördert und ein unvergleichliches Mittel liefert, mit tiefem Gefühl den Haß gegen seinen Feind zu befriedigen. (...) Es hat fast den Anschein, als hätten wir das spezifische und souveräne Mittel wiederentdeckt, nach dem wir Staatsmänner schon so lange suchen sehen."* Zit. nach Geertz 1990, 103.

[423] E. E. Evans-Pritchard stellte z.B. bezogen auf Afrika fest, daß sowohl Araber als auch Europäer ein morbides Interesse am Kannibalismus zu haben scheinen und dahin tendieren, nahezu jede diesbezügliche Erzählung zu akzeptieren (1965, 161).

[424] Z.B. Schaaffhausen in: Delgado 1884, 277 Anm. 1.

[425] Vgl. z.B. Andree 1887, 28f., der verschiedene, etwa gleichzeitige Berichte über die Fan anführte, in denen sie mal den Kannibalismus ohne alle Scham und Scheu offen betrieben, mal sich schämten oder gar leugneten, ihn überhaupt zu praktizie-

O. Murray analysierte in seiner Erörterung über die ethnoromantische Versuchung das Verhalten gegenüber Fremdem. Er stellte fest, daß wir umso weniger geneigt sind, nach Beweisen zu verlangen, je abgelegener der Schauplatz der berichteten Erlebnisse und Taten ist, insbesondere, wenn wir bereits Wunder und Merkwürdigkeiten erwarten, was bei der Leserschaft von Reiseberichten zumeist der Fall sei[426].

Es ist nichts faszinierender und zugleich abstoßender empfunden worden als gerade der Kannibalismus. Interessanterweise schien für Europäer die Vorstellung des Gefressenwerdens ungleich schlimmer zu sein als einfache Tötung - dies vielleicht deshalb, weil beispielsweise kriegerische Handlungen Bestandteil der eigenen Kultur waren. Daher mag das Interesse an der Beschreibung solcher Gebräuche geringer gewesen sein - zumal die Leserschaft weniger ihnen vertraute Verhaltensweisen als Absonderliches, Erschreckendes und Faszinierendes erwartete. Auch Anthropologen sind nicht frei von dieser 'ethnoromantischen Versuchung', wie S. O. Murray feststellte: *"Wenn jemand unter mißlichen Umständen an einem fernen Ort unter Menschen lebt, zu denen er nur mit Mühe eine Beziehung herstellen kann, und ein Dutzend Phänomene beobachtet, von denen elf geradeso vertraut erscheinen wie bei ihm zu Hause, so ist es das zwölfte, das andersartige, über das berichtet wird, um die körperliche und seelische Unbill der Feldarbeit zu rechtfertigen"*[427].

E. Volhard charakterisierte in der Einleitung zu seiner Studie der Anthropophagie treffend die Einstellung der Europäer: Von allen Erscheinungen, deren Fremdartigkeit das europäische Geistesleben immer wieder beschäftigt hat, sei die Tatsache, daß Menschen ihre Artgenossen aufessen, stets in besonderem Maß erregend gewesen. Für Europäer wie für die meisten Hochkulturen bedeute diese Sitte ein Greuel und eine unverständliche Verirrung des Menschen, einen Schandfleck auf der Entwicklungsgeschichte des Menschengeschlechts. *"Dieser unmittelbare und keiner Überlegungen bedürftige Abscheu hat nahezu jeder Berichterstattung, Beschreibung und Erforschung des Kannibalismus von vornherein sein Siegel aufgedrückt, zumal sich jeder gezwungen fühlen mußte, für eine so widernatürliche Sitte eine mögliche Erklärung ausfindig zu machen, die in den gänzlich verrohten Wilden doch noch etwas Menschliches zu sehen zuließ"*[428]. In dieser "Charakterstudie" der Reisenden und wohl auch des Autors selbst drückt sich deutlich ein tiefer Abscheu, zugleich aber auch die schon oben angesprochene morbide Faszination aus, die den Umgang mit dieser Thematik bestimmte. Eine der Ursachen, warum sich in der prähistorischen Forschung das Kannibalismus-Motiv so zäh erhalten konnte, daß andere Deutungsmöglichkeiten vernachlässigt wurden, kann in dieser ambivalenten Haltung gesehen werden - das Motiv bringt stumme Befunde zum Sprechen, macht sie plastisch und im Grunde auch vertraut, da jeder mit mehr oder weniger gruseligen Geschichten von Kannibalen aufgewachsen ist. Die Vorstellung von 'Urmenschen' als starken Jägern bei einem kannibalistischen Mahl[429] ist faszinierender als die von Aasfressern und Gejagten[430]. Höhlenkulte mit Menschenopfern und Kannibalismus[431], keltische Vorfahren, die *"um ein Feuer sitzen und einen menschlichen Oberschenkel ebenso genußvoll abnagen, wie wir es heute mit einer Schweinshaxe zu tun pflegen"*[432] oder Neolithiker, die Menschen so zerlegen und zubereiten wie Tiere[433] regen die Phantasie an. Die Sprache wurde wissenschaftlicher und objektiver, die Befunde gewannen, durch bessere Ausgrabungen und Untersuchungen, vermeintlich an Beweiskraft, und der Kannibalismus wurde als Bestandteil der menschlichen Kultur scheinbar wertungsfrei betrachtet - die ambivalente Haltung aber, eine Mischung aus Schauder und Faszination[434], hat sich unter der szientifizierten Oberfläche erhalten und andere Zugänge zu entsprechenden Befunden weitgehend verhindert.

---

ren. Die Berichte wurden kommentarlos aneinandergereiht und als Beweis für seine Existenz gewertet. Die Gründe, aus denen er angeblich betrieben wurde, sind ähnlich vielfältiger Natur (je nach Berichterstatter).

[426] Murray 1985, 104.

[427] Ebd. 104f.

[428] Volhard 1939, IX.

[429] Selbst die Evolution des Menschen wurde mit Kannibalismus in Verbindung gebracht; vgl. Kiss Maerth 1971.

[430] Brain 1981; Binford 1981, 294f.; ders. 1984.

[431] Vgl. z.B. den Artikel in der "Frankfurter Allgemeinen Zeitung" vom 20.10.1986, 27, über neue Untersuchungen zu einem rätselhaften Höhlenkult der Bronzezeit mit einer geradezu klassischen "Freud'schen Fehlleistung", wenn der Autor die Kyffhäuser-Höhlen bei Bad Frankenstein ansiedelt (gemeint ist Bad Frankenhausen).

[432] Lorenz 1986, 192.

[433] Courtin u. Villa 1986b; vgl. "Tagesspiegel" vom 3.8.1986.

[434] *"Auf uns wirken solche grausigen Opferkulte schockierend."* Berg, Rolle u. Seemann 1981, 120. Vgl. Abels 1991.

Der von S. Berg, R. Rolle und H. Seemann vertretenen Meinung, daß die moderne im Gegensatz zur älteren Forschung mit systematischen Ausgrabungen, deren Befunde und Fundzusammenhänge nicht mehr angezweifelt werden können, eine Vielzahl von Belegen für Kannibalismus erbracht hätte[435], kann nicht ohne weiteres zugestimmt werden - im Gegensatz zur älteren Forschung hat sich jedoch dieses Deutungsschema so verfestigt, daß nahezu jeder als Hinweis auf Kannibalismus interpretierte Befund ohne kritische Nachprüfung akzeptiert wird[436].

Die genannten Autoren betonten, daß nach völkerkundlichen Untersuchungen die vielfältigsten Motive und Hintergründe für Menschenopfer und Kannibalismus in Frage kämen, der profane Kannibalismus nur aus Gründen des Speisezettels in archäologischem Zusammenhang aber nicht nachzuweisen, sondern immer ein kultischer Hintergrund zu vermuten sei[437].

Die verschiedenen Ursachen, die für kannibalistische Handlungen angenommen wurden, aus dem kultischen, rituellen, religiösen oder dem profanen Bereich, finden sich in der Literatur von Anfang an mit unterschiedlichen Schwerpunkten. Am Beginn überwog die Deutung als profane Handlung, mindestens für das Paläolithikum oder die Steinzeit insgesamt. Im Laufe des 20. Jahrhunderts ist eine zunehmende Konzentration auf rituelle Gründe festzustellen, während sich in neuerer Zeit auch wieder Interpretationsmuster finden, die sie im profanen Bereich suchen[438].

H. Schaaffhausen behandelte 1870 die "Menschenfresserei und das Menschenopfer", in seinen Augen dunkle Stellen in der Bildungsgeschichte der Menschheit[439]. Die Anthropophagie sei allgemein verbreitet und in der ältesten Geschichte aller Völker vorhanden. Er sah für sie verschiedene Ursachen: Hunger, bei 'wilden' oder 'rohen' Völkern auch Befriedigung der Rache[440] sowie die Aufnahme der Eigenschaften (Aberglaube).

Eine weitere Ursache sei bisher übersehen worden, die auch die Hartnäckigkeit des Bestehens dieser Unsitte erkläre: Das Menschenfleisch soll nämlich, wie aus einer ganzen Reihe von Zeugnissen hervorgehe, außerordentlich wohlschmeckend und sein Genuß eine Leckerei sein[441]. Die Feinschmeckerei, ein mit überlegter Kunst erhöhter Genuß des lüsternen Gaumens, mache auch verständlich, daß sich die Anthropophagie häufig bei Volksstämmen finde, die ihren Nachbarn geistig überlegen seien[442]. R. Andree betonte, daß Menschenfleisch an und für sich nicht ungesund ist, und die meisten Urteile darin übereinstimmen würden, daß es sogar wohlschmeckend sei[443]. *"Am scheußlichsten erscheint uns die Anthropophagie aber entschieden da, wo alles Gefühl so abgestumpft ist, daß sie zur reinen Leckerei wird, oder wenn man das Fleisch des Menschen genau so verzehrt, wie jedes beliebige andere Fleisch"*, solche Völker würden zur Kategorie der Erzkannibalen gehören[444]. Am empörendsten erscheint ihm das Auffressen der eigenen Kinder[445]. H. Matiegka vertrat die Ansicht, daß es sich bei den in Knovíz gefun-

---

435 Berg, Rolle u. Seemann 1981, 120.

436 So z.B. die Jungfernhöhle bei Tiefenellern (Kunkel 1955), wo, außer Tierfraß, keine sicheren Spuren an den menschlichen Knochen nachgewiesen werden konnten. Vgl. ferner Ossarn: Hier ist nicht einmal sicher, ob überhaupt menschliche Knochen gefunden wurden (Bayer 1928, 64 u. 70). Beide Fundorte sind in der Literatur mit der kannibalistischen Deutung bekannt und akzeptiert.

437 Berg, Rolle u. Seemann 1981, 120.

438 Vgl. in diesem Zusammenhang auch die Theorien in der Ethnologie, in denen der Mensch als Proteinlieferant beschrieben wird, u.a. Chase Sardi 1964; Dornstreich u. Morren 1974; Harner 1977; Harris 1977, 1988.

439 Schaaffhausen 1870, 245.

440 Als ein Beispiel führte er das Nibelungenlied an, dessen Ursprung damit in eine sehr ferne Vorzeit hinaufgerückt werde, ebd. 246.

441 Ebd. 247.

442 Ebd. 255.

443 Andree 1887, 100.

444 Ebd. 103.

445 Ebd. 104. Wie schon oben betont, wurde den 'Wilden' alles zugetraut. So bemerkte F. Boehm (1932, 162) beispielsweise, daß bei den Gebräuchen der Kannibalen das frische Menschenblut eine große Rolle spiele: *"Bei den Markesas in Polynesien töten die Männer öfter ihre Weiber, Kinder, ihre altersschwachen Eltern und stürzen sich auf das warme Blut."* Dies wird in aller Ernsthaftigkeit angeführt, ohne einen Gedanken an die Frage zu verschwenden, wie eine menschliche Gemeinschaft mit derartigen Sitten existieren sollte.

denen Menschenknochen nicht um Überreste einer rituellen oder symbolischen Anthropophagie handeln könne, sondern nur um wahre Menschenfresserei aus Leckerei, die Ursache sei nicht Not, wie die vielen Tierknochen zeigten, sondern Genäschigkeit, da man dem Fleisch von jungen Personen und Kindern den Vorzug gegeben hätte[446]. Zu den Ursachen und zum Ursprung der Anthropophagie führte er an, daß vorerst die Not den primitiven Menschen dahin gebracht habe, das Fleisch seines Nächsten als Nahrung zu verwenden und, nachdem dies die Menschen von der Unschädlichkeit und Schmackhaftigkeit des Menschenfleisches überzeugt habe, sei es nicht verwunderlich, wenn sich hier und da Anthropophagie aus Genäschigkeit eingebürgert hätte und mit dem Fleisch Handel getrieben worden wäre. Um sich Menschenfleisch zum Genuß zu verschaffen, gäbe es zwei Möglichkeiten: es entweder von den eigenen Toten zu erlangen oder von gefallenen Feinden. Beide Methoden verbinden sich seiner Ansicht nach leicht mit verschiedenen Gefühlen - im ersten Fall entwickelt sich allmählich der Begriff von einer besonderen Hochachtung und Ehre, welche dem Unwürdigen nicht erwiesen werde, im zweiten Fall ist es das Gefühl des Hasses, der Rache, das sich beim Genuß des Fleisches eines Feindes einstelle[447]. Matiegka sah also den Ursprung der Anthropophagie im Hunger, aus dem sich der Genuß entwickelt, den er stark betonte, und erst sekundär Gefühle wie Haß und Liebe eine Rolle spielen. Ferner erwähnte er noch religiöse Ansichten und Aberglauben, die vielleicht zur Anthropophagie führten, sie häufiger aber erhielten[448]. Vergleichbare Überlegungen, die nicht mehr die Leckerei, sondern Rauschzustände als Erklärung für die angeblich häufiger beobachtete Gier nach Menschenfleisch anführen, finden sich auch in neuerer Zeit: *"Bestimmte, beim Fäulnisprozeß einer Leiche entstehende Giftstoffe können beim Verspeisen Rauschzustände herbeiführen. (...) Diese könnten manche, von den völkerkundlichen Forschern beobachteten Eigenheiten wie die Gier nach Menschenfleisch erklären und als Form von toxischer Ekstase auch bei vorgeschichtlichen Kultausübungen in Rechnung gestellt werden"*[449].

R. Andree legte 1887 eine umfangreiche Studie zur Anthropophagie vor, in der er im wesentlichen ethnographische Berichte zusammenstellte, aber auch vorgeschichtliche Funde, antike Quellen sowie Märchen und Volksüberlieferungen behandelte. Er unterschied zwischen zufälliger oder notgedrungener und gewohnheitsmäßiger Anthropophagie, die Teil der Sitten eines Volkes sei. Auch er sah den Ursprung der Anthropophagie im Hunger begründet - für den primitiven prähistorischen Menschen, dem Andree zufolge zahlreiche Empfindungen und Begriffe noch fehlten, die uns heute geläufig seien, wie z.B. Schamhaftigkeit oder Pietät, konnte es kaum einen Unterschied machen, ob er Fleisch von einem Jagdtier oder Menschen verzehrte, wenn er nur seinen Hunger zu stillen vermochte[450]. Aus diesem Motiv sollen sich dann Rachsucht und Aberglaube entwickelt haben[451]. Heute wäre der Hunger selten die wirkliche Ursache der Anthropophagie, da die meisten kannibalischen Stämme im Überfluß lebten, und die höhere oder tiefere Gesittung sei von keinerlei Einfluß auf die abschreckende Erscheinung. Als die letzte Ursache sah er den Glauben an das Dasein einer Seele, einer besonderen geistigen Kraft in dem zu Verzehrenden[452].

Anzeichen dafür, daß manche Völker sich ihrer Anthropophagie schämen, seien der Anfang zu einem Aufgeben des entsetzlichen Brauchs, wie R. Andree meinte, wobei die Ursache dafür nicht immer der Kontakt mit Weißen wäre[453]. Ebenso stellte H. Matiegka fest, daß sich dieser Brauch mit einer höheren Bildung überall verliere, bei unseren europäischen Vorfahren, bei den Völkern Asiens, und selbst bei 'Wilden', auch ohne Einfluß der europäischen Kultur und des Christentums[454]. Diese Ausführungen zeigen noch einmal deutlich die damals verbreitete

---

[446] Matiegka 1896, 131; er verwies auch auf Spring, der die von ihm in Chauvaux gefundenen menschlichen Überreste, angeblich von Frauen, Jünglingen und Kindern, als Opfer der Genäschigkeit der Höhlenbewohner interpretierte; ebd. 133; vgl. Baer u. von Hellwald 1874, 183.

[447] Matiegka 1896, 136f.

[448] Ebd. 137.

[449] Berg, Rolle u. Seemann 1981, 120.

[450] Andree 1887, 1; vgl. auch ders. 1912, 14: Der Urmensch verwendete die Schädelschale als Schöpfgefäß, denn sittliche Bedenken lagen ihm, der höchstwahrscheinlich auch Anthropophage war, fern.

[451] Andree 1887, 99f.

[452] Ebd. 101f.

[453] Ebd. 104. *"Sicherlich waren die Bewohner des malayischen Archipels einst allgemein Anthropophagen; heutè suchen wir dort nur mühsam die Anklänge an diese Unsitte, sowie die Überreste derselben zusammen."* Ebd. 105.

[454] Matiegka 1896, 131.

Ansicht, daß der Kannibalismus auch in Gebieten, in denen er nicht existierte, ehemals oder noch kürzlich vorhanden gewesen sein muß. 'Wilde' konnte man sich kaum ohne derartige Sitten vorstellen.

Die durchgehend negative Bewertung der Anthropophagie bei den genannten Autoren, charakteristisch für ihre Zeit, läßt jegliches Bemühen um ein Verständnis vermissen. Mit Erstaunen oder Befremden führten sie Meinungen früherer Autoren an, die versuchten, nicht nur die Sicht des Europäers, sondern auch die des 'Kannibalen' bei der Beurteilung einzubeziehen. A. von Humboldt hat, nach Ansicht H. Schaaffhausens, ein viel zu schonendes Urteil über die Menschenfresserei gefällt, denn er verglich den Eindruck, den die Vorwürfe des Europäers auf den Indianer machen mit dem, den die eines Brahmanen auf uns machen würden, wollte dieser uns den Genuß von Tierfleisch, das ihm unantastbar ist, verbieten. Ein empörender Vergleich, wie Schaaffhausen urteilte[455]. Nach Meinung G. Forsters könnte Rachsucht erstmals zur Menschenfresserei getrieben haben, die dann, nachdem man festgestellt hatte, daß dieses Fleisch gesund und wohlschmeckend ist, zur Gewohnheit führte. Denn es sei, so sehr es auch unserer Erziehung zuwider sein mag, an und für sich weder unnatürlich noch strafbar, Menschenfleisch zu essen - nach R. Andree ein beschönigendes Urteil. Es ist jedoch deshalb zu verbannen, so Forster weiter, weil *"die geselligen Empfindungen der Menschenliebe und des Mitleids so leicht dabei verloren gehen können. Da nun aber ohne diese keine menschliche Gesellschaft bestehen kann, so hat der erste Schritt zur Kultur bei allen Völkern dieser sein müssen, daß man dem Menschenfressen entsagt und Abscheu dafür zu erregen versucht hat"*[456]. Es ist interessant festzuhalten, daß der Kannibalismus als Unterscheidungskriterium zwischen Kultur und Wildheit dienen muß; die zu diesem in Gegensatz gestellten Werte der Menschenliebe und des Mitleids können aber kaum als charakteristische Merkmale der damaligen europäischen Gesellschaften gelten, sondern sind eher als humanistisches Ideal zu bezeichnen. Der Kannibalismus ist geeignet zu einer solchen Abgrenzung, weil er in Europa nicht praktiziert[457] und allgemein negativ beurteilt wurde.

Bei den angeführten, in der Tradition der Aufklärung stehenden Autoren zeigt sich jedoch grundsätzlich eine andere Einstellung, die, insbesondere bei Humboldt, durch das Bemühen um Verständnis gekennzeichnet ist, das am Ende des 19. und Beginn des 20. Jahrhunderts, der Hochzeit des Kolonialismus, kaum mehr festgestellt werden kann. Diese Zeit war geprägt durch sozialdarwinistische Auffassungen, die die Überlegenheit des Europäers nun auch vermeintlich wissenschaftlich-objektiv bestätigten - der 'Wilde' wurde mehr als Objekt denn als Mensch behandelt[458] und war jedenfalls von minderem Wert, im positiven Fall vergleichbar mit dem Kleinkind[459]. Die Kolonialpolitik zeichnete sich durch rücksichtsloses und brutales Vorgehen aus, und insbesondere solche Stämme, die sich gegen die Eroberer zur Wehr setzten, galten häufig als Kannibalen[460]. Der 'Wilde' wurde mit Geisteskranken und Verbrechern verglichen, bei denen Fälle von Kannibalismus vorkommen, und die *"auch in anderer Hinsicht den Wilden ähnliche Verhaltensweisen zeigen. Wie weit sich hierin ein Zeichen einer Geisteskrankheit,*

---

[455] Schaaffhausen 1870, 253.

[456] Zit. nach Andree 1887, 105.

[457] Dies ist jedoch eine Frage der Definition: denkt man an die oben (Kap. II.1.2.2.7) geschilderten Szenen bei öffentlichen Hinrichtungen, bei denen die Zuschauer versuchten, das Blut der Delinquenten als begehrtes Heilmittel zu erlangen, oder daran, daß pulverisierten Knochen, z.B. geraspelter Hirnschale, ebenfalls heilende Wirkung zugesprochen wurde, könnte man auch für Europa Kannibalismus als sozial akzeptierte Handlung postulieren.

[458] Einige Stichworte dazu: Schädelmessungen, Objekt- und Skelettsammlungen, in Spiritus eingelegte Köpfe usw.; vgl. z.B. Fischer 1981; Theye 1985. G. Schweinfurth kaufte auf seiner Reise durch Afrika Schädel von angeblich Aufgefressenen, die z.T. frisch gekocht bei ihm abgeliefert wurden (Schweinfurth o.J. (1874), 210), was nicht überrascht, zahlte er doch für Schädel und nicht für Köpfe. Auf die Idee, daß seine Nachfrage das Angebot bestimmte, also seinetwegen Überfälle auf Nachbarstämme unternommen wurden, kam er nicht.

[459] Nach F. Boehm (1932, 182) sei das Denken des Kindes dem des Primitiven sehr ähnlich. Zuvor führte er aus: *"Da dem Primitiven die Worte fehlen, einen abstrakten Begriff auszudrücken, gibt er das von ihm Empfundene oder Gedachte durch Bewegung seines ganzen Körpers wieder. Das ganze Denken der Primitiven haftet so sehr am Konkreten, daß er keinen Denkvorgang durchführen kann, der sich nicht in Einklang mit der Wirklichkeit bringen läßt."* Ebd. 180.

[460] Darin dürfte ein Grund zu sehen sein, warum so oft Völker mit 'hoher Kultur' beschuldigt wurden - ihre Organisationsstruktur ermöglichte effektiveren Widerstand; als Beispiel für die Vorgehensweise der Europäer vgl. z.B. die Berichte H. M. Stanleys (1878) über seine Reisen in Afrika.

wie einige Gerichtsärzte annehmen, oder blos ein niedriger Stand der Gefühle und Bildung offenbart, ist schwer zu entscheiden"[461]. Andree setzte die 'niederen Volksschichten' den 'Wilden' gleich[462].

Die aus unserem Fach vorliegenden Arbeiten können, soweit sie sich mit Interpretationen beschäftigen, nicht unabhängig von den geschilderten Einstellungen gesehen werden[463]. Rekonstruktionen der historischen Entwicklung des Kannibalismus, wie sie in diesem und dem vorhergehenden Abschnitt dargestellt wurden, sind rein hypothetischer Natur - gleiches gilt für die Rekonstruktionen der zugrundeliegenden Motivationen, die den vermeintlichen Kannibalismus, der von vielen Völkern behauptet wurde[464], zu erklären versuchten. Sie spiegeln hauptsächlich europäische Denkmodelle und Empfindungen wider.

Bei der Beurteilung der Motivationen der Anthropophagie ist im Laufe des 20. Jahrhunderts tendenziell eine Verschiebung von profanen zu rituellen Erklärungsmustern festzustellen. Dabei beruft man sich explizit oder implizit im wesentlichen auf eben die ethnographischen Quellen, die auch als Grundlage der älteren Modelle dienten. Sie wurden, unter Hinweis darauf, daß viele Beobachter früherer Jahrhunderte Mißverständnissen erlegen seien, was ohne Zweifel zutrifft, uminterpretiert, ohne sie einer grundsätzlichen Quellenkritik zu unterziehen.

F. Birkner betonte, daß diese für unser Empfinden so abstoßende Sitte des Kannibalismus auf religiöse Ideen zurückzuführen sei[465]. Ebenso meinte R. Wetzel im Zusammenhang mit der Deutung der menschlichen Reste aus der 'Knochentrümmerstätte' im Hohlenstein bei Asselfingen, daß Menschenfresserei kaum je mit einfacher Nahrungsgewinnung zu tun hätte, sondern auch in ihren rohesten Formen kultisch bestimmt sei[466]. O. Kunkel warnte davor, grobsinnigen Kannibalismus als normales Merkmal vorgeschichtlicher Zivilisationen anzunehmen und vertrat die Ansicht, daß es ihn gleichsam als Wirtschaftsform nie und nirgends gegeben hätte[467]. Für J. Maringer war das Verzehren von Menschenfleisch in entsprechenden außereuropäischen Kulturen überall mit magischen Vorstellungen verknüpft, so daß er diese auch für das jungsteinzeitliche Westeuropa annahm[468].

H. Friesinger stellte 1963 in seiner Arbeit "Anthropophagie und ihre Erscheinungsformen im Spiegel der Bodenfunde" die Fundplätze anthropophagen Handelns zusammen, um sie zu analysieren und in ein Verhältnis zueinander zu stellen[469]. Er unterteilte das Fundmaterial in drei Gruppen, in Schädelbestattungen, Schädelbecher und Befunde, bei denen die menschlichen Reste wahllos und ohne faßbare Ordnung zerstreut gelegen hätten. Das auffälligste Merkmal der letzten Gruppe stelle das deutliche Nebeneinander von tierischen und menschlichen Knochen dar, die annähernd gleich behandelt worden seien[470], wobei er auf einen genaueren Vergleich verzichtete und weder hinsichtlich dieser Frage noch hinsichtlich der Fundumstände die Befunde diskutierte. Ferner sei die

---

461 Matiegka 1896, 138.

462 Andree 1887, 11.

463 Deutlich wird dies auch am Beispiel des Antisemitismus, wenn alle entsprechenden Stellen des Alten Testaments wörtlich interpretiert werden, siehe z.B. Schaaffhausen 1870, 250f., 267ff., der sich vor allem auf Ghillany (1842) bezog. So folgerte Schaaffhausen aus einer Stelle bei Ezechiel, in der es heißt: *"du hast Menschen gefressen und dein Volk kinderlos gemacht"*, daß die Hebräer die Kinder, welche sie opferten, auch gegessen haben (1870, 251). Vorwürfe gegen die frühen Christen, die beschuldigt wurden, Kinder zu schlachten, erklärte er mit Bezug auf Ghillany damit, daß in einzelnen Fällen die neu bekehrten Christen noch alte jüdische Gebräuche geübt haben mögen (ebd.). Vgl. zu dieser Thematik Kap. III.

464 Vgl. Kap. IV.

465 Birkner 1936, 76f.

466 Wetzel 1938, 211.

467 Kunkel 1955, 113, 128; allerdings sprechen die von ihm angeführten ethnographischen Beispiele nicht unbedingt für diese Einschätzung; vgl. z.B. ebd. 121 (Höhlen im Basutoland, Südafrika, mit Unmengen von Menschenknochen, in denen früher Kannibalen gehaust haben sollen, die sich nur von Menschenfleisch ernährten und auch auf die eigenen Frauen und Kinder zurückgriffen, wenn sie keine Fremden fangen konnten; sie waren der Schrecken der umliegenden Stämme; vgl. Schaaffhausen 1870, 260ff., der die entsprechenden Erzählungen und Sagen anführte, auf denen die Kannibalen-Interpretation der weißen Besucher der Höhlen beruhen dürfte; auch ein Zusammenhang mit der Erinnerung an Sklavenjagden ist nicht von der Hand zu weisen; vgl. ferner Volhard 1939, 144ff.).

468 Maringer 1956, 282. Angemerkt sei in diesem Zusammenhang, daß Magie ein umstrittener Begriff ist, sowohl hinsichtlich seiner Abgrenzung von Religion als auch bezüglich seiner 'historischen' Definition als 'Wissenschaft der Primitiven'; vgl. z.B. Kippenberg u. Luchesi 1987.

469 Friesinger 1963, 1.

470 Ebd. 29.

große Anzahl von Frauen, Jugendlichen und Kindern auffällig. Er sah es als unwahrscheinlich an, daß der Grund für kannibalistische Handlungen im Hunger oder in der Naschsucht, wie sie Matiegka postulierte, zu suchen ist; wahrscheinlicher sei ein Zusammenhang mit Opferhandlungen. *"Anthropophagie ist demnach mehr als ein reines Verzehren von Menschenfleisch, sie könnte der Ausdruck der Verehrung eines Höheren Wesens sein"*[471].

Die vermeintlich große Anzahl von Frauen, Jugendlichen und Kindern in Fundkomplexen, die als Opfer oder Hinweis auf Kannibalismus interpretiert wurden, bedarf der Überprüfung. In vielen Fällen liegt keine anthropologische Untersuchung vor - hinzu kommt die Schwierigkeit, eine Geschlechtsbestimmung an Einzelknochen ohne Vergleichsserien vorzunehmen, insofern sind auch anthropologische Bestimmungen mit Vorsicht aufzunehmen[472]. Insbesondere für die ältere Literatur muß die Frage gestellt werden, ob nicht die Vorstellung, daß für solche Handlungen eben in erster Linie Frauen und Kinder in Frage kommen, häufiger zu entsprechenden Aussagen führte. So konnten beispielsweise die Angaben H. Wankels[473], in der Býčí skála-Höhle hätten sich fast nur Skelette von Mädchen und Frauen gefunden, in neueren Untersuchungen nicht bestätigt werden, nach denen das Geschlechterverhältnis ausgeglichen ist[474].

H. Jankuhn betonte 1968 in seiner Untersuchung der Anthropophagie vom Neolithikum bis in die Zeit um Christi Geburt, daß ein Nahrungskannibalismus, wenn überhaupt, nur für die ältere Zeit angenommen werden könne[475]. Für T. Malinowski, der 1970 Hinweise zum Kannibalismus in der Lausitzer Kultur zusammenstellte, ist Anthropophagie, nach ethnographischen Quellen zu urteilen, nicht immer eine Folge von Fleischmangel, sondern kann durchaus eine Frage des Geschmacks oder des Kults sein, wobei er für das von ihm behandelte Gebiet aufgrund der geringen Anzahl der Funde letzteres annahm[476].

H. Helmuth erörterte 1968 den Kannibalismus in Paläanthropologie und Ethnologie. Indizien für eine entsprechende Deutung seien das Aufspalten der Extremitätenknochen zur Entnahme des Marks, Exartikulationen, Schädelverletzungen und Schädelbasiseröffnungen sowie insbesondere menschliche Knochen in Feuerstellen oder Abfallhaufen. Solche Funde wiesen darauf hin, daß schon vor langer Zeit die biologische Tötungshemmung weggefallen sei, daß Menschen von ihresgleichen getötet und auch verspeist wurden[477]. Er behandelte dann archäologische Funde sowie ethnologische Quellen und meinte, für den südamerikanischen Raum Endokannibalismus als früheste Form annehmen zu können[478]. Die Zusammenstellung der Ideen, die zum Kannibalismus führen, habe eine große Vielfalt ergeben - am weitesten verbreitet sei der Glaube an eine Übertragung von Eigenschaften, daneben Motive wie Verhöhnen, Rache, Wut und Haß, Angst vor Wiederkehr und Rache des Toten, Strafe, aber auch Freundschafts- und Zusammengehörigkeitsgefühle sowie die Bewahrung einer gegebenen Ordnung. Damit existiere also eine Vielzahl von Deutungsmöglichkeiten für Fossilfunde. Unserem heutigen Empfinden nach gebe es zwar nur tief verwurzelten Abscheu vor dem Genuß von Menschenfleisch, dem stünde jedoch auf der Gegenseite der Kannibalen eine Vielzahl von Ideen gegenüber, durch die ein Ekel davor unverständlich werde, zumal in vielen Fällen sogar der Wohlgeschmack menschlichen Fleisches betont werde. *"Anhand der Funde ist daher wohl zu vermuten, daß die Relativität menschlicher Sitten und Bräuche, wie sie schon Herodot sah, die Einflußnahme von Vorstellungen und Denkweisen auf unser Handeln und Verhalten, sehr alt sein muß"*[479]. Am Ende wandte er sich gegen die Annahme, die fossilen Funde als Hinweis auf feindselige, aggressive Handlungen des Menschen zu sehen, da die im ethnologischen Teil skizzierten Vorstellungen nicht mit feindschaftlichen Gefühlen verbunden seien[480].

---

[471] Ebd. 30.

[472] Auch bei der Untersuchung größerer Serien sind unterschiedliche Ergebnisse, je nach Methode und Bearbeiter, zu erwarten; vgl. z.B. Hänsel u. Kalicz 1986, 41ff.

[473] Wankel 1882b (Häuptlingsbestattung mit Menschenopfern).

[474] Angeli 1970, 147; Stloukal 1981. Vgl. auch Nekvasil u. Podborský 1991, 30ff., die die Höhle als Refugium deuten und das Material in die Stufe Ha D2 stellen möchten.

[475] Jankuhn 1968, 69.

[476] T. Malinowski 1970, 724.

[477] Helmuth 1968, 101f.

[478] Ebd. 111.

[479] Ebd. 113.

[480] Ebd. 115.

E. Hoffmann stellte 1971 in ihrer Abhandlung "Spuren anthropophager Riten und von Schädelkult in Freilandsiedlungen der sächsisch-thüringischen Bandkeramik" nach einem Vergleich mit ähnlichen Befunden anderer Gebiete und ethnographischen Quellen neue Einblicke in die ideologischen Vorstellungen der ältesten bäuerlichen Bevölkerung Mitteleuropas vor. Dem Schädel und wahrscheinlich dem Unterkiefer seien besondere magische Kräfte zugeschrieben worden, woraus sich zwei Arten von Schädelkult ergeben, nämlich mit den Köpfen der Ahnen und mit denen der erschlagenen Feinde. Ferner sollen zur magischen Beeinflussung der durch Trockenheit schwindenden Bodenfruchtbarkeit kannibalistische Riten befolgt worden sein sowie mit Kinderopfern verbundene Handlungen der Stärkung der Vegetationsfruchtbarkeit gedient haben[481].

Für G. Happ basieren kannibalistische Praktiken, wie die Ethnologie zeige, auf konkreten kultisch-religiösen oder magischen Vorstellungen, während rein profaner Kannibalismus, etwa aus Nahrungsmangel, kaum eine Rolle spiele[482]. B.-U. Abels sprach dagegen im selben Jahr in seinem Artikel "Kannibalismus auf der Ehrenbürg" von einem reinen Genußkannibalismus sowie 'archaischen' rituellen Praktiken in der frühen Latènezeit. Anlaß dazu war das Skelett eines Säuglings ohne Arme und Beine, das sich in einer Grube zusammen mit einem menschlichen Schädelfragment und dem proximalen Ende eines Femurs sowie Scherben, Fibeln und Schmelztiegelbruchstücken fand. Der Säugling sei, so betonte er, einfach weggeworfen worden. Das Fehlen der Arme und Beine beweise eindeutig, daß man nur diese verspeist hätte[483] - wie ihr Nichtvorhandensein den Verzehr beweisen soll, wird nicht näher ausgeführt[484]. Seine Bewertung des Kannibalismus ist durchgehend negativ: *"Es wird uns bei dem Gedanken unbehaglich, daß unsere Vorfahren vor nur etwa 120 Generationen Kannibalismus praktizierten, also zu einer Zeit, als Perikles, Aischylos und Sophokles in Athen lehrten und dichteten - welch eine zivilisatorische Diskrepanz! So versucht man denn auch, den vorgeschichtlichen Kannibalismus wegen seines rituellen Charakters quasi zu entschuldigen. In unserem speziellen Fall muß man jedoch von diesem >verständnisvollen< Mitgefühl Abschied nehmen. Vielmehr scheint es sich hier um einen reinen Genußkannibalismus zu handeln. Da ein derartiger Vorgang wohl sogar im düsteren Leben früher oberfränkischer Kelten ungewöhnlich gewesen sein dürfte, muß es hierfür eine Erklärung geben. Die könnte vielleicht im zarten Alter des Kindes liegen."* Abels vermutete, daß das Kind möglicherweise vor der Namensgebung gestorben sein könnte und somit noch nicht als Mensch galt, sich mithin die frühen Kelten *"strenggenommen bei der Verspeisung des Säuglings keines Kannibalismus schuldig gemacht"* hätten[485].

2.5 Zusammenfassung

Die Motivationen für Kannibalismus werden sehr unterschiedlich eingeschätzt und dargestellt. Es lassen sich nur vage zeitbedingte Tendenzen benennen - Ende des 19. Jahrhunderts wurden profane Hintergründe betont, im Laufe des 20. Jahrhunderts verschob sich der Schwerpunkt auf rituelle Erklärungsmuster, und in neuerer Zeit tritt das profane Moment wieder in den Vordergrund[486]. Gemeinsam ist fast allen Arbeiten die negative Einschätzung der Anthropophagie, die jedoch eng mit Faszination verbunden ist.

Geht man von der Annahme einer sozial akzeptierten Anthropophagie in irgendeiner Gesellschaft aus, sollte auf Werturteile, wie sie aus unserer kulturellen Tradition erklärbar sind, verzichtet werden, da sie niemals angemes-

---

[481] E. Hoffmann 1971, 1.

[482] Happ 1991, 170. Im Bereich der Ethnologie wird Kannibalismus aus Nahrungs- bzw. Fleischmangel (Proteindefizit) durchaus diskutiert; vgl. z.B. Harris 1977.

[483] Abels 1991, 70.

[484] Das 'Argument', daß an ihnen etwas "dran" sei, soll hier nicht kommentiert werden; auf die anderen erwähnten menschlichen Knochen in dieser Grube sowie in weiteren der Siedlung ging Abels nicht ein, ebensowenig auf vergleichbare Befunde aus anderen Siedlungen. Das Fehlen der Arme und Beine könnte darauf hinweisen, daß man die oder Teile der Extremitätenknochen - gerade sie treten ja häufig in Siedlungen auf, vgl. z.B. Lange 1983 - aufbewahrte bzw. an anderer Stelle deponierte, beispielsweise im Zusammenhang mit Trauerriten o.ä.; vgl. Kap. II.1.3 und 3.1.

[485] Abels 1991, 70.

[486] Vgl. z.B. Lorenz 1986; Courtin u. Villa 1986a; 1986b.

sen sein können. Die in den vorangehenden Abschnitten beschriebenen Urteile und Meinungen zeigen das Spektrum europäischer Vorstellungen und sagen viel über die jeweiligen Autoren und ihre Zeit, wenig zum Thema selbst. Verstanden werden können kannibalistische Handlungen nur aus dem kulturellen Kontext der Gesellschaft, die ihn ausübt bzw. in bestimmter Weise über ihn denkt, und nicht von einer eurozentrischen Position aus, wie sie viele Prähistoriker einnahmen und einnehmen. Prähistorische Gesellschaften sind nicht mit den Maßstäben moderner westlicher Kultur zu beurteilen.

Es ist festzuhalten, daß viele heutige Einstellungen und Urteile in Untersuchungen und Erkenntnissen wurzeln, die überholt sind, jedoch unbewußt weiterwirken und archäologische Deutungen beeinflussen und bestimmen. Um dies aufzuzeigen, wurde Wert auf die Darstellung der Ansichten in der älteren Literatur gelegt - dazu dienten im wesentlichen drei Arbeiten, die als beispielhaft gelten können und z.T. noch heute herangezogen werden[487]. Sie zeichnen sich dadurch aus, daß sie das Thema in umfassender Weise behandeln und in ihnen die vermeintlichen Motivationen und historischen Entwicklungen ausführlich dargelegt werden, somit die damals verbreiteten Einstellungen deutlich geworden sind. In der neueren Literatur zeigt sich oft eine Abhängigkeit von den älteren Untersuchungen bzw. den in ihnen vertretenen Meinungen, etwa in Hinsicht auf evolutionistisch geprägte Modelle, ohne daß neue Erkenntnisse der Sozialwissenschaften einbezogen werden. Der Kannibalismus wird häufig als nicht zu hinterfragende Tatsache behandelt, die vermeintlichen Motivationen werden als unstrittige Fakten dargestellt, wobei jeder Autor ohne nähere Diskussion andere Schwerpunkte setzt, und die Ansicht, man könne sich dem Phänomen nähern, ohne auf den Standpunkt des "zivilisierten Europäers" zu verzichten, scheint eher die Regel als die Ausnahme zu sein.

3. Ausgewählte Befunde

In den vorhergehenden Abschnitten wurden Fragen wie der Beitrag der Anthropologie und Probleme der Interpretation von Befunden hinsichtlich der Kannibalismus-Hypothese diskutiert. Nun sollen einige ausgewählte Befunde, die gut untersucht und/oder für ihre Deutung als Hinweis auf Anthropophagie bekannt sind, genauer erörtert werden um zu prüfen, inwieweit die ihnen zugewiesene Interpretation überzeugend oder begründet erscheint. Bereits besprochene Befunde finden nicht nochmals Erwähnung[488].

Zuvor sollen jedoch die vorwiegend in Kapitel II.1.2.2.7 und II.1.3 angesprochenen Möglichkeiten der Interpretation menschlicher Skelettreste zusammengefaßt dargestellt werden, ohne nochmals auf ethnologische oder historische Beispiele einzugehen. Dies dient der Beschreibung des Spektrums, innerhalb dessen menschliche Skelettreste überliefert sein können und deutbar sind.

3.1 Überlegungen zum Interpretationsspektrum

Das Auftreten von menschlichen Knochen, Skeletteilen oder Skeletten in Siedlungen bzw. außerhalb eindeutig erkennbarer Grabzusammenhänge kann auf verschiedene Ursachen zurückgeführt werden, von denen Kannibalismus nur eine vorstellbare Möglichkeit ist. In Frage kommen folgende Bereiche: Bestattungen[489] - Opfer - Gefangenenbehandlung - Trophäen und Kopfjagd - Strafen (Körperstrafen und Hinrichtungen) - Kämpfe und Überfälle

[487] Schaaffhausen 1870; Andree 1887; Matiegka 1896.

[488] Zur Orientierung sei auf das Ortsregister verwiesen.

[489] Primär-, Sekundär- und Tertiärbestattung; Bestrafung von Verstorbenen, 'Sonderbestattung', Kinder- und Altentötung, Teilbestattung, Reliquien.

- Sonstiges[490] - sekundäre Einflüsse wie Verlagerung von Skelettresten im Zusammenhang mit Siedlungsaktivitäten. Einige Aspekte sollen näher behandelt werden.

Eine Bestattung kann auf unterschiedliche Weise erfolgen. Die mehr oder weniger direkt auf den Tod folgende Verbrennung oder Bestattung, als einstufige Handlung, stellt nur eine Möglichkeit dar - zu denken ist ferner an Konservierung und allgemein zweistufige oder Sekundärbestattung sowie an eine Aufbewahrung von Knochen als Bestandteil des Totenrituals und/oder als Ahnenreliquien.

Bei Brandgräbern ist nicht a priori davon auszugehen, daß es sich um Primär- oder einstufige Bestattungen handelt. Fehlen beispielsweise Knochen bzw. Körperpartien, so wäre neben der Möglichkeit, nicht alle Reste seien vom Verbrennungsplatz aufgelesen worden, auch zu überlegen, ob eventuell eine bewußte Auswahl vorliegt und ob nur Knochen, also keine Leiche, verbrannt wurden. Ferner wäre auf Zerlegungsspuren zu achten. Dies sind Fragen, die bei der anthropologischen Untersuchung jeweils erörtert werden müßten[491].

Bei ganzen Skeletten handelt es sich vornehmlich um Primärdeponierungen, wenn sie weitgehend im natürlichen Verband angetroffen werden. Faktoren wie Konservierung der Leiche[492] sind jedoch nicht auszuschließen, so daß es sich auch um sekundäre Deponierungen (zweistufige Bestattungen) handeln könnte. In welchem Verhältnis ein Skelett zu einer Siedlung oder einem Gebäude steht - Weiterbesiedlung, Auflassung, Zerstörung, Deponierung in bereits aufgelassener Siedlung(sstelle), Zufall - wäre eine im Idealfall bei der Grabung zu klärende Frage, deren Beantwortung nicht immer möglich ist. Die Definition als Siedlungsbestattung, Opfer usw. muß anhand von Vergleichsfunden und der jeweiligen Situation diskutiert werden. Auch bei dislozierten oder unvollständigen Skeletten kann es sich um Primärdeponierungen handeln, die je nach Lagerungsort und Umständen verschiedenen Einwirkungen ausgesetzt waren[493] oder beabsichtigte Teildeponierungen darstellen, wobei unter Umständen Zerlegungsspuren zu erwarten wären[494]. Für die Zerlegung eines Leichnams sind verschiedene Gründe vorstellbar wie Bestrafung, Unschädlichmachung von Wiedergängern, normale Behandlung bei verschiedenen Todesarten etc. Gleiches ist allgemein für traumatische Einwirkungen an Skelettresten festzustellen. Denkbar sind rituelle Handlungen, die das Zerschlagen/Brechen eines oder mehrerer Knochen/Extremitäten des Verstorbenen erfordern, beispielsweise das Zerschlagen des Schädels, um der Seele das Entweichen aus dem Körper zu ermöglichen.

Bei einer Sekundär- oder zweistufigen Bestattung handelt es sich um die Niederlegung der Reste Verstorbener, die primär an einem anderen Ort bestattet oder deponiert waren[495], und deren Gebeine für die erneute Bestattung exhumiert, aufgelesen, oder deren Leichen konserviert wurden. Es kann sich dann um ein ganzes Skelett oder einzelne Knochen handeln, die verbrannt, deponiert oder begraben werden[496]. Die Sekundärbestattung kann auch am selben Ort erfolgen: Die Knochen werden (teilweise) exhumiert, eventuell gereinigt und wieder dort, vollständig oder nicht, deponiert. Auch an Beigabenentfernung ist in diesem Zusammenhang zu denken - beispielsweise im Rahmen eines abschließenden Totenfestes, nach dem der Verstorbene sie nicht mehr benötigt. Derartige Vorgänge können zu Verwechslungen mit dem Phänomen Grabraub führen, ebenso wie die Entfernung von Kno-

---

[490] Mord, Unfälle, Knochen als 'magische' Gegenstände, Reste von medizinischen Behandlungen.

[491] Zusammenfassender Überblick bei Wahl 1982. Bei bereits mazerierten und länger gelagerten Knochen treten keine elliptischen Hitzerisse mehr auf. Diese Hitzerißmuster und stärkere Torsionen erscheinen nur an Knochen, die frisch oder mit Weichteilbedeckung verbrannt wurden (ebd. 8f.). Vgl. weiterhin ebd. 33 (Schnittspuren, Trepanation) und 24ff. (zur Leichenbrandzusammensetzung). Ferner Guillon 1987.

[492] Vor der Konservierung werden gewöhnlich Innereien und Gehirn entfernt. Denkbar ist u.a. Trocknung oder Dörrung der Leiche über einem Feuer (vgl. dazu Hörmann 1930; Baum 1979). Ferner Grimm u. Strauch 1957. Auch die Entfernung des Muskelgewebes ist bekannt (vgl. Ráček 1985, 127). Die Frage nach Spuren an den Knochen wäre in diesem Fall zu stellen. Vgl. auch Berg, Rolle u. Seemann 1981, 102: Einbohrungen an Knochen von Skeletten aus Kurganen, vielleicht zum Einfüllen konservierender Flüssigkeiten.

[493] Zu denken wäre neben natürlichen Faktoren, wie der Einwirkung von Tieren, an die Wiedereröffnung von Gruben und Gräben, die nicht mit dem Skelett in Zusammenhang standen, an Siedlungsaktivitäten, an die bewußte Entnahme von Gegenständen oder einzelnen Knochen usw.

[494] Das Auftreten oder Fehlen von Spuren dürfte von verschiedenen Faktoren abhängig sein: von der angewandten Sorgfalt, den benutzten Geräten, den Fähigkeiten der Person, die eine Zerlegung durchführt.

[495] Grube, Grab, Graben, Plattform, Baum, Haus, Verwesungsplatz usw.

[496] Neben den bereits erwähnten Möglichkeiten z.B. Gewässer, Moore, Höhlen.

chen als Reliquien. Andererseits führen nicht erkannte Störungen von Gräbern möglicherweise zu falschen Interpretationen, was den Zustand des Skeletts betrifft (Zerstückelung usw.).

Bei der Exhumierung oder Aufsammlung der Reste für eine Sekundärbestattung oder zur Aufbewahrung kann eine Auslese erfolgen, wobei vor allem an Schädel und die oder einen Teil der Langknochen zu denken ist, ferner noch an Becken und Schulterblätter. Rippen, Wirbel, Hand- und Fußknochen, vielleicht Schädelteile und sonstige Fragmente verbleiben, zumindest zum Teil, am Primärbestattungsplatz und sind als Überreste einer Bestattung nicht mehr unmittelbar erkennbar, sofern sich dieser Platz nicht auf einem Gräberfeld befindet oder aus der Lagerung der Überreste die ursprüngliche Lage des Skeletts zu rekonstruieren ist. Die Auswahl kann bewußt erfolgen, beispielsweise nur Schädel oder Schädel und Langknochen, oder zufällig bzw. situationsbedingt sein - hierbei spielen die Dauer der Primärbestattung und die Erhaltungsbedingungen eine Rolle. Ferner kann sich die Leiche bei der Sekundärbestattung noch teilweise im Verband befinden und so wieder deponiert werden, ohne daß eine Reinigung der Knochen vorgenommen wird. Nach der Sekundär- ist eine Tertiärbestattung möglich, bei der die Knochen oder eine Auswahl von ihnen erneut verlagert werden[497]. Ahnenreliquien bzw. von Verwandten aufbewahrte Knochen Verstorbener (Schädel oder deren Teile, Unterkiefer, Zähne, Wirbel, Langknochen, das gesamte Skelett) verbleiben nicht unbegrenzt an ihrem Aufbewahrungsort, sondern werden nach einem gewissen Zeitraum, der mehrere Jahre oder weniger, eine Generation oder mehrere umfassen kann, bestattet bzw. deponiert[498].

Wurden die Knochen längere Zeit an Orten aufbewahrt, die nicht der Witterung ausgesetzt waren, wie in Wohnhäusern oder speziellen Gebäuden, dürfte ihr Erhaltungszustand gut sein bzw. entsprechend den Bodenverhältnissen der Orte, in/an denen sie endgültig verblieben. In diesen Fällen ist eine Unterscheidung zwischen Aufbewahren und sofortigem Deponieren kaum zu treffen. Denkbar ist aber auch die Aufbewahrung im Freien bzw. an der Witterung ausgesetzten Orten, wobei es dann schwer sein dürfte zu unterscheiden, ob sie wie Abfall an der Oberfläche lagen oder an einem speziellen Aufbewahrungsort, beispielsweise auf einer Plattform oder unter einer überdachten Konstruktion ohne Wände/einer Wandkonstruktion ohne Dach. Es wäre auch zu überlegen, inwieweit sich Tiere jeweils Zugang verschaffen konnten.

Der Zeitraum der primären Lagerung oder Bestattung muß nicht für alle Verstorbenen identisch sein - zu denken wäre an ein periodisch abgehaltenes Totenfest, in dessen Rahmen alle seit dem letzten Fest Gestorbenen sekundär bestattet werden, wobei die jeweiligen Verwesungsstadien unterschiedlich sein können. Diese Form der Bestattung und die Aufbewahrung von Knochen als Reliquien muß nicht sämtliche Individuen betreffen; sie kann auf bedeutende oder gefürchtete Persönlichkeiten beschränkt sein, auf eine bestimmte Bevölkerungsgruppe usw.

Die Sorgfalt, mit der Verstorbene behandelt werden, ist von verschiedenen Faktoren abhängig - eine Rolle dabei spielen unter anderem die Bedeutung der Person für die Verwandtschaftsgruppe bzw. die Dorfgemeinschaft(en), persönliche Einstellungen der Hinterbliebenen, Furcht, die Todesart sowie ökonomische Rahmenbedingungen und die Verfügbarkeit notwendiger Materialien.

Zur Erlangung von Knochen sind zwei Verfahrensweisen möglich: natürliche oder artifizielle Entfleischung. Bis zur völligen Skelettierung eines Leichnams ist je nach den Bodenverhältnissen eine Dauer bis zu 15 Jahren anzusetzen, in jedem Fall wohl mehrere Jahre[499]. Der Prozeß kann durch Aussetzung[500] oder durch die Beteiligung von Tieren - Hunden, Vögeln, Ameisen - beschleunigt werden. Die Entfleischung kann aber auch artifiziell erfolgen, etwa durch Kochen oder Abbrennen. Eine vorherige Zerlegung ist möglich. Bei der Exhumierung einer nicht völlig skelettierten Leiche kann, je nach Verwesungsstadium, das Entfernen der Sehnen und die Säuberung von noch anhaftenden Fleischresten erforderlich sein. Zu erwarten sind dann unter Umständen Schnittspuren an den Knochen, eventuell Brand- und Schabspuren. Brandspuren können auch auf einen Bestattungsritus deuten, bei dem die Verbrennung der Knochen nicht beabsichtigt war, sondern z.B. nur eine symbolische Reinigung durch Feuer vorgenommen wurde.

---

[497] Aus archäologischer Sicht dürfte dieser Terminus bedeutungslos sein, da sich eine Tertiär- kaum von einer Sekundärbestattung scheiden ließe.

[498] Eine Weiterverarbeitung ist möglich, z.B. Spatel, 'Amulette', Kettenglieder, Schädelbecher usw.

[499] Zumindest unter mitteleuropäischen Bedingungen.

[500] Abhängig von den Verhältnissen kann dabei auch eine (beabsichtigte oder unbeabsichtigte) Mumifizierung eintreten.

Die im Umfeld von Bestattungen zu vermutenden Zeremonien sind archäologisch nur in Ansätzen faßbar. Hinweise finden sich auf Gräberfeldern in Form von Pfostensetzungen, Opfergruben, Feuerstellen, Scherbenpflastern oder -streuungen, sekundären Eingriffen bei Gräbern usw. Es ist bei ein- und mehrstufigen Bestattungen mit Tieropfern, eventuell Menschen- sowie sonstigen Opfern (Getreide, allgemein Nahrungsmittel) zu rechnen, ferner mit den Rückständen von Mahlzeiten, möglicherweise einschließlich der bei der Feier benutzten Gefäße und Geräte, die ganz, zerschlagen oder 'symbolisch'[501] deponiert werden können. Im Fall der gemeinsamen Deponierung mit den Skelettresten sollten diese Rückstände nicht als gewöhnlicher Abfall angesprochen werden, auch wenn sie diesem der äußeren Form nach entsprechen. Das Auftreten von verbranntem Getreide, Holzkohleresten etc. kann auf rituelle Handlungen deuten. Finden sich damit im Zusammenhang menschliche Skelettreste, die Brandspuren zeigen, so wäre zu klären, inwieweit diese mit den erwähnten rituellen Handlungen in Verbindung stehen: Denkbar ist eine Abdeckung der Knochen mit Brandresten, ein gemeinsames Einbringen sowie ein Feuer oder die Verbrennung von Opfergaben vor dem Deponieren der Knochen oder Leichen(teile).

Menschenopfer sind von Bestattungen am Befund nicht ohne weiteres zu unterscheiden. Sie können ganz oder zerstückelt[502] deponiert werden, an einem oder an verschiedenen Orten, eventuell zusammen mit anderen Opfergaben (Tiere, Nahrung, Sonstiges). In der Regel dürften die Opferhandlungen an speziell dafür vorgesehenen Plätzen durchgeführt worden sein, was jedoch archäologisch nicht immer festzustellen ist. Das Opfer kann an die beteiligten Gruppen, auf verschiedene Areale verteilt oder an Ort und Stelle deponiert werden. In Frage kommen Bestattungsplätze, Gräber, Siedlungen, Gebäude, Heiligtümer oder 'Tempel', Erdwerke, Felder, Höhlen, Gewässer, Moore und sonstige möglicherweise nicht identifizierbare heilige Plätze wie Felsen, Haine, Bäume usw. Menschenopfer können regelmäßig dargebracht werden oder nur in Ausnahmesituationen erforderlich sein, was sich zusätzlich negativ auf die Identifizierbarkeit auswirken kann.

Die Opferung bzw. Hinrichtung von Gefangenen ist ein weiterer Aspekt des Umgangs mit dem menschlichen Körper, der sich im archäologischen Befund niederschlagen kann. Neben der Tötung ist Folterung und Zerstückelung zu erwägen, wobei die Überreste deponiert, bestattet, 'beiseite geschafft', Tieren vorgeworfen oder liegengelassen werden können, ebenso aber auch oder zusätzlich an eine Verwendung der Knochen zu denken ist[503]. Die Handlungen können am Ort eines Kampfes stattfinden, an speziellen, dafür reservierten Plätzen in oder außerhalb der Siedlung oder 'irgendwo' in der Siedlung.

Als Trophäen kommen verschiedene Körperteile in Betracht, so Kopf und Schädel(teile), Unterkiefer, Hände, Finger, Füße, Extremitäten, Langknochen, Ohren, Skalps, Haut usw., die, sofern sie Knochen umfassen oder unter günstigen Bedingungen lagerten[504], archäologisch überliefert sein können. Für die Aufbewahrung des Kopfes ist eine Behandlung notwendig: Gehirnentfernung, Trocknung oder Räuchern sowie eventuell die Entfernung der Knochen. Vorstellbar ist jedoch auch eine nur kurzfristige Verwendung, z.B. im Rahmen einer Siegesfeier, nach der alle oder die meisten Köpfe weggeworfen werden, oder die Lagerung außerhalb der Häuser, beispielsweise an Bäumen oder Pfählen aufgehängt, wo sie dann auf natürliche Art verwesen. Will man den Schädel aufbewahren, ist gleichfalls die Entfernung des Gehirns notwendig (z.B. durch das Foramen magnum) sowie die der Weichteile, was durch Verwesen lassen, Abschaben, Kochen oder Abbrennen erreicht werden kann. Zu erwarten sind, je nach Methode, Schnitt-, Schab- und Brandspuren sowie, bei Entfernung der Knochen im Rahmen der Kopfpräparation, Teile von zerschlagenen Schädeln, ferner auch Schädelbecher, Masken u.ä. Vergleichbare Vorgehensweisen sind bei der Kopfjagd zu erwarten, der andere Motivationen zugrunde liegen. Die Schädel können von Männern, Frauen und Kindern stammen. Bei Unterkiefern ist mit Schlag- und Schnittspuren sowie mit dem Fehlen der Äste zu rechnen, wenn z.B. nur dieser und nicht der ganze Kopf mitgenommen wird. Zerlegungs-, Hack-, Schlag- oder

---

501 Nur Fragmente von allen oder einigen Gegenständen.

502 Auch dann handelt es sich um ein Menschenopfer, selbst wenn beispielsweise nur der Schädel gefunden wird. Die für derartige Befunde gelegentlich in der Literatur verwendete Bezeichnung 'pars-pro-toto'-Opfer ist m. E. verfehlt. Dieser Begriff sollte auf Opfer beschränkt bleiben, bei denen nicht der Mensch selbst, der am Leben bleibt, sondern ein Teil von ihm geopfert wird, wie Haare (vgl. Moschkau 1967), Fingerglieder, Nägel, Zähne, Blut, Figuren.

503 'Gebrauchsgegenstände', Schädelbecher, Trophäen.

504 So z.B. in Mooren; vgl. Dieck 1969; Dieck u. Anger 1978.

Schnittspuren sind auch bei Extremitäten und Langknochen zu erwarten. Es ist nicht davon auszugehen, daß die Abtrennung von Körperteilen oder die Auslösung von Knochen besonders sorgfältig und vorsichtig erfolgte.

Neben Reliquien und Trophäen ist mit Knochen zu rechnen, die Amulettfunktion hatten oder aus anderen Gründen zum Besitz von einigen, z.B. 'Medizinmännern', oder vielen, z.B. Männern oder bestimmten Erwachsenen, gehörten. Sie wurden bei deren Tod möglicherweise mitbestattet oder weggeworfen, mußten vielleicht auch von Zeit zu Zeit ersetzt werden, um ihre Wirkkraft zu garantieren.

Weiterhin ist, zumindest bei differenzierten Gesellschaften, an Körperstrafen - Abtrennung von Fuß, Hand, Extremitäten - und Hinrichtungen, möglicherweise mit nachfolgender Zerstückelung, zu denken, deren Reste sich ebenfalls im Fundmaterial verbergen können.

Bei Überfällen und kriegerischen Auseinandersetzungen sind verschiedene Szenarien vorstellbar, die sich im archäologischen Fundgut abzeichnen können, je nachdem, wie die Angreifer vorgingen, ob es Überlebende gab und wann diese zurückkehrten, ob die Siedlung zerstört wurde oder nicht usw. Die Überlieferung kann von Massenbestattungen über liegengelassene Leichen, die von Tieren auseinandergerissen und teilweise verschleppt wurden, bis zu absichtlich zerstückelten, zerhackten und verstreuten Überresten reichen, bei denen einzelne Individuen nur noch durch wenige Knochen(fragmente) repräsentiert sind und eine Bestattung nicht mehr möglich war[505]. Derartige Überreste können sich zusammen mit sonstigem Abfall in Gruben oder in der Kulturschicht finden.

Die im Fundmaterial von Siedlungen, Höhlen, Erdwerken usw. auftretenden menschlichen Knochen und Skelettreste lassen sich auf verschiedenste Vorgänge zurückführen: unter anderem Bestattung, Opfer, Gefangenenbehandlung, Strafen, Trophäen, Kampfhandlungen. Es muß jeweils anhand der Spuren an den Knochen, ihrer Zusammensetzung, der Beifunde, der Auffindungssituation und über Parallelen diskutiert werden, welche Möglichkeiten in Betracht kommen. Voraussetzung für jeden Versuch der Deutung sind sorgfältige Fundbeobachtungen und eine anthropologische Untersuchung - Bedingungen, die häufig, insbesondere bei älteren Grabungen, Notbergungen oder 'a priori-Interpretationen', nicht erfüllt sind.

Es ist davon auszugehen, daß viele der angesprochenen Kategorien nur in geringen Resten und in Form von "Abfall" überliefert sind, wie andere Fundkategorien auch. Leichen bzw. deren Überreste und Knochen, die auf Podesten lagerten, in Bäumen hingen o.ä. können sich in der Kulturschicht oder in der Auffüllung von Gruben finden - ein Indiz wären Spuren von Verwitterung. Reliquien oder Trophäen können ihre Bedeutung verlieren[506] oder nur eine kurzfristige Funktion zu erfüllen haben und weggeworfen oder deponiert sowie bei Aufgabe einer Siedlung zurückgelassen werden. Einzelne Knochen in Vorratsgruben mögen darauf deuten, daß man den Schutz eines Ahnen in Anspruch nahm. Überreste von Primär- oder Sekundärbestattungen können auf vielfältige Art überliefert sein, wobei zu bedenken ist, daß sich im archäologischen Befund nicht unbedingt abzeichnet, wie pietätvoll und im Rahmen welcher Rituale eine Bestattung vorgenommen wurde. Hinzu kommen sekundäre Einflüsse wie die Anlage von Gruben, die Verlagerung von Häusern, Auflassung und Wiederbesiedlung usw., die Befunde verzerren können. Traumatische Einwirkungen, Hack-, Schlag-, Schnitt- und Brandspuren sind bei verschiedenen Vorgängen zu erwarten, wie dies oben beschrieben wurde; davon müssen postmortale, natürliche und zufällige Einwirkungen, die zur Fragmentierung von Knochen oder zur Entstehung von Spuren an ihnen führen können, unterschieden werden.

Der hier skizzierte mögliche Umgang mit Verstorbenen, Getöteten und deren Überresten mag heutzutage befremdlich, pietätlos oder abstoßend erscheinen, vielleicht deshalb, weil der Tod weitgehend verdrängt wird und der Leichnam nicht mehr sichtbar ist. Vergleichbare Einstellungen sind für prähistorische Zeiten nicht vorauszusetzen. Wahrscheinlicher ist ein intensiver Umgang mit dem Phänomen Tod, seinen Erscheinungsformen und den sterblichen Resten. Es muß sich am Fundmaterial zeigen, welche der angesprochenen Möglichkeiten jeweils in Frage kommen.

---

[505] Als Beispiele seien angeführt: Wahl u. König 1987 (Talheim); Schröter 1985a (Regensburg-Harting); Lange u. Schultz 1982 (Heldenbergen); Wangerin 1986 (Höchstadt).

[506] Beispielsweise mit dem Aussterben der Verwandtschaftsgruppe, nach einer oder mehreren Generationen, nach dem Tod des Eigentümers.

Wie in dieser kurzen Übersicht deutlich geworden ist, kann das Spektrum der Interpretationsmöglichkeiten für fragmentierte oder zerstreute menschliche Skelettreste nicht auf anthropophage Handlungen begrenzt werden. Unter einer solchen Begrenzung gingen die vielfältigen Erscheinungsformen menschlicher Verhaltensweisen und Einstellungen gegenüber Tod und Sterben verloren - es bliebe ein noch fragmentarischeres und auch falsches Bild des prähistorischen Menschen zurück, als es bereits a priori durch die Quellensituation gegeben ist.

3.2 Die Höhlen im Ith

1883 veröffentlichte A. Wollemann die Ergebnisse seiner Grabung in der Rothesteinhöhle bei Holzen in Niedersachsen. Es handelt sich um eine gangartige Spalte mit einer Gesamtlänge von ca. 57 m[507]. Die Grabung dauerte maximal sechs Tage und wurde mit zwei oder drei Arbeitern durchgeführt[508], die die über der Kulturschicht liegende, ca. 3 cm dicke Sinterschicht *"mit Pulver lossprengten"*[509]. Diese Methode und die kurze Dauer der Arbeiten lassen keine sorgfältige und gründliche Vorgehensweise vermuten; spätere Grabungen in den von Wollemann untersuchten Gangbereichen lieferten ungestörte Befunde sowie zahlreiche Funde in dem von ihm zurückgelassenen Grabungsschutt.

Unter der Sinterschicht fand sich eine schwarze Schicht, die mit Holzkohle, Scherben und Knochen durchsetzt war. Sie ließ sich vom äußersten Ende der Höhle, wo die Grabungen begannen und ihre Stärke nur 3-4 cm betrug, bis in die Nähe des Eingangsschachtes verfolgen. Dort erreichte sie eine Mächtigkeit von 30 cm, wobei unklar bleibt, ob dies mit der sogenannten Herdstelle IV in Zusammenhang stand[510]. An vier Stellen - drei am Ende der Höhle, eine am Eingang - war diese Schicht besonders mächtig, und hier traten auch die Funde am zahlreichsten auf, was A. Wollemann veranlaßte, von Herdstellen zu sprechen[511]. In der Nähe des Eingangsschachtes brach die Kulturschicht ab, und der Boden war mit Geröll bedeckt, zwischen dem sich viele Scherben fanden[512]. Dieser Zustand dürfte auf ältere Schürfungen zurückgehen, bei denen 'zum Entsetzen der umwohnenden Bevölkerung' zahlreiche Menschenknochen zu Tage kamen[513].

In der Höhle, insbesondere im Bereich der sogenannten Herdstellen, fanden sich zahlreiche menschliche Knochen, die A. Wollemann als Überreste von Mahlzeiten interpretierte. Tierische Knochen waren dagegen selten[514]. Die Höhle selbst sah er als Wohnplatz, und zwar aufgrund der zahlreichen Scherben und der Stärke der Kulturschicht[515]. Fast alle Röhrenknochen sollen zerschlagen und angebrannt gewesen sein, während alle marklosen Knochen angeblich unverletzt waren. *"Nach meiner Meinung sind diese Knochen bei den Mahlzeiten zertrümmert, um Mark und Saft aus ihnen zu genießen (...)"*[516]. Unverletzte Knochen ohne Brandspuren fanden sich im sogenannten Knochenhaufen b schräg gegenüber von Herd III unter einer Sinterdecke von 15-20 cm. Die Stelle wurde von einer vorspringenden Felsenkante teilweise verdeckt[517]. Gemäß der Kannibalismus-Theorie

---

[507] Wollemann 1883. Neubearbeitung der Funde und Befunde aus den Ith-Höhlen durch M. Geschwinde 1988; Gesamtplan der Rothesteinhöhle ebd. Abb. 5.

[508] Geschwinde 1988, 9.

[509] Wollemann in: Nehring 1884, (84).

[510] Es ist wohl eher anzunehmen, daß ihre Mächtigkeit in Richtung des Eingangs insgesamt zunahm. Genauere Angaben fehlen jedoch, auch hinsichtlich der sogenannten Herdstellen.

[511] Wollemann 1883, (516)f.

[512] Ebd. (517); dort fehlte auch die Sinterschicht.

[513] Ebd. (516). Wollemann betrachtete diesen Bereich offensichtlich nicht als gestört; vgl. ebd. (517).

[514] Wenige Reste von Bär, Wildkatze und Schaf sowie eine Geweihsprosse vom Hirsch (bearbeitet?); Nehring 1884, (94).

[515] Wollemann 1883, (517). Dem widersprach bereits Nehring 1884, (90)f., der den Mangel an Tierknochen, die schwere Zugänglichkeit, den engen Eingang und die langgestreckte Gestalt gegen eine Nutzung als Wohnplatz anführte. Nach ihm wurde die Höhle nur zu den von Zeit zu Zeit veranstalteten kannibalischen Mahlzeiten aufgesucht. Bei den von Wollemann durchgeführten Sprengungen wurde festgestellt, daß der Rauch schnell abzog.

[516] Wollemann 1883, (517).

[517] Sie lag am Fuß der Steilstufe zur Oberkammer (Geschwinde 1988, 10).

Wollemanns sollen die Knochen, nachdem sie abgenagt waren, in diesen Winkel geworfen worden sein, *"um später zerschlagen und ausgesogen zu werden"*, seien dann aber vergessen worden[518].

In 14 cm Tiefe, unter der Sinterdecke auf dem Knochenhaufen, lag eine Knochennadel, die frühbronzezeitlich sein könnte[519]. Ferner fanden sich im Bereich von Herd I in 4,5 cm Tiefe ein Randleistenbeil mit abgebrochener Schneide sowie eine kleine, stark verschliffene Dolchklinge - eine weitere soll aus Herd III stammen - und im Bereich von Herd IV ein Knochenpfriem und ein Spiraltutulus[520]. Die angeführten Gegenstände datieren in die Frühbronzezeit. Fraglich ist jedoch, ob damit auch eine Datierung der Menschenknochen gegeben ist. Aus dem noch erhaltenen keramischen Material ließen sich, wie M. Geschwinde feststellte, keine eindeutig frühbronzezeitlichen Formen aussondern. Ein Teil gehöre mit Sicherheit in die Latènezeit; insgesamt könne das Material vom Eindruck her eisenzeitlich sein, möglich sei jedoch auch, daß sich frühbronzezeitliche nicht von spätbronze- und eisenzeitlicher Siedlungskeramik unterscheiden läßt[521]. Will man nicht annehmen, daß die noch erhaltenen Scherben zufällig alle aus dem gestörten vorderen Bereich der Höhle stammen oder unerkanntes frühbronzezeitliches Material darstellen, muß zumindest in Erwägung gezogen werden, daß die oder ein Teil der menschlichen Knochen eisenzeitlich sein können[522]. Ihre Datierung in die frühe Bronzezeit[523] ist unsicher. Auch durch die späteren Grabungen ergaben sich keine Hinweise. 1909 wurde durch Jörres und Württemberger zwischen Herdstelle IV und Knochenhaufen b eine von Wollemann offensichtlich übersehene, ca. 10 m lange und 1 m tiefe Spalte freigelegt. Im Südteil fand sich unter Blockschutt und den Resten einer Sinterdecke eine Holzkohleschicht, die an drei Stellen eine größere Stärke erreichte[524]. Darunter folgte Höhlenlehm. In beiden letztgenannten Horizonten fanden sich zahlreiche Menschen- und Tierknochen, teilweise mit angeblich deutlichen Brandspuren. Anfang der fünfziger Jahre wurden durch H. Kohl wohl aus gestörtem Zusammenhang im Bereich des Knochenhaufens b zahlreiche Menschen- und Tierknochen, urgeschichtliche und neuzeitliche Keramik sowie ein Knochenpfriem geborgen. 1963 und 1964 führte K. Grote Schürfungen in der Höhle durch, die einige Funde im Bereich von Herdstelle I und im Gang ergaben[525]. 1954 barg F.-W. von Hase an mehreren Stellen Knochen und Scherben. Am Anfang des Gangs konnte er den Eingang zu einer verstürzten Spalte freilegen, die er teilweise ausräumte - sie öffnete sich zu einer kleinen Kammer, die vermutlich zu einem zweiten Eingang führt. In dieser fand sich eine Steinplatte, auf der mehrere in die Frühbronzezeit zu datierende Gegenstände[526] und einige menschliche Fingerknochen lagen. Von einer Schädelkalotte, die ebenfalls in diesem Bereich gefunden wurde, ist die genaue Lage nicht bekannt. Sie wurde als menschlich publiziert, es handelt sich jedoch um das Fragment eines fetalen Rinder- oder Rothirschschädels[527]. Aus dem Bereich hinter der Steinplatte stammt eisenzeitliche Keramik sowie eine gekröpfte eiserne Nadel, an der Decke der Kammer fanden sich mit Lehm befestigte eisenzeitliche Scherben, so daß Begehungen in dieser Zeit gesichert scheinen[528].

Hinsichtlich der von A. Wollemann vorgeschlagenen Interpretation der menschlichen Knochen als Mahlzeitreste forderte R. Virchow im Anschluß an dessen Bericht eine eingehende Untersuchung der Spuren an den Knochen um zu entscheiden, ob die Zertrümmerung zufällig, beispielsweise durch spätere Begehungen, durch Raubtiere,

---

518 Wollemann 1883, (518).

519 Ebd. Zur Datierung vgl. Geschwinde 1988, 68; mangels Parallelen läßt sie sich nicht genau einordnen, er hält einen Zusammenhang mit den anderen frühbronzezeitlichen Funden aus der Höhle für wahrscheinlich.

520 Geschwinde 1988, 10. Wollemann äußerte sich nicht über die Fundlage der Bronzegegenstände, diese vermerkte erst Nehring 1884, (88). Zu Widersprüchen und Fundunterschiebungen vgl. Geschwinde 1988, 13ff.

521 Geschwinde 1988, 72ff. Die Aussagen beziehen sich auch auf das Material aus den späteren Grabungen.

522 Wenn die von Wollemann festgestellte schwarze Kulturschicht unter der Sinterdecke eisenzeitliches Scherbenmaterial enthielt, kann sich die Sinterschicht erst nach dessen Einlagerung gebildet haben. In diesem Fall hat Wollemann möglicherweise kompliziertere Schichtverhältnisse nicht erkannt.

523 Geschwinde 1988, 125f.

524 Diese Stellen wurden deshalb von den Ausgräbern als Herdstellen bezeichnet.

525 Geschwinde 1988, 17-24.

526 Eine Dolchklinge, ein Griffplattendolch, ein Bronzepfriem, ein Spiralfingerring, drei Schleifenringe und ein Knochenpfriem sowie ein Bronzeblechfragment.

527 Geschwinde 1988, 21ff., 102, 106, 148; vgl. Claus 1964.

528 Geschwinde 1988, 23.

oder aber absichtlich herbeigeführt worden sei[529].

Die anthropologische Untersuchung führte A. Nehring durch. Er schloß sich der Meinung Wollemanns an, daß zeitweise in der Höhle von Holzen kannibalische Mahlzeiten stattgefunden hätten[530], war jedoch nicht in der Lage, überzeugende Argumente für diese Annahme vorzulegen. Die Knochen wiesen keine Brandspuren auf, und die postulierte anthropogene Einwirkung konnte nicht mit Sicherheit nachgewiesen werden - beides Kriterien, die in Nehrings Augen ein Beweis für Anthropophagie wären.

Zum Problem der Brandspuren bemerkte er, daß man den Knochen zwar trotz der allzu starken Reinigung, die ihnen der Ausgräber hatte angedeihen lassen, meistens noch ansah, daß sie in einem Gemisch aus Asche und Holzkohle gelegen hätten, deutliche Spuren der Einwirkung von Feuer jedoch seltener zu erkennen waren, als er erwartet hatte: *"die Röhrenknochen sahen meistens mehr abgebrüht als angebraten aus"*[531], es konnten also keine Brandspuren festgestellt werden[532]. Dies stimmt mit den Ergebnissen der Nachuntersuchung des noch vorhandenen Knochenmaterials durch M. Schultz überein; die Verfärbungen wurden auf natürliche Ursachen zurückgeführt[533]. Schwache Einwirkungen eines Holzkohlenbrandes konnten dagegen an einigen Knochen festgestellt werden, die neueren Grabungen entstammen[534] (Jörres/Württemberger 1909?).

Die menschlichen Knochen waren großteils fragmentiert, was A. Nehring auf anthropogene Einwirkung zurückführte. Fast alle Röhrenknochen seien mit der Absicht der Markgewinnung eröffnet worden, und zwar in der Mitte oder an einem der Gelenkenden[535]. Bei einer ersten Begutachtung, für die ihm Proben vorgelegt wurden, konnte er keine Schlagmarken feststellen[536]. In einem Nachtrag, den er verfaßte, nachdem er sämtliche Funde untersucht hatte, stellte er fest: *"Deutliche Schlagmarken konnte ich nur in zwei Fällen constatiren"*[537]. An dieser Aussage sind Zweifel angebracht, da er nicht präzisierte, um welche Art von Knochen es sich handelte und die Schlagspuren nicht beschrieb. Statt dessen versuchte er zu erklären, warum derartige Spuren bei den Überresten kannibalistischer Mahlzeiten nicht unbedingt zu erwarten seien: Da es sich um die Vollziehung eines religiösen Aktes handele, brauche man keineswegs die äußerste Ausnutzung der Markknochen vorauszusetzen[538] - ein deutlicher Widerspruch zu seiner Behauptung, daß fast alle Röhrenknochen durch menschliche Einwirkung zur Erlangung des Marks zertrümmert worden seien. Einige Humeri und eine Ulna waren 'unzerschlagen'. Die Femora seien sämtlich zertrümmert, die übrigen Röhrenknochen ebenfalls vielfach mit anscheinend absichtlichen Verletzungen versehen[539]. Sicher war er sich nicht, die anscheinend absichtlichen Verletzungen blieben unbestimmt. Schnittspuren fanden keine Erwähnung. Die von A. Wollemann aufgestellte Behauptung, alle marklosen Knochen an den Herdstellen seien unverletzt aufgefunden worden[540], wurde von Nehring in seinem Nachtrag nicht mehr angesprochen. Bei der Aufzählung der vorhandenen Skelettelemente sprach er jedoch von Fragmenten von Schä-

---

529 Virchow in: Wollemann 1883, (520).

530 Nehring 1884, (88).

531 Ebd. (93).

532 Bei der Annahme von vermutlich mehrfach in der Höhle entzündeten Feuern sowie der Tatsache, daß die menschlichen Reste offensichtlich auf der Oberfläche bzw. nur sehr gering eingetieft deponiert worden sind, wären Brandspuren andererseits nicht überraschend. Es ist vorstellbar, daß die Knochen oder die Leichen(teile) mit den Brandresten hätten in Berührung kommen können.

533 Einlagerung von Mineralien, Einwirkung von Sekundärmetaboliten der postmortal in den Knochen eingewanderten Mikroorganismen: Schultz in: Geschwinde 1988, 143, 148; vgl. Kap. II. Anm. 125. Das Knochenmaterial der Grabung Wollemann ist allerdings bis auf geringe Reste verschollen.

534 Ebd. 148. In einem Fall waren mehrere Teile des postcranialen Skeletts betroffen: Schlüsselbein, ein Mittelfußknochen, Handwurzelknochen und mehrere Rippenfragmente.

535 Nehring 1884, (89).

536 Ebd. Anm. 1.

537 Ebd. (93).

538 Ebd. Er fuhr fort: *"Ich kann deshalb in dem Fehlen, resp. der Seltenheit deutlicher Schlagmarken keinen entscheidenden Grund gegen die Annahme cannibalischer Mahlzeiten sehen, wenngleich die Beweisführung dadurch einigermaassen erschüttert scheint."* Ebd. (94). Offenbar ist er sich selbst nicht sicher, ob er Schlagmarken festgestellt hat oder nicht.

539 Ebd. (93).

540 Wollemann 1883, (517); Nehring 1884, (89).

delkapseln, Schulterblättern und Becken[541]. M. Schultz stellte fest, daß die bei neueren Grabungen geborgenen Skelettfunde meist nicht zerbrochen seien[542]. An einer menschlichen Rippe fanden sich zwei Schnittspuren, wie sie bei der Durchtrennung der Zwischenrippenmuskulatur entstehen können[543], der einzige Hinweis auf eine anthropogene Einwirkung.

An einem Teil der untersuchten Knochen aus der Rothesteinhöhle, sowohl an tierischen als auch an menschlichen, konnte dagegen die Einwirkung von Tieren festgestellt werden. Es fanden sich Fraßspuren von Nagern und Carnivoren. Einige sind durch die später einwirkenden Einflüsse der Bodenerosion nahezu unkenntlich geworden[544]. Tierfraß wurde von A. Nehring nicht ernsthaft in Erwägung gezogen, die dafür gegebene Begründung - *"Auch fehlen Reste von Raubthieren, welche der Thäterschaft verdächtigt werden möchten, (...) fast gänzlich"*[545] - ist nicht nachvollziehbar.

Festzuhalten bleibt, daß A. Wollemann und A. Nehring anthropophage Handlungen als einzig mögliche Erklärung für den Zustand der Knochen und ihre Auffindungssituation in Erwägung zogen. Unberücksichtigt blieb beispielsweise die Grabungsmethode, wobei nicht nur an die Sprengungen zu denken ist, sondern auch an die nachfolgende Bergung und Reinigung, Vorgänge, bei denen die Knochen wahrscheinlich Defekte erlitten. Nehring deutete eine solche Möglichkeit nur einmal an, allerdings im Zusammenhang mit den Skelettresten aus dem Knochenhaufen b: Die Knochen seien *"unzerschlagen (abgesehen von Verletzungen, welche erst nachträglich entstanden sind)"*[546]. Die festgestellten Tierfraßspuren deuten zudem darauf, daß die Leichen auf dem Höhlenboden bzw. nur oberflächlich bedeckt deponiert worden sind, so daß keine andere Auffindungssituation als die angetroffene zu erwarten ist.

A. Nehring konnte anhand der ihm vorgelegten Skelettreste aus der Kulturschicht bzw. den Herdstellen mindestens 14 Individuen ermitteln, acht Erwachsene sowie sechs Jugendliche und Kinder. Diese Zahl dürfte ursprünglich höher gewesen sein, da zum einen bereits zuvor häufiger menschliche Knochen aus der Höhle geborgen wurden, und zum anderen nicht sämtliches Material aufgesammelt worden ist. Alle Skelettelemente waren vorhanden, eine Zusammengehörigkeit nach bestimmten Individuen konnte Nehring nicht beobachten[547]. M. Schultz bestimmte bei der Nachuntersuchung des noch erhaltenen Knochenmaterials der jüngeren Grabungen ein Neugeborenes, sieben Kinder der Altersstufe Infans I, fünf der Altersstufe Infans II bzw. I/II, zwei juvenile und 13 erwachsene Individuen. Diese Verteilung entspreche der Sterbehäufigkeit einer prähistorischen Population, es liege die Verteilung vor, die auch auf einem Friedhof zu erwarten gewesen wäre: Kinder und Erwachsene je 46,4%, Juvenile 7,1%[548]. Im sogenannten Knochenhaufen b fanden sich die Skelettreste von vier Erwachsenen und einem Kind, die Nehring als Sekundärbestattungen deutete: Nach der Verwesung der Leichname außerhalb der Höhle seien die Knochen gesammelt und in einer gemeinsamen Grube dem Dunkel der Höhle anvertraut worden. Er wollte diesen Befund aufgrund des besseren Erhaltungszustands der Knochen von den übrigen getrennt betrachten[549], ohne beispielsweise in Erwägung zu ziehen, daß der Erhaltungszustand durch eine geschütztere Lage bedingt sein könnte.

Zusammenfassend ist festzuhalten, daß A. Nehring die von ihm vertretene These, die Rothesteinhöhle sei der Schauplatz *"cannibalischer Mahlzeiten"* gewesen, nicht mit anthropologischen Untersuchungsergebnissen belegen konnte. Das weitgehende oder völlige Fehlen von Spuren an den Knochen, die es in seinen Augen erlauben würden, Kannibalismus nachzuweisen, sowie die Methode der Ausgrabung hätten ihn zu dem Schluß kommen lassen müssen, daß der Zustand der menschlichen Knochen nicht auf anthropogene Einwirkung zurückgeführt werden

541 Nehring 1884, (92).
542 Schultz in: Geschwinde 1988, 129.
543 Ebd. 143 und Abb. 72f.
544 Ebd. 143 und Abb. 71, 74ff.
545 Nehring 1884, (93).
546 Ebd.
547 Ebd. (92).
548 Schultz in: Geschwinde 1988, 129.
549 Nehring 1884, (93).

kann. Seine Darstellung ist durch das Bemühen gekennzeichnet, trotz dieser Problematik die von ihm favorisierte Interpretation plausibel erscheinen zu lassen.

Die Deutung Nehrings wurde von der prähistorischen Forschung übernommen, ohne eine kritische Wertung der anthropologischen Argumente vorzunehmen. Die Funde galten jedoch nicht mehr als profane Hinterlassenschaften eines Siedlungsplatzes, wie noch A. Wollemann vermutete, der die Möglichkeit eines Opfers ausgeschlossen hatte, sondern wurden als Hinweis auf kultische Vorgänge interpretiert. K. H. Jacob-Friesen erwähnte die Rothesteinhöhle in seiner "Einführung in Niedersachsens Urgeschichte": *"Da die menschlichen Knochen absichtlich zertrümmert und zum Teil angebrannt sind, gehen wir sicher nicht fehl, wenn wir in ihnen Überreste einer Opfermahlzeit, also von Anthropophagie oder ähnlicher Vorgänge - Kulthandlungen oder Zauberei - sehen. Weiter als man zunächst glauben möchte, waren die Bräuche in urgeschichtlicher Zeit verbreitet"*[550]. M. Claus veröffentlichte 1964 die durch von Hase in der Rothesteinhöhle geborgenen Funde, denen er kultische Bedeutung beimaß: *"Die einzelnen menschlichen Skelettreste, besonders aber die Schädelkalotte eines Kindes, die auf jeden Fall im engeren Bereich der Felsennische lag, stellen hierfür deutliche Beweise dar. Möchte man sich zunächst auch nur recht zögernd und vorsichtig die eingangs erwähnten Ausführungen Nehrings zu eigen machen, so gewinnen diese wieder an Bedeutung, wenn man sie mit den Ergebnissen in den Kyffhäuserhöhlen und den grundlegenden Ausführungen O. Kunkels über die Jungfernhöhle bei Tiefenellern, Kr. Bamberg, vergleicht"*[551]. Bei der erwähnten Schädelkalotte eines Kindes handelt es sich, wie bereits erwähnt, um ein tierisches Schädelfragment.

In einer der benachbarten Nasensteinhöhlen, der sogenannten Kinderhöhle, fanden sich 1911 ebenfalls menschliche Knochen, u.a. zwei Kinderhirnschalen in der Nähe des Eingangs[552]. Der Befund wurde durch F. Joesting beschrieben und gedeutet, der im Anschluß an die Interpretation der Rothesteinhöhle gleichfalls von Kannibalismus sprach. In seinen Augen zeugen die Funde von einem tiefen kulturellen Niveau der damaligen 'Bewohner'. Die beiden in einem Abfallhaufen zutage getretenen Kinderhirnschalen ließen keinen anderen Schluß als den auf Kannibalismus zu - nicht Hunger sei die Ursache, sondern, wenn man den von ihm angedeuteten Gedanken ausführt, die Verwendung feindlicher Menschengruppen als Jagdwild[553]. In der Haupthöhle, der Nasensteinhöhle, fand sich in der Südspalte ein bis auf wenige Fußknochen vollständiges Skelett mit einem Knochenpfriem in der linken Augenhöhle. In der Nordspalte lagen menschliche Knochen in "nesterweiser" Anordnung ohne Beifunde, als Fundgruppe a bezeichnet[554]. Aus den anderen Nasensteinhöhlen (Töpfer- und Soldatenhöhle) sind keine Menschenknochen bekannt.

M. Geschwinde deutete Nasenstein-, Kinder- und Rothesteinhöhle als Opferstätten bzw. Kulthöhlen. Im Spätneolithikum sei die Nasensteinhöhle als Opferspalte benutzt worden; menschliche Schädelknochen sowie ein vollständiges Skelett, bei dem es sich nicht um eine reguläre Bestattung handele, ließen Menschenopfer vermuten. In die entwickelte Frühbronzezeit fällt die Begehung der Rothesteinhöhle - ein Teil sei durch den auf einer Steinplatte deponierten "Hortfund" als 'kultischer' Bereich gekennzeichnet. Eine kurzfristige Bewohnung sei zwar möglich gewesen, die zahlreichen zusammenhanglos gefundenen Metallobjekte ließen eine Deutung als Kulthöhle jedoch plausibler erscheinen. Anthropophage Riten könnten nur vermutet werden, seien aber aufgrund einer An-

---

[550] Jacob-Friesen 1963, 250; vgl. ferner z.B. Krüger 1980, 215; Kubach 1983, 140.

[551] Claus 1964, 165. - Die beiden angesprochenen Fundorte werden später behandelt.

[552] Vgl. Geschwinde 1988, 49. Unter Blockschutt fand sich eine Schicht mit zahlreichen Holzkohleeinschlüssen und fragmentierten Knochen, darunter menschlichen, u.a. zwei Unterkiefer, ferner ein durchbohrter Zahn.

[553] *"Was aber unser Urteil über d. Kulturzustand auf ein sehr tiefes Niveau herabdrücken muß, daß ist der schon von Wollemann-Nehring für die benachbarte Rothesteinhöhle sehr wahrscheinlich gemachte und durch unsere Funde zu unumstößlichen Tatsache gewordene Kannibalismus, dem die Sippe fröhnte. Der Fund der beiden mit deutlicher Absichtlichkeit ineinandergesetzten und noch in verklebtem Zustande angetroffenen Kinderhirnschalen in einem auch an Resten anderer tierischer Nahrungsmittel reichem Abfallhaufen lassen gar keinen anderen Schluß, als den auf Kannibalismus zu. Da nun die reichen Jagdgründe der Umgebung auch im Winter einen Nahrungsmangel, der zum Verspeisen der jüngeren oder schwächeren Sippenmitglieder hätte führen können, ausschlossen, so bleibt nur die Annahme über, daß es sich bei den Menschenmahlzeiten um verspeiste Feinde gehandelt hat, deren man sich, sei es im Kampfe, sei es in mehr oder minder organisierten Raubzügen bemächtigt hatte."* Zit. nach T. Krüger 1980, 231.

[554] Krüger 1980; Geschwinde 1988, 24ff.

zahl von Parallelfunden nicht ausgeschlossen[555].

Grundlage dieser Interpretation ist die Voraussetzung, daß es sich bei den menschlichen Skelettresten nicht um Bestattungen handelt. Regelrechte Bestattungen seien in keiner der Höhlen beobachtet worden. Deponierungen von vollständigen Skeletten könnten zwar als "bestattungsähnlich" bezeichnet werden, stünden aber häufig im Gegensatz zu den regulären Formen ihrer Zeit[556]. Die an den menschlichen Knochen aus der Rothesteinhöhle festgestellten Fraßspuren würden dafür sprechen, daß diese nie wirklich bestattet waren[557]. Bestattungshöhlen wären in Süddeutschland noch nicht sicher nachgewiesen und fänden sich allenfalls in den Schaffhausener Höhlen und Abris[558]. Es wird zwar nicht diskutiert, was unter einer Bestattung[559] zu verstehen ist, aus den angeführten Bemerkungen läßt sich jedoch ableiten, daß es sich um "ordentliche Gräber" mit mehr oder weniger vollständigen Skeletten handeln muß - unter einer solchen Voraussetzung ist es weitgehend ausgeschlossen, in nachpaläolithischer Zeit begangene Höhlen im mitteleuropäischen Raum als Bestattungsplätze identifizieren zu können[560]. Damit reduziert sich die Erörterung der Funktionsbestimmung von Höhlen auf die Frage nach der Unterscheidung von Siedlungs- und Kulthöhlen, die wiederum in Opferstätten, an denen kultische Handlungen vorgenommen wurden, und Höhlen, die zur Aufnahme der Reste solcher Handlungen dienten, unterteilt werden.

M. Geschwinde benannte fünf Kriterien zur Bestimmung von Opferplätzen, deren Untersuchung bei der Klärung der Frage helfen soll, ob es sich bei den Funden aus Höhlen um Opfer- oder Siedlungszeugnisse handelt: Lokalität, Befund, Materialspektrum, Materialbehandlung und Vergleichsfunde[561]. Da die Frage nach Bestattungen nicht gestellt wird, können alle nicht bewohnbaren Höhlen[562] dem Bereich des Opfers zugeordnet werden. Bei den dort angetroffenen menschlichen Skelettresten handelt es sich demzufolge um Menschenopfer, teilweise verbunden mit anthropophagen Riten[563].

Grundsätzliche Überlegungen zum Menschenopfer fehlen - hinsichtlich dieses Problems wären beispielsweise Fragen wie die nach der demographischen Zusammensetzung und nach den vorhandenen Skelettelementen zu diskutieren. Opfer sind als ritualisierte Handlungen zu verstehen, die bestimmten Regeln unterliegen und daher archäologisch identifizierbar sein können. Bei Menschenopfern ist zu erwarten, daß sich die Kategorie der Wiederholung nicht nur im Fundmaterialspektrum und der Lokalität zeigt, sondern auch in den für das Opfer ausgewählten Menschen, d.h. es ist damit zu rechnen, daß nur bestimmte Personen oder Personengruppen, etwa nur eine bestimmte Altersstufe, nur Frauen oder nur Männer etc., als Opfer dargebracht werden dürfen; möglicherweise ist dies der wichtigste Aspekt[564], wenn auch nicht immer erkennbar. Entsprechend zusammengesetzte Funde aus Höhlen sind m. W. selten[565]. Die Prämisse "egal, wer geopfert wird, Hauptsache Mensch", im Fall der Höhlen

555 Geschwinde 1988, 125f.

556 Ebd. 105.

557 Ebd. 106. Ähnlich argumentierte auch M. Schultz; ebd. 148.

558 Ebd. 118 (Diskussion der Systematisierung süddeutscher Höhlenfunde durch P. Schauer 1981).

559 Zu Bestattung vgl. Kap. II.1.3 und 3.1.

560 Vgl. zu dieser Problematik Kap. II.1.3.3.

561 Geschwinde 1988, 102f.

562 Darunter fallen auch Horizontalhöhlen wie die Rothesteinhöhle, die zwar theoretisch bewohnbar wären, praktisch jedoch nur unter Schwierigkeiten - ein weiteres Indiz ist das Fehlen von Siedlungszeugnissen (z.B. Keramik, Tierknochen).

563 Um die Möglichkeit von Bestattungen auszuschließen, wird manchmal auf merkwürdige Argumente zurückgegriffen, so im Fall der Lichtensteinhöhle bei Dorste. Dort fanden sich im hinteren Höhlenteil auf fünf Räume verteilt spätbronzezeitliche Funde (Schmuck- und Trachtzubehör) sowie die großteils verstreuten, teils auch noch im anatomischen Verband angetroffenen Skelettreste von zwei bis drei Dutzend Individuen, darunter vor allem Kinder und Jugendliche. Da die Engstellen in der Höhle nur mit Mühen passierbar sind, sei es ausgeschlossen, daß die dort gefundenen Menschen als Leichen transportiert wurden, womit die Deutung als Bestattungshöhle unmöglich werde (Maier u. Linke 1987, 33; Geschwinde 1988, 95, 105). Dieser Argumentation ist nicht zu folgen: Wenn die Begehung durch lebende erwachsene Menschen möglich ist, können auch Leichen eingebracht werden, zumal die von Kindern. Daß dies mit Schwierigkeiten verbunden ist, spricht nicht dagegen.

564 Daraus wäre jedoch nicht a priori eine Deutung als Opfer ableitbar, da auch eine als Bestattung möglich ist. Weitere Aspekte, wie das Materialspektrum, müßten untersucht werden.

565 Hier wäre vielleicht die sogenannte Knochenhöhle bei St. Kanzian anzuführen, in der sich Skelettreste fanden, die J. Szombathy Männern im Alter zwischen 18 und 40 Jahren zuordnete - bei der Interpretation dachte er an Bestattungen (Szombathy 1937, 179f.).

bei gleichbleibender Lokalität[566] und häufig vergleichbaren Fundkombinationen, erscheint fragwürdig. Auch die Annahme, Neugeborene könnten als adäquate Opfer die Gemeinschaft repräsentieren, ist wenig überzeugend. Ein weiterer Aspekt, der oben angesprochen wurde, ist die Frage nach den vorhandenen Skelettelementen. Liegt nur eine bestimmte, erkennbar beabsichtigte Auswahl vor, z.B. Langknochen oder Schädel(teile)[567], ist die Annahme von Menschenopfern wenig wahrscheinlich, insbesondere dann, wenn Zerlegungsspuren an den Knochen fehlen[568]. Dies deutet darauf, daß nur Knochen und keine Leichenteile deponiert wurden. In solchen Fällen müßte bei einer Interpretation als Menschenopfer angenommen werden, daß man dieses erst geraume Zeit an anderer Stelle aufbewahrt oder deponiert hat, bevor ausgewählte Knochen in der Höhle niedergelegt wurden - ein derartiges Vorgehen ist eher bei Sekundärbestattungen zu erwarten.

Der Annahme, als Opfer kämen wahllos Männer, Frauen und Kinder bis hin zu Neugeborenen in Frage, was bei der Rothesteinhöhle der Fall wäre, ist nur schwer zu folgen - wenn zudem die demographische Zusammensetzung der zu erwartenden Sterbehäufigkeit der verschiedenen Altersgruppen entspricht, wird eine solche Annahme sehr unwahrscheinlich. Hinzu kommt, daß das in der Rothesteinhöhle beobachtete Materialspektrum dem der Gräber der Aunjetitzer Metallgruppe gleicht, wie M. Geschwinde feststellte[569]. Er betonte, daß es im näheren und weiteren Umfeld allerdings keine Aunjetitzer Gräber mit derartigen reichen Metallbeigaben gebe[570], was nur dann zutrifft, wenn die Möglichkeit von Bestattungen für die Rothesteinhöhle ausgeschlossen bleibt.

Verzichtet man jedoch auf die unbegründete Voraussetzung, Bestattungen müßten eingetieft werden, und nimmt an, die Leichen seien weitgehend ungeschützt auf dem Höhlenboden deponiert worden, worauf sich die Auffindungssituation und der Zustand der Knochen zurückführen lassen[571], so ergibt sich die Interpretation der Rothesteinhöhle als Bestattungsplatz fast zwangsläufig - mit der Höhle selbst als Äquivalent für eine Grabanlage. Insbesondere die demographische Zusammensetzung der menschlichen Skelettreste und das Materialspektrum weisen in diese Richtung, aber auch das Vorkommen von Holzkohle, die vereinzelten Brandspuren an Knochen aus neueren Grabungen und vermutlich ausgewählte Tierknochen[572] stehen mit der Annahme von Bestattungen in Einklang. Die Skelettreste aus dem sogenannten Knochenhaufen b wären als Sekundärbestattungen, vielleicht auch als beiseite geräumte Skelette, zu interpretieren. Bestattungsfeierlichkeiten wurden möglicherweise nur in begrenztem Rahmen, mit dem Entfachen von Feuern, in der Höhle selbst vorgenommen, da entsprechende Hinweise, etwa Getreide, Mahlzeitreste und Gefäße fehlen; eventuell diente die Kammer mit der sogenannten Opferplatte derartigen Zwecken. Durch diese Steinplatte mit den darauf plazierten Objekten (Dolche, Ringe, Pfrieme und Fingerknochen) sei der Bereich der Kammer als 'kultisch' gekennzeichnet, wie M. Geschwinde betonte[573], ohne zu erläutern, was darunter verstanden sein soll. Neben einem Opfer an eine oder mehrere Gottheit(en) kann es sich

---

[566] Wobei die Unterscheidung zwischen Spalt- und Horizontalhöhlen kaum bedeutsam sein dürfte.

[567] Hingewiesen sei beispielsweise auf die in die Latènezeit zu datierenden Unterkiefer aus der Höhle Trou de Han (Mariën 1975, 256ff.; er deutete sie als Überreste von abgeschlagenen Köpfen, die ehemals in der Höhle aufgestellt gewesen sein sollen). Denkbar sind jedoch sowohl Trophäen als auch Ahnenkult und/oder Sekundärbestattung.

[568] Eine beabsichtigte Auswahl kann allerdings aufgrund der Überlieferungs- und Erhaltungsbedingungen sowie der zumeist unzureichenden archäologischen Untersuchungen, die oft nur sporadische Einblicke erlauben, schwer zu erkennen sein.

[569] Geschwinde 1988, 106. Auf die Problematik der Datierung der menschlichen Skelettreste wurde oben hingewiesen - sie sei hier beiseite gestellt.

[570] Geschwinde 1988, 106. Frühbronzezeitliche Gräber sind im fraglichen Gebiet selten. Im Hügelgräberfeld bei Liebenau, Kr. Kassel, wurden verschiedene Bestattungsformen festgestellt (Hocker, gestreckte Rückenlage, verstreute Knochen sowie Leichenbrand), in Hügel VII von Knutbühren, Kr. Göttingen, fanden sich halbverbrannte menschliche Knochen zusammen mit Asche und Holzkohle sowie Metallbeigaben (Spiralring, Fingerringe, evtl. eine Kugelkopfnadel), in weiteren Hügeln ähnliche Befunde (menschliche Knochen in Kohleschicht usw.). Aunjetitzer Bestattungen mit Keramikbeigabe sind bekannt, darunter eine Mehrfachbestattung (Geschwinde 1988, 81ff.). Vgl. ferner ebd. 124f. (frühbronzezeitliches Gräberfeld von Lauingen, Kr. Dillingen).

[571] Hingewiesen sei in diesem Zusammenhang auf frühalamannische Funde, wohl Bestattungen, in der Sontheimer Höhle, Alb-Donau-Kreis, wo sich Knochen mehrerer Individuen regellos, ohne anatomischen Zusammenhang fanden. Nach H. Reim lassen jedoch Spuren von Holzmulm darauf schließen, daß die Toten ursprünglich in Holzsärgen oder auf Holzbrettern bestattet waren (Reim 1978, 80f.).

[572] Vor allem Röhrenknochen von größeren Paarhufern (Schultz in: Geschwinde 1988, 148).

[573] Geschwinde 1988, 126.

um ein Zeugnis von Ahnenkult handeln und/oder um gesondert deponierte Beigaben für die oder einige der in der Höhle Bestatteten, eine im Licht des Gesamt'befundes' plausiblere Interpretation. Die Fingerknochen könnten dann beispielsweise als Indizien für Trauerverstümmelung gedeutet werden.

Kult, Opferhandlungen und Bestattungen schließen sich keineswegs aus, sondern sind im Gegenteil, wie es bereits mehrfach angesprochen wurde, eng miteinander verbunden. Erinnert sei in diesem Zusammenhang nur an die bis weit in die Neuzeit hinein übliche Bestattung in und bei Kirchen[574]. Es ist im Rahmen von Bestattungszeremonien, Ahnenkult und Totenerinnerungsfeiern mit Opfern und Gaben zu rechnen, auch wenn sie archäologisch nicht immer nachweisbar oder erkennbar sind. Im Fall von Bestattungen in Höhlen ist die Möglichkeit gegeben, derartige Handlungen zu erkennen.

Es sei betont, daß es sich bei den vorgebrachten Überlegungen zur Deutung der Rothesteinhöhle um Hypothesen handelt, bedingt durch die unzureichende Dokumentation der Grabungen bzw. Schürfungen, die keineswegs abgeschlossene Erforschung der Höhle sowie die prinzipielle Unzugänglichkeit der hinter den Befunden stehenden Gedankenwelt. Deutlich geworden ist jedoch, daß nach den derzeitigen Kenntnissen einer Interpretation der Höhle als Bestattungsplatz nichts entgegensteht; für einen Opferplatz haben sich hingegen keine überzeugenden Indizien benennen lassen. Damit eröffnet sich die Möglichkeit, daß in der frühen Bronzezeit auch in Höhlen bestattet wurde[575], was nicht heißt, daß alle Funde aus Höhlen so interpretiert werden sollen oder müssen[576]. Es wäre am jeweiligen Befund zu diskutieren, welche Deutungen in Betracht kommen, neben der als Bestattungs- und/oder Opferplatz sind andere Nutzungsmöglichkeiten wie die als Siedlung, Versteck, Zufluchtsort usw.[577] zu erwägen.

3.3 Knovíz

H. Matiegka veröffentlichte 1896 seinen Aufsatz "Anthropophagie in der prähistorischen Ansiedlung bei Knovíze und in prähistorischer Zeit überhaupt", eine bis heute wichtige und häufig zitierte Arbeit. Ausgehend von den Befunden in der eponymen Siedlung von Knovíz in Böhmen[578], entwarf er ein umfassendes Entwicklungsmodell der Anthropophagie, das sich von Not und Leckerei als den ursprünglichen Ursachen über symbolische Menschenfresserei bis zum Opfer von Tieren und schließlich Figuren erstreckt. Die angeführten archäologischen Beispiele, neben Knovíz die in der damaligen Literatur geläufigen[579], dienten ihm, wie auch die kritiklos aneinandergereihten, ebenso geläufigen Beispiele aus der antiken Literatur, neuzeitlichen Reiseberichten, aus Märchen, Sage und Volkskunde, zur Illustration seines Modells.

Die Interpretation der menschlichen Skelettreste aus Knovíz als anthropophage Relikte unterlag keinem Zweifel, andere Möglichkeiten wurden von H. Matiegka nicht in Erwägung gezogen. Dies führte ihn zu teilweise skurril anmutenden Deutungen, wenn etwa zur Erklärung der unverhältnismäßig häufig vorkommenden Hand- und Fußknochen von einer kulinarisch bedingten Bevorzugung der Handteller und Fußsohlen die Rede ist[580], oder bei einem vollständigen Kinderskelett vermutet wird, daß der Leichnam aufgrund fortgeschrittener Verwesung oder ei-

---

[574] Vgl. Kap. II.1.3.1.

[575] Wenn die menschlichen Knochen tatsächlich in diese Zeit datieren.

[576] Die in der Literatur häufig festzustellende Tendenz, eine Deutung unzulänglicher Befunde durch Hinweis auf besser dokumentierte vorzunehmen, oft auch ungeachtet der Zeit und des Raumes, ist eine wissenschaftlich unzulässige Vorgehensweise. Die hohe Akzeptanz der 'kultischen' Deutung für den Bereich der Höhlen führt dazu, jeden menschlichen Knochen als Hinweis auf Menschenopfer anzusehen, auch wenn nur wenige Befunde so gut sind, daß sie überhaupt den Versuch einer Interpretation gestatten.

[577] Z.B. Massenbestattungen in Kriegs- oder Epidemiezeiten, Beseitigung von Mordopfern, Hirten- und Jägerunterkunft, Wohnsitz von Zauberern, Hexen, Schamanen oder aus der Gemeinschaft Ausgestoßenen.

[578] Zum Fundort allgemein: Hartl 1972, bes. 4f., wo er die hier besprochenen Gruben anführt. Vgl. Kap. II.3.5.

[579] Vgl. Kap. II. Anm. 348.

ner widrigen Krankheit nicht zum Verzehr geeignet gewesen sei und deshalb in eine Grube geworfen wurde[581].

In Knovíz fanden sich in 12 von 52 untersuchten Gruben menschliche Knochen zwischen Tierknochen, Scherben und Asche, die nach der Zahl der Schädel und Schädelfragmente von mindestens acht Individuen stammen sollen[582]. Es handelte sich vornehmlich um Schädel(teile), Hand- und Fußknochen sowie einige Langknochen(fragmente). In drei Gruben fanden sich an menschlichen Resten nur einige Hand- und/oder Fußknöchen, in Grube 37 ferner ein Halswirbel. Grube 17 enthielt einen ganz erhaltenen Kinderschädel, nach Matiegkas Angaben von einem 9-10jährigen Individuum, sowie ein Tibiafragment; in Grube 31 fand sich ein größerer Teil eines kindlichen Schädeldachs, weitere Schädelfragmente stammen aus den Gruben 40 und 44. Grube 32 enthielt Fragmente von drei Schädeln, ein Oberkieferbruchstück, zwei Unterkiefer(fragmente) sowie ein Schulterblatt und zwei Schlüsselbeine. Aus drei Gruben stammen Langknochenfragmente - ein Schienbeinfragment aus Grube 21, ein Femurkopf aus Grube 24 und ein Diaphysenbruchstück eines Oberarmknochens aus Grube 30[583]. In zwei Gruben fanden sich, wie bereits erwähnt, vollständige Kinderskelette, bei denen es sich am ehesten um Bestattungen handeln dürfte.

Die Befunde lassen sich heute kaum noch beurteilen, da Aufbau und Inhalt der Gruben nicht rekonstruierbar und Vermutungen hinsichtlich von Schlagspuren an den menschlichen Knochen nicht überprüfbar sind - nach den von Matiegka gegebenen Beschreibungen müssen sie zweifelhaft bleiben. Seinen Angaben zufolge fanden sich besonders in den Gruben, die Menschenknochen enthielten, sehr viele Tierknochen, vor allem von 'großen Säuge- und Haustieren', was weniger auf die Genäschigkeit der Bewohner der Siedlung hindeutet, wie er vermutete[584], als darauf, daß es sich möglicherweise nicht um gewöhnliche 'Abfallgruben' handelte. Es bleibt jedoch unklar, ob dies für alle Gruben mit menschlichen Resten zutrifft oder nur für einige.

Nach H. Matiegka war ein großer Teil der Menschenknochen dem Feuer oder glühender Asche ausgesetzt worden - da sich in den Gruben neben Scherben und Tierknochen auch 'Asche' fand, sind Brandspuren, wenn es sich tatsächlich um solche handelt[585], zu erwarten und nicht als Hinweis auf Anthropophagie zu werten. Den Zustand der menschlichen Knochen führte er auf anthropogene Einwirkung zurück; sie seien absichtlich zerschlagen und eröffnet worden. Zwei Schädelfragmente sollen ganz deutliche Zeichen absichtlichen Zerschlagens aufgewiesen haben, weniger deutliche ein Unterkiefer und ein Tibiafragment - genauere Informationen dazu fehlen. Der Oberschenkelkopf aus Grube 24 scheint abgehackt worden zu sein, wie er es ohne nähere Begründung formulierte. Bei dem Tibiafragment aus Grube 21, das er als bestes Beispiel für anthropogene Einwirkung anführte, ließ sich nicht entscheiden, ob die festgestellten *"eigenthümlichen Ausschnitte"* auf Meißelspuren oder Tierverbiß zurückzuführen sind[586]. Schnittspuren werden nicht erwähnt. Angaben zu den in diesen Gruben gefundenen Tierknochen fehlen.

Zusammenfassend ist festzuhalten, daß heute nicht mehr entschieden werden kann, inwieweit die Fragmentierung der Knochen auf anthropogene oder natürliche Ursachen, wie etwa Tierverbiß, Witterungsexposition und Lagerungsbedingungen, zurückgeht. Auch eine Deutung ist nicht möglich, da neben den unzureichenden anthropologischen Informationen auch über Fundumstände, Beifunde und den Aufbau der Gruben zu wenig bekannt ist. Schädel und deren Teile könnten auf eine absichtliche Deponierung hinweisen, wofür besonders der ganze Kin-

---

580 Matiegka 1896, 131.

581 Ebd. 130. Auf diese Argumentation bezog sich noch Jelínek 1957, 127; er betonte allerdings eher soziale Faktoren. Bei dem Skelett handelte es sich um ein Kleinkind in *"zusammengekrümmter"*, also wohl Hockerlage, ohne Anhaltspunkte für eine *"rituelle, gehörige"* Bestattung, wobei unklar bleibt, um was für Anhaltspunkte es sich handeln müßte. In dieser Grube fanden sich ferner zwei Unterkiefer(fragmente) und zwei Handknochen. Ein weiteres Kinderskelett (Grube 3) ist erwähnt bei Hartl 1972, 4: 3-5jähriges Kind in Hockerlage, ferner u.a. eine konische Schale, viele Scherben und ein Bronzering mit vier kleineren Ringen.

582 Matiegka 1896, 129.

583 Ebd. 130f.

584 Ebd. 131. Die große Zahl der Tierknochen beweise, daß nicht Not die Bewohner zur Anthropophagie trieb, sondern Genäschigkeit sie dazu bewog.

585 Teilweise ist nur von bräunlichen Verfärbungen die Rede, *"augenscheinlich durch Feuer entstanden"*.

586 Matiegka 1896, 130f. Ein Gerichtsmediziner, dem er die Knochen vorlegte, hielt sie gleichfalls für absichtlich zerschlagen - inwieweit dieser kurz erwähnten Aussage eine genauere Untersuchung zugrunde liegt, wird nicht deutlich; ebd. 131.

derschädel aus Grube 17 spricht, der keinen Schluß auf Anthropophagie zuläßt. Bestattung, Kopfjagd, Trophäen, aber auch Zufall sind denkbar. Bei den übrigen Befunden kann es sich um Überreste von Primärbestattungen handeln, um zufällig oder absichtlich in Gruben gelagerte Reste von Leichnamen oder Knochen, die primär an anderer Stelle deponiert waren, um die Überreste von gestörten älteren Bestattungen usw. Diese Annahmen sind plausiblere Hypothesen als die von H. Matiegka mit Vehemenz vertretene Kannibalismus-Interpretation, bei der die mageren Befunde mit viel Phantasie als plastisch ausgemaltes 'Feinschmecker-Szenarium' dargestellt wurden. Aus dem Umstand, daß beinahe alle Knochen in den Gruben vertreten seien, könne man folgern, daß es sich hier nicht um eine rituelle oder symbolische Anthropophagie gehandelt hätte, bei der nur gewisse Körperteile genossen werden, sondern um wahre Menschenfresserei aus Leckerei[587]. Es handelte sich jedoch vornehmlich um Schädel(teile), Hand-, Fuß- und Langknochen(fragmente). Um die Zusammensetzung der Knochen erklären zu können, meinte er daher an späterer Stelle, daß die Bewohner *"sich vor Allem das Gehirn schmecken ließen (nach den reichlichen Schädelfragmenten zu schließen),"*[588] *"weiter das Mark der Röhrenknochen und vielleicht den Handteller und die Fussohle, wie wir aus der grösseren Zahl der Hand- und Fussknöchelchen schliessen könnten. Endlich wurde sicherlich"* (!) *"auch das Fleisch des Rumpfes und der Gliedmassen genossen; das Fleisch wurde gebraten, vielleicht auch gekocht. Die langen Röhrenknochen wurden über das Feuer gehalten, damit das Mark besser herausgenommen werden könne. Wie weit gewisse Eingeweide (Herz, Auge) als besondere Leckerbissen galten und welcher Aberglauben mit der Anthropophagie in der Vorzeit verbunden war, davon können wir uns allerdings keine Vorstellung machen"*[589]. Die Vorstellung, die er vom Ablauf solcher Mahlzeiten hatte - die Leichname wären an einem anderen Ort zerhackt und in Stücken in die Hütten gebracht worden, aus denen sie in die Abfallgruben gelangten[590] - sowie seine Vermutungen über die gegessenen Körperteile und die Gründe waren allerdings sehr konkret, wenn auch nicht durch die vorhandenen Knochen belegt. Als Grund für die Anthropophagie postulierte er Genäschigkeit, für die auch der Umstand zeuge, daß *"man dem Fleische junger Personen und Kindern den Vorzug gab, wie wir aus der grösseren Anzahl der Knochen dieser schließen können. Danach scheint es auch, dass nicht blos die Leichen der Feinde, sondern vielleicht auch die der Verwandten dieser Sitte zum Opfer fielen"*[591]. Die Argumentation H. Matiegkas zeigt, daß andere Möglichkeiten als Menschenfresserei für die Interpretation keine Rolle gespielt haben. Dies kommt auch bei der Darstellung der Befunde zum Ausdruck und erschwert ihre Bewertung. Ziel seiner Arbeit war es nicht, anhand konkreter Befunde nach Deutungsmöglichkeiten zu suchen, denn die Deutung unterlag nie einem Zweifel; sein Ziel war es, der Tradition seiner Zeit entsprechend, ein historisches Entwicklungsmodell vorzulegen[592], dem die archäologischen 'Belege' für Anthropophagie angepaßt wurden.

3.4 Hankenfeld und Ossarn

J. Bayer veröffentlichte 1923 einen "sicheren Fall von prähistorischem Kannibalismus" aus Hankenfeld in Niederösterreich. Dabei soll es sich, neben Tierknochen, um die Reste von mindestens drei jugendlichen Individuen gehandelt haben, die in einer flachen Mulde zusammen mit Scherben, einem Mahlstein und zwei Feuersteinen angetroffen wurden[593].

Die Lagerung in einer flachen Mulde und die Beifunde sprechen in seinen Augen gegen eine Interpretation als Grab und für einen Wohnplatzcharakter, der insbesondere durch die Tierknochen und den Mahlstein hervor-

[587] Ebd. 131.

[588] Hinsichtlich des vollständig erhaltenen Kinderschädels aus Grube 17 vermutete er ähnlich widrige Umstände, die den Verzehr verhinderten, wie bei dem Kinderskelett; vgl. ebd. 130.

[589] Ebd. 131.

[590] Ebd. 130.

[591] Ebd. 131.

[592] Vgl. Kap. II.2.

[593] Bayer 1923, 83.

trete[594]. Die Beschaffenheit der Knochen zerstreue die letzten Zweifel, daß es sich um Reste einer Kannibalenmahlzeit handele. Als Begründung führte er die Mehrzahl der Individuen an, ihre Jugendlichkeit, das Fehlen des größten Teils der Skelette, die Gleichbehandlung von tierischen und menschlichen Knochen sowie Brandspuren und Schnitt- und Schabspuren auf den Schädeln und mehreren Knochen.

Kaum einer dieser Gründe wird jedoch näher ausgeführt, lediglich die Spuren an einem Schädel sind genauer beschrieben. Eine anthropologische Untersuchung fehlt ebenso wie eine Bestimmung der Tierknochen, so daß die postulierte Gleichbehandlung von tierischen und menschlichen Resten nur als unbegründete Hypothese gelten kann. Der größte Teil der menschlichen Skelette soll gefehlt haben, was nach seiner Ansicht auf Anthropophagie hinweist - er vermerkte jedoch nicht, welche Knochen vorhanden waren, und aus dem Text läßt sich nur schließen, daß es sich um Schädel, Hand- und Fußknochen, bei denen stets ein Ende abgebrochen gewesen sei, sowie wahrscheinlich Langknochen gehandelt hat. Wäre dies der Fall, so könnte ein Hinweis darauf vorliegen, daß nur bestimmte ausgewählte Reste deponiert wurden - eher ein Argument gegen Kannibalismus und den vermeintlichen Wohnplatz- oder Abfallcharakter des Befundes, eine Einschätzung, die auch durch die Schädelbehandlung gestützt wird.

An einem aus mehreren alt gebrochenen Fragmenten zusammengesetzten Schädeldach fanden sich genau in der Sagittallinie feine, sehr scharf ausgeprägte Schnitte, die sich von der Nasenwurzel über den Scheitel hinziehen, sowie weitere feine Schab- und Ritzspuren auf der Schädeloberfläche. Gleiches wurde auf dem Bruchstück eines zweiten Schädels beobachtet. Zahlreiche Knochen seien mehr oder weniger angebrannt, manche total verkohlt, insbesondere Schädelbruchstücke. Da die Brandflecken zusammenpassen, müsse die Zertrümmerung der Schädel nach der Feuereinwirkung stattgefunden haben; es sei naheliegend anzunehmen, so J. Bayer, daß sie des Gehirnes halber geröstet und dann aufgeschlagen wurden[595]. Warum die Schädel vor der unterstellten anthropophagen Handlung sorgfältig gereinigt worden sind, worauf die Schabspuren deuten, ist eine zu beantwortende Frage. Das postulierte Zerschlagen der Schädel unmittelbar nach der Feuereinwirkung kann nicht belegt werden, d.h. der Zeitraum zwischen dem Entstehen der Brandspuren und dem Zerschlagen oder Zerbrechen der Schädel bleibt unbekannt. Plausibler wäre die Annahme, daß die Brandspuren ebenfalls mit der Säuberung des Schädels in Zusammenhang stehen, die vielleicht zwecks Aufbewahrung vorgenommen wurde.

Fast alle größeren menschlichen und tierischen Knochen seien der Länge nach gespalten, was durch Hiebspuren bezeugt werde, die an einigen Längssplittern deutlich sichtbar wären - er spezifizierte nicht, ob diese sich an tierischen, menschlichen oder beiden fanden[596]. Genauere Informationen fehlen. Der Befund ist anhand der vorliegenden Angaben kaum zu beurteilen und kann nicht als Hinweis auf Anthropophagie gewertet werden.

1928 publizierte J. Bayer Gruben aus Ossarn, die er aufgrund ihrer regelmäßigen Form, der 'rituellen' Anordnung des Inhalts und ihrer Verteilung auf einem größeren Areal als Opfergruben definierte[597]. Im vorliegenden Zusammenhang ist die Grube Wegscheider Nr. VI interessant, die einen Durchmesser von ca. 1 m und eine Tiefe von ca. 0,6 m aufwies. Im oberen Bereich fand sich verbrannter Lehm und vom Feuer rötlich gefärbte Erde, auf der Sohle und darüber die Scherben eines Gefäßes, dessen Innenwand dicht mit Zapfen besetzt war, weitere Scherben und ein auf der Öffnung stehender Topf. Unter diesem und zwischen den Scherben des Zapfengefäßes sollen zerschlagene und angebrannte Menschenknochen gelegen haben. Daher handele es sich um die Reste einer in der Nähe abgehaltenen Kannibalenmahlzeit, die hier beigesetzt worden seien. *"Die angebrannte Erde mit Holzkohlen ist wohl der Boden, auf dem das Mahl gekocht wurde"*[598]. Nähere Angaben zu den menschlichen Knochen, etwa zur Anzahl, zu den Skelettelementen oder zu eventuellen Spuren an ihnen fehlen.

An späterer Stelle faßte J. Bayer seine Ergebnisse zusammen - hier ist jedoch nicht mehr von Menschenknochen die Rede, sondern nur noch von Tierknochen: *"Das Wahrscheinlichste ist wohl, daß diese Gefäßbestattungen Totenopfer sind. Dafür sprechen die umgestülpten Töpfe in den Gruben Wegscheider Nr. VI und Stickelberger Nr. II*

---

[594] Ebd. 84.
[595] Ebd. 83.
[596] Ebd.
[597] Bayer 1928, 66f.
[598] Ebd. 64.

mit den darunter und daneben liegenden Tierknochen"[599]. Die Grube Stickelberger Nr. II enthielt etwa 30 kg verkohlten Weizen, aber keine Tierknochen. Keine der von Bayer besprochenen regelmäßigen Gruben enthielt Tierknochen, so daß tatsächlich nur die Grube Wegscheider Nr. VI gemeint sein kann. Die Frage, ob es sich bei diesen Knochen um menschliche oder tierische gehandelt hat, muß also offenbleiben, und der Befund ist für die Diskussion um prähistorische Anthropophagie nicht verwertbar.

Auf Ossarn bezog sich später J.-W. Neugebauer bei der Deutung eines Objektes der Badener Kultur aus Lichtenwörth, das viele Tierknochen, Holzkohleanreicherungen, sehr viel Keramik, Steingeräte und Pfeilspitzen enthielt. Die interessantesten Befunde stellten mehrere, in seinen Augen kaum zu bezweifelnde Nachweise von Anthropophagie dar: An einigen Stellen wurden Nester von Steinen, Tierknochen, Holzkohleresten und menschlichen Schädelteilen beobachtet. Neben Unterkiefern usw. (?) soll es sich besonders um zerschlagene Teile des Gehirnschädels jugendlicher Individuen gehandelt haben. *"So konnten bereits mehrfach geäußerte Vermutungen, auch bei Befunden am locus typicus Ossarn (...) nachdrücklich bestätigt werden. Ob man einem hier bestandenen Bau deswegen besondere Bedeutung, also kultischen Charakter zubilligen muß, sei dahingestellt"*[600]. Es ist keine anthropologische Untersuchung erwähnt und die genaue Anordnung der Schädelreste nicht beschrieben. Daher kann nicht beurteilt werden, ob die Schädel tatsächlich zerschlagen, zerbrochen, ob und wie sie zusammen mit den anderen Gegenständen eingebracht wurden und ob eventuell vorhandene Spuren an den Knochen auf perimortale Verletzungen deuten. Ein nicht näher zu bestimmender 'kultischer' Charakter ist anzunehmen, etwa ein Schädel'haus' im Rahmen von Bestattung, Ahnenkult oder Kopfjagd.

3.5 Bronze- und Urnenfelderzeit

E. Lehmann veröffentlichte 1929 unter dem Titel "Knowiser Kultur in Thüringen und vorgeschichtlicher Kannibalismus" spätbronzezeitliche Gruben aus Erfurt-Nord. In mehreren von ihnen fanden sich unter 'Siedlungsabfall' Menschenknochen, die ebenso behandelt worden sein sollen wie die Knochen der Schlachttiere[601] - eine Behauptung, die nicht näher begründet wird. Er war der Überzeugung, ganz einwandfreie Beweise für einen ausgedehnten profanen Kannibalismus aufgedeckt zu haben, was mit der von ihm vertretenen Auffassung übereinstimmt, nahezu alle Befunde, in denen Menschenknochen auftreten, könnten mit anthropophagen Handlungen in Verbindung gebracht werden. So stellte er beispielsweise bezüglich der Schädelreste, die vermischt mit Tierknochen und Scherben in Gruben der eisenzeitlichen Siedlung Völpke zum Vorschein kamen, fest, es sei nicht ausgeschlossen, daß dabei die Bruchstücke menschlicher Gliedmaßenknochen unter den Tierknochen nicht erkannt worden seien, und es sich hier um Reste von Kannibalenmahlzeiten handele[602].

Bei den "Kannibalenfunden"[603] aus Erfurt-Nord handelte es sich um Schädelfragmente, einen Schädel ohne Unterkiefer, in zwei Fällen um Extremitätenknochen sowie in zwei oder drei Fällen wohl um ganze Skelette[604]. Der Hinweis auf eine anthropologische Untersuchung fehlt, ein Knochen wurde von einem Pathologen begutachtet. Beschreibung und Deutung der Befunde sind nicht getrennt, was eine Beurteilung erschwert.

Auf dem Boden einer Grube lag zusammen mit Asche und Scherben eine große Anzahl angeblich zerschlagener menschlicher Knochen, nach E. Lehmann von einem erwachsenen Mann. Die Rippen und einige andere Teile wurden noch im anatomischen Verband angetroffen. Mehrere Knochen sollen Schnitt- und Schlagspuren gezeigt haben. Die Handgelenke seien abgeschlagen oder abgeschnitten, das linke Schienbein sei in drei Stücke zerschla-

---

599 Ebd. 70.

600 J.-W. Neugebauer, Fundber. Österreich 17, 1978, 233, 236. - Vgl. auch O. Marschall 1987, 170 (Baalberger Siedlung von Pollebēn, Kr. Eilsleben): *"Das auf dem Boden des Hausgrundrisses Stelle 16 gefundene menschliche Schädelfragment gehört entweder in den Bereich der Siedlungsbestattung oder in den des Kannibalismus."*

601 Lehmann 1929, 112.

602 Ebd. 117.

603 Ebd. 112.

604 Ebd. 112-115.

gen[605]. Am mittleren Bruchstück fanden sich nach Lehmann einige Messerschnitte und am unteren Gelenkende eine ebene, von einem Messerschnitt oder Beilhieb herrührende Fläche. Auf der rückwärtigen Fläche bemerke man eine Anzahl von Vertiefungen; die pathologische Untersuchung ergab, daß *"der Knochen in der Umgebung dieser Stellen vollständig gesund ist; die Vertiefungen müssen demnach auch eine mechanische Ursache haben; wahrscheinlich sind sie beim Abtrennen der an dieser Stelle dem Knochen sehr fest anhaftenden Wadenmuskulatur entstanden"*[606]. Ein im unteren Teil durchgebrochenes Stück des linken Oberschenkels zeige eine mitten durch die Gelenkkugel gehende Hiebfläche, die den mit der Gelenkpfanne des Beckens durch ein kräftiges Band verbundenen Teil des Gelenkkopfes absprengte, so daß sich der Schenkelknochen leicht aus dem Gelenk lösen ließ[607]; ob dies auch geschah ist fraglich, da die Lage des Knochens nicht beschrieben wird. Es liegt keine Zeichnung des Befundes vor, und die Beschreibung ermöglicht keine Rekonstruktion der Lage des Skeletts bzw. der Knochen. Nach den vorliegenden Angaben fanden sich jedoch mindestens Teile noch im natürlichen Verband. Die festgestellten Verletzungen deuten weniger auf Anthropophagie als auf postmortal vorgenommene Handlungen am Skelett, vielleicht eine partielle Zerstückelung vor oder nach der Deponierung in der Grube, die aus verschiedensten Gründen vorgenommen worden sein kann.

In einer weiteren Grube, deren unteres Drittel Scherben und Knochen enthielt, sollen sich zwei Skelette befunden haben, die jedoch vor der Untersuchung mit dem größten Teil der Grube aus der Wand in die Kiesgrube gestürzt waren. Im noch erhaltenen Teil fand sich ein menschliches Schädeldach, das bei der Bergung zerbrach. Es soll an den Rändern Einschläge gezeigt haben[608]. Vom Boden einer Grube, die auch Tierknochen enthielt, bargen Arbeiter zwei Schädeldecken von Kindern und einige Extremitätenknochen. Nach ihrer Aussage wurden keine weiteren Knochen gefunden, was E. Lehmann zu der Annahme veranlaßte, es handele sich nicht um eine Bestattung, sondern um Reste einer Kannibalenmahlzeit[609].

In zwei Gruben fand sich je ein Schädelfragment, in der Kulturschicht neben Scherben und Tierknochen ein Schädel ohne Unterkiefer. Eine weitere Grube enthielt neben Scherben, Tierknochen und zwei Knochenpfriemen das obere, noch nicht verwachsene Gelenkende eines Oberschenkels sowie zwei Schädelfragmente, deren Bruchstellen auf ein Zerschlagen des frischen Knochens deuten sollen. Ein Fragment sei auf der Innenseite durch Berührung mit heißer Asche angekohlt. Alle drei Teile sollen zu einem, vermutlich weiblichen Individuum gehören[610], eine Annahme, der nicht zu folgen ist.

Aus einer gestörten Grube am Roten Berg nördlich von Erfurt-Nord wurden Knochen und ein Schädel mit Unterkiefer wohl eines kindlichen Individuums geborgen, daneben fanden sich größere Scherben und Tierknochen. E. Lehmann wollte aus Analogiegründen auch für diesen Befund Kannibalismus annehmen, die übrigen wertete er als sichere Beobachtungen. Andere Deutungen zog er nicht in Erwägung[611], seine gesamte Argumentation ist so stark auf Anthropophagie ausgerichtet, daß selbst in den Fällen, wo es sich vermutlich um relativ vollständige Skelette handelte und man von Primärbestattungen ausgehen kann, eine derartige Interpretation vorgenommen wird. Zum Vergleich führte er die oben bereits besprochenen Funde aus Knovíz an, die von starker Beweiskraft für die Richtigkeit seiner Deutungen seien[612]. Daß in Erfurt-Nord und Knovíz sowohl zerschlagene als auch ganze Schädel vorkommen, stimme angeblich mit ethnographischen Beobachtungen überein - neuzeitliche Kan-

---

605 Ebd. 113. Gemäß seiner Kannibalismus-Interpretation deshalb, *"um aus der Markhöhle das Mark herauszulöffeln oder das Fett herauszukochen."* Die Lage des Knochens bzw. seiner Teile in der Grube ist nicht beschrieben.

606 Ebd.

607 Ebd. 113f.

608 Ebd. 113. Die Ränder zeigen nach Lehmann, soweit sie unverletzt geblieben sind, daß man es vom Schädelunterteil durch ringsherum gehende Einschläge ablöste; inwieweit die Ränder erhalten waren, gab er nicht an.

609 Ebd. 115.

610 Ebd. 112.

611 Bei den Andamanen wurde z.B. das ganze Skelett eines Verstorbenen unter den Verwandten aufgeteilt; die Witwe trug den Schädel bis zur Wiederverheiratung (Martin 1920, 56, nach Jagor 1877; vgl. auch ebd. 57: Kette aus Wirbeln eines Kleinkindes). A. R. Radcliffe-Brown berichtete von dort: *"Während man sicher sein kann, daß jeder Lagerplatz eine Anzahl Schädel und Unterkiefer besitzt, ist es verhältnismäßig selten, daß man Gliedmaßenknochen findet"*. Radcliffe-Brown 1933, 113, zit. nach Maringer 1982, 704. Vgl. ferner Kap. II.1.2.2 und II.1.3 sowie Wahle 1911, 32.

612 Lehmann 1929, 115.

nibalen sollen teilweise die Schädel öffnen, um das Gehirn zu verzehren, sie teilweise aber auch als wertlos wegwerfen oder verschenken. Um den wohl auch ihm auffallenden Widerspruch zu erklären, der in dem für seine Funde postulierten Nebeneinander zweier so unterschiedlicher Sitten liegt, fügte er hinzu, es sei zu berücksichtigen, daß das Gehirn sehr rasch in Verwesung übergehe und ungenießbar werde[613].

E. Lehmann ging von profanem Kannibalismus aus und entwarf ein entsprechendes Modell, in dem er die Motive beschrieb und verschiedene archäologische Vergleichsfunde interpretierte. Die Vorstellungen, die in diesem Modell sichtbar werden, stehen in der Tradition der oft phantasievollen, häufig kuriosen Theorien des 19. Jahrhunderts. Die Anthropophagie komme in der Neuzeit auch bei verhältnismäßig hoher Kultur vor, wobei in vielen Fällen nur die Genußsucht die Triebfeder sei und animistische Vorstellungen fehlen bzw. nicht als Ursache der Anthropophagie gelten könnten: So wie die Seele des verzehrten Menschen in den Körper des Kannibalen übergehe, würden auch die Seelen der Nahrungstiere aufgenommen - niemand würde jedoch behaupten, daß dies der Grund für ihren Verzehr sei[614]. Er führte, neben Knovíz, weitere Vergleichsfunde an[615] und ging besonders auf die Gruben von Lossow und Ossarn ein. Wenn einer Gottheit, so seine Überlegung, die man sich doch mit gesteigerten menschlichen Eigenschaften vorgestellt haben müsse, Tier- und Menschenfleischportionen geopfert wurden, sei anzunehmen, daß man selbst derartiges als schmackhafte Speise zu schätzen wußte und zum wenigsten bei der Opferung davon genoß. Seiner Ansicht nach bestehen jedoch keine zwingenden Gründe dafür, die Funde von Lossow als Opfergaben zu deuten[616]. Auch für die Befunde von Ossarn lehnte er eine Deutung als Opfergruben ab. In diesen Gruben konnte ein Wechsel von Fund- mit sterilen Schichten beobachtet werden; J. Bayer sprach von ritueller Bestattung des Abfalls[617]. E. Lehmann zufolge ist nach jeder Einschüttung der Abfall nicht deshalb zugedeckt worden, weil es sich um Opfergaben handelt, sondern weil es notwendig sei, noch mit Fleischteilen behaftete und mit Fett durchtränkte Tierknochen mit Erde zu bedecken, um üblen Geruch und die Anlockung von Hunden, Ratten und Fliegen zu vermeiden[618], eine Argumentation, die sein eigenes 'Reinlichkeitsempfinden' spiegelt und auch für die von ihm publizierten Funde nicht zutreffen kann, da sich Tierknochen - und Reste von "Kannibalenmahlzeiten" - in der Fundschicht außerhalb der Gruben fanden. Das Auftreten von Menschenknochen unter Abfall, so Lehmann weiter, bedeute bei der Annahme von Kannibalismus keine Besonderheit[619]. Abschließend beschäftigte er sich allgemein mit den bronzezeitlichen Kulturen Thüringens und stellte fest: *"Daß übrigens die Knowiser Bevölkerung die ursprünglich ansässige Bevölkerung aufgerieben hat, ist kaum anzunehmen, wenn auch die damaligen politischen Verhältnisse Thüringens wohl genug Gelegenheit gaben zu Raubzügen und zur Erbeutung von Fleischvorräten für Kannibalenmahlzeiten"*[620]. Das hier entworfene Bild der Vorgeschichte spiegelt offenbar zeitgenössische Tendenzen in den Wissenschaften vom Menschen wider und ist vor allem in dieser Hinsicht aufschlußreich. Faßt man die besprochenen Äußerungen zusammen, so zeigt sich, daß E. Lehmann alle menschlichen Skelettreste in Gruben als Zeugnisse für Kannibalenmahlzeiten interpretierte und diese als rein profane Handlungen ohne religiösen Hintergrund sah[621], eine Deutung, die durch die Befunde selbst nicht gestützt wird.

---

[613] Ebd. 116.

[614] Ebd.

[615] U.a. die Rothesteinhöhle und 'Kung Björns hög', vgl. oben.

[616] Lehmann 1929, 117; eine Begründung dieser Einschätzung folgt nicht. Später bemerkte er (ebd. 118): *"Und der Fund eines Menschenskeletts mit fragmentarischem Bronzering in einer Grube von Lossow spricht durchaus nicht (...) gegen die Deutung als Abfallgruben, da Bestattungen in solchen unter Knochen geschlachteter und verendeter Tiere auch mit Beigaben und mit zerstückelten Menschenkörpern sehr wohl bekannt sind."* - Vgl. zu Lossow Geisler 1978, mit Forschungsgeschichte.

[617] Bayer 1928, 66f.

[618] Lehmann 1929, 117f.

[619] Ebd. 118. Ob es sich bei den Funden von Ossarn um Menschen- oder Tierknochen handelt, ist unklar; vgl. Kap. II.3.4.

[620] Lehmann 1929, 119f.

[621] Diese Interpretation findet sich in so ausgeprägter Form vergleichsweise selten. - V. G. Childe konstatierte z.B. für die schweizerischen Uferrandsiedlungen: *"Among this culinary refuse were found stray human bones split, like the animal bones, to extract the marrow. Moreover, 'cranian amulets' - small, perforated disks cut from the human skull - were found at Porty Conty. So perhaps the first neolithic Swiss varied their diet with human flesh!"* Childe 1929, 170; vgl. ebd. 344f.: Knovíz, *"remains of cannibal feasts"*, *"gruesome custom"*; vgl. ferner Seewald 1971, 391; auch Matiegka sprach für die Knovízer Funde von Anthropophagie aus *"Genäschigkeit"* (1896, 131).

In den Siedlungen der Knovízer Kultur finden sich häufig ganze Skelette, Skeletteile und Einzelknochen, was immer wieder zu Vermutungen Anlaß gab, daß hier Hinweise auf Anthropophagie vorliegen müssen[622]. Das von H. Matiegka 1896 entworfene Bild hat sich im wesentlichen bis heute kaum verändert. J. Hrala faßte die allgemein verbreitete Ansicht zusammen: *"Funde von Menschenskeletten in unnatürlichen Lagen und einzelne Skelettreste in Siedlungen haben zu den verschiedenartigsten Vorstellungen Anlaß gegeben, die in der populären Literatur und insbesondere von der Presse gern aufgegriffen worden sind, um phantastische Bilder über die grausame Gesellschaft der Träger der Knovízer Kultur zu entwerfen, deren natürlichste Art der Kannibalismus gewesen sei"*[623].

J. Bouzek und D. Koutecký beschrieben den Hergang eines solchen 'Festmahles': Die Niederlegung von Knochen desselben Individuums in mehreren Gruben deute darauf hin, daß das Menschenfleisch einer größeren Personenzahl zugeteilt wurde und sich an den Festmählern eine größere Menschenmenge, nicht nur ein enger Kreis von Eingeweihten oder Priestern, beteiligte. Da sich die Hütten in der Regel an einem anderen Platz befanden als die meisten Getreidegruben, könne angenommen werden, daß die Opfer auch außerhalb des Siedlungszentrums dargebracht wurden[624].

J. Chochol vermutete gar, daß es sich bei den 'Opfern' des Kannibalismus um Angehörige von Gruppen gehandelt hätte, die der bereits ansässigen Bevölkerung fremd waren und von dieser großteils liquidiert wurden, möglicherweise mit Ausnahme der Frauen. Die Erschlagenen seien entweder verscharrt oder aber durch Kannibalismus beseitigt worden[625].

Die Untersuchung, die ihn zu der Annahme von Fremdgruppen führte, basiert auf einer relativ geringen Fundzahl. Nach einem Vergleich von Skelettmaterial aus Brandgräbern mit solchem aus Siedlungen kam er zu dem Schluß, daß die Verteilung der Körperbauformen der Skelette aus den Siedlungen kaum der des Knovízer Materials aus Brandgräbern entspreche[626]. Die Grundlage für diese Aussage waren Brandreste von 7 Männern, 14 Frauen, 15 unbestimmbaren Erwachsenen und 8 Kindern, bei denen meist nur der "Grad der physischen Robustheit" festgestellt werden konnte: Männer waren mittelrobust bis robust, bei den Frauen überwogen grazile Formen[627]. Angaben zu den vorhandenen Skelettelementen, zur Fragmentgröße und zu Spuren an den Knochen, z.B. von Verletzungen, fehlen. Bei den untersuchten Skelettresten aus Siedlungen handelte es sich um 19 Männer, 9 Frauen, 3 weitere Erwachsene und 18 Kinder: bei den Männern war robuster und graziler, bei den Frauen graziler Körperbau feststellbar[628]. Abgesehen von der relativ geringen Individuenzahl und der Problematik des Faktors 'Robustheit', der diesen Überlegungen zugrunde liegt, lassen sich beide Gruppen schon wegen der Geschlechterverteilung kaum vergleichen. Zudem weisen sie keine großen Unterschiede auf - wenn unter den 19 Männern aus Siedlungen auch grazile Formen vertreten sind, unter den 7 Männern aus Brandgräbern aber nicht, so kann das höchstens als 'Fehler der kleinen Zahl', nicht aber als Basis für eine Aussage über die Anwesenheit 'fremder Gruppen' gewertet werden. Für die Einzelknochen aus Siedlungen fehlen Angaben zur physischen Beschaffenheit.

Die von J. Chochol untersuchten Skelette aus Siedlungen wiesen zu etwa 25% gewaltsame Eingriffe auf. Irgendwelche Anzeichen, die auf Anthropophagie schließen lassen, seien nicht vorhanden, auch nicht andeutungsweise - ein Gedanke, der nicht genauer ausgeführt wird. Die oft brutalen Verletzungen ließen eher auf emotionale Handlungen schließen, eventuell sogar auf Kollektivhandlungen, da die Anzahl tödlicher Hiebe sehr groß wäre; Gesichter sowie Extremitäten seien oft zerschlagen[629]. Es ist jedoch anthropologisch nicht zu unterscheiden, ob diese 'brutalen Verletzungen' den Tod herbeigeführt haben oder aber nach dessen Eintritt beigebracht wurden. Auch die Möglichkeit, daß es sich teilweise um reguläre Kampfverletzungen handeln könnte, sollte nicht a priori

---

[622] Vgl. z.B. Chochol, Arch. Rozhledy 6, 1954, 50-52; Hrala u. Fridrich 1972; Ganslmeier 1988, bes. 30 u. 46.

[623] Hrala 1989, 245.

[624] Bouzek u. Koutecký 1980, 427f.

[625] Chochol 1972, 18.

[626] Ebd. 15.

[627] Ebd. 13.

[628] Ebd. 15.

[629] Ebd.; ebenso Chochol u. Hrala 1971, 361 (Verletzungsspuren am häufigsten an Männern aller Altersstufen feststellbar, keine 'Anzeichen von Anthropophagie').

ausgeschlossen werden[630].

1979 legte J. Chochol eine Untersuchung der Skelettreste von 98 Individuen vor (ein Drittel Nichterwachsene, ansonsten vorwiegend Männer), bei denen in der Mehrzahl der Fälle gewaltsame Eingriffe nachgewiesen werden konnten: Zergliederung der Körper (78,6%); Zersplitterung und Brechung der Gliedmaßenknochen und Zertrümmerung der Schädel (65,3%); Hiebe, Schnitte oder Stiche (knapp 20%); in einigen Fällen Auskratzen der Markhöhle der Gliedmaßenknochen oder Verdacht auf Benagung[631]. Was mit dem Auskratzen der Markhöhle gemeint sein könnte, ist unklar, da das Mark leicht zu entfernen ist und keinesfalls 'ausgekratzt' werden muß[632]. Der 'Verdacht auf Benagung' kann sich nicht auf menschliche Zahnspuren beziehen, da diese bisher nicht nachzuweisen sind[633] - zumindest eine Begründung für den Verdacht wäre wünschenswert. Er stellte zusammenfassend fest, daß sich der Großteil dieser Funde als Ergebnis eines brutalen und emotionalen, möglicherweise kollektiven Erschlagens der Opfer (Verdacht auf Steinigung) interpretieren ließe, ein Teil als mit Kannibalismus verbundene Erscheinungen[634].

In seinem bereits oben angeführten Aufsatz von 1972 zur anthropologischen Problematik der böhmischen Knovízer Kultur behandelte J. Chochol auch "Knochenabfälle der Anthropophagie". Damit bezeichnete er Einzelknochen und Knochenfragmente aus 'Abfallgruben'. Es bestehe kein Zweifel, daß hier menschliche Knochen als Abfallprodukt auftreten - Spuren gewaltsamer Eingriffe, die bei einer beträchtlichen Anzahl der Funde zuverlässig nachweisbar seien, sowie die Fundumstände würden eindeutig bezeugen, daß der menschliche Körper als Nahrung diente und auch entsprechend behandelt wurde[635]. Grundlage seiner Untersuchungen waren Skelettreste von 51 Individuen: 14 Kinder und Juvenile sowie 37 Erwachsene, darunter 14 männliche und 4 weibliche Individuen. Zur demographischen Zusammensetzung der Befunde bemerkte J. Chochol, daß die Serie eine beträchtliche Anzahl von Kindern verschiedenen Alters enthalte, vom Säugling bis zu Juvenilen. Er könne feststellen, daß Kinder und Erwachsene, sowohl Männer als auch Frauen, Objekt der Anthropophagie waren[636]. Vergleicht man die demographische Zusammensetzung mit derjenigen der oben angeführten Skelette aus Siedlungen (19 Männer, 9 Frauen, 3 Erwachsene, 18 Kinder), so ist festzuhalten, daß sie im wesentlichen übereinstimmt, wobei der Kinderanteil bei letzteren höher ist. Zur Frage nach der Art der Körperteile, die in 'Abfallgruben' gefunden wurden, stellte er fest, daß alle Grundelemente des Skeletts vertreten seien. Prozentual errechnet ergebe sich folgende Aufstellung: Hirnschädel 17,6%, Gesicht 4,9%, Wirbelsäule 9,8%, Brustkorb 6,8%, Oberarm 6,8%, Unterarm 8,8%, Handknochen 6,8%, Becken 4,2%, Oberschenkel 11,8%, Unterschenkel 9,8% und Fußknochen 6,8%[637]. Diese prozentuale Verteilung erlaube keine Schlüsse auf etwa bevorzugte Körperteile, ebensowenig sei in der Verteilung auf Lebensalter und Geschlecht ein Unterschied festzustellen. Es handelt sich nach Chochol daher vermutlich um den sogenannten profanen Kannibalismus, d.h. in Folge von Nahrungs- oder Fleischmangel werde der gesamte menschliche Körper verzehrt, jedoch könnten andere Motivationen (z.B. rituelle, ethnische oder soziale) vorerst nicht ausgeschlossen werden[638]. Die Verletzungen an den Knochen beschrieb er folgendermaßen: *"Mit Sicherheit konnten Spuren von Zertrümmerung und Zerschlagen der Schädel und der postkranialen Knochen, von Hauen, Schneiden und auch Braten festgestellt werden; einige Merkmale deuten auf Benagen."* Es folgt die prozentuale Verteilung: Zertrümmern und Zerschlagen des Hirnschädels (27,4%), des Gesichts (5,9%), der postcranialen Teile (33,3%); Zerhauen (23,5%); Schneiden und Beschneiden (5,9%); Braten (5,9%); Benagen (?) (9,8%). Die Genauigkeit der Zahlen sei mit Vorbehalt zu betrachten, und zwar aufgrund der nicht gesicherten Individuenzahl sowie der nicht festgestellten oder nicht angegebenen unsicheren Eingriffe. Die Zerteilung der Körperteile soll eher grob

630 Vgl. Brothwell 1971/72.
631 Chochol 1979, 40.
632 Vgl. Kap. II.1.2.1.
633 Vgl. ebd. Anm. 45.
634 Chochol 1979, 40.
635 Ders. 1972, 15.
636 Ebd. 16.
637 Zusammengerechnet ergeben diese Zahlen 94,1%, es fehlt der Bezugspunkt.
638 Chochol 1972, 16. Dem Argument 'Fleischmangel' widerspricht, daß in diesen Gruben auch Tierknochen auftreten. *"Unter den Funden aus Siedlungsabfallgruben treten überdies zusammen mit Keramikscherben und Tierknochen auch Menschenknochen oder deren Fragmente auf, die offensichtlich mit anderen Abfällen weggeworfen worden sind."* Ebd. 13.

gewesen sein[639]. Was unter Spuren zu verstehen ist, die auf 'Braten' deuten, wird nicht ausgeführt, vielleicht sind Brandspuren gemeint. Die von Chochol vorgenommene Differenzierung zwischen 'Zertrümmern/Zerschlagen' und 'Zerhauen' bedarf der Erläuterung. Es fehlt ferner die Erörterung der Frage, ob die Spuren auf eine Verletzung der Knochen in 'frischem' oder 'trockenem' Zustand hinweisen. Eine Deutung der Befunde wird generell dadurch erschwert, daß a priori keine andere Interpretation als die des Kannibalismus in Erwägung gezogen wurde. Festzuhalten ist jedoch, daß die von Chochol beschriebenen Verletzungen der ganzen Skelette in Siedlungen (Hiebverletzungen, Gesichter und Extremitäten seien oft zerschlagen usw.[640]), für die er Kannibalismus als Ursache ausschloß, sich nicht von denen an den Einzelknochen unterscheiden, sieht man von den 'Bratspuren' einmal ab. Schnittspuren wären bei einer Zerlegung der Körper, die seiner Aussage nach eher grob gewesen sein soll, zu erwarten und deuten nicht notwendigerweise auf Kannibalismus.

J. Hrala zufolge sind die Körperbestattungen in Gruben, obwohl sie in großer Zahl vorkommen, im Hinblick auf die beträchtliche Menge von Knovízer Siedlungsfunden keine Massenerscheinung und müßten besonderen Umständen zugeschrieben werden[641]. Dies sollte jedoch nicht nur in Relation zur Anzahl der Siedlungsfunde, sondern auch in der zur Anzahl der 'normalen' Gräber beurteilt werden. Zudem sind flächige Siedlungsgrabungen eher selten - es könnte vom Zufall abhängen, ob Skelettreste aufgedeckt werden, beispielsweise unter der Voraussetzung, daß bestimmte Bereiche in einer Siedlung bevorzugt zu deren Deponierung benutzt wurden. Für den außergewöhnlichen Charakter der Bestattungen spreche auch der Umstand, daß es sich vorwiegend um Männer, in geringerer Zahl um Kinder, selten um Frauen handelt. Verschiedene Gründe könnten, so Hrala, zu dieser Bestattungsweise geführt haben. Er erwog Opfer ritueller Zeremonien, Bestattungen in Kriegs- oder Epidemiezeiten, die nicht ordentlich erfolgen konnten, die Möglichkeit direkter kriegerischer Ereignisse, z.B. Gefallene und geopferte Gefangene aus Zusammenstößen zwischen einzelnen Stämmen[642], sowie den Vollzug von gerichtlichen Entscheidungen (Hinrichtungen)[643]. Die Möglichkeit, daß es sich auch um reguläre Bestattungen handeln könnte, wurde generell ausgeschlossen. Wirkliche Anthropophagie ohne rituelle Gründe sei als Ausnahme anzusehen; Hinweise darauf wären Funde einzelner Menschenknochen[644]. Weiterhin denkbar für die 'Gruppe' der Einzelknochen wären jedoch auch Interpretationen wie die als Trophäen, als Hinweis auf zeitweise Aufbewahrung von Knochen durch Hinterbliebene, als Überreste von Kämpfen, Überfällen oder Gefangenenbehandlung, als Sekundärbestattungen oder Reste von Primärbestattungen, die nach Entnahme der Skelettreste übrigblieben oder zufällig, nach Zerfall eines Leichnams, in Gruben oder die Kulturschicht geraten sind.

Zusammenfassend ist festzuhalten, daß Übereinstimmungen zwischen der Gruppe der Skelette in Siedlungen und der der Einzelknochen konstatiert werden können: Die demographische Zusammensetzung ist vergleichbar und die festgestellten Spuren an den Knochen stimmen ebenfalls überein. Die Interpretation als Hinweis auf Anthropophagie beruht bei der Gruppe der Einzelknochen bzw. Skeletteile offensichtlich vor allem darauf, daß es sich nicht um vollständige Skelette handelt. Hingewiesen sei auf zwei weitere Gesichtspunkte: Zum einen ist die pauschale Deutung von Gruben mit Keramik und Tierknochen als Abfallgruben problematisch[645], zum anderen bleibt es unbekannt, was mit den Knochen vor ihrer Deponierung dort geschehen ist, ob sie beispielsweise bei Bestattungsritualen oder Siegesfeiern eine Rolle gespielt und mit deren Ende ihre Bedeutung verloren haben, ob die Leichen ursprünglich oberirdisch aufgebahrt waren etc. Diese Möglichkeit würde das Vorkommen von Knochen eines Individuums in verschiedenen Gruben erklären können, ohne daß zunächst die Notwendigkeit besteht, Opferhandlungen mit anthropophagen Zügen annehmen zu müssen, wie sie J. Bouzek und D. Koutecký postulierten[646]. Die Interpretation als Hinweis auf Kannibalismus stellt nur eine Möglichkeit unter anderen dar, die anthropologisch nicht beweisbar ist. Andererseits ist es unbekannt, was mit den Körpern der in 'regulären' Brand-

639 Chochol 1972, 16.

640 Ebd. 15.

641 Hrala 1989, 247f.

642 Diese Möglichkeit wollte er nur für männliche Bestattungen gelten lassen, eine Annahme, der nicht zu folgen ist.

643 Hrala 1989, 247f.

644 Ebd. 247.

645 Vgl. Kap. II.1.3.

646 Bouzek u. Koutecký 1980, 427f. Die Annahme der Verteilung eines Opfers auf verschiedene Bereiche impliziert zudem keine anthropophagen Riten.

gräbern Bestatteten vor ihrer Verbrennung geschah - die Verbrennung ist nicht zwangsläufig eine primäre Bestattungsform[647]. Leider sind anthropologische Untersuchungen der Skelettreste aus den Brandgräbern bisher selten. Die erste Analyse eines größeren Knovízer Komplexes, des östlichen Teils des Gräberfeldes Obory mit 44 Bestattungen, ergab interessanterweise nur Frauen und nichterwachsene Individuen[648]. Auch die von J. Chochol[649] vorgelegten anthropologischen Bestimmungen von Skelettresten aus Brandgräbern verzeichnen nur wenige Männer. Diese sind dagegen in Siedlungen häufig vertreten. J. Hrala zufolge wäre es voreilig, anhand der Ergebnisse aus Obory von getrennten Männer- und Frauengräberfeldern zu sprechen[650]. Neben dieser Möglichkeit ist jedoch auch daran zu denken, daß vornehmlich Frauen brandbestattet wurden, während Männer gewöhnlich den Vorzug der Siedlungsbestattung genossen oder/und auf archäologisch nicht überlieferte oder schwer erkennbare Weise bestattet worden sind. Für Kinder und Jugendliche standen vielleicht beide Formen offen, wahrscheinlicher sind aber die diese betreffenden Regeln anthropologisch und archäologisch nicht erschließbar. Die Annahme, bei den Siedlungsbestattungen handele es sich um pietätlos Verscharrte, weil sie inmitten von Abfall angetroffen wurden, nicht sorgfältig und nach bestimmten identifizierbaren Regeln niedergelegt erscheinen, Spuren von gewaltsamen Einwirkungen aufweisen oder als Beigaben erkennbare Gegenstände fehlen, kann in dieser pauschalen Form nicht aufrechterhalten werden. Die Rituale, die eine Bestattung begleiteten, müssen sich nicht zwangsläufig archäologisch niederschlagen, und die Feststellung der 'pietätlosen' Lagerung eines Leichnams ist auch dahingehend interpretierbar, daß in dieser Hinsicht keine bestimmten Regeln zu beachten waren und die Lage eine untergeordnete Rolle spielte. Nur unter Verzicht auf a priori zugewiesene Definitionen und Bewertungen ist es möglich, der sich im Fundmaterial abzeichnenden Vielfalt im Umgang mit menschlichen Überresten näherzukommen. Die Reduzierung des Interpretationsspektrums auf Pietätlosigkeit im Umgang mit Toten und Kannibalismus wird dieser Vielfalt nicht gerecht.

An dieser Stelle soll ein weiterer Fund aus Böhmen, Dobříčany bei Saaz, der in die Späthallstatt-/Frühlatènezeit datiert, erwähnt werden, da die anthropologische Bewertung ebenfalls von J. Chochol vorgenommen worden ist. Es handelt sich um das Skelett eines ca. 14jährigen, angeblich männlichen Individuums, das offenbar bis auf Hände und Füße vollständig erhalten war und innerhalb eines Grubenkomplexes angetroffen wurde. Nach dem anthropologischen Gutachten, so R. Pleiner, der den Befund publizierte, war der Begräbnisritus anscheinend mit Anthropophagie verbunden, da die Langknochen Spuren von Schnittwunden an den Sehnenansätzen aufweisen. Hände und Füße waren abgetrennt[651]. Das Skelett fand sich in anatomisch korrektem Zusammenhang und wies bis auf das Fehlen der Hände und Füße keine Störungen auf. Die beschriebenen Spuren deuten auf ein Durchtrennen der Sehnen, für das verschiedene Erklärungen vorstellbar sind - als geläufigste vielleicht die Verhinderung der Rückkehr bzw. der Handlungsfähigkeit des Toten, wofür auch das Fehlen der Hände und Füße sprechen könnte. Die Übertragung des Kannibalismus-'Klischees' auf einen Befund, der eine solche Interpretation nicht nahelegt, verdeutlicht die unreflektierte, oberflächliche Behandlung dieser Thematik und die paradigmatische Position, die der Anthropophagie ungeachtet anderer und wahrscheinlicherer Möglichkeiten zugewiesen wird.

Ein bedeutender urnenfelderzeitlicher Fundort der Velaticer Kultur in Mähren ist Cézavy bei Blučina[652]. Dort lagen in einem halbverschütteten Graben der Věteřov-Kultur die Skelettreste von ca. 200 Individuen, sowohl ganze Skelette als auch Skeletteile und einzelne Knochen, vor allem Schädel[653]. Nach den Angaben K. Tihelkas fanden sich 132 Bestattungen mit 205 Skeletten, darunter 36 Männer, 23 Frauen und 63 Kinder[654]. M. Salaš zufolge handelte es sich um mindestens 113, höchstens 179 Individuen, darunter 17 Männer, 18 Frauen und 60 Kinder. Ca. 80 Individuen, davon mehr als die Hälfte Kinder, waren in gestreckter oder Hockerlage niederge-

---

647 Zu fragen wäre, wer überhaupt verbrannt wurde und in welcher Form (Knochen, ganze Leichen, zerlegt oder nicht usw.).

648 Hrala 1989, 246f.

649 Chochol 1972, 13f.

650 Hrala 1989, 247.

651 Pleiner 1958, 141 u. Abb. 2-4.

652 Tihelka 1969. Vgl. zu früheren, wahrscheinlich neolithischen Funden menschlicher Skelettreste Tihelka 1956, 45ff. u. Jelínek 1957, No. 45.

653 Bouzek u. Koutecký 1980, 423.

654 Tihelka 1969, 28.

legt[655]. Es fanden sich weiterhin eine große Anzahl von Tierknochen, Teile von Tierskeletten und in manchen Fällen auch ganze Skelette, eine große Zahl von Steinen sowie mindestens 13 Bronzesammelfunde. Bei den Steinen kann es sich um Teile eines eingestürzten Walls, aber wohl auch um intentionell eingebrachtes Material handeln. Das Skelettmaterial war schlecht erhalten und viele Knochen waren fragmentiert, was auf den Einsturz oder Einwurf großer Steine zurückzuführen sei[656].

Nach der Beschreibung K. Tihelkas waren ca. 50 Individuen in Hockerlage, mehr als 10 in gestreckter Lage niedergelegt[657], bei den häufig festgestellten Mehrfachbestattungen traten beide Formen auch zusammen auf. Davon unterschied er nichtrituelle bzw. zufällige Skelettlagen, die darauf deuten, daß die Leichen einfach in den Graben geworfen worden seien[658]. Sofern sie unter und zwischen Steinen angetroffen wurden, ist jedoch auch in Erwägung zu ziehen, daß durch diese eine Veränderung der Position bewirkt worden sein kann[659]. Die damit in Verbindung gebrachte Pietätlosigkeit sei dahingestellt. Fraglich ist ebenfalls die aus einigen Lagen rekonstruierte Steinigung, wie im Fall eines als männlich bestimmten Skeletts aus Bestattung 44: *"(...) the skull had been crushed by a big stone. The position (...) was strange. The legs lay parallel (...) and the toe phalanges were stretched as if the individual had tried to get a firm footing on the boulder. (...) The whole skeleton gave the impression of a struggling man, so that it is not possible to turn down the conjecture that this was the skeleton of a man stoned to death. By the right side of the skeleton was a large pottery sherd"*[660]. Da nach Eintritt des Todes die Muskeln erschlaffen und sich die Lage des Toten entsprechend verändert, ist eine solche Rekonstruktion abzulehnen[661].

Sowohl bei 'rituell' Bestatteten als auch bei den in 'zufälliger' Lage angetroffenen Individuen fanden sich manchmal der Schädel oder Teile von ihm disloziert, was nach Ansicht Tihelkas bzw. einer Kommission, die die Grabung besichtigte, auf intentionelle Einwirkung zurückgehen soll[662]. Dieser Eindruck wird nicht belegt, und es ist zu fragen, ob vielleicht natürliche Verwesungsvorgänge dafür verantwortlich zu machen sind, zumal sich der Schädel relativ früh aus dem Skelettverband löst.

Häufig fanden sich isolierte Schädel, darunter die von Kindern, oft zwischen Steinen, ferner Ansammlungen von ganzen und fragmentarischen Skeletten, in einigen Fällen zusammen mit Tierknochen. In 73 Fällen waren die menschlichen Skelettreste - sowohl 'rituell' Bestattete als auch die in den Ansammlungen - von Beigaben begleitet: Schmuck, Trachtbestandteile, Keramik, seltener Waffen. Eine Fläche von ca. 5 m^2 war mit kleinen Steinen bedeckt, die in aschigem, mit Holzkohle und rotgebranntem Lehm durchsetzten Boden angetroffen wurden. Etwa in der Mitte dieser Fläche lagen ein Schweineskelett und Scherben großer Gefäße sowie die Hockerbestattungen von zwei Kindern, das eine mit Perlen und einem Bronzering ausgestattet, das andere mit Keramik, Schneckengehäusen und einem tierischen Unterkieferfragment versehen; über diesem Skelett waren Scherben verstreut. Die Knochen zeigten keine Brandspuren, so daß die Leichen vielleicht erst nach Abschluß der hier zu vermutenden Zeremonien niedergelegt worden sind. In der Nähe fand sich ferner eine größere Menge Tierknochen[663]. Weitere Bestattungen wurden auch an anderen Stellen dieses Fundortes aufgedeckt - sie entsprechen denen aus dem Graben[664].

Das anthropologische Material wurde bisher nicht in seiner Gesamtheit bearbeitet. Eine vorläufige Untersuchung

---

[655] Salaš 1988, 246. Bei der Gruppe der unvollständigen Skelettreste liegt der Anteil der Kinder unter 20%.

[656] Tihelka 1969, 28. *"The skeletal remains found in the ditch were in a poor state of preservation and many bones had been crushed by big stones."*

[657] Die Angaben differieren ebenso wie die zur Anzahl der Individuen.

[658] Tihelka 1969, 28f.

[659] Abgesehen von Lageveränderungen durch Verwesungsvorgänge, Verfüllungen des Grabens usw. Dabei dürfte auch eine Rolle spielen, ob die Skelette abgedeckt worden waren oder nicht.

[660] Tihelka 1969, 9.

[661] Es sei denn, es soll eine sogenannte kataleptische Totenstarre postuliert werden, für die bisher keine beweiskräftigen Befunde vorliegen; vgl. Berg, Rolle u. Seemann 1981, 69ff., bes. 70f.

[662] Tihelka 1969, 29.

[663] Ebd. 6f., 29.

[664] Teilweise zwischen Steinen plaziert, in verschiedenen Lagen, mit und ohne Beigaben; ebd. 22f.; vergleichbare Befunde ebd. 29f.

veröffentlichte J. Jelínek 1957 in einem Aufsatz zur Anthropophagie und zum Bestattungsritus in der Bronzezeit, in dem er davon ausging, daß es sich bei den unvollständig vorliegenden Skelettresten um Relikte anthropophager Vorgänge handeln müsse. Andere Möglichkeiten zog er nicht in Betracht, obwohl Körperteile und Extremitäten häufig noch im Verband angetroffen wurden. Um dieses Phänomen mit Kannibalismus in Verbindung bringen zu können, entwarf er ein Modell, durch das die Verwertbarkeit seiner Untersuchungsergebnisse generell in Frage gestellt scheint. Das Fleisch sei nicht gebraten, da sich nur vereinzelt Brandspuren fanden, sondern lediglich grob zerteilt und dann vielleicht gekocht worden, weil Funde von zusammenhängenden Körperteilen und Extremitäten darauf hindeuten, daß diese bei der Deponierung zumindest noch durch die Sehnen verbunden gewesen waren. Die Gefäße, deren Überreste zwischen den Skelettfunden lagen, seien möglicherweise dafür benutzt worden. Die Annahme des Kochens sei die wahrscheinlichste Erklärung, schon allein deshalb, weil eine Anzahl analoger Fälle von Naturvölkern bekannt wäre, und weil es schwerfalle zu glauben, daß eine große Menge menschlichen Fleisches roh verzehrt worden sein könnte[665]. Die für diese Interpretation entscheidende Frage, wie es vorstellbar sein soll, daß nach einem Kochvorgang mit anschließendem Verzehr des Fleisches die Körperteile und Extremitäten wieder im natürlichen Verband zur Niederlegung kommen konnten, war offenbar auch für ihn nicht beantwortbar, da er dieses Problem ignorierte. Das gleichzeitige Vorkommen ganzer Skelette, teilweise mit Beigabenausstattung, wollte er mit dem allmählichen Wandel der Bestattungssitte erklären, die von 'regulären' Formen zu Anthropophagie und eventuell Menschenopfern in der späten Bronzezeit führte[666].

Die Lage mancher Skelette sowie andere Erscheinungen könnten J. Jelínek zufolge nur mit der Annahme eines gewaltsamen Todes erklärt werden. Viele Schädel seien absichtlich zerschlagen worden, wobei in manchen Fällen die Entscheidung schwerfalle, ob die Verletzung als Todesursache gelten könne. Die Befunde lassen sich nach seinen Angaben nicht beurteilen, da er sie von der Voraussetzung ausgehend beschrieb, daß sowohl anthropophage Handlungen als auch Menschenopfer vorliegen müssen. Festzuhalten ist, daß Körperteile und Extremitäten häufig noch im Verband angetroffen wurden, was weniger auf Kannibalismus als allenfalls in den Fällen auf Zerstückelung deutet, in denen natürliche Einwirkungen, wie Verschiebungen nach der Deponierung, Störungen durch mehrmalige Benutzung, durch Tiere, durch Steineinwurf bzw. herabgestürzte Steine usw. ausgeschlossen werden können. Im Fall von Einzelknochen und Schädeln ist zu vermuten, daß sie in mazeriertem Zustand eingebracht wurden. Auf Spuren an den Knochen ging J. Jelínek nicht genau ein: *"The skeletal finds frequently consisted of partly dissected single limbs, parts of the back bone and pelvis, the upper half of the torso and of course also isolated bones and skulls, often apparently placed between two boulders. In a few cases scattered heaps of bones were uncovered, for the most part human bones, consisting of incomplete, partly dissected remains of several individuals and of isolated, often broken and incomplete skulls and bones. In the skulls it was usually the base that was broken"*[667]. Die Knochen wurden offenbar nicht nach Spuren von Tierfraß untersucht. Inwieweit ihre Fragmentierung auf Zerstörung durch Steineinwurf zurückgehen könnte, ist nicht näher erörtert; Jelínek erwähnte, daß zerbrochene Knochen auch ohne Steinzusammenhang gefunden worden seien. Ferner wurden wohl einige Schnittspuren festgestellt[668], was die Annahme der Zerlegung der Körper unterstützen könnte, jedoch kein Beleg für Anthropophagie ist. Im Gegensatz zu den Menschenknochen heißt es von den Tierknochen: *"Animal bones (...) are often split and cut"*[669].

J. Bouzek und D. Koutecký stellten fest, daß das Skelettmaterial aus Cézavy in einem sehr schlechten Zustand erhalten geblieben sei, und die Frage gewaltsamer Verletzungen der Skelette offenbleiben müsse; mit Sicherheit nachgewiesen wurden sie nicht[670]. Ähnlich äußerte sich bereits K. Tihelka, der betonte, daß keine Hinweise auf Verletzungen oder intentionell zerschlagene Knochen vorlägen. Er stand der Annahme, bei einem Teil der Funde handele es sich um die Relikte anthropophager Vorgänge, skeptisch gegenüber, wollte die Möglichkeit jedoch nicht ausschließen, da Skelettreste zusammen mit Tierknochen gefunden wurden und bei einigen Körpern eine Zerlegung anzunehmen sei. *"If these facts really can be regarded as evidence of cannibalism, then we have be-*

---

665 Jelínek 1957, 126.
666 Ebd.
667 Ebd. 124.
668 Ebd. Abb. No. 52.
669 Ebd. 124.
670 Bouzek u. Koutecký 1980, 423; vgl. auch M. Stloukal in: Tihelka 1969, 33.

fore us a case of penal cannibalism which does not know splitting of bones and especially of the skull"[671]. Eine nähere Begründung für die Zuordnung in den Strafbereich erfolgt nicht.

Nach den bisher veröffentlichten Angaben gibt es keinen überzeugenden Hinweis, der anthropophage Vorgänge nahelegen würde. Es handelt sich um Bestattungen, die mit größerer oder geringerer Sorgfalt und auf verschiedene Arten durchgeführt wurden, was unterschiedlichste Ursachen haben mag, die von der sozialen Stellung bis zu bestimmten Rahmenbedingungen reichen können. So wäre etwa an die gemeinsame Bestattung mehrerer Todesfälle zu denken, an ein Aufbewahren von Toten bis zu einem bestimmten Zeitpunkt, zu dem ein Fest stattfindet oder die für eine Bestattung notwendigen Vorräte an Nahrungsmitteln, Opfern und Tauschgütern aufgebracht sind. Auch für Teilbestattungen und Zerstückelungen sind verschiedenste Gründe denkbar, z.B. eine bestimmte Todesart, Bestrafung, Reste von Verstorbenen, deren Leichen nicht vollständig in die Siedlung zurückgebracht werden konnten etc. - da Zerlegungsspuren nicht sicher nachgewiesen sind, ist fraglich, ob Teilbestattungen vorliegen, wie auch die Frage nach Sekundärbestattungen problematisch ist; vielleicht wären die isoliert aufgefundenen Schädel so zu interpretieren, es sind jedoch weitere Möglichkeiten vorstellbar.

Bewertungen wie Pietätlosigkeit gegenüber den Toten oder grausame Bestattungsrituale sind nicht angemessen und wären es auch dann nicht, wenn überzeugende Hinweise auf Menschenopfer, Steinigungen und Anthropophagie vorlägen, Interpretationen, die diesen Fundort bekannt gemacht haben. K. Tihelka schloß seine Überlegungen zur Bestattungssitte mit den Worten: *"Perhaps, it is really the beginning of that horrible burial rite which we find fully developed in the Hallstatt Period at Býčí Skála"*[672].

Vergleichbare Überlegungen finden sich in einer Arbeit J. Jelíneks, in der er den Ablauf der Entwicklung in der Tschechoslowakei zur Bronzezeit beschrieb: Bei der sogenannten Věteřov-Kulturgruppe der mittleren Bronzezeit Mährens existierten keine ordentlichen Grabstätten mehr. Die menschlichen Überreste wären in Kulturschichten der Siedlungen oder in Wohn- und Abfallgruben verstreut. Aus dieser Periode seien außerdem isolierte Schädel mit herausgebrochener Schädelbasis und Funde einzelner Menschenknochen oder Knochensplitter neben Tierknochen in Gruben oder Kulturschichten bekannt; in seinen Augen stellen sie nichts anderes als Speisereste dar. Höchstwahrscheinlich handele es sich um Anthropophagie[673]. Geradezu monumentalen Charakters seien dann die Funde aus der jüngeren Bronzezeit und dem Beginn der Hallstattzeit von Knovíz in Böhmen und Thüringen und die der sogenannten Gruppe von Velatice in Mähren. Es scheine, daß die Anthropophagie jetzt in größerem Maßstab betrieben wurde und das Bestattungsritual, wie vor allem die Funde aus Cézavy bei Blučina beweisen, oft von Menschenopfern begleitet war. In der Stierfelshöhle (Býčí skála, Hallstattzeit) *"sprechen die Funde halbierter Schädel, von Trinkschalen aus Menschenschädeln u.a.m. von einem grausamen Bestattungsritual und Anthropophagie"*[674]. Halbierte Schädel und Schädelbecher zeugen sicher nicht von Anthropophagie. Das von J. Jelínek entworfene Szenarium, das als Rekonstruktionsversuch der Entwicklung der Anthropophagie in der Bronze- und Hallstattzeit verstanden werden kann, ist nur als verfehlt zu bezeichnen. Die Hinweise für Anthropophagie sind, wie gezeigt werden konnte, wenn überhaupt vorhanden, spärlich, andere Deutungsmöglichkeiten fanden keine

---

[671] Tihelka 1969, 28f. Er setzte sich mit dieser Frage auseinander, weil sie während der Besichtigung der Grabung durch Mitglieder der bereits erwähnten Kommission aufgeworfen wurde.

[672] Ebd. 30.

[673] Jelínek 1978, 41. Für die Aunjetitzer Kultur, für die vergleichbare Befunde existieren, wenn auch in geringerer Zahl, stellte er fest: *"I have not found completely convincing evidence of anthropophagy in the Moravian material for this period. The majority of the burials belonging to this period are carried out with a ceremonial placing of the dead in the grave which testifies for reverence for the deceased."* Jelínek 1957, 120. - Vgl. zu Věteřov z.B. auch Pavelčík 1963/64, 69 (Bánov-"Hrad"): *"(...) fand man vereinzelte Bruchstücke zersplitterter Schädel"* (sic!) *"mit einer Anhäufung von Tierknochen, die fast alle zertrümmert waren (...). Es handelt sich hier wahrscheinlich um eine Anthropofagie oder zumindest um eine Verunehrung des Toten."*

[674] Jelínek 1978, 42; um was es sich bei "u.a.m." handelt, ist nicht erwähnt. Vgl. Rosensprung 1936, 343: *"(...) an einigen Stellen zeigte die Calotte Brandspuren, die auf eine Kannibalenmahlzeit hinweisen."* Ferner Friesinger 1963, 20f. - Allgemein zu diesem Fundort Angeli 1970, 145-148, der für die Höhle recht überzeugend eine Deutung als 'Gruft für Kollektivbestattung' in Erwägung zog. Die Angaben Wankels (1882b), es hätten sich fast nur Skelette von Mädchen und Frauen gefunden, haben sich nicht bestätigt. Das Geschlechterverhältnis ist ausgeglichen (Angeli 1970, 147; Stloukal 1981). Neuerdings wird die Höhle auch als Zufluchtsort gedeutet (Nekvasil u. Podborský 1991, 30ff.).

Beachtung. Kriterien, nach denen Menschenopfer identifiziert und von anderen Erscheinungen wie Bestattungen abgegrenzt werden könnten, wurden nicht erörtert. Die der gesamten Interpretation zugrundeliegende Vorstellung, bei ordentlichen Grabstätten müsse es sich um Bestattungen handeln, die unserem bzw. seinem Gefühl für Pietät entsprechen, ist unangemessen und der Interpretation der vorliegenden Befunde nicht förderlich.

Ein weiterer hier anzuschließender jungbronzezeitlicher Fundort ist die Siedlung von Nebra-Altenburg, die D. Mania 1971 veröffentlichte[675]. Besonders auffällig seien Funde von menschlichen Skeletten oder Skeletteilen, die in Siedlungsgruben zusammen mit verkohlten Feldfrüchten angetroffen wurden und teilweise als Relikte anthropophager Handlungen interpretiert werden müßten.

Für das großteils im anatomischen Verband angetroffene Skelett aus Grube 1 ermittelte D. Mania kultischen Kannibalismus[676] und stellte den Befund auf eine entsprechend plastische Weise dar, mit Begriffen wie "gewaltsam geöffnet", "zerschlagen", "ausgeweidet", "Stümpfe" usw., ohne jedoch die für eine derartige Rekonstruktion erforderlichen Schnitt- und Schlagspuren zu beschreiben oder wenigstens zu erwähnen. Eine anthropologische Untersuchung liegt offenbar nicht vor. Es handelte sich um ein bis auf die unteren Teile der Extremitäten fast vollständiges Skelett (inclusive Rippen, Wirbel, Becken), das in Rückenlage, halb aufgerichtet, inmitten von holzkohlereicher, Erbsen und Getreide führender schwarzer Asche angetroffen wurde. Die Halswirbelsäule war abgeknickt, das rechte Schlüsselbein fand sich noch in normaler Lage. Der an mehreren Stellen 'stark verkohlte' Schädel mit Atlaswirbel lag am Rand der Grube etwa auf dem rechten Oberschenkel[677]. Ein Teil des Scheitelbeins war herausgebrochen, der dadurch entstandenen Öffnung aber mit der Innenseite nach außen wieder aufgelegt worden. Die Schulterblätter wurden samt Oberarm'stümpfen' im natürlichen Verband auf der linken Seite der Wirbelsäule angetroffen, dabei lag ein kleines, verkohltes Scheitelbeinfragment. Ein halber Unterkiefer fand sich in der Nähe des Beckens, die rechte Hälfte fehlte, ebenso die unteren Teile der Extremitäten. Brandspuren sollen sich außer am Schädel auch an den *"Oberschenkel-, Rippen- und Unterarmstümpfen"*, an den Beckenrändern und zum Teil an den Wirbelfortsätzen gefunden haben, was angesichts der Lage in holzkohlereicher Asche nicht ungewöhnlich erscheint.

Der Beschreibung D. Manias zufolge wurde dem Opfer der Kopf abgetrennt, dann wurden ihm die Extremitäten bis auf die Stümpfe abgeschnitten oder abgeschlagen, die Schultergürtelteile abgetrennt und anschließend der wahrscheinlich ausgeweidete Torso, mit gewaltsam auseinandergepreßten Beckenschaufeln, der Schädel und die Schultergürtelteile nach Aussage ihrer Brandspuren dem Feuer ausgesetzt, offenbar gebraten. Der erhitzte Schädel sei zur Gehirnentnahme geöffnet worden. Diese rekonstruierbaren Vorgänge würden die Vermutung erlauben, daß das so zubereitete Opfer auch verzehrt wurde. Der auffällige Umstand der anschließenden Beisetzung der noch im Skelettverband befindlichen Reste ließe kultischen Kannibalismus ermitteln[678]. Spuren, die diese Annahmen unterstützen könnten - etwa an Atlas und Epistropheus oder an den Arm- und Bein'stümpfen' - werden nicht beschrieben. Auch hier wäre, wie bereits im Fall von Cézavy, zu fragen, wie es praktisch vorstellbar sein soll, den Verzehr des Leichnams mit der Auffindungssituation des Skeletts in Einklang zu bringen[679]. Selbst wenn eine

---

[675] Vorher schon in einer Fundmeldung durch W. Hoffmann bekannt gemacht und mit einer Deutung versehen (Jahresschr. Halle 49, 1965; 245): *"Nur eine Grube enthielt für die Unstrutgruppe kennzeichnende Funde. Es handelt sich um eine in die Grube gepreßte Bestattung mit abgehackten Extremitäten und abgetrenntem Schädel, der neben dem Becken niedergelegt war. Die Öffnung einer Schädelseite und die angekohlten Partien am Schädel und an den Stümpfen der abgehackten Femora deuten auf Kannibalismus."*

[676] Mania 1971, 183. Tiefe der Grube ca. 1,1 m, Dm. ca. 0,9 m. Der Oberrand wurde vermutlich nicht erfaßt; vgl. ebd. Abb. 5 und 174 (eine sogenannte Kulturschicht war nicht mehr vorhanden).

[677] Ebd. Abb. 5 u. Taf. 1; vgl. Ganslmeier 1988, 32.

[678] Mania 1971, 183.

[679] In einem Vortrag, den A. Bach und J. Holtfreter (Friedrich-Schiller-Universität, Jena) auf der Jahrestagung des West- und Süddeutschen Verbandes für Altertumsforschung 1990 in Pottenstein hielten, wurde dieser Befund angesprochen und betont, daß eine Abschlagung der Extremitäten nicht nachweisbar sei, die unteren jedoch fehlten, und insgesamt eine Verlagerung durch Verwesungsprozesse angenommen werden müsse.

Zerlegung, wie sie Mania postulierte - Abtrennung des Kopfes, der Schulterblätter[680], der unteren Extremitäten - stattgefunden haben sollte, könnte dies nicht als Hinweis auf anthropophage Handlungen, sondern als Zerstückelung gedeutet werden. Nach der beschriebenen Situation ist jedoch zweifelhaft, ob eine solche überhaupt vorliegt.

Ein Indiz, das zur Interpretation beitragen kann, ist die anhand der Zeichnung des Befundes zu vermutende Störung: Die Grenze zwischen dem Aschehorizont, in dem das Skelett lag bzw. saß, und der darüber liegenden Schicht aus graubraunem Sand verläuft genau an der abgeknickten Wirbelsäule[681]. Daraus könnte sich folgende hypothetische Rekonstruktion ergeben: Der Leichnam wurde auf der erwähnten Ascheschicht deponiert, teils mit Steinen umstellt und mehr oder weniger sorgfältig mit 'Asche', Getreide usw. abgedeckt. Nach einer gewissen Zeit ist die Grube wieder geöffnet worden, wobei man zuerst auf den Schädel stieß und dabei ein Teil des Scheitelbeins herausbrach. Dieser scheint jedoch nicht das Ziel des Eingriffs gewesen zu sein, da man ihn "repariert", wenn auch nicht ganz korrekt, wieder beisetzte - dort, wo offenbar die Unterschenkel entfernt wurden[682]. Man entnahm weiterhin die Unterarme und vielleicht ein Schlüsselbein. Da sich weder Fuß- noch Fingerknochen fanden, dürfte der Leichnam noch nicht völlig skelettiert gewesen sein[683]. Fraglich bleibt, wie die Lage des halben Unterkiefers am Becken zu erklären ist - vielleicht ist dieser bereits vor oder während der 'primären' Bestattung abgetrennt, zerschlagen und zur Hälfte am Becken deponiert worden, vielleicht legte man später aber auch das gesamte Skelett bis auf den Kopfbereich frei und bedeckte es nach der Entnahme der gewünschten Knochen oder Extremitäten wieder mit Asche und Getreide, legte einige Steine darüber und füllte die Grube mit Sand auf. Es handelt sich, wie bereits betont, um einen hypothetischen Rekonstruktionsvorschlag, der lediglich aufgrund einiger Indizien entwickelt wurde, da die in der Publikation gegebenen Informationen unzureichend und der dort vertretenen Deutung 'angepaßt' dargestellt sind.

In zwei weiteren Gruben fanden sich ebenfalls Skelette bzw. Knochen. Das aus Grube 2 stammende Kinderskelett[684] war sicher nicht zerteilt, trug aber Brandspuren. In diesem Fall wurden sie nicht auf Kannibalismus zurückgeführt. Ein weiteres Kinderskelett aus dem Burggraben wies weder Anzeichen künstlicher Zerteilung noch Brandspuren auf. Hier könne es sich, so D. Mania, um einen normalen Toten gehandelt haben. Dagegen deute das vereinzelte Schädelstück mit verkohlten Bruchrändern aus dem Hülsenfrucht-Getreide-Komplex der Grube 3 wieder auf eine abweichende, rituelle Handlung[685].

Der Befund von der Altenburg stehe nicht isoliert da, sondern sei ein Charakteristikum der Unstrutgruppe. Nach Mania lassen sich zwei Erscheinungsformen ritueller Handlungen unterscheiden - einerseits Handlungsweisen, die mit einem echten Kannibalismus kultischer Prägung zusammenhängen sollen, andererseits Bestattungen: Partielle Verbrennung von Toten und ihre normale Beisetzung, partielle Beisetzung, birituelle Bestattungen auf einem Gräberfeld bzw. in einem Grab. Der Befund von der Altenburg sei vorwiegend auf den ersten Handlungs-

---

[680] Jedoch ohne das rechte Schlüsselbein, das sich vollständig und unverletzt etwa in der zu erwartenden Position fand. Das linke Schlüsselbein wird nicht erwähnt. Zumindest ein Schulterblatt liegt, der Zeichnung zufolge, vollständig vor.

[681] Mania 1971, Abb. 5. Die Störung ist im Text nicht erwähnt, auf der Profilzeichnung aber deutlich erkennbar. An einer Seite der Grube zieht die Ascheschicht bis an die heutige Obergrenze, und zwar an der Stelle, wo sich nach Lage der restlichen Wirbelsäule eigentlich der Kopf befinden müßte. Vielleicht ist diese nach völliger Verwesung des Leichnams abgesunken. Die ursprüngliche Lage des Skeletts ist schwer rekonstruierbar; vermutlich ein sitzender Hocker oder auch eine den Ausmaßen der Grube angepaßte Rückenlage, mit dem Becken an der tiefsten, Kopf und Füßen an der höchsten Stelle.

[682] Möglicherweise lagerte der Schädel mit dem oberen Teil in der Sandschicht (vgl. Mania 1971, Taf. 1).

[683] Daher sind eventuell tatsächlich Spuren an den Stellen zu erwarten, an denen beispielsweise Sehnen durchtrennt werden mußten.

[684] Mania 1971, Abb. 6. Das Skelett war stark verwittert. Die Lage soll auf Bauchlage und rückwärtige starke Krümmung gedeutet haben, daher sei der Leichnam nicht regulär bestattet worden.

[685] Mania 1971, 183.

komplex zurückzuführen[686]. Als Vergleich wies er auf Bad Frankenhausen (Kyffhäuser) und Erfurt-Nord hin. Die verschiedenen Bestattungsformen seien fast auf jedem Gräberfeld der Unstrutgruppe zu beobachten[687].

Wenn die in den Siedlungen angetroffenen Skelette als Bestattungen interpretiert würden, lägen sie durchaus im Rahmen des Üblichen und unterschieden sich hauptsächlich durch ihre Lage in der Siedlung von den 'normalen' Gräbern. Es wäre daher sinnvoll, von der Prämisse Abstand zu nehmen, bei Bestattungen in Siedlungen handele es sich entweder um Sonderformen, die vorzugsweise mit negativen Assoziationen in Verbindung gebracht werden, oder um die 'Opfer' anthropophager Handlungen[688].

3.6 Die Höhlen im Kyffhäuser

Die häufig zitierten und zum Vergleich herangezogenen[689] Funde aus den Höhlen im Kyffhäuser (Kosackenberg) bei Bad Frankenhausen sollen hier nur kurz angesprochen werden, da die Ergebnisse bisher nicht in nachprüfbarer Form vorgelegt worden sind. Die publizierten Vorberichte[690] und das populärwissenschaftliche Buch G. Behm-Blanckes, "Höhlen, Heiligtümer, Kannibalen"[691], sind für eine Auswertung und Beurteilung der Befunde kaum ausreichend.

Sicher ist, daß dort Handlungen bisher nicht genauer definierbarer Art, vielleicht Opfer, stattgefunden haben und weiterhin die Datierung, die auf eine Benutzung der Höhlen über einen langen Zeitraum mit Unterbrechungen hindeutet[692]. Ferner gesichert ist die Tatsache, daß dort menschliche Skelette und Menschenknochen, die wohl zumindest Schnittspuren und manchmal auch Schlag- und Brandspuren aufweisen, in großer Zahl zum Vorschein kamen[693]. G. Behm-Blancke deutete sie als Kannibalen-Mahlzeitreste[694].

Das Studium der Hieb- und Schnittmarken an den Skelettresten soll zu folgenden Erkenntnissen geführt haben: Die Menschen seien mit stumpfen Geräten und Hiebwerkzeugen getötet worden. Den Kopf trennte man vom Rumpf, zog die Kopfhaut ab und entfernte den Unterkiefer. Dann soll der Schädel, wahrscheinlich zur Entnahme des Gehirns, aufgeschlagen worden sein. Postmortale 'sinnlose' Zertrümmerungen der Schädel, auch feststellbar an Fuß- und Handwurzelknochen sowie an den Unterkiefern, deuten nach dem gerichtsmedizinischen Gutachten,

---

[686] Ebd. Vgl. ebenso die Deutung einer Grube von der Schalkenburg bei Quenstedt durch Schmidt u. Schneider in: Coblenz u. Simon 1979, 150: angekohlte menschliche Skelettreste, Gefäßfragmente und teilweise angekohlte Tierknochen würden auf Reste einer Kannibalenmahlzeit deuten.

[687] Mania 1971, 184. Zum urnenfelderzeitlichen Bestattungswesen in Thüringen vgl. Bahn 1991, u.a. mit interessanten Überlegungen zum Grabraub (86ff.). Er stellte weiterhin fest, daß das Prinzip von Teilverbrennungen offenbar auch für Beigaben aus organischem Material (vor allem Holz) gelte, die möglicherweise brennend in das Grab gelegt worden seien (ebd. 84). Ferner sei auf Körpergräber mit Steinschutz in unterschiedlichster Form und Ausführung hingewiesen, wie sie im birituellen Gräberfeld von Melchendorf, Flur Wiesenhügel, vorliegen (ebd.); auch das Skelett in Grube 1 war mit Steinen umstellt (und z.T. abgedeckt).

[688] Das Skelett aus Grube 1 könnte auch als wichtige Persönlichkeit interpretiert werden, so bedeutend, daß man Knochen entnahm (und vielleicht Beigaben?). Möglicherweise wurde nur wenigen Erwachsenen das Privileg einer Siedlungsbestattung zugestanden. Denkbar sind selbstverständlich weitere bzw. ergänzende Möglichkeiten, beispielsweise, daß es sich um einen 'Wiedergänger' gehandelt hat, den man unschädlich machen mußte (indem man die unteren Extremitäten entnahm, den Schädel einschlug und ihn vom Kopfbereich entfernt niederlegte).

[689] Kunkel 1955, 120; Vollrath 1959, 90; Friesinger 1963, 22; Claus 1964, 165; Moser 1968, 11; Mania 1971, 184; Abels u. Radunz 1975/76, 48; Berg, Rolle u. Seemann 1981, 120f.; Schauer 1981, 408f., 411 (bei dem von ihm angesprochenen Fund einer Radnabe in der 'Handwerkerhöhle', Höhle 4 (ebd. 409), handelt es sich um eine Radnadel; vgl. Walter 1985, Anm. 34).

[690] Behm-Blancke 1956; 1976a.

[691] Ders. 1958.

[692] Jüngere Linienbandkeramik, Stichbandkeramik, Rössen, Aunjetitz, Hügelgräberkultur, Urnenfelder- und Späthallstatt-/Frühlatènezeit; vgl. Walter 1985, 54f. u. Tab. 13.

[693] Überreste von ca. 100-150 Individuen, datiert in die Bronze- und Eisenzeit.

[694] Behm-Blancke 1956, 276, 277.

so Behm-Blancke, auf rauschartige, ekstatisch-orgiastische Zustände der Opfernden[695]. Wenn die Schädel 'sinnlos' zertrümmert sind, stellt sich die Frage, wie die davor beschriebenen Handlungen, vor allem das Aufschlagen zur Gehirnentnahme, rekonstruiert werden konnten. Es ist auch nicht zu entscheiden, ob die Verletzungen zum Tod führten oder erst postmortal erfolgten - bestimmbar ist nur ein perimortaler Zeitpunkt. Befunde an den Wirbelsäulen und Rippen sollen, G. Behm-Blancke zufolge, eine Abtrennung der langen Rückenmuskulatur erkennen lassen. Die Schulterblätter und Schlüsselbeine seien ausgelöst oder zertrümmert, die Brust-, Rücken- und Oberarmmuskulatur sei entfernt worden, um die Oberarmgelenke freizulegen. Die systematisch abgetrennten Gliedmaßen, so der Autor weiter, zerlegte man in den Gelenken und spaltete die Langknochen längs und quer, damit man das Knochenmark entnehmen konnte. Bei Neugeborenen, Säuglingen und Kleinkindern sollen Spuren einer Körperzerteilung fast völlig fehlen[696], woraus zu folgern wäre, daß man diese weder zerlegt noch gegessen hat - angesichts der von ihm vertretenen Interpretation der Befunde nur schwer vorstellbar, zumal es sich angeblich um Opfer handelte, die im rauschartigen Zustand dargebracht wurden[697]. *"Das Fleisch der geopferten Menschen und Haustiere wurde vermutlich in großen, auch anderweitig benutzten Vorratsgefäßen gesammelt. Die mehrfach nachgewiesenen Strohfeuer standen wahrscheinlich mit der Zubereitung des Kultmahls in einem Zusammenhang. Brandstellen an den Knochen deuten darauf hin, daß das Fleisch geröstet oder gebraten wurde"*[698].

Die menschlichen Knochen sind bisher nicht anthropologisch bearbeitet und die Ergebnisse des gerichtsmedizinischen Gutachtens nicht vorgelegt worden. Anhand der publizierten Informationen ist kein Urteil möglich. Inwieweit die plastische Beschreibung der Vorgänge auf tatsächlich vorhandenen Spuren oder mehr auf der Phantasie des Autors beruht, kann bis zu einer genaueren Vorlage der Schnitt- und Hiebmarken nicht entschieden werden. Abgesehen davon muß Zerstückelung nicht mit kannibalistischen Handlungen in Beziehung stehen[699]. Eine Veröffentlichung der Befunde bleibt abzuwarten. S. Griesa bemerkte dazu, daß zwar nach Meinung von G. Behm-Blancke hier Kannibalenmahlzeiten stattgefunden haben, vielleicht aber auch nur die so häufig festzustellenden Leichenzerstückelungen aus kultischen Gründen vorgenommen worden seien, ohne daß es zu einem kannibalistischen Ritus kam[700].

---

[695] Ders. 1976a, 84f.

[696] Ebd. 85.

[697] G. Behm-Blancke beschrieb eine 'Göttin vom Kyffhäusergebirge': *"Ihre weitläufigen verwandtschaftlichen Beziehungen, die hier nicht näher verfolgt werden sollen, etwa die zur venetischen Rehtia, der Mutter-, Fruchtbarkeits- und Heilgöttin, der man in Este von der Hallstatt- bis in die römische Kaiserzeit als Weihegaben auch viele Nadeln, Ringe und anderen Frauenschmuck aufopferte, lassen an eine wahrscheinlich im nördlichen Balkan verehrte Vorläuferin unserer Göttin denken, in deren Kult der vermutlich von ekstatischen, religiös-psychopathischen Erregungszuständen begleitete und durch rituelle Tänze oder Rauschgetränke ausgelöste Kannibalismus eine große Rolle spielte. Es ist religionsgeschichtlich von Bedeutung, daß die Zerstückelung von Menschenopfern, die ähnlich wie bei den Tieropfern vorgenommen wurde, und der damit verbundene Kannibalismus im urgeschichtlichen Europa weit verbreitet gewesen sein muß, wie es u.a. ein griechischer Mythentypus nahelegt, zu dem die Tantalos-, die Thyestes- und Lykaon-Sagen gehören."* Behm-Blancke 1976a, 86; vgl. auch ders. 1958, 158ff., 213ff. Vgl. ferner Kap. III.1.

[698] Behm-Blancke 1976a, 85. Spuren an den Knochen sind abgebildet bei Behm-Blancke 1958, Abb. vor S. 33 (Schlagmarke an einem Schädel); Abb. nach S. 160: *"Überreste einer Kannibalenmahlzeit"* (ein ganzer Schädel, Teile einer Wirbelsäule, offenbar noch im Verband, ein Beckenknochen mit Brandspuren - also kein überzeugendes Beispiel); Abb. nach S. 208: Skelett eines Individuums, einige Knochen offenbar im Verband; folgende Abb.: menschliche Schädel, nach Behm-Blancke mit Spuren von Beilhieben, und aufgeschlagene Tierknochen; folgende Abb.: Armknochen (Markhöhle liegt nicht frei) und Atlas mit Schnittspuren. Bei der "Vielzahl der Kannibalenmahlzeitreste" hätte es m. E. möglich sein müssen, überzeugendere Beispiele abzubilden.

[699] Die Funde von Oberdorla interpretierte G. Behm-Blancke z.B. anders: *"Die Schnittmarken an den Menschenknochen sprechen lediglich für eine Abtrennung des Fleisches oder für eine Leichenzerstückelung, nicht für Anthropophagie. Das träfe vielleicht für aufgeschlagene Schädel von anderen Opferstellen des gleichen Fundplatzes zu. An ethnographischen Parallelen hierzu sind besonders die Fälle anzuführen, wo Opfer bei agrarischen Fruchtbarkeitsriten zerstückelt wurden."* Behm-Blancke 1976b, 376.

[700] Griesa 1989, 253.

3.7 Die Jungfernhöhle bei Tiefenellern

Eine wichtige Etappe in der Erforschung neolithischer 'Kultpraktiken' stellte die Grabung O. Kunkels in der Jungfernhöhle bei Tiefenellern in Oberfranken 1952 dar[701]. Die Befunde aus dieser Höhle werden häufig als Beleg für Anthropophagie in bandkeramischer Zeit genannt und sollen daher ausführlicher behandelt werden.

Das vermutlich durch zwei Öffnungen eingefüllte Material setzte sich aus Scherben verschiedener Kulturen[702], Tier- und Menschenknochen, Geräten, Rötelstückchen, Holzkohlebrocken und Steinen[703] zusammen. Eine stratigraphische Abfolge oder sterile Zwischenschichten konnten nicht festgestellt werden[704] - es handelte sich um ein *"wüstes Konglomerat mit beträchtlicher Streuung auch zusammengehöriger Bruchstücke."* Das innere Schuttgefüge blieb in dauerhafter Bewegung, wodurch die gelegentlich festgestellte Überlagerung von jüngerem durch älteres Material seine Erklärung findet[705]. Nach O. Kunkel gehören der jüngeren Bronze- und der Eisenzeit keine menschlichen Skelettreste mehr an, da eine Vermengung von Knochen mit metallzeitlichen Scherben an keiner Stelle bemerkt worden sei[706]. Diese datierte er überwiegend in die Zeit der jüngeren Bandkeramik, die das umfangreichste Scherbenmaterial lieferte, und zu einem geringeren Anteil auch in Michelsberger Zusammenhänge. Begründet ist dies weniger im Befund selbst als darin, daß das bandkeramische Material neben dem nicht näher einzuordnenden neolithischen am häufigsten vertreten war.

Die neolithische Füllung fand sich überall unmittelbar auf dem gewachsenen Boden aufliegend, ohne sterile humose Zwischenschichten, so daß die Höhle vor der bandkeramischen Nutzung nicht lange offen gestanden haben dürfte. Ein Felsblock auf dem natürlichen Höhlenboden zeigte Spuren leichter Brandeinwirkung, in der Nähe lag ein noch weitgehend im anatomischen Verband befindliches Ferkelskelett. Nach O. Kunkel wurde dieses zusammen mit einem Feuerbrand als erste Handlung in die Höhle eingebracht.

Die Tier- und Menschenknochen wurden, mit Ausnahme von drei Wirbeln[707], nie im Verband angetroffen. Sie waren gut erhalten, nur stellenweise angewittert und zum Teil leicht versintert. Es sind nach den Unterkiefern 38 Individuen repräsentiert - 10 Erwachsene (über 18-20 Jahre) und 28 Kinder und Jugendliche (5: 12-14 Jahre; 10: 5-7 Jahre; 8: 3-4 Jahre; 5: bis 1 Jahr). Nach G. Asmus, die die anthropologische Bearbeitung der Skelettreste durchführte[708], fanden sich nur einige Knochen mit maskulinen Elementen, die zu 2 Individuen gehörten. Durch Hirnschädelknochen sind dagegen nur 20 Individuen repräsentiert, 6 Erwachsene und 14 Kinder[709]. Die Zahl der Schulterblätter, Ellen und Schlüsselbeine entspricht in etwa der durch die Unterkiefer ermittelten Individuenzahl, wobei in der Gruppe der 4-7jährigen ca. die Hälfte der Ellen fehlt. Gegenüber diesen und den Unterkiefern sind Femora, Schienbeine und Speichen unterrepräsentiert. Nach den auf der Tabelle angegebenen Elementen liegen die Skelette von Säuglingen bis zu einem Jahr am vollständigsten vor, mit Ausnahme der Speichen und Kreuzbeine[710].

Die Knochen waren häufig zerbrochen, wobei der Fragmentierungsgrad mit der Größe zunahm (Säuglinge 15%; 3-7jährige knapp 45%; 12-14jährige über 50%; Erwachsene knapp über 70%)[711]. Die Unterkiefer von Erwachse-

---

701 Kunkel 1955; ders. 1958.

702 Hauptsächlich jüngere Linienbandkeramik; wenig Rössen; Michelsberg; wenig Schnurkeramik; frühe und Hügelgräberbronzezeit; späte Bronze-/Urnenfelderzeit; Eisenzeit; Mittelalter und Neuzeit.

703 Dabei soll es sich um Deckenschutt/-bruch handeln (25-30 m^3) - die Frage, ob zumindest ein Teil des Steinmaterials auch absichtlich eingebracht worden sein könnte, wurde nicht erörtert. Hinzu kommen 70-80 m^3 erdiger Aushub und 3-5 m^3 'Kulturschutt'.

704 Kunkel 1955, 33.

705 Ebd. 37f.; ders. 1958, 59.

706 Kunkel 1955, 38; diese fanden sich seltener als neolithisches Material, es könnte sich auch um 'Zufall' handeln - durch die Verlagerungen und Rutschungen waren keine ursprünglichen Zusammenhänge mehr vorhanden.

707 Kunkel 1955, 36.

708 Asmus in: Kunkel 1955, 65-77.

709 Ebd. 65.

710 Ebd. Tab. 3.

711 Ebd. Tab. 4.

nen waren häufiger zerbrochen als die von Kindern. Schädel ließen sich nur selten zusammenfügen, bei den Röhrenknochen fehlten oft die Gelenkenden, oder sie waren in der Schaftmitte schräg gebrochen. Die Schlüsselbeine zeigten öfter eine schulterseitige Fragmentierung. Die Schulterblätter waren im dünnwandigen unteren Teil meist zerbrochen, während die Spina-Gegend erhalten war. *"Hier meint man mitunter Schnittspuren zu erkennen"*[712], diese sind aber offenbar nicht nachgewiesen. Wirbel und Rippen fanden sich selten, ebenso Hand- und Fußknochen sowie Wadenbeine - die Anzahl und Alterszugehörigkeit ist nicht vermerkt. Ferner wurden zusammengehörige Knochenteile an weit auseinanderliegenden Stellen der Höhle angetroffen. Auffällig war das regelmäßige Fehlen der einwurzeligen Zähne im Ober- und Unterkiefer, die wohl absichtlich entfernt worden waren, ohne Verletzung der Zahnfächer oder Abbrechen der Zahnkronen[713]. Bei der Grabung wurden aber nur 21 Zähne geborgen, es fehlen also rund 500[714].

Beide Bearbeiter stimmten darin überein, daß es sich hier um die Überreste anthropophager Praktiken handelt, ohne andere Deutungsmöglichkeiten näher zu erörtern. G. Asmus stellte fest, daß der Verdacht, es wäre den Tätern um Hirn und Mark gegangen, nicht mehr abzuweisen sei, da die Hirnschädel von Kleinkindern, Kindern, Jugendlichen und Erwachsenen geöffnet und meist stark zertrümmert, auch die Langknochen Erwachsener aufgeschlagen, die von Kleinkindern aber heil seien[715]. O. Kunkel führte aus, daß sie von der Vorstellung, die Höhle habe Bestattungszwecken im herkömmlichen Sinn gedient, erst allmählich abkamen. *"Es ist für uns heutige nun einmal ein befremdlicher, ja unsympathischer Gedanke, daß mit Kulturschutt und tierischen Knochen menschliches Gebein in anscheinend so pietätloser Mischung einem klüftigen Abgrund zugeführt sein sollte, zumal dem noch widrigere Handlungen vorausgegangen sein müßten."* Es ließe sich jedoch mindestens das Fehlen der Schneidezähne und mancher Molare in den Menschenkiefern aus dem Felsloch nicht hinwegdisputieren, und das sei ihnen auch manchem Indiz gegenüber nicht gelungen, das schon während der Grabung und dann bei der Sichtung des anthropologischen Materials die Vermutung nahelegte, daß es sich um Überreste anthropophager oder verwandter Vorgänge handele[716]. Hier ist anzumerken, daß die Art, wie das Einbringen des Materials in die Höhle erfolgte, und welche Zeremonien dem vorausgingen, unbekannt bleiben müssen - die 'pietätlose Mischung' ergibt sich zwangsläufig bei der Einschüttung bzw. durch die sekundären Verlagerungen[717]. Ob die Gefäße überwiegend schon zerbrochen in die Höhle gelangten, sei dahingestellt - je nach Art der Einbringung ist zu erwarten, daß diese erst bei Auftreffen auf den Schuttkegel zerbrachen, wobei die einzelnen Teile dann in verschiedene Bereiche der Höhle gelangen konnten. Auch die vielleicht mit eingeworfenen Steine bzw. der Deckenbruch sollten in bezug auf Zerstörungen nicht außer acht gelassen werden. So stellte O. Kunkel zwar fest, daß man bei den menschlichen Knochen weniger an Zertrümmerung durch Steinschlag in der Höhle denken möchte als an eine Manipulation vor der Einschüttung, da die Kinderknochen vorwiegend intakt waren[718], merkwürdig ist jedoch der kontinuierlich steigende Erhaltungsgrad bei abnehmender Größe der Knochen[719]. Das Entfernen der Zähne

---

[712] Ebd. 66.

[713] Ebd. 67.

[714] Hier mag an den Befund von Zeuzleben erinnert werden, wo sich in einer bandkeramischen Grube u.a. 29 perforierte menschliche Zähne, davon 10 kindliche, fanden; sie repräsentieren eine Mindestindividuenzahl von 3, darunter 2 Kinder, die Maximalindividuenzahl beträgt 29: Beßler u.a., Ausgr. u. Funde in Unterfranken, Frankenland N.F. 30, 1978, 320-322. - Grob vergleichbare Befunde sind bisher nur selten und geographisch wie zeitlich weit gestreut; für das Paläolithikum vgl. z.B. Maringer 1980; Leroi-Gourhan 1980, 47. - In Vedbaek/Dänemark fand sich in einem Grab des mesolithischen Friedhofs eine Kette aus Zähnen (Wild, Mensch, Schwein, Auerochse): Orme 1981, 240. - In Friesack fanden sich zwei durchbohrte menschliche Zähne (mesolithisch?): B. Gramsch, Ausgr. u. Funde 30, 1985, 63. - In einem schnurkeramischen Grab aus Weimar-Erfurter Straße lag ein durchbohrter menschlicher Incisivus am Becken: H.-D. Kahlke, Alt-Thüringen 1, 1953/54, 156. - In einem frühbronzezeitlichen Grab von Goseck bei Weißenfels fanden sich zwei menschliche Schneidezähne in einem rindenumwickelten Spiralarmband: Förtsch 1902, 73. Vgl. ferner Willvonseder u. Loos 1937. - Auf Zahnfunde in italienischen Höhlen, zuweilen in Schalen angetroffen, machte schon Kunkel (1955, 113) aufmerksam.

[715] Asmus in: Kunkel 1955, 72.

[716] Kunkel 1955, 112f.

[717] Vgl. ebd. 37f.

[718] Kunkel 1958, 61f.

[719] Es stellt sich die Frage, ob das Material wirklich so eingebracht wurde, wie Kunkel vermutete ('kiepenweise', bereits fragmentiert, 'mit Schwung'). Weiterhin unklar sind Häufigkeit, Umfang und Zusammensetzung der Einfüllungen. Hingewie-

gibt keinen Hinweis zur Deutung des Befundes, derartige Handlungen können auch mit Totenritualen in Zusammenhang stehen[720].

Der Möglichkeit der Interpretation als Sekundärbestattungen stand O. Kunkel ablehnend gegenüber, denn das reguläre Bestattungsritual der Bandkeramiker sei, obwohl die Gräber verhältnismäßig selten sind, doch schon zur Genüge bekannt, um diese Interpretation für wenig wahrscheinlich zu halten[721]. Angesichts der relativen Seltenheit der 'regulären' Gräber im hier behandelten Raum und dem Vorkommen von Skeletten in Siedlungszusammenhang wirkt diese Einschätzung wenig überzeugend, zumal auch öfter isolierte Knochenreste, wie Unterkiefer und Schädel(teile), im Bereich von Siedlungen zutage kommen. Ob man diese eher als Überreste (anthropophager) 'kultischer' Handlungen oder als materiellen Rest von uns unbekannten Bestattungsritualen interpretieren möchte, muß einer näheren Untersuchung vorbehalten bleiben. Die vermeintliche Kenntnis des 'regulären' Bestattungsrituals beruht jedenfalls auf der eng an moderne europäische Vorstellungen gelehnten Definition dessen, was als Grab bzw. als Bestattung angesehen werden kann.

Eine Begründung für die Interpretation der Skelettreste als anthropophage Relikte erfolgt nur unzureichend. Das Fehlen von Schnittspuren an den menschlichen Knochen, die bei der postulierten Zerlegung der Körper zu erwarten wären, erklärte O. Kunkel mit den benutzten Werkzeugen. Die Fundlage der Skelettreste ließe aber zusammen mit den anthropologischen Beobachtungen, zumal im Hinblick auf ähnliche archäologische Befunde, am Einschütten der Überbleibsel bereits zerlegter Körper in das Felsloch umso weniger zweifeln, als das Zerstückelungsmotiv in der antiken Überlieferung gelegentlich noch deutlich anklinge und ethnographisch mit dem Kannibalismus schon zwangsläufig verbunden sei, aber auch mit eigenem Bedeutungsgehalt begegne. Daß auch anthropophage Handlungen stattgefunden haben, werde vor allem durch die Knochenzertrümmerungen und die gleichsinnige Untermischung mit tierischen Resten nahegelegt. *"Wenn die Menschenknochen aus der Jungfernhöhle ziemlich geringe Brandspuren aufweisen, so trifft das ebenso für die tierischen zu. Die vielen offenbar mitverbrauchten Tongefäße möchten ja wohl auch für eine andere 'Zubereitung' sprechen"*[722].

Es fanden sich, das muß betont werden, keine nachweisbaren Schnittspuren und auch keine eindeutigen Schlag- oder Hackspuren, zumindest wird auf solche nicht explizit hingewiesen. G. Asmus sprach sowohl von zerbrochenen als auch von zerschlagenen und zertrümmerten Knochen, verwendete diese Bezeichnungen aber synonym und definierte sie nicht genauer - konkrete Schlagspuren werden nicht diskutiert. Im Gegensatz dazu sind Tierfraßspuren an zwei Knochen abgebildet[723]. An Kinderknochen traten weniger Beschädigungen auf, dagegen sollen die Knochen Erwachsener und Juveniler regelmäßig den Eindruck absichtlicher Öffnung erweckt haben. Nur mit Tierfraß seien die starken Beschädigungen der großen und stabilen Erwachsenenknochen nicht zu erklären. Es zeigten sich vereinzelt Tierfraßspuren von kleineren Tieren, ferner wurden an einigen Knochenbruchstücken Brandspuren festgestellt[724]. Den unterschiedlichen Zustand der Erwachsenen- und Kinderknochen führte G. Asmus darauf zurück, daß es bei der Annahme absichtlicher Zergliederung ganz erklärlich wäre, daß in der Jungfernhöhle die Gelenkenden bei Erwachsenen viel öfter abgeschlagen sind als bei Kindern: Die noch nicht verwachsenen Epiphysen Jugendlicher ermöglichten bei diesen eher eine Zerstückelung auch ohne so starke Knochenbeschädigungen[725]. Selbst wenn eine Zerstückelung der Körper angenommen wird, die nicht nachgewiesen ist, da entsprechende Spuren fehlen, zeugte dies nicht von Anthropophagie, sondern von Zerstückelung. Das Fehlen von Schnittspuren erklärte G. Asmus damit, daß *"eine auf Stein- und Knochengeräte beschränkte Zerle-*

---

sen sei auch darauf, daß kleine Knochen je nach Lagerungsart möglicherweise weniger Angriffsfläche bieten, ferner darauf, daß die Schädel von Kindern ebenfalls fragmentiert sind.

720 Vgl. z.B. Pfeiffer 1914, 220f.; Seyffert 1912, 608 (ethnographische Belege für Zahnketten u.ä., darunter eine Kette aus 300 menschlichen, großteils Schneidezähnen; 617f.: rezente Verwendung in Europa); Stubbe 1985, 87f. (u.a. Zahnausbrechen zum Zeichen der Trauer).

721 Kunkel 1955, 125.

722 Ebd. 127.

723 Ebd. Taf. 20, Abb. 1.

724 An 1 Unterkiefer, 6 Schädelfragmenten und 1 Radiuskopf; Asmus in: Kunkel 1955, 66.

725 Ebd. 67.

gungs'technik' wohl gar nicht unbedingt 'typische' Spuren an den Knochen zu hinterlassen" brauche[726]. In der Bearbeitung der Tierknochen aus der Jungfernhöhle durch F. Heller[727] wurde auf Schnittspuren nicht eingegangen. Es ist erstaunlich, daß dieser Aspekt keine Erwähnung fand, da das Fehlen von Schnittspuren die oben angeführte Argumentation doch nur stützen würde. Wären andererseits solche vorhanden, könnte dies von einer unterschiedlichen Behandlung der Menschen und Tiere zeugen.

Auch die mögliche bzw. angenommene Todesursache der hier deponierten Individuen, ein Schlag hinter das rechte Ohr, konnte am Material nicht zweifelsfrei nachgewiesen werden. Es ließe sich aus den Skelettresten, so G. Asmus, nicht mehr als eine gewisse Wahrscheinlichkeit hinsichtlich der Todesursache gewinnen. *"Immerhin würde die angedeutete recht gut zum 'Stil' der dann an den Toten geübten Handlungen passen"*[728]. Sie stellte weiterhin fest, daß die Schädelbasis immer stark 'zerschlagen' ist, eine Zertrümmerung, die am ehesten nach dem Abtrennen des Kopfes entstanden sein könne[729]. Für ein solches Abtrennen lieferte sie jedoch keine Hinweise, sondern bemerkte im Gegenteil an früherer Stelle, daß die aufgefundenen Halswirbel weitgehend unversehrt seien[730]. Trotz der angesprochenen Probleme postulierte sie, daß alle Indizien aus den Knochenbefunden für ein regelrechtes 'Zerlegen' der Körper sprechen, kaum anders, als es bei Beute-, Schlacht- und Opfertieren geübt wurde[731] - eine Feststellung, die angesichts des fehlenden Nachweises anthropogener Einwirkung an den Knochen nicht überzeugen kann. An dieser Stelle wird deutlich, daß die Interpretation weniger aus den archäologischen und anthropologischen Ergebnissen gewonnen wurde als umgekehrt diese der Interpretation angepaßt werden mußten.

Die von O. Kunkel und G. Asmus vorgeschlagene Deutung der Jungfernhöhle wurde jedoch von der Forschung großteils kritiklos übernommen[732], ohne die tatsächlich vorhandenen anthropologischen Argumente zu prüfen. S. Berg, R. Rolle und H. Seemann beschrieben den Befund in ihrem Buch "Der Archäologe und der Tod" auf plastische Weise: Bei genauer Betrachtung der Schädelknochen stellte sich heraus, so die Autoren, daß das Hinterhaupt in vielen Fällen gewaltsam geöffnet war. Auch die Langknochen wären häufig aufgeschlagen. Beides seien Indizien, die darauf hinweisen, daß kannibalistische Praktiken geübt wurden; sowohl das Aufschlagen des Schädels zur Hirnentnahme wie das Öffnen der Langknochen, um an das wohlschmeckende Mark zu gelangen, sollen den Autoren zufolge aus völkerkundlichen Zusammenhängen vielfach belegt sein[733]. B.-U. Abels wies dagegen darauf hin, daß sich dort in keinem Fall ein menschlicher Eingriff eindeutig nachweisen ließ[734].

Die 'Opfer' in der Jungfernhöhle bestimmte O. Kunkel als Angehörige einer mesolithischen Restbevölkerung[735]. Die anthropologischen Argumente für diese Interpretation sind wenig überzeugend, zumal Vergleichsmaterial aus dem behandelten Gebiet fehlte. G. Asmus äußerte sich dazu auch nur vorsichtig, indem sie von "eingesessenen Cromagniden" sprach, sich im übrigen aber darauf berief, daß O. Kunkel die historisch-kulturkundlich begründete Meinung vertrete, die 'Opfer' von Tiefenellern stammten am ehesten aus der mesolithisch-vorbäuerlichen Bevöl-

---

[726] Ebd. 73. Hier sei lediglich auf die Untersuchung von Schnittspuren an neolithischen Tierknochen durch J. Boessneck und A. von den Driesch verwiesen. Die Autoren betonten abschließend, daß derartige Schnittspuren nach ihrer Erfahrung in der Eisenzeit und später auffallend seltener werden, was daran liegen kann, *"daß die Feuersteinmesser durch Eisenmesser ersetzt wurden. Mit dem leicht zu schärfenden Metall hinterließ der Mensch auf der Knochenoberfläche nur noch selten feine Spuren."* Boessneck u. von den Driesch 1975, 22.

[727] Heller in: Kunkel 1955, 52ff.

[728] Asmus in: Kunkel 1955, 73.

[729] Ebd. 74.

[730] Atlas überwiegend, Epistrophei alle; ebd. 66.

[731] Ebd. 74.

[732] Z.B. Kahlke 1954, 130; Paret 1961, 87; Coblenz 1962a, 68; Friesinger 1963, 19; Jankuhn 1968, 64; E. Hoffmann 1971, 4f.; Höckmann 1971, 196; Rech 1979, 87 Anm. 387; Schauer 1981, 407, 413f.

[733] Berg, Rolle u. Seemann 1981, 119. Es zeigt sich an diesem Beispiel recht gut, wie eine durchaus problematische Befundsituation mittels sprachlicher Eindeutigkeit zu einem 'überzeugenden' Nachweis für Anthropophagie werden kann. Vgl. auch Moser 1968, 11: *"Verschiedene Schädel sind am rechten Hinterhaupt stark beschädigt und weisen eindeutig Schlagmarken auf."*

[734] Abels 1977, 116.

[735] Kunkel 1955, 131.

kerung, die von den Bandkeramikern im Jura gewiß noch angetroffen worden sei[736] - eine zweifellos phantasievolle, jedoch kaum vertretbare Meinung. Es sei auch nochmals darauf hingewiesen, daß die Zugehörigkeit aller menschlichen Skelettreste zum bandkeramischen Material aus dem Befund nicht hervorgeht.

Die Interpretation der Funde als Überreste eines kannibalistischen Opferrituals erscheint wenig überzeugend. Es konnten keine Spuren an den menschlichen Knochen nachgewiesen werden, die eine anthropogene Einwirkung belegen; dadurch wird die postulierte Zerstückelung der Körper unwahrscheinlich. Gegen die Annahme, daß immer vollständige Leichen eingebracht wurden[737], sprechen andererseits die unregelmäßige Verteilung der Skelettelemente und der seltene Tierfraß. Vielleicht war dies vornehmlich nur bei Säuglingen der Fall. Eine plausible Möglichkeit wäre die Annahme, daß es sich überwiegend um Sekundärbestattungen handelte; in diese Richtung weisen u.a. das Fehlen von Spuren und die Seltenheit von Wirbeln, Rippen, Hand- und Fußknochen[738]. Auch die demographische Zusammensetzung könnte für Bestattungen ein Anhaltspunkt sein, wobei Kinder, Juvenile und eventuell Frauen im Vergleich zu den aus Gräberfeldern bekannten Verhältnissen überrepräsentiert sind[739] - da insbesondere Kinder und Juvenile dort in zu geringer Zahl auftreten, ist hier möglicherweise eine Sterblichkeitsrate dokumentiert, die der tatsächlichen oder zu erwartenden eher entspricht[740]. Die von O. Kunkel und anderen vertretene Auffassung, das reguläre Bestattungsritual der Bandkeramiker sei bekannt, ist abzulehnen, da dieses unter Mißachtung tatsächlich gegebener Verhältnisse und unter der Prämisse, damalige und heutige Auffassungen von Totenbehandlung seien weitgehend identisch, bestimmt wurde. Das reguläre Ritual oder wahrscheinlicher die Rituale können nur herausgearbeitet werden, wenn das gesamte Material, einschließlich der in Siedlungen und Höhlen auftretenden menschlichen Skelettreste, in die Betrachtung einbezogen wird. Daß mit Phänomenen wie Sekundärbestattungen zu rechnen ist, zeigt das oben erwähnte Beispiel des Schädels aus Königschaffhausen in eindrucksvoller Weise[741]. Erst in einem zweiten Schritt wäre dann zu ergründen, inwieweit sich auch Hinweise auf andere Vorgänge, beispielsweise Menschenopfer, Kannibalismus und Kopfjagd, im untersuchten Material verbergen. Eine Aufarbeitung der beschriebenen Art kann im Rahmen der vorliegenden Arbeit nicht versucht werden

---

[736] Asmus in: Kunkel 1955, 76.

[737] Ein ethnographisches Beispiel sei dennoch erwähnt; Steinbach berichtete von der Insel Nauru (Pleasant Island, Mikronesien), daß die Einwohner ihre Toten in Höhlen werfen: *"Auf die hinabgestürzten Leichname werden grosse Steine und Feuerbrände geschleudert, eine Sitte, die leider für die Gewinnung anthropologischen Materiales sehr peinlich ist, da die meisten Skelettheile vollständig zertrümmert werden. Die Vornehmen werden übrigens in der Erde bestattet; manche Leichen sollen auch, besonders früher, dem Meere übergeben worden sein."* Steinbach 1896, (549).

[738] Ferner die zu geringe Anzahl von Schädeln und einigen Langknochen, die möglicherweise aufbewahrt und/oder an anderen Stellen bestattet wurden, z.B. in Siedlungen. Hingewiesen sei in diesem Zusammenhang auf bandkeramische Siedlungsreste, die bei Bauarbeiten in Königschaffhausen, Baden-Württemberg, angeschnitten wurden: Ein menschlicher Schädel ohne Unterkiefer lag in einer länglichen, unregelmäßig gerundeten Verfärbung, die allerdings nicht vollständig untersucht werden konnte. In der Füllung fanden sich zahlreiche Scherben der jüngeren Bandkeramik, Tierknochen, ein Hornzapfen, Holzkohle, ein verziegeltes Lehmstück und Mahlsteinfragmente. Der Schädel wurde 'en bloc' geborgen. Nach der von K. Gerhardt durchgeführten anthropologischen Untersuchung handelte es sich um das Kalvarium eines 10-14jährigen, eher weiblichen Individuums. Das den Schädel umgebende Erdreich war überwiegend dicht lehmig, teilweise kompakt humos, mit einigen Rötelstücken, die den Hirnraum ausfüllende Erde war dagegen schwärzlich und auffällig locker gelagert, so daß dort bei der Niederlegung noch Weichteilreste vorhanden gewesen sein müssen. Das Fehlen des Unterkiefers - ohne Spuren von Gewalteinwirkung am Kalvarium - deute aber darauf hin, daß die Verwesung zur Zeit der Niederlegung schon fortgeschritten war (Gerhardt 1981, 59ff.).

[739] Vgl. Höckmann 1982 und Häusler 1991, bes. 43 (ausgewogeneres Geschlechterverhältnis als bisher angenommen), ferner 48f. Zum Verhältnis von Männer- und Frauengräbern auch Storch 1984/85, 33ff. Er wies ferner auf das Ungleichgewicht zwischen Siedlungen und Gräberfeldern im gesamten Verbreitungsgebiet der Bandkeramik hin und machte auf die Möglichkeit aufmerksam, daß die Körperbestattung - in Gräberfeldern - eher als Ausnahme denn als Regel anzusehen sei (ebd. 23f.).

[740] Nach Auffassung von G. Kurth kann eine urgeschichtliche anthropologische Serie erst dann als repräsentativ gelten, wenn sie zu über 60% aus Nichterwachsenen besteht (Häusler 1991, 41).

[741] Gerhardt 1981. Theoretisch ist eine Deutung als Menschenopfer möglich, auch wenn jegliche Spur von Gewalteinwirkung fehlt, etwa nach dem Modell der Ferkelopfer an den Thesmophorien: Die Ferkel wurden in Gruben geworfen, nach einiger Zeit in verwestem Zustand herausgeholt, auf Altäre verteilt und von dort unter die Saat gemischt (Gladigow 1984, 26f.). Dies wäre jedoch keine naheliegende Interpretation.

- die Problematik ist jedoch am Beispiel der Jungfernhöhle, deren Interpretation als "Abladeplatz" für die Reste anthropophager Riten keineswegs überzeugt, deutlich geworden.

3.8 Bandkeramik

Ein weiterer wichtiger Befund, der Anthropophagie in bandkeramischer Zeit belegen soll, wurde 1962 von W. Coblenz in sehr knapper Form veröffentlicht. In einer Grube in Zauschwitz[742] fanden sich im unteren Bereich viele Menschenknochen, ein Mahlstein, zwei halbe, nicht zusammengehörige Metatarsi vom Rind sowie ein Geweihschaber, Feuersteinreste, ein zusammensetzbarer Kumpf und weitere Scherben, die eine Datierung in die jüngere Linienbandkeramik ermöglichen.

Die menschlichen Knochen stammen von mindestens fünf Individuen verschiedenen Alters, darunter auch Kindern. Die Bestimmung der Individuenzahl erfolgte anhand der Unterkiefer[743]. Nach W. Coblenz sollen in fast allen Fällen vorwiegend die Schädelteile und die Röhrenknochen absichtlich zertrümmert worden sein, und Teile des Obergesichts ausgesprochen selten auftreten[744]. Andere Skelettelemente als Schädelteile und Röhrenknochen werden nicht erwähnt[745]. Die Schädel- und Langknochenfragmente ließen sich nicht zu vollständigen Körperteilen zusammensetzen[746]. Die Röhrenknochen sollen an den Gelenkenden zertrümmert oder abgeschlagen worden sein, oft seien auch die Röhren selbst in der Mitte zerschlagen oder abgespalten. *"Die Öffnung der genannten Knochen erfolgte sicherlich zur Mark-, die der Schädel zur Hirngewinnung"*[747]. An den Hinterhauptknochen konnten auf der Außenseite starke Brandspuren festgestellt werden, die Coblenz zufolge darauf hinweisen, daß unter Umständen in einzelnen Schädelteilen gekocht oder gebraten bzw. das Gehirn dort in irgendeiner Weise zum Verspeisen hergerichtet wurde. Eine Deutung des Zauschwitzer Befundes als Rest sogenannter Opfermahlzeiten sei naheliegend. *"Ob es sich bei den Objekten nun um einheimische Bandkeramiker oder um Fremde handelt, müßte notfalls aus der noch zu erwartenden anthropologischen Untersuchung abzulesen sein"*[748], die nicht erfolgte - es erhebt sich die Frage, was die Grundlage der Rekonstruktion der hier geschilderten Vorgänge bildete.

Der Befund von Zauschwitz läßt sich anhand der vorliegenden Informationen nicht beurteilen. Eine Trennung von Beschreibung und Interpretation fehlt, ebenso die notwendige anthropologische Untersuchung, die es ermöglichen würde zu entscheiden, inwieweit der Zustand der menschlichen Knochen tatsächlich auf anthropogene Einwirkung zurückzuführen ist[749].

Eine Zusammenstellung von Befunden mit menschlichen Skelettresten in bandkeramischen Siedlungen, vornehmlich aus Sachsen und Thüringen, aber auch aus anderen Gebieten, erfolgte 1971 durch E. Hoffmann. Sie erörterte verschiedene Stellungnahmen zur Anthropophagie, u.a. bezüglich der in Kriegsdorf gefundenen menschli-

---

[742] Ziegelei, Neue Grube, Kr. Borna. Die Grube war annähernd rund und verjüngte sich leicht nach unten (Dm. ca. 1,2 m, T. ca. 0,85 m).

[743] Es handelte sich um vier Unterkiefer, von denen drei weitgehend vollständig vorliegen, sowie einen Kieferast.

[744] Coblenz 1962a, 68.

[745] Vgl. ebd. Taf. 9b (fast ausschließlich Röhrenknochenfragmente).

[746] Coblenz 1962a, 68 u. Taf. 9a.

[747] Ebd. Schnitt- oder Schlagspuren werden nicht erwähnt, nur Spuren von Nagetieren.

[748] Ebd. 69. Die Frage nach der Herkunft der 'Opfer' ist vermutlich aus der Untersuchung O. Kunkels in Tiefenellern herzuleiten, auf die er sich auch bezog (ebd. 68). An den Langknochen wurden keine Brandspuren festgestellt.

[749] Einige Beispiele anderer Deutungsmöglichkeiten seien kurz erwähnt: Für die fragmentierten menschlichen Knochen, die im Graben von Windmill Hill und vergleichbaren Anlagen gefunden wurden, schlug I. Smith eine Deutung als 'Ritualobjekte' im Zusammenhang mit Ahnenkult vor. *"(...) none of them bears cut marks and nearly all are parts of skulls and long-bones precisely the bones removed from the skeletons in the long barrow."* Smith 1959, 161. *"The Narrinyerri and other tribes south of Adelaide used human calvaria as drinking vessels. The facial skeleton of a complete skull was broken away so as only to leave the brain-box; and this held the water."* H. Basedow 1929, 95, zit. nach Ashley-Montagu 1937, 57.

chen Knochenreste[750], und wies die Meinung H. Müller-Karpes, ein Verdacht auf kannibalistische Vorgänge sei niemals hinreichend begründbar[751], mit dem Hinweis auf den Befund in Zauschwitz zurück. Dieser sei als Rest einer Opfermahlzeit zu deuten und erinnere stark an die Ausgrabungsergebnisse in der Jungfernhöhle und anderen Höhlenstationen[752]. Sie warnte aber davor, ohne genaueste Prüfung alle so oder ähnlich behandelten menschlichen Knochen als den Abfall von Kannibalenmahlzeiten zu deuten. Es dürfe jedoch spätestens seit dem Fund von Zauschwitz keinen Zweifel mehr daran geben, daß auch in der sächsisch-thüringischen Bandkeramik anthropophage Riten eine Rolle im Kult gespielt haben, die nachzuweisen in künftigen Grabungen möglich sein müßte[753]. Auf Kriterien, die eine Unterscheidung zwischen so oder ähnlich behandelten menschlichen Knochen und tatsächlichem Abfall von Kannibalenmahlzeiten ermöglichen könnten, ging sie nicht genauer ein.

Auffällig bei den von E. Hoffmann zusammengestellten Funden ist der hohe Anteil an Schädeln und Schädelresten, andere Knochen fanden sich vergleichsweise selten; es handelte sich dann zumeist um Langknochen(fragmente). Sie zog verschiedene Ursachen in Erwägung, die für das Vorkommen isolierter Skelettreste in Frage kommen könnten, darunter die Möglichkeit von Bestattungen, die nur unvollständig erhalten blieben, von Störungen älterer Gräber durch die Anlage von Siedlungen, wobei dann Skelettreste und einzelne Knochen in Abfallgruben oder die Kulturschicht gelangen konnten, sowie von intentionellen Störungen regulärer Bestattungen, wie sie im Gräberfeld von Sondershausen zu vermuten sind[754]. Insbesondere erwog sie jedoch die Möglichkeit, daß es sich um anthropophage Relikte oder/und um Überreste von Menschenopfern handelt, und kam, unter Hinweis auf historische und ethnologische Quellen, zu dem Ergebnis, daß dem Schädel und wahrscheinlich auch dem Unterkiefer besondere magische Kräfte zugeschrieben wurden und ein Schädelkult mit den Köpfen der toten Ahnen wie auch erschlagener Feinde anzunehmen sei. Zur magischen Beeinflussung der durch Trockenheit schwindenden Bodenfruchtbarkeit sollen kannibalistische Riten befolgt worden sein, ferner dienten mit Kinderopfern verbundene Handlungen der Stärkung der Vegetationsfruchtbarkeit[755].

Die Schädelbestattung von Taubach[756] ordnete E. Hoffmann zusammen mit einigen weiteren Schädeln aus Gruben dem Komplex der Ahnenverehrung zu, schloß aber auch eine Erklärung als Schädeltrophäe nicht aus. Für die Schädelbestattung aus Quedlinburg[757] dagegen scheide das Motiv der Ahnenverehrung aus, da es sich um einen Kinderschädel handelte - es biete sich die Deutung als Opfer im Rahmen der Fruchtbarkeitsmagie an, ebenso im Fall eines kindlichen Hockerskeletts ohne Kopf aus Nerkewitz[758]. Diesem Schädel sei vermutlich eine besondere Behandlung zuteil geworden, "*möglicherweise durch Vergraben auf den Feldern. Etwas Ähnliches läßt sich andererseits für das zu dem Quedlinburger Kinderschädel gehörige Skelett vermuten. Ob man jedoch alle kindlichen*

---

[750] Heute Friedensdorf, Kr. Merseburg. Im Katalog (S. 21) wird lediglich die Kulturschicht, in der sich auch menschliche Schädel- und einige Rippenbruchstücke fanden, erwähnt. Diese stammen aber aus der unmittelbaren Nähe einer Hockerbestattung. Im Fundbericht heißt es dazu: Die Kulturschicht "*enthielt zahlreiche Scherben der Bandkeramik, durchsetzt mit vielen Knochen von Rind, Schwein, Ziege, Reh und Hund. In nächster Nähe des Hockers lagen drei menschliche, scharfrandige Schädel- und mehrere Rippenstücke. Nach diesem Befund vermute ich, daß die Träger des bandkeramischen Kulturkreises Menschenfresser waren.*" Stimmig 1925, 35. Es läßt sich m. E. nach den vorliegenden Informationen (vgl. ebd. 36 und v.a. Abb. 4) nicht entscheiden, ob die erwähnten Knochenteile möglicherweise zum Hockerskelett gehörten, das nur in Fragmenten geborgen werden konnte.

[751] Müller-Karpe, Handbuch der Vorgeschichte II, 1968, 366 Anm. 1: "*Durchweg problematisch sind die Befunde, wo menschliche Skelettreste zerschlagen und mit vermeintlichen Schnittspuren angetroffen wurden. Der in solchen Fällen geäußerte Verdacht auf kannibalische Vorgänge ist niemals hinreichend begründbar.*"

[752] E. Hoffmann 1971, 7.

[753] Ebd. 7f.

[754] Ebd. 2f.; Kahlke 1954, 129ff.

[755] E. Hoffmann 1971, 1.

[756] Taubach, Kr. Weimar. Schädel ohne Unterkiefer, teilweise von einem Gefäßboden verdeckt, dabei ferner ein Mandibelfragment (Wildschwein), ein Feuersteinmesser, ein Knochenpfriem, zwei Schuhleistenkeile und in der Nähe ein weiteres Gefäß (ebd. 23).

[757] Quedlinburg, Bez. Halle. Gruben mit linien- und stichbandkeramischen Scherben, einige Körperbestattungen mit Gefäßen neben dem Kopf; in einer der Gruben fand sich der Kinderschädel in einer Schale, über die ein bauchiges Gefäß gestülpt war (ebd. 22).

[758] Nerkewitz, Kr. Jena. Ebd. 22. Vgl. dazu K. Peschel 1980, 249, der das Fehlen des Schädels anzweifelte.

Skelette in Siedlungsgruben - z.B. die in Hausneindorf - als Opfer interpretieren darf, auch wenn sie vollständig und mit Beigaben versehen sind, muß vorläufig offenbleiben"[759]. Die naheliegende Deutung der Schädeldeponierungen als Sekundärbestattungen, die keineswegs mit Ahnenkult in Verbindung stehen müssen, wird nicht erwogen[760]. Auf die Problematik der Unterscheidung eines Menschenopfers von einer Siedlungsbestattung ist bereits mehrfach hingewiesen worden[761].

In der bandkeramischen Kultur wäre, faßt man die Aussagen zusammen, mit verschiedenen Formen des Menschenopfers zu rechnen, die sowohl vollständig als auch in Teilen niedergelegt oder verzehrt und bei verschiedenen Gelegenheiten bzw. zu unterschiedlichen Zwecken dargebracht wurden. Als Opfer kämen sowohl Erwachsene als auch Kinder verschiedenen Alters in Frage. Ob eine so ausgeprägte und vielfältige 'Menschenopferpraxis' für eine vermutlich weitgehend egalitär strukturierte Gesellschaft wie die der Bandkeramik anzunehmen ist, sei in Frage gestellt. Die grundsätzliche Problematik des Themas 'Menschenopfer' liegt darin, daß Modelle fehlen, in denen untersucht wird, in welchen Gesellschaften, in welcher Form und in welchem Umfang mit solchen Opfern überhaupt zu rechnen ist. Dazu wäre vor allem eine quellenkritische Bearbeitung des ethnographischen Materials notwendig.

Die Annahme, Menschenopfer und Kannibalismus seien in bandkeramischer Zeit üblich gewesen und nachgewiesen, ist jedoch trotz fehlender theoretischer Auseinandersetzung mit diesen Problemen weitgehend akzeptiert. H.-J. Barthel veröffentlichte 1981 Tierknochenreste aus einer bandkeramischen Grube von Nägelstedt, unter denen sich auch ein menschliches Knochenfragment (Os coxae) fand. Nach ihm könnte es sich um den Überrest einer älteren Bestattung handeln, eine zweite Möglichkeit dürfe aber nicht außer acht gelassen werden, wenn sich menschliche Skelettreste in einer Siedlung bzw. Grube finden. Es gelte allgemein als erwiesen, daß in der bandkeramischen Kultur 'kultischer Kannibalismus' betrieben wurde: *"Hoffmann legt eine große Anzahl von archäologischen Befunden vor, die eindeutig auf diese Tatsache hinweisen. G. Behm-Blancke setzt sich ebenfalls mit Zeugnissen des Kannibalismus in urgeschichtlicher Zeit auseinander. Es würde den Rahmen dieser Arbeit sprengen, auf all die damit verbundenen Probleme erneut einzugehen"*[762]. D. Kaufmann stellte fest, daß der kultische Kannibalismus kaum oder noch nicht deutlich genug von den Stückelopfern oder -bestattungen und den pars-pro-toto-Opfern abzugrenzen sei. In Eilsleben wäre Kannibalismus bislang noch nicht mit Sicherheit nachgewiesen, für die Bandkeramik sei er aber *"durch den Grubenbefund von Zauschwitz, Kr. Borna (...), und den Opferbefund aus der Jungfernhöhle bei Tiefenellern (...), auf der 'Berglitzl' bei Gusen (...) sowie von anderen Plätzen eindeutig belegt"*[763]. Wie gezeigt werden konnte, ist Kannibalismus für die angesprochenen Fundorte nicht eindeutig belegt, sondern liegt für einige im Bereich des Möglichen, beispielsweise für Zauschwitz, für andere im Bereich des Unwahrscheinlichen, wie für die Jungfernhöhle. Es ist jedoch festzuhalten, daß Befunde, die mit dieser Deutung veröffentlicht worden sind, in der Folge immer wieder ohne erneute Prüfung zitiert werden und als Grundlage für die Interpretation weiterer Befunde dienen. A. Kulczycka-Leciejewiczowa äußerte sich vorsichtiger, indem sie feststellte, daß solche Funde manchmal als Zeugnisse für Kannibalismus interpretiert werden, aber auch Spuren ritueller Praktiken im Zusammenhang mit der Beisetzung Verstorbener sein können[764].

1988 publizierten J. Kneipp und H. Büttner einen kurzen Vorbericht über eine Grabung in Ober-Hörgern im Wetteraukreis. Aufgedeckt wurden ein Teil eines bandkeramischen, oval verlaufenden Grabens und, vorwiegend im inneren Bereich der Grabenanlage, 24 bandkeramische sowie 3 latènezeitliche Gruben, ferner eine größere Anzahl von sogenannten Schlitzgräbchen nordwestlich des Grabens. Die latènezeitlichen Gruben enthielten Menschenknochen, die aber, mit Ausnahme eines Unterkiefers, nicht näher beschrieben werden. In zwei bandkerami-

---

[759] E. Hoffmann 1971, 21. Gerade vollständige Skelette könnten so interpretiert werden, da sich bei einzelnen Knochen immer die Frage erhebt, wo denn das Menschenopfer eigentlich ist. In Hausneindorf fanden sich in mehreren Gruben menschliche Skelettreste (Reste von Kinderschädeln), darunter die Hockerbestattung eines Kindes. Sie lag vermutlich im oberen Teil einer Grube, die eine Brandstelle, Tierknochen, Feuersteinabsplisse und Scherben der Stichbandkeramik enthielt (ebd. 22).

[760] Wobei es sich bei dem Fund aus Nerkewitz, falls der Schädel tatsächlich fehlte, um eine Primärbestattung handeln könnte, der der Schädel entnommen wurde.

[761] Vgl. Kap. II.1.3 und 3.1.

[762] Barthel 1981, 235.

[763] Kaufmann 1989, 130; zur "Berglitzl" bei Gusen vgl. Pertlwieser 1975.

[764] Kulczycka-Leciejewiczowa 1988, 177.

schen Gruben (25 und 32) fanden sich menschliche Knochenfragmente von linken Schienbeinen, die nach Robustizität und Kompaktadicke von erwachsenen Individuen stammen dürften[765]. Sie weisen, den Autoren zufolge analog den damit zusammen gefundenen tierischen Langknochen[766], Spuren einer Längsspaltung auf, die *"nach ihrer Beschaffenheit nur als Öffnung der Markhöhle mit einem scharfen Werkzeug zum Zwecke der Markgewinnung gedeutet werden kann"*[767]. An anderen Stellen ist von Hackspuren die Rede. Belegen ließe sich damit nur, daß die Knochen zerschlagen wurden. Ob dies zum Zweck der Markgewinnung geschah oder ob der Zweck das Zerhacken selbst war, geht aus den Spuren an den Knochen nicht hervor[768]. In zwei Fällen sollen Spuren von Schweinefraß festgestellt worden sein, die jedoch nicht näher beschrieben werden. Da bisher entsprechende Untersuchungen zum Fraßverhalten von Schweinen selten sind[769], wäre dies wünschenswert, insbesondere hinsichtlich der Abgrenzung von den festgestellten Schlagspuren.

In Grube 25 fanden sich nur unbestimmbare Tierknochensplitter, ferner u.a. Scherben von ca. 60 Gefäßen, davon über 70% verziert, Muschelreste und viele Holzkohlebröckchen in der Auffüllung[770]. Etwa ein Viertel der Grube 32 war mit verziegelten Hüttenlehmbröckchen und Holzkohle angefüllt, dazu vier kindskopfgroße Quarzitbrocken. Bei beiden Gruben dürfte es sich demnach nicht um gewöhnliche 'Abfallgruben' handeln. Die Tierknochen des Fundplatzes stammen hauptsächlich von domestizierten Tieren, es fand sich nur ein Rothirschknochen. Der hohe Grad der Knochenzerschlagung soll auf eine verstärkte Nutzung des Knochenmarks in jener Zeit hinweisen[771].

H. Büttner stellte zusammenfassend fest, daß mit diesem Befund nach dem von Coblenz beschriebenen von Zauschwitz ein weiterer Fall von bandkeramischem Kannibalismus in mitteleuropäischen Siedlungen vorliege. Die Höhlenfunde mit auf Anthropophagie deutenden Spuren seien gesondert zu betrachten, da Höhlen oftmals Ritualplätze darstellen und dort abgehaltene Totenriten und mögliche kultische Anthropophagie eine besondere Stellung einnehmen. Bei der in die jüngste Bandkeramik datierten Siedlung von Ober-Hörgern soll eine Form von Exokannibalismus vorliegen, eine Vermutung, die er nicht begründete. Die Knochenüberreste glichen zwar in vielerlei Hinsicht den zerhackten Schlachttierknochen und seien auch mit ihnen zusammen in Abfallgruben gefunden worden, ein Umstand dürfte jedoch einen kultischen Hintergrund nahelegen, und zwar der, daß alle vier Schienbeine jeweils von linken Beinen stammen, was kaum als Zufall gewertet werden könne. Hinzu komme, daß aus den beiden Gruben mit Menschenknochen je eine Flasche mit hohem Trichterhals stammt, eine Keramikform, die in allen anderen Gruben fehlt[772]. H. Büttner interpretierte den Fundort also nicht als 'Ritualplatz', wie die Höhlen, sprach den Gruben mit Menschenknochen aber eine gewisse Sonderstellung zu. Einen Zusammenhang mit Bestattungsritualen schloß er offensichtlich aus, da er, ohne nähere Erläuterung, Exokannibalismus vermutete.

In der latènezeitlichen Grube 35 fand sich der vollständige Unterkiefer eines adulten Mannes, aus dem alle einwurzeligen Zähne entfernt worden waren. Schnitt- und Hackspuren weisen auf die Durchtrennung von Bändern und Muskeln. Der gute Erhaltungszustand der Menschenknochen aus den bandkeramischen Gruben sowie auch der des Unterkiefers belege, daß diese umgehend in die Gruben gelangten. Im Gegensatz dazu wiesen die eisenzeitlichen Knochen von Ober-Hörgern Spuren einer längeren Lagerung an der Oberfläche auf. Aus diesen Gründen (Extraktion der Zähne, Erhaltungszustand) und wegen der Unversehrtheit der Äste soll der Unterkiefer

---

[765] Kneipp u. Büttner 1988, 494. Grube 25: Mittelabschnitt der Diaphyse, nach den Autoren mit Tierfraß von Schweinen an den Schaftenden; Grube 32: Reste von 3 Schienbeinen, in einem Fall ebenfalls Spuren von Schweinefraß.

[766] Zum Inhalt der beiden Gruben vgl. unten.

[767] Kneipp u. Büttner 1988, 496.

[768] In einer Fußnote heißt es dazu: *"Der tatsächliche Verzehr von menschlichem Fleisch oder Knochenmark kann natürlich auch in Ober-Hörgern dadurch nicht bewiesen werden; möglich wäre auch eine Form von Brandopfer"* (?) *"oder ähnliches."* Ebd. Anm. 13.

[769] Vgl. Kap. II. Anm. 42.

[770] Kneipp u. Büttner 1988, 490.

[771] Ebd. 494. Hingewiesen sei in diesem Zusammenhang auf Tierknochenfunde in einer 'Siedlungsgrube' in Meuschau, Kr. Merseburg. Die Knochen waren z.T. bis zu quadratischen Querschnitten aufgespalten und zeigten keine Bearbeitungsspuren (Saal 1974).

[772] Kneipp u. Büttner 1988, 496f.

gleichfalls aus bandkeramischer Zeit stammen und *"erst sehr viel später sekundär (möglicherweise als Verehrung eines vermuteten Ahnen) in die latènezeitliche Grube 35 gesetzt worden sein (...)"*[773].

Die latènezeitlichen Menschenknochen aus Ober-Hörgern weisen ein anderes Erscheinungsbild als die bandkeramischen Knochen auf, sowohl hinsichtlich ihrer relativ stark erodierten Oberfläche, die auf Witterungsexposition schließen läßt, als auch hinsichtlich der durch den Menschen vorgenommenen Behandlung. Nach H. Büttner wurden die Knochenschäfte nicht längsgespalten, sondern, ähnlich den Befunden aus Bad Nauheim und Manching, quer zur Knochenlängsrichtung abgeschlagen, eine Behandlung, die zum Zweck der Markgewinnung ungeeignet sei[774]. Zumindest deutet diese Knochenbehandlung, wenn sie regelhaft festzustellen ist, darauf, daß Markgewinnung nicht der primäre Grund für die Manipulationen gewesen sein kann.

3.9 Manching

G. Lange behandelte im Rahmen seiner Bearbeitung der latènezeitlichen menschlichen Skelettreste aus Manching dieses Problem, u.a. durch einen Vergleich mit dem Tierknochenmaterial. Dort fanden sich neun mehr oder weniger vollständige Skelette und etwa 5000 Einzelknochen; 14 annähernd vollständige Schädel, 42 unvollständige - Kalotten, größere Schädelteile, einige Gesichtsschädel - sowie ca. 1500 Schädelfragmente, vorwiegend aus dem Bereich des Schädeldachs, isolierte Unterkiefer und ca. 3000 Langknochen, hauptsächlich Femur, Tibia und Humerus[775]. Bezogen auf die am häufigsten vertretenen Oberschenkelknochen fehlen knapp die Hälfte der Schienbeine, gut die Hälfte der Oberarmknochen, mehr als 80% der Ellen, Speichen, Wadenbeine, Beckenknochen und mehr als 95% der übrigen Knochen[776]. Der überwiegende Teil der Skelettreste stammt von erwachsenen Individuen, am seltensten sind solche von Kleinkindern und Säuglingen[777].

Die Knochen waren großteils zerschlagen, wobei die Befunde an den Schädeln nach G. Lange darauf hindeuten, daß die Beschädigungen erst lange nach dem Tod des betreffenden Individuums erfolgt seien[778]. Dagegen sollen die Langknochen zumeist in 'frischem' Zustand fragmentiert worden sein. Nur 6 waren vollständig erhalten, 2 Femora, 3 Humeri und 1 Elle. 38 Oberschenkel- und 11 Oberarmknochen wiesen noch das proximale Gelenkende auf, den übrigen Langknochen, also mehr als 95%, fehlten die Epiphysen, die auch im Fundmaterial nur äußerst selten vertreten sind[779].

G. Lange verglich den Zustand der menschlichen Knochen mit dem der in Manching gefundenen Tierknochen: Die tierischen Langknochen ließen einen vergleichsweise fragmentarischen Zustand erkennen, der größte Teil dieses Fundmaterials erschien regelrecht kleingehackt. Die Diaphysen der menschlichen Langknochen seien dagegen vorwiegend als mehr oder weniger große zusammenhängende Stücke geborgen worden. Kleine Fundstücke unter dem menschlichen Knochenmaterial wiesen in der Regel, im Gegensatz zu den tierischen Knochen, frische Bruchflächen auf, vermutlich bei der Fundbergung entstandene Verletzungen. Viele Tierknochen seien längsgespalten, bei den Menschenknochen sei dies die Ausnahme der Regel und in erster Linie natürlichen Ursachen, beispielsweise Frosteinwirkung, zuzuschreiben. Nahezu allen menschlichen Langknochen fehlen die Epiphysen.

---

[773] Ebd. 496.

[774] Ebd. 497.

[775] Lange 1983, 3ff. Auch in anderen Latènesiedlungen bzw. -gruben treten vorwiegend Schädel- und Langknochen(fragmente) auf. Vgl. auch Brunaux 1986, 21ff.; Benoît 1968, ders. 1975.

[776] Lorenz 1985, 573; ders. 1986, Abb. 76. Die anhand der Femora ermittelte Individuenzahl beträgt über 400, durch Hirnschädelknochen sind 239 und durch Unterkiefer 139 Individuen repräsentiert (Lange 1983, 33).

[777] Lange 1983, 32ff.

[778] Ebd. 23.

[779] 44 Femur- und 2 Humerusepiphysen, Lange 1983, 5; ebd. 22: 87% der Femur- und 97% der Humerusgelenkköpfe fehlen.

Bei den Tierknochen liegen dagegen viele Endstücke mit Epiphysen vor, von Jungtieren entsprechend die Diaphysenendteile - die mittleren Abschnitte der Knochenschäfte seien zertrümmert worden[780].

Die Darstellung des Vergleichs der Menschen- und Tierknochen war notwendig, da das menschliche Skelettmaterial im Zusammenhang mit Kannibalismus erwähnt wurde. H. Lorenz schloß seine Rezension der Arbeit von G. Lange mit der Bemerkung, wir müßten uns vielleicht doch, auch wenn der Verfasser dies mit Nachdruck ablehnt, mit der Vorstellung vertraut machen, daß in Manching seinerzeit Kopfjäger und Kannibalen gelebt haben[781]. In einer späteren Veröffentlichung beschrieb er den Vorgang plastischer: *"Natürlich hat die Vorstellung, daß unsere keltischen Vorfahren um ein Feuer sitzen und einen menschlichen Oberschenkel ebenso genußvoll abnagen, wie wir es heute mit einer Schweinshaxe zu tun pflegen, etwas Makabres an sich"*[782]. Die Tatsache, daß großteils Diaphysen oder Fragmente von solchen vorliegen, die Epiphysen aber fehlen, spricht gegen die Möglichkeit, es könne sich um Relikte anthropophager Vorgänge handeln. Wären die Extremitäten in der Siedlung verzehrt worden, müßten mehr Stücke mit Epiphysen vorliegen, wären sie außerhalb verzehrt worden, müßte man annehmen, daß ein Teil der Knochen'abfälle' - nachdem man ihnen auf eine umständliche Weise das Mark weitgehend entnommen hatte - in die Siedlung gebracht wurde, um dort deponiert zu werden. Dies ist selbstverständlich nicht grundsätzlich auszuschließen, es liegen jedoch keine Indizien vor, die eine solche Annahme stützen würden.

G. Lange zufolge sollen die Epiphysen dem frischen Knochen abgeschlagen worden sein, wofür die Glätte der Frakturfläche und der unregelmäßig gezackte Verlauf der Bruchkante spreche[783]. Schnittspuren fanden sich an ca. 10% der Langknochen, vorwiegend im proximalen Bereich der Femora (Hüfte) und im distalen Bereich der Humeri (Ellenbogengelenk). Dies bedeute, daß hier in erster Linie die sehnigen Ansätze großer Muskelbündel sowie die Gelenkkapseln durchschnitten worden sind, um die Extremitäten vom Körper abzutrennen bzw. sie in der Ellenbeuge zu durchtrennen. Relativ wenige zeigten auch Schnittspuren im mittleren Bereich der Diaphyse[784], ein Befund, der gegen die Möglichkeit spreche, daß die Knochen gleich nach dem Tod der betreffenden Individuen entfleischt wurden[785]. Seiner Interpretation zufolge sollen die Extremitäten erst nach weitgehender Verwesung der Körper abgetrennt und den Knochen dann die Epiphysen abgeschlagen worden sein[786]. Nach den beschriebenen Schnitt- und Schlagverletzungen scheint es jedoch keineswegs ausgeschlossen, daß "frische" Leichen zerlegt worden sind, eine Möglichkeit, die er nicht diskutierte[787].

---

780 Lange 1983, 21. Die Aussagen sind insofern nicht überprüfbar, als bei der Veröffentlichung der Tierknochen diese Fragen nicht behandelt worden sind (Schnittspuren nur bei Hundeknochen erwähnt); vgl. Boessneck u.a. 1971. Vgl. inzwischen Schäffer u. Steger 1985 (Spuren an 7,2% der Knochen, vor allem an Humerus und Radius, seltener am Femur; sagittal oder quer gespaltene Langknochen; Hundebißspuren).

781 Lorenz 1985, 575.

782 Ders. 1986, 192.

783 Lange 1983, 21ff. Interessant ist in diesem Zusammenhang, daß Knochen, die noch eine Epiphyse aufweisen, fast ausschließlich in der Schaftmitte durchgebrochen sein sollen, was nach seinen Kriterien darauf deutet, daß der Knochen nicht mehr frisch war, und an den Bruchstellen keine Tierfraßspuren auftraten. Kinderknochen waren nicht gewaltsam zerbrochen und wiesen keine Fraßspuren von größeren Tieren auf; ebd. 22.

784 Ebd. 25.

785 Ebd. 112.

786 Diese Reihenfolge wird jedoch nicht belegt, d.h. er weist nicht nach, daß die Abschlagung der Epiphysen unabhängig von der Zerlegung der Körper erfolgte. Das von ihm dafür in Anspruch genommene Beispiel eines Femurs (ebd. 25) reicht zum einen nicht aus, zum anderen zeigt es lediglich, daß die festgestellten Schnittspuren dem Knochen offenbar zugefügt worden sind, bevor die Epiphyse abgeschlagen wurde; warum dies mit anderen Vorgängen als der Abtrennung des Oberschenkels vom Körper in Zusammenhang stehen soll, wird nicht erörtert.

787 Lange 1983, 21ff. Grundsätzlich zu kritisieren ist in diesem Zusammenhang die fehlende statistische Aufarbeitung des Materials; zumeist werden Aussagen mit nur einigen Beispielen belegt oder durch Formulierungen wie "in vielen Fällen im ganzen gesehen" begründet, andere Punkte werden gar nicht behandelt. So fehlt insbesondere eine Erörterung von Möglichkeiten, die neben der von ihm bevorzugten Deutung denkbar wären. Vgl. in diesem Sinn die Rezension von B. Herrmann, Prähist. Zeitschr. 65, 1990, 110. Er wies darauf hin, daß Langes Sachaussagen Widerspruch hervorrufen. Die Untersuchung sei nicht auf dem Stand des heutigen (bzw. des damaligen) Wissens. Er führte als Beispiel die Frage nach dem Zeitpunkt der Verletzungen, also wann sie den Knochen beigebracht wurden, an: Lange erledige solche Probleme rasch und autoritär. *"Die diffizilsten, ungeklärten Fragen der Dekomposition bodengelagerter Skeletteile löst Lange mit dem Rückgriff auf ein Zitat aus*

Ca. 30% der großen Langknochen Femur, Tibia und Humerus wiesen Tierfraß von Carnivoren vornehmlich an den Diaphysenenden auf, nach Lange in ungleich stärkerem Maß als die Tierknochen. Die Bißspuren sollen am ehesten von Hunden stammen und sich an den übrigen Skelettresten selten finden[788]. Das Fehlen der Epiphysen sei nicht auf Tierfraß zurückzuführen, weil mehrfach die Art der Benagung dafür spreche, daß sie zu der Zeit nicht mehr vorhanden waren, und weil Hunde kaum in der Lage sind, die Gelenke abzubeißen, wie Versuche ergeben haben. Inwieweit jedoch andere Tiere, beispielsweise Wölfe[789] oder auch Bären, in Frage kommen könnten, wurde gar nicht untersucht, vermutlich aufgrund der Annahme, die Bißspuren seien erst in der Siedlung entstanden[790]. Denkbar wäre jedoch auch die Einwirkung von Tieren am angenommenen Verwesungsplatz. Die Leichen könnten dort zerlegt oder zerhackt worden sein, um Carnivoren den Zugang zu erleichtern und die Prozedur der Entfleischung zu beschleunigen[791]. Die Knochen wurden nach einiger Zeit aufgesammelt, wobei die Auslese sich nach Größe und Auffälligkeit richtete - am häufigsten die Schäfte der großen Langknochen, am seltensten die kleinen Knochen, eine Annahme, die mit der tatsächlichen Zusammensetzung des Materials am ehesten in Einklang stünde. Zu fragen wäre allerdings, wo die Schädel verblieben - möglicherweise wurde ihnen eine andere Behandlung zuteil, die kaum auffindbare Spuren hinterließ[792].

Der Erhaltungszustand der postcranialen Skelettreste war gut, so daß sie G. Lange zufolge mit Sicherheit nicht allzu lange an der Oberfläche gelegen haben sollen[793]. Es wäre jedoch nach den oben angeführten Überlegungen auch die Möglichkeit in Erwägung zu ziehen, daß die ausgelesenen Knochen in Häusern aufbewahrt wurden und nicht sofort in die Erde gelangten - in diesem Fall würden sie gleichfalls keine Verwitterungsspuren zeigen. Damit könnte beispielsweise die Annahme verbunden werden, die Knochen seien jeweils so lange aufgehoben worden, bis eine abschließende Totenfeier es ermöglichte, sie wegzuwerfen oder zu deponieren, was die mühsame Suche nach bedeutungsvollen Kombinationen mit anderen Gegenständen[794] und ähnlich umständliche Überlegungen[795] erübrigt, da es sich dann tatsächlich mehr oder weniger um eine Art 'Abfall' handeln kann, der in gerade

---

1932. Welche schwierigen grundlegenden diagnostischen Probleme und technischer Aufwand mit solchen Oberflächenmarken am Skelettfund verbunden sind, werden weder dem Leser ins Bewußtsein gebracht noch als Hintergrund skizziert." Ebd. 109. - Vgl. auch Kap. II.1.2.1.

788 Lange 1983, 26f.

789 Wölfe sind ebenfalls nicht in der Lage, die Gelenkenden von großen Langknochen abzubeißen. Es wurde jedoch bereits angesprochen, daß die Epiphysen auch bei der möglichen Zerlegung der Körper schon in Mitleidenschaft gezogen worden sein könnten.

790 Eine Annahme, die wiederum abhängt von der Annahme, daß nicht Leichen zerlegt, sondern Extremitäten von bereits verwesten Körpern abgetrennt worden seien. Dafür könnte sprechen, daß Knochen mit Tierfraß überwiegend aus den oberen Erdschichten stammen sollen (Lange 1983, 27), was zu der Aussage in Widerspruch steht, daß vermutlich sämtliche Oberflächenfunde gleichfalls aus Gruben, Gräbchen und Pfostenlöchern stammen, da sie nach den Beobachtungen der Grabungsjahre 1971-1973 genau oberhalb jener Siedlungsstrukturen lagen (ebd. 3, 18). Vgl. zu diesem Punkt Lorenz 1985, 574, der dem aufgrund eigener Untersuchungen in Manching nicht zustimmen konnte. Ca. zwei Drittel der postcranialen Skelettreste fanden sich in den oberen Erdschichten, ein Blick in den Katalog zeigt aber, daß Knochen mit Tierfraß auch in Gruben usw. angetroffen wurden.

791 Kinder- und Säuglingsknochen sollen keine Fraß- und Zerlegungsspuren aufgewiesen haben (Lange 1983, 22), vielleicht hat man die Leichen verwesen lassen. Da jedoch nur wenige überhaupt vertreten sind, wurden sie möglicherweise in der Regel auf eine andere Art oder gar nicht bestattet.

792 Sie könnten beispielsweise schon auf dem Verwesungsplatz zertrümmert worden sein, vielleicht wurden sie auch gleich mit in die Siedlung genommen, aber anders behandelt als die postcranialen Teile. Vgl. dazu unten.

793 Lange 1983, 10f.

794 Vgl. ebd. 4: Auf dem Boden einer Grube lagen ein Pferdeschädel und ein Femur; im oberen Bereich eines Schachts fanden sich ein Femur und ein Schwert. Es mag sein, daß diese Fundobjekte jeweils in enger Beziehung zueinander standen und absichtlich zusammen deponiert worden sind (vgl. in diesem Zusammenhang auch F. Maier 1976 und Lange 1983, 7: Gefäßdepot mit 'Gesichtsmaske' u.a.), keinesfalls geben sie aber "Auskunft über gewisse Vorgänge im Oppidum", wie Lange meinte. Sie stellen Ausnahmen dar und müssen angesichts der überwiegenden Zahl an Fundkomplexen, bei denen nichts derartiges festgestellt werden konnte, zunächst eher als zufällige Kombinationen gewertet werden. Vgl. in diesem Sinn auch Sievers 1989, 115f.

795 So muß man sich dem kritischen Hinweis von H. Lorenz anschließen, der den Kartierungen keine unmittelbare Beziehung zwischen den Verteilungsschwerpunkten der menschlichen Knochen und Hausgrundrissen zu entnehmen vermochte,

zur Verfügung stehende Gruben usw. gelegt wurde. Dagegen spräche lediglich die von G. Lange vertretene Auffassung, die in der Siedlung herumstreunenden Hunde hätten die vor allem oberflächlich in die Erde gesetzten zerschlagenen Menschenknochen, angezogen vom Geruch der Reste des sich zersetzenden Fettmarks, wieder ausgegraben und diese gemäß des ihnen eigenen Fraßverhaltens vornehmlich an den Endpartien benagt, d.h. die Auffassung, der Tierfraß an den Knochen stamme aus der Zeit nach der Deponierung in der Siedlung[796]. Dem berechtigten Einwand von H. Lorenz, der sich fragte, warum man diese Reliquien an sich genommen hat, um sie nach sehr kurzer Zeit genauso zu behandeln wie den übrigen, tagtäglich in der Siedlung anfallenden Abfall[797], wäre wenig entgegenzusetzen[798]. Wie bereits ausgeführt, ist jedoch auch ein früherer Zeitpunkt für den Tierfraß in Erwägung zu ziehen.

Es bietet sich nach den bisher vorgebrachten Überlegungen folgende Rekonstruktion der Bestattungssitte eines Teils der Manchinger Bevölkerung an: Die Verstorbenen wurden an bestimmten, dafür vorgesehenen Orten zerlegt und der Verwesung bzw. Fleischfressern ausgesetzt. Dann sammelte man einen Teil der übriggebliebenen Reste mehr oder weniger sorgfältig ein, brachte sie in die Siedlung und deponierte sie dort oder bewahrte sie eine gewisse Zeit auf[799]. Diese Interpretation stimmt grundsätzlich mit der von Lange vertretenen Überzeugung, es handele sich, zumindest bei den Langknochen, um Relikte von Bestattungsritualen, überein, vermeidet jedoch komplizierte Umwege und schwer nachvollziehbare Befundinterpretationen. Es ist beispielsweise wenig wahrscheinlich, daß es sich bei den Menschenknochen selbst um 'rituelle Beisetzungen' handelt, da sie in verschiedenen Füllschichten, meist im oberen Bereich, von Gruben und Pfostenlöchern und in der Kulturschicht zusammen mit Scherben, Tierknochen usw. angetroffen wurden, ohne daß bestimmte Regeln, Fundkombinationen o.ä. festzustellen waren und eher der Eindruck der Zufälligkeit entsteht. Es könnte sich wohl um Zeugnisse zwei- oder eher mehrstufiger Bestattungsrituale handeln, die jedoch aus dem Material selbst, gewissermaßen dem 'Abfall', nur indirekt erschließbar sind.

Der Zugang zu dieser einfachen Erklärung mag auch verschlossen gewesen sein, weil G. Lange annahm, die eigentliche Bestattungssitte der Spätlatènezeit sei die Brandbestattung, und man den dafür vorgesehenen verwesten Leichen nur einige Knochen entfernte, diese in der Siedlung deponierte, das restliche Skelett aber verbrannte. Angesichts der geringen Zahl von Gräbern ist nicht davon auszugehen, daß es sich bei dieser Deponierungsform tatsächlich um die normale Bestattungssitte handelte. In diese Richtung würden die von ihm angeführten Untersuchungsergebnisse in Bad Nauheim weisen: In den Brandgräbern sollen möglicherweise gerade die Knochen fehlen, die in der benachbarten Siedlung zum Vorschein kamen[800]. Das eine schließt jedoch das andere nicht aus, d.h. die normale Bestattungssitte könnte die oben beschriebene gewesen sein, während einige Individuen körper-,

---

aber auch anmerkte, daß es bisher nur in Ansätzen gelungen sei, einzelne Pfostenlöcher der zentralen Grabung zu Hausgrundrissen zusammenzustellen; Lorenz 1985, 573.

796 Lange 1983, 112. Die Vermutung, ein Teil der Knochen sei absichtlich in dafür ausgewählte Gruben und Gräben gelegt worden (ebd. 111) wäre damit nur schwer in Einklang zu bringen, da Hunde kaum Zugang zu diesen Knochen gefunden hätten. Der hohe Prozentsatz an Fraßspuren - die von Lange gebrauchte Formulierung "nur" ein Drittel (ebd.) ist m. E. stark untertrieben, zumal er an früherer Stelle betonte, daß die Tierknochen weniger Fraßspuren zeigten (ebd. 26f.) - würde eher die Annahme nahelegen, diese seien den Hunden vorgeworfen worden, was natürlich auch denkbar wäre. W. Krämer kommentierte diesen Sachverhalt entsprechend: *"Das heißt doch, daß die Leichenteile offen herumgelegen haben und nicht von 'rituellen Beisetzungen' stammen können, die dann etwa von streunenden Hunden wieder ausgegraben und benagt worden wären (...)."* Krämer 1985, 36.

797 Lorenz 1986, 190.

798 Beispielsweise die Überlegung, daß die Knochen nicht als Reliquien in die Siedlung gebracht wurden, sondern nur für bestimmte Zeremonien eine Rolle spielten und mit deren Abschluß weggeworfen oder deponiert wurden. Eine weitere Möglichkeit sei an dieser Stelle angesprochen: Wenn tatsächlich eine beabsichtigte, von der Zerlegung der Körper oder Skelette unabhängige Abschlagung der Epiphysen vorliegen sollte, wäre es auch denkbar, daß nur diese für bestimmte Zeremonien gebraucht wurden, nicht aber die Schäfte, die man wegwarf. Dies würde jedoch nicht erklären, warum sich auch Knochen anderer Körperteile fanden.

799 Dabei wären vor der endgültigen Deponierung verschiedene Zwischenschritte denkbar, die nicht genauer zu erschließen sind.

800 Lange 1983, 112.

andere brandbestattet wurden. Hinzu kommt das Problem der Datierung der Menschenknochen - es scheint keineswegs ausgeschlossen, daß ein Teil bereits in der Stufe Latène C in den Boden gelangte[801].

Das beschriebene Szenarium - Relikte von mehrstufigen Bestattungen - ist nicht die einzig vorstellbare Erklärung für das Manchinger Skelettmaterial. Weitere Möglichkeiten der Deutung hätten geprüft werden müssen[802], beispielsweise, inwieweit es sich auch bei den oder einem Teil der Langknochen um Trophäen handeln könnte, wie es G. Lange für die meisten Schädel annahm. Ferner wäre zu überlegen gewesen, inwieweit zumindest ein Teil der Schädel den angenommenen Bestattungen zuzurechnen sein könnte. Dies ist nicht geschehen, und zwar vor allem aufgrund der strikten Trennung zwischen Schädeln auf der einen Seite und postcranialen Skelettresten und Unterkiefern auf der anderen Seite. Diese Trennung beruht auf mehreren Annahmen, vor allem auf der unterschiedlichen Geschlechtsrelation beider Gruppen und auf dem Zeitpunkt der Gewalteinwirkung, die an den Schädeln lange nach dem Tod erfolgt sein soll, an postcranialen Resten und Unterkiefern dagegen am 'frischen' Knochen.

Zur Geschlechtsrelation ist nur festzustellen, daß sie nicht bekannt ist: 34 Langknochen (Humerus und Femur), verteilt auf wahrscheinlich 8 Frauen und 8 Männer, sowie vermutlich 17 Männer und 15 Frauen, die anhand der nur fragmentarisch vorliegenden Beckenknochen identifiziert wurden, führten zu der erstaunlichen Feststellung, daß eine große, wenn auch nicht an Sicherheit grenzende Wahrscheinlichkeit dafür spreche, daß sich die im Oppidum von Manching geborgenen Menschenknochen in etwa gleichmäßig auf Männer und Frauen verteilen[803]. Angesichts der allein ca. 3000 Langknochen ist diese Aussage nicht nachvollziehbar, zumal die dafür herangezogenen Knochen noch wenigstens eine Epiphyse aufweisen und die Bestimmung als Mann oder Frau zudem nur eine Wahrscheinlichkeitsdiagnose ist.

Ebenfalls problematisch scheinen m. E. die Schlußfolgerungen, die aus der Analyse von einigen Zahnbefunden resultierten: Diskrepanzen zwischen Ober- und Unterkiefergebiß hinsichtlich des Abrasionsgrades und der Kariesfrequenz sollen dahingehend zu deuten sein, daß Schädel(teile) und Unterkiefer nicht zusammengehören, d.h. die Schädelreste teilweise fremder Herkunft seien und als Trophäen interpretiert werden müßten[804]. Die Deutung als Trophäe scheint angesichts des Übergewichts an Schädelresten juvenil-frühadulter Männer zumindest eine plausible Erklärung für einen Teil der Schädel zu sein. Zahnbefunde konnten an 59 Unter-, 37 Oberkiefern sowie einigen Fragmenten und Einzelzähnen erhoben werden. Jedoch waren weniger als 10% der Unterkiefer vollständig, in der Mehrzahl lag nur eine Hälfte vor, zudem fehlten 60% aller Zähne des Unter- und 45% des Oberkiefers[805]. Da der überwiegende Teil der Schädelfragmente aus dem Bereich des Schädeldachs stammt und Oberkiefer nur

---

[801] Vgl. die Überlegungen bei Sievers 1989, 113ff. Sie betonte den sich abzeichnenden Bruch zwischen Latène C und D und die mögliche Zerstörung Manchings am Ende der Stufe C, nach der es zu großflächigen Planierungen gekommen sein müsse, in deren Verlauf die bei den Aufräumarbeiten übersehenen Waffen in die Gruben geraten oder in der Kulturschicht verblieben seien (ebd. 119f.). Auch solche Ereignisse sollten bei der Deutung der menschlichen Skelettreste nicht gänzlich außer acht gelassen werden. - Zu Bestattungen siehe u.a. Krämer 1985; Kluge 1985. - Erinnert sei in diesem Zusammenhang auch an das Gräberfeld von Singen in Baden-Württemberg (Artelt 1931): Festgestellt wurden die Verlagerung von Skelettpartien, das Fehlen einiger Knochen (z.B. Femur, Hüftbein), Schnittspuren an einigen Femora und Schienbeinen sowie in einigen Gräbern zusätzliche Knochen (z.B. Unterkiefer, Femur, Hüftbein; Femur; Gesichtsschädel, Hüftbein).

[802] So ist beispielsweise zu fragen, wie die menschlichen Knochen aus dem Bereich des Osttores zu interpretieren sind. Neben der Kinderbestattung, die als Bauopfer gedeutet wurde - bezeichnenderweise fehlen dem Skelett die Langknochenepiphysen, beide Kniescheiben, der rechte Unterschenkel sowie alle Hand- und Fußknochen, wobei zumindest das Fehlen des Unterschenkels kaum auf natürliche Ursachen zurückzuführen sein dürfte - fanden sich 11 Oberschenkelknochen, 5 Schien- und 2 Wadenbeine, 2 Oberarmknochen, 6 Unterarmknochen, 1 Schulterblatt und einige Mittelfußknochen sowie 2 Kalotten(teile), davon 1 mit Perforation (Endert 1987, 15f., 111ff.; Gensen 1965, 56f.). Hingewiesen sei auf die Schädelkalotte eines maturen, wohl männlichen Individuums, die vor den Mauerfronten des Oppidums bei Kelheim eingetieft war (F.-R. Herrmann 1973, 141).

[803] Lange 1983, 32.

[804] Ebd. 107.

[805] Ebd. 87ff. Zu fragen ist in diesem Zusammenhang auch, wie sicher die Geschlechtszuweisung bei den Unterkiefern ist. Ebd. 31: 49 wahrscheinlich Mann, 47 wahrscheinlich Frau, 34 unbestimmbar. Vgl. ferner ebd. Tab. 46 (von 72 Unterkiefern, an denen Maße genommen wurden, sind 13 sicher Männern, 12 sicher Frauen zugewiesen).

selten vorliegen[806], ist aus dem Vergleich nur der Schluß zu ziehen, daß die wenigen für eine Untersuchung zur Verfügung stehenden Kiefer nicht zusammenpassen, ein Ergebnis, das hinsichtlich des Gesamtmaterials kaum Bedeutung haben kann.

Ein weiterer Aspekt, warum Unterkiefer und Schädel(fragmente) getrennt zu betrachten seien, ist der unterschiedliche Zeitpunkt der Gewalteinwirkung auf den Knochen. Die Unterkiefer zeigen im Gegensatz zu den Schädelfragmenten alte Beschädigungen am 'frischen' Knochen, die darauf deuten sollen, daß sich dieser nicht allein aus dem Verbund mit dem Schädel gelöst hat; in nicht wenigen Fällen weise eine glatte Bruchfläche darauf hin, daß die Abtrennung mit einem scharfen Gegenstand erfolgte[807]. Wie viele diese 'nicht wenigen' Fälle sind und welche Schäden ein Unterkiefer aufweisen würde, der von einem aufgehängten Kopf herabfiele und liegenbliebe, wurde nicht diskutiert[808], ebensowenig die Chancen, die solche Köpfe überhaupt hätten, eine Spur im Material zu hinterlassen. Derartige Überlegungen wären angesichts der unterschiedlichen Mindestindividuenzahlen, die sich aus der Untersuchung der postcranialen Reste (über 400), der Schädel (239) und der Unterkiefer (139) ergaben, angemessen gewesen, da sich die Diskrepanzen möglicherweise auf natürliche Ursachen bzw. eine unterschiedliche Behandlung der verschiedenen Körperpartien oder 'Knochenkategorien' zurückführen lassen[809].

Schädelfragmente sind offenbar sorgfältiger deponiert worden als die Knochen des postcranialen Skeletts, da etwa zwei Drittel von ihnen in Gruben und wiederum ca. zwei Drittel im unteren Grubenbereich angetroffen wurden, während das Verhältnis bei den postcranialen Resten umgekehrt war - sie fanden sich großteils in den oberen Erdschichten[810]. Das Zerschlagen oder Zerbrechen der Schädel soll erst lange nach dem Tod erfolgt sein, so daß eine gewisse Aufbewahrungszeit vorauszusetzen ist. Da überwiegend keine Schädel oder größeren Schädelteile, sondern meist nur einzelne, isolierte Fragmente deponiert wurden, liegt es auch im Bereich des Möglichen, einen Zeitabstand zwischen Zerschlagung und Niederlegung anzunehmen[811]. Die gemeinsame Niederlegung von postcranialen Skelettresten und Schädelfragmenten[812] weist darauf hin, daß beide Gruppen zumindest teilweise identisch zu deuten sein könnten - als Relikte von Bestattungen oder als Trophäen. Auch an andere Funktionen von Knochen wäre zu denken, die möglicherweise zusätzlich eine Rolle spielten[813].

Es ist nicht möglich, sämtliche Probleme, die mit der Interpretation des Manchinger Skelettmaterials in Zusammenhang stehen, anzusprechen, da der eigentliche Schwerpunkt die Frage nach Hinweisen auf kannibalistische Vorgänge sein sollte. Für eine Deutung in diese Richtung liegen m. E. keine überzeugenden Anhaltspunkte vor, wie bereits oben ausgeführt wurde. Insbesondere zwei Möglichkeiten bieten sich für die Interpretation an, zum einen Trophäen, um die es sich bei einem Teil des Materials handeln könnte, zum anderen Relikte mehrstufiger Bestattungsrituale, deren genauer Ablauf unbekannt bleibt - dies dürfte für den überwiegenden Teil der menschlichen Skelettreste die am ehesten zutreffende Deutung sein, zumal sie aufgrund des weitgehenden Fehlens von 'Gräbern' in dieser Zeit ohnehin naheliegt. Zu vermuten ist, daß auch weitere Faktoren, wie etwa kriegerische

---

806 Im Fall der wenigen vollständigen Schädel, als Teil von 'Gesichtsmasken' usw.

807 Lange 1983, 23. Auch bei einem Teil der Unterkiefer wäre in diesem Fall eine Deutung als Trophäe gut möglich, die nicht erwogen wurde.

808 G. Lange hielt es aber nicht für ausgeschlossen, daß die Schäden an den Unterkiefern in ihrem Ausmaß noch nachträglich (also nach der Abtrennung) verursacht worden sind (ebd.).

809 So könnte vielleicht das im Vergleich mit den Schädeln seltene Vorkommen männlicher Unterkiefer auf eine natürlich bedingte Verlustrate zurückzuführen sein, und nicht darauf, daß Köpfe ohne Unterkiefer in die Siedlung gebracht wurden, wie Lange meinte (1983, 107). Es wäre auch interessant zu erfahren, wie viele der ca. 1500 Schädelfragmente für die Bestimmung nach Individuenzahl, Alter und Geschlecht herangezogen werden konnten.

810 Lange 1983, 19.

811 Interessant ist in diesem Zusammenhang die Beobachtung, daß ein Teil der Schädelfragmente, die während der Grabung 1984 geborgen wurden, dreieckige, viereckige und bogige Umrißlinien aufwiesen, die nicht natürlichen Ursprungs sind (F. Maier 1985, 52 u. Abb. 17).

812 Lange 1983, u.a. 3f.

813 Als Stichworte: Schutz, Amulett, Kult, Zeremonialgegenstände; erwähnt seien z.B. die 'Gesichtsmasken' und ein 'Clavicula-Depot' in einer Grube, in der sich 5 Schlüsselbeine von insgesamt nur 31 aus sämtlichen Grabungskampagnen fanden (ebd. 8).

Handlungen, Opfer, Ahnenkult, zum Erscheinungsbild der menschlichen Knochen in Manching beigetragen haben.

4. Ergebnisse

Die Untersuchung der Anthropophagie im prähistorischen Bereich war in mehrere Abschnitte gegliedert, in denen verschiedene Probleme behandelt wurden. Sie umfaßte Fragen nach der Bedeutung der Ethnologie für die Interpretation menschlicher Skelettreste in "nicht-sepulkralem" Kontext, nach den Möglichkeiten der Anthropologie, Kannibalismus nachzuweisen, nach der Problematik der Deutung archäologischer Befunde sowie einen Abriß der historischen Entwicklung der Ansichten zu diesem Thema, die in der prähistorischen Forschung von Bedeutung waren und sind. Es folgte die Erörterung einer Auswahl von Befunden, die als beispielhaft gelten können, weil sie umfassend publiziert oder für ihre Interpretation bekannt sind. Dabei wurde keine Vollständigkeit angestrebt, da dies bei der hier behandelten Fragestellung weder notwendig ist noch möglich wäre - angesichts der Fülle des Materials hätte dann eine zeitliche oder räumliche Begrenzung vorgenommen werden müssen, die dem Thema nicht angemessen wäre und je eine eigene Untersuchung erforderte. Ziel der vorliegenden Arbeit war jedoch nicht, das Vorkommen des Kannibalismus in einer bestimmten Kultur oder Zeit zu erörtern, sondern die Untersuchung einer Frage, die jeder derartigen Erörterung vorangehen muß, bisher aber nur unzureichend beantwortet wurde: Die Frage nach der Möglichkeit des Nachweises der Anthropophagie mittels archäologischer und anthropologischer Methoden, die Darstellung der dafür benutzten Kriterien und ihre Beurteilung. Daran schlossen sich weitere Fragen an, wie die nach den Ursachen für die feststellbare Bevorzugung des Kannibalismus als Deutungsschema, nach Beurteilungskriterien für die Zuordnung in die Kategorien Bestattung, Abfall, Opfer und nach der Argumentation in konkreten Fällen, d.h. nach der Qualität der Beobachtungen und Begründungen.

Eine Deutung von archäologischen Befunden ist ohne Rückgriff auf Bekanntes nicht möglich. Dabei kann es sich um Vorbilder aus dem eigenen Erfahrungsbereich, aus der Geschichte oder aus der Ethnologie handeln. Je umfassender die Kenntnis menschlicher Verhaltensweisen ist, desto vielfältiger eröffnen sich Interpretationsmöglichkeiten. Der in der prähistorischen Forschung deutlich bevorzugte eigene Erfahrungsbereich, der vornehmlich moderne europäische bzw. westliche Verhaltensweisen und Vorstellungen umfaßt, ist als alleinige Grundlage von Befunddeutungen nicht ausreichend und zumeist unangemessen. Als ein Ergebnis dieser Methode kann die vorschnelle Definition bestimmter Kategorien wie die der vermeintlich normalen Bestattungsweise genannt werden, die weitere Zuordnungen zur Folge hat und dadurch das Bild einer Kultur bestimmt, möglicherweise aber eben auch verfälscht oder verzerrt.

Zu diesem Bereich der europäischen Vorstellungen gehört der Kannibalismus, einerseits als traditioneller Topos, wie auch im folgenden Kapitel gezeigt werden wird, andererseits als eine in unzähligen Reiseberichten und ethnographischen Beschreibungen erwähnte Sitte. Es war daher anfangs nur konsequent zu erwägen, ob sich entsprechende Hinweise in archäologischen Kontexten finden ließen. Daß dieses Deutungsschema in der Folge zu einem Paradigma werden konnte, das bis heute nahezu unwidersprochen die Ansichten über die Verhaltensweisen vieler prähistorischer Kulturen bestimmt hat und nicht mehr diskutiert sondern weitgehend als Faktum behandelt wird, hat mehrere Gründe: Es ist eine in der ethnologischen Literatur unproblematisch zu verfolgende Möglichkeit, hat einen hohen Bekanntheitsgrad, da jeder zu wissen meint, was Kannibalen tun, und verleiht prähistorischen Kulturen Anschaulichkeit und Faszination. Trotz des in den Publikationen vielfach vermittelten Eindrucks, "der Kannibalismus" sei bekannt und genauere Definitionen nicht erforderlich, war festzustellen, daß unterschiedlichste Ausgangspunkte die Grundlage für die Erörterungen bildeten, ohne diese jeweils zu begründen. Verschiedene profane und rituelle Ursachen, von Feinschmeckerei bis zum Opfer, wurden erwähnt und werden teilweise auch heute noch mit kulturellen Wertungen verbunden, die nur als unangemessen bezeichnet werden können. Davon unabhängig ist festzustellen, daß sich häufig auch die archäologische und anthropologische Argumentation, mit der ein Nachweis kannibalistischer Handlungen postuliert wird, auf einem Niveau bewegt, das modernen wissenschaftlichen Anforderungen nicht genügt. Dies mag in der verbreiteten Überzeugung begründet sein, daß Kannibalismus nicht nachgewiesen sondern lediglich festgestellt werden muß, da es sich vermeintlich um ein Faktum und nicht um eine Möglichkeit handelt.

Anthropologische Kriterien, die den Nachweis kannibalistischer Handlungen ermöglichen, konnten nicht benannt werden (Kap. II.1.2). Überzeugend wären menschliche Zahnspuren an Knochen, für die ein Beleg fehlt. Andere Kriterien, wie Brand-, Schlag- und Schnittspuren, können eine solche Deutung zwar unterstützen, nicht aber beweisen, da vielfältige andere Möglichkeiten der Interpretation gegeben sind. Diese wurden jedoch nicht ausgearbeitet und nur selten ernsthaft in Erwägung gezogen.

Archäologische Kriterien, die einen Befund ausschließlich als Hinweis auf Kannibalismus zu interpretieren erlauben, konnten gleichfalls nicht benannt werden (Kap. II.1.3). Die Möglichkeiten, wie sich Bestattungen und Opferhandlungen archäologisch manifestieren, sind bisher nur ungenügend ausgearbeitet worden. Es existiert mithin kein Maßstab für irgendeine Kultur, anhand dessen entsprechende Zuordnungen vorgenommen werden könnten.

Die Grundlage jeder Interpretation von Befunden ist die genaue archäologische Beobachtung und deren Beschreibung. Die festgestellten Mängel in dieser Hinsicht verbieten häufig einen Deutungsversuch, der jedoch oft schon mit der Beschreibung vorgenommen wurde, so daß sich Befundbeschreibung und Befunddeutung nicht unterscheiden lassen. Hinzu kommt, daß anthropologische Untersuchungen, die die Voraussetzung für Aussagen über den Zustand der Knochen wären, nicht selten fehlten.

Diese Mängel sind bei der Besprechung ausgewählter Befunde (Kap. II.3) deutlich hervorgetreten. Häufig wurden weder genaue archäologische Beobachtungen noch anthropologische Untersuchungen vorgelegt. Daher kann man oft, ungeachtet der in der jeweiligen Publikation vorgebrachten Deutung, lediglich feststellen, daß menschliche Skelettreste zu Tage kamen - das Beispiel Ossarn (Kap. II.3.4) zeigt, daß zuweilen nicht einmal diese Feststellung möglich ist. Trotzdem wurde die in der Publikation dieses Fundortes vorgeschlagene Interpretation als Überrest einer kannibalistischen Mahlzeit unbestritten übernommen, ebenso wie die anderer Befunde, bei denen die zur Deutung führende Argumentation nur als fragwürdig bezeichnet werden kann; so beispielsweise im Fall der Jungfernhöhle bei Tiefenellern (Kap. II.3.7). Inwieweit Befunde gar erst durch ihre Interpretation geschaffen wurden, ist eine Frage, die sich kaum beantworten läßt - festzuhalten bleibt jedoch, daß die Ergebnisse mancher Ausgrabung bzw. ihre Beschreibung vermutlich besser gewesen wären, hätte man nicht schon von vornherein zu wissen geglaubt, daß es sich um Überreste anthropophager Vorgänge handelte.

Es bleiben wenige Befunde, für die Kannibalismus mit guten Gründen angenommen wurde, wenn auch nicht nachgewiesen ist, so vor allem Fontbrégoua (Kap. II.1.2.2.6) - in weiteren Fällen könnte eine solche Annahme ebenfalls plausibel sein. Andere Interpretationsmöglichkeiten sind jedoch in keinem Fall auszuschließen. Dies ist angesichts der verbreiteten Auffassung, Kannibalismus wäre in nahezu jeder prähistorischen Kultur praktiziert worden und sei nachgewiesen, ein überraschendes Ergebnis. Die Situation läßt sich zutreffend so beschreiben, wie K. J. Narr es 1960 für das Paläolithikum formulierte, indem er feststellte, daß zwar eine Anzahl von Befunden in eine Deutung als Kannibalismus hineinpasse, diese aber nicht schon von sich aus und notwendig erfordere[814]. Erforderlich sind Parallelen vor allem aus der Ethnologie, die die Interpretation von menschlichen Skelettresten als anthropophage Relikte nicht belegen können, aber überzeugender erscheinen lassen, und auf die man sich gewöhnlich auch beruft. Im folgenden sollen daher Berichte zur Anthropophagie aus Antike, Mittelalter und Neuzeit erörtert werden um zu prüfen, wie weit die entsprechende Interpretation prähistorischer Befunde aus diesen Bereichen Unterstützung erfährt.

[814] Narr 1960, 281.

III. Anthropophagie in antiken und mittelalterlichen Quellen

Nachrichten über die Existenz von Anthropophagen reichen weit in antike Zeit zurück und lassen sich durch das Mittelalter bis in die Neuzeit verfolgen. Allen Beschreibungen dieser Menschenfresser ist gemeinsam, daß sie am Rand der jeweils bekannten Welt lebten oder eine gesellschaftliche Randgruppe darstellten, wie beispielsweise Hexen. Im folgenden soll gezeigt werden, daß Anthropophagen bereits lange vor Beginn der Neuzeit 'bekannt' waren, und daß sie in ein bestimmtes Schema gehören, Fremdes, Feindliches oder Furchterregendes zu beschreiben, dem 'Uns' entgegenzusetzen und dieses so zu definieren: Die 'Anderen' sind oder tun das, was 'Wir' nicht sind oder tun. Andere Völker als Menschenfresser zu bezeichnen ist jedoch keine europäische Erfindung oder allein dort üblich, wie der Ethnologe I. M. Lewis betonte. Die Verwendung dieser Bezeichnung sei eine der am meisten verbreiteten Methoden, mit der Menschen der unterschiedlichsten Kulturen und Religionen sich von anderen jenseits des eigenen Horizonts abgrenzen[1].

Die Anthropophagie ist gemäß der abendländischen Tradition ein Element des primitiven und vorkulturellen Zustands der Menschheit[2] und ein Charakteristikum von 'barbarischen' Völkern, sofern sie nicht dem Topos des 'Goldenen Zeitalters' zuzurechnen sind. Sie diente der Verleumdung von Andersgläubigen, von inneren und äußeren Feinden, religiösen und politischen Gegnern. Aufgrund der allgemein negativen Bewertung erschien sie dazu in hohem Maß geeignet.

In diesem Kapitel werden europäische Vorstellungen über Anthropophagie in Antike, Mittelalter und früher Neuzeit untersucht, um der Frage nachzugehen, inwieweit die seit dem Zeitalter der Entdeckungen Fremdvölkern zugeschriebenen Handlungen und Motivationen bereits in der abendländischen Geisteswelt vorhanden waren und eine dieser Tradition verhaftete stereotype Wahrnehmung und Einordnung des 'Unbekannten' erfolgte.

1. Mythologie, Religion und Volksglaube

Zunächst werden Vorstellungen über Menschenfresserei aus dem mythologischen und (jüdisch-)christlichen sowie dem volkskundlichen Bereich besprochen. Dies trägt zum Verständnis des Rahmens bei, in dem sich die abendländische Vorstellungswelt bewegte und der für Beschreibungen von Fremden und Anschuldigungen gegen sie eine Rolle spielte, die anschließend untersucht werden sollen. Dabei sind die Grenzen zu den folgenden Abschnitten nicht immer klar zu ziehen, ist doch beispielsweise Herodots Schilderung der Androphagen (Kap. III.2) ebenso 'mythisch' wie Homers Schilderung der Kyklopen (Kap. III.1) 'ethnographisch' ist, insofern er ein gängiges Barbarenstereotyp verwendete und sich auf ethnographische und geographische Beschreibungen stützte. Es erschien dennoch sinnvoll, eine thematisch geordnete Darstellungsform zu wählen, um die Entwicklung bzw. die Kontinuität unter verschiedenen Aspekten jeweils von der Antike bis zum Beginn der Neuzeit und teilweise darüber hinaus deutlicher herauszuarbeiten, als dies bei einer zeitlich geordneten Darstellung möglich gewesen wäre.

---

[1] Lewis 1987, 370.

[2] Vgl. Kap. II.2.3. Nach Moschion (3. Jahrhundert v. Chr.) führten die ersten Menschen ein tiernahes Leben in Höhlen und Schluchten, waren Anthropophagen und vom rohesten Faustrecht beherrscht (K. E. Müller 1972, 170f.). Gemäß Diodor (I, 14) haben sich die Ägypter erst von der Menschenfresserei abgewandt, als der Bodenbau aufkam (ebd. 184f. Anm. 108).

1.1 Zur antiken Mythologie

Anthropophagie ist ein häufiges Motiv in Mythos, Sage und Märchen[3]. Es beschäftigt den menschlichen Geist ebenso intensiv wie das gleichfalls oft verwendete Inzestmotiv - vielleicht deshalb, weil beides zwar verboten, aber prinzipiell möglich ist und sowohl faszinierend als auch abstoßend und furchterregend erscheint[4].

In der archäologischen Literatur finden sich häufiger Hinweise auf Mythen und Sagen[5] - sie aber als Beleg für ehemals praktizierte Handlungen deuten zu wollen, würde diese Quellen überfordern. Sie können der Rekonstruktion von Glaubensvorstellungen dienen, jedoch nicht der einer 'vormythischen' Realität[6].

So behandelte P. Schauer 1981 urnenfelderzeitliche Opferplätze in Höhlen und Felsspalten und ging in diesem Rahmen auch auf den Beitrag der antiken Literatur ein. Nach seiner Ansicht besteht Einmütigkeit darüber, daß in der Antike der ausschlaggebende Grund für den Genuß von Menschenfleisch die Aneignung der Kräfte und auch der Psyche des Opfers gewesen sei. Ähnliche Vorstellungen vermutete er als Ursache der anthropophagen Handlungen in und am Rand der Höhlen und Felsspalten, die eine Gemeinschaft von Kultanhängern oder allgemein die Gruppe der an Epiphanie oder numinose Wirkkraft Glaubenden in besonderer Weise miteinander verbunden hätten. Nach antiker Vorstellung, so P. Schauer, sollen Menschen nicht nur durch ungeheuerliche Taten, wie etwa eine Mahlzeit aus Menschenfleisch, die Götter versucht, sondern sich dadurch auch ihrer Allmacht genähert haben[7]. In diesen Überlegungen mischen sich mythische mit vorgeblich realen Elementen, die der Grundlage entbehren. Die postulierte Einmütigkeit über den Grund des Verzehrs von Menschenfleisch ist nicht nachvollziehbar. Es besteht nicht einmal Übereinstimmung hinsichtlich der Frage, ob überhaupt Menschenfleisch verzehrt wurde - nach heute im allgemeinen vertretener Ansicht ist diese Frage jedoch zu verneinen. Der Religionswissenschaftler W. Burkert stellte beispielsweise fest, daß es Opfer gebe, bei denen nur getötet wird, ohne sie zu essen, und Menschenopfer, wenn sie in der Antike vorkommen, in diese Kategorie fielen. Der Kannibalismus sei doch in mythische oder romanhafte Phantasien verbannt[8].

P. Schauer bezog sich auf die Veröffentlichung der Befunde aus der Jungfernhöhle bei Tiefenellern durch O. Kunkel, der für die Interpretation insbesondere die Bedeutung der älteren griechischen Überlieferung betonte[9]. Er führte unter anderem den mit Zeus Lykaios in Zusammenhang stehenden Opferritus an, den er mit der Kulthandlung in der Jungfernhöhle in Beziehung setzte: *"Was es mit letzterer auf sich hatte, besagt am ehesten ein grausiges Notopfer, das meist wohl zur Abwehr von Mißwachs dem Zeus Lykaios dargebracht wurde. Da schlachtete ein Mann einen Knaben seiner Sippe, besprengte den Altar mit dessen Blut und aß von den Eingeweiden, die man mit tierischen untermischt hatte. Die Rückstände hiervon sahen schwerlich viel anders aus als die im Jungfernloch so massenhaft aufgehäuften Reste"*[10]. Freilich handelt es sich hier nur um den Mythos jenes Königs, von dem die Arkader ihre Herkunft ableiteten. Zu diesem, Lykaon (Wolf), kamen die Götter und Zeus selbst zu Besuch, um sich im gemeinsamen Opfermahl bewirten zu lassen. *"Doch das heilige Essen wird zum Kannibalismus: Lykaon schlachtete einen Knaben am Altar auf dem Gipfel, er goß sein Blut auf eben diesen Altar; und er und seine Helfer 'mischten unters Opferfleisch die Eingeweide des Knaben und brachten sie auf den Tisch'"*[11]. Zeus beendete die eben geschlossene Tischgemeinschaft, warf den Blitz in Lykaons Haus, und dieser selbst wurde zum Wolf.

---

[3] Vgl. z.B. C. W. Thomsen 1983, 24ff. Das Motiv findet sich auch schon bei Homer, Odyssee (Neunter Gesang, Vers 287-293) in sehr plastischer Schilderung, siehe dazu auch die Beschreibung der Kyklopen (ebd. Vers 106ff.), die viele später den 'wilden Menschen' zugeschriebene Elemente enthält. Vgl. ferner Odyssee, Zehnter Gesang, Vers 115ff. (Lästrygonen; bes. 125: *"Und man durchstach sie wie Fische und trug sie zum scheußlichen Fraß hin"*).

[4] Lévi-Strauss 1981; Labby 1976; Jelgersma 1928, 288.

[5] Z.B. Petersen 1875; Matiegka 1896, 132f.; Kunkel 1955, 123 (u.a. Homer, Polyphem-Höhle); Abels u. Radunz 1975/76, 51; Behm-Blancke 1976a, 86; Eibner 1976, 81.

[6] Der Nachweis für eine derartige Rekonstruktion wäre allenfalls umgekehrt zu führen.

[7] Schauer 1981, 413f.

[8] Burkert 1981, 105.

[9] Kunkel 1955, 123.

[10] Kunkel 1958, 65; vgl. ders. 1955, 124. Bei Ausgrabungen am Lykaion fanden sich unter den Opferresten keine Menschenknochen; vgl. Burkert 1972, 104 u. 99.

[11] Burkert 1972, 100.

Seine Nachkommen, die Arkader, überlebten aber, um sich immer wieder zum geheimen Opfer an jenem Altar zu treffen[12]. Dieses Hauptfest Arkadiens war von Gerüchten umgeben, man sprach von Menschenopfern, Anthropophagie und Werwolftum - nach Platon erzählte man sich, daß derjenige, der von dem menschlichen Eingeweide kostete, das sich zusammen mit dem von Tieren im Opfermahl befand, zum Wolf werden mußte[13]; seine Bezeichnung 'Mythos' drückt den Zweifel an der Wahrheit aus. Pausanias und Plinius sahen die Werwolfgeschichten als unverschämte Flunkerei und als Beispiel für die beschämende Leichtgläubigkeit der Menge[14]. W. Burkert betonte, daß der moderne Forscher diese kritisch-aufgeklärte Haltung gerade nicht übernehmen könne, denn Werwölfe habe es so gut wie Leoparden- und Tigermenschen gegeben, als geheime Männerbünde, als *"secret society, schillernd zwischen dämonischer Besessenheit und spaßiger 'Viecherei'"*, wie es Maskenbünden eigen sei[15]. Er interpretierte den Mythos und die mit diesem verbundenen Rituale überzeugend als Initiationsritus. *"Im Opfermahl scheiden sich von den 'Söhnen der Bärin', den Arkadern, die 'Wölfe', wie sich Lykaon aus dem Kreis der Götter ausschloß."* Nur der engste Kreis der Opferdiener konnte wissen, was wirklich in dem Kessel schwamm - die Esser waren andere als die Schlächter. Die Suggestion wirke aus der Tradition, aus sozialem Zwang; man glaubte, menschliches Eingeweide sei dabei, doch nur die Wirkung konnte es erweisen, wenn einer oder mehrere der Teilnehmer spontan oder aufgrund irgendwelcher Manipulation von der 'Wolfswut' gepackt wurden. Die Wolfsverwandlung, wie sie Euanthes schilderte[16], sei leicht als Initiationsritual zu verstehen - Ablegen des Gewandes und Durchschwimmen eines Sees sind eindeutige Übergangsriten (rites de passage). Der Schock, Menschenfleisch gegessen zu haben, ließe sich beim nächtlichen Fest am ehesten den erstmaligen Teilnehmern, den Novizen suggerieren, was zu der Vermutung Anlaß gebe, daß die Trennung von 'Wölfen' und 'Bärensöhnen' eine Einteilung der Altersklassen bedeutete. *"Der Mythos spricht stets von einem 'Knaben', der geopfert wurde, also einem Vertreter der Altersstufe, über die die Epheben sich gerade erheben: der Knabe muß sterben, wenn die Epheben in den Kreis der Männer treten, doch dem Einschluß folgt vorerst der Ausschluß"*[17]. Das 'Wolfsdasein' traf nach Burkert die etwa 16-25jährigen. Der Spaltung der Männergesellschaft im Opfer (Bären und Wölfe) müsse eine neue Vereinigung entsprechen - der Agon am Sattel des Berges bilde die notwendige Fortsetzung des Opfers am Höhenaltar. *"Die Jüngeren der Herangewachsenen werden ins 'Draußen' abgedrängt, die 25jährigen, nun heiratsfähig, stellen sich zum Wettkampf. Sie sind jetzt die eigentlichen Arkader, die 'Eichelesser' im Gegensatz zu den fleischfressenden Raubtieren. Sie haben ihren Weg gefunden, sie können ungefährdet am Opferfest teilnehmen und 'am Altar bekränzt' ihren bronzenen Dreifuß weihen"*[18].

Den Mythos und die mit ihm verbundenen Vermutungen über die Durchführung des Opfers als Hinweis darauf zu werten, daß am Lykaion Menschen geopfert und gegessen wurden, überfordert die Quellen - der Mythos beschreibt nur eine symbolisch zu verstehende Realität, und die Existenz von Gerüchten um ein geheimes Ritual belegt nicht deren Wahrheitsgehalt. Das Opfer an Zeus Lykaios ist als Vergleich für prähistorische anthropophage Menschenopfer nicht heranzuziehen, gleiches gilt insgesamt für den Bereich der Mythen, die weder reale Verhältnisse einer Urzeit zu beschreiben erlauben, noch als Wiedergabe ritueller Praktiken zu verstehen sind. Jedoch können sie dem Verständnis dessen dienen, was im Bereich des Glaubens und der Vorstellungen, unabhängig von

---

[12] Ebd.

[13] Ebd. 98. Wer der geopferte Knabe war, wird verschieden erzählt: manche sprechen von einem namenlosen Einheimischen oder einer Geisel, andere von Nyktimos, Lykaons eigenem Sohn, oder von Arkas, seinem Enkel, als Sohn Kallistos 'Sohn der Bärin'. *"Der Arkader schlechthin ist einerseits 'Sohn der Bärin', andererseits das Opfer am Zeusaltar."* Ebd. 101. - Die Arkader wurden in der frühen griechischen Literatur als exotisch und primitiv dargestellt; vgl. Pochat 1970, 49f. Nach der Schilderung von Myron in der Geschichte des Messenischen Krieges trugen arkadische Krieger statt der Schilder Wolfs- und Bärenfelle. *"Arkadiens Unabhängigkeit zu behaupten, hat solch primitive Wildheit immerhin vermocht."* Burkert 1972, 105.

[14] Burkert 1972, 102.

[15] Ebd. 103.

[16] Ebd. 101f. Dieser sprach nicht von den Arkadern insgesamt, sondern von einer Familie, aus der ein Mitglied (wohl ein Jüngling) ausgelost und zu einem See geführt wurde. Dort mußte er sich entkleiden, die Kleider an einen Eichbaum hängen, den See durchschwimmen und in der Wildnis acht Jahre als Wolf unter Wölfen leben; enthielt er sich in dieser Zeit des Menschenfleisches, konnte er zum See zurückkehren, seine Kleidung nehmen und wieder Mensch sein.

[17] Ebd. 104f. Dies ist üblich bei Initiationsriten: die Initianden müssen - symbolisch - sterben, bevor sie in ihren neuen Status eintreten können.

[18] Ebd. 106f.

einer tatsächlichen Ausführung, denkbar war - dazu gehört die Anthropophagie mit verschiedenen Motivationen ebenso wie Inzest, Menschenopfer, Zauberei usw. Insofern sind sowohl Mythen als auch Sagen, Märchen und 'Aberglauben' oder 'magische' Praktiken für die hier behandelte Thematik aufschlußreich, denn sie zeigen, was im europäischen Kulturkreis an Vorstellungen existierte und gegebenenfalls zur Beschreibung unbekannter Situationen verwendet werden konnte.

Die zum Teil heute noch vertretene Ansicht, Mythen und Sagen ließen sich zur Rekonstruktion prähistorischer Verhältnisse heranziehen, war Ende des vorigen Jahrhunderts weit verbreitet. So faßte R. Andree beispielsweise die in ihnen vorhandenen Anklänge an Menschenfresserei als Überlebsel auf, die das ehemalige Vorhandensein der Anthropophagie belegen, wobei die Analogie der Naturvölker bestätigend zu Hilfe komme[19]. Den Übergang aus der vorgeschichtlichen Zeit zum Kannibalismus der Gegenwart vermittelt seiner Ansicht nach eine große Anzahl historischer Belegstellen in den Schriften der Alten, die mit größerer oder geringerer Wahrscheinlichkeit Völker der alten Welt des Kannibalismus bezichtigen, in ihrer Gesamtheit aber jedenfalls den Beweis darstellen, daß die Anthropophagie im Altertum eine Tatsache gewesen sei[20]. Zusammenfassend stellte er nochmals fest, daß die historischen Belegstellen, mögen sie auch hier und da auf Übertreibung beruhen oder gar Fabeln sein, doch vereinigt mit dem, was Mythen und Sagen, Märchen und Volksüberlieferungen aller Art lehren, in ihrer Gesamtheit den Beweis für die ehemalige Existenz der Anthropophagie bieten würden[21]. Mythen und Sagen erhöhen jedoch keinesfalls die Glaubwürdigkeit antiker ethnographischer Beschreibungen, deren Wert R. Andree im einzelnen nicht sehr hoch schätzte, da er immer wieder die Bedeutung der 'Gesamtheit' betonte.

Die Beschreibung des Kyklopen Polyphem, in Homers Schilderung ein primitiver, roher, gesetzloser Barbar, ein Höhlenbewohner und Menschenfresser, wurde verschiedentlich als Erinnerung an die von Höhlenbewohnern wirklich ausgeübte Anthropophagie dargestellt, die vom dichtenden Volksgeist nur ein mythisches Gewand erhalten hätte, wie es H. Schaaffhausen formulierte[22]. Polyphem ergriff zwei der Gefährten des Odysseus und schmetterte sie wie junge Hunde auf den Boden: *"blutig entspritzt' ihr Gehirn und netzte den Boden. / Dann zerstückt' er sie Glied für Glied und tischte den Schmaus auf, / Schluckte darein, wie ein Leu des Felsengebirgs, und verschmähte / Weder Eingeweide noch Fleisch, noch die markichten Knochen. / Weinend erhuben wir die Hände zum Vater Kronion, / Als wir den Jammer sahn, und starres Entsetzen ergriff uns. / Doch kaum hatte der Riese den großen Wanst sich gestopfet / Mit dem Fraße von Menschenfleisch und dem lauteren Milchtrunk, / Siehe, da lag er im Fels weithingestreckt bei dem Viehe"*[23]. Deutlich ist hier das antike Stereotyp vom Barbaren wiedergegeben, zu dem neben Gesetzlosigkeit und dem Fehlen von Ackerbau auch der Verzehr rohen Fleisches (tierisches oder eben menschliches) gehörte[24].

Anthropophage Metaphern treten auch im Zusammenhang mit den Griechen selbst auf. Achill entgegnet Hektor: *"Möchten doch Zorn und Wut mich treiben, in Stücke dich reißend, / Roh dein Fleisch zu verschlingen dafür, daß du Böses mir tatest"*[25].

Die Kultfeste zu Ehren des Dionysos wurden mit Menschenopfern und Menschenverzehr in Zusammenhang gebracht. Nach Porphyrios, der sich auf Euelpis von Karystos berief, zerriß man auf Chios angeblich einen Menschen. Daraus folgerte F. Schwenn, daß dieser, nach Analogie des Tieropfers, auch verzehrt wurde[26], obwohl in

---

[19] Andree 1887, 6.

[20] Ebd. 12.

[21] Ebd. 98.

[22] Schaaffhausen 1870, 264. - Ferner Delgado 1884, 277; Andree 1887, 6f.

[23] Homer, Odyssee 9, 287-298.

[24] Vgl. Kap. III.2. Es ist an keiner Stelle davon die Rede, daß das Fleisch gebraten oder gekocht wird. Polyphem zündet zwar ein Feuer an, jedoch nicht zum Zweck der Fleischzubereitung. - *"Und zum Lande der wilden, gesetzelosen Kyklopen / Kamen wir jetzt, der Riesen, die im Vertraun auf die Götter / Nimmer pflanzen noch sä'n und nimmer die Erde beackern. /.../ Dort ist weder Gesetz noch öffentliche Versammlung, / Sondern sie wohnen all' auf den Häuptern hoher Gebirge / In gehöhlten Felsen, und jeder richtet nach Willkür / Seine Kinder und Weiber und kümmert sich nicht um den andern."* Homer, Odyssee 9, 106-115.

[25] Homer, Ilias 22, 345f.

[26] Schwenn 1915, 71f. Hier hätten die Sagen ihren Ausgangspunkt, in denen ein Mensch zerrissen wird; ebd. - Die Mänaden sollen wilde Tiere zerrissen und verschlungen haben, die Töchter des Minyas rissen eines ihrer Kinder in Stücke, König

der von ihm angeführten Quelle davon nicht die Rede ist. Für A. Wendt scheint es sich um Ausläufer von Kulten zu handeln, bei denen der Gott noch nicht in Stiergestalt verzehrt, sondern ein Mensch als Stellvertreter geopfert worden sei[27], eine hypothetische Annahme, wie überhaupt das Menschenopfer in antiker Zeit problematisch nachzuweisen ist[28].

Die vielen griechischen Mythen, Sagen und literarischen Bearbeitungen, die anthropophage Elemente enthalten, sollen hier nicht ausführlich behandelt werden. Hingewiesen sei auf Kronos, der seine Kinder verschlang, und Zeus, der dies aus gleichen Gründen mit Metis tat, um die Geburt eines Sohnes zu verhindern, auf Tydeus, der das Gehirn seines Gegners Melanippos aus dessen Schädel schlürfte, was ihn die Unsterblichkeit kostete, auf Tantalos, der seinen Sohn Pelops den Göttern vorsetzte, auf Atreus, der seinem Bruder Thyestes dessen eigene Kinder zum Mahl bereitete und deren Blut in den Wein mischte, was als 'thyestisches Mahl' sprichwörtlich geworden ist, und auf Tereus, dem sein Sohn Itys von seiner Gemahlin als gekochte Speise vorgesetzt wurde, wonach sie und ihre Schwester sich in Vögel, eine Nachtigall und eine Schwalbe, verwandelten. Die Motive für derartige Handlungen sind Angst, Rache, Haß und Wut sowie eine Prüfung der Allwissenheit der Götter[29].

In der griechischen Mythologie und Literatur finden sich vielfältige Motivationen und Ursachen für anthropophage Handlungen, von der Menschenfresserei zur Vorbeugung von Unheil oder als Versinnbildlichung kosmischer Vorgänge über den Opfergedanken, der mit Zeus Lykaios in Verbindung steht und mit den Bacchanalien - als Fruchtbarkeitskult oder Symbolisierung dessen, daß Kultur eben nicht der bacchanalische Taumel ist[30] -, über das Motiv der Vernichtung des Gegners zum Haß und zur Rache, zur Anmaßung und schließlich auch zur Anthropophagie aus Freßgier oder aus Gewohnheit, wie sie in Homers Schilderung des Kyklopen und der Lästrygonen zum Ausdruck kommt. Die Bewertung ist negativ, die Anthropophagie dient der Beschreibung des Grausamen, Unmenschlichen, Kulturlosen und Fluchbeladenen. Der 'Endokannibalismus', das Verzehren von Verwandten, der uns in antiken ethnographischen Quellen häufiger entgegentritt, kann hier daher nur in der Form des Wahnsinns oder der Unwissenheit der Handelnden (Essenden) beschrieben sein. Auch das Motiv der Strafe klingt an, schlägt doch Dionysos diejenigen mit Wahnsinn, die ihm nicht folgen wollen.

1.2 Altes und Neues Testament

Im Alten Testament tritt die Menschenfresserei als grausame Strafandrohung Gottes gegen jene auf, die sich von ihm abwenden und seine Gebote nicht beachten. *"Werdet ihr mir aber auch dann noch nicht gehorchen und mir zuwiderhandeln, so will auch ich euch im Grimm zuwiderhandeln, und will euch siebenfältig mehr strafen um eurer Sünden willen, daß ihr sollt eurer Söhne und Töchter Fleisch essen. Und ich will eure Opferhöhen vertilgen und eure Rauchopfersäulen ausrotten und will eure Leichname auf die Leichname eurer Götzen werfen und werde an euch Ekel haben"*[31]. Er wird ihnen Feinde schicken, die sie so bedrängen, daß sie gezwungen sind, ihre eige-

---

Proitos Töchter verschlangen, von Wahnsinn geschlagen, ihre Säuglinge, Agaue riß ihren Sohn Pentheus in Stücke. - Das Zerreißen eines Menschen ist nicht ohne weiteres möglich: *"Nach einem alten Flugblatt wurde zuletzt Damiens zerstückelt, der 1757 einen Mordversuch auf König Ludwig XV. (...) versucht hatte; die Tiere setzten 5-6mal an, konnten den Menschen aber nicht zerreißen, bis man mit Messern nachhalf."* von Hentig 1954, 346; vgl. Leder 1980, 138.

[27] Wendt 1989, 1 Anm. 3.

[28] Vgl. Schwenn 1915, der sich fast ausschließlich auf Mythen und Sagen berief. Bei der Beschreibung des Menschenopfers im Zusammenhang mit der Bestattung des Patroklos, motiviert durch Achilleus' Zorn, fühlte sich Homer nach Ansicht Schwenns, der darin E. Rohde folgte, nicht allzu wohl, denn er *"stand der Sitte noch zu nahe; er empfand die Roheit in ihr und wußte, daß sie sich täglich wiederholen konnte."* Ebd. 136. An anderer Stelle bemerkte er: *"Das Menschenopfer entwickelt sich zum Motiv der Dichtung. Es verstand wie wenig andere, den Hörer zu packen. (...) Wir müssen uns hüten, darin allzuviele geschichtliche Erinnerungen zu sehen."* Ebd. 122. - Vgl. auch Ellis 1968. Diese Thematik kann hier nicht behandelt werden. Zum römischen Menschenopfer vgl. z.B. Eckstein 1982.

[29] F. Schwenn führte bei Tydeus das Motiv der Übernahme der geistigen Eigenschaften des Getöteten an (1915, 25f.).

[30] Thomsen 1983, 36.

[31] 3.Mose 26, 27-31.

nen Kinder zu essen, Söhne, Töchter und Neugeborene samt Nachgeburt, was in aller Ausführlichkeit geschildert ist[32]. Ihre Leichname sollen den Vögeln und Tieren zum Fraß gegeben werden, und einer soll des andern Fleisch essen, wie es bei Jeremia heißt[33]. Auch das Eintreffen der Strafe wird beschrieben, denn es haben die barmherzigsten Frauen ihre Kinder selbst kochen müssen, damit sie zu essen hatten in dem Jammer[34]. Bei der Belagerung Samarias herrschte eine große Hungersnot; eine Frau flehte den König von Israel um Hilfe an und erzählte ihm: *"Diese Frau da sprach zu mir: Gib deinen Sohn her, daß wir ihn heute essen; morgen wollen wir meinen Sohn essen. So haben wir meinen Sohn gekocht und gegessen. Und ich sprach zu ihr am nächsten Tage: Gib deinen Sohn her und laß uns ihn essen. Aber sie hat ihren Sohn versteckt"*[35]. Abschreckender und grausamer als mit der Metapher des Essens der eigenen Kinder ist eine Warnung vor der Mißachtung der Gebote Gottes kaum darstellbar.

Im Neuen Testament ist der Gedanke der Rache und Strafe, das 'Auge um Auge, Zahn um Zahn'-Motiv nicht mehr vorhanden. An seine Stelle treten die Ideale des Mitleids, der Barmherzigkeit und des Verzeihens. Der Sohn Gottes opfert sich selbst, und wer sein Fleisch ißt und sein Blut trinkt, der hat das ewige Leben und wird auferweckt am Jüngsten Tag. Christus lebt weiter in denen, die ihn verzehren, und sie leben in ihm. Besonders deutlich findet sich dieser Gedanke im Johannes-Evangelium[36]. Die Vorstellung des Essens ist transzendiert, Fleisch und Blut durch Brot und Wein substituiert - dies ändert jedoch nichts an der zugrundeliegenden Idee der Theophagie, der leibhaftigen Verspeisung des Gottes, zumal es sich nach der Transsubstantiationslehre keineswegs um eine symbolisch zu verstehende, sondern um eine tatsächlich vollzogene Verwandlung handelt[37].

---

[32] 5.Mose 28, 53-57: *"Du wirst die Frucht deines Leibes, das Fleisch deiner Söhne und deiner Töchter, die dir der HERR, dein Gott, gegeben hat, essen in der Angst und Not, mit der dich dein Feind bedrängen wird. Ein Mann unter euch, der zuvor verwöhnt und in Üppigkeit gelebt hat, wird seinem Bruder und der Frau in seinen Armen und dem Sohn, der noch übrig ist von seinen Söhnen, nichts gönnen von dem Fleisch seiner Söhne, das er ißt, weil ihm nichts übrig geblieben ist von allem Gut in der Angst und Not, mit der dich dein Feind bedrängen wird in allen deinen Städten. Eine Frau unter euch, die zuvor so verwöhnt und in Üppigkeit gelebt hat, daß sie nicht einmal versucht hat, ihre Fußsohle auf die Erde zu setzen, vor Verwöhnung und Wohlleben, die wird dem Mann in ihren Armen und ihrem Sohn und ihrer Tochter nicht gönnen die Nachgeburt, die von ihr ausgegangen ist, und ihr Kind, das sie geboren hat; denn sie wird beides vor Mangel an allem heimlich essen in der Angst und Not, mit der dich dein Feind bedrängen wird in deinen Städten."*

[33] Jeremia 19, 7-9.

[34] Klagelieder Jeremias 4, 10; vgl. auch 2, 20: *"Sollen denn die Frauen ihres Leibes Frucht essen, die Kindlein, die man auf Händen trägt?"*

[35] 2.Könige 6, 26-30.

[36] Dort heißt es: *"Ich bin das Brot des Lebens. Eure Väter haben in der Wüste das Manna gegessen und sind doch gestorben. Dies ist das Brot, das vom Himmel kommt, damit der, der davon ißt, nicht stirbt. Ich bin das lebendige Brot, das vom Himmel gekommen ist. Wer von diesem Brot ißt, der wird in Ewigkeit leben. Und dieses Brot ist mein Fleisch, das ich geben werde, damit die Welt lebt. Da stritten die Juden untereinander und sagten: Wie kann der uns sein Fleisch zu essen geben? Jesus sprach zu ihnen: Wahrlich, wahrlich, ich sage euch: Wenn ihr das Fleisch des Menschensohnes nicht eßt und sein Blut nicht trinkt, so habt ihr kein Leben in euch. Wer mein Fleisch ißt und mein Blut trinkt, der hat das ewige Leben, und ich werde ihn am Jüngsten Tage auferwecken. Denn mein Fleisch ist die wahre Speise, und mein Blut ist der wahre Trank. Wer mein Fleisch ißt und mein Blut trinkt, der bleibt in mir und ich in ihm. Wie mich der lebendige Vater gesandt hat und ich um des Vaters willen lebe, so wird auch der um meinetwillen leben, der mich ißt."* Johannes 6, 48-58.

[37] Über die Transsubstantiation gab es immer wieder Auseinandersetzungen. Das Konzil von Trient (1563) legte endgültig die Wahrheit des Mysteriums der Eucharistie fest (erneut bestätigt durch Papst Paul VI. 1965 in der Enzyklika Mysterium Fidei; Douglas 1981, 70). Der Begriff Transsubstantiation wurde auf dem Laterankonzil 1215 kanonisiert, jedoch erst später zum offiziellen Dogma erklärt. Berengar von Tours wurde vorgeworfen, die Eucharistie auf ein reines Symbol reduzieren zu wollen, und auf dem Laterankonzil 1079 mußte er zugestehen, an die Transsubstantiation (Substanz) zu glauben. Er fand jedoch Unterstützung in der Schule von Chartres, ebenso in den Auffassungen der Waldenser u.a. Ausführliche Darstellung bei Redondi 1991, 208ff. Nach Auffassung der Lutheraner ist die tatsächliche Aufnahme von Leib und Blut Christi Folge seiner ubiquitären Anwesenheit in der Welt (Konsubstantiation), während Zwingli und Calvin die Meinung vertraten, daß es sich beim Abendmahl nur um eine symbolische Wiederholung handle, und Brot und Wein nur als Sinnbilder zur Erinnerung an die gemeinsame Mahlzeit mit Gott zu gelten hätten (Wendt 1989, 7f.).

Zum Arsenal der Vorwürfe gegen Juden und Hexen gehörte die Behauptung, sie würden die geweihte Hostie und damit den Gottessohn schänden, die Hostie durchbohren und zerstückeln, bis Blut aus ihr hervorquillt[38]. Abt Gezo von Tortona berichtete im späten 10. Jahrhundert von einem zum Christentum übergetretenen Juden, der bei seiner ersten Kommunion zu sehen meinte, wie der Priester mit bluttriefenden Händen auf dem Altar den Leib eines Mannes zerstückelte[39]. Hostienwunderlegenden wie diese, die sich im Zusammenhang mit dem Streit um das Wesen der Wandlung von Brot und Wein seit dem 11. Jahrhundert mehrten, wandelten sich nach dem Laterankonzil 1215 allmählich zu der Legende vom jüdischen Hostienfrevel[40].

Beispiele für anthropophage Phantasien im 14. und 15. Jahrhundert, wie das Trinken des Blutes aus der Seitenwunde Christi (Katharina von Siena), das Fließen des ganzen roten und warmen Blutes aller Wunden durch Seuses Mund und dergleichen mehr[41], gibt J. Huizinga in seinem Werk "Herbst des Mittelalters". Die Gier, der Hunger des menschlichen Geistes nach Gott ist auch umkehrbar, denn Christi Hunger ist über alle Maßen groß: *"er verzehrt uns alle von Grund auf (...) er verzehrt das Mark aus unseren Knochen (...) Er gibt uns geistlichen Hunger, und unserer herzlichen Liebe seinen Leib zur Speise (...) Seht, also werden wir allzeit essen und gegessen werden, und in Minne auf- und untergehen, und dies ist unser Leben in Ewigkeit."* In einem anderen Text wird Christus mit dem Osterlamm verglichen, und wie dieses *"ward er gleichsam gebraten und langsam gesotten, uns zu retten"*[42].

Blut- und Kannibalismus-Phantasien, das Interesse an Abnormitäten und Wundern und das von R. Mandrou für die Menschen des 16. Jahrhunderts als 'psychische Konstante' hervorgehobene kollektive Vergnügen an der Gewalt, an Tod, an öffentlichen Hinrichtungen[43], eschatologische Ängste, die Furcht vor Satan, den Dämonen usw. sind kennzeichnende Empfindungen der beginnenden Neuzeit.

Wirkliche Menschenfresserei war und blieb aber, trotz der angeführten anthropophagen Phantasien und religiösen Mystifizierungen, die schlimmste vorstellbare Handlung, wie es traditionell dem abendländischen Denken entsprach. Abscheu und Faszination sind die beiden Pole, zwischen denen sich das Denken bewegte. Die europäische Geisteswelt war und ist durchdrungen von "Kannibalismen", sei dies auf religiöser, mystischer, metaphorischer, psychischer, sprachlicher oder realer Ebene.

1.3 Anthropophagie als Mittel der Verleumdung

Im Zusammenhang mit den Auseinandersetzungen zwischen Katholiken und Protestanten im Frankreich des späten 16. Jahrhunderts wurde das Dogma von der Transsubstantiation als Beweis für die menschenfresserischen Neigungen der 'Papisten' angeführt. Sie fraßen die Gläubigen und den Gottessohn selbst[44], und dies nicht nur symbolisch - es hieß, daß der Papst sich von umgebrachten Protestanten ernähre, und die Priester Hugenotten brieten und sie meistbietend an die Bevölkerung verkauften[45].

---

[38] U.a. Cohn 1988, 91; Delumeau 1989, 432ff.; Rohrbacher u. Schmidt 1991, 291ff.

[39] Rohrbacher u. Schmidt 1991, 291.

[40] Ebd.

[41] Einigen wurde auch Milch aus Marias Brüsten zuteil.

[42] Zit. nach C. W. Thomsen 1983, 43.

[43] Gewecke 1992a, 107.

[44] Lestringant 1982, 238f.

[45] Wendt 1989, 109. Ihre Annahme, daß es sich bei der Beschuldigung des Kannibalismus um ein neues Element handle, das erst mit der Kenntnis Brasiliens und der dortigen 'Kannibalen' aufkam, ist falsch. Dieses Stereotyp wurde schon seit der Antike zur Verunglimpfung von Gegnern verwendet; vgl. unten und Lestringant 1982, 242. Eine wichtige Rolle dürfte der Umstand gespielt haben, daß die Protestanten bei der Belagerung von Sancerre gezwungen waren, sich durch Kannibalismus am Leben zu erhalten. - Der Papst wurde auch mit dem Antichrist identifiziert; Delumeau 1989, 325f.

Gemäß einer Legende soll der hl. Nikolaus drei von Ungläubigen geschlachtete und gepökelte Christenkinder wieder zum Leben erweckt haben[46]. Es handelt sich hier um ein Motiv, das sich so oder ähnlich als Verleumdung von Nichtchristen und Feinden, insbesondere Juden[47], noch weit bis in die Neuzeit immer wieder findet[48]. Türkische Märkte, auf denen nackte Christinnen und aufgespießte, zweigeteilte Kinder verkauft werden, zeigen beispielsweise Kupferstiche Erhard Schöns von 1530[49]. Die Iren wurden von den Engländern als Wilde und Kannibalen denunziert - im frühen 17. Jahrhundert berichteten englische Soldaten von drei irischen Kindern, die ihre Mutter rösteten[50]. Aus diesem Jahrhundert stammen Verleumdungen, die den Kroaten vergleichbare Handlungen unterstellten[51]. Noch 1840 sahen sich Juden in Leipzig genötigt, öffentlich zu erklären, daß sie nie Menschenfresser, Säufer des Blutes ermordeter Mitmenschen, gewesen seien[52].

Hannibal ist nachgesagt worden, er hätte seinen Soldaten Menschenfleisch verabreicht, um sie mutig und kriegerisch zu machen[53]. Die aufständigen Esten sollen 1223 nach dem Sieg über den dänischen Vogt Hebbe diesem noch lebend das Herz herausgerissen, es gebraten und gefressen haben, wie Heinrich der Lette berichtete[54]. Ihnen wurde auch unterstellt, an fremden Küsten Knaben zu rauben, um sie zu mästen, dem Thor zu schlachten und dann zu verzehren[55]. In Paris soll man 1617 Leber und Lunge von Marschall d'Ancre, im Haag 1672 das Herz von de Wit gefressen haben[56]. Diese wenigen Beispiele sollen vorerst genügen, das Motiv der Verleumdung wird an späterer Stelle nochmals aufgenommen.

1.4 Zum Volksglauben

Der Glaube an die Übertragung von Eigenschaften und an die Heilkraft von menschlichem Blut, von Knochen, Fleisch und Fett ist alt und war noch bis in das vorige Jahrhundert verbreitet[57]. Anklänge finden sich im Alten Testament: *"Und es begab sich, daß man einen Mann zu Grabe trug. Als man aber einige Leute von ihnen* (feindliche Moabiter) *sah, warf man den Mann in Elisas Grab. Und als er die Gebeine Elisas berührte, wurde er lebendig und trat auf seine Füße"*[58]. Nach Plinius und Celsus half das Trinken des Blutes eben gefallener Gladia-

[46] Wendt 1989, 6 Anm. 3 und Schaaffhausen 1870, 264. Nach H. Schaaffhausen sei dies deutlicher noch als die Sage von Polyphem auf solche Greuel zu beziehen, die der Einführung des Christentums weichen mußten (ebd.).

[47] Zu den Vorwürfen gegen Juden vgl. Kap. III.3.3. Kaiser Konstantin soll, nach Cedrenus und Nicephorus Callistus, auf Anraten jüdischer Ärzte geplant haben, Kinder zu seiner Heilung zu schlachten, sei aber angesichts der weinenden Mütter davon abgekommen (Schwenn 1915, 190).

[48] Vgl. unten.

[49] Delumeau 1989, 403.

[50] Und bereits bei ihren Eingeweiden angelangt waren; Miner 1972, 89f.

[51] Sie sollen kleine Kinder lebendig in Sudpfannen gebraten und dann die serbischen Mütter gezwungen haben, diese zu essen; vgl. "Der Spiegel" 40, 1991, 233. Nach Boehm (1932, 188) wurden im 1. Weltkrieg deutsche Soldaten beschuldigt, in ihren Feldküchen Menschenfleisch, besonders Frauenbrüste ihrer Feinde, zur Speisenzubereitung verwendet und in ihren Brotbeuteln mit sich getragen zu haben.

[52] Rohrbacher u. Schmidt 1991, 290.

[53] Livius XXIII, 5.

[54] Hackman 1913, 314.

[55] Schaaffhausen 1870, 278.

[56] Ebd. 247. Bei der Belagerung von Messina wurden mehrere Soldaten in Stücke gehauen, ihr Fleisch gebraten und feilgeboten. Es sollen auch ihre Zungen mit Brot verzehrt und ihre abgeschnittenen Ohren an den Knopflöchern getragen worden sein, wie die Zeitung "Deutschland" von 1857 berichtete (ebd.).

[57] Bzw. bis in dieses Jahrhundert, wenn in einem Katalog 'echte ägyptische Mumie' zum Kilopreis, solange der Vorrat reicht, angeboten wurde (C. Seyfarth, Aberglaube und Zauberei in der Volksmedizin Sachsens, Leipzig 1913; zit. in: Thomsen 1983, 44f.).

[58] 2.Könige 13, 21.

toren gegen die Fallsucht[59], und auch das Blut enthaupteter Verbrecher soll in Schalen aufgefangen worden sein, um es zu trinken[60]. Im Nibelungenlied trinken burgundische Ritter das Blut ihrer Feinde zur Stärkung[61]. In einem Volksbuch aus dem 16. Jahrhundert heißt es, daß 'Spiritus' aus dem Gehirn eines Menschen das Gehirn stärke und 'Öl' von Menschenhänden gegen Gicht helfe[62].

Die Volkskunde hat zahlreiche Belege für derartige Vorstellungen zusammengetragen[63]. Das Einnehmen von Knochenasche aus dem Beinhaus oder vom Kirchhof soll gegen Ausschlag, Geschwüre oder Epilepsie helfen, unter Zaubersprüchen zubereitetes Menschenknochenpulver gegen Gicht, und Abschabsel vom Schienbein eines toten Mannes, in ein Getränk gemischt, das Geständnis eines Diebes bewirken. Knochen von Hingerichteten im Geldbeutel sollen dem Kaufmann Glück bringen u.v.m.[64]. Die Vorschrift, einer Leiche in die Zehe zu beißen oder Nägel an Händen und Füßen abzubeißen, wurde schon erwähnt - ein Mittel gegen Zahnschmerzen[65] und Befreiung von der Furcht vor dem Toten.

Im Volksglauben wurden verschiedene Organe, u.a. Nieren, Milz, Leber und Herz, als Sitz der Seele vermutet. Die Vorstellung, durch das Essen des Fleisches von mutigen, starken und schönen Tieren übertragen sich deren physische und psychische Eigenschaften, war stark ausgebildet. Das Essen von Menschenfleisch sollte Zauberkräfte vermitteln, und nach zahlreichen Quellen aßen Hexen besonders gern das Fleisch ungetaufter Kinder. Schwangere dürfen bestimmte Fleischarten nicht essen, da deren Eigenschaften auf die Kinder übertragen werden[66]. Menschenfleisch galt als besonders heilkräftig[67]. Der Theologe bzw. Kasuist H. de Villalobos verkündete, daß, da es erlaubt sei, Medizin einzunehmen, in der Menschenfleisch enthalten ist, es ebenso erlaubt sei, in größten Notfällen Menschenfleisch zu essen[68].

Die Leichen von Hingerichteten bzw. bestimmte Teile von ihnen wurden als glück- und heilbringend angesehen, besonders das Blut[69], das gegen alle möglichen Leiden helfen sollte, vor allem gegen die Fallsucht, aber auch die Knochen[70], einzelne Körperteile[71], die Haut[72], das Fett[73] und das Gerät, das zum Vollzug einer Hinrichtung

---

[59] Plinius XXVIII, 1, 4; Celsus III, 23; nach Schwenn 1915, 191. Plinius berichtete auch, daß in Ägypten, wenn ein König vom Aussatz befallen wurde, Bäder aus Menschenblut gemacht werden mußten (ebd. 190).

[60] Aretaeus Cappadox; nach Bächtold-Stäubli, HDA, Bd. IV, 47.

[61] Schaaffhausen 1870, 246.

[62] Ebd. 247: *"Der Spiritus, der aus dem Gehirn eines Menschen gezogen, stärkt sehr das Gehirn; ein Bein von dem Herzen eines Hirschen oder Asche von dem Vorherzen eines Ochsen erquicken das Herz des Menschen; Oel von Menschenhänden dienet wider die Gicht an Händen, Oel von den Füssen wider die Gicht der Füssen."*

[63] Eine ausführliche Zusammenstellung findet sich im Handwörterbuch des deutschen Aberglaubens (HDA), herausgegeben von H. Bächtold-Stäubli.

[64] Bächtold-Stäubli, HDA, Bd. V, 6ff.

[65] Vgl. Kap. I. Gegen Zahnschmerzen sollten auch Zähne helfen, besonders solche, die einem menschlichen Kiefer im Beinhaus ausgebrochen wurden; Jeggle 1986, 173.

[66] Sie dürfen beispielsweise keinen Hasenkopf essen, sonst bekommen die Kinder Hasenscharten.

[67] Bächtold-Stäubli, HDA, Bd. II, 1601ff. In Braunau soll man von einem Erhängten an einer 'unnennbaren' Stelle ein Stück Fleisch abschneiden, dies zu Pulver verbrennen und einem Fieberkranken geben; ebd. 1617.

[68] Somme de théologie morale et canonique, frz. Übersetzung 1635; Delumeau 1989, 231 u. 303 Anm. 78.

[69] Vgl. Bächtold-Stäubli, HDA, Bd. IV, 47ff. und Kap. II.1.2.2.7.

[70] Im 17. Jahrhundert wird gegen Ruhr geraten: *"nimb eine kleine Rippen von einem gehangenen Dieb, pulverisier die, und gib ein Quintlein in Wein oder Essig ein, es hilft gleich in derselben Stund."* Bächtold-Stäubli, HDA, Bd. IV, 43. Plinius (28, 1, 7) empfahl Pillen aus der Hirnschale eines Gehängten gegen Bisse toller Hunde, ebd., mit weiteren Beispielen. Ferner Wankel 1882a, 124 (geraspelte Hirnschale gegen Epilepsie); Matiegka 1896, 133; Pauli u. Glowatzki 1979, 145ff.

[71] In einer Chronik von 1840 heißt es: *"Die Richtstätte Friedrichs war dicht an der Straße von Zwickau nach Werdau. Bereits am andern Morgen früh waren dem Leichnam die beiden Daumen abgeschnitten und ein Teil der Armensünderkleider abgezogen. Binnen acht Tagen aber lag der Leichnam, der Zehen und Finger sämtlich sowie aller Kleider beraubt, auf dem Rade und bot einen Skandal sonder gleichen dar, so daß die Behörde sich gezwungen sah, sofort das Begräbnis anzuordnen."* Richter 1960, 98.

[72] Richter 1960, 98; Bächtold-Stäubli, HDA, Bd. IV, 46.

[73] Noch 1761 erscheint Menschenfett in der offiziellen Dresdener Medizinaltaxe. 1613 wurde dem Egerer Freimann von seinem Stadtrat die Erlaubnis erteilt, Fett von Gehängten abzuziehen, Bächtold-Stäubli, HDA, Bd. IV, 46f. 1726 wurde einem gehängten Pfarrer der Bauch eröffnet und die herausgenommenen Fette einem Marktschreier verkauft; Richter 1960, 98.

gedient hat - letzteres ein Hinweis darauf, daß die Wirkkraft der Armsünderreliquien wesentlich durch den sakralen Akt der Hinrichtung selbst bestimmt ist und nicht nur durch den Glauben an die fortwirkende Lebenskraft des vorzeitig Getöteten[74]. Der Zusammenhang mit dem Opfergedanken ist deutlich. Vom Scharfrichter wurde erwartet, daß eine Hinrichtung nicht mißlang, d.h. der erste Schlag zum Tod führte, anderenfalls wurde er selbst, häufig tätlich, angegriffen[75]. In den Erläuterungen zur Carolina heißt es zur Durchführung einer Vierteilung, bei der der Delinquent auf dem Schafott nackt auf eine Art Pritsche gefesselt wurde: *"Es wird dem Delinquenten von des Scharfrichters Knechten ernstlich mit einem großen, dazu bereiteten Messer (...) die Brust gleich herunter von vorn aufgeschnitten, die Rippen herumgebrochen und herumgelegt, sodann das Eingeweide samt dem Herzen, Lunge und Leber, auch alles, was im Leibe ist, herausgenommen und in die Erde verscharret, anbei wohl dem armen Sünder vorhero aufs Maul geschmissen."* Der Leib wurde in vier Teile zerhauen und an Säulen oder Schnappgalgen an den Straßen aufgenagelt[76].

Zwischen Heiligen- und Armsünderreliquien bestand von der Wirkkraft her gesehen kein Unterschied[77]. K. Krenn bemerkte, daß der heidnische Brauch des Schädeltrunks auch in den christlichen Gedankenkreis eingedrungen sei und hier zu einer Handlung des frommen Andenkens wurde, in dem Glauben, daß der Segen und die Wunderkraft des Heiligen, aus dessen Schädel man trank, auf den Trinkenden übergehe[78]. Im Handwörterbuch des deutschen Aberglaubens heißt es, daß der Glaube an die glück- oder heilbringenden Eigenschaften der Hingerichteten eine durchaus amoralische Überzeugung sei, ohne einen näheren Zusammenhang mit dem christlichen Wunderglauben an Heiligenreliquien[79]. Die zugrundeliegenden Vorstellungen sind jedoch dieselben, und es wurde, wie bereits erwähnt, beiden 'Reliquienarten' identische Wirkkraft zugesprochen. Hier zeigt sich deutlich, wie problematisch eine Trennung zwischen Glaube und Religion einerseits und Aberglaube oder magischen Vorstellungen andererseits sein kann.

Abschließend sei noch an die vielen Märchen und Sagen erinnert, die anthropophage Elemente enthalten, wie etwa Beowulf und Grendel, das Märchen vom Machandelbaum, Hänsel und Gretel, die hier nicht näher behandelt werden sollen[80].

1.5 Zusammenfassung

Festzuhalten bleibt, daß die Anthropophagie in der europäischen Geisteswelt tief verwurzelt und mit verschiedensten Motivationen verbunden ist, vom Hunger über Rache und Haß zum Glauben an die Übertragung von Eigenschaften und an das Weiterleben der Kräfte von Toten. Sämtliche Motive, die für andere Völker als Begründung kannibalistischer Handlungen angegeben wurden, waren nicht neu und unbekannt, sondern existierten auch in der abendländischen Vorstellungswelt oder Praxis. Es stand ein umfangreiches Instrumentarium zur Verfügung, das der Beschreibung 'primitiver' Sitten dienen konnte. Nicht ohne Grund findet sich besonders in der Literatur des

[74] Bächtold-Stäubli, HDA, Bd. IV, 40.

[75] Vgl. van Dülmen 1988, 153ff. Auch dies ist im Zusammenhang mit dem Opfer zu sehen. Man denke ferner beispielsweise an die Sitte der 'Henkersmahlzeit'.

[76] Leder 1986, 138. Vgl. auch von Hentig 1987, 33. Diese Beschreibung sowie zahlreiche ähnlich geartete sind sowohl hinsichtlich der oft mit Abscheu geschilderten Opfer- und Hinrichtungspraktiken außereuropäischer Völker interessant als auch hinsichtlich der Überlegung, daß Kannibalismus bei 'Wilden' als notwendige Ergänzung zu Tötungshandlungen erforderlich gewesen sein könnte, um diese ausreichend von Europäern abzugrenzen (vgl. Kap. IV). Die oben angedeutete Thematik der Opfertradition im Strafvollzug kann hier nicht näher behandelt werden.

[77] Sie besaßen den gleichen Amulettwert; Richter 1960, 98. Zu Heiligenreliquien vgl. Kap. II.1.2.2.7.

[78] Krenn 1929, 114. Nach einem Bericht (Murner 1751) wurde eine Klosterfrau wieder ausgegraben und eine Frau, die aus deren Hirnschale trank, gesundete daraufhin; zit. in: Andree 1912, 12. Heilung bewirken jedoch auch gewöhnliche Schädel; vgl. z.B. A. Ross 1962, 36f.

[79] Denn je kraftvoller, außergewöhnlicher, d.h. meist scheußlicher die Leistung eines Verbrechers gewesen ist, desto versprechender und begehrter sind seine Reliquien, wie es zur Begründung heißt; Bächtold-Stäubli, HDA, Bd. IV, 40.

[80] Vgl. C. W. Thomsen 1983, 49ff.

späten 19. Jahrhunderts häufiger die Gleichsetzung von 'niederen Volksschichten' mit 'Wilden'[81], mußte man sich doch offenbar von den als abergläubisch bezeichneten Vorstellungen distanzieren, die den 'zivilisierten' Europäer allzu sehr in die Nähe der als primitiv beschriebenen Völker anderer Länder rückten. Der christlich-orthodoxe Wunder- und Reliquienglaube dagegen wurde mystifiziert und auf eine andere, höhere Ebene gestellt, die mit der Gedankenwelt der 'Primitiven' nicht das geringste zu tun hatte. Dies war Folge der grundsätzlich negativen Bewertung der Anthropophagie, die in der europäischen Geisteswelt ebenfalls tief verwurzelt ist, und Ausdruck des Unbehagens darüber, daß die Distanz zwischen 'Ihnen' und 'Uns', wenn man genauer hinsah, so groß nicht war.

2. Ethnographische Quellen: Fremde in der Ferne

Die Darstellung und Beschreibung von Fremden folgt in der antiken und mittelalterlichen ethnographischen Literatur weitgehend stereotypen, ethnozentrisch geprägten Vorstellungen, die bereits im vorhergehenden Abschnitt im Zusammenhang mit Homers Schilderung des Kyklopen Polyphem angesprochen wurden. Die charakteristischen Merkmale - Gesetzlosigkeit, Promiskuität, Fehlen von Ackerbau, Rohfleischverzehr und, an der Peripherie des Bekannten, Anthropophagie - finden sich, mit Variationen und Modifikationen, in den Beschreibungen anderer Völker noch bis tief in die Neuzeit hinein. Die vermeintliche Wildheit und Roheit der Fremden wächst mit steigender Entfernung und fallendem Bekanntheitsgrad bis zur völligen mythischen Verfremdung, wenn die äußersten Randbereiche der bekannten Welt mit Monsterwesen bevölkert werden. Die Darstellung von 'Fremden in der Ferne' soll im folgenden untersucht werden, wobei der Schwerpunkt nicht auf dem geläufigeren, ebenso stereotypen positiven Aspekt liegt, dem 'Goldenen Zeitalter' und dem 'Guten Wilden', sondern auf dem negativen, insbesondere dem der Anthropophagie.

2.1 Antike ethnographische Quellen

Nach Herodot wurden bei den Massageten alte Menschen zusammen mit Opfertieren geschlachtet, gekocht und gegessen. An einer Krankheit Gestorbene wurden dagegen begraben, ein großes Unglück für die davon Betroffenen. Ferner berichtete er, daß zwar jeder Mann eine Frau nehme, sie sich die Frauen aber trotzdem gemeinschaftlich teilen, denn wenn *"es einen Massageten nach einem Weib gelüstet, hängt er seinen Bogen an ihren Wagen und schläft ohne weiteres mit ihr."* Dies sei nicht Sitte der Skythen, wie die Hellenen erzählen, sondern der Massageten[82]. Hier dürfte sich jedoch eher ein Wunschdenken der oder des Informanten bzw. ein gängiges Stereotyp spiegeln als soziale Realität. Das Land wurde nicht bebaut, man lebte von Herdenvieh und von Fischen[83]. Identisches berichtete er von den Sitten der Issedonen, bei denen die Verwandten den toten Vater zusammen mit geschlachtetem Vieh verzehrten; der Schädel wurde gereinigt und vergoldet. Die Frauen sollen gleiche Rechte gehabt haben wie die Männer[84]. Aufgrund der starken Ähnlichkeit der Beschreibungen wurde vermutet, daß es sich bei Massageten und Issedonen möglicherweise um dasselbe Volk handelte, die Berichte nur von verschiedenen Informanten kamen[85]. Sie stammen jedenfalls aus zweiter oder dritter Hand und dürften kaum auf Augenzeugenberichten basieren. Nördlich von den Issedonen sollen die einäugigen Menschen, die Arimaspen, und die goldhütenden Greife wohnen. *"Die Skythen haben diese Nachricht von den Issedonen übernommen, und durch den Ver-*

---

[81] Z.B. Schaaffhausen 1870, 247; Andree 1887, 11; Jelgersma 1928, 277.
[82] Herodot I, 216.
[83] Ebd.
[84] Ebd. IV, 26.
[85] Ebd. 687 Anm. 27 (H. W. Haussig).

kehr mit den Skythen wiederum ist sie auch zu uns gedrungen"[86]. Herodot stand dem jedoch skeptisch gegenüber, denn er glaubte nicht, daß es überhaupt einäugige Menschen gibt, die *"im übrigen ebenso aussehen wie andere Menschen"*[87].

Noch barbarischer als die Sitten der Massageten sollen die der nomadischen Padaier in Indien gewesen sein, die sich zudem von rohem Fleisch ernährten. Wurde ein Stammesmitglied krank, so töteten ihn die nächsten Freunde und Verwandten, auch wenn er seine Krankheit ableugnete. *"Und wer alt wird, den opfert man feierlich und verzehrt ihn ebenfalls. Doch bringen es nicht viele bis zum Alter. Die meisten werden schon vorher, bei Gelegenheit einer Krankheit, getötet"*[88]. Bei den Padaiern und anderen indischen Stämmen geschieht die Begattung öffentlich wie bei dem Vieh. Ihre Farbe ist schwarz wie die der Äthiopier. *"Auch der Same, den sie an die Weiber abgeben, ist nicht weiß wie bei den anderen Völkern, sondern schwarz wie ihre Haut. Die Äthioper haben ebenfalls schwarzen Samen"*[89].

Das roheste Leben von allen Völkern führen jedoch die Androphagen, denn sie haben keine Rechtspflege und keine Gesetze. Sie sollen nördlich der Ackerbauskythen hinter einer großen Wüste wohnen und Nomaden sein, eine eigene Sprache haben und das Menschenfleisch verzehren[90].

Bei den 'Skythen'[91], über die mehr und genauere Informationen zu erlangen waren, unterschied Herodot zwischen Nomaden und Ackerbauern, die er wiederum in solche teilte, die ihr Getreide selbst essen und solche, die es nur für den Handel anbauen[92]. Die Beschreibung ist umfangreich und differenziert, sie treten aus dem Bereich des 'Hörensagens' und der Fabeln heraus, was nicht heißt, daß die Darstellung frei von Stereotypen ist. Er beschrieb ihre Götter, indem er sie mit griechischen gleichsetzte, ihre Opfersitten, darunter Menschenopfer an Ares, Kriegsbräuche, die Arten der Wahrsagerei, die Bestattungssitten, Schwitzbäder, den Gebrauch von Hanf und ihre Weigerung, fremde Sitten, namentlich hellenische, anzunehmen[93]. Nach Herodot trank ein Skythe, wenn er seinen ersten Feind erlegt hatte, von dessen Blut. Alle Köpfe derjenigen, die er in der Schlacht tötete, brachte er dem König, damit er selbst seinen Beuteanteil erhielt - die Kopfhaut wurde abgezogen, gegerbt und an die Pferdezügel gebunden, zudem als Handtuch gebraucht. Ferner soll oft die rechte Hand der Feinde abgehäutet und als Köcherdeckel benutzt worden sein[94]. Aus den Schädeln der grimmigsten Feinde machten sie Trinkschalen, die sie mit Fell schmückten oder innen vergoldeten[95]. Jeder Freundschaftsbund wurde besiegelt, indem Blut der beiden, die den Bund schlossen, in Wein gemischt und dieser dann getrunken wurde. *"Diese stechen sich nämlich mit einer Nadel oder machen sich einen kleinen Schnitt mit dem Dolch. Nun tauchen sie Schwert, Pfeile, Streitaxt, Speer in den Krug hinein. Sie sprechen dann eine lange Beschwörung und trinken von dem Trank (...)"*[96]. Herodot bewunderte die Skythen nur in einer Kunst, in der sie alle anderen Völker übertrafen, denn keiner, den sie verfolgten, entkam ihnen, und keiner konnte sie einholen, wenn sie dies nicht wollten. *"Muß nicht ein Volk unüberwindlich*

---

86 Herodot IV, 27.

87 Ebd. III, 116. In Buch IV, 13, bezog er sich auf die Arimaspea, ein episches Gedicht des Aristeas, der, von göttlicher Raserei ergriffen, zu den Issedonen gewandert sein will. *"Jenseits der Issedonen, erzählt er, wohnen die Arimaspen, Menschen mit einem Auge, jenseits der Arimaspen wohnen goldhütende Greife und jenseits der Greife die Hyperboreer, die an ein Meer grenzen."*

88 Herodot III, 99.

89 Ebd. 101. Vgl. auch I, 203, wo er über Kaukasus-Völker berichtete, die sich fast ganz von wilden Früchten ernähren und sich ebenfalls öffentlich begatten sollen wie das Vieh. - Als 'Äthiopier' wurden bis in das 18. Jahrhundert allgemein schwarzhäutige Afrikaner bezeichnet.

90 Herodot IV, 18 und 106.

91 Mit dem Begriff Skythen ist vorsichtig umzugehen. M. I. Finley bemerkte dazu: *"Frequent migration and conquest led to a great confusion in nationality, one which neither the Greeks nor the Romans were able to sort out. (...) generally, 'Scythian' could mean everyone from the vast area north of the Black Sea."* Zit. nach Shaw 1982/83, 9.

92 Ferner 'Königs'skythen. Herodot IV, 17-20. Die Trennung zwischen Ackerbauern und Nomaden ist grundlegend, so daß Herodot Stämme, bei denen beides vorkam, als ethnisch zu trennende Gruppen sah (Shaw 1982/83, 11).

93 Herodot IV, 59ff.

94 Ebd. 64. *"Die Menschenhaut ist fest und glänzend, weißer und glänzender als fast alle anderen Häute. Manche häuten die ganze Leiche ab, spannen die Haut auf Holz und führen sie auf ihrem Pferde mit. So merkwürdige Gebräuche haben sie."*

95 Ebd. 65.

96 Ebd. 70.

und unnahbar sein, das weder Städte noch Burgen baut, seine Häuser mit sich führt, Pfeile vom Pferde herab schießt, nicht vom Ackerbau, sondern von der Viehzucht lebt und auf Wagen wohnt?"[97].

Der Entwicklungsverlauf der Kulturgeschichte umfaßt in Herodots Augen mehrere Stufen, vom Wildbeutertum über das Viehzüchter- zum niederen Bauerntum und zur Hochkultur, zu deren Repräsentanten neben den Griechen auch z.B. Ägypter, Phönizier und Perser zählen[98]. Die verschiedenen Stufen der Zivilisation bzw. Barbarei sind jeweils durch bestimmte Sitten und Produktionsweisen charakterisiert. Letzte Vertreter des urzeitlichen Barbarentums finden sich an der äußersten Peripherie der Ökumene - Sammler-, Jäger- und Fischergruppen, die sich von rohen Nahrungsmitteln (Fisch; Fleisch) oder von wildwachsenden Wurzeln und Früchten ernähren, zum Teil 'Endokannibalen' sind wie die Padaier, die ihre Kranken töten und sich zudem wie das Vieh begatten, oder, als roheste von allen, die Androphagen, die Menschenfresser sind und weder Recht noch Gesetze kennen. Diese Gruppen führen ein quasi tierhaftes Dasein, ihr Leben ist gekennzeichnet durch den Mangel an allem, was das Leben der Hochkulturvölker ausmacht, durch den rohen Genuß der Nahrungsmittel und anthropophage Praktiken[99]. Eine Position zwischen dieser untersten menschlichen Daseinsform und dem niederen Bauerntum nehmen die viehzüchterischen Libyer, Massageten und Skythen ein, denen bereits gekochtes Fleisch wie auch Milch zur Nahrung dient, und die schon im Besitz entwickelterer Kulturgüter wie der Metallverarbeitung sind, denen der Bodenbau aber fremd ist, und die noch eine Reihe primitivbarbarischer Sitten pflegen, wie Promiskuität und 'Endokannibalismus'[100], jedoch in abgemilderter Form, da sie ihre Verwandten nicht mehr bei Gelegenheit einer Krankheit töten. Auch die Promiskuität ist bereits bestimmten Regeln unterworfen, begatten sie sich doch nicht mehr in aller Öffentlichkeit wie das Vieh, sondern hängen ihren Bogen an den Wagen der Frau und dokumentieren damit ihre Anwesenheit. Die nächste Stufe bilden die bodenbauenden Gruppen der libyschen und skythischen Barbarenwelt und den Abschluß dann die Hochkulturvölker des Mittelmeerraumes.

Der Beschreibung der verschiedenen Völker liegt nicht nur das Bemühen um ethnographische Darstellung zugrunde, sondern vor allem, auch bei Herodot, die Darstellung eines bestimmten Weltbildes, in dessen Zentrum die Griechen und zivilisatorisch vergleichbare Völker stehen, um die sich 'kreisförmig' immer primitivere Stämme gruppieren, bis sich der Blick ins Unbekannte und Fabelhafte verliert. Umso mehr man sich der Peripherie des Bekannten nähert, umso spärlicher und unsicherer werden die Nachrichten, umso weniger werden sie aber auch hinterfragt oder in Zweifel gezogen - mit steigender Entfernung und mit fallendem Bekanntheitsgrad werden die Völker wilder, promisker und roher.

Hekataios von Milet beschrieb die Ränder der bekannten Welt: Im Westen die Kelten, im Norden die Skythen, im Osten die Inder und im Süden die Äthiopen. Über diese Grenzen hinaus folgte er dem überkommenen Glauben, daß die ferneren, den ozeanumfluteten Saum der Erde bildenden Gebiete von Fabelvölkern wie den Schattenfüßlern, den Hyperboreern oder den einäugigen Arimaspen bewohnt seien[101]. Herodot lehnte derartige Vorstellungen ab und betonte immer wieder seine Zweifel, was seine Nachfolger jedoch nicht daran hinderte, die von ihm und von anderen überlieferten Angaben als ethnographische Tatsachen zu tradieren. Er beschrieb das Land der Kahlköpfe oder Argippaier (wohl ein kirgisischer Stamm), aber *"über das Weitere kann keiner etwas Bestimmtes sagen. Hohe, unzugängliche Berge schieben sich davor, die niemand überschreitet. Die Kahlköpfe erzählen - was ich aber nicht glaube -, auf diesen Bergen wohne ein ziegenfüßiges Volk und jenseits der Berge ein anderes Volk, das sechs Monate lang schliefe. Das scheint mir nun vollends unglaublich"*[102]. Über den westlichen Teil Libyens berichtete er, daß er sehr bergig, waldreich und voller Tiere sei. Neben Riesenschlangen, Löwen, Elefanten und

---

97 Ebd. 46.

98 K. E. Müller 1972, 122; vgl. auch Timpe 1986, 27. - W. Nippel (1990, 21f.) fand es problematisch, Herodot ein Schema der Abfolge von Kulturstufen zu unterstellen, u.a. deshalb, weil die daraus resultierende Assoziation mit einem evolutionistischen Modell für Herodot unangemessen sei, da er an Fragen der Kulturentstehung und Höherentwicklung nicht interessiert war. Dies ist sicher zutreffend, zumindest sprach er derartige Fragen nicht an, vermittelt aber (bewußt oder) unbewußt ein entsprechendes Muster, das der Denkweise bzw. Theorie seiner Zeit entspricht und bereits auf eine längere Tradition zurückblickt.

99 K. E. Müller 1972, 121f.; vergleichbare Charakteristika für das Barbarentum führte auch Aristoteles an; ebd. 201.

100 Ebd. 122.

101 Ebd. 99.

102 Herodot IV, 25.

anderen Tieren gebe es dort auch *"Leute mit Hundeköpfen und ohne Kopf, Tiere mit den Augen auf der Brust - so erzählen wenigstens die Libyer -, ferner wilde Männer und Weiber und viele andere Tierarten, die nicht fabelhaft sind sondern wirklich"*[103]. Skeptisch verhielt sich Herodot auch zu den Berichten über die Neurer, die ein Volk von Zauberern zu sein scheinen. *"Wenigstens wird von den Skythen und den im Skythenlande wohnenden Hellenen erzählt, daß sich jeder Neurer einmal im Jahre für wenige Tage in einen Wolf verwandelt und danach wieder zum Menschen wird. Ich kann das freilich nicht glauben, aber man versichert es und beschwört es sogar"*[104]. Er bezweifelte Informationen über derartige Monster und Wunder und behandelte sie als nicht zu kontrollierende Erzählungen und Phantasien. Die Informationen über anthropophage und promiske Sitten der Massageten, Padaier und Androphagen waren von vergleichbarer Qualität. Auch sie beruhten auf Gerüchten, 'Hörensagen' und Phantasien - sie entsprachen jedoch seinen Erwartungen hinsichtlich 'barbarischer' Verhaltensweisen und wurden daher weniger kritisch aufgenommen.

Herodot bemühte sich um Verständnis für fremde Sitten, denn jedes Volk sei davon überzeugt, daß seine Lebensformen die besten sind. Er kritisierte Kambyses und hielt ihn für wahnsinnig, weil er fremde Gottheiten und Gebräuche verhöhnte. Denn sollten alle Völker unter den verschiedenen Sitten die vorzüglichsten auswählen, so würde jedes die seinigen allen anderen vorziehen. *"Wie kann daher ein Mensch mit gesunden Sinnen über solche Dinge spotten!"* Als Beispiel dafür, daß alle Völker ihre Lebensart für die beste halten, führte er eine Befragung durch Dareios an, der die Hellenen an seinem Hof rufen ließ und sie fragte, *"um welchen Preis sie sich bereit erklären würden, ihre toten Väter zu verspeisen. Sie erwiderten, um keinen Preis. Darauf ließ er Kallatier rufen, einen indischen Volksstamm, bei dem die Leichen der Eltern gegessen werden, und fragte in Gegenwart der Hellenen mit Hilfe eines Dolmetschers, um welchen Preis sie zugeben würden, daß man die Leichen ihrer Väter verbrenne. Sie schrieen laut und sagten, er solle solche gottlosen Worte lassen. So steht es mit den Sitten der Völker, und Pindaros hat meiner Meinung nach ganz recht, wenn er sagt, die Sitte sei aller Wesen König"*[105]. Diese Erzählung ist vor allem deshalb interessant, weil sie, neben der Absicht, die Relativität der Gebräuche deutlich zu machen, auch eine geschickte Vorgehensweise bei der Vermittlung bestimmter Informationen zu erkennen gibt. Den Kallatiern wird lediglich unterstellt, ihre Eltern zu verspeisen, gefragt werden sie nach ihrer Meinung zum Verbrennen der Leichen - eine Bestattungssitte, die sie ablehnen, ohne die von ihnen praktizierte Form zu erwähnen. Dennoch wird, durch die vorangestellte Frage an die Griechen und die Unterstellung, daß sie ihre Eltern essen, der Eindruck vermittelt, die Information über den Endokannibalismus der Kallatier stamme von diesen selbst. Eine Vorgehensweise, die immer wieder, bis in dieses Jahrhundert, festzustellen ist.

Dem skeptischen Verhalten Herodots hinsichtlich der von ihm überlieferten Erzählungen von Monstervölkern sind nur wenige gefolgt[106]. Die monströsen Rassen, die noch um einige Vertreter ergänzt wurden, aber auch die Androphagen bzw. später dann Anthropophagen, die Amazonen, Hyperboreer und weniger mythische Vertreter der Barbaren, wurden bis weit in die Neuzeit tradiert, beschrieben und an verschiedensten Orten der Erde lokalisiert. Sie waren ein fester Bestandteil antiker und mittelalterlicher Ethnographie. Bei der Überlieferung spielten vor allem, nach Hekataios und Herodot, die Werke von Ktesias[107], Megasthenes[108], Pomponius Mela[109], Pli-

---

[103] Ebd. 191.

[104] Ebd. 105.

[105] Ebd. III, 38.

[106] So Strabo II, 1, 9, der diejenigen, die über sie berichteten, als Lügner bezeichnete; vgl. Wittkower 1942, 165.

[107] Anfang des 4. Jahrhunderts v. Chr. Sein Werk hat, neben zahlreichen Fragmenten in den Arbeiten späterer Autoren, nur in einer gekürzten Version des 9. Jahrhunderts (Photios) überlebt. Er beschrieb Indien und siedelte dort u.a. die mit den Kranichen kämpfenden Pygmäen, die Skiapoden (mit nur einem sehr großen Fuß), Cynocephali (Hundsköpfige, die keine artikulierte Sprache gebrauchen, sondern bellen), kopflose Menschen, den Martikhora ('Menschenesser', mit Menschengesicht, Löwenkörper und dem Schwanz eines Skorpions), das Einhorn und die goldhütenden Greife an; Wittkower 1942, 160. André Thévet beschrieb 1571 in seiner "Cosmographie universelle", Bd. I, ein Monster von der Größe und Proportion eines Tigers ohne Schwanz mit dem Gesicht eines Mannes, das er selbst sah und auch abbildete. Was immer er sah, zur Beschreibung benutzte er die tradierte Vorstellung vom Martikhora, in seiner Version ohne Schwanz. Er ist auch abgebildet auf der Hereford-Karte aus dem 13. Jahrhundert; ebd. 183f. und Taf. 47, d-f.

[108] Er wurde 303 v. Chr. an den Hof Chandraguptas entsandt. Sein Bericht ist u.a. in den Werken von Diodorus Siculus, Strabo, Plinius erhalten; Wittkower 1942, 162.

[109] Mitte des 1. Jahrhunderts, "De chorographia".

nius[110], Solinus[111] und später dann Isidor[112], Paulus Diaconus[113] und Adam von Bremen[114] eine Rolle. Im späten Mittelalter und auch in der Neuzeit wurden derartige Wesen 'gesichtet' (Carpini, Marco Polo, Pigafetta) und waren Bestandteil von Erdbeschreibungen und Weltkarten. Einige von ihnen, wie Geschwänzte und Hundsköpfige, 'überlebten' bis in das 19. Jahrhundert im unbekannten Inneren von Afrika[115].

Megasthenes gab erstmals eine genauere Beschreibung Indiens, seiner Geographie, Bevölkerung, Institutionen und Erzeugnisse. Sein Werk blieb, neben dem des Ktesias, lange Zeit die Hauptquelle des Wissens über dieses Gebiet und bildete eine der Grundlagen der mittelalterlichen Ethnographie. Neben realistischen Zügen der Darstellung verwendete er auch gängige Klischees, wie beispielsweise den Rohfleischverzehr der ersten Menschen[116], und wiederholte die altbekannten Mirabilien-Erzählungen, die er noch um einiges ergänzte - er sprach von den goldgrabenden Ameisen[117], vom Kampf der Pygmäen mit den Kranichen[118], von den glücklichen Hyperboreern, die tausend Jahre leben, den Einäugigen, den Mundlosen, die sich nur vom Geruch der Speisen ernähren[119], den Langohrigen und den später Antipoden genannten Menschen, deren Füße nach hinten gerichtet sind. Sein Wissen stammte, neben der griechischen Überlieferung, wohl auch aus der indischen Mythologie und, wie er selbst angab, aus Informationen, die er von Brahmanen erhielt[120]. K. E. Müller betonte den schlechten Dienst, den Megasthenes mit seiner Sorglosigkeit, derartiges zu akzeptieren, der Völkerkunde erwies, denn nicht zuletzt ihm sei es anzulasten, daß sich die Fabelvölker alt-mythischer Tradition, deren von vielen längst angezweifelte Existenz sein Zeugnis erneut zu verbürgen schien, von nun an noch unangefochtener als früher Eingang in die ethnographische Literatur zu verschaffen begannen und sich dort über das Mittelalter hinaus zu behaupten vermochten[121].

Pomponius Mela beschrieb Afrika, genauer einen Teil Libyens. Die Küsten dieses Gebiets seien von Menschen bewohnt, die im Ganzen römische Lebensgewohnheiten angenommen haben, die Bewohner des Binnenlandes dagegen seien noch ungesitteter: *"Die Trogodyten* (so!) *besitzen keinerlei Schätze; ihre Sprache ist mehr ein Zischen als ein artikuliertes Sprechen; sie kriechen in Höhlen und nähren sich von Schlangen. (...) Die Blemyer haben keine Köpfe, sondern tragen das Antlitz auf der Brust. Die Satyrn haben, von ihrer äußeren Erscheinung abgesehen, überhaupt nichts Menschliches an sich. Die Gestalt der Ägipanen ist die bekannte. So viel über Afrika"*[122]. Das weitgehend unbekannte Hinterland mit bekannten Gestalten zu bevölkern ist eine Methode, die bis in die Neuzeit praktiziert wurde. So sind beispielsweise auf einer Karte Afrikas von 1540 die Monoculi (Einäugigen) und die Residenz des Priesterkönigs Johannes verzeichnet[123]. Die Germanen, bemerkte Pomponius Mela, sind so wild und unzivilisiert, daß sie sogar rohes Fleisch genießen, *"entweder frisches, oder sie haben das mitsamt den Häuten eingefrorene Fleisch zahmer wie wilder Tiere dadurch wieder genießbar gemacht, daß sie es mit Händen und Füßen bearbeiten"*[124]. Auf Inseln im nördlichen Ozean sollen die Hippopoden leben, *"die Pferdefüße haben, und die Panuatier, die große Ohren haben, die so riesig sind, daß sie ihren ganzen Körper umgeben, und ihnen als Kleidung dienen, da sie sonst nackt sind. So finde ich es, von den märchenhaften Darstellungen abgesehen,*

[110] "Historia naturalis", beendet 77 n. Chr.
[111] 3. Jahrhundert, "Collectanea rerum memorabilium".
[112] 7. Jahrhundert, "Etymologiae sive origines".
[113] 8. Jahrhundert, "Historia Langobardorum".
[114] 11. Jahrhundert, "Hamburgische Kirchengeschichte".
[115] Vgl. Baring-Gould 1967, 145ff.
[116] K. E. Müller 1972, 252.
[117] Vgl. Herodot III, 102: Sie seien kleiner als Hunde, aber größer als Füchse. *"Einige solcher Ameisen, die dort gefangen sind, kann man beim König in Persien sehen."* Er beschrieb auch die Methode, mit der das Gold von den Ameisen geraubt wird; ebd. 105.
[118] Homer, Ilias III, 3-7.
[119] Alle Autoren stimmten darin überein, daß diese nahe der Ganges-Quelle leben; Plinius nannte sie Astomi; Wittkower 1942, 162 Anm. 7.
[120] Nach Strabo XV, 1, 57; Wittkower 1942, 164.
[121] K. E. Müller 1972, 252. Vgl. Wittkower 1942, 161ff.; Waal Malefijt 1968, 114; Pochat 1970, 40.
[122] Pomponius Mela I, 41-48, zit. nach K. E. Müller 1972, 131. Ägipanen sind bocksbeinig.
[123] Bitterli 1980, Karte 6. Zum Priester Johannes vgl. unten.
[124] Pomponius Mela III, 28, zit. nach J. Herrmann 1988, 299.

auch bei Autoren, denen zu folgen kein Grund zur Scham wäre"[125]. Ferner beschrieb er die Anthropophagen und die Issedonen[126]. Plinius verzeichnete alle bekannten Fabelwesen von den Hundsköpfigen über die Mundlosen, Antipoden und Arimaspen bis zu den Skiapoden und den Himantopoden, die sich nur kriechend bewegen[127]. Ferner berichtete er von Anthropophagen nördlich des Borysthenes (Dnjepr), die aus Menschenschädeln trinken[128].

Solinus, ein Autor des 3. Jahrhunderts, führte in seiner 'Sammlung von Merkwürdigkeiten' gleichfalls die genannten Rassen auf, wobei er im wesentlichen die Angaben früherer Autoren, wie Pomponius Mela und Plinius, übernahm. Er berichtete auch über die Anthropophagen (die Androphagen Herodots), die Essedonen (Issedonen) und die Neurer. Letztere verwandeln sich, wie zu erfahren sei, für eine bestimmte Zeit wahrhaftig in Wölfe. Die Anthropophagen nähren sich abscheulicherweise von Menschenfleisch und leben in einer trostlosen Einöde, da ihre Nachbarn aus Furcht vor der schrecklichen Sitte dieses ruchlosen Volkes ihre Sitze in der Umgebung verlassen hätten. Zu den Menschenfressern in Asien zähle man auch die Essedonen, die sich ebenfalls durch anthropophage Mahlzeiten versündigen. Bei ihnen sei es Sitte, die Bestattungsfeierlichkeiten für die Eltern mit Gesang zu begehen; man lädt die nächsten Verwandten ein, zerreißt mit den Zähnen die Leiber der Toten und richtet sie, mit Stücken von Viehfleisch versetzt, zum Festschmaus her. Die Schädel jedoch faßt man in Gold und benutzt sie als Trinkgefäße[129]. Diese Völker, die bereits auf eine Geschichte von weit mehr als einem halben Jahrtausend zurückblicken können, haben sich seit Herodots Zeiten offenbar weder geographisch noch hinsichtlich ihrer Sitten verändert, sieht man von einigen phantasievollen Details ab, die wohl auf Solinus selbst zurückgehen, wie das Zerreißen der Körper der Toten mit den Zähnen, eine nur schwer vorstellbare Prozedur. Auch die 'guten Barbaren' finden Erwähnung, wie beispielsweise die in dieser Rolle bereits klassischen, ewig gesunden und glücklichen Hyperboreer[130].

Diodor unterschied im späten 1. Jahrhundert v. Chr. Kelten und Gallier. Gallier heißen diejenigen, *"die oberhalb dieses Keltenlandes in den nach Süden gewandten Teilen sowohl längs des Ozeans als auch längs des Herkynischen Gebirges, und alle, die anschließend bis zum Skythenland sitzen"*[131]. Die Kinder der Gallier hätten von Geburt an meistens graue Haare[132], *"wenn sie aber älter werden, nimmt ihre Haarfarbe die ihrer Väter an. Am wildesten sind diejenigen, die unter den Nordsternen (Bären) wohnen und dem Skythenland benachbart sind. Sie sollen zum Teil Menschenfresser sein, so wie von den Britanniern die Bewohner Irlands."* Die Gallier seien durch ihre Stärke und Wildheit berüchtigt, und infolge ihrer gewohnten Roheit begehen sie sogar bei ihren Opfern ganz gottlose Frevel. Zudem sind sie *"von einer wilden Leidenschaft zu Umarmungen mit Männern erfaßt. Sie pflegen auf Tierfellen am Boden zu liegen und sich mit einem Beischläfer auf jeder Seite herumzuwälzen"*[133].

Strabo berichtete über Irland, daß seine rohen Bewohner sowohl Menschen- als auch Vielfresser seien und *"es für rühmlich halten, ihre verstorbenen Eltern zu verzehren und sich öffentlich zu begatten, sowohl mit andern Frauen, als mit ihren Müttern und Schwestern. Doch auch dieses erzählen wir nur so, ohne glaubwürdige Zeugen zu haben; obgleich wenigstens die Menschenfresserei auch eine Skythische Sitte sein soll und in Belagerungsnö-*

---

[125] Ebd. 303. Vgl. Plinius IV, 95, der die Großohrigen Phanesier nannte. Diese Vorstellungen setzen sich ins Mittelalter hinein fort. Dicuil ("De mensura orbis terrae", frühes 9. Jahrhundert) berichtete von entlegenen Inseln im Nordmeer, auf denen Pferdefüßige und Schlappohren wohnen sollen (VII, 21). In 'Äthiopien' lokalisierte er Aegipanen und Satyrn (IV, 3). Als unglaubwürdig bezeichnete er dagegen die Berichte über das Volk an der Quelle des Ganges, das sich allein vom Geruch wilder Äpfel ernähre (VII, 36), die Astomi des Plinius; K. E. Müller 1980, 306.

[126] Pomponius Mela II, 14 u. 9.

[127] K. E. Müller 1972, 144f.; Wittkower 1942, 166f.; Waal Malefijt 1968, 114.

[128] Plinius VII, 22; nach Schaaffhausen 1870, 249.

[129] Solinus XV, 1ff.; nach K. E. Müller 1972, 182.

[130] K. E. Müller 1972, 183; Solinus XVI, 1-6; ferner die Satarcher, die keine Habsucht kennen; ebd. XV, 14.

[131] Diodor V, 32, 1, zit. nach J. Herrmann 1988, 179. Diese Unterscheidung entspricht weder dem Sprachgebrauch seiner Zeit noch seiner eigenen Praxis; vgl. Herrmann 1988, 487.

[132] Ein interessantes Detail, das später bei Adam von Bremen (IV, 19) auftaucht, der sich auf Solinus berief. Er sprach über Alanen, Wizzen oder Gelonen, blutgierigste Vielfraße, deren Land von Hunden verteidigt wird.

[133] Diodor V, 2-7, zit. nach J. Herrmann 1988, 180f.

ten auch die Kelten, Iberer und mehrere andere dasselbe gethan haben"[134]. Hier findet sich wieder das Stereotyp vom Barbaren, zu dem, wie schon bei Homer und Herodot, Menschenfresserei und Promiskuität gehören. Jedoch betonte Strabo, keine glaubwürdigen Zeugen zu haben. Er war ein kritischer Historiker und Geograph, der die von ihm verwendeten Quellen auf ihre Glaubwürdigkeit prüfte und, wie bereits erwähnt, einer der wenigen, die die Existenz von Monstervölkern ablehnten. In seiner Kritik ging er manchmal recht weit. Pytheas erzählte von einer Thule genannten Insel, die von Britannien eine Sechstagesfahrt in nördlicher Richtung in der Nähe des gefrorenen Meeres liegen sollte. Strabo bezeichnete Pytheas als nachgewiesenermaßen üblen Schwindler. *"Was er von den Ostidaiern und jenseits des Rheins bis zu den Skythen zu berichten weiß, sind samt und sonders Erfindungen. Wer über bekannte Gegenden so viele Lügen auftischt, dürfte schwerlich über jedermann unbekannte Länder die Wahrheit sagen"*[135]. Von den Kelten wußte Strabo zu berichten, daß sich zu ihrer Unbesonnenheit der barbarische und widernatürliche Brauch geselle, besonders bei den nördlichen Stämmen, daß sie bei der Rückkehr aus der Schlacht die Köpfe der Feinde ihren Pferden an den Hals hängen, sie dann nach Hause bringen und an den Portalen annageln. *"Poseidonios behauptet jedenfalls, diesen Anblick vielerorts selbst erlebt zu haben; zwar habe er ihn anfangs abgestoßen, doch dann habe er sich daran gewöhnt und ihn mit Fassung ertragen."* Damit hätten die Römer Schluß gemacht, ebenso mit den Opfer- und Orakelbräuchen[136].

Schon R. Andree stellte bezogen auf die Angaben Herodots und Strabos fest, daß Anthropophagie-Beschuldigungen auffälligerweise meist solche Völker trafen, die an der Peripherie des geographischen Wissens wohnten, Stämme im heutigen Rußland und in Mittelasien[137], eine Aussage, die für Irland gleichfalls zutrifft. R. Whimster meinte im Rahmen seiner Bearbeitung eisenzeitlicher Bestattungssitten in Großbritannien bezüglich der Quellen zum Menschenopfer, zur Kopfjagd und zur Anthropophagie, daß diese Sitten zwar den keltischen Völkern von zahlreichen griechischen, römischen und frühchristlichen Autoren zugeschrieben wurden, es heute jedoch schwer sei zu entscheiden, inwieweit derartige Berichte als glaubwürdige ethnographische Quellen oder doch eher als Propaganda verstanden werden müßten, um die barbarischen Stämme des Nordens und Westens in möglichst ungünstigem Licht erscheinen zu lassen[138]. Festzuhalten ist, daß die Aussagen zur Anthropophagie nicht sehr zahlreich und wenig differenziert sind, daß sie weitgehend unbekannte Völker treffen, sieht man von den mit Hungersnöten in Zusammenhang stehenden ab, und daß sie zusammen mit anderen, zum Stereotyp des Barbaren gehörenden Verhaltensweisen und Organisationsformen auftreten, wie Promiskuität, Gesetzlosigkeit, dem Fehlen von Ackerbau und dem Verzehr roher Nahrungsmittel. Der schlimmste von allen Barbaren, repräsentiert durch die Androphagen, ist der Menschenfresser, der wahllos jeden verspeist; etwas abgemildert erscheinen die Sitten der Endokannibalen, deren Motiv weniger ruchlos wirkt, da sie aus Liebe handeln - Abstufungen zeigen sich hier in der Praxis, je nachdem, ob die Menschen getötet wurden (wie bei den Padaiern die Kranken) oder alt werden und sterben durften (wie bei den Issedonen). Das negative Barbaren-Stereotyp ist bis in die Neuzeit zu verfolgen und gehört neben dem vom 'guten Wilden' und den Vorstellungen von Mirabilien und monströsen Rassen, mit denen kaum oder gar nicht bekannte Gebiete bevölkert wurden, zum klassischen Erbe. Mit der Entfernung von der vertrauten Welt steigt die Erwartung, immer wildere, rohere oder merkwürdigere Völker anzutreffen, und die Bereitschaft, Informationen weniger kritisch aufzunehmen und sie nicht mehr auf ihre Herkunft und Glaubwürdigkeit zu prüfen. Bei der Klassifikation fremder Völker als Kannibalen dürfte diese Erwartungshaltung, ohne die

---

[134] Strabo, 201 nach der Casaubonus-Seitenzählung, zit. nach Andree 1887, 13. Hungerkannibalismus erwähnte auch Herodot (III, 25) im Zusammenhang mit dem Feldzug des Kambyses gegen die Äthioper: *"Solange die Soldaten Kräuter und Wurzeln fanden, fristeten sie damit ihr Leben. Als sie aber in die Sandwüste kamen, verfielen sie auf einen furchtbaren Ausweg. Je zehn Leute bestimmten einen unter sich durchs Los und verzehrten ihn."* Caesar wiederholte im 'gallischen Krieg' (VII, 77, 2-12) wörtlich eine Rede, die angeblich während der Belagerung von Alesia gehalten wurde: *"Hier darf die Rede des Critognatus nicht übergangen werden wegen ihrer einzigartigen und gottlosen Grausamkeit."* Dieser soll u.a. gesagt haben: *"'Unsere Landsleute"* (Kimbern und Teutonen), *"die damals in die Städte zurückgetrieben worden waren und unter ähnlichem Mangel litten, hielten sich mit den Körpern derer am Leben, die auf Grund ihres Alters für den Krieg nicht mehr tauglich schienen, und ergaben sich den Feinden nicht.'"*

[135] Strabo I, 4, 2, zit. nach J. Herrmann 1988, 214f.

[136] Ebd. IV, 4, 5, zit. nach J. Herrmann 1988, 225. Archäologisch vgl. z.B. Brunaux 1984, 1986.

[137] Andree 1887, 12.

[138] Whimster 1981, 177; vgl. auch Bouzek u. Koutecký 1980, 426.

oder neben der Absicht der Verunglimpfung, eine große Rolle gespielt haben - Barbaren oder Wilde mußten auch entsprechende Sitten haben.

2.2 Mittelalterliche ethnographische Quellen

Der hl. Hieronymus wußte von britischen Attacoten, die er in seiner Jugend in Gallien gesehen hatte, zu berichten, daß sie sich von Menschenfleisch nährten und das Gesäß von Knaben sowie Frauenbrüste als Leckerbissen bevorzugten, obwohl es in den Wäldern Herden von Schweinen, Schafen und Rindern gebe[139]. Hier dürften sich Vorurteil, Phantasie und Verleumdung von 'Wilden' und Heiden mischen. Es überrascht kaum, daß er ihnen auch promiske Sitten unterstellte[140]. Nach einem Zeugnis des Mönches Notker Labeo aßen die Wilzen noch im 10. Jahrhundert ihre Eltern[141]. Tertullian behauptete, im Bund des Jupiter sei noch zu seiner Zeit Menschenblut getrunken worden[142], eine Verleumdung Andersgläubiger, wie umgekehrt den Christen von den Römern der Vorwurf des thyestischen Mahls gemacht wurde[143]. Der Anthropophagie-Verdacht traf in anderen Ländern auch die europäischen Reisenden selbst - so waren beispielsweise Portugiesen in den Augen der Chinesen Barbaren. Über eine portugiesische Delegation in Kanton, die sich nicht angemessen zu benehmen wußte, verbreitete sich das Gerücht, daß diese die Kinder vornehmer chinesischer Familien raubten, um sie zu braten und zu verspeisen[144]. Der arabische Gelehrte Ibn Khaldun berichtete im 14. Jahrhundert im Zusammenhang mit seiner Theorie des Klimaeinflusses auf den Menschen über die Neger: Sie nähern sich in ihren Sitten und Gebräuchen sehr denjenigen der gewöhnlichen Tiere, so schreibt er, denn man sagt, *"daß die Mehrzahl der Neger, welche die erste Klimazone bewohnen, in Höhlen und morastigen Wäldern, die auch den Löwen als Schlupfwinkel dienen, hausen, daß sie sich von Kräutern nähren, in barbarischer Vereinzelung leben und sich gegenseitig aufessen"*[145]. Derartige Phantasien waren nicht auf die europäische Welt beschränkt, wie diese Beispiele zeigen.

Die klassischen Anthropophagen finden sich auf mittelalterlichen Weltkarten, bei denen die Lokalisierung von Monstern und Wundern zum gewöhnlichen Repertoire gehörte, so etwa auf der Hereford-Karte aus dem späten 13. Jahrhundert. Dort sind in Indien Skiapoden, Pygmäen und Giganten (als Hundsköpfige), Mundlose, der Martikhora und das Einhorn angesiedelt. Nördlich von Indien, in Skythien sowie den angrenzenden Gebieten, leben Pferdefüßige, Langohrige, die Anthropophagen und Hyperboreer, Arimaspen und Greife, in 'Äthiopien' Satyrn, Langlippige und Kopflose[146]. Sie tauchen in geographischen und naturgeschichtlichen Werken auf, so in Thomas von Cantimprés "De natura rerum" aus dem 13. Jahrhundert mit dem Kapitel 'Liber de monstruosis hominibus', das in einem Manuskript aus dem 15. Jahrhundert neben Skiapoden, Kopflosen etc. auch den Anthropophagen zeigt, der ein nacktes menschliches Wesen verschlingt[147]. Roger Bacon verzeichnete im geographischen Teil von "Opus Majus" die Hyperboreer, langlebige Inder und die Amazonen, das Königreich des Priesters Johannes sowie die Lage der Nilquellen im Paradies[148].

Augustinus hatte im 5. Jahrhundert in seinem Werk "Civitas Dei" die Frage der Existenz und der Abstammung der monströsen Rassen erörtert. Wenn sie existieren und menschlich sind, so stellte er fest, dann müssen sie, wie alle Menschen, von Adam abstammen. Der Mensch hätte kein Recht, über sie zu urteilen, denn nur Gott wüßte, warum sie existieren. Er vermutete, daß Gott die fabulösen Rassen erschaffen hätte, damit wir nicht annehmen, die unter uns auftretenden Mißgeburten seien die Fehlschläge seiner Weisheit. Diesen Überlegungen folgte man.

---

[139] Petersen 1875, 177; Andree 1887, 14; Matiegka 1896, 132; Boehm 1932, 156f.

[140] Nach Schaaffhausen 1870, 252.

[141] Engels 1986, 8 und Anm. 3.

[142] Andree 1887, 14.

[143] Vgl. unten.

[144] Bitterli 1986, 155.

[145] Zit. nach Bitterli 1980, 181.

[146] Wittkower 1942, 174f.

[147] Ebd. 170 u. 178 (in 'angemessener' zeitgenössischer Kleidung).

[148] Ebd. 171 Anm. 2.

Nach Isidor waren Monstrositäten, sowohl Mißgeburten als auch Rassen, ein Teil der Schöpfung und nicht gegen die Natur[149]. Er nannte u.a. Hundsköpfige, Kopflose, Pferdefüßige und Einäugige. In den folgenden Jahrhunderten erschienen sie in den meisten Enzyklopädien, Kosmographien und naturgeschichtlichen Werken mit nur geringen Divergenzen[150].

Paulus Diaconus hielt, im 8. Jahrhundert, die Existenz von Hundsköpfigen für glaubhaft. Er zitierte die ihnen zugeschriebene Sitte, während des Kampfes, den sie mit äußerster Hartnäckigkeit führen sollen, Menschenblut zu sich zu nehmen, entweder das der Feinde oder ihr eigenes. Die Amazonen, so vermutete er, seien inzwischen zum größten Teil ausgestorben, er hielt es jedoch für möglich, daß sich Reste des Volkes im hintersten Germanien erhalten haben könnten[151].

Adam von Bremen beschrieb Amazonen am baltischen Meer, die entweder vermittels des Genusses von Wasser schwanger werden sollen, von gelegentlich vorbeikommenden Handelsleuten, von Gefangenen, die sie bei sich hätten, oder aber von Ungeheuern, die dort nicht selten seien. *"Und dies halte ich auch für glaubwürdiger."* Die Geburten werden Hundsköpfe, wenn sie männlichen Geschlechts sind, ansonsten die schönsten Mädchen, die den Umgang mit Männern verschmähen und sie bekämpfen, falls sich welche nähern. *"Hundsköpfe aber sind Wesen, die den Kopf an der Brust haben. In Rußland sieht man sie oft als Gefangene, und sie bellen die Worte mit der Stimme hervor"*[152]. Hier scheint er Hundsköpfige mit Kopflosen oder Blemmyern zu verwechseln bzw. zu vermischen - beide Rassen wurden gewöhnlich in Indien oder 'Äthiopien' angesiedelt und nicht im Norden Europas[153]. Außer den Amazonen leben dort auch bleiche, grünfarbige und langlebige Menschen, die man Husen nennt, und endlich jene, die Anthropophagen heißen und Menschenfleisch essen. *"Dort sind noch sehr viele andere Ungeheuer, welche die Seefahrer nach ihren Erzählungen oft gesehen haben wollen, obwohl es von den Unseren kaum für glaublich gehalten wird"*[154]. Ferner erwähnte er Hundsköpfige (Cynocephali), Himantopoden, die von Plinius in Afrika verzeichnet wurden, einäugige Kyklopen und die Insel Thule im äußersten Norden[155].

Als historische Quelle ist im Mittelalter der Alexanderroman aufzufassen, der in verschiedenen Versionen und zahlreichen Übersetzungen existierte. Das griechische Original wurde u.a. Kallisthenes zugeschrieben, der an Alexanders Feldzügen teilnahm[156]. Hinzu kam der ebenfalls weit verbreitete Brief Alexanders an Aristoteles über die Wunder Indiens. Der Alexanderroman wurde als wichtige Quelle über Indien und den Osten akzeptiert - er enthielt die bekannten Monsterwesen, wie Einäugige und Kopflose, gegen die Alexanders Männer kämpften[157].

Alexander hatte, gemäß der mittelalterlichen Legende, die furchterregenden Völker Gog und Magog, die nach der Offenbarung des Johannes[158] am Ende der Zeit im Dienst des Antichristen über die Menschheit hereinbrechen

---

149 Ebd. 168 ("Etymologiae sive origines", 7. Jahrhundert).

150 Vgl. ebd. 169ff.

151 K. E. Müller 1980, 306.

152 Adam von Bremen IV, 19.

153 Zu solchen 'Wandermotiven' vgl. auch Vajda 1964, bes. 764f.; Todorov 1985, 23ff.; Nippel 1990, 27. - Indien und 'Äthiopien' waren keine klar getrennten Gebiete, sondern wurden, auch noch im Mittelalter, synonym behandelt oder als direkt benachbart gelegen angesehen. Alexander d. Gr. war überzeugt, daß er am Indus die Quellen des Nils erreicht hätte. Vgl. dazu Wittkower 1942, 161 u. Anm. 3f. Unter Indien verstand man nicht nur das heute so bezeichnete Gebiet, sondern auch Süd- und Ostasien.

154 Adam von Bremen IV, 19; in IV, 20 werden dort auch Troglodyten erwähnt.

155 Ebd. 25: *"Entwerfen wir nun eine kurze Beschreibung von Sueonien oder Schweden. (...) Im Osten aber berührt es die riphäischen Berge, wo ungeheure Einöden, sehr tiefer Schnee und Heerden menschlicher Ungeheuer den Zutritt wehren. Dort sind Amazonen, dort Hundsköpfige, dort Kyklopen (d.h. Rundaugen), die ein Auge an der Stirn haben. Da sind auch die, welche Solinus Himantopoden nennt, die auf einem Fuße hüpfen und jene, die an menschlichem Fleische als Speise Behagen finden und daher ebenso gemieden, als mit Recht unbesprochen bleiben."* In den hyperboräischen Bergen sollen außer anderen Ungeheuern auch Greife vorkommen.

156 Die Herkunft ist umstritten, ebenso die Datierung; vgl. Wittkower 1942, 179 Anm. 2.

157 Ebd. 179ff.

158 Die Johannes-Offenbarung war nicht unumstritten, wurde aber in die kanonische lateinisch-christliche Bibel aufgenommen; vgl. Le Goff 1990, 44f. Dort heißt es (20, 7-9): *"Wenn die tausend Jahre vollendet sind, wird der Satan aus seinem Gefängnis losgelassen werden und wird ausziehen, um die Völker an den vier Enden der Erde zu verführen und sie - Gog und Magog - zum Kampf zu versammeln; deren Zahl ist wie der Sand am Meer. Und sie zogen über die ganze Erde herauf und*

werden, durch die Errichtung einer riesigen Mauer in den Karpaten am Vordringen gehindert. Die Angehörigen dieser Völker seien von schreckenserregender Körpergestalt, *"ihre Gesichtszüge sind wild, ihre Augen zornerfüllt, ihre Hände räuberisch, ihre Zähne blutrünstig und ihre Kehlen sind jederzeit bereit, Menschenfleisch zu verschlingen und Menschenblut zu saugen"*[159]. Diese furchtbaren Horden wurden nach und nach mit all jenen Völkern identifiziert, die die Christenheit in ihrer Existenz bedrohten, so mit den Goten, Hunnen und Mongolen[160], aber auch mit den Juden, den verlorenen Stämmen Israels[161]. In seiner Bibelübersetzung merkte Luther an: *"GOG. Das sind die Türcken / die von den Tattern herkomen / und die roten Jüden heissen."* Türken, Mauren, Sarazenen und Juden waren im Grunde eins und in jedem Fall des Teufels, wie L. Baier diese verbreitete Überzeugung zusammenfaßte[162].

Um die Mitte des 12. Jahrhunderts entstand ein Brief des legendären Priesters Johannes an Manuel Comnenus, den Kaiser von Konstantinopel, Friedrich I. Barbarossa und Papst Alexander III. Der Verfasser ist nicht bekannt[163]. Erste konkrete Hinweise auf das Reich des Presbyters, eines mächtigen christlichen Herrschers in Asien inmitten von Heiden, gab die vor 1158 abgeschlossene Chronik des Bischofs Otto von Freising, nach der Johannes den Christen im Heiligen Land zur Hilfe kommen wollte, jedoch durch widrige Umstände daran gehindert worden sei[164]. Der Brief enthielt das gesamte mittelalterliche Wissen über Indien, seine Tiere, Monster und Wunder[165], wurde als authentisch angesehen[166], in mehrere Sprachen übersetzt, ausgeschmückt und erweckte Hoffnungen auf Unterstützung im Kampf gegen die Sarazenen[167]. Lokalisiert wurde sein Reich in Indien (Asien) oder später Äthiopien und Abessinien, zeitweise ist er mit dem Großkhan identifiziert worden[168]. In seiner Nähe befand sich das irdische Paradies, die Menschen blieben von Alter und Krankheit verschont, lebten in Überfluß und waren vorbildlich in Tugend und Sittsamkeit. Zu den Untertanen des Johannes gehörten neben den bekannten monströsen Rassen auch die abscheulichen Völker von Gog und Magog, in Verbindung mit der klassischen Vorstellung von den 'Endokannibalen'. *"Our land is the home of (...) wild oxen and wild men, men with horns, one-eyed, men with eyes before and behind, centaurs, fauns, satyrs, pygmies, forty-ell high giants, Cyclopses, and similiar women; it is the home, too, of the phoenix, and of nearly all living animals. We have some people subject to us who feed on the flesh of men and of prematurely born animals, and who never fear death. When any of these people*

---

umringten das Heerlager der Heiligen und die geliebte Stadt. Da fiel Feuer vom Himmel und verzehrte sie." - Hesekiel (38f.) sprach von Gog, dem Fürsten von Magog.

159 Zit. nach Bitterli 1976, 370.

160 Gewecke 1992a, 82 Anm. 2. Sie wurden auch als Monster dargestellt, so z.B. auf einem Pamphlet aus dem 17. Jahrhundert, das einen Tartaren zeigt, als 'Kranichmann', jedoch mit menschlichem Gesicht. Dieses Monster wurde angeblich in Ungarn während eines Kampfes gegen die Christen gefangengenommen; Wittkower 1942, 194 und Taf. 49 e-g.

161 So heißt es in einem Blockbuch aus der Mitte des 15. Jahrhunderts, daß Boten im Namen des Antichristen ausgesandt wurden, die den absonderlich gestalteten Bewohnern Indiens predigen sowie *"'der Künigin von Amason und den roten Juden, die der groß allexander in den gepirgen Caspie beschlossen het.'"* Rohrbacher u. Schmidt 1991, 188, vgl. auch 190. Ferner Cohn 1988, 81: Nach dem Pseudo-Methodius ernährten sie sich mit Aas, aus dem Mutterleib gerissenen Embryos, Menschenfleisch, Skorpionen, Schlangen usw. Commodianus hatte die zehn verlorenen Stämme noch als künftige Heerschar Christi bezeichnet.

162 Baier 1987, 17f. Vgl. auch Kap. III.3.

163 Möglicherweise stammte er aus der Umgebung des Bischofs von Freising; Gewecke 1992a, 84 Anm. 18. Verdächtigt wurde auch Christian, Erzbischof von Mainz, da dieser die Übersetzung ins Lateinische anfertigte, eine griechische Version aber nicht gefunden wurde: E. D. Ross 1968, 179; nach Slessarev 1959, 53, war dieser nicht der Autor.

164 Gewecke 1992a, 70; Slessarev 1959, 27 (Chronik des Jahres 1146).

165 Eine der Quellen, aus denen der Brief schöpfte, war der Alexanderroman.

166 Papst Alexander III. schickte 1177 seinen Leibarzt mit einer Antwort, der wohl nie zurückkehrte.

167 Der Zweck des Schreibens war vermutlich darauf gerichtet, die nach dem Verlust von Edessa und dem gescheiterten zweiten Kreuzzug stark gedämpfte Kreuzzugseuphorie neu zu beleben und die zerstrittenen Parteien wieder zu versöhnen; Gewecke 1992a, 84 Anm. 18.

168 Das Papsttum glaubte, in den Mongolen Verbündete gegen den Islam zu finden; um die Mitte des 13. Jahrhunderts wurden daher Gesandtschaften zu ihnen geschickt (Carpini, Rubruk). Seit dieser Zeit war es klar, daß sein Reich nicht in Asien zu finden war. Jordanus de Sévérac verlegte es nach Äthiopien, andere nach Abessinien, Ceylon, in ein Gebiet westlich von Cathay, in den äußersten Osten - auch Kolumbus glaubte, er sei in der Nähe gewesen; vgl. Wittkower 1942, 195 und Slessarev 1959, 84.

die, their friends and relations eat him ravenously, for they regard it as a main duty to munch human flesh. (...) We lead them at our pleasure against our foes, and neither man nor beast is left undevoured (...). The Amazons and the Brahmins are subject to us"[169]. In der englischen Übersetzung einer jüngeren französischen Version um 1520 heißt es, daß in einer Provinz des Landes gehörnte Männer und Frauen mit einem Auge vorn und drei oder vier Augen hinten leben. Ferner gebe es andere, die sich nur von rohem menschlichen Fleisch ernähren und nicht zögern zu sterben. Stirbt einer von ihnen, sei es Vater oder Mutter, so verschlingen sie ihn, ohne ihn zu kochen. *"They hold that it is good and natural to eat human flesh and they do it for the redemption of their sins. This nation is cursed by God and it is called Gog and Magog and there are more of them than of all other peoples. With the coming of the Antichrist they will spread over the whole world, for they are his friends and allies. This was the people that enclosed the King Alexander in Macedonia and put him into prison from which he escaped. (...) None the less we take many of them with us into war, whenever we wish to wage one, and we give them license and permission to eat our enemies, so that of a thousand not a single remains who is not devoured and consumed. But later we send them home, because, if they were to stand with us longer, they would eat us all"*[170]. Die hier erwähnte Gefangenschaft Alexanders ist ein Fehler oder ein Mißverständnis dieser Version, denn gemäß der Tradition war er es, der die Völker Gog und Magog gefangensetzte. Ferner werden u.a. der Kampf zwischen Kranichen und Pygmäen, Kentauren, die von rohem Fleisch leben, Hundsköpfige, der Jungbrunnen und der Lebensbaum erwähnt[171].

Noch 1590 berichtete ein englischer Reisender namens Edward Webbe, er hätte sich am Hof des Priesters Johannes aufgehalten und dort ein Monster gesehen, das in Ketten lag, um es vom Verzehr menschlicher Wesen abzuhalten, jedoch nach Hinrichtungen mit menschlichem Fleisch gefüttert worden sei[172]. Der legendäre Johannes tauchte immer wieder in Reiseberichten auf, so beispielsweise bei Mendez Pinto: *"Wir segelten nun weiter, um nach Arquico in das Land des Priesters Johannes, des Kaisers der Abessinier, zu gelangen"*[173]. In einer französischen Version des Briefes aus dem 13. Jahrhundert wurde gar von zweitausend Franzosen berichtet, die bereits dort lebten[174].

Marco Polo, der 1295 nach 24 Jahren in seine Heimat zurückkehrte und seine Erinnerungen in genuesischer Gefangenschaft einem Mitgefangenen diktierte, erwähnte neben Menschenfressern und fabulösen Rassen auch das Reich des Priesters Johannes, das jedoch von Dschingis-Khan unterjocht worden sei. Sein sechster Nachfolger Georg sei Christ und Priester und erhalte sein Land vom Großkhan zum Lehen. Er beherrsche zwei Landstriche: *"sie werden bei uns Gog und Magog, von den Eingeborenen aber Ung und Mungul genannt, denn in dieser Provinz gab es zwei Volksstämme, bevor die Tartaren von dort aufbrachen"*[175]. Von einem Gebiet in China wußte er zu berichten, daß die dortigen Bewohner Menschenfleisch für schmackhaft halten und das Blut ihrer erschlagenen Feinde trinken, die sie anschließend verzehren[176]. Er war wohl der erste Europäer, der von Japan (Zipangu) hörte - dort sollen im Angesicht von Götzen mit Tierköpfen so gräßliche Zeremonien vorgenommen werden, daß es gottlos wäre, davon zu berichten. *"Der Leser soll aber wissen, daß die Inselbewohner einen gefangenen Feind, der kein Lösegeld aufbringen kann, schlachten und bei einem Gastmahl verzehren, zu dem sie alle Verwandten und Freunde einladen"*[177]. Von einem Königreich auf Sumatra berichtete er, daß die Bewohner der Bergregion

[169] Baring-Gould 1967, 39f., 44f.

[170] Slessarev 1959, 69f.

[171] Ebd. 70ff.

[172] Waal Malefijt 1968, 116.

[173] Mendez Pinto 1987, 36; vgl. oben.

[174] Gewecke 1992a, 86 Anm. 33.

[175] Polo 1983, 118ff.; vgl. Baring-Gould 1967, 49ff. Es waren weniger derartige Geschichten, die nicht geglaubt wurden, denn sie entsprachen der literarischen Tradition und sind möglicherweise zur Erhöhung der Glaubwürdigkeit eingefügt, sondern vielmehr die realistischen Schilderungen etwa der pompösen Feste am Tartarenhof, die auf Zweifel stießen (vgl. Wolf 1989, 104f.).

[176] Polo 1983, 248: *"Die Bewohner dieses Landes essen Menschenfleisch, das sie für schmackhafter als jedes andere halten, vorausgesetzt, daß die betreffende Person nicht an einer Krankheit gestorben ist. (...) Sie sind ein sehr wildes Menschengeschlecht, trinken das Blut ihrer erschlagenen Feinde und verschlingen anschließend deren Fleisch."*

[177] Ebd. 260f.

noch in viehischer Art leben, denn sie essen Menschenfleisch ebenso wie anderes Fleisch und verehren den ganzen Tag lang das, was sie am Morgen zuerst gesehen haben. Die Küstenbewohner seien dagegen schon zivilisierter und hätten sich sogar teilweise zur mohammedanischen Religion bekehren lassen[178]. In einem anderen Königreich sollen die Kranken getötet werden, wenn keine Aussicht mehr auf Gesundung besteht. *"Dann schneiden sie den Leichnam in Stücke, richten ihn zum Mahle her und verzehren ihn im großen festlichen Kreis, wobei nicht einmal das Mark in den Knochen übrigbleibt. Würde nämlich noch ein Stückchen übrig bleiben, so würden Würmer daraus; diese würden aus Mangel an weiterer Nahrung sterben, und ihr Tod würde für die Seele des Verstorbenen entsetzliche Strafen zur Folge haben."* Fangen sie einen Fremden, der kein Lösegeld zahlen kann, töten und fressen sie ihn auch[179]. Ein früherer Reisender, Wilhelm Rubruk, berichtete von den Tibetanern ähnliches - sie sollen ehemals aus Pietät die Leichen ihrer Eltern verzehrt, zu seiner Zeit jedoch nur noch Schalen aus deren Schädeln angefertigt haben[180]. In einem anderen Reich auf Sumatra, so Marco Polo weiter, gebe es Männer mit Schwänzen, die dem des Hundes ähnlich, aber nicht mit Haaren bedeckt seien. Die große Mehrheit der Bevölkerung sehe so aus, doch lebe diese Art nur im Gebirge und nicht in den Städten[181]. Auf den Andamanen fand er die Hundsköpfigen, von denen auch andere bereits zu berichten wußten[182]. *"Die Bewohner - Götzendiener - sind ein viehisches Geschlecht mit Köpfen, Augen und Zähnen wie Hunde. Sie sind von grausamer Natur und töten und fressen alle, die nicht zu ihrem eigenen Volk gehören, wenn sie ihrer habhaft werden können. Im übrigen ernähren sie sich von Reis, Milch und Fleisch."* Sie haben keinen König[183]. Ferner lokalisierte er (nach Aussagen der Sarazenen) auf Ceylon einen Berg mit dem Grab Adams und berichtete von zwei benachbarten Inseln, eine nur von Frauen, die andere nur von Männern bewohnt; die Männer besuchen drei Monate im Jahr die Fraueninsel, die etwa dreißig Meilen entfernt sei[184].

Von diesen Inseln sprach auch Kolumbus in seinem Bordbuch und in einem Brief, ebenso von Menschenfressern und Geschwänzten[185]. Nach Erzählungen von Eingeborenen, die er befragte, gebe es ferner einäugige Menschen und Hundsköpfige[186] - verstehen konnte er die Aussagen nicht, denn die Kommunikation erfolgte mittels Zeichensprache. Deren Interpretation zeigt die aus Europa mitgebrachten Vorstellungen von dem, was er anzutreffen erwartete. Deutlich läßt sich anhand solcher Aussagen verfolgen, mit welchem Vorwissen und welchen Erwartungen Reisen unternommen wurden, und es verwundert nicht, daß die altbekannten monströsen Rassen ebenso wie alle Arten von Menschenfressern auch entsprechend diesen Erwartungen gefunden wurden. Nach dem Bericht Antonio Pigafettas, der an der Weltumsegelung Magellans teilnahm, war das Ziel der Reise u.a. die Suche nach Eilanden, auf denen Menschenfresser leben[187], die sie dann auch häufig fanden[188], neben Amazonen, die vom

---

[178] Ebd. 270.

[179] Ebd. 273f.

[180] Andree 1912, 22f. Rubruk hielt sich 1253-1255 in Asien auf.

[181] Polo 1983, 274.

[182] So beispielsweise Carpini; vgl. Wittkower 1942, 195.

[183] Polo 1983, 276f.

[184] Ebd. 289, 299.

[185] Kolumbus 1981, 238, 293, 295f.

[186] Ebd. 92f. *"Noch weiter entfernt treffe man Männer an, die nur einäugig seien, und solche, die eine Hundeschnauze hätten, welche sich von Menschenfleisch nährten und jeden Menschen, dessen sie habhaft würden, sofort enthaupteten, um sein Blut zu trinken und ihn zu entmannen."*

[187] Pigafetta 1983, 53.

[188] So z.B. auf einer Mallua genannten Insel, deren Einwohner Wilde seien und eher unvernünftigen Tieren gleichen als Menschen. *"Sie sind Menschenfresser und gehen völlig nackt. (...) Es waren die häßlichsten Menschen, die wir in diesem Teil Indiens antrafen."* Sie blieben 14 Tage auf dieser Insel, die Matrosen vergnügten sich mit den Frauen und lebten von den Nahrungsmitteln der Eingeborenen - keineswegs Menschenfleisch, sondern Ziegen, Hühner, Fische und dgl. (ebd. 240f.). Die Schiffsbesatzung litt zeitweise sehr unter Hunger, wie an verschiedenen Stellen deutlich wird, an denen anthropophage Gedanken und Vorgänge angesprochen werden (vgl. z.B. 92f., 277). Interessant ist auch folgende Stelle: *"Als wir an Land gingen, um die Insulaner zu bestrafen, baten uns unsere Kranken, wir möchten ihnen, falls einer der Eingeborenen getötet werden sollte, dessen Eingeweide bringen, da sie ihre Gesundheit wiedererlangen würden, wenn sie diese Eingeweide verzehrten."* Ebd. 98.

Wind befruchtet werden, und Großohrigen, die sie mangels Zeit nicht selbst besuchen konnten[189]. Ein Patagonier, dem sie begegneten, sei so groß gewesen, daß ihm der Kopf des größten Mannes der Schiffsbesatzung nur bis zum Gürtel reichte[190] - eine Vorstellung, die sich wohl an die von Giganten anlehnte und lange erhalten blieb[191].

Einer der berühmtesten Reisenden des späten Mittelalters war Sir John Mandeville[192], dessen - nach heutigem Wissen fiktiver - Bericht von seiner Fahrt ins Heilige Land, nach Asien und Afrika aus der Mitte des 14. Jahrhunderts mehr Popularität genoß als der Marco Polos und bis in die Neuzeit als Beschreibung von tatsächlich Gesehenem und Erlebtem akzeptiert wurde. Hier finden sich die Fabeln, Monsterwesen und Wunder antiker und mittelalterlicher Tradition nach eigener 'Erinnerung' beschrieben, in französisch, damit es jeder verstehe und damit andere Reisende, *"wenn ich aus fehlerhafter Erinnerung oder sonstwie etwas Falsches sage, es richtigstellen und verbessern"*[193]. Diese Sorge um die Wahrheit trug sicher zur Glaubwürdigkeit des Autors bei und ließ Übertreibungen oder falsche Angaben mit Nachsicht behandeln, ohne zu einem generellen Zweifel an der Authentizität zu führen. Auch von Menschenfressern ist die Rede, die sich im Land Lamori Besitz sowie Frauen gemeinschaftlich teilen und Menschenfleisch vor allen anderen Fleischsorten schätzen, Handel damit treiben und Kinder zum Verzehr mästen: *"Item es kument vil koufflüt dar, die in die jungen Kind verkouffend die sie anderswo ouch kofft hand. Und wenn die kind faist sind, so essend sie es all zehand. Sind sie aber mager, so machend sie sie vaist und sprechent daz kain besser fleisch syge in der welt"*[194]. Ähnliches wissen auch spätere Reisende häufiger zu berichten. Was immer die Absicht Mandevilles gewesen sein mag, seine Reisebeschreibung wurde ernst genommen und nicht als Fiktion behandelt.

Die Existenz fabulöser Rassen ist immer wieder angezweifelt worden, insbesondere wegen des steigenden Bekanntheitsgrades der Gebiete, in denen sie ursprünglich leben sollten. Dies hatte jedoch nicht die Aufgabe des Glaubens an ihre Existenz zur Folge, sondern begründete ihre Umsiedlung durch verschiedene Autoren in die zur jeweiligen Zeit unerforschten Gebiete der Erde. Sir Walter Raleigh berichtete Ende des 16. Jahrhunderts detailliert über die Ewaipanoma, ein kopfloses Volk in Venezuela, wenn er auch zugab, sie nicht selbst gesehen zu haben[195]. *"Ein solches Volk wurde von Mandeville beschrieben, dessen Berichte man viele Jahre lang für Fabeln hielt. Seit man jedoch Ostindien entdeckte, bestätigen sich seine Nachrichten über verschiedene Dinge, die bis dato als unwahrscheinlich angesehen wurden"*[196]. Im Tagebuch des Gaspar de Carvajal, der die Amazonas[197]-Fahrt des Francisco de Orellana beschrieb, sind Informationen aufgezeichnet, die die Spanier von den Omagua über andere Stämme erhielten, wobei unklar bleibt, wie die Verständigung erfolgte: *"Manche trügen lange Schwänze, andere wieder hätten verkehrt angewachsene Füße"* - die bekannten und oft beschriebenen Antipoden. Auch von einem Amazonenstaat wurde ihnen detailliert berichtet[198]. Noch im 19. Jahrhundert lokalisierte man geschwänzte Menschen - den Homo caudatus - im unbekannten Teil Afrikas: Die berüchtigten Niam Niam, die angeblich auch Anthropophagen waren und denen man zudem Hundezähne und -gesichter andichtete[199].

Scharfsinnig analysierte A. von Humboldt im Zusammenhang mit den Berichten über Amazonen in Südamerika den Einfluß des überlieferten Wissens auf die Reiseliteratur: *"Der Hang zum Wunderbaren und das Verlangen, die Beschreibungen der Neuen Welt hie und da mit einem Zuge aus dem klassischen Altertum aufzuputzen, haben ohne Zweifel dazu beigetragen, daß Orellanas erste Berichte so wichtig genommen wurden. Liest man die Schrif-*

---

189 Ebd. 247f., 198f., 242.

190 Ebd. 70.

191 Vgl. z.B. Siebenmann 1992, 82f.

192 Wer sich hinter diesem Pseudonym verbirgt, ist bis heute nicht bekannt, vielleicht der Lütticher Arzt Jean de Bourgogne; vgl. Wolf 1989, 89 und Gewecke 1992a, 86 Anm. 31.

193 Zit. nach Gewecke 1992a, 76.

194 Zit. nach C. W. Thomsen 1983, 80.

195 Wittkower 1942, 192.

196 Zit. nach Honour 1982, 24. Auch Augustinus soll als Reisender in Äthiopien kopflose Menschen mit Augen in der Brust gesehen haben; vgl. Wittkower 1942, 192 Anm. 5.

197 Der Name stammt von den dort angeblich angetroffenen Amazonen.

198 Carvajal 1973, 240. Vgl. Engl 1991, 270ff.

199 Baring-Gould 1967, bes. 157ff.; Kremser 1981a, 88f.

ten des Vespucci, Ferdinand Kolumbus, Geraldini, Oviedo, Peter Matyr von Anghiera, so begegnet man überall der Neigung der Schriftsteller des sechzehnten Jahrhunderts, bei neuentdeckten Völkern alles wiederzufinden, was uns die Griechen vom ersten Zeitalter der Welt und von den Sitten der barbarischen Skythen und Afrikaner erzählen. (...) Die allgemeine Stimmung brachte es mit sich, daß von den vielen Reisenden, die nacheinander in der Neuen Welt Entdeckungen machten und von den Wundern derselben berichteten, jeder auch gesehen haben wollte, was seine Vorgänger gemeldet hatten"[200]. Diese Einschätzung trifft nicht nur auf das von Humboldt angesprochene 16. Jahrhundert zu, sondern auch auf die Zeit davor bis zu den Anfängen der Ethnographie, wie oben deutlich geworden ist.

2.3 Zusammenfassung

Die dem Menschen eigene sozio- und ethnozentrische Weltsicht bestimmte die Beschreibung und Beurteilung fremder Völker. Hatte sich Herodot auch darum bemüht, Verständnis für die Relativität von Sitten und Gebräuchen zu zeigen, so unterlag er doch beim Sammeln und Darlegen von Informationen, wie C. Ginzburg es in anderem Zusammenhang formulierte, wirksamen und potentiell deformierenden, wenn auch oft unbewußten Schemata und Kategorien[201]. Dies gilt gleichermaßen für seine Vorgänger und Nachfolger. Charakteristisch für die antike und mittelalterliche Ethnographie wie ebenfalls noch teilweise für die Neuzeit ist das von H. Zinser so bezeichnete mythologische Bewußtsein, das die einmal gefundenen Formen des Denkens und Handelns als Muster festhält, ohne neue Erfahrungen machen bzw. Veränderungen berücksichtigen, auch Irrtümer korrigieren zu können[202]. Das Stereotyp vom Barbaren, in der ursprünglichen Bedeutung 'Stammler', unvertraut mit der (griechischen) Sprache und Sitte und daher roh und ungebildet, hat sich bis weit über das Mittelalter hinaus in den Grundzügen erhalten. Sowohl die negative als auch die hier nur am Rand behandelte positive Version, als Schreck- oder Wunschbild, spiegelt weniger die beschriebenen Völker selbst als die Einstellungen der jeweiligen Autoren, die über sie handeln. Ohne Gesetz, Eigentum und Glauben, häufig promisk oder gar inzestuös und anthropophag lebend der eine, ohne Zwänge, Arbeit und Vorschriften lebend der andere, können beide Vorstellungen sich auch vermischen und umgedeutet werden, so daß grundsätzlich negative, 'barbarische' Charakteristika in positivem Licht erscheinen - fehlendes Eigentum erübrigt Neid, die enge Verbundenheit mit der Natur stählt den Körper und fördert den Zusammenhalt untereinander und dergleichen mehr.

Die stereotypisierte Sicht des Fremden bildet eine der wesentlichen Grundlagen der Beschreibungen anderer Völker und ihrer Sitten, was bei der Beurteilung von Quellen einbezogen werden muß. Hinzu kommt die Tendenz, daß mit wachsender Entfernung vom Bekannten und Vertrauten die Erwartung steigt, auf immer exotischere und fremdere Völker und Sitten zu stoßen. Den Berichten über anthropophage Völker ist gemeinsam, daß diese am Rand der jeweils bekannten Welt angesiedelt waren[203], und die Informationen zu ihren Gebräuchen aus zweiter Hand stammen. Weiterhin auffällig ist, daß neben der Beschreibung der Anthropophagie, die häufig detailliert erfolgt, gewöhnlich die der sonstigen Lebensweise fehlt, abgesehen von üblichen Standardurteilen wie Promiskuität oder Gesetzlosigkeit. Dies unterstützt, neben der räumlichen Distanz, den Verdacht, es handelt sich, wie bei den anderen genannten Kategorien auch, lediglich um ein Barbaren zugeschriebenes Verhaltensmuster ohne reale Grundlage. In diese Richtung deutet gleichfalls die dauerhafte Struktur bestimmter Bilder, wie das des Endokan-

---

[200] Zit. nach Scurla 1972, 115ff. Die Absichten Raleighs, der auch über Amazonen berichtete, interpretierte Humboldt dahingehend, daß dieser die Aufmerksamkeit Elisabeths zwecks Eroberung auf Guayana richten wollte - *"nichts mußte aber die Einbildungskraft Elisabeths mehr ansprechen als die kriegerische Republik der Weiber ohne Männer, die sich gegen die kastilianischen Helden wehrten."* Ebd. 115f.

[201] Ginzburg 1990, 207.

[202] Zinser 1981, 17.

[203] Mit Ausnahme derjenigen, denen Hungerkannibalismus vorgeworfen wurde - die Glaubwürdigkeit dieser Aussagen sei dahingestellt, sie sind für die hier behandelte Thematik nicht relevant.

nibalen, der in nahezu identischer Beschreibung bei verschiedenen Autoren in unterschiedlichen Gebieten der Erde immer wieder auftaucht.

Die angesprochenen Merkmale haben die Anthropophagen gemeinsam mit einer anderen Kategorie, den fabulösen Rassen, die heute als Imaginationen und Phantasieprodukte gesehen werden, in Antike, Mittelalter und früher Neuzeit jedoch zur Ethnographie gehörten und daher zu behandeln waren. Dabei ist deutlich geworden, daß anthropophage Völker ebenso zur mythischen Tradition zu rechnen sind wie Hundsköpfige und Einäugige und genau wie diese auch lokalisiert, beschrieben und gefunden wurden - im Gegensatz zu den fabulösen Rassen, die früher oder später verschwinden mußten, da sie nicht existieren, blieben uns die Menschenfresser erhalten, denn ihr Wesen zeigt sich nicht im Äußeren; bestimmte Verhaltensweisen ließen sich jedoch leicht entsprechend interpretieren, und man sah oder vermutete das, was man erwartete und kannte. Die abendländische Tradition lieferte ein umfangreiches Instrumentarium zur Beschreibung, das von rohen Allesfressern bis zu liebevollen Endokannibalen reichte und verschiedenste Motivationen einschloß, wie schon im ersten Abschnitt des Kapitels gezeigt werden konnte. Die in Berichten über Menschenfresser häufig beschriebenen Sitten wie Promiskuität, Inzest, Fehlen von Gesetz und Moral wurden später als Phantasieprodukte oder Mißdeutungen abgetan - die in eben diesen Berichten beschriebenen anthropophagen Sitten wurden gewöhnlich nicht angezweifelt, sondern als grundsätzlich authentisch beurteilt. Gleichfalls erhalten blieb uns die Vorstellung vom 'Goldenen Zeitalter' und dem 'Guten Wilden', wie gerade die in den letzten Jahrzehnten wieder steigende Tendenz belegt, das Leben der 'Wilden' in der 'Natur' zu idealisieren - auch der heute populäre Begriff 'Naturvölker' ist ein dahin deutendes Modewort. Beide Vorstellungsmuster, das negative wie das positive, sind jedoch europäische Projektionen, die mit dem Leben und den Auffassungen 'primitiver' Völker nichts oder wenig zu tun haben.

Festzuhalten bleibt, daß sich in der antiken und mittelalterlichen Literatur keine Quellen benennen lassen, aus denen unzweifelhaft die Existenz von Völkern hervorgeht, die Anthropophagie in institutionalisierter Form praktiziert haben. Dennoch wurde und wird diese Auffassung immer wieder vertreten, was darauf zurückzuführen sein mag, daß Fragen, die den Themenkreis Kannibalismus betreffen, vergleichsweise unkritisch behandelt werden, im Gegensatz zu anderen Bereichen, wie soziale Organisation, Geschlechterbeziehungen und Religion, bei denen der normierende Einfluß jeweils zeitgenössischer Sozialtheorie bei der Beurteilung von Quellen in Rechnung gestellt wird. Eine Ursache der unkritischen Rezeption von "Daten" zur Anthropophagie ist auch darin zu suchen, daß die vermeintlich weite Verbreitung des Kannibalismus in neuzeitlichen Gesellschaften sein historisches Vorkommen impliziert oder voraussetzt, und daher die Bereitschaft hoch ist, entsprechende antike Nachrichten zu akzeptieren.

3. Der Topos der Verschwörung: Fremde in der Nähe

Thema des vorhergehenden Abschnitts war der weit entfernt lebende Menschenfresser, der 'Fremde in der Ferne'. Im folgenden soll ein Komplex von Anschuldigungen behandelt werden, der Gruppen traf, die innerhalb der Gesellschaft anzusiedeln sind, wenn auch häufiger in marginaler Position. Zu diesen Anschuldigungen gehörte Anthropophagie. Unter dem Oberbegriff Verschwörung werden verschiedene Gruppen zusammengefaßt, wie politische Gegner, Christen, Häretiker, Juden und Hexen, die eines gemeinsam haben: Ihnen wurde nachgesagt, eine Bedrohung für die Gesellschaft darzustellen, der sie angehörten. Ob es sich dabei um tatsächliche oder imaginäre Verschwörungen und Bedrohungen handelte, ist im vorliegenden Zusammenhang von untergeordneter Bedeutung.

3.1 Politische Gegner

E. Bickermann behandelte 1927 in seinem Aufsatz "Ritualmord und Eselskult" den Topos der anthropophagen Eidmahlzeit bei der Darstellung einer Verschwörung in der hellenistischen Literatur. Ein menschliches Opfer wurde angeblich geschlachtet, sein Blut getrunken und/oder seine Eingeweide gegessen, um die Verschwörer aneinander zu binden. Den Anhängern des vertriebenen Tarquinius wurde später derartiges nachgesagt[204], ebenso dem Tyrannen Apollodoros von Kassandreia[205]. Auch Catilina ist dieser Vorwurf gemacht worden, zuerst von Sallust, der von Gerüchten sprach, nach denen er seine Mitverschworenen veranlaßt hätte, eine Mischung aus Menschenblut und Wein zu trinken, dann von Plutarch, der in diesem Zusammenhang von einem Menschenopfer und dem teilweisen Verzehr des Fleisches sprach, und von Cassius Dio, der den Vorgang weiter präzisierte und ausschmückte: Ein Junge sei geopfert und, nach Leistung des Eides über seinen Eingeweiden, gegessen worden[206]. F. Schwenn sah keinen Grund, die Berichte in Zweifel zu ziehen, ohne jedoch die verschiedenen Versionen zu erörtern - er entschied sich bei der Darstellung für die des Cassius Dio. Selbst wenn sie nicht zutreffen sollten, so betonte er, wäre schon die Tatsache, daß man den Verschworenen diese grausige Zeremonie zutraute, bezeichnend für das Denken der Zeit[207]. Er brachte solche Anschuldigungen mit dem angeblichen Verzehr menschlichen Opferfleisches im Kult des Zeus Lykaios und des Dionysos[208] in Zusammenhang, eine Handlung, durch die die Gottheit magisch zum Beistand gezwungen sei, gewissermaßen ein Mitglied der Bande werde. Catilina und seine Anhänger hätten diesen alten Brauch geübt, ohne sich seinen ursprünglichen Sinn klarzumachen[209]. Verschwörungen sind gewöhnlich dadurch gekennzeichnet, daß sie im Geheimen stattfinden, und kein Außenstehender die Bedingungen kennt, unter denen geschworen oder ob überhaupt ein Eid geleistet wurde. E. Bickermann wies darauf hin, daß Cicero, der Feind Catilinas, Beschuldigungen dieser Art nicht erwähnte. Die Verleumdung wurde nach bewährten Mustern erfunden und verbreitet - das Menschenopfer gehörte zum 'Stil' einer unmenschlichen Verschwörung[210].

Auch Tempelschändungen konnten mit vergleichbaren Argumenten gerechtfertigt werden. Als die römische Polizei im Jahr 48 den Tempel der Ma-Bellona zerstörte, verstand sie es, dort viele Töpfe voll Menschenfleisch zu finden, und als die Christen die Sarapis- und Mithra-Tempel in Alexandria schlossen, führten sie der darüber empörten Öffentlichkeit als Entschuldigung zahlreiche Reste der scheußlichen Menschenopfer vor, die dort angeblich entdeckt wurden: "*die Feder sträubt sich, niederzuschreiben, welche Untaten in jenen sogenannten heiligen Räumen heimlich begangen wurden. Wie viele abgeschnittene Kinderköpfe mit vergoldeten Lippen dort aufgefunden wurden*"[211]. Dieses Muster ist offenbar eine Struktur von langer Dauer, keineswegs auf das Altertum beschränkt - noch 1834 erzählte man sich, nach den Akten des Stadtarchivs Neuss, daß dort "*bei Gelegenheit der Zerstörung der Synagoge daselbst ein Christenkind vorgefunden worden*" sei[212]. Menschenopfer und mehr noch Menschenfresserei waren geeignete Vorwürfe zur Verunglimpfung des Gegners und zur Rechtfertigung gegen ihn gerichteter Maßnahmen.

---

[204] Bickermann 1927, 174 (nach Plutarch).

[205] Ebd. Diodor (XXII, 5) berichtete: "*Apollodor, der einen Angriff zur Erreichung der Tyrannis vorbereitete und der Meinung war, daß er das Band der Verschwörung festigen müsse, ließ einen Jüngling, mit dem er befreundet war, rufen, indem er vorgab, er solle zum Opfer kommen, schlachtete ihn als Opfer für die Götter, gab seine Eingeweide den Verschworenen zu kosten und forderte sie auf, dessen Blut, das er mit Wein gemischt hatte, zu trinken.*" Zit. nach ebd.

[206] Henrichs 1973, 33f.; Bickermann 1927, 175; Cohn 1977, 6.

[207] Schwenn 1915, 188. Vgl. auch Andree 1887, 14; Boehm 1932, 156.

[208] Siehe dazu Kap. III.1.

[209] Schwenn 1915, 188f.

[210] Bickermann 1927, 175.

[211] Ebd. 186f. (nach Cassius Dio, Rufinus und Socrates). Weitere Beispiele: Schwenn 1915, 191ff.

[212] Zit. nach Rohrbacher u. Schmidt 1991, 322.

3.2 Frühes Christentum, Glaubenskonflikte und Häresie

Die frühen Christen wurden beschuldigt, bei ihren Versammlungen kleine Kinder rituell zu schlachten und zu verzehren, Orgien abzuhalten, bei denen jede Form von Geschlechtsverkehr einschließlich des Inzests stattfand, und jemanden in Tiergestalt, mit Eselskopf, oder die Genitalien ihres Priesters zu verehren, wie in den Schriften christlicher Apologeten, die sich dagegen verwahrten und den Ursprung dieser Gerüchte den Juden zuschrieben[213], seit der Mitte des 2. Jahrhunderts überliefert ist[214]. Tertullian faßte die Vorwürfe zusammen: *"We are called the most wicked of men because of the sacramental slaying of infants, the meal which is made thereof, and after the banquet the incest, which the dogs that overthrow the lights - they are obviously procurers of the darkness - arrange in such a way as to protect the feelings of shame that accompany impious debauchery"*[215].

Die Aufnahme in die christliche Gemeinschaft umfaßte nach der heidnischen Beschuldigung ein besonderes Ritual, das dem schon oben beschriebenen Verschwörungsstereotyp entspricht und bei Minucius Felix, wohl nach einer antichristlichen Schrift des Fronto, wiedergegeben ist[216]. Der aufzunehmende Christ mußte durch Messerstiche unwissentlich ein mit Mehl oder Teigmasse bedecktes neugeborenes Kind töten, dessen Blut gierig aufgeleckt, und das dann zerrissen und verzehrt wurde. Durch dieses Verbrechen werde die Verschwiegenheit des einzelnen verbürgt[217], es sei der 'Mörtel' dieser Gesellschaft von "hostes generis humani"[218]. Die Christen wurden also spätestens im 2. Jahrhundert als verschworene Gemeinschaft gesehen, deren Glaube und Verhalten die Werte der griechisch-römischen Kultur zu leugnen schien, die Inzest praktizierte, Genitalien verehrte und Kinder aß - die Inkarnation des Unmenschlichen.

Im 3. Jahrhundert begannen christliche Autoren, die Heiden perverser und anthropophager Riten zu verdächtigen[219]. Vor allem richteten sich diese Unterstellungen jedoch zunehmend auch gegen Gegner aus den eigenen Reihen. Die ehemals den Christen gemachten Vorwürfe - Menschenopfer, rituelle Anthropophagie ('Thyestesmahl'), Inzest ('ödipodeische Umarmungen'), Idolatrie - benutzte die Kirche nun selbst gegen christliche Gemeinschaften in Afrika und Kleinasien, später auch in anderen Gebieten: Gnostiker, Montanisten, Manichäer, Paulizianer, Bogomilen, Katharer, Waldenser, Fratizellen usw. Sie wurden in den Corpus der christlichen Dämonologie aufgenommen[220].

---

[213] Diese waren wiederum selbst in Alexandria im 1. Jahrhundert v. Chr. als Urheber von Ritualmorden und sich daran anschließenden anthropophagen Handlungen hingestellt worden (Ginzburg 1990, 79). Im Jerusalemer Tempel sollen sie angeblich jedes Jahr einen Griechen geopfert, wie Apion behauptete, und dann von den Eingeweiden gegessen haben (Josephus, "Contra Apionem", nach Henrichs 1973, 23; Cohn 1977, 8).

[214] Speyer 1963, 129; Henrichs 1973, 18ff.; Cohn 1977, XI u. 1ff.; Soldan u. Heppe 1986, 122. - Die Anschuldigungen sind jedoch älter, zumindest der Vorwurf der Anthropophagie war bereits Plinius und Tacitus bekannt (Henrichs 1973, 20).

[215] Tertullian, Apol. 7, 1, zit. nach Henrichs 1973, 18f. Tertullian wiederum behauptete, im Bund des Jupiter sei noch zu seiner Zeit Menschenblut getrunken worden (Andree 1887, 14). - Die Hunde waren an ein Lampengestell gebunden, das sie, um den ihnen hingeworfenen Bissen zu erreichen, umwerfen mußten. *"Sind nun auf diese Weise die Lichter erloschen, so gibt sich die Gesellschaft, wie eben der Zufall die Personen zusammenführt, der abscheulichsten Unzucht hin."* Zit. nach Soldan u. Heppe 1986, 120f.

[216] Bickermann 1927, 176f.; Henrichs 1973, 26f.

[217] Minucius Felix läßt den Heiden Natalis in seinem Dialog "Octavius" (IX, 5) folgendes sagen: *"Nun gar die Geschichte von der Weihe neuer Mitglieder; sie ist ebenso abscheulich wie bekannt. Ein Kind, mit Teigmasse bedeckt, um die Arglosen zu täuschen, wird dem Einzuweihenden vorgesetzt. Dieses Kind wird von dem Neuling durch Wunden getötet, die sich dem Auge völlig entziehen; er selbst hält, durch die Teighülle getäuscht, die Stiche für unschädlich. Das Blut des Kindes, welch ein Greuel! - schlürfen sie gierig, seine Gliedmassen verteilen sie mit wahrem Wetteifer. Durch dieses Opfer verbrüdern sie sich, durch die Mitwisserschaft um ein solches Verbrechen verbürgen sie sich zu gegenseitigem Stillschweigen."* Zit. nach Schulze 1953/54, 304f.

[218] Tertullian, Apol. 37, nach Bickermann 1927, 177. Eine Variante der Apollodor-Erzählung entspricht diesem Muster: Apollodor ließ aus den Eingeweiden eines geopferten Knaben ein Mahl zubereiten und setzte es seinen Mitverschworenen vor. *"Nachdem sie gegessen und dazu das Blut des Opfers, das mit dunklem Wein vermischt war, getrunken hatten, zeigte er ihnen die Leiche und sicherte sich durch diese gemeinsame Befleckung ihre Treue."* Zit. nach ebd.

[219] Eliade 1974/75, 167; Speyer 1963, 134.

[220] Cohn 1977, 16; Soldan u. Heppe 1986, 119ff.; Cohn 1970, 9f.

Zuerst wurden gnostische Gruppen Zielscheibe der Vorwürfe; ihre Riten seien der Anlaß für die Unterstellungen der Heiden gewesen. Diese schon bei Justin, Irenaeus und Eusebius für das Element der Promiskuität anklingende Überzeugung wurde im 4. Jahrhundert durch Epiphanius von Salamis präzisiert, der alle bei Minucius Felix erwähnten Anklagen gegen die Christen als zutreffend für die Gnostiker anführte und besonders betonte, daß sie ihre Frauen gemeinsam hätten. Die nach promisken Zusammenkünften empfangenen Kinder wurden angeblich zubereitet und gegessen, dieses anthropophage Fest sei *"the perfect Passah"* - ein Detail, das in früheren Schriften nicht auftauchte[221]. Die Vorwürfe gegen "häretische Sekten" sind auch heute noch nicht verklungen, kam W. Speyer doch beispielsweise zu dem Ergebnis, daß gnostische Riten für das heidnische Bild von den Christen verantwortlich seien, indem er voraussetzte, daß Epiphanius keine bloßen Verleumdungen vorbrachte. Eine Erklärung für das vermeintlich mangelnde Unterscheidungsvermögen auf heidnischer Seite sah er darin, daß bis zu den Zeiten des Epiphanius nicht in allen Teilen der christlichen Welt Orthodoxie und Ketzertum klar geschieden waren. Ein solches Christentum wie das von den Gnostikern angeblich praktizierte könnte in seinen Augen leicht von den umwohnenden Heiden zum Anlaß ihrer heftigen Angriffe genommen worden sein[222]. A. Henrichs postulierte dagegen, daß die Entstehung der heidnischen Anklagen gegen die Christen leichter zu verstehen sei, wäre ein heidnisches Ritual bekannt, das die Elemente Initiation, Kindsmord, Anthropophagie, Eid und Promiskuität enthielte, da die gnostischen Riten zur Erklärung nicht ausreichten. *"Such a ritual, if known in the 2nd century, could have been the immediate model for Tertullian's description of the alleged Christian initiation and would account for those features in Minucius' version which the Gnostic rites fail to explain"*[223]. Als Hinweis auf ein solches Ritual, mit Initiationsanthropophagie und Sexualorgie, sah er das Fragment eines vermutlich in Ägypten spielenden griechischen Romans, die 'Phoinikika' eines gewissen Lollianus aus dem späten 2. Jahrhundert[224], von dem jedoch, wie C. Ginzburg betonte, nicht erwiesen sei, ob sich der Text auf eine Szene aus dem wirklichen Leben bezieht[225]. Wahrscheinlicher ist, daß gängige Vorstellungen, Stereotypen und mythische Elemente in einem Roman verarbeitet wurden. Nach Lage der Quellen könnte ebenso 'überzeugend' postuliert werden, daß die Christen tatsächlich die ihnen vorgeworfenen Riten praktiziert hätten, es sich folglich gar nicht um Verleumdungen handelte - eine Annahme, der sich heute niemand mehr anschließen würde[226].

Weder gnostische, über die wenig bekannt ist, noch angenommene heidnische Riten, für deren Nachweis die Rekonstruktion nach einer Romanvorlage nicht ausreicht, können zur Erklärung der Entstehung dieses feindlichen Stereotyps beitragen, zumal beide Modelle vergleichbare Fälle der antiken Literatur zu wenig oder gar nicht beachten. Es handelt sich um einen Topos, der gegen (vermeintlich) feindliche Personen oder Gruppen gerichtet wurde, die sich von der Gesellschaft abhoben oder isolierten, sich gegen die Gemeinschaft 'verschworen'. Daß eine reale Grundlage nicht notwendig war, zeigt auch die spätere Entwicklung. E. Bickermann, der Topoi dieser Art zusammenstellte, kam zu dem Schluß, daß die Anthropophagie dem Gegner bequem und ohne jeden Anlaß vorgeworfen werden konnte, und daß die Feinde des Christentums ebensowenig irgendein Mißverständnis, wie das des Abendmahls, brauchten, um ihre Verleumdung zu verbreiten, wie die christliche Kirche selbst, als sie diese,

---

[221] Epiphanius, Pan. 26, 5, 5, nach Henrichs 1973, 28.

[222] Speyer 1963, 134f.

[223] Henrichs 1973, 29.

[224] Ebd. 29ff. Er schloß mit der Feststellung, es sei wahrscheinlich, daß *"human sacrifice for ritual purposes was practised in Egypt, Syria and North Africa well into the imperial age. This would explain why the alleged ritual murder of the Jews as propagated by Apion (a native Egyptian), the rites of the Egyptian Gnostics (who were thoroughly imbued with pagan mythology and cult practices) as described by Clement of Alexandria and Epiphanius, the alleged Christian crimes as viewed by Tertullian (a North African) and Minucius Felix (who knew an anti-Christian speech of Cornelius Fronto, another North African) and finally the ritual scene of the Phoinikika (most probably to be located in Egypt) repeat a related and largely identical ritual pattern."* Ebd. 35.

[225] Ginzburg 1990, 79 und Anm. 46.

[226] Ansätze dieser Art waren vorhanden: Schulze führte z.B. G. F. Daumers Werk "Die Geheimnisse des christlichen Altertums" (1847) an, das dieser als Atheist verfaßte, nach Annahme des katholischen Glaubens aber widerrief; darin wurde postuliert, daß das Menschenopfer im Alten wie im Neuen Testament im Mittelpunkt stehe, der Ritualmord also zum Wesen der biblischen Religion gehöre (Schulze 1953/54, 305).

Zug um Zug wiederholend, gegen eigene Sekten erhob[227]. Ein mehr oder weniger absichtsvolles Mißverständnis der Eucharistie konnte diesen Vorwurf jedoch stärken und trug vielleicht zur konkreten Ausarbeitung bei.

Den Montanisten wurde nachgesagt, daß sie jährlich ein Kind schlachten oder mit eisernen Nadeln durchstechen und das Blut mit Mehl vermischen, um daraus das Abendmahlsbrot zu bereiten[228]. In einer um 720 gehaltenen Predigt des Johannes IV. von Ojun, dem Oberhaupt der armenischen Kirche, wurden die Paulizianer beschuldigt, sich in der Dunkelheit zu versammeln, um mit ihren Müttern Inzest zu begehen, Idolatrie zu praktizieren, mit Kinderblut gemischte Hostien zu essen, dabei die Schweine, die ihre eigenen Jungen fressen, an Gefräßigkeit übertreffend, und ein Neugeborenes von Hand zu Hand zu reichen, wobei demjenigen, in dessen Händen das Kind stirbt, die höchste Würde zukommt[229]. Nach dem Jahr 1000 tauchte dieses feindliche Stereotyp wieder im Westen auf. 1022 wurden in Orléans Häretiker, 'Manichäer' bzw. Katharer, verbrannt, denen u.a. vorgeworfen wurde, die tatsächliche Präsenz Christi bei der Eucharistie zu leugnen[230] - sie kamen angeblich durch das Essen der Asche eines toten Kindes zur Sekte, wie Adémar von Chabannes behauptete. Um 1090 berichtete ein Benediktinermönch genaueres: Die Kinder aus ihren inzestuösen Verbindungen seien verbrannt und ihre Asche als Relikt aufbewahrt worden - wer davon zu sich nahm, konnte die Sekte nicht mehr verlassen. Guibert de Nogent sprach ähnliche Beschuldigungen gegen die 1114 in Soissons vor Gericht gestellten Ketzer aus und fügte ein schon von Johannes von Ojun erwähntes Detail, das Werfen der aus den Orgien hervorgegangenen Kinder durch ein Feuer bis zu deren Tod, hinzu. Dieses Motiv findet sich Mitte des 15. Jahrhunderts wieder in einem Geständnis der in Rom vor Gericht gestellten Fratizellen[231]. Aus Geständnissen von Tempelrittern vom Beginn des 14. Jahrhunderts ging hervor, daß sie Orgien abhielten (homosexuell oder mit Dämonen in Frauengestalt), Kinder brieten und mit deren Fett ihr Idol Baphomet beschmierten[232]. Diese Beispiele mögen genügen, um einen Eindruck von der Permanenz und relativen Gleichförmigkeit der Anschuldigungen zu vermitteln.

Das gegen frühe Christen und dann gegen Ketzer[233] gerichtete Stereotyp mit den beschriebenen Elementen Ritualmord, Anthropophagie und Inzest wurde auch auf Juden übertragen und bildete eine Grundlage für die Herausarbeitung des Bildes vom Sabbat: Eine nächtliche Zeremonie, bei der sich menschenfressende Hexen und Hexer zügellosen Sexualorgien hingaben, Kinder verschlangen und dem Teufel in Tiergestalt huldigten[234]. Im Unterschied zu den Ketzern, deren anthropophage Riten als ausschließlich innerhalb der Sekte vollzogen imaginiert wurden - sie wiesen das Gepräge einer abgesonderten Gruppe auf, die die Gesellschaft symbolisch, indirekt an-

---

227 Bickermann 1927, 178.

228 Soldan u. Heppe 1986, 122.

229 Ginzburg 1990, 79.

230 Vgl. Baier 1987, 21f.

231 Ginzburg 1990, 80f.; Cohn 1970, 8f.

232 Cohn 1970, 10.

233 Das Wort Ketzer ('Irrgläubiger') ist seit Beginn des 13. Jahrhunderts bezeugt und leitet sich ab von Cathari ('die Reinen'). In antihäretischen Schriften findet sich jedoch auch die Ableitung von lat. 'cattus' (Katze). In einem anonymen Traktat aus dem 14. Jahrhundert, "Errores Hareticorum", heißt es: *"Brot machen sie aus Mehl und dem Samen der Jungfrau oder dem Blut des Knaben (...). Wenn Männer und Frauen in der Finsternis des Versammlungsraumes zusammenkommen, zünden sie ein Licht an, und sogleich erscheint ihnen die Große Katze (Cattus Maximus), und sie küssen ihren Hintern, worauf die Katze das Licht auslöscht, und sofort mißbrauchen sie sich gegenseitig, wobei die Männer ihre Schande mit den Männern, die Frauen ihre Schande mit den Frauen treiben, und so vollzieht sich das 'Mysterium der Verderbnis'."* Zit. nach Baier 1987, 91f.

234 Ginzburg 1990, 80. Die Frage, inwieweit das Sabbatstereotyp von volkstümlichen, gebietsspezifischen Glaubensvorstellungen mitbestimmt wurde, also nicht nur als intellektuelle Konstruktion von Inquisitoren und Richtern anzusehen ist, kann nicht näher behandelt werden; vgl. Cohn 1977; Ginzburg 1990. Die Elemente, die hier interessieren (Ritualmord, Anthropophagie, Promiskuität) blicken jedenfalls auf eine lange Tradition zurück, die die Ausarbeitung mitbestimmte. Ein weiterer Traditionsstrang, der 'Hexen' und Menschenfresserei verknüpft, kam dem entgegen. Das Modell vom Sabbat ist dem häretischer Zusammenkünfte nachgebildet, ergänzt durch weitere Elemente (wie Tierverwandlungen und nächtlicher Flug). Hexen wurden unter dem Vorwurf der Häresie angeklagt und als Ketzer verbrannt (vgl. Groh 1987, 17 und Labouvie 1991, 22: In der Bulle 'Super illius' von 1326 wurde Hexerei bzw. zauberisches Malefizium der Häresie gleichgestellt und die Inquisition angewiesen, sie wie diese zu verfolgen).

griff, indem sie die Naturgesetze selbst verleugnete[235] - nimmt die vermeintliche Verschwörung von Juden und Hexen andere Dimensionen an: Sie richtet sich auch und vor allem nach außen, direkt gegen die Gesellschaft und ihre Glieder.

3.3 Anschuldigungen gegen Juden

Die Juden wurden im Mittelalter und in der Neuzeit immer wieder beschuldigt, Brunnen zu vergiften, Ritualmorde zu begehen und Hostien zu schänden, Verleumdungen, die zu Pogromen, Vertreibungen und Hinrichtungen führten. Sie galten als Christusmörder und wurden mit den schrecklichen Völkern Gog und Magog identifiziert, die am Ende der Zeiten über die Christenheit hereinbrechen werden - der erwartete und gefürchtete Antichrist war nach einer Version der Abkömmling eines verabscheuungswürdigen geilen Juden, der 'seine Tochter fleischlich erkannt hatte'[236]. Im Anhang zu einem Ahasver-Volksbuch wurden die verschiedenen Rollen der zwölf jüdischen Stämme bei der Ermordung Christi detailliert beschrieben, ebenso die Strafen, die sie deshalb zu ertragen haben und die ihre fortwährende Schuld erweisen. Vom Stamm Dann heißt es beispielsweise: *"Aus dem Stamme Dann waren die Juden, die da geschrieen, und über laut gerufen: Christi Blut komme über uns und unsere Kinder. Diese haben die Strafe, daß ein jedweder aus diesem Geschlechte, alle Monate sonderliche Plagen und Schmerzen an seinem Leibe verspüret: also, daß Blutstropfen von ihnen fließen, welche sie Gestanks halber nicht über eine Woche verbergen noch halten können, wofern sie nicht wieder mit Christenblute ihren stinkenden Leib salben"*[237].

1321 wurden in Frankreich erst die Leprösen, dann im Verbund mit ihnen die Juden der Verschwörung gegen die Christenheit verdächtigt. Sie sollen im Auftrag des muslimischen Königs von Granada bzw. des Königs von Jerusalem mittels einer Substanz aus Menschenblut, Urin, Kräutern und der Hostie Brunnen vergiftet haben[238]. Diese Anschuldigung, bestätigt von Geständnissen, die unter der Folter oder ihrer Androhung erzwungen wurden, führte zu zahlreichen Hinrichtungen in verschiedenen Städten und Diözesen[239]. Papst Johannes XXII. zitierte in einem Hirtenbrief, mit dem er zum Kreuzzug aufrief, ein Sendschreiben von Philipp von Valois, der berichtete, man hätte im Haus des Juden Bananias Briefe an orientalische Herrscher gefunden[240] - Schreiben der Könige von Granada und Tunesien mit Anweisungen an die Juden wurden ebenfalls 'entdeckt'[241]. Derartige Manipulationen haben die Gerüchte gefördert und die Verfolgung umso mehr gerechtfertigt[242]. Es waren nicht die ersten

---

[235] Ginzburg 1990, 80. Häretische Sekten stellten mehrfach eine ganz konkrete Gefahr dar, insofern sie häufiger erheblichen Einfluß und eine große Anhängerschaft gewinnen konnten, die die Kirche als Institution in ihrer Existenz bedrohte.

[236] Delumeau 1989, 326. Der Antichrist wurde auch mit anderen identifiziert, je nach Einstellung z.B. mit dem Papst oder aber mit Luther.

[237] Rohrbacher u. Schmidt 1991, 252ff. 1631 erstmals als selbständiges Traktat erschienen, findet es sich seit 1645 fast unverändert in den deutschen Drucken vom 'Ewigen Juden' bis in das 19. Jahrhundert. Daß der Verfasser angeblich ein zum Christentum konvertierter Jude war, konnte die Glaubwürdigkeit nur erhöhen.

[238] Browe 1930, 141; Ginzburg 1990, 41. Kurz zuvor wurde auch der Templerorden u.a. verdächtigt, geheime Abkommen mit den Sarazenen getroffen zu haben. Die Furcht vor Intrigen der Ungläubigen führte mehrfach zu derartigen Anschuldigungen. Waren diese auch unerreichbar, so konnten wenigstens die vermeintlichen Komplizen gelyncht, gefangengesetzt, gefoltert, verbrannt werden, wie es C. Ginzburg formulierte (1990, 59).

[239] Zukier 1987, 99; Ginzburg 1990, 45ff.; Rohrbacher u. Schmidt 1991, 194ff.

[240] Darin heißt es u.a.: *"Als wir dieses Ansinnen des Unterkönigs von Granada vernommen hatten, ersannen wir Juden einen ausgeklügelten Plan: in Brunnen, Quellen, Zisternen und Flüsse schütteten wir (...) Pulver, um die Christen auszurotten. Bei dieser Unternehmung ließen wir uns von den Aussätzigen helfen, die wir mit gewaltigen Geldsummen bestochen hatten. (...) Aber die armen, unglückseligen Aussätzigen benahmen sich naiv: zuerst beschuldigten sie uns Juden, dann, von anderen Christen betrogen, gestanden sie alles. Über die Vernichtung der Aussätzigen und die Vergiftung der Christen frohlocken wir (...). Nun schickt uns Gold und Silber; das Gift hatte noch nicht ganz die gewünschte Wirkung, aber wir hoffen, es beim nächsten Mal, wenn erst ein wenig Zeit verstrichen ist, besser zu machen."* Zit. nach Ginzburg 1990, 51f.

[241] Ebd. 53f.

[242] Rohrbacher u. Schmidt 1991, 195f.

Anschuldigungen dieser Art. Der Vorwurf der Wasservergiftung durch Juden wurde im 12. Jahrhundert in Böhmen erhoben, im 13. Jahrhundert in Breslau und Wien, 1308 in der Waadt und 1319 in Franken. Die Verknüpfung von Juden und Leprakranken ist alt: Gemäß der apologetischen Schrift "Contra Apionem" des jüdischen Geschichtsschreibers Flavius Josephus aus dem ersten Jahrhundert behauptete der Ägypter Maneton, unter den Vorfahren der Juden befinde sich auch eine Gruppe aus Ägypten vertriebener Leprakranker. Diese im Mittelalter verbreitete Schrift, die noch andere Unterstellungen wie Ritualmord und Eselskult widerlegte, trug dazu bei, solche Legenden zu einem Teil der antisemitischen Propaganda werden zu lassen. Die erzwungene äußere Kennzeichnung von Juden und Leprakranken förderte ihre marginale Stellung[243].

1348 brach die Pest, von genuesischen Galeeren bei der Rückkehr aus Konstantinopel eingeschleppt, in Europa aus. Nachdem anfangs Arme und Bettler verdächtigt worden waren, ein Pulver in Wasserstellen und Häuser gestreut zu haben, wurden die Juden des Giftanschlags gegen die Christen beschuldigt, verfolgt und verbrannt, teilweise noch bevor die Seuche im jeweiligen Gebiet ankam. Die Massaker und Hinrichtungen - in der Dauphiné, in Savoyen, der Provence, Katalonien, im Rheinland, in Bayern, in Mittel- und Ostdeutschland - fanden zum Teil mit behördlicher Unterstützung, zum Teil ohne sie statt; Papst Clemens VI. hatte in Avignon zwei Bullen erlassen, in denen er die Unschuld der Juden erklärte und darauf hinwies, daß auch sie der Pest zum Opfer fielen[244]. Sie blieben jedoch ohne Wirkung. Anschuldigungen dieser Art wurden immer wieder erhoben - noch im 19. Jahrhundert war von Brunnenvergiftungen u.ä. die Rede[245], ebenso von Ritualmorden, die auch bei den eben besprochenen Anklagen eine Rolle spielten[246].

Seit der Mitte des 12. Jahrhunderts wurden Juden beschuldigt, Christen, insbesondere Knaben, zu ermorden[247] - ein Vorwurf, der mit der Legende der Juden als Christusmörder in Zusammenhang stand und in einer Zeit, in der das Martyrium Jesu zunehmend drastisch ausgemalt wurde, auf fruchtbaren Boden stieß[248]. Formuliert wurde es 1144 durch den Kleriker Thomas von Monmouth, der die vage Erinnerung an einen Mordfall in Norwich zu einer Kreuzigungslegende stilisierte[249]. Dieses Schema verbreitete sich schnell auch auf dem Kontinent[250], die Opfer oder vermeintlichen Opfer wurden verehrt und die für deren Tod verantwortlich gemachten Juden hingerichtet. Berühmte Beispiele für Ritualmordopfer sind der erwähnte William von Norwich, Hugh von Lincoln, Simon von Trient, das heilige Kind von La Guardia. 1294 führte ein solches Gerücht zur Vertreibung der jüdischen Gemeinde aus Bern - zur Erinnerung daran ließ der Magistrat im 16. Jahrhundert ein Denkmal errichten, das den bezeichnenden Namen 'Kinderfresserbrunnen' trägt. J. Delumeau sprach von mehr als 500 Ritualmordprozessen im Mittelalter - ein (spätes) Beispiel mag genügen. 1490, zwei Jahre vor der Vertreibung der Juden aus Spanien, wurden sechs Juden und fünf Konvertierte in La Guardia bei Toledo angeklagt, sie hätten ein christliches Kind gekreuzigt, sein Fleisch zerrissen und sein Herz mit einer geweihten Hostie vermischt. Unter der Folter waren alle Angeklagten bis auf einen geständig. Es gab jedoch weder einen Namen, noch eine Vermißtenmeldung, noch eine Leiche, die gesamte Anklage war fiktiv[251].

---

243 Ginzburg 1990, 44f. Auch Zigeuner wurden zeitweise der Anthropophagie verdächtigt; vgl. z.B. Schaaffhausen 1870, 263.

244 Ginzburg 1990, 70, allgemein 67ff.; Zukier 1987, 97; Groh 1987, 16; Cohn 1988, 92; Delumeau 1989, 185f.; Rohrbacher u. Schmidt 1991, 197ff.

245 Rohrbacher u. Schmidt 1991, 197ff.

246 Ginzburg 1990, 69f.

247 Langmuir 1972; Zukier 1987; Cohn 1988, 91; ders. 1970, 13f.; Delumeau 1989, 435ff.; Rohrbacher u. Schmidt 1991, 274ff.

248 Rohrbacher u. Schmidt 1991, 276.

249 Langmuir 1972.

250 Innozenz III. berichtete 1205 in aller Ernsthaftigkeit, daß Juden in Frankreich *"evilly seized the opportunity of living among Christians to kill their hosts secretly, 'as is recently said to have happened to a poor scholar found dead in their latrines'."* Ebd. 462f.

251 Delumeau 1989, 436; Rohrbacher u. Schmidt 1991, 277f. Noch 1946 wurden Juden in Kielce (Polen) unter dem Vorwand des Ritualmordes verfolgt und ermordet; vgl. Zukier 1987, 88, der auch weitere Beispiele aus diesem Jahrhundert anführt. Vgl. ferner Rohrbacher u. Schmidt 1991, 289, die darauf hinweisen, daß häufiger Opfer von Sittlichkeitsverbrechen als Ritualmordopfer dargestellt wurden.

Seit der Mitte des 13. Jahrhunderts gewann ein weiteres Moment an Bedeutung, die Anschuldigung, daß Juden Christenkinder ermorden, um ihr Blut zu erlangen - für ihre Rituale oder als Medizin[252]. Bis in die Gegenwart war die Version verbreitet, Christenblut müsse in die ungesäuerten Brote für das jüdische Osterfest geträufelt werden; andere Gründe waren die Heilung ihrer Leiden, die sie wegen ihrer Schuld am Tod Jesu zu ertragen hatten, und gegen die nur Christenblut half[253]. Ferner wurde ihnen vorgeworfen, die Hostie zu schänden. Nach S. Rohrbacher und M. Schmidt trat diese Beschuldigung erstmals 1290 in Paris in Erscheinung, wo Juden die Hostie mit Messern und anderen spitzen Werkzeugen bis zum Hervorströmen von Blut verletzt und sie dann in einen Kessel mit kochendem Wasser geworfen haben sollen, das zu Blut wurde, während sich die Hostie in Fleisch verwandelte. Nach einer Version erschien ein Abbild des Gekreuzigten, woraufhin einige Juden bekehrt, die 'Hauptschuldigen' aber hingerichtet wurden. In der Folge fand diese Legende weite Verbreitung und viele Nachahmungen, vor allem im deutschsprachigen Raum[254].

Die imaginierte Verschwörung der Juden gegen die Christenheit, ihre Zusammenarbeit mit deren Feinden und letztlich mit Satan selbst, die ihnen zur Last gelegte Ermordung Christi und die anderen besprochenen Vorwürfe führten zu zahlreichen Vertreibungen, Pogromen, Folterungen und Hinrichtungen. Der Kirchenlehrer Hieronymus bekannte Anfang des 5. Jahrhunderts: *"Wenn es (überhaupt) sinnvoll ist, Menschen zu hassen und irgendeinen Menschenschlag zu verabscheuen, so habe ich einen seltsamen Widerwillen gegen Beschnittene; denn bis heute verfolgen sie unseren Herrn Jesus Christus in den Synagogen des Satans"*[255]. Luther wandte sich gegen die Juden, nachdem seine Versuche, sie zu bekehren, fehlgeschlagen waren, und stellte sie als Brunnenvergifter, Mörder und Kinder des Teufels dar. Er schrieb u.a.: *"Ich hab viel Historien gelesen und gehort von den Jüden, so mit diesem urteil Christi stimmen. Nemlich, wie sie die Brunnen vergifftet, heimlich gemordet, Kinder gestolen (...). Ich weis wol, das sie solches und alles leugnen. Es stimmet aber alles mit dem urteil Christi, das sie gifftige, bittere, rachgirige, hemische Schlangen, meuchel mörder und Teufels Kinder sind, die heimlich stechen und schaden tun, weil sie es öffentlich nicht vermögen."* Ein Christ könne neben dem Teufel keinen giftigeren, bitteren Feind haben als einen Juden[256]. Eine umfassende Darstellung der fiktiven jüdischen Weltverschwörung findet sich in dem 1869 erschienenen Buch "Le Juif, le judaisme et la judaisation des peuples chrétiens" von H.-R. Gougenot des Mousseaux, der den durch Satan gestifteten Kult des Bösen beschrieb. Den ersten Teufelsanbetern, den Söhnen Kains, folgten die Chaldäer, die Juden, Gnostiker, Manichäer, Assassinen, Templer und schließlich die Freimaurer - stets aber fungieren Juden als Großmeister des Kults. Zu den Ritualen gehören sexuelle Ausschweifungen und die Ermordung christlicher Kinder. Auch der aus diesem Kreis zu erwartende Antichrist fehlt nicht. Diese Wahnvorstellung gipfelte in den 1903 in Petersburg veröffentlichten sogenannten Protokollen der Weisen von Zion, 1905 nochmals von S. Nilus vorgelegt, die erst 1921 als Fälschung entlarvt wurden[257]. Dies war nicht das Ende derartiger Verschwörungsphantasien, die angeführten Beispiele sollen jedoch genügen.

---

252 Langmuir 1972, 462.

253 Rohrbacher u. Schmidt 1991, 280ff.

254 Ebd. 291f. Noch in diesem Jahrhundert wurde beispielsweise die Geschichte vom Deggendorfer Hostienfrevel propagiert. In einem 1960 erschienenen Traktat, von einem Benediktinerpater verfaßt, heißt es: *"(...) so ist der Wahnwitz derjenigen nicht leicht zu begreifen, welche in neuerer Zeit das hl. Mirakel als Unsinn und Schwindel verhöhnen, und die Andacht und Wallfahrt zu ihm als Verherrlichung des Judenmordes ausschreien."* Ebd. 293ff. Vgl. auch 304ff., wo die neuzeitlichen Anklagen bis in die Zeit des Nationalsozialismus und darüber hinaus verfolgt werden.

255 Zit. nach Rohrbacher u. Schmidt 1991, 154.

256 Zit. nach ebd. 153. Die Möglichkeit des Übertritts zum christlichen Glauben bestand zumeist und wurde häufiger genutzt, um das Leben zu retten. Dies war nicht immer erfolgreich, konnte man doch auch Konvertierten die beschriebenen Verbrechen zur Last legen, wenn man meinte, sie würden im Geheimen weiter jüdischen Sitten anhängen.

257 Rohrbacher u. Schmidt 1991, 208ff. Zu den Protokollen vgl. auch Cohn 1969.

3.4 Hexen

C. Ginzburg beschrieb als gemeinsames Element der Verfolgungswellen des 14. Jahrhunderts die Vorstellung einer gegen die Gesellschaft angezettelten Verschwörung, die erst den Aussätzigen, dann den Juden und in der Folge den Hexen[258] angelastet wurde. Von einer relativ begrenzten sozialen Gruppe, den Leprakranken, sei man zu einer weiter gefaßten, wenn auch ethisch und religiös begrenzten Gruppe, den Juden, übergegangen und schließlich zu einer potentiell unbegrenzten Sekte, den Hexern und Hexen, gelangt, die wie jene an den Rändern der Gemeinschaft standen, und deren Verschwörung wiederum von einem äußeren Feind inspiriert sei, dem Feind schlechthin, dem Teufel. Für den Teufelspakt sollten Inquisitoren und Laienrichter am Körper von Hexern und Hexen einen physischen Beweis suchen, jenes Stigma, das Leprakranke und Juden auf ihren Kleidern trugen[259]. Das Auftreten des Sabbats und der Hexensekte setze die Krise der europäischen Gesellschaft im 14. Jahrhundert sowie die Hungersnöte, die Pest und damit einhergehend die Absonderung oder den Ausschluß von Randgruppen voraus. Die ersten auf dem Sabbat basierenden Prozesse am Beginn des 15. Jahrhunderts finden sich in dem Gebiet, in dem die Beweise für das angebliche jüdische Komplott von 1348 konstruiert wurden, das wiederum die 'Verschwörung' von 1321 zum Vorbild hatte. Bei den in der zweiten Hälfte des 14. Jahrhunderts in den westlichen Alpen durchgeführten 'Waldenser'verfolgungen trafen die bereits von Verschwörungsfurcht beherrschten Inquisitoren auf Glaubensvorstellungen, in denen antiklerikale Themen, Fragmente dualistischer Lehren katharischen Ursprungs und Elemente des Volksglaubens miteinander vermischt waren - die Erwartungen der Richter und die Einstellungen der Angeklagten bestimmten das Bild der neuen Sekte. Bereits 1321 spielten in einem Prozeß zwei Vergehen eine Rolle, die traditionell Ketzern zur Last gelegt wurden: Glaubensabfall und Profanierung des Kreuzes. *"Jahrzehntelange Inquisitorentätigkeit in den westlichen Alpen machte die Übereinstimmung von Ketzern und Adepten der Hexensekte komplett: Die Anbetung des Teufels in Tiergestalt, Sexualorgien und Kindstötungen wurden zu dauerhaften Bestandteilen des Sabbatstereotyps"*[260]. Tierverwandlungen und nächtlicher Flug kamen später hinzu.

1409 sandte Papst Alexander V. eine Bulle an den Generalinquisitor für die Gebiete Genf, Aosta, Tarentaise, Dauphiné, Venaissin und Avignon, Ponce Fougeyron. In dieser beklagte er, wohl fußend auf Informationen Fougeyrons, in den genannten Gebieten hätten einige Christen zusammen mit den arglistigen Juden insgeheim neue Sekten und verbotene Riten gegen den christlichen Glauben eingeführt. Christen und Juden würden magische Praktiken, Dämonenbeschwörungen, Wahrsagerei und verbotene Künste praktizieren und dadurch viele unschuldige Christen verführen und ins Verderben stürzen. Es gelte, wachsam zu sein und die Inquisitionstätigkeit fortzusetzen[261].

Der Dominikaner Johannes Nider verfaßte zwischen 1435 und 1437 in Basel sein "Formicarius" genanntes Werk zur Dämonologie, in dem, neben der Beschreibung der traditionellen Malefizien, Informationen verzeichnet sind, die er vom Inquisitor von Evian und dem Richter Peter von Greyerz erhalten hatte[262]. Diese sprachen von Zauberern beiderlei Geschlechts im Berner Land, die, eher Wölfen denn Menschen gleich, Kinder verschlingen. In der Gegend von Lausanne hätten einige dieser Hexen ihre eigenen Kinder gekocht und gegessen, sich versammelt und

---

[258] Der Begriff Hexe, auf das westgermanische beschränkt, ist eine verdunkelte Zusammensetzung, die bis heute nicht sicher gedeutet ist (wahrscheinlich ursprünglich ein sich auf Zäunen oder Hecken aufhaltendes dämonisches Wesen; in der heutigen Bedeutung erst seit dem späten Mittelalter); vgl. Duden, Bd. 7, Herkunftswörterbuch, 264f. Vgl. ferner Jilg 1988. Geläufig war stria, striga, saga u.a.

[259] Ginzburg 1990, 76.

[260] Ebd. 85. Er verwies auch auf Ausdrücke in der Dauphiné und Savoyen, wie den mit dem spanischen gafo ('Leprakranker') zusammenhängenden für 'Hexe', gafa, und snagoga, von synagogue ('Ketzerzusammenkunft') - der Terminus Sabbat, dessen Etymologie unklar ist, findet sich erst im späten 16. Jahrhundert, vorher war der Ausdruck synagoga gebräuchlich; vielleicht ist ein Zusammenhang mit dem Ruhetag der Juden zu sehen und mit 'ensabaté' (Waldenser); vgl. ebd. 7 und 33 Anm. 1. Zur Entstehung der Hexenprozesse in diesem Gebiet vgl. auch Cohn 1977, 225, der sie als Nebenprodukt der Waldenserverfolgung bezeichnete. D. Groh vertrat die Auffassung (1987, 16), daß *"the elimination of heretics in the 13th century and the expulsion of Jews in the 14th century were the conditions sine qua non for the origin of the witch pattern."*

[261] Ginzburg 1990, 73.

[262] Ebd. 74.

einen Dämon angerufen, der in Menschengestalt erschien - wer ihm folgen wollte, mußte dem christlichen Glauben abschwören, die Verehrung der geweihten Hostie aufgeben und insgeheim bei jeder Gelegenheit das Kreuz treten. Aus einem Geständnis, das einer der angeklagten und verbrannten Hexer abgelegt hatte, ging hervor, daß sie noch nicht getaufte Kinder in Wiegen und Betten an der Seite ihrer Eltern zu überfallen pflegten und mit magischen Zeremonien töteten - der Angriff richtete sich also, anders als bei den Ketzern, auch gegen die Kinder Fremder. Die Leichen dieser Kinder wurden aus den Gräbern, in denen man sie bestattet hatte, hervorgeholt, und die Hexer brachten sie im Topf zum Kochen, bis das Fleisch sich von den Knochen löste. Der festere Teil diente als Salbe für magische Praktiken und Verwandlungen, den flüssigeren gab man denjenigen zu trinken, die Sektenmeister werden wollten. Noch fehlten der magische Flug und die nächtlichen Zusammenkünfte, der entscheidende Schritt zum Sabbat war aber mit der Herausbildung der Vorstellung einer bedrohlichen Sekte von Hexen und Hexern getan. Peter von Greyerz zufolge seien diese Riten seit ungefähr sechzig Jahren praktiziert worden, er bezog sich also auf einen Zeitpunkt um 1375[263].

Voll ausgebildet erschien das Sabbatstereotyp bei Prozessen im Wallis (Valais), die 1428 in den Tälern von Henniviers und Hérens begannen, in Sion fortgeführt wurden und mit der Verbrennung von vermutlich mehr als hundert Menschen endeten. Die unter der Folter abgepreßten Geständnisse umfaßten neben den bereits angeführten Elementen das Erscheinen des Dämons in Gestalt eines schwarzen Tieres - in späteren Prozessen auch als Neger[264] -, nächtliche Treffen, zu denen sie auf Stöcken und Besen flogen, die ihnen vom Teufel gegebene Möglichkeit, sich in Wölfe zu verwandeln oder unsichtbar zu werden und die Fähigkeit, Malefizien zu begehen (Tod oder Krankheit bei Mensch und Tier zu verursachen, Impotenz hervorzurufen, Ernten zu vernichten, also die Durchführung von Schadenzauber)[265].

Zur Entstehung des Bildes vom Sabbat trugen verschiedene Elemente bei - neben der Übertragung des traditionellen Stereotyps der Ketzerversammlungen die Einbeziehung der zauberischen Malefizien[266] und volkstümliche Vorstellungen, die, wie C. Ginzburg zeigen konnte, nicht unterschätzt werden dürfen[267]. Sie wurden jedoch überformt, und die hochgradige Einheitlichkeit der Geständnisse der an den nächtlichen Zusammenkünften angeblich Beteiligten geht auf die Einwirkung der Inquisitoren und Richter zurück. Über drei Jahrhunderte wurde an die Existenz einer Hexensekte geglaubt, die weitaus gefährlicher schien, als die seit langem bekannten Einzelgestalten verhexender Frauen oder Zauberer. *"Die Einheitlichkeit der Geständnisse wurde als Beweis dafür genommen, daß die Anhänger dieser Sekte überall verbreitet waren und überall dieselben grauenvollen Riten praktizierten. Es war also das Stereotyp des Sabbat, das den Richtern die Möglichkeit gab, mit Hilfe psychischer und psychologischer Druckmittel den Angeklagten reihenweise Angaben abzupressen, die ihrerseits wiederum wahre Wellen der Hexenjagd auslösten"*[268]. Voraussetzung dafür war die Anwendung des Inquisitionsverfahrens, das eine Anklage ohne Kläger, Denunziation und Folter zuließ und eine Verteidigung der Angeklagten unmöglich machte[269]. Eine systematische Grundlage für die Hexenverfolgung mit theoretisch-theologischer Erörterung, der Beschreibung der Handlungen der Hexen und praktischen Anweisungen für die Durchführung von Prozessen und die Festlegung von Strafen schufen 1487 die Inquisitoren J. Sprenger und H. Institoris mit dem "Hexenhammer", dem "Malleus maleficarum"[270]. Die Angeklagten wurden detailliert nach vorgegebenen Regeln und Inhalten be-

---

[263] Ebd. 74f.

[264] Vgl. Cohn 1977, 227. So erschien er schon bei den erwähnten Ketzerprozessen 1022 in Orléans; ebd. 8.

[265] Ginzburg 1990, 77; Cohn 1977, 225f.

[266] Eine Vermischung von Ketzerei- mit Zaubereidelikten findet sich bereits in früheren Prozessen; vgl. oben und Labouvie 1991, 22. Zudem wurde Ketzern die Verehrung eines Dämons ('Satan') vorgeworfen, der auf ihren nächtlichen Versammlungen erschien.

[267] Ginzburg 1990. Er konzentrierte sich auf den Inhalt der Aussagen und ging Anomalien nach, die durch das gleichförmige Bild von den Hexen hindurchschimmerten und bisher zumeist vernachlässigt wurden.

[268] Ebd. 7f.

[269] 1231 als päpstliche Institution eingerichtet, verhalf die 1252 eingeführte Folter den Inquisitionsprozessen zu ihrem Massencharakter. Schon vorher existierte ein spezielles Verfahren für Ketzerprozesse, das dem beschriebenen glich (Labouvie 1991, 18ff.). Das im Mittelalter bei Zivilprozessen übliche Akkusationsverfahren, bei dem ein Kläger seine Anschuldigung beweisen mußte - konnte er dies nicht, wurde er selbst bestraft -, war damit für Ketzer außer Kraft gesetzt.

[270] Sprenger u. Institoris 1982; vgl. Nesner 1988.

fragt - zwei Beispiele, in denen es um anthropophage Handlungen geht, sollen dies illustrieren. In der "Interrogatia" des Landrechts von Baden-Baden aus dem Jahr 1588 heißt es: *"Wie viele junge Kinder sie geholfen essen, wo solche hergekommen und zuwege gebracht, wem sie solche genommen oder auf den Kirchhöfen ausgegraben, / wenn sie solche zugerichtet, gebraten oder gesotten, item, wozu das Häuptlein, die Füße und die Händlein gebraucht, ob sie auch Schmalz von solchen Kindern bekommen und wozu sie das brauchen? / Wie solche Hexensalbe zugerichtet und was für Farbe sie habe? Da sie so Menschenschmalz haben müssen und consequenter so viele Morde begangen, und, weil sie das Schmalz aussieden, was sie mit dem gekochten oder gebratenen Menschenfleisch gethan?"*[271]. In der "General- und Spezial-Instruction über den Hexenprozeß im Churfürstenthumb Bayrn de anno 1622" finden sich ähnliche Fragen: *"Item ob keine Leut von ihr gelembt oder gar getödet worden, sonderlichen, ob sye die jungen Künder nit verletzt, gestollen und hinweggeführt oder die ungetaufften ausgraben oder vor dem hl. Tauf verlezt habe, wie vill, an was Orten und durch was Gestalten. / Was sye mit den ausgrabnen Kündern oder ihren Gepainneren gemacht, zugericht oder für Zauberey gebraucht"*[272]. Auf dem Titelblatt der Abhandlung "Tractatus de Confessionibus Maleficorum et Sagarum" von P. Binsfeld (1589) ist eine Hexe abgebildet, die ein Kind in einen Kochtopf steckt[273]. Hexensalbe soll aus Kröten, gepulverten Knochen von Gehängten, dem Blut kleiner Kinder und Kräutern hergestellt worden sein[274]. Sie befähigte u.a. dazu, auf Besen oder Heugabeln zu den nächtlichen Versammlungen zu fliegen, bei denen Orgien und anthropophage Festmähler abgehalten wurden, und die Hexen Bericht über die von ihnen verursachten Schäden zu erstatten hatten.

Nach Ausbildung des Sabbatstereotyps zu Beginn des 15. Jahrhunderts verbreitete sich die neue Sekte weiträumig, Hexenprozesse fanden in fast allen Ländern Europas statt - mit wechselnden räumlichen und zeitlichen Schwerpunkten vom 15. bis ins ausgehende 17., mit Ausläufern im 18. Jahrhundert[275]. Klerus, Justiz, Gesetzgeber und Akademiker waren überzeugt von der Existenz einer teuflischen Verschwörung gegen die Christenheit; ohne diese Überzeugung wäre eine Verfolgung solchen Ausmaßes nicht vorstellbar. Der Glaube an Zauberer und Hexen sowie deren Fähigkeit, Ernten zu vernichten, Krankheiten zu verursachen und sonstigen Schaden anzurichten war andererseits auch in der Bevölkerung tief verwurzelt, was häufig, nachdem dies durch das Inquisitionsverfahren möglich geworden war, zu Anzeigen führte[276].

Das neuzeitliche Bild der Hexe basiert auf verschiedenen, voneinander unabhängigen Vorstellungen, die modifiziert und kombiniert wurden - erwähnt seien nur die Strigen und Lamien[277], die Frauen der Nacht, die Diana oder Herodia folgten, die Malefizien und die Tierverwandlungen, so beispielsweise die Vorstellung vom Werwolf. Der Ausdruck 'Maleficium' umfaßt sowohl Zauberei, eine Technik, bei der Hilfsmittel benutzt werden, als auch Hexerei, wobei die Person selbst zerstörerische Macht besitzt. Der Glaube an die Existenz von Hexen und Hexern,

---

[271] Zit. nach Hammes 1987, 65f.

[272] Zit. nach Hartmann 1988, 126. Vgl. ferner Sprenger u. Institoris 1987, I 158; Soldan u. Heppe 1986, u.a. 187, 268, 294. Weiterhin Behringer 1988, 293ff. (Verhör der Barbara Kurzhalsin, Reichertshofen 1629: Ausgraben von Kindern, deren Zubereitung - Kochen, Sieden, Braten - und Verzehr).

[273] Hartmann 1988, 105. Binsfeld war überzeugt, daß die ganze Gesellschaft innerlich ausgehöhlt und zerfressen sei von der giftigen Brut, deshalb müßten die Feuer brennen, solange es Zauberer und Hexen gebe; ebd. 104.

[274] Feststellung des Gerichts von Arras 1459; Browe 1930, 142; Jilg 1988, 47f.

[275] Vgl. u.a. Soldan u. Heppe 1986; J. Hansen 1964; Honegger 1978; Hammes 1987.

[276] Vgl. z.B. die diesem Thema gewidmete Untersuchung von Labouvie 1991. Zum Hexenglauben in heutiger Zeit in Frankreich vgl. Favret-Saada 1979. Es waren keineswegs nur Frauen, die angeklagt wurden - sie bilden jedoch die Mehrheit. Die Zusammensetzung variiert in den verschiedenen Gebieten; vgl. Delumeau 1989, 533. Im "Malleus maleficarum" von 1487 wird, wie schon aus dem Titel ersichtlich, die Rolle der Frau stark hervorgehoben. Daß Frauen die Mehrheit bilden, dürfte teils auf die dörfliche Struktur zurückgehen, teils aber auch auf das Frauenbild dieser Zeit. Der Franziskaner Alvaro Pelayo beschrieb um 1330 die Laster und Missetaten der Frauen, die u.a. geschwätzig und voll Bosheit seien, zudem oft von Raserei ergriffen ihre Kinder töten (Delumeau 1989, 473). Ähnlich äußerte sich im 12. Jahrhundert der Mönch Bernard de Morlas in seinem in Versen verfaßten Werk "De contemptu feminae": *"Sie erwürgt ihre Brut, verläßt sie, mordet sie in finsterer Verstrickung. (...) Eine Kindesmörderin ist sie, schlimmer noch, sie mordet ihr eigenes (...). Heimtückische Frau, abscheuliche Frau, ekelerregende Frau. Sie ist der Thronsessel Satans, die Keuschheit ist in ihren Händen; flieh sie, Leser!"* Zit. nach ebd. 477f.

[277] Lamia (griech. 'Verschlingerin'): urspr. weiblicher 'Vampir', der den Menschen durch Aussaugen des Bluts und Verzehren des Herzens die Lebenskraft nimmt; vgl. "Der Kleine Pauly", München 1979, Bd. 3, 464.

die Schaden verursachen, Krankheiten hervorrufen und töten ist sehr weit verbreitet und fast immer mit kannibalistischen Elementen verbunden[278]. Diese Thematik kann hier nicht näher behandelt werden. Hingewiesen sei auf die antike Vorstellung von der 'Strix', die als Unglücksbotin, Blutsaugerin und magischer Vogel, in dem sich Hexen verbergen, galt[279]. Nach Ovid handelte es sich bei diesen eulenartigen Kreaturen um Vögel oder auf magische Weise in Vögel verwandelte alte Frauen. Sie sollen auf der Suche nach unbeaufsichtigten Kindern, deren Eingeweide sie dann herausreißen und verzehren, durch die Nacht fliegen[280]. In einem Fragment von Johannes Damascenus (7.-8. Jahrhundert) werden Frauen erwähnt, genannt 'stryngai' oder 'gheloudes', die dem Volksglauben zufolge um die Häuser fliegen, durch die geschlossenen Türen eindringen und die Neugeborenen in den Wiegen ausweiden - von einem ähnlichen Glauben sprach Gervasius von Tilbury Anfang des 13. Jahrhunderts, und wenig später beschrieb Stefan von Bourbon die 'strix' als einen Dämon, der sich in Gestalt eines alten Weibes nachts auf dem Rücken eines Wolfes herumtrieb und Säuglinge mordete[281].

Lange Zeit galt der Kirche der Glaube an Zauberei, an nächtliche Flüge mit Herodia und dergleichen mehr als Vorspiegelung böser Dämonen, als Einbildung törichter Frauen und Männer oder als Zeichen für die Abwendung von christlichen Werten. So beschloß die Synode in Elvira am Beginn des 4. Jahrhunderts, daß jemand, der einen anderen durch 'maleficium' töte, bestraft werden soll, weil ein solches Verbrechen ohne Götzendienst nicht möglich sei[282]. Augustinus entwarf Anfang des 5. Jahrhunderts die dualistisch geprägte Konzeption der zwei 'Staaten', 'civitas Dei' und 'civitas terrena' oder 'diaboli', in denen sich Gut und Böse gegenüberstehen. Die Dämonen können ihr unheilbringendes Wirken jedoch nur entfalten, weil Gott es gestatte, um die Menschen zu prüfen. Diese können mit ihnen einen Pakt schließen, wenden sich aber damit vom rechten Glauben ab - Zauberei, Wahrsagerei und Astrologie waren teuflische Künste, deren Ausübung die Mitwirkung von Dämonen voraussetzte. Augustinus festigte die Auffassung, Dämonen seien real und handlungsfähig und beschrieb, im Sinne eines 'do ut des'-Verhältnisses, die Möglichkeit des Paktes mit ihnen[283]. Bis in das 13. Jahrhundert wurde die Ausübung von zauberischen Praktiken als Abfall vom Glauben oder, bei Nachweis eines Malefiziums, wie andere Verbrechen auch behandelt. Die Vorstellung einer dämonischen Verschwörung war dem mittelalterlichen Denken fremd, die Macht des Teufels wurde - im Vergleich zur Neuzeit - gering geschätzt[284].

In der Lex Salica aus dem 6. Jahrhundert wird die Existenz von Strigen vorausgesetzt und eine Strafe festgelegt, wenn bewiesen werden kann, daß eine Hexe einen Mann verzehrt hat. In einem 643 in Pavia niedergeschriebenen Gesetz (Edictus Rothari) zeigt sich die Wandlung dieser Vorstellung: *"Let nobody presume to kill a foreign serving-maid or female slave as a striga, for it is not possible nor ought it to be at all believed by Christian minds that a woman can eat a living man up from within"*[285]. Diese Sicht bestimmte in der Folgezeit die Gesetzgebung und die theologische Auffassung. In der "Capitulatio de partibus Saxoniae" von 789 wurde der Beschluß der Synode in Paderborn (785) bestätigt: *"Wer vom Teufel verblendet wie die Heiden glaubt, jemand sei eine Hexe und fresse Menschen und diese Person deshalb verbrennt oder ihr Fleisch durch andere essen läßt, der soll mit dem Tod bestraft werden"*[286]. Das Gesetz richtet sich gegen den Glauben an Hexen, deren Existenz bestritten wird,

---

[278] Vgl. z.B. Douglas 1970; Evans-Pritchard 1988, dazu Kremser 1981b; B. Malinowski 1984, 277ff., bes. 279 u. 282.

[279] Vgl. "Der Kleine Pauly", München 1975, Bd. 2, 422.

[280] Ovid, Fasti, nach Cohn 1977, 206; weitere Hinweise ebd. 206-219; Soldan u. Heppe 1986, 33ff.; Jilg 1988.

[281] Ginzburg 1990, 294.

[282] Soldan u. Heppe 1986, 99.

[283] Götz 1988.

[284] So betonte J. Delumeau beispielsweise, daß die Hölle und ihre Kreaturen zu Beginn der Neuzeit und nicht im Mittelalter die Vorstellungskraft des abendländischen Menschen fesselten. *"Eine unglaubliche Furcht vor dem Teufel begleitete die Heraufkunft der Moderne in Westeuropa. Die Renaissance übernahm zweifellos Vorstellungen und Bilder vom Teufel, die sich im Laufe des Mittelalters herausgebildet und vermehrt hatten. Sie gab ihnen jedoch einen logischen Zusammenhang, verlieh ihnen Plastizität und sorgte für eine Verbreitung, die sie nie zuvor erreicht hatten."* In die dämonische Bildwelt wurden Elemente aus dem Orient übernommen, die den Aspekt des Grausigen verstärkten (Delumeau 1989, 358ff.).

[285] Cohn 1977, 208; Jankuhn 1968, 60.

[286] Zit. nach Soldan u. Heppe 1986, 107.

und den mit diesem verbundenen Vorstellungen[287] - es gibt keinen Hinweis auf tatsächlich geübte Praktiken[288]. Ferner läßt es erkennen, daß der Glaube an Hexen zu Ausschreitungen gegen Personen führte, die der Hexerei verdächtigt wurden[289]. Die Synode 829 in Paris erwähnte Hexerei als einen nur im Volk spukenden Aberglauben[290]. Regino von Prüm verfaßte um 906 eine Sammlung von Anweisungen für Bischöfe und ihre Vertreter, in der ein wahrscheinlich älterer Passus enthalten ist (Canon Episcopi), der den Glauben an Nachtfahrten im Gefolge Dianas erwähnt - in Reginos Augen Vorspiegelungen der Dämonen[291]. Ein Jahrhundert später übernahm Bischof Burchard von Worms den Kanon in sein "Decretum". Darin heißt es: *"Einige Frauen behaupteten, in bestimmten Nächten gezwungen zu sein, eine Schar von in Frauen verwandelten Dämonen zu begleiten, die beim törichten Volk Holda heiße. Andere sagten, sie gingen in stiller Nacht durch die geschlossenen Türen aus dem Haus, wo sie ihre Männer schlafend zurückließen: wenn sie dann zusammen mit anderen, im selben Irrtum befangenen Frauen unendlich weite Strecken zurückgelegt hätten, töteten, kochten und verschlängen sie getaufte Menschen, denen sie einen Anschein von Leben wiedergäben, indem sie sie mit Stroh oder Holz ausstopften"*[292]. Der Bischof von Chartres, Johannes von Salisbury, berichtete im 12. Jahrhundert vom Glauben an nächtliche Versammlungen, die die Nachtfrau oder Herodias einberufe. Den Lamien würden Säuglinge gegeben, die entweder in Stücke zerrissen und verschlungen oder begnadigt und in ihre Wiegen zurückgebracht werden. *"Wer wäre so blind, um nicht zu sehen, daß dies eine boshafte Täuschung der Dämonen ist? Dies geht ja schon daraus hervor, daß die Leute, denen dieses begegnet, arme Weiber und einfältige, glaubensschwache Männer sind. (...) Das beste Heilmittel gegen diese Krankheit ist, daß man sich fest an den Glauben hält, jenen Lügen kein Gehör gibt und solche jammervollen Torheiten in keiner Weise der Aufmerksamkeit würdigt"*[293]. Hexerei und Zauberei galten als dämonische Vorspiegelungen und Aberglaube - die Existenz der Dämonen wurde nicht bestritten, ihre Macht jedoch als begrenzt gesehen.

Dies änderte sich mit Thomas von Aquin im 13. Jahrhundert. Er berief sich vor allem auf Augustinus, betonte, daß es ein Dämonenreich gebe und der Teufel und seine Dämonen mit göttlicher Zulassung die Macht besäßen, Malefizien zu bewirken. Wahrsagerei und Zauberei seien ohne einen Pakt mit diesen nicht möglich und deshalb Sünde; ähnlich äußerte sich auch Bonaventura[294]. Anfang des 14. Jahrhunderts ließ Papst Johannes XXII. Untersuchungen gegen Personen durchführen, die mit Gift und Wachsbildern unter Anrufung der Dämonen sein Verderben beabsichtigt hätten; er sah überall Zauberer und Hexen, die mit dem Teufel verbündet seien[295]. In diese Zeit fallen die Vermischung des Zaubereiglaubens mit den ketzerischen Delikten, die Pest und die Judenverfol-

[287] Auch das erwähnte Essen von Hexenfleisch dürfte in den Bereich des Glaubens und der 'magischen' Vorstellungen gehören und gibt keinen Hinweis auf tatsächlich geübte Praktiken. - Vgl. allgemein zu den mittelalterlichen Quellen über 'Volksglauben': Daxelmüller 1982/83; ferner Harmening 1979.

[288] H. Jankuhn und R. Rolle sahen in diesen Quellen einen Beweis für das Vorkommen der Anthropophagie noch bis in karolingische Zeit. *"Faßt man diese von der Zeit Chlodwigs bis in die Zeit der Sachsenkriege Karls des Großen reichenden Bemerkungen germanischer Rechtsbestimmungen zusammen, so scheint ihnen allen die Annahme eines heidnischen Brauches zugrunde zu liegen, nach dem Hexen - nur die Capitulatio nennt auch männliche Hexenmeister - Menschen töteten und verzehrten. Dazu kommt in der Capitulatio noch die Vorstellung, daß im heidnischen Bereich das Verzehren der Hexe oder das Essen von ihrem Fleisch vorkam."* Jankuhn 1968, 61. Ebenso meinte R. Rolle mit Bezug auf die 'Capitulatio': *"Auch aus der christlichen Zeit des Mittelalters liegen solche Quellen vor, deren strenge Verbote bestimmter Handlungen unter schwerster Strafandrohung ganz zweifellos belegen, daß solche Praktiken auch in dieser Zeit noch üblich waren."* Berg, Rolle u. Seemann 1981, 121.

[289] Vgl. Cohn 1977, 153. Das zu dieser Zeit übliche Akkusationsverfahren erschwerte ein gerichtliches Vorgehen.

[290] Soldan u. Heppe 1986, 109.

[291] Ginzburg 1990, 91f.

[292] Ebd. 92. Der Passus endet mit der Straffestsetzung: *"If you have believed this, you shall do penance on bread and water for fifty days, and likewise in each of the seven years following."* Cohn 1977, 209.

[293] Zit. nach Soldan u. Heppe 1986, 117.

[294] Ebd. 117f.; Götz 1988, 78f. In Hexenprozessen wurden manchmal Urkunden, die den Paktschluß erklärten, als Beweisstücke vorgelegt (Götz 1988, 81).

[295] Soldan u. Heppe 1986, 183ff.; Götz 1988, 79.

gungen. Was zuvor als Aberglaube törichter Männer und Frauen behandelt wurde, galt nun als Realität[296]. Die verschiedenen beschriebenen Elemente wurden in ein einheitliches Schema gepreßt und zum Bild einer großen Verschwörung gegen die Christenheit geformt, das mit Hilfe der Folter immer wieder bestätigt werden konnte.

3.5 Zusammenfassung

Die gemeinsamen Charakteristika der in diesem Abschnitt behandelten Gruppen sind ihre marginale Position in der jeweiligen Gesellschaft und die ihnen unterstellten antisozialen Verhaltensweisen - Menschenopfer und Menschenfresserei, Promiskuität, Inzest und Idolatrie. Vorwürfe dieser Art konnten der Verunglimpfung dienen und die Verfolgung rechtfertigen. Die besprochenen Gruppen, politische und religiöse Gegner, Juden und Hexen, repräsentierten das Fremde, Unbekannte und Angsterregende, gleichsam den 'Barbaren' im eigenen Land, eine Bedrohung von innen, Vertreter einer 'verkehrten Welt'. Barbaren sind nicht nur treulos und eidbrüchig, sondern auch gottlos und pervers in sexueller Hinsicht; ihr Heidentum bedingt ihre Sittenlosigkeit, sie werden gleichgesetzt mit den Teufeln und Dämonen. Diese von K. Lechner[297] beschriebene byzantinische Sicht des Barbaren ist auch in der Neuzeit bestimmend. Die Entdeckung Amerikas rief eschatologische Erwartungen hervor - *"Vor dem Ende aber muß allen Völkern das Evangelium verkündet werden"* (Mk. 13, 10) -, und die Neue Welt wurde als Rückzugsgebiet Satans vor dem Christentum interpretiert, in dem er vor Ankunft der Europäer uneingeschränkt herrschte[298]. Francisco de Toledo, Vizekönig von Peru 1569 bis 1581, und seine Juristen und Theologen vertraten die Auffassung, daß die Inkas gegen den wahren Gott gesündigt hätten, indem sie die Bevölkerungen zwangen, Götzen anzubeten und ihnen so den Weg zum Heil verschlossen. Abgötterei sei eine Sünde wider die Natur, denn sie ist notwendigerweise gepaart mit Kannibalismus, Menschenopfern, Sodomie und viehischer Grausamkeit[299]. Die Parallelen zu den 'Fremden', den Verschwörern im eigenen Land sind deutlich. Der Schweizer Mönch Notker Labeo erwähnte Ende des 10. Jahrhunderts in seiner Übersetzung von Martianus Capellas "De nuptiis Mercurii et Philologiae" diesen Sachverhalt. Er kommentierte die dortige Angabe, daß bestimmte wilde Stämme Anthropophagie praktizieren sollen, mit dem Hinweis, hier in der Heimat werde von 'Hexen' dasselbe gesagt[300]. Der Fremde 'innen' und der Fremde 'außen' sind gleichermaßen Repräsentanten einer 'verkehrten Welt' mit Eigenschaften und Verhaltensweisen, die denen der eigenen Gesellschaft entgegengesetzt, zugleich aber auch, zumindest in der Phantasie, vertraut sind.

---

[296] 1384-1390 wurden in Milan zwei Frauen angeklagt und exekutiert, weil sie Diana gefolgt waren, nicht, weil sie dies glaubten (Cohn 1977, 217).

[297] Lechner 1955, 297, 299.

[298] Delumeau 1989, 322f., 387.

[299] Ebd. 388. Der Begriff Sodomie ist nicht in der heutigen Bedeutung zu verstehen, er bezeichnete als abnorm aufgefaßte Sexualpraktiken, vor allem Homosexualität (vgl. z.B. Ariès u. Béjin 1992, 83).

[300] Cohn 1977, 208.

IV. Kannibalismus in neuzeitlichen Quellen

Im vorhergehenden Kapitel wurden Quellen zur Menschenfresserei aus der Antike und dem Mittelalter besprochen, die aus verschiedenen Bereichen stammten: der Mythologie, der Volkskunde, der Ethnographie und der Geschichtswissenschaft. Die Grundlage der folgenden Erörterung des Kannibalismus in neuzeitlichen Quellen bilden Reiseberichte, ethnographische Beschreibungen und ethnologische Untersuchungen vom Beginn des 16. Jahrhunderts bis heute, von der Entdeckung Amerikas bis zur heute stattfindenden Diskussion um die Existenz gesellschaftlich akzeptierter, institutionalisierter Anthropophagie. Bereiche wie beispielsweise Literaturwissenschaft werden nicht behandelt, die Darstellung beschränkt sich auf die Beschreibung von anderen Völkern in den oben genannten Quellengattungen.

Aus der Vielzahl der Quellen, die über kannibalistische Sitten berichten, sie be- oder zuschreiben, phantasievoll ausschmücken oder nur nebenbei erwähnen, mußte exemplarisch eine Auswahl getroffen werden, die sich vor allem nach dem Kriterium der Glaubwürdigkeit richtete. Unter diesem Gesichtspunkt sind heute nur noch wenige von Bedeutung - die Gründe dafür werden an späterer Stelle erörtert.

Die Reisenden der beginnenden Neuzeit waren mit einem detaillierten Vorwissen ausgestattet, das es ihnen ermöglichte, Fremdes und Fremde zu "sehen" und in ein vertrautes, stereotypes Schema einzuordnen. Inhalt und Umfang dieses Vorwissens wurden in Kapitel III in den Grundzügen dargestellt; dabei ist deutlich geworden, wie tief und variantenreich das Thema der Menschenfresserei bereits im abendländischen Denken verwurzelt war. Die von H. Matiegka getroffene Feststellung, die Ethnographie lehre, daß uns von den alten Historikern keine Fabeln und übertriebene, unsinnige Berichte, sondern wahrscheinliche Nachrichten hinterlassen wurden, was umso interessanter sei, als ihnen die andere Welt unbekannt war[1], ist umgekehrt zutreffend. Die seit der Antike populären Vorstellungen wurden auf die "andere Welt" übertragen und konnten sich zum Teil bis in dieses Jahrhundert hinein behaupten.

Die Wahrnehmung der Neuen Welt erfolgte noch lange Zeit in den Kategorien der christlich-antiken Mythologie, wie K.-H. Kohl feststellte, und sie scheint durch die dem mythischen Denken eigene Tendenz gekennzeichnet, das Neue als längst Bekanntes darzustellen[2]. Dies erleichtert die Begegnung mit Fremden und ermöglicht es, eigene Normen und Werte beizubehalten. F. Gewecke kam in ihrer Untersuchung des europäischen Amerikabildes im 16. und 17. Jahrhundert zu dem Ergebnis, daß es sich weniger um das Abbild einer an der amerikanischen Wirklichkeit ausgerichteten, individuellen Erfahrung als um die Wiedergabe von gängigen, in der europäischen Tradition wurzelnden Stereotypen handelt[3]. Die beschriebene Art der Aufnahme und Darstellung fremder Lebenswelten läßt sich weder auf Amerika noch auf die frühe Neuzeit begrenzen, sondern kann als ein charakteristisches Merkmal vieler Reiseberichte und ethnographischer Beschreibungen bis in das 19. Jahrhundert und darüber hinaus bezeichnet werden. So stellte M. Kremser in einem Aufsatz über das Bild der "menschenfressenden Niam Niam" in den Berichten deutscher Forschungsreisender des 19. Jahrhunderts fest, daß von den meisten Autoren verallgemeinernde Projektionen oft unbewußter, in der Herkunftskultur unterdrückter Inhalte auf die Menschen der Fremdkultur vorgenommen wurden[4]. M. Steins betonte in seiner Untersuchung zum Bild des Schwarzen in der europäischen Kolonialliteratur, daß die Entstehung, die Verwendung und die Verbreitung eines Image mehr über ihren Ursprung aussagen als über das dargestellte Volk[5].

Die Grundzüge der Wahrnehmung des Fremden, Idealisierung und Ablehnung, personifiziert im 'guten Wilden' und seinem Gegenteil, dem Menschenfresser, sind bereits in der Antike zu verfolgen und finden sich über das

[1] Matiegka 1896, 140.
[2] Kohl 1987, 64.
[3] Gewecke 1992a, 273.
[4] Kremser 1981a, 102; vgl. ebenso Kubik 1971, 37.
[5] Steins 1972, 14.

Mittelalter bis in die heutige Zeit in vergleichbarer Gestaltung mit jeweils zeitabhängiger Bevorzugung der einen oder anderen Ausprägung. Sie waren Sinnbilder dessen, was die eigene Gesellschaft nicht war, entweder als Schreckbild oder als Traumbild eines vermeintlich verlorenen Zustands und als Träger einer Kritik an der eigenen Gesellschaft. B. Malinowski betonte, daß der sogenannte Wilde dem 'zivilisierten' Menschen stets als Spielzeug gedient habe - in der Praxis als bequemes Mittel zur Ausbeutung, in der Theorie als Lieferant gruseliger Sensationen. Er mußte dieser oder jener a priori-Hypothese zum Schmuck gereichen, indem er grausam oder edel, ausschweifend oder keusch, kannibalisch oder human wurde[6].

Begriffe wie 'Wilde'[7], 'Primitive', 'archaische' Gesellschaften oder 'Natur'völker spiegeln die beschriebenen Einstellungen und sind, da sie auch immer das Entgegengesetzte - Zivilisation und Kultur - implizieren, heute zu Recht umstritten und problematisch[8]. Erwachsen aus einer eurozentrischen und evolutionistischen Betrachtungsweise, die den Europäer als Höhepunkt einer kontinuierlich aufsteigenden Entwicklung sah, bestimmte eben diese postulierte Gegensätzlichkeit lange die Art und Weise, in der fremde Gesellschaften beurteilt wurden. In Ermangelung wertfreier Begriffe werden sie weiterhin als Relikt eines forschungsgeschichtlich überholten Begriffsapparates oder mit der oben angesprochenen Bedeutung benutzt, wenn sie nicht ganz vermieden und beispielsweise durch Stammesnamen ersetzt werden. Spezielle Ausdrücke wie kephale und akephale oder segmentäre Gesellschaften bezeichnen bereits bestimmte soziale und politische Organisationsformen und sind nicht allgemein anwendbar.

Um Quellen zur Anthropophagie in angemessener Weise beurteilen zu können, müssen die geschilderten Einstellungen und die Rolle des Vorwissens Beachtung finden. Dieser Problematik ist der erste Teil des Kapitels gewidmet.

1. Zur Problematik der Quellen

Die der folgenden Untersuchung zugrundeliegenden Quellen können nicht ohne kritische Wertung benutzt werden. Es ist von Bedeutung zu wissen, wann und unter welchen Umständen ein Bericht entstanden ist, und wer ihn mit welcher Absicht verfaßt hat. In diesem Zusammenhang sind vor allem Fragen nach der Ausbildung und Funktion ethnischer Stereotype, nach den Möglichkeiten der 'Wirklichkeitserfassung' und nach der Herkunft von Informationen über andere Völker zu behandeln.

1.1 Ethnozentrismus und Fremdvölkerstereotype

"Mancherorts zeigen Männer und Frauen der Navarresen, wenn sie sich wärmen wollen, gegenseitig das, was man scheu verhüllen sollte. Auch treiben die Navarresen schimpflich Unzucht mit Tieren. Man erzählt, gewisse Navarresen brächten am Hinterteil ihres Maultieres oder ihrer Stute einen Lederriemen an, damit niemand anderes als sie selbst mit dem Tier Unzucht treiben könne. Vor ihren perversen Ausschweifungen sind weder Frauen noch Tiere sicher. (...) Sähst du sie essen, du würdest meinen, Hunde oder Schweine fressen zu hören." Ihre Sprache erinnere an das Gekläffe von Hunden[9]. Diese typische Beschreibung aus einem um 1140/50 entstandenen Pilgerführer nach Santiago de Compostela, verfaßt von einem namentlich nicht bekannten Autor, der vermutlich aus

---

[6] B. Malinowski 1983, 411.

[7] Die Bezeichnung 'Wilde' wird nach K.-H. Kohl (1987, 75) seit dem 17. Jahrhundert in Anlehnung an die mittelalterliche Vorstellung vom 'wilden Mann' benutzt; vgl. zu diesem Kap. IV.3.2.

[8] Auch die Bezeichnung Eingeborene gehört in den abwertenden Bereich. Dies wird schon daran deutlich, daß niemand beispielsweise von den Eingeborenen Deutschlands sprechen würde, es sei denn in satirischem Sinn.

[9] Zit. nach Ohler 1991, 290f.

Poitou stammte, da er nur dieses Gebiet und seine Bewohner durchgehend positiv schilderte, vermittelt einen Eindruck davon, auf welche Art und Weise Fremde gesehen wurden. Verhaltensweisen, die nicht den eigenen Normen entsprechen, werden negativ dargestellt und mit stereotypen Verleumdungen vermischt. Je weiter der Autor nach Süden vordringt, desto wilder und roher erscheinen die Menschen, obwohl es sich um Glaubensbrüder, um Christen handelt. Die Gascogner verfügen zwar über gutes Essen, seien aber dem Trunk, der Völlerei und anderen Ausschweifungen verfallen. Basken und Navarresen werden als zutiefst verderbt beschrieben, als treulos, ausschweifend, gottlos und düster, streitsüchtig, gewalttätig und wild, vergleichbar mit den Sarazenen[10]. In einer Beschreibung Ungarns von Bischof Otto von Freising, rund ein Jahrzehnt nach dem zweiten Kreuzzug verfaßt, wird das Land als paradiesisch dargestellt, seine Bewohner aber als Scheusale, denn Menschen könne man sie kaum nennen - sie seien ungeschliffen, mit *"häßlichem Gesicht, tiefliegenden Augen, von Wuchs klein, in Sitten und Sprache wilde Barbaren"*[11].

Vergleichbare Darstellungen fremder Völker lassen sich bis in das 19. und 20. Jahrhundert als typisch bezeichnen - der Sozio- oder Ethnozentrismus des Pilgerführers wird durch den Eurozentrismus des christlichen Abendlandes ersetzt, wie er zuvor auch gegen Mauren etc. wirksam war. Die Vorurteile selbst bleiben: ausschweifende Sexualität und Lebensführung, das Fehlen einer richtigen Sprache und Menschenfresserei, die in den oben angeführten Quellen fehlte; immerhin handelte es sich um Christen[12].

Ein anonymer Konquistador berichtete 1556, daß die Azteken menschliches mehr als alles andere Fleisch lieben und Sodomiten und Trinker seien[13]. A. J. Ultzheimer beschrieb 1603 einen Besuch bei den "hurenhaften Weibern" von Guinea, die sehr begierig nach Männern fremder Nation wären. G. W. F. Hegel äußerte sich in seinen Vorlesungen zur Philosophie der Geschichte auch zum Wesen der Afrikaner: *"Die Wertlosigkeit der Menschen geht ins Unglaubliche; die Tyrannei gilt für kein Unrecht, und es ist als etwas ganz Verbreitetes und Erlaubtes betrachtet, Menschenfleisch zu essen. Bei uns hält der Instinkt davon ab, wenn man überhaupt beim Menschen vom Instinkte sprechen kann. Aber bei dem Neger ist dies nicht der Fall, und den Menschen zu verzehren hängt mit dem afrikanischen Prinzip überhaupt zusammen; für den sinnlichen Neger ist das Menschenfleisch nur Sinnliches, Fleisch überhaupt"*[14].

Amerigo Vespucci beschrieb in einem Brief von seiner dritten Reise an die Küsten Südamerikas neben kannibalistischen Praktiken auch die sexuelle Zügellosigkeit der Menschen der 'Neuen Welt', die so viele Frauen, wie sie wollen, heiraten; *"und der Sohn schläft mit seiner Mutter, der Bruder mit seiner Schwester, der Vetter mit seiner Base und jeder Mann mit der ersten Frau, die er trifft."* Insbesondere hob er die Lüsternheit der Frauen hervor: Sie vermögen *"die Zeugungsglieder der Männer so zu erregen, daß diese riesenhaft anschwellen und häßlich und widerwärtig aussehen; dies bewerkstelligen sie mittels eines gewissen Kunstgriffs, dem Biß bestimmter giftiger Tiere. Und eine Folge davon ist, daß viele Männer ihre Zeugungsglieder verlieren, weil sie abbrechen, wenn sie nicht aufpassen, und sie so zu Eunuchen werden"*[15]. Unterdrückte Sexualität und Angst vor der Frau als Hexe sind die beiden ambivalenten Züge, die hier zum Vorschein kommen[16].

---

[10] Ebd. 289ff.

[11] Zit. nach ebd. 425.

[12] Als Beispiel dafür, daß Verleumdung mittels Kannibalismus auch unter diesen angewandt wurde, sei die 1690 erschienene - (teils) fiktive - Erzählung "Las desventuras de Alonso Ramírez" des Jesuiten C. de Sigüenza y Góngora erwähnt, in der er die Gefangenschaft des Ramírez bei englischen Bukanieren in der Karibik schilderte. Sie werden als grausam, blutrünstig und pervers dargestellt; nach einem Überfall auf ein Dorf kehrten sie mit Beutestücken zurück, darunter *"der Arm von einem in der Feuersbrunst Umgekommenen; davon schnitt sich jeder ein kleines Stück ab und, indem sie den Geschmack solch zarten Fleisches priesen und sich wiederholt eine gesegnete Mahlzeit wünschten, verzehrten sie ihn."* Zit. nach Monegal 1982, 385f. Vgl. auch Kap. III.1.3.

[13] Ortiz de Montellano 1978, 615. Der Aussage von Pater Duran zufolge, ebenfalls aus dem 16. Jahrhundert, wurden Trunkenheit und Sodomie schwer bestraft (ebd.).

[14] Zit. nach Kreimeier 1985, 116. Zu Ultzheimer vgl. ebd. 123.

[15] "Mundus Novus", erstmals erschienen 1503 oder 1504. Zit. nach Kohl 1987, 68f.

[16] K.-H. Kohl machte in diesem Zusammenhang darauf aufmerksam, daß einer der Vorwürfe in Hexenprozessen der war, Impotenz hervorzurufen oder 'Zeugungsglieder' wegzuzaubern (Kohl 1987, 69); vgl. die neunte Frage aus dem "Hexenhammer" (1487) von Sprenger u. Institoris (1982, 136ff.): *"Ob die Hexen durch gauklerische Vorspiegelung die männlichen Glieder be-*

Interessant ist die Rezeption dieser Informationen in heutiger Zeit: Inzest und die Lüsternheit der Frauen werden als Phantasie betrachtet oder weggelassen[17], der Kannibalismus wird dagegen als im Detail vielleicht übertrieben, im Kern aber wahr beurteilt, so beispielsweise von A. Wendt in ihrer Untersuchung "Kannibalismus in Brasilien", die behauptete, daß die Angaben Vespuccis mit keiner der abendländischen Überlieferungen exakt übereinstimmen würden, es zur Glaubwürdigkeit seiner Angaben ausgereicht hätte, Kannibalen nur zu erwähnen, und er keinen Anlaß gehabt habe, die Eingeborenen Amerikas aufgrund politischer Interessen als besonders grausam darzustellen[18]. Im Kern sei sein Bericht zutreffend, nicht glaubhafte Angaben seien im Hinblick auf die Publikumswirkung aufgenommen worden[19] - d.h. jedoch in diesem Fall sämtliche Details[20]. Ihr Urteil scheint von dem Wunsch bestimmt zu sein, die in Berichten späterer Reisender detailliert beschriebene Tötung von Kriegsgefangenen, die angeblich rituell verzehrt wurden, bereits im Vespucci-Brief zu finden, dem zufolge aber alle möglichen Menschen, so auch Feinde, gegessen worden sein sollen. Der vermutlich wahre Kern - das Essen von Kriegsgefangenen - wäre übertrieben und ins Groteske verzerrt worden, um einem vermuteten und vielerorts auch vorhandenen Bedürfnis nach sensationellen Einzelheiten nachzukommen[21]. Solche Gesichtspunkte haben zweifellos auch eine Rolle gespielt, sind aber für die Interpretation des Briefes von untergeordneter Bedeutung. Das dort anfänglich gezeichnete Bild der Sanftmut und der Schönheit dieser nach der Natur lebenden Menschen wird, so K.-H. Kohl, Schritt für Schritt durch das gebrochen, was Vespucci über ihre Selbstverstümmelungen[22], ihre Liebesbräuche und ihre sogar vor dem Inzest nicht zurückschreckende, schrankenlose Promiskuität berichtet. Es wird gänzlich durch die Horrorvision des indianischen Kannibalismus zerstört. Der schöne äußere Schein kaschiere eine Gegenwelt von Hexen und Kannibalen, in der die gewöhnliche menschliche Ordnung auf den Kopf gestellt zu sein scheine[23]. Der zu Beginn seiner Beschreibung der Menschen erwähnte Hinweis auf die Apokalypse - *"Was nun die Völker angeht: wir haben in diesen Ländern eine solche Menge gefunden, daß niemand sie aufzählen könnte, wie wir in der Apokalypse lesen. Es sind sanfte und umgängliche Leute."* - erweise sich als geheimes Zentrum seiner Schilderung[24]. Diese ist geprägt durch die Aufzählung dessen, was den dortigen Menschen fehlt: Sie hätten kein Eigentum, keinen König, keine Regierung, keine Gesetze, keine Religion und würden nicht einmal Götzen anbeten - die so gezeichnete verkehrte Welt findet ihre Bestätigung in den zugeschriebenen Verhaltensweisen der Promiskuität und des Kannibalismus, die tatsächlich nur das Gegenbild, die Negation der in der eigenen Kultur als richtig erachteten sittlichen und moralischen Normen darstellen. Hierin zeigt sich die auch später übliche Struktur der Beschreibung einer Fremdkultur, die durch das charakterisiert wird, was sie im Vergleich zur eigenen Kultur nicht ist.

Die Darstellung der Lebensweise der Einwohner Amerikas durch Vespucci kann bei näherer Betrachtung nicht als Abbild indianischer Wirklichkeit verstanden werden, sondern vielmehr als Abbild seiner eigenen Ängste und Wünsche, als Ergebnis der Verarbeitung des von ihm erfahrenen Schocks durch die Konfrontation mit einer fremden Kultur, den er mit Hilfe von traditionellen Bildern und eigenen Wertvorstellungen, gewissermaßen

---

hexen, so dass sie gleichsam gänzlich aus den Körpern herausgerissen sind." Die Projizierung sexueller Wünsche und Ängste auf andere Völker ist für viele Reiseberichte und Beschreibungen charakteristisch. Erinnert sei nur an die europäischen Phantasien zur Sexualität des Schwarzafrikaners; vgl. z.B. Kreimeier 1985, 107f. und 120ff.

[17] Vgl. beispielsweise die relativ vollständige Wiedergabe des Briefes bei Monegal 1982, 86, in der diese Stellen jedoch fehlen.

[18] Wendt 1989, 16f. Da sie den Bereich der abendländischen Vorstellungen nur unzureichend und oberflächlich beschrieb (ebd. 1-9), kann ihre Einschätzung nicht überraschen; was aber als 'exakte' Übereinstimmung zu gelten hätte, bleibt unklar.

[19] Ebd. 17.

[20] Sie fressen ihre Feinde wie auch ihre Frauen und Kinder, Menschenfleisch sei bei ihnen eine ganz gewöhnliche Nahrung, ein Mann hätte 300 Menschen gegessen, und Menschenfleisch hing in ihren Häusern wie beim Metzger. Auf Vespuccis Berichte ist in Kap. IV.3.2 noch einzugehen.

[21] Wendt 1989, 16. Die Tötung von Kriegsgefangenen mag er tatsächlich beobachtet haben, vgl. dazu seinen Brief von 1502 (Behringer 1992, 207f.) - die Mischung von Phantasie bzw. Vorwissen und Gesehenem ist jedoch auch hier nicht zu entwirren. Vgl. zu dieser Problematik (Tötung und Verzehr von Kriegsgefangenen) Kap. IV.3.4.

[22] *"(...) Sie haben auch eine hübsche Gesichtsbildung, die sie freilich selbst zerstören, denn sie durchbohren ihre Wangen und Lippen, ihre Nasen und Ohren (...)."* Zit. nach Kohl 1987, 67.

[23] Ebd. 70.

[24] Ebd. und 67.

'untermalt' von tatsächlichen Beobachtungen etwa zum Aussehen, überwunden und damit die Anderen in seine Welt eingeordnet hat.

Dieser heute als Kulturschock bezeichnete Prozeß, der zumindest in der ersten Zeit des Kontakts mit Angehörigen einer fremden Kultur Affekte produziert, die wie Erfahrungsblockaden wirken und die Möglichkeit eines unvoreingenommenen Zugangs zu fremden Lebensformen verhindert, ist für den Beobachter am einfachsten damit zu bewältigen, daß er auf die Normen seiner eigenen Kultur rekurriert, diese verabsolutiert und in den Dienst einer planmäßigen Abwehr seiner unbewußten Gefühlsregungen stellt - sofern fremdkulturelle Verhaltensweisen eigenen Triebwünschen entgegenkommen, bleibt die Einstellung ambivalent, d.h. zwischen Verteufelung und Idealisierung schwankend[25]. Die Begegnung mit Menschen, deren Lebensformen im Vergleich zu den eigenen viel weniger durch gesellschaftliche Restriktionen eingeschränkt schienen, bedeutete für Vespucci und seine Zeitgenossen, so K.-H. Kohl, ebenso eine Herausforderung wie eine Aktivierung tiefsitzender Ängste. Der Bewältigung dieser ambivalenten Gefühle dienten der Vorwurf einer nicht von Regeln begrenzten Sexualität und der Verdacht des Kannibalismus gleichermaßen. *"Beide Züge verschmelzen ineinander: Dem perhorreszierten Wunschbild freier Sexualität entspricht das erotisierte Schreckbild des Kannibalismus. Sie verdichten sich zum Symbol des Überschreitens aller durch eine geregelte Ordnung festgelegten Grenzen"*[26].

Die nackte, männermordende Kannibalin wurde in den folgenden Jahrhunderten zum Symbol für die Neue Welt, wie viele entsprechende Darstellungen der 'America' in den Erdteilallegorien zeigen. Vespuccis Briefe wurden mit Illustrationen versehen, die den kannibalistischen Aspekt hervorhoben, so etwa auf dem Holzschnitt der Straßburger Ausgabe des Soderini-Briefes von 1509, auf dem ein "Metzger" zu sehen ist, der menschliche Gliedmaßen zerhackt und dabei von einer Frau beobachtet wird, die ihre Scham und ihre Brüste streichelt, eine Verbindung zwischen Kannibalismus und weiblicher Erotik, die dem Zweck dienen mochte, das hexenhafte Wesen der Indianerinnen zu unterstreichen[27]. Jahrzehnte später findet sich in Reiseberichten die "empirische" Bestätigung dieser Darstellung, wird doch von den Frauen der 'Wilden' behauptet, daß insbesondere sie es seien, die nach Menschenfleisch gieren und die Männer zur Jagd auf neue Opfer antreiben. Die Vermutung, die frühen Entdeckerberichte und insbesondere die sie begleitenden Illustrationen prägten die Vorstellungen und die Erwartungshaltung der Leser in einem solchen Ausmaß, daß später kaum ein Autor auf die Darstellung entsprechender Züge verzichten durfte, liegt nahe[28].

Dies führt zur Problematik des Vorwissens, des Vorverständnisses und der Stereotypen zurück: Sie wirken sich auf die Wahrnehmung und Interpretation von "Wirklichkeit" aus oder, zutreffender formuliert, erschaffen sie erst. Wie sehr unsere Wahrnehmung der Wirklichkeit von Vorannahmen bestimmt wird, sei am Beispiel eines Mbuti-Pygmäen aus dem nördlichen Zaire illustriert, der seine gewohnte Umgebung, den dichten Regenwald, erstmals verließ, in der Steppe in einiger Entfernung Büffel sah und von seinem Begleiter, einem Ethnologen, wissen wollte, was dies für Insekten seien: *"Zuerst verstand ich ihn nicht, aber dann begriff ich, daß die Sicht im Regenwald so beschränkt ist, daß es nicht notwendig ist, bei Größenschätzungen die Distanz automatisch miteinzuberechnen. Hier in der Steppe schaute Kenge zum ersten Mal über scheinbar unendliche Meilen ihm unvertrauten Graslandes, ohne irgend etwas, das den Namen Baum verdient hätte, zum Vergleich zu haben. (...) Als ich Kenge sagte, die Insekten seien Büffel, brüllte er vor Lachen und sagte, ich sollte nicht so idiotische Lügen erzählen*

---

[25] Ebd. 85f. Ein gänzlich unvoreingenommener Zugang zu einer fremden Kultur dürfte jedoch kaum erreichbar sein, auch nicht für heutige Ethnologen, die sich zwar dieses Prozesses bewußt sind und insofern über Steuerungsmöglichkeiten verfügen, ihn aber dennoch erleiden und im allgemeinen bereits von bestimmten Theorien 'vorgeformt' sind, die ihre Sicht schon vor der Kontaktaufnahme prägen. U. Bitterli bemerkte in diesem Zusammenhang: *"Zu meinen, man könne sich dem Problem des Fremden von der Position einer außergeschichtlichen Objektivität aus nähern, wäre ebenso falsch wie anzunehmen, es sei möglich, aus sich selbst herauszutreten und, 'sich einfühlend', im fremden Objekt aufzugehen."* Bitterli 1976, 79.

[26] Kohl 1987, 86.

[27] Ebd. 82f. und Abb. 12. Die Vorwürfe gegen Hexen umfaßten u.a. Menschenfresserei und die Teilnahme an Orgien; vgl. Kap. III.3.4. Auch Hexen wurden nackt dargestellt, teils schön und jung, teils mit hängenden Brüsten (z.B. auf einem Holzschnitt Hans Baldungs von 1510; Hammes 1987, 46 Abb. 1) - dieses Motiv der hängenden Brüste findet sich beispielsweise auch auf Kupferstichen T. de Brys Ende des 16. Jahrhunderts bei der Darstellung indianischer Menschenfresserinnen (vgl. Bucher 1982, 83 Abb. 75; ausführlich dazu ebd. 77ff.).

[28] Kohl 1987, 83.

(...)"[29]. Dieses Beispiel macht deutlich, daß selbst vermeintlich manifeste Wirklichkeit interpretierte Wirklichkeit ist.

Jedes Individuum bildet, geprägt durch Kultur, Gesellschaft, Überlieferung und individuelle Momente wie Anlage und Erziehung, Wahrnehmungsmuster aus, die die Orientierung erleichtern. Diese in der Sozialpsychologie "stereotype Systeme" genannten Konventionen, denen unsere Wahrnehmung unterliegt, sind, so R. Bergler, schematische Interpretationsformen der Wirklichkeit, die im Dienst einer allseitigen, aber vereinfachten Orientierung in der Umwelt und deren Bewältigung stehen. Sie befreien das Individuum von der Ungewißheit der je begegnenden Situation und der sie definierenden Gegebenheiten - die Unüberschaubarkeit der Wirklichkeit wird durch die ihnen innewohnende selektive Tendenz strukturiert[30]. Aus der unendlichen Vielfalt der uns umgebenden Welt greifen wir meist das heraus, was von der Kultur schon definiert ist und pflegen es dann in dieser überlieferten stereotypen Form wahrzunehmen, wie W. Lippmann feststellte, der den Begriff des Stereotyps erstmals in seiner heutigen Bedeutung verwendete und als "pictures in our head" beschrieb[31].

F. Gewecke befaßte sich in ihrer Untersuchung "Wie die neue Welt in die alte kam" ausführlicher mit der sozialpsychologischen Grundlegung ethnischer Stereotype, die sie dem Konzept der undifferenzierten, starren oder geschlossenen Kategorie zuordnete und als ein strukturiertes System von zugeschriebenen Merkmalen definierte, das relativ wenige, auffällige und häufig zu Unrecht zugeschriebene Merkmale betont und sich gegenüber differenzierender oder widersprechender Erfahrung oder Information als äußerst änderungsresistent erweist[32].

Die Attraktivität negativer ethnischer Stereotype kann in ihrer Selbstbehauptungs-, Abwehr- und Entlastungsfunktion begründet sein[33]. Neben momentanen, der jeweils zeitgenössischen Realität verpflichteten motivationsspezifischen Faktoren, durch die die Bildung von Vorurteilen und Stereotypen bedingt ist oder sein kann, ist jedoch ein weiterer Aspekt von Bedeutung: Stereotype wurzeln auch in der historischen Vergangenheit einer Gruppe und sind Teil ihres kulturellen Erbes, primär latent vorhandene allgemeine Formeln, die als Klischees oder Topoi überliefert werden und noch vor der ersten Begegnung mit einer Fremdkultur als Vorverständnis, als Vorwissen im Reisenden bestimmte Vorstellungen und Erwartungen entstehen lassen[34] und so die ihm mögliche Sicht der 'Wirklichkeit' beeinflussen oder bestimmen.

Diesen gruppenspezifischen Vorurteilen kann sich ein Individuum kaum entziehen - der Assimilationsprozeß unterliegt jedoch personalen Schwankungen, wodurch unzählige Spielarten eines kollektiven Stereotyps als individuelle Annahmen und Erwartungen entstehen, die aber im allgemeinen innerhalb einer Gruppe hinsichtlich der zentralen zugeschriebenen Merkmale und der zugrundeliegenden affektiven Färbung einen hohen Grad an Übereinstimmung aufweisen[35]. Die Gruppenzugehörigkeit bestimmt im wesentlichen die Perspektive, eine sozio- oder ethnozentrische, in der das Fremdbild vom Eigenbild geprägt, das Hetero- vom Autostereotyp hergeleitet wird[36].

---

[29] Turnbull, zit. nach Theye 1985, 23.

[30] Bergler 1966, zit. nach ebd. 22.

[31] Theye 1985, 22; Koch-Hillebrecht 1978, 21.

[32] Gewecke 1992a, 274; allgemein 273ff. Vgl. dazu auch H. Gerndt, der betonte, daß es sich bei Stereotypen um bewertete, auf Vorurteilen basierende Vorstellungen handelt, die in einem Spannungsverhältnis, einer Differenz zur erfahrbaren Realität stehen - sie verzerren Wirklichkeit, aber sie schaffen auch neue Wirklichkeit, zumeist eine höchst problematische für diejenigen, die sich ihr nicht entziehen können (Gerndt 1988, 11). M. Koch-Hillebrecht zufolge sind diese Verzerrungen nur in seltenen Fällen durch die Wahrnehmung korrigierbar; er wies ferner auf die auffällige Vermischung genereller, verschwommener Züge mit genauen Einzelheiten hin (Koch-Hillebrecht 1978, 111, 103), eine bereits in Kap. III.2.3 festgestellte Charakteristik stereotyper Fremdvölkerbeschreibungen.

[33] Gewecke 1992a, 277f. Sie entstehen häufig als Rechtfertigung oder Rationalisierung einer durch egoistische Motive hervorgerufenen feindlichen Einstellung; sie können der Zeichnung eines überhöhten, besonders tapferen und mutigen, Selbstbildnisses dienen, beispielsweise durch die Schilderung der für jeden "Beobachter" gefährlichen kannibalistischen Sitten eines Volkes, bei dem sich der Reisende / Missionar / Konquistador aufgehalten hat (ebd.).

[34] Ebd. 280.

[35] Ebd. 283f.

[36] Ebd. 285. Das Autostereotyp wird wiederum in Abgrenzung zu einem oder mehreren Fremdbildern formuliert; Hofstätter zufolge sind Selbstbilder ohne Fremdbilder nicht möglich (ebd. 295 Anm. 33). Der Begriff des Ethnozentrismus - Bevorzugung der Eigenkultur, Ablehnung der Fremdkultur - kann insofern unzureichend sein, als er mögliche gruppenabweichende

Die Wahrnehmung und Einschätzung anderer Kulturen unterliegt bewußt oder unbewußt der Steuerung durch Wahrnehmungs-, Wertungs- und Verhaltensmuster der eigenen Kultur. Das Fremdartige wird in der Regel nur dann wahrgenommen, wenn es in der eigenen Kultur eine konzeptuelle Entsprechung findet, wenn diese ein wirksames Wahrnehmungsindiz herausgebildet hat, wie es F. Gewecke formulierte. Die Konzepte der Eigenkultur dienen als Orientierung, wobei sich die Aufmerksamkeit zunächst auf die Frage der Übereinstimmung bzw. Abweichung richtet. Der direkte Kontakt mit einer Fremdgruppe mag die Distanz und das Gefühl der Fremdheit verringern[37], eine gänzlich vorurteilslose Annäherung liegt jedoch nicht im Bereich des Möglichen.

Die hier nur in knapper Form dargestellte Problematik der ethnozentrischen Sicht, der Stereotypisierung, der Wahrnehmung und Interpretation "fremder Wirklichkeiten" hat deutlich werden lassen, warum die Frage nach Augenzeugen kannibalistischer Handlungen, die den Verzehr menschlicher Körper(teile) tatsächlich beobachtet haben und beschreiben, von zentraler Bedeutung für die Diskussion um die Existenz gesellschaftlich akzeptierter Anthropophagie ist: Ließen sich derartige Augenzeugenberichte nicht mit genügender Sicherheit belegen, so wäre Kannibalismus - als gesellschaftliche Institution - in den Bereich der europäischen Projektionen zu verweisen. Die abendländische Welt verfügte bereits vor Beginn der Neuzeit über ein detailliertes, wenn auch 'fiktives' Wissen über Handlungen und Motivationen von Menschenfressern, das sich in späteren Reiseberichten wiederfindet - erinnert sei nur an das Motiv der Mästung, von der bereits Mandeville fabulierte[38], und die über Jahrhunderte immer wieder auch für Völker beschrieben wurde, denen sie ansonsten unbekannt war.

Die den Reisenden mögliche Sicht der Wirklichkeit ist in hohem Maß von ihren Erwartungen und ihrem Vorverständnis geprägt - abgesehen davon, daß bei Reisen in die Fremde ohnehin damit gerechnet wurde, auf Menschenfresser zu stoßen, konnten bestimmte Details wie etwa menschliche Knochen in Hütten und Dörfern, die Zerlegung von Getöteten etc. kaum anders denn als Bestätigung dieser Erwartungen gedeutet werden, d.h. der Reisende sah eine Wirklichkeit, die er bereits mit sich brachte, interpretierte bestimmte Gegenstände und Handlungen gemäß seinem Wahrnehmungsmuster[39]. Mit Menschenfresserei in Zusammenhang stehende Vorstellungen sind zudem weit verbreitet, sei es in mythischen Überlieferungen, im Hexenglauben, in Redewendungen oder als anderen Völkern oder Gesellschaftsschichten zugeschriebene Verhaltensweise, so daß Reisende auch in Erzählungen der 'Eingeborenen' selbst ihre Interpretation bestätigt sehen, sie möglicherweise durch je gebietsspezifische Aspekte gar ergänzen und erweitern konnten - sofern die Sprache keine unüberwindliche Barriere mehr darstellte.

1.2 Aspekte der Kommunikation

Der als Kulturschock bezeichnete Prozeß bei der Begegnung mit Fremden hat bereits im vorhergehenden Abschnitt Erwähnung gefunden, ebenso die Problematik des Vorverständnisses, das zu, wie L. Vajda sie nannte, Subjektivismen, unbewußten "Lügen" führen kann, die sich dadurch erklären, daß der Beobachter nie imstande ist, sich von den Vorstellungen der Kulturwelt frei zu machen, in und von der er erzogen wurde[40]. Weitere Aspekte, die hier kurz angesprochen werden sollen, sind die Sprache, Umstände und Art der Datenerhebung, die Bedeutung von Informanten und ihre Auswahl sowie Probleme der Darstellung von Informationen und Beobachtungen - dies erfolgt vornehmlich unter dem Gesichtspunkt des Kannibalismus und wird das Verständnis und die

---

Einstellungen - Idealisierung der Fremdkultur - nicht erfaßt. Hier bietet die für innergesellschaftliche Konflikte entwickelte Bezugsgruppentheorie ein Modell, die zwischen Mitgliedsgruppe und Bezugs- oder Vergleichsgruppe unterscheidet. Vgl. zu dieser Problematik ebd. 287ff.

[37] Ebd. 285f., 292.

[38] Vgl. Kap. III.2.2.

[39] Andererseits wurde nach paradiesischen Gefilden und tugendhaft-glückseligen Völkern gesucht - die Beschreibung von Fremden richtete sich an beiden Stereotypen aus, die auch vermischt auftreten konnten. Die Wahl der einen oder anderen Version war sicher von persönlichen Einstellungen, aber auch von der Aufnahme des Europäers durch die 'Wilden' bestimmt - eine feindliche Haltung wurde häufig mit kannibalistischen Neigungen in Verbindung gebracht.

[40] Vajda 1964, 774.

Beurteilung entsprechender Beschreibungen erleichtern.

Seit dem Skandal, den die posthume Veröffentlichung des Feldtagebuchs von B. Malinowski[41], dem Begründer der Methode der 'teilnehmenden Beobachtung'[42], 1967 ausgelöst hat, ist der Ethnologe selbst zu einer zentralen Figur geworden, und die aus den klassischen ethnographischen Monographien sorgsam ferngehaltenen emotionalen Konflikte und ethischen Probleme, denen sich der Forscher im Feld gegenübersieht, wurden zu einem bevorzugten Gegenstand ethnologischer Selbstreflexion[43]. Die im Tagebuch Malinowskis aufgezeichneten Schwierigkeiten der Kommunikation, sein Unvermögen, positive emotionale Beziehungen zu den Einwohnern der Trobriandinseln aufzubauen, der Haß auf diese "Niggers" und insbesondere auf seine Informanten, den er beschrieb, die Sehnsucht nach Kontakten mit Europäern illustrieren, wie wenig auch er selbst in der Lage war, die später von ihm definierten Prinzipien der Teilnahme[44] zu empfinden und zu leben, wie oberflächlich seine Kontakte tatsächlich gewesen sein mußten[45]. Dies führte, neben speziell auf Malinowski bezogenen Erörterungen, zu grundsätzlichen Zweifeln an der Brauchbarkeit der Methode der teilnehmenden Beobachtung und gab Anlaß zu einer Diskussion über die Frage, inwieweit fremdes Denken überhaupt zu verstehen ist - Probleme, die hier nicht näher behandelt werden können[46].

Der Periode der teilnehmenden Beobachtung ging die Zeit der Kolonialbeamten, der teilweise anthropologisch geschulten Reisenden, der Missionare, Konquistadoren und Entdecker voraus, deren Berichte die umfangreichsten und häufigsten Quellen darstellen, in denen kannibalistische Sitten erwähnt oder beschrieben sind. Ihre Kontakte mit fremden Gesellschaften waren meist oberflächlich oder/und beschränkten sich auf "europäisierte Eingeborene", die als Dolmetscher, Informanten, Träger, Diener etc. genutzt wurden. Längere Aufenthalte waren selten und häufig durch äußere Umstände wie etwa Schiffbruch bedingt. Ausnahmen bilden die sogenannten kulturellen Überläufer, von denen Selbstzeugnisse im allgemeinen nur dann existieren, wenn ihre Integration mißglückt war[47], und Missionare, deren Aufgabe einen engeren Kontakt und Kenntnisse der Sprache der zu missionierenden Gruppe zur Voraussetzung hatte, deren Sicht jedoch häufig durch diese Aufgabe, die Bekehrung, bestimmt und vor allem begrenzt war.

---

[41] B. Malinowski 1986.

[42] Das oberste Ziel der Ethnologie sei es, wie Malinowski in seinem Werk "Argonauten des westlichen Pazifik" 1922 hervorhob, den Standpunkt des Eingeborenen, seinen Bezug zum Leben zu verstehen und sich seine Sicht seiner Welt vor Augen zu führen. Dies wäre nur durch den engen Kontakt mit den Eingeborenen möglich (Malinowski 1984, 48f.). Die von ihm zur Methode ausgebaute 'teilnehmende Beobachtung' war eine schon zuvor geforderte, jedoch kaum verwirklichte Arbeitsweise: vgl. Kohl 1979, 56ff.; ders. 1987, 44f.; Stocking 1983, 70ff.; Gusinde 1925, (22).

[43] Kohl 1987, 62. L. Bohannan veröffentlichte 1954 den Bericht über ihre Schwierigkeiten und Erfahrungen im Feld noch unter einem Pseudonym (Bowen 1987). Vgl. ferner Geertz 1987, 289ff.; Stocking 1983.

[44] Malinowski beschrieb seine Methode der Feldforschung folgendermaßen: *"Der Anthropologe muß seine bequeme Position im Liegestuhl auf der Veranda des Missionsgeländes oder im Bungalow des Farmers aufgeben, wo er, mit Bleistift und Notizblock und manchmal mit einem Whisky-Soda bewaffnet, gewöhnt war, Berichte von Informanten zu sammeln, Geschichten niederzuschreiben und viele Seiten Papier mit Texten der Primitiven zu füllen. Er muß hinaus in die Dörfer gehen und den Eingeborenen (...) zusehen. (...) Die Information muß ihm, gewürzt mit eigenen Beobachtungen über das Leben der Primitiven, zukommen, und darf nicht tropfenweise aus widerwilligen Informanten herausgequetscht werden. Feldforschung kann unmittelbar oder mittelbar durchgeführt werden, auch unter den Primitiven, inmitten von Pfahlbauten, nicht weit von wirklichem Kannibalismus und von Kopfjagd. Anthropologie im Freien ist im Gegensatz zu Notizen vom Hörensagen harte Arbeit, aber sie macht auch großen Spaß. Nur eine solche Anthropologie kann uns eine vollständige Vorstellung vom primitiven Menschen und von primitiver Kultur geben."* B. Malinowski 1983b, 128f. Damit gab er zugleich eine plastische Beschreibung der zuvor üblichen Vorgehensweise, Daten zu sammeln.

[45] Kohl 1987, 61.

[46] Vgl. Kohl 1987, 39ff.; ders. 1979; Kippenberg u. Luchesi 1987; Masson 1981, 125ff.

[47] Der Begriff "kultureller Überläufer" assoziiert Verrat, und so wurde die Flucht in eine andere Kultur auch aufgefaßt. Berichte derjenigen, die den Weg in die eigene Kultur zurückgefunden haben, sind, so K.-H. Kohl in seiner Untersuchung dieses Phänomens, oft durch das Bemühen gekennzeichnet, sich selbst als passive Opfer, als Kriegsgefangene oder Schiffbrüchige hinzustellen und ihre Rückkehr in die Zivilisation durch eine Negativzeichnung der fremden Kultur wohl auch vor sich selbst zu rechtfertigen (Kohl 1987, 10). 'Überläufer' wurden mit Mißtrauen betrachtet, und Gerüchte, wonach sie sich heidni-

Die Ethnologen des 19. Jahrhunderts begaben sich gewöhnlich nicht zu den Völkern, deren Sitten und Bräuche die Grundlage ihrer Theorien bildeten. Bei dieser als "Arm-Chair-Anthropology" bezeichneten Arbeitsweise verließen sie sich auf Informationen aus Reiseberichten, aus den Bulletins der Kolonialverwaltungen und Missionsgesellschaften und entwickelten Fragebögen, die verschickt oder Reisenden mitgegeben wurden. Das so erhaltene Material war alles andere als verläßlich, wie E. E. Evans-Pritchard urteilte: *"Ich möchte nicht geradezu behaupten, daß es erfunden war, obwohl das in einigen Fällen zutrifft; doch selbst so berühmte Forschungsreisende wie Livingstone, Schweinfurth und Palgrave verfuhren wenig sorgfältig. Vieles davon war falsch, fast alles unzuverlässig (...) Jeder Erforscher primitiver Völker, die schon vorher von Entdeckern und anderen Reisenden besucht worden waren, ist Zeuge dafür, daß deren Berichte nur zu oft sogar bei Dingen, die durch bloße Beobachtung festgestellt werden können, nicht zuverlässig sind, während ihre Aussagen über religiöse Vorstellungen, die sich nicht ohne weiteres beobachten lassen, oft ganz falsch sind"*[48]. Um die Jahrhundertwende begannen planmäßige und von akademisch ausgebildeten Ethnologen durchgeführte Forschungsexpeditionen, deren Mittel jedoch zumeist begrenzt waren und deren Teilnehmer sich darum bemühten, so viele Informationen so schnell wie möglich zu sammeln. F. Boas war beispielsweise aufgrund des begrenzten Zeitraums, der ihm zur Verfügung stand, darauf angewiesen, möglichst schnell einen eingeborenen Informanten zu finden, der Englisch sprach, und von dem er sich die Mythen und das Brauchtum seines Stammes zweisprachig diktieren lassen konnte[49].

Die mangelnde oder fehlende Sprachkenntnis von Reisenden und Ethnographen ist ein noch bis in das 20. Jahrhundert hinein charakteristisches Problem. Die Verständigung erfolgte meist über einen oder mehrere Dolmetscher und/oder mit Hilfe von Pidgin-Englisch bzw. einer 'Lingua franca', in den frühesten Kontaktperioden auch mittels Zeichensprache. Bei den Anfang dieses Jahrhunderts üblichen Expeditionen, zeitlich beschränkt und mit geringen finanziellen Mitteln ausgestattet, waren die Ethnographen, so K.-H. Kohl, vor allem auf die Zuverlässigkeit der Angaben ihrer eingeborenen Informanten angewiesen, die sich nur in Pidgin-Englisch, und auch darin nur mühsam, auszudrücken vermochten[50]. Im Tagebuch eines Teilnehmers der Hamburger Südsee-Expedition ist für das erste Jahr, 1908, vermerkt: *"Wer ethnologisch tätig sein will, wird nach wie vor nicht umhin können, sich zunächst einmal die Sprache des betreffenden Gebietes gründlich anzueignen. (...) Das pidgin ist absolut kein Ersatz und wertlos, wo es sich um anderes als Feststellung von Bezeichnungen für irgendwelche Objekte handelt"*[51].

Ungeachtet der Sprachprobleme wurden in Reiseberichten häufig Gespräche oder Bemerkungen in wörtlicher Rede wiedergegeben, die so keinesfalls hätten verstanden werden können[52]. W. Arens führte in diesem Zusammenhang einen Bericht Ta'ungas an, der zu den ersten polynesischen Missionaren gehörte und Mitte des 19. Jahrhunderts die kannibalistischen Sitten auf Neukaledonien beschrieb. Nachdem Ta'unga die Unterhaltung zwischen einem Häuptling und seinem Sohn über die Wahl des zu verzehrenden Opfers detailliert wiedergegeben hat, bemerkte er: *"I was overcome with grief and tried to stop them, but they would not listen because I did not know their language, so I was unable to tell them of the right way of life"*[53]. Wie er bei seiner Unkenntnis der Sprache

---

schen Gebräuchen hingegeben und an kannibalischen Gelagen teilgenommen hätten, wurden mit Abscheu kolportiert (Bitterli 1986, 45).

[48] Evans-Pritchard 1981b, 37f.; vgl. auch Kramer 1981, 70ff.

[49] Kohl 1979, 57f. Boas' Forschungsgebiet war die Nordwestküste Nordamerikas. Über seinen wichtigsten Kwakiutl-Informanten schrieb er in einem Brief vom 22.11.1894: *"Ich wollte, ich wäre endlich weg von hier. Mit George Hunt auszukommen, ist mehr als schwierig (...) Er ist so denkfaul, und das macht die Sache so unerfreulich für mich. (...) Er weiß ganz genau, wie sehr ich von ihm abhängig bin."* Ebd. 58. Zur kannibalischen Symbolik der Kwakiutl vgl. Boas 1895, 439ff.; Reid 1979; ferner Walens 1981.

[50] Kohl 1979, 59. Die Mißverständnisse, die durch den Gebrauch dieser Kunstsprache entstehen können, demonstrierte Strehlow in seiner Einleitung zu "Aranda Traditions" mit dem Versuch, Shakespeares "Macbeth" in Pidgin-Englisch wiederzugeben; damit machte er deutlich, welche inhaltlichen Verzerrungen die Mythen der Eingeborenen dort erfahren mußten, wo der Forscher ihre Sprache nicht beherrschte (ebd. 131 Anm. 105).

[51] Zit. in: H. Fischer 1981b, 97f. Die Expeditionsteilnehmer waren auf Dolmetscher angewiesen, die vielfach selbst das Pidgin nur unvollkommen sprachen, häufig brauchte man eine 'Dolmetscher-Kette', um sich verständigen zu können.

[52] Derartige Quellen sind z.B. zitiert in: Evans-Pritchard 1965, 134f.; Frank 1988, 52f.

[53] Arens 1980, 34.

die Unterhaltung verstehen konnte, bleibt eine offene Frage.

Selbst wenn oberflächliche Sprachkenntnisse vorhanden sind, so heißt das nicht, daß auch die Bedeutung im jeweiligen kulturellen Kontext erfaßt werden kann. E. Frank wies auf die Möglichkeit hin, daß ein indianischer Informant, wenn er sich nicht in seinem eigenen Idiom ausdrücken darf, von der Praxis des endokannibalistischen Knochenaschetrinkens mit den Worten "comen los parientes" berichten könnte, wobei der, der die Information arglos aufnehme, sich zumeist gleich den Kochtopf vorstellt[54]. Erinnert sei auch an die Schwierigkeiten der Missionare, die Glaubensinhalte der christlichen Lehre adäquat in nicht-westliche Sprachen zu übersetzen und an die Mißverständnisse, die sich aus solchen Übersetzungen oder Übertragungen ergeben[55].

Zu den wichtigsten Informationsquellen, oft auch den einzig genutzten, gehören die in den jeweils aufgesuchten Gebieten ansässigen Weißen - Kolonialbeamte, Händler, Siedler und Missionare, die zumeist eine eng zusammenhaltende, sich gegenüber den Eingeborenen bewußt abgrenzende, ethnozentrische Vorurteile pflegende Gemeinschaft bildeten und zudem ein Interesse des Reisenden oder Ethnologen an den Eingeborenen im allgemeinen befremdlich fanden. Weiterhin spielten Einheimische, die im Dienst von Weißen standen, und Konvertiten eine wichtige Rolle, da sie die Sprache der Europäer mehr oder weniger gut beherrschten und auch als Dolmetscher fungieren konnten, ihren eigenen Gesellschaften aber schon weitgehend entfremdet waren und häufig die Vorurteile der Weißen teilten[56].

Um möglichst schnell Angaben zu verschiedenen Bereichen wie Religion, soziale Organisation, Kriegswesen etc. zu erhalten, wurden seit dem späten 18. Jahrhundert, elaborierter im 19. und frühen 20. Jahrhundert, häufig Fragebögen oder Fragenkataloge verwendet, mit deren Hilfe die gewünschten Informationen systematisch abgefragt werden konnten. Dabei war man meist auf Dolmetscher angewiesen - die damit verbundenen Sprach- und Verständnisschwierigkeiten sind bereits angesprochen worden. Hinzu kommt die Unmöglichkeit, mit dieser Methode sinnvolle Angaben etwa zu Glaubensvorstellungen zu erlangen. Das folgende Beispiel verdeutlicht die Vorgehensweise anhand von Fragen zum Kannibalismus. Es handelt sich um einen Bericht von Rev. H. Cole über die Wagogo in Ostafrika, unter Verwendung der von J. G. Frazer entwickelten "Ethnological Questions". Auf die Frage 72: *"Is cannibalism practised? Do they eat their enemies or their friends?"* - es handelt sich wohlgemerkt um eine einzige Frage - erfolgt die Antwort *"No"*. Daraufhin lautet Frage 73: *"What reasons do they give for the practice?"* - *"None"* und Frage 74: *"Are their any special ceremonies at cannibal feasts? Are special vessels or implements used at such feasts?"* - *"No"*[57]. Fragen dieser Art setzen sich fort, jeweils mit verneinender oder ohne Antwort, so daß der Eindruck entsteht, der Fragesteller sei geradezu "besessen" von dieser Vorstellung und würde so lange fortfahren, bis er eine Bestätigung bekommt. Diese erfolgt an späterer Stelle (Frage 100): *"Do they mutilate their slain enemies? And how, and with what object?"*, worauf die Antwort lautet: *"They cut out and carry away the private parts, which they cook and eat with medicine, in order to take away the maulwoa from the enemy"*[58]. Bei den darauffolgenden Antworten auf Fragen nach den Regeln und Zeremonien, die nach der Rückkehr aus einem Kampf zu beachten sind, wird dies nicht mehr erwähnt. Die sich aus dem Bericht ergebende Schlußfolgerung, die Wagogo hätten sowohl Kannibalismus praktiziert als auch nicht, wirft ein bezeichnendes Licht auf die Methode und verdeutlicht die Problematik des Mißverständnisses, die zwangsläufig mit ihr verbunden ist.

T. Winterbottom beschrieb 1803 in seinem Werk "An Account of the Native Africans in the Neighbourhood of Sierra Leone" die Schwierigkeiten, von den Eingeborenen zuverlässige Informationen über sie selbst und ihre

---

[54] Frank 1988, 79.

[55] A. M. Hocart erläuterte dies am Beispiel von Fidschi-Insulanern: *"Wenn der Missionar von Gott als 'ndina' spricht, will er damit sagen, daß es keine anderen Götter gibt. Der Eingeborene versteht, daß Er der allein wirksame, zuverlässige Gott ist; die anderen mögen manchmal wirksam sein, aber man kann sich nicht auf sie verlassen. Dies ist nur ein Beispiel dafür, daß der Lehrer eine Sache meint und der Schüler eine andere versteht. Gewöhnlich fahren die Beteiligten in seliger Unkenntnis des Mißverständnisses fort zu reden. Das Problem läßt sich nur lösen, wenn der Missionar eine gründliche Kenntnis der Sitten und Glaubensvorstellungen der Eingeborenen erwirbt."* Zit. nach Evans-Pritchard 1981b, 39f. Dieser betonte, eine Sprache fließend sprechen sei etwas anderes als sie verstehen (ebd. 39).

[56] Vgl. z.B. Kubik 1971, 33ff.; Stocking 1983, 70ff.

[57] Cole 1902, 317f. Welche und wieviele Personen die Fragen im einzelnen beantwortet haben, ist nicht vermerkt.

[58] Ebd. 321.

Heimat zu erhalten: *"Häufig führen sie die Europäer dadurch in die Irre, daß sie Fragen bejahen, bloß um der Störung oder Zudringlichkeiten zu entgehen. Zuweilen erwecken solche Fragen auch den Argwohn der Afrikaner, die hinter der Neugierde der Europäer irgendeine üble Absicht vermuten. Man benötigt also viel Zeit und eine Fülle von Geduld, um die nötigen Erkundigungen einzuziehen und die Fragen so abwechslungsreich zu gestalten, daß die Eingeborenen imstande sind, ihren Sinn einzusehen; auch ist es nötig, die Aussagen verschiedener Individuen miteinander zu vergleichen, um die Gefahr von Mißverständnissen zu vermeiden. Selbst Dolmetschern kann man nicht blindlings Vertrauen schenken, weil sie dazu neigen, Antworten so zu färben, daß sie der Erwartung ihres Herrn entgegenkommen"*[59]. Die Erwartung ist aus den Fragen und aus der Reaktion auf die Antworten ablesbar, so daß letztere entsprechend formuliert werden können, sei es aus Höflichkeit[60], sei es, um eine Bezahlung nicht zu gefährden oder den lästigen Fragesteller möglichst schnell wieder loszuwerden. Zudem ist nicht davon auszugehen, daß Einheimische einem vorbeireisenden Europäer ausführliche Informationen über "Intimitäten" ihrer Kultur preisgaben oder ihm detailliert auseinandersetzten, was für sie wirklich wichtig war - ganz abgesehen davon, daß Reisende hauptsächlich an dem Interesse hatten, was ihnen als eigenartig, roh und sensationell erschien und dementsprechend ihre Fragen und Beobachtungen bestimmte, weniger an dem, was das Leben der Eingeborenen tatsächlich großteils ausmachte. Dies ließ den Eindruck entstehen, daß das normale Alltagsleben nur zweitrangige Bedeutung hätte, wie E. E. Evans-Pritchard hervorhob, und die Eingeborenen erschienen als kindisch, abergläubisch und unfähig zu kritischem und zusammenhängendem Denken, *"offensichtlich angewiesen auf patriarchalische Betreuung und missionarischen Eifer, ganz besonders dann, wenn sich in ihren Riten ein bißchen willkommene Obszönität finden ließ."*[61]. Die Situation der Eingeborenen, ihre Reaktion auf Europäer sowie ihre Behandlung durch diese beschrieb H. Fischer exemplarisch am Beispiel der Hamburger Südsee-Expedition 1908-1910 - sie wurden häufig durch mittel- oder unmittelbare Gewalt zu Aussagen oder Untersuchungen gezwungen, zudem drang man auch gegen ihren Willen in ihre Dörfer und Häuser ein[62].

Wie sehr der Europäer wiederum selbst Objekt der Beobachtung, der Reflexion und des Spotts ist, beschrieb die in Afrika arbeitende Ethnologin L. Bohannan in "Rückkehr zum Lachen" auf eindrucksvolle Weise. In ihrem Beisein führten die Eingeborenen Pantomimen auf, in denen sie und andere Europäer dargestellt wurden. Der Akzent der Ethnologin, ihre Gesten, ihre Grammatikfehler und ihre Gewohnheit, ständig herumzulaufen und irrelevante Fragen nach genealogischen Zusammenhängen zu stellen, wurden mit erbarmungsloser Genauigkeit wiedergegeben[63].

Unbekannte, unangenehme oder dumm erscheinende Fragesteller können nicht damit rechnen, eine ernsthafte Antwort zu erhalten - derart dürften viele Europäer seitens der Eingeborenen beurteilt worden sein, und es ist kaum verwunderlich, wenn sie belogen oder zum Narren gehalten wurden, wenn man sich über ihre Leichtgläubigkeit amüsierte und ihren merkwürdigen Interessen mit dem Erzählen entsprechender Geschichten entgegenkam. Ein Beispiel dafür ist C. Darwin, dem die Feuerländer kannibalische Geschichten erzählten, *"for the amusement of seeing them taken seriously"*[64]. Seine Leichtgläubigkeit überrascht nicht, schrieb er doch über seine Begegnung mit Feuerländern 1832, man könne bei deren Anblick kaum glauben, daß es sich um Mitmenschen und

---

[59] Zit. nach Bitterli 1980, 251f.

[60] K.-P. Koepping gab ein Beispiel dafür, wie sich die bei Europäern vermuteten Vorstellungen auf das Verhalten auswirken können: Es sei ein eindrucksvolles Erlebnis, wenn ein Ausländer *"sich in ein japanisches öffentliches Badehaus begibt und feststellt, daß die Japaner sich sofort ihre sonst offen zur Schau gestellten Schamteile mit einem Tüchlein überdecken, obwohl der Fremde selbst nackt hereinspaziert - er will ja schließlich zeigen, wie sehr er ihre Sitten respektiert. (...) Was hier stattfindet, ist eine Identifikation der Eingeborenen mit den von ihnen bei uns vermuteten Schamvorstellungen."* Koepping 1985, 129.

[61] Evans-Pritchard 1981b, 40f.

[62] H. Fischer 1981b.

[63] Bowen 1987, 342. Die nächste vorgeführte Figur war ein Missionar, darauf folgte ein Regierungsbeamter: Der Erzähler stellte zunächst einen alten Mann dar, der einen Rechtsfall vorbringt und mit einer langen Geschichte von komplizierten Heiraten, Ehebrüchen und Streitigkeiten über vier Generationen beginnt - als Regierungsbeamter wurde er immer ungeduldiger und verärgerter, als Dolmetscher zwischen beiden verhaspelte er sich, ersetzte Frauen durch Ziegen und Neffen durch Onkel. Bald hatte der Erzähler *"ein Gewirr von wilden Mißverständnissen und erbosten Ermahnungen zustande gebracht, aus dem eine vollkommen irrelevante Entscheidung, die auf völlig irrigen Grundlagen beruhte, hervorging."* Ebd. 342f.

[64] G. Lienhardt 1964, zit. nach Shankman 1969, 60.

Bewohner derselben Welt handele[65]. J. F. Thiel führte in seinem Aufsatz "Quellen der Ethnologie und ihre Rezeption" einen in Zaire arbeitenden Ethnologen an, der an Mythen interessiert war und für diese mit Sardinenkonserven zahlte: *"Die Schulkinder produzierten je nach Hunger sogenannte Mythen am laufenden Band. Und die Mythen sind heute durchweg als solche publiziert"*[66]. Der Forschungsreisende P. von Martius berichtete 1867 über die am oberen Amazonas lebenden Miranhas[67], daß sie ihre Alten und Kranken wie auch die im Kampf getöteten Feinde essen sollen. Von einem Häuptling dieses Stammes ließ er sich über Dolmetscher die Ursachen der Menschenfresserei erklären: *"Ihr Weissen wollt weder Krokodile noch Affen essen, obgleich sie wohl schmecken. (...) Dies alles ist nur Gewohnheit. Wenn ich den Feind erschlagen habe, ist es wohl besser, ihn zu essen als verderben zu lassen. (...) Das Schlimmste ist nicht das Gefressen werden, sondern der Tod; und bin ich erschlagen, so ist's dasselbe, ob der (...) Feind (...) mich frisst oder nicht. Ich wüsste aber kein Wild, das besser schmeckte als jener, freilich ihr Weissen seid zu sauer."* Der Häuptling - vielleicht auch der Dolmetscher - besaß offenbar viel Humor. Weiterhin ließ Martius ihn fragen, ob sein Stamm die Gefangenen auch esse und auszöge, um zu diesem Zweck Gefangene zu machen: *"Einen Gefangenen zu fressen, den ich verkaufen kann, wäre ja unklug: Branntwein schmeckt besser denn Blut; aber den Amáua, der sich eher selbst aushungert, als unter die Weissen verhandeln lässt, und der uns so viele gefressen hat, bringen wir lieber gleich um"*[68]. Ganz absichtslos wurden diese Geschichten wohl nicht erzählt, berichtete doch Martius an späterer Stelle, daß während seiner Anwesenheit ein Streifzug gegen einen Nachbarstamm unternommen wurde, um die Gefangenen dann an ihn zu verhandeln[69]. Beispiele dieser Art sind charakteristisch und zeigen, mit welchen Erwartungen und welchem Urteil Reisende den 'Wilden' gegenübertraten - bereit, alles zu glauben, was ihren Vorstellungen entgegenkam[70].

Viele weitere Aspekte können Inhalt und Form von Aussagen bestimmen, genannt seien hier nur idealtypische Vorstellungen der Informanten von Verhaltensweisen, machtpolitische Erwägungen und Feindschaften. Von Bedeutung ist die Frage, welche Personen im Rahmen einer Untersuchung als Informanten herangezogen wurden - häufig handelte es sich, neben 'europäisierten Eingeborenen', um Männer, Älteste und Personen mit hohem Status, die diesen rechtfertigen und bewahren wollen und ihre Aussagen entsprechend gestalten[71]. Frauen beispielsweise kamen dagegen selten zu Wort, so daß die Darstellung ihrer Lebenswelt auf Vorstellungen gründet, die Männer von ihr hatten - wurden sie befragt, dann oft nur zu Themen wie Familienleben und Kindererziehung, da

---

[65] Zit. nach Dudley u. Novak 1972, 262. M. Gusinde, der mehrere Monate Feldforschung in diesem Gebiet durchführte, stellte in seinem 1925 erschienenen Bericht fest, daß niemand durch bloße Fragestellung in die geistige Kultur eines Stammes vordringen könne; dafür biete *"die 'Forschungsmethode' von Charles Darwin und dessen 'Beweise' für die Religionslosigkeit und Anthropophagie der Feuerländer des Abschreckenden wahrlich genug. Trotzdem ist die Zahl derer nicht gering, welche auf Grund eines flüchtigen Besuches bei irgendeiner Gruppe sich zur Herausgabe dickleibiger Bände berechtigt glauben; aber damit vermehrt sich nur die Unsumme der Zerrbilder von Sitten und Gebräuchen der vermeintlichen 'Wilden'."* Gusinde 1925, (22).

[66] Thiel 1981, 85, mit weiteren Beispielen ähnlich zweifelhafter Feldforschungspraxis. Vgl. ferner Kubik 1971.

[67] Genauer am Iapurá, ein Gebiet, das T. Koch(-Grünberg) noch 1899, 105, als wenig erforscht und als Tummelplatz wilder Indianerhorden beschrieb, die gefürchtete Anthropophagen seien.

[68] Martius, zit. nach Koch(-Grünberg) 1899, 105f.

[69] Ebd. 106. Weder Martius noch ein anderer Reisender, Missionar oder Händler war Zeuge einer kannibalistischen Handlung, weder bei den Miranhas noch bei benachbarten Stämmen.

[70] Immerhin ohne Angst, selbst gefressen zu werden. Die in Reiseberichten häufiger gegebene Begründung dafür ist, daß die Eingeborenen die Weißen als zu sauer, zu salzig, zu zäh etc. einschätzen. Ein Bild vom 'Wilden', wie es für seine Zeit charakteristisch war, findet sich in der bereits zitierten Arbeit von T. Koch(-Grünberg) über "Die Anthropophagie der südamerikanischen Indianer", der zusammenfassend feststellte (1899, 109), daß der Wilde, dessen Blutdurst durch das Blutvergießen stark erregt sei, den Feind im Nahkampf mit seinen natürlichen Waffen, den Zähnen, zu überwinden und unschädlich zu machen suche: *"Aus diesen Ausflüssen der sinnlosen Wuth und des Selbsterhaltungstriebes entwickelt sich mit der Zeit die Sitte, auch noch nach dem Kampfe von dem Leib des erschlagenen oder gefangenen Feindes Stücke zu geniessen, um dadurch die Rachgier und eine gewisse Lüsternheit zu befriedigen."*

[71] Thiel 1981, 91. Er wies auch darauf hin, daß in ethnologischen Arbeiten die Informanten nur selten genau angeführt werden, so daß oft unklar bleibt, woher die Informationen im einzelnen stammen (ebd. 85).

ihnen ein Wissen über Politik, Religion etc. kaum zugetraut wurde[72]. Weiterhin wichtig ist der Inhalt der gewünschten Informationen. Das Interesse konzentrierte sich, wie bereits erwähnt, im allgemeinen auf Bereiche, die dem Europäer fremd oder ungewöhnlich erschienen, während ihm vertraute Verhaltensweisen weniger Beachtung fanden.

Eine Unterscheidung zwischen Daten, ihrer Herkunft und der aus ihnen abgeleiteten Interpretation ist oft nicht möglich, da keine differenzierte Darstellung erfolgt und die modellhafte Beschreibung einer Gesellschaft im "ethnologischen Präsens" eine solche Unterscheidung zusätzlich erschweren kann[73]. H. Zinser kritisierte diese Darstellungsweise in seiner Untersuchung zum Mythos des Mutterrechts und forderte, daß der Ethnologe zunächst beschreiben solle, was er beobachtet - insofern sei er selber Zeuge und unmittelbare Quelle des Wissens; wenn er jedoch frühere Zustände der von ihm beobachteten Völker rekonstruiert, werde er zum Historiker und hätte sich der von der Geschichtswissenschaft entwickelten Methoden, darunter wesentlich der Quellenkritik, zu bedienen. Die Vorstellung des Mutterrechts speise sich nicht zuletzt aus solchen von Ethnologen ausgeführten Konstruktionen[74]. L. Vajda betonte, daß es in der Praxis nur allzu oft vorkomme, daß der Ethnologe mit Daten arbeite oder sich von Ideen leiten ließe, von denen er feststellen könnte und müßte, daß sie von zweifelhaftem Wert oder nicht verifiziert sind[75]. E. E. Evans-Pritchard konstatierte, daß nur geringe, häufig keine Anstrengungen unternommen würden, die Quellen, aus denen Informationen stammen und auf denen Schlußfolgerungen basieren, kritisch zu durchleuchten[76]. Dies leitet zum nächsten Abschnitt über, in dem die Qualität der Quellen zum Kannibalismus behandelt wird.

2. Zur Qualität der Quellen und zur Struktur der Informationen über Kannibalismus

E. Volhard stellte bereits 1939 in seiner Studie "Kannibalismus" fest, daß bei keiner anderen Erscheinung die Quellen, auf die sich eine wissenschaftliche Untersuchung im allgemeinen ausschließlich oder hauptsächlich stützen könne, nämlich Berichte von Augenzeugen, so verschwindend gering seien wie beim Kannibalismus[77] - welche im einzelnen als Augenzeugenberichte aufgefaßt werden könnten, führte er nicht aus.

Den Grund für diese schlechte Qualität, der eine im Vergleich dazu unverhältnismäßig große Quantität gegenübersteht, sah er darin, daß der Mensch der abendländischen Hochkultur keine positive Beziehung zum Kannibalismus besitze, sondern die Menschenfresserei als verabscheuungswürdiges Laster betrachte. Dies hätte sich in zweifacher Weise auf die Berichterstattung ausgewirkt: Zum einen könne man sicher sein, daß jeder Forscher und jeder Reisende, der irgendetwas über das Vorhandensein dieser Sitte gehört oder etwas darauf Hindeutendes gesehen hat, das auch erwähnt, gerade weil es als etwas so Schreckliches und Widernatürliches gelte. Zum anderen beschränke sich eben deshalb die überwiegende Mehrzahl aller Reisenden auf die Feststellung der Tatsache selbst, ohne der Art und Weise, den damit verbundenen Bräuchen und den Hintergründen nachzugehen[78]. Berichte über

---

[72] Ebd. 83. *"Wenn es uns dann doch einmal gelingt, Frauen ohne Beisein der Männer zum Reden zu bringen, dann staunen wir meist über ihr Wissen. Ich habe bei den Bayansi im Zaire sogar eine Urstandsmythe aufgenommen, die je nachdem, ob sie von Frauen oder Männern erzählt wurde, der Frau oder dem Mann die Urschuld zuschob."* Ebd.

[73] Hinzu kommt die erst langsam überwundene Einstellung, daß ein Stamm quasi einem Feldforscher gehöre. Die Konsequenz ist, wie H. Fischer (1981a, 72) betonte, daß im Extremfall ein Ethnograph sein eigenes Volk frei erfinden könnte, da Kontrollen, Wiederholungsuntersuchungen, selbst Teamwork noch nicht selbstverständlich geworden seien. C. Castañedas Fälschungen mögen als Beispiel für einen solchen Fall dienen (vgl. Murray 1985, 106; E. Covello sowie H. Sebald in Duerr 1987a, 271ff. und 280ff.), weitere führte Vajda an (1964, 765f.).

[74] Zinser 1981, 34f.

[75] Vajda 1964, 760.

[76] Zit. nach Thiel 1981, 79f.

[77] Volhard 1939, 368f.

[78] Ebd. 368. *"Das liegt in älteren Zeiten zum Teil daran, daß man mit so verworfenen Dingen möglichst wenig zu tun haben wollte, es liegt aber auch an der Gefahr, bei lebhafterer Neugier selbst in den Kochtopf wandern zu müssen, die oft eine ge-*

kannibalistische Sitten seien deshalb besonders aus der Zeit vor dem Eindringen der europäischen Kolonisation verhältnismäßig selten, und auch diese wenigen seien keineswegs immer zuverlässig: *"Beruht doch auch von ihnen der größte Teil auf nicht überprüfbaren Aussagen der Eingeborenen selbst, deren Glaubwürdigkeit selbst dann unsicher bleibt, wenn man alle Zweifel an der Genauigkeit, Sachlichkeit und Gewissenhaftigkeit der Berichterstatter zurückstellt. Erschöpfende Aussagen aber gar, auf die für viele Entscheidungen der größte Wert zu legen wäre, dürfen wir in solchen Äußerungen schon gar nicht vermuten"*[79].

Die für die Entstehung des Kannibalismus angegebenen Motive beurteilte Volhard in ähnlich vernichtender Weise: Wieder sei es unser Abscheu, der jeden nötige, sich irgendeine Erklärung auszudenken, um sich das Fremdeste doch irgendwie verständlich zu machen, daher seien die Deutungen, die angeboten werden, sehr vielfältig, die wenigsten würden jedoch auch nur über den engsten Umkreis des jeweiligen Berichterstatters hinaus noch irgendwelche Beachtung verdienen. Fast alle Äußerungen über die Gründe beruhen entweder auf Aussagen der Eingeborenen, die unzureichend oder nicht zuverlässig seien, oder auf der Phantasie des Reisenden[80].

Unzuverlässige und phantasievolle Berichterstatter, weitgehend fehlende Augenzeugen, kaum verwertbare Aussagen der Eingeborenen; was bleibt, sind im wesentlichen Informationen vom Hörensagen und irgendwelche Indizien, die Reisende als Kannibalismus-Hinweis interpretierten - dennoch wird die Frage, inwieweit es sich bei dem in seiner Arbeit untersuchten Phänomen des sozial akzeptierten Kannibalismus um eine Fiktion handeln könnte, von E. Volhard nicht gestellt. Eine über diese zusammenfassenden Bemerkungen hinausgehende Quellenkritik, die die Berichte im einzelnen auf ihre Zuverlässigkeit prüft, findet sich an keiner Stelle seiner Studie.

Zweifel an der Zuverlässigkeit und Glaubwürdigkeit von Berichten zum Kannibalismus äußerte bereits F. Ratzel 1887 in seinem Aufsatz "Zur Beurtheilung der Anthropophagie"[81]. Er stellte fest, daß sich schon auf den ersten Blick eine ganze Anzahl als nicht vollkommen stichhaltig aussondern ließe, da viele Zeugnisse für die verschiedensten Teile der Erde fast gleichlautend seien oder auffallend ähnliche Nebenumstände beschreiben. Anthropophagie nehme als Attribut der Barbarei seinen Platz unter den Völkerverleumdungen ein, Grund genug, die indirekten Berichte kritisch aufzunehmen. Die gleiche Vorsicht müsse all jenen gelten, die "kannibalische Symptome" anführen, aus denen die Existenz der Anthropophagie abgeleitet wird: *"Wenn Stanley auf seiner ersten grossen Congofahrt den Kampfruf: Fleisch! Fleisch! um sich her vernimmt, so wähnt er sich von Kannibalen bedroht. (...) Die Fülle der Menschenschädel, mit welcher die Gemeindehäuser der Melanesier prangen, die Masse der Menschenknochen, die man in Centralafrika in oder bei den Dörfern herumliegen sieht, deuten nicht nothwendig auf Anthropophagie, wie verdächtig sie auch sein mögen"*[82]. Eine Neigung zu starken Behauptungen sei vielen Reisenden eigen, da man Aufregendes zu berichten wünsche. Bilder wie etwa die von europäischen Metzgerläden, die mit Menschenfleisch gefüllt nach Afrika versetzt wurden, hätten manche Phantasie befruchtet und einer großen Leichtgläubigkeit die Tore geöffnet. Angesichts so vieler Möglichkeiten, sich über den Tatbestand der Anthropophagie getäuscht zu sehen, sei die Frage: *"Existirt überhaupt Anthropophagie als weitverbreitete Sitte in irgend einem Gebiete?"* nicht als müßig anzusehen. Er bejahte sie, denn wer *"Georg Schweinfurth's Schilderung der Anthropophagie bei den Monbuttu und Njam-Njam, oder du Chaillus' früher angezweifelte, später mehrseitig bestätigte Nachrichten über die kannibalischen Fan (...)"* lese, dem werde jeder Zweifel am Vorhandensein der schrecklichen Sitte schwinden[83]. Jedoch übe die Kultur ohne Zwang, gleichsam durch den Einfluß ihrer Atmosphäre, eine zurückdrängende Wirkung aus, eine damals verbreitete Ansicht, mit der begründet wurde, warum die Eingeborenen häufig den von ihnen angeblich praktizierten Kannibalismus sofort aufgaben, wenn sie mit Europäern in engeren Kontakt kamen oder diese sich in ihrer Nähe angesiedelt hatten. Ratzel führte dafür einige Bei-

nauere Erforschung nicht ratsam erscheinen ließ oder unmöglich machte. Andererseits aber konnte sich auch der Eingeborene durch den meist unverhohlenen Abscheu des Europäers vor seinen Sitten nicht eben zur Mitteilsamkeit ermuntert fühlen." Ebd. Daß diese Begründung nicht zutreffen kann, da sich Reisende sehr wohl zu Völkern begaben, die als Kannibalen 'bekannt' waren und großes Interesse an den entsprechenden Sitten zeigten, ist bereits in den vorhergehenden Abschnitten deutlich geworden; vgl. auch Volhard 1939, 369.

[79] Ebd. 368.

[80] Ebd. 369f.

[81] Es handelt sich um eine Rezension der Arbeit von R. Andree, "Die Anthropophagie", 1887.

[82] Ratzel 1887, 82.

[83] Ebd. 83. Zu Schweinfurth vgl. Kap. IV.3.1, zu den Fan vgl. Kap. II. Anm. 425.

spiele an und erwähnte die angebliche Scheu der Eingeborenen, kannibalistische Handlungen vor den Weißen sehen zu lassen. Daraus gewinne man den Eindruck, daß *"ein zeitweilig unterdrücktes Gefühl von Menschlichkeit sich gegen sie in dem Augenblick erklärt, wo äussere Umstände dessen Hervortreten begünstigen"*[84]. Diese merkwürdigen Einschätzungen, die anderen Völkern die moralischen Urteile des Europäers unterstellen, finden sich in vielen zeitgleichen Arbeiten, um die schlechte Quellenlage zu erklären. Einerseits wurde Kannibalismus als Institution, als feste Sitte in vielen Gesellschaften beschrieben, sei es aus religiösen, ökonomischen oder geschmacklichen Gründen, andererseits gab es keinen Brauch, der angeblich so schnell, gründlich und widerstandslos aufgegeben wurde wie dieser, sobald die Eingeborenen von seiner "Schändlichkeit" erfuhren[85], anders als etwa Polygamie oder Kopfjagd, von den Europäern ähnlich negativ beurteilt, aber beibehalten.

Die oben dargestellte Beurteilung der Quellen zur Menschenfresserei hinsichtlich ihrer Qualität durch zwei Wissenschaftler, die an ihnen trotz gewisser Vorbehalte nicht zweifelten, soll an dieser Stelle genügen. Heute werden nur noch wenige der von Volhard, Andree, Ratzel und anderen verwendeten Quellen als ernstzunehmende Berichte diskutiert. Entscheidend ist die Frage nach Augenzeugen des Essens, denn ebenso wie in anderen Bereichen muß auch beim Kannibalismus davon ausgegangen werden, daß die Berichterstatter Mißverständnissen erlagen, die Wirklichkeit ihrem Vorwissen und Vorverständnis entsprechend sahen und zudem voneinander abschrieben. Hinzu kommen vorsätzliche Verleumdung und Verunglimpfung, die jedoch im Zusammenhang mit Kannibalismus eine eher untergeordnete Rolle spielen dürften. Die Annahme bewußter Lügen würde das Wissen der Berichterstatter zur Voraussetzung haben, daß es sich bei den jeweils beschriebenen Menschen nicht um Kannibalen handelte - kaum einer der Reisenden hat sich jedoch lange genug bei ihnen aufgehalten, um ein solches Wissen erlangen zu können; an späterer Stelle wird deutlich werden, daß auch längere Aufenthalte nicht unbedingt zu besserer Beobachtung führen. Hätten bewußte Lügen bei der Beschreibung eine größere Rolle gespielt, wären die Berichte auch bewußter gefälscht worden, was paradoxerweise vermutlich eine bessere "Beweislage" in den Quellen zur Folge gehabt hätte. Die Berichterstatter waren jedoch oft so überzeugt von ihrer Annahme, die Anderen seien Kannibalen, daß sie tatsächlich auch das beschrieben, was sie beobachtet und gehört haben; in den Berichten sind daher häufig zwei Schichten zu finden, die sich nach dem trennen lassen, was gesehen oder gehört und dem, was vermutet oder 'erfunden' wurde.

Im folgenden wird in knapper Form und anhand von typischen Beispielen die Struktur der Informationen über Kannibalismus behandelt - einige Aspekte erwähnte bereits F. Ratzel, andere werden erst an späterer Stelle ausführlicher erörtert.

Die Informationen zum Kannibalismus lassen sich ihrem Ursprung nach unterteilen, wobei oft mehrere Elemente gemeinsam vorkommen: Berichte beruhen auf Hörensagen, Indizien, mythischen Erzählungen, 'Bekenntnissen', Beschuldigungen anderer Stämme, Stammesteile, Klassen oder des anderen Geschlechts; Kannibalismus stärkt Machtpositionen und wird dafür instrumentalisiert, ist Attribut von Geheimbünden, von Hexen, von Widerstand leistenden Stämmen, dient der beabsichtigten Verleumdung und ist Resultat ethnologischer Rekonstruktionen der Gegenwart oder der Vergangenheit. Häufiger erscheint Kannibalismus in Verbindung mit sexueller Zügellosigkeit, Orgien und Inzest, eine bereits in Kapitel III festgestellte Struktur, die damit zusammenhängen mag, daß das in der eigenen Kultur Verbotene und Unterdrückte als Metapher dient, um fremdes, antisoziales und 'vorkulturelles' Verhalten zu charakterisieren.

Ein großer Teil der Berichte über Kannibalismus beruht auf Gerüchten, auf Informationen vom Hörensagen, aus zweiter oder dritter Hand, die von den im jeweiligen Gebiet lebenden Weißen, von benachbarten Stämmen und

---

[84] Ratzel 1887, 83.

[85] Der Südamerika-Reisende Maximilian zu Wied-Neuwied bemerkte Anfang des 19. Jahrhunderts: *"Manche dieser Völkerschaften, die ehedem das Fleisch ihrer erschlagenen Feinde ohne Scheu verzehrten, mögen wohl diesem barbarischen Gebrauch schon entsagt haben, vorzüglich da, wo sie mit den Europäern in freundschaftlicher Berührung leben. Selbst das beharrliche Streben der Botokuden am Belmonte, diesen Vorwurf von ihrer Horde abzulehnen, beweist, daß sie das Herabwürdigende einer solchen Sitte fühlen gelernt haben; und so läßt sich hoffen, daß auch diese Urvölker des südlichen Amerikas, die uns den Menschen im Zustand der größten Rohheit und auf der niedrigsten Stufe der Kultur gezeigt haben, in ihrer Veredlung allmählich vorrücken werden."* M. zu Wied-Neuwied, "Im Land der Botokuden", zit. nach Scurla 1972, 214.

aus der in der Heimat bereits konsultierten Literatur stammen. S. Fisch nannte in seinem Aufsatz über "Forschungsreisen im 19. Jahrhundert" als eine Vorbedingung solcher Reisen die Netzwerke von Trägern informellen wie formellen Wissens, in die Reisende in der Fremde wie zu Hause eingebettet waren[86], eine Vorbedingung, die nicht nur für das 19. Jahrhundert Gültigkeit hat.

Pater Samuel Fritz, der 1684 nach Südamerika reiste, vermerkte auf dem Weg zum Marañon in seinem Tagebuch, noch bevor er selbst irgendeinen Kontakt zu den Indianern hatte, man müsse sich vor den Kariben oder Menschenfressern am rechten Ufer des Stroms in acht nehmen, die nicht zulassen würden, daß dort ein Fremder lebt. Ihm wurde jedoch erzählt, daß *"sich hier allerdings mehrere Holländer aufhielten, die sich sogar in eheliche Verbindungen mit den Karibenweibern eingelassen hatten und den Wilden die Gewehre lieferten, mit welchen sie die Missionare erschießen. Wir sahen eines dieser Weiber, als wir nahe dem Ufer dahinfuhren. Es war völlig nackt und zeigte uns durch eine unzüchtige Gebärde an, wir sollten uns seiner bedienen. Wären wir an Land gegangen, hätten uns die Kariben gefressen"*[87]. Ein bereits aus Europa mitgebrachtes stereotypes Kannibalenbild, ergänzt durch im Land kursierende Gerüchte über 'kulturelle Überläufer', vermischt mit diffusen Ängsten und sexuellen Bedrohungen - dies zeigt nicht nur die Einstellungen, mit denen man Fremden gegenübertrat, sondern macht auch deutlich, welchen psychischen Belastungen Reisende ausgesetzt sein konnten. Pater Fritz beschrieb im folgenden alle feindlichen oder ihm unbekannten Gruppen als Kannibalen, nicht aber die Omagua, bei denen er missionierte, und die wiederum in anderen Berichten so charakterisiert wurden[88]. Auch dies ein typisches, in den Quellen häufiger zu verfolgendes Element.

Es ist oft der Fall, daß Eingeborene, die den Europäern Widerstand entgegensetzten, als Menschenfresser galten. So beschrieb B. Diaz del Castillo, Teilnehmer an und Chronist der Eroberung Mexikos, die Bewohner der Provinz Panuco als bösartig, schmutzig und roh; nirgends seien so viele und grausame Menschenopfer dargebracht worden. *"Die Leute waren dem Trunk ergeben, wälzten sich im Schmutz und gaben sich jeder unnatürlichen Lust hin. Eines Tages erging es ihnen, wie sie es verdienten"* - sie wurden getötet oder versklavt[89], als Rache für ihren Widerstand gegen die Spanier. Diese hatten geplündert, vergewaltigt und sich benommen, als ob *"sie in der Türkei wären"*, wogegen die Einwohner sich wehrten und über 500 Mann des Korps erschlugen, von denen die meisten geschlachtet und verzehrt wurden, wie er behauptete[90]. Es bleibt unklar, woher Diaz del Castillo von den "unnatürlichen Lüsten" und dem Verzehr der Spanier wußte, da er kein Augenzeuge war - sicher ist, daß die Einheimischen sich gegen die grausame Behandlung durch die Spanier zur Wehr setzten, und ihre Charakterisierung als Trinker, Sodomiten und Menschenfresser in jedem Fall ihre Niedermetzelung rechtfertigte.

Die Überzeugung, es mit Kannibalen zu tun zu haben, konnte aufgrund der entsprechenden Interpretation von Indizien bestätigt werden, wie sich am Beispiel der Fidschiinseln zeigen läßt. In einem von Captain J. E. Erskine angeführten, als typisch zu bezeichnenden Augenzeugenbericht werden die Vorgänge nach einem Überfall auf ein Dorf beschrieben[91]. Abgesehen von pauschalen Mutmaßungen wie *"a large number were eaten on the spot"*, sind auch die mit Vermutungen vermischten Beobachtungen von Rev. Hunt wiedergegeben, der einige Monate zuvor in Somo-Somo angekommen war, um dort eine Missionsstation einzurichten. Elf Tote wurden nach dem Überfall zurückgebracht und den verschiedenen Häuptlingen zugeteilt, die sie mitnahmen *"to their bures, there to be devoured"*[92], was Rev. Hunt nicht sehen konnte. Er hielt sich zunächst im Hof seines Hauses auf, gegenüber dem Tempel, zu dem der Häuptling des überfallenen Dorfs gebracht wurde. *"He was cut up and cooked two or three yards from their fence, and Mr. Hunt stood in his yard and saw the operation. He was much struck with the skill and despatch with which these practiced cannibals performed their work."* Daß dieser oder die anderen gegessen wurden, beobachtete er jedoch nicht, denn die Beschreibung wird abgebrochen, und an ihre Stelle treten allgemeine Bemerkungen über alle Körper; Rev. Hunt hatte sich offenbar in sein Haus zurückgezogen: *"After all the*

---

[86] S. Fisch 1989, 383.

[87] Fritz 1973, 286.

[88] Vgl. Frank 1988, 195.

[89] Diaz del Castillo 1988, 446f.

[90] Ebd. 465.

[91] Februar 1840; nach der Version von Captain Wilkes. Es handelte sich um die Vergeltung für den von dessen Einwohnern begangenen Mord an einer bedeutenden Persönlichkeit.

[92] Erskine 1853, 258.

parts but the head had been consumed, and the feast was ended, the king's son knocked at the missionaries' door, which was opened by Mr. Hunt, and demanded why their windows were closed. Mr. Hunt told him, to keep out the sight as well as the smell of the bodies that were cooking. The savage instantly rejoined, in the presence of the missionaries' wives, that if it happened again he would knock them on the head and eat them"[93], was nicht geschah, aber die schwierige Stellung des Missionars verdeutlicht[94]. Derartige auf Vorwissen basierenden Aussagen finden sich auch an anderen Stellen in Erskines Bericht[95]. Nach seiner Überzeugung, wie nach der der dort lebenden Missionare, Siedler und Händler, waren die Einwohner von Fidschi und den pazifischen Inseln dem Kannibalismus ergeben, obwohl er verwundert feststellte, daß *"although never denying its existence among their neighbors, they were always anxious either to change the subject of the conversation when it took that turn, or to give a kind of conventional denial, or assent to our expressions of reprobation of it, with respect to themselves"*[96]. Die vermeintlichen Augenzeugenberichte, die die Praxis des Kannibalismus in Fidschi belegen sollen, sind allgemein von der oben zitierten Qualität: Alles mögliche ist beobachtet worden, so etwa das Zerlegen und Kochen von Leichen, in Bäume bzw. zwischen Astgabeln gelegte Knochen, aus Knochen gefertigte Gegenstände etc., nur nicht der Akt des Essens selbst, so daß zu bezweifeln ist, daß dieser stattfand[97].

Häufiger basieren Berichte über kannibalistische Handlungen auf mythischen Erzählungen, die sich auf eine unbestimmte Vergangenheit beziehen oder/und geheime Rituale beschreiben, deren tatsächliche Ausführung zumeist unbeobachtet blieb, da Außenstehende an ihnen nicht teilnehmen durften[98].

Rev. G. A. Zegwaard beschrieb 1959 die Kopfjagd bei den Asmat in Neuguinea, bei denen er sich 1952 bis 1956 aufhielt - als erster weißer Mann und ohne Vertreter der holländischen Administration in der Nähe, so daß er *"ample opportunity to study their headhunting practices on hundreds of occasions"* hatte. Er betonte einleitend, daß die Kopfjagd mit Kannibalismus verbunden sei, der jedoch nur eine untergeordnete Rolle spiele: *"It may be mentioned in passing that the Asmat have associated headhunting with cannibalism. I had many an opportunity to observe this, but this exposition may make it clear that cannibalism is not the objective of headhunting (as far as the Asmat are concerned), but only a subsidiary part of it"*[99]. Aus seiner Darstellung ist jedoch nicht zu ersehen, daß er die Gelegenheiten zur Beobachtung des Kannibalismus wahrgenommen hat; die Beschreibung erfolgt ausschließlich in Form einer mythischen Erzählung, die die Entstehung der Kopfjagd behandelt und von einem Informanten namens Warsékomen stammt[100]. In zusätzlichen Bemerkungen *"on the mythical procedures"*, deren Herkunft nicht angegeben ist, werden weitere Einzelheiten aufgeführt. In einem zweiten Teil beschrieb Zegwaard die Kopfjagden, wie sie tatsächlich stattfanden, die Zeremonien, Verhaltensregeln, Gesänge, die Jagd selbst, und

---

[93] Ebd. 258f.

[94] Ähnlich aufschlußreich für die Beurteilung der Beziehungen zwischen Missionaren und Einheimischen sind etwa Angaben wie die von Rev. Watsford, dem zufolge 1846 ein Christ gegessen worden sein soll, dessen Knochen vor die Missionstür geschmissen wurden (Hogg 1958, 31; vgl. allgemein zu Fidschi ebd. 23ff., ausschließlich mit Berichten derartiger Qualität).

[95] Vgl. z.B. Erskine 1853, 181ff.; 251.

[96] Ebd. 191. Aufschlußreich sind in diesem Zusammenhang die erstmals 1923 erschienenen "Briefe aus der Südsee" von R. J. Fletcher (1986).

[97] Vgl. z.B. die Zusammenstellung von 'Augenzeugenberichten' durch D. H. R. Spennemann 1987, der zwar meinte, daß *"the common existence of cannibalism in Fiji is confirmed (...) by different independent eyewitness accounts of individual incidents"* (Spennemann 1987, 29), aber keine Augenzeugen des Essens anführen konnte (ebd. 31ff.). Kannibalistische Symbolik bildete die Grundlage der gesellschaftlichen Organisation und politischen Struktur, wie in Mythen, Redewendungen etc. deutlich wird. Ohne Augenzeugenberichte ist jedoch nicht davon auszugehen, daß diese symbolischen Kategorien tatsächliche Praxis beschreiben.

[98] Oder - auch dies ist oft der Fall - die Beobachter waren nicht zu der Zeit anwesend, in der Rituale oder Zeremonien durchgeführt wurden, und daher ebenfalls auf die Angaben von Informanten angewiesen; vgl. in diesem Zusammenhang z.B. den Aufsatz von C. A. Schmitz "Zum Problem des Kannibalismus im nördlichen Neuguinea", der für die Darstellung des tatsächlichen Kultgeschehens (1958, 394ff.) nicht einen Augenzeugenbericht anführen konnte.

[99] Zegwaard 1959, 1020.

[100] Von dem er an einer Stelle (bei der die Rückkehr von einer erfolgreichen Kopfjagd beschrieben wird) bemerkte: *"Here we note how our informant, Warsékomen, unconsciously shifts from myth into reality; in the myth there was only Biwiripitsj, here Warsékomen and his men from Sjuru are in action."* Ebd. 1021. Die mythische Zerlegung des Opfers erfolgt in der Weise, in der auch größere Tiere geschlachtet werden (ebd. 1026).

erwähnte jeweils, bei welchen Gelegenheiten er Zeuge war[101]. Am Ende dieser ausführlichen Darstellung findet sich auch eine kurze Bemerkung zum Kannibalismus: *"the butchering and the distribution of the flesh are done in the manner already described"*[102], woraus nur zu schließen ist, daß Zegwaard eine solche Handlung nie beobachtet, sondern die mythische Beschreibung als Realität aufgefaßt hat.

Gleiches gilt für P. Wirz, der nach Angaben von Informanten der Marind-anim, Kopfjägern im Süden Neuguineas, ihre kannibalistischen Gebräuche rekonstruierte. Sie sollen im Zusammenhang mit Kopfjagd, Geheimkulten und Zauberei eine Rolle spielen - Augenzeuge war er jedoch in keinem Fall, so daß ihm die tatsächliche Ausführung der beschriebenen Handlungen unbekannt blieb. Die Riten der verschiedenen Kulte, auf die hier nicht eingegangen werden soll[103], gaben Wirz zufolge den Männern vor allem die Gelegenheit zu sexuellen Ausschweifungen und Orgien, die jeweils mit kannibalischen Mahlzeiten endeten[104]. Die von den Informanten gegebene Beschreibung der endokannibalistischen Rituale, in denen die mythischen Ereignisse symbolisch wiederholt werden, erfolgt auf drastische und überzeugende Art - so wurden beispielsweise im Rahmen des Ezam-Uzum-Rituals angeblich ein Mann und eine Frau, die diese symbolisieren, während des Geschlechtsverkehrs von einer dafür errichteten Balkenkonstruktion erschlagen und danach geröstet und gegessen. Daß die tatsächlich verwendeten Symbole für Ezam und Uzum Kokosnüsse sind, ist nur den Eingeweihten bekannt und wird geheimgehalten, wie J. van Baal hervorhob[105]. *"Openly giving away what - to us - is the esoteric meaning of the ritual, the initiates keep the plainly symbolic (and quite innocent) technique of its operationalization a guarded secret, exactly as they do when they describe the sorcerers' rite of lethal magic"*[106]. Beschreibungen von Menschenopfern und Kannibalismus, selten bzw. gar nicht durch Augenzeugenberichte bestätigt, kamen jedoch der Auffassung der Beobachter vom Verhalten der 'Wilden' entgegen und wurden entsprechend kritiklos geglaubt. Rekonstruktionen wie die von Wirz vorgenommenen sind häufig und müssen, wie das Beispiel der Marind-anim zeigt, mit Skepsis behandelt werden.

Wie oben erwähnt, basieren viele Informationen zum Kannibalismus auf Gerüchten und Angaben aus zweiter Hand. F. Ratzel führte als Beispiel eine typische Erzählung an, die hier und dort in Berichten der Reisenden auftauche: *"Das Volk X erzählt von dem weit jenseits seiner Grenze wohnenden Volke Y, dass es auf einer der tiefsten Stufen der Cultur stehe (...) und von allen seinen Nachbarn verachtet werde. Ausserdem werde es besonders auch verabscheut, weil es der Anthropophagie huldige"*[107]. Jenseits der eigenen Grenzen leben die Fremden, die Wilden, die Bewohner einer verkehrten Welt - dies gilt für Europa ebenso wie für andere Gebiete.

Die von Ratzel im Zusammenhang mit G. Schweinfurths Bericht erwähnten Niam-Niam (Zande)[108] in Zentralafrika waren schon lange bevor Europäer sie zu Gesicht bekamen als Menschenfresser bekannt, die gefallene Feinde verspeisten, Menschen zu diesem Zweck raubten sowie Alte und Kranke töteten und verzehrten. Zudem besaßen sie Hundegesichter oder Hundezähne und Schwänze. A. Kaufmann wandte sich 1861 gegen derartige Gerüchte, die unter den Nachbarstämmen wie auch den europäischen und arabischen Reisenden und Händlern kursierten; er schrieb über die benachbarten Bari: *"Diese Leute zeigen eine große Furcht vor den südlich und westlich angrenzenden Nyem-Nyem, oder wie sie hier heißen: Makara, welche Menschenfresser sein sollen."* Es sei

---

[101] Woraus auch hervorgeht, daß er an keiner Kopfjagd selbst teilgenommen hat. - Er erwähnte beispielsweise: *"On one occasion I witnessed the ritual butchering of a pig in Sjuru (...)"* (ebd. 1030) oder *"On one occasion, Jisinamakat of Sjuru performed a pantomime (...)"* (ebd. 1035) etc.

[102] Ebd. 1037.

[103] Vgl. van Baal 1966; ders. 1981, 175ff.

[104] Wirz 1922; 1925; vgl. Volhard 1939, 183ff.

[105] Van Baal 1981, 181. *"The same happens among the coastal Marind-anim, where the myths containing the most cruel particulars of the fate of the main characters in the ritual drama (male and female were killed and eaten in the imo, the female in the mayo) are more or less openly told, but the innocent ways by which the murderous event is operationalized are kept a guarded secret. Again, it can be concluded that the Marind-anim are well-aware of the meaning of their symbols, but also that, to them, these symbols denote a mystery which can only be approached by the subsidiary symbols operational in ritual, symbols which are known to the initiates only. Their secrecy symbolizes the mystery underlying the ritual experience."* Ebd.

[106] Ebd. 218.

[107] Ratzel 1887, 82.

[108] Vgl. Kap. IV.3.1.

aber merkwürdig, daß es allgemein bei den Negern die Sage von Kannibalen gebe, und doch hätte man bis heute noch keine gefunden; immer werde ein südlicheres Volk als Menschenfresser bezeichnet, und noch sei keines da[109].

Wie leicht sich solche Gerüchte bestätigen lassen, zeigt ein Bericht von A. L. Bennett, der 1899 "Ethnographic notes on the Fang" in Westafrika veröffentlichte. Nachdem er gehört hatte, daß zwei Tage zuvor in einem bestimmten Dorf angeblich ein Mann gegessen worden war, suchte er dieses Dorf auf und fand auch tatsächlich zum Trocknen aufgehängte Gedärme, die er, trotz der Aussage der Einwohner, es handele sich um tierische, nach eigener Begutachtung als menschliche identifizierte, die erst kürzlich einem Körper entnommen worden seien. Welche Kenntnisse ihn dazu befähigten, erläuterte er nicht. *"I then told the people the reports I had heard, also that I knew the intestines then drying were human, and accused them of cannibalism. They were very indignant, and declared, as all Fang do, that their tribe never eat men. 'Oh no people in far bush did, only bad Fang did so.' A few moments later I picked up a human clavicle in the palaver house"*[110], ein zusätzlicher "Beweis" für seine Ansicht. Hier tritt ein weiteres Merkmal kannibalistischer Erzählungen zutage, in denen nicht nur das Verhalten anderer Gruppen, sondern auch das 'schlechter Menschen', antisoziales Verhalten, beschrieben wird[111].

Die Europäer schienen, folgt man manchen Berichten, durchaus in der Lage, Knochen aller Körperteile, die verschiedenen Eingeweide und vom Körper getrennte Teile des Rumpfes etc. jeweils als menschlich und nicht tierisch identifizieren zu können. Diese außergewöhnliche Fähigkeit einiger Beobachter zweifelte bereits M. zu Wied-Neuwied Anfang des 19. Jahrhunderts an, und zwar mit folgender Überlegung: *"Alle früheren Reisenden haben beinahe einstimmig die meisten Völker von Brasilien der Anthropophagie beschuldigt. Man hat indessen vielleicht manchen derselben zuviel getan; denn getrocknete Affenglieder gleichen den menschlichen gar sehr und können also dafür gehalten worden sein. Eine solche Bewandtnis kann es auch mit dem Fleisch gehabt haben, welches Vespucci in den Hütten der Wilden fand. Von vielen brasilianischen Stämmen hat man indessen nicht ohne Grund diese grausame Gewohnheit berichtet"*[112]. Er zog auch im Fall der Botokuden, die Affenfleisch sehr schätzten, diese Möglichkeit in Erwägung - die Europäer hätten vielleicht, wenn sie Reste der Mahlzeiten fanden, Überreste von Affen als solche von Menschen interpretiert. Die Botokuden waren, sowohl bei Weißen als auch bei den umliegenden Stämmen, durch den Ruf des Menschenfressens sehr gefürchtet[113].

Dieses Schema funktionierte umgekehrt ebenso - auch Europäer waren als Kannibalen gefürchtet. So beschrieb I. M. Lewis, wie er auf einer Fahrt durch eine abgelegene Gegend im damaligen Nordrhodesien sehr erstaunt war, als afrikanische Fußgänger, die er in seinem Auto mitnehmen wollte, schnellstens im nächsten Busch verschwanden. Eine Erklärung dafür erhielt er von Dorfbewohnern der Gegend und Freunden, die ihm sagten, daß die Europäer häufig als Vampire gesehen werden, die unschuldigen Afrikanern das Blut aussaugen und ihr Fleisch essen[114]. Auch afrikanische Sklaven waren überzeugt, europäischem Kannibalismus zum Opfer zu fallen[115]. Aus dem 18. Jahrhundert ist überliefert, wie erschrocken Eskimo, die in ein anatomisches Institut geführt wurden,

---

[109] Zit. nach Kremser 1981a, 88f. Werne berichtete 1848 anläßlich eines Besuchs beim König der Bari, Làkono, von Gerüchten über Menschen mit Hundsköpfen bei Nachbarn der Bari. Ein Teilnehmer der Reise hätte sich schon in Chartum vor den Njam-Njam gefürchtet, jetzt aber stieg *"seine Furcht auf eine wirklich kindische Art, weil er außer Selim Capitan am stärksten bebaucht war. Er dachte sich nicht anders, als der erste Braten zu sein, den jenes wilde Gebirgsvolk bei guter nächtlicher Gelegenheit von dem niedern Bord seines schlecht verwahrten Schiffes zum Festschmause holen würde. (...) Làkono erläuterte auf näheres Befragen das ominöse Gespräch von den menschenfressenden Hundsköpfen, und berichtigte uns, daß diese bösen Menschen zwar Köpfe, wie Andere, hätten, allein alle Zähne stehen ließen, und auf allen Vieren kröchen, wenn sie Menschen fräßen (...)."* Zit. nach ebd. 87f.

[110] Zit. nach Shankman 1969, 59.

[111] Die häufig anzutreffende Aussage, daß genau die Informanten, die befragt wurden, "leugneten", selbst Kannibalen zu sein, mag auch mit derartigen Vorstellungen in Zusammenhang stehen. Daß ihnen nicht geglaubt wurde, ist ein weiteres typisches Merkmal in europäischen Berichten über Kannibalismus.

[112] Zit. nach Scurla 1972, 214.

[113] Ebd. 198, 208.

[114] Lewis 1987, 371, mit weiteren Beispielen.

[115] Bitterli 1976, 103.

reagierten, da sie dachten, sie sollten gefressen werden, um auch ihre Skelette in die Schausammlung einordnen zu können[116].

M. J. Meggitt zufolge sehen die Walbiri Zentralaustraliens ihre entfernten Nachbarn, die Lungga, als Kannibalen, die auch menschliches Blut trinken. Einige Walbiri, die Leute der Lungga getroffen hatten, gaben zu, daß dies möglicherweise übertrieben sei, andere, die sie nicht kannten, gaben Meggitt bemerkenswerte Schilderungen von deren Kannibalismus, die sie wiederum aus zweiter Hand erhalten hatten. Die Lungga gelten zudem als wollüstig, und ihnen wird, neben übermäßig großen Geschlechtsorganen, nachgesagt, daß sie ihre eigenen Heiratsvorschriften und Inzestverbote ignorieren[117].

Geschichten dieser Art bildeten häufiger die Grundlage für die Beschreibung anthropophager Sitten in Reiseberichten und Ethnographien. So waren beispielsweise die Hewa in Neuguinea bei ihren Nachbarn als Kannibalen bekannt, und ein europäischer Reisender, der sich 1967 in der Nähe aufhielt, durfte wegen dieser Gefahr angeblich die Grenze zu ihrem Gebiet nicht überschreiten, denn die mysteriösen Hewa seien *"aggressive cannibals and only two villages have ever been contacted"* - zu einer Zeit, als der Ethnologe L. B. Steadman bereits seit über einem Jahr bei ihnen lebte. Dieser konnte trotz intensiver Bemühungen keine Anzeichen für tatsächlich vollzogene kannibalistische Handlungen finden; die Hewa klagen jedoch regelmäßig Frauen als Kannibalen an und töten sie, im Zusammenhang mit Hexerei - ihr Kannibalismus sei übernatürlichen, nicht realen Ursprungs[118]. Hexerei und Zauberei werden oft in Verbindung mit kannibalistischen Handlungen beschrieben. Daß Beobachter nicht immer in der Lage waren, solche Beschreibungen von tatsächlich vorgenommenen Handlungen zu unterscheiden, ist angesichts des oft oberflächlichen Kontakts und der Sprachprobleme verständlich, zumal eine solche Unterscheidung für die Gesellschaft, in der Hexerei praktiziert wird, zumeist ohne Bedeutung bzw. nicht existent ist, und die Beschreibungen entsprechend realistisch sind[119].

Viele der in Neuguinea lebenden Gruppen sind dafür bekannt, vor dem Eindringen der kolonialen Mission und Administration Menschenfresser gewesen zu sein. Die Kenntnis ihrer kannibalistischen Sitten beruht wie überall vornehmlich auf Gerüchten, ferner auf Aussagen von Informanten und darauf aufbauenden Rekonstruktionen der Gegenwart oder der Vergangenheit. Augenzeugen gibt es nicht, obwohl Ethnologen in Gebieten arbeiteten, die zuvor nur selten von Weißen gestreift oder aufgesucht worden waren. Zwei Beispiele mögen die bereits genannten ergänzen[120].

K.-F. Koch hielt sich fast zwei Jahre, 1964 bis 1966, bei den Jalé im Westteil Neuguineas auf, zu denen erstmals 1961 einige Missionare gelangten. Es war bekannt, daß es sich um Kannibalen handeln sollte, und ein Pilot, der ihn in das Gebiet brachte, erzählte, daß einige Wochen zuvor die Landebahn der Missionsstation von den Jalé für ein kannibalistisches Fest zur Feier eines militärischen Sieges blockiert gewesen sei. Die Jalé, so Koch, *"still practice cannibalism as an institutionalized form of revenge in warfare, which is itself an integral aspect of their life"*[121]. Letzteres konnte er selbst beobachten, brach doch kurz nach seiner Ankunft in Pasikni, dem Dorf, das er als Standort gewählt hatte, ein Konflikt mit einem Nachbardorf aus, in dessen Verlauf dieses geplündert und drei Bewohner getötet wurden. Kannibalismus dagegen beobachtete er nicht, da dieser nur Bestandteil von größeren, interregionalen Konflikten sein soll, die sich über mehr als eine Generation hinziehen können, denn: *"'People whose face is known must not be eaten', say the Jalé"*[122]. Es bleibt offen, wann und ob ein solcher Konflikt

---

[116] Goldmann 1985, 265.

[117] *"It is of interest that this constellation of beliefs and attitudes (...) is found among other Aboriginal tribes. Thus, the Berndts reported that desert natives at Ooldea, in South Australia, attributed cannibalism, lechery, and long penes to the alien Kukata."* Meggitt, "Desert People", 1962, zit. nach Shankman 1969, 59f.

[118] Steadman u. Merbs 1982, 618. Steadman selbst wurde von den Duna, die ihn in das Gebiet der Hewa führten, gewarnt, daß diese ihn töten und essen würden.

[119] Vgl. z.B. Kremser 1981b, bes. 29f.; van Baal 1981, 192ff., bes. 196. Ferner Douglas 1970. In einer Gemeinschaft als Hexen bekannte Individuen konnten auch daran interessiert sein, entsprechende Gerüchte selbst zu fördern und damit ihre Position zu stärken, wie dies Bowen (1987, 264ff.) eindrucksvoll beschrieb.

[120] Vgl. ferner Kap. IV.3.6.

[121] Koch 1970, 42.

[122] Ebd. 47. *"Consequently, cannibalism is normally not tolerated in wars between neighboring villages, and the few incidents that did occur during the lifetime of the oldest Pasikni men are remembered as acts of tragic perversion."* Ebd.

ausgetragen wurde, wie viele dem zum Opfer fallen und inwieweit es gelingt, bei den in diesen Kriegen üblichen Einfällen in feindliches Territorium die Körper von Erschlagenen in das eigene Gebiet zu transportieren. Aufgrund der Angaben von Informanten, die nicht näher genannt sind, rekonstruierte K.-F. Koch den Ablauf eines kannibalistischen Mahls: Der Körper wird zerlegt, teils gekocht und teils gebraten, wobei insbesondere die Eingeweide als *"gastronomically highly prized"* bezeichnet wurden, und dann von den "Eigentümern des Körpers" verteilt. Dies ist begleitet von Tänzen und Gesängen, die an vergangene Kriege erinnern, aber auch aktuelle Ereignisse behandeln - das einzige von Koch im Zusammenhang mit der kannibalistischen Zeremonie genannte Lied bezieht sich jedoch auf einen offenbar intraregionalen Konflikt im Jahr 1964. Abschließend wird die Seele des Opfers aus dem Dorf vertrieben. Einige Knochen können in einen Baum am Kochplatz gelegt werden, *"to tell travelers of their brave deed"*. Nicht erwähnt ist, ob er selbst solche Knochen zu Gesicht bekam. Mehrfach wurde ihm jedoch versichert, daß der Grund, den Körper eines Feindes zu essen, darin liege *"that man tastes as good as pork, if not better. And they added that the bad enemies in the other valley had eaten some of their people"*[123], worin vielleicht eine der Ursachen zu suchen ist, warum diese Geschichte einem Außenstehenden, der das andere Tal möglicherweise ebenfalls aufsuchen würde, erzählt wurde - wenn es sich nicht um ein eher mythisches 'Epos' handelt und Kannibalismus als Symbol verstanden werden muß, das die sozialen Beziehungen zu allianzfähigen (die, die man nicht ißt) und allianzunfähigen (die, die man ißt) Gruppen darstellt. An keiner Stelle wird erwähnt, daß seine Informanten oder überhaupt Einwohner des Dorfes an den beschriebenen Vorgängen in irgendeiner Weise beteiligt waren. Zwei Jahre nach Kochs Abreise wurden in diesem Gebiet zwei Missionare getötet und angeblich gegessen[124] - man fragt sich, wie es ihm gelang, diesem Schicksal zu entkommen und sich fast zwei Jahre dort aufzuhalten, ohne Augenzeuge einer solchen Handlung zu werden. Seine abschließende Beurteilung des Kannibalismus bei den Jalé schließt dennoch auch den Nährwert ein: *"In Jalémó the eating of a slain enemy, in addition to its dietary value, certainly indicates a symbolic expression of spite incorporated into an act of supreme vengeance"*[125] - wobei dieser Akt der Rache oder Strafe aufgrund der oben dargestellten Situation möglicherweise nur symbolisch und nicht real zelebriert wurde.

Als Beispiel für die Rekonstruktion einer kannibalistischen Vergangenheit seien die von G. Gillison beschriebenen Gimi im östlichen Hochland Neuguineas genannt, die zur Zeit ihres Aufenthalts zwischen 1973 und 1975 den Kannibalismus bereits seit ca. zehn Jahren nicht mehr praktizieren sollten, wie zu Beginn des Aufsatzes erwähnt ist. Den Aussagen männlicher Informanten zufolge haben die Frauen früher die Körper der verstorbenen Männer in deren Gärten zerlegt, die Teile in das Männerhaus getragen, dort weiter zerlegt und in mehrtägiger Abgeschiedenheit gegessen. Nach Abschluß dieser Handlungen wurden ihnen von den Söhnen und Brüdern des Toten Schweinefleischportionen[126] überreicht, die den von ihnen jeweils gegessenen Teilen des Leichnams entsprachen. *"That men would describe the act of women entering the men's house - let alone that they would allow it - reveals how important it was to men that women practice cannibalism"*[127]. Die damit verbundenen komplizierten Mythen seien hier nicht näher beschrieben. Interessant ist, daß die Rituale weiterhin durchgeführt werden - nur ohne den Kannibalismus, der trotz seiner zentralen Bedeutung im Bestattungszyklus problemlos aufgegeben wurde, Gillison zufolge aufgrund einer schon immer vorhandenen ambivalenten Einstellung zu dieser Praxis[128]. Beobachten konnte sie folgendes: Ein verstorbener Mann wird nach einigen Tagen in seinem Garten begraben. Die Frauen bleiben so lange in seinem Haus, bis seine Söhne und Brüder ihnen Teile gekochter Schweine überreichen, die auf die bei rituellen Anlässen übliche Weise geschlachtet worden sind. *"The partially cooked pigs' limbs and innards nowadays handed out to women as they emerge from funerary seclusion were, I suggest, once offered*

---

[123] Ebd. 49.

[124] Ebd. 41.

[125] Ebd. 50.

[126] In der Zeit, bevor Schweine in ausreichender Zahl zur Verfügung standen (vor ca. 30 Jahren), wurden Beuteltiere zu rituellen Anlässen verwendet; Gillison 1983, 36 Anm. 3.

[127] Ebd. 35, 37. Das Betreten des im Zentrum der Siedlung liegenden Männerhauses ist ihnen strikt untersagt, sie leben in eigenen Hütten am Rand; ebd. 34.

[128] Ebd. 43 Anm. 10.

to cannibals in exchange for the deceased's digested spirit"[129], was ja auch die heutige Bedeutung zu sein scheint - das Ritual ist geblieben, der angeblich zuvor im Mittelpunkt stehende kannibalistische Akt aufgegeben worden. Männlichen Informanten zufolge haben die Frauen ehemals die Toten heimlich und ohne Ritual zerlegt, gekocht und gegessen: *"All our mothers tell us: 'A man was the sweetest thing on earth to eat!' They cooked the fleshy parts in bamboo (containers) and the limbs in an earth oven. (...) Men cut pigs. (As for human meat) we just looked. But women cut men. They would grab a piece raw and quickly ram it into bamboo (...)."* Genau dies demonstrieren die Frauen mit einer Attrappe im Rahmen von Hochzeits- und Initiationsfeiern in groben, unanständigen Vorführungen, in denen sie ihr Mahl als Orgie darstellen: Sie 'zerlegen' den 'Körper', schneiden ihn auf, schleudern die Eingeweide (getrocknete Bananenblätter) in die Luft und kämpfen gierig um die einzelnen Teile: *"'I'll eat the penis. The head is mine! I put them aside for me!' shouts one woman. 'I put aside that leg!' shouts another. 'Give me! Give me! Give me!' the women all cry, as the audience laughs in appreciation of their poignant self-caricature"*[130]. Der Verdacht liegt nahe, daß die Rituale und Zeremonien früher in eben der Weise stattfanden, in der sie auch heute noch durchgeführt werden.

Die Vermutung P. Sandays, die Schlüsselsymbole des Kannibalismus würden oft auch dann beibehalten, wenn die tatsächliche Praxis abgeschafft sei[131], stützt sich ausschließlich auf derartige Rekonstruktionen, an die man glauben kann oder nicht. In ihrer Untersuchung "Divine hunger. Cannibalism as a cultural system", in der auch das Material von G. Gillison behandelt wird, stellte sie einleitend heraus, daß sie sich nicht mit der Frage beschäftigen werde, ob der Verzehr menschlichen Fleisches tatsächlich stattfindet - ihr Schwerpunkt liege auf der Interpretation der Rituale *"in which human flesh is purportedly consumed"*[132]. Einen ähnlichen Standpunkt vertrat S. Lindenbaum in der von P. Brown und D. Tuzin herausgegebenen Aufsatzsammlung "The Ethnography of Cannibalism". In ihrer Zusammenfassung der Beiträge hob sie die auch von den anderen Autoren vertretene Auffassung hervor, daß eine adäquate anthropologische Analyse über die Frage, ob Kannibalismus tatsächlich vorkommt oder nicht, hinausgehe, und eine Untersuchung der symbolischen oder ideologischen Dimensionen von berichteten Handlungen oder Glaubensvorstellungen erfordere[133]. Dies mag so sein, erübrigt aber keineswegs die vor Beginn einer Analyse notwendige Quellenkritik, die klären hilft, welche Phänomene analysiert werden[134]. Beide Publikationen sind als Reaktion auf die 1979 erschienene Untersuchung "The Man-Eating Myth" von W. Arens zu verstehen, der die Existenz des Kannibalismus in institutionalisierter Form bezweifelte, da es ihm nicht gelang, glaubwürdige Augenzeugenberichte zu benennen. Wie oben bereits deutlich geworden ist, sind seine Zweifel berechtigt, und das Problem dürfte kaum damit zu lösen sein, daß die Frage, ob Kannibalismus tatsächlich stattgefunden hat, nicht mehr nur, wie noch von E. Volhard, ignoriert, sondern zudem als irrelevant eingestuft wird.

---

[129] Ebd. 37f. und Anm. 6. Die Mutter des Toten führt seinen Unterkiefer und seinen Schädel ein Jahr mit sich - nach diesem Jahr werden die Knochen des Toten an anderen Plätzen deponiert. Wann, wie und durch wen der Schädel entnommen wird, ist unklar; die Verlagerung der Knochen wird von Männern vorgenommen.

[130] Gillison 1983, 41f.

[131] Sanday 1986, 51.

[132] Ebd. 8f.

[133] Lindenbaum 1983, 96.

[134] In beiden Darstellungen fehlt bezeichnenderweise ein Kapitel oder Beitrag, der sich mit den entsprechenden symbolischen oder ideologischen Dimensionen im europäischen Gedankengut beschäftigt - so wurden doch beispielsweise im christlichen Ritual der Eucharistie die Schlüsselsymbole des Kannibalismus beibehalten, obwohl die tatsächliche Praxis abgeschafft ist, wie man - polemisch - formulieren könnte. Die zwischen 'Ihnen' und 'Uns' gezogene Grenze, so scheint es, läßt sich durch die oben beschriebene Vorgehensweise aufrechterhalten.

3. Quellenkritische Untersuchungen

Quellenkritische Untersuchungen von Berichten über Kannibalismus sind selten. Menschenfresserei war ein Attribut von Fremden jenseits des eigenen Horizonts und wurde als solches nur selten kritisch bewertet und überprüft - die Realität des Phänomens stand immer so weit außer Zweifel, daß die in bezug auf Augenzeugen äußerst mangelhafte Quellensituation schlicht übersehen oder als unbedeutend behandelt werden konnte, und so auch die absurdesten Berichte Eingang in die wissenschaftliche Literatur fanden[135]. E. Frank erklärte dies damit, daß wir ebenso wie die Zeugen derartige Informationen vielleicht deshalb nicht augenblicklich als unglaubwürdig verwerfen, weil wir immer schon vorher von Kannibalen wüßten, die ähnlich unglaubliche Dinge praktizierten, und Kannibalismus an sich bereits die gleiche Unglaublichkeit besitze - d.h. wer Kannibalismus praktiziere, dem sei einfach alles zuzutrauen[136].

Kritische Stimmen wurden lange überhört, so etwa die von M. F. Ashley-Montagu, der die Ansicht vertrat, Kannibalismus sei tatsächlich nur *"a pure traveler's myth"*[137]. Erst mit der bereits erwähnten, 1979 veröffentlichten und eher populärwissenschaftlich konzipierten Arbeit von W. Arens "The Man-Eating Myth. Anthropology and Anthropophagy"[138], in der die Existenz einer gesellschaftlich akzeptierten und regelmäßig praktizierten Anthropophagie bestritten wird, begann eine Diskussion der Quellen und ihrer Qualität, die zuvor, wenn überhaupt, nur auf einzelne geographische Gebiete oder bestimmte Autoren bezogen erfolgte. Arens kam aufgrund seiner Analyse von Berichten über Kannibalismus aus verschiedenen Erdteilen zu dem Schluß, daß nicht einer als glaubwürdiger Augenzeugenbericht gelten könne und demzufolge Menschenfresserei als Institution in keiner Gesellschaft existiere oder existierte; gleiches postulierte er für prähistorische Zeiten. Kannibalismus sei daher nur anhand der Frage zu klassifizieren, wie Gesellschaften über dieses Phänomen denken[139], und nicht anhand der Frage, wie sie ihn angeblich praktizieren.

Bemerkenswert ist die schon angesprochene Reaktion auf diese Arbeit, die zum Teil zustimmend oder nachdenklich[140], zum Teil aber auch in drastischer Weise ablehnend war[141]. Inwieweit diese Ablehnung berechtigt ist und mit glaubwürdigen Augenzeugenberichten begründet wurde, sei im folgenden nochmals ausführlicher erörtert. Zunächst sollen zwei regionale Untersuchungen behandelt werden, die für ihr jeweiliges Gebiet die Frage nach Augenzeugen des Essens stellten und sie negativ beantworten mußten.

---

135 Vgl. z.B. Volhard 1939, 374ff. (das gesamte Kapitel über profanen Kannibalismus, in dem die Rede ist von Menschenfleischmärkten, dem Verzehr von verfaultem Fleisch, der systematischen Erzeugung oder Haltung von Menschenfleischvorräten etc., ist in diese Kategorie der Absurditäten zu stellen); vgl. ferner z.B. Henkenius 1893, bes. 351; Thurnwald 1908, 107f.; Métraux 1947, 24.

136 Frank 1987, 210.

137 Ashley-Montagu 1937, 57. Ähnlich äußerte sich P. Shankman: *"Aside from native disclaimers and blamers, there are other sources of bias that may render data questionable. Much of the information on cannibalism is of an anecdotal nature."* Shankman 1969, 60.

138 Hier zit. nach der Auflage 1980.

139 Arens 1980, 159.

140 Vgl. z.B. Kolata 1987; Brady 1982 (Rezension von Arens 1979).

141 So beispielsweise M. Sahlins' Kommentar: *"Prof. X puts out some outrageous theory, such as the Nazi's really didn't kill the Jews, human civilisation comes from another planet, or there is no such thing as cannibalism."* Sahlins 1979, 47.

3.1 E. E. Evans-Pritchard und E. Frank

E. E. Evans-Pritchard legte 1960 eine quellenkritische Analyse der Berichte zum Kannibalismus der bereits mehrfach erwähnten Zande oder Azande vor, bei denen er in den Jahren 1927-1930 Feldforschungen durchgeführt hatte[142]. Die Zande waren ehemals bekannt und berüchtigt unter dem Namen Niam-Niam, ein bei den arabischen Händlern verbreiteter Begriff, der '(Viel)Fresser' im Sinn von 'Menschenfresser' bedeutet.

Bevor Europäer in die Nähe des Gebiets der Zande kamen, hatten sie bereits detaillierte Kenntnisse über deren Aussehen und Ernährungsgewohnheiten, die auf phantastischen, seit langem unter den arabischen Einwohnern Ägyptens und des Sudans kursierenden Gerüchten über ein kannibalistisches Volk irgendwo in Zentralafrika beruhten und seit dem Ende des 18. Jahrhunderts Eingang in die europäische Literatur fanden. Neben der Gewohnheit der 'Niam-Niam', Menschen zu fressen, wurden ihnen auch Schwänze, Hundezähne und Hundegesichter zugeschrieben[143].

S. Baring-Gould stellte in seiner Sammlung "Curious Myths of the Middle Ages" Informationen über Geschwänzte, den 'Homo caudatus', zusammen. So berichtete beispielsweise ein gewisser Dr. Hubsch, Arzt in Konstantinopel, daß er 1852 erstmals eine geschwänzte Negerin gesehen hätte, die nach Auskunft ihres Besitzers, eines Sklavenhändlers, einem Niam-Niam genannten Stamm im Inneren Afrikas angehörte. Der Schwanz war angeblich *"smooth and hairless. It was about two inches long, and terminated in a point."* Die Frau hatte seiner Beschreibung zufolge gefeilte Zähne, blutunterlaufene Augen, aß rohes Fleisch und erwies sich wegen ihrer Vorliebe für Menschenfleisch, die sie nicht verbergen konnte, als unverkäuflich. Ihr Stamm ernähre sich von Gefangenen, aber auch von eigenen Toten, weshalb es dort keine Friedhöfe gebe. *"They live in a state of complete nudity, and seek only to satisfy their brute appetites. There is among them an utter disregard for morality, incest and adultery being common. (...) It is difficult to tame them altogether; their instinct impelling them constantly to seek for human flesh; and instances are related of slaves who have massacred and eaten the children confided to their charge. I have seen a man of the same race, who had a tail an inch and a half long, covered with a few hairs"*[144]. In diesem Bericht ist das 'Wissen' über die Zande zusammengestellt, das sich mit Ausnahme der Schwänze in ähnlicher Form auch nach der Kontaktaufnahme mit diesem geheimnisvollen Volk nicht änderte, obwohl keiner der Reisenden den von ihnen beschriebenen, angeblich allgemein verbreiteten Kannibalismus mit eigenen Augen beobachten konnte, wie E. E. Evans-Pritchard in seiner Analyse überzeugend darlegte. Sie waren zwar aufgrund ihres Vorwissens und ihres morbiden Interesses[145] an diesem Thema, das sie mit den Arabern teilten, *"on the look-out for any evidence which would support their expectations"*[146], die Zeugnisse oder Beweise beschränken sich jedoch zumeist auf die Interpretation von Verhaltensweisen[147], auf Indizien und auf die Wiedergabe von blutrünstigen Geschichten, die bei Nachbarstämmen, mohammedanischen Kaufleuten, Sklavenhändlern, nubischen Söldnern etc. in Umlauf waren - dies gilt auch für die Zeit vor der Etablierung der kolonialen Administration gegen Ende des 19. bzw. zu Beginn des 20. Jahrhunderts, also für eine Zeit, in der die Zande nicht den geringsten

---

[142] Hier zitiert nach Evans-Pritchard 1965. Das Gebiet der Zande lag im Sudan (damals anglo-ägyptisch), in Zaire (damals Belgisch-Kongo) und in der Zentralafrikanischen Republik (damals zu Französisch-Äquatorialafrika gehörig). Evans-Pritchard führte seine Forschungen hauptsächlich im Sudan durch, im Auftrag der Kolonialregierung.

[143] Evans-Pritchard 1965, 136f.

[144] Baring-Gould 1967, 157f.; weitere Berichte über die Schwänze der Niam-Niam ebd. 154ff. Vgl. Kremser 1981a, 88, der hervorhob, daß dieses Thema Gegenstand ernsthafter wissenschaftlicher Diskussionen war.

[145] Evans-Pritchard (1965, 161) betonte, man könne bei Zeugnissen vom Hörensagen nicht vorsichtig genug sein. Sowohl Europäer als auch Araber scheinen ein morbides Interesse am Kannibalismus zu haben und bereit zu sein, nahezu jede Geschichte darüber zu glauben. Umgekehrt waren viele Zande davon überzeugt, daß die britischen Ärzte Kannibalen wären und Operationen nur durchführten, um sich zur Befriedigung dieser Neigung mit Fleisch zu versorgen.

[146] Ebd. 133.

[147] So beschrieb G. Schweinfurth eine Szene auf eine Art, die der oben zitierten Diktion von Dr. Hubsch nicht nachsteht: Nach einem Hüttenbrand, bei dem sechs Sklavinnen umgekommen waren, wurden die Aufräumarbeiten am folgenden Morgen von Sklaven durchgeführt, *"ein scheußlicher Anblick, bei welchem selbst die Neger des Landes einige Bewegung verrieten, während neue Niamniamsklaven sich mit unverhohlener Gier in dem von brenzligem Fleischgeruch erfüllten Schutt zu schaffen machten und die Trümmer wegräumen halfen."* Schweinfurth o.J. (1874), 105.

Anlaß gehabt hätten, die ihnen unterstellte allgemein übliche Praxis der Menschenfresserei[148] in irgendeiner Weise zu verbergen.

Der erste Europäer, der mit Zande in ihrem eigenen Gebiet, zumindest an der nördlichen Peripherie, in Kontakt kam, war der walisische Händler J. Petherick, der in zwei Reisebeschreibungen 1861 und 1869 auch über ihren Kannibalismus zu berichten wußte, vornehmlich vom Hörensagen - von ihren nördlichen Nachbarn wurden sie als kriegerisch und wild beschrieben, *"feasting on their fallen enemies"*; entflohene Sklaven sollen, wurden sie ergriffen, geschlachtet und gegessen worden sein. Die Niam-Niam selbst *"seemed to glory in their reputation of cannibalism"* und informierten ihn darüber - auf welche Weise bleibt unklar - daß sie ihre Alten und Kranken töten und essen würden. Von seiner letzten Reise, auf der ihn seine Frau begleitete, brachte er die Information mit, daß bei den Abarambo, die heute von den Zande nicht mehr zu unterscheiden sind, die Leichen von Verstorbenen für Lanzen an den Meistbietenden verkauft würden, der, *"after cutting off the quantity required for his own consumption, will retail the remainder as a butcher would a sheep."* Da Petherick sich nicht bei den Abarambo aufgehalten hatte, kann auch dies nur auf Hörensagen beruhen[149].

Andere Berichte sind nicht besser. C. Piaggia, der sich von 1863 bis 1865 im Gebiet der Zande aufhielt, vornehmlich am Hof von König Tombo, wurde ebenfalls kein Augenzeuge. J. Poncet erfuhr von seinen Angestellten, daß die Zande ihre Toten begraben und nur die Feinde, die sie im Krieg getötet haben, essen[150].

Große Bedeutung kommt G. Schweinfurth zu, der 1874 in seiner Reisebeschreibung "Im Herzen von Afrika" auch über die Zande und ihre kannibalistischen Gebräuche zu berichten wußte und diese damit aufgrund seiner allgemein anerkannten Reputation endgültig auch in der wissenschaftlichen Welt etablierte[151]. Daher soll sein Bericht ausführlich behandelt werden. Er reiste 1870 drei Monate als Mitglied einer großen arabischen Karawane durch die östlichsten Distrikte des Zande-Gebiets. Dies erfolgte auf bequeme Weise, wurde er doch von den Mohammedanern mit größtem Respekt behandelt - u.a. stand ihm eine Tragbahre zur Verfügung, auf der er sich von Eingeborenen über Bäche und Pfützen tragen ließ: *"Es war mir ganz lieb, daß auch diese Völker beizeiten eine richtige Vorstellung von der großen Superiorität eines Europäers erlangten und daß ich nicht zu fürchten brauchte, von den Eingeborenen als eines Stammes mit dem nubischen Gesindel betrachtet zu werden. Ebenso wichtig war es, daß ein gleicher Eindruck, meinen Schritten vorauseilend, auch auf die Niamniam und fernen Monbuttu gemacht wurde (...)"*[152].

Über den Kannibalismus der Zande konnte er detailliert berichten, jedoch auch nicht als Augenzeuge, sondern aufgrund von Indizien und Geschichten vom Hörensagen. Ein Teil seiner Schädelsammlung bestand seiner Ansicht nach aus Überresten von Kannibalenmahlzeiten[153], daher werde niemand den wohlbegründeten Ruf der Menschenfresserei in Frage stellen wollen. Es gebe zwar Ausnahmen von der Regel, verabscheue doch beispielsweise Häuptling Uando - der einzige, den er kennenlernte - den Genuß von Menschenfleisch[154]. Im großen und ganzen aber *"darf man getrost die Niamniam als ein Volk von Anthropophagen bezeichnen, und wo sie Anthropo-*

---

[148] Fast alle Autoren gaben als Motiv 'Fleisch' an, also den Verzehr von Menschen aus Nahrungs- oder Geschmacksgründen.

[149] Evans-Pritchard 1965, 134.

[150] Ebd. 137.

[151] Vgl. z.B. Volhard 1939, 66ff.; Schlenther 1960, 123.

[152] Schweinfurth o.J. (1874), 115.

[153] Nach seiner Rückkehr von den Monbuttu, die er im Anschluß aufgesucht hatte, brachten ihm Zande ebenfalls Schädel, und zwar nach einem gemeinsam von Nubiern und 'Niam-Niam' durchgeführten Feldzug gegen die Babuckur zwecks der Beschaffung von Sklaven: *"Diese Schädel brachten mir Eingeborene, wenige Tage nach beendigtem Kriegszug, in frisch gekochtem Zustand. Sie wußten vom Monbuttuland her, daß ich dafür mit Kupferringen zahlte. Geschehen war geschehen, ich konnte nicht anders, als sie wissenschaftlich zu verwerten."* Ebd. 286. Sie wußten zweifellos ebenso, daß er nur für Schädel zahlte und nicht für Köpfe, was es notwendig machte, diese abzukochen.

[154] Dies meinte auch Emin Pasha (Eduard Schnitzer), der Gouverneur der Äquatorialprovinz, wohingegen ein anderer Reisender, G. Casati, die Gier Uandos (König Wandos) nach Menschenfleisch beschrieb - während eines Festmahls sagte er angeblich, mit dem servierten Tierfleisch unzufrieden: *"Oh, my dear friend, after abstaining so long from it, I am burning with the desire to eat human flesh"*, wozu Evans-Pritchard (1965, 142f.) bemerkte, daß man gerne erfahren würde, *"in what language such remarkable, and one must add incredible, statements were supposed to have been made."*

phagen sind, sind sie es ganz und machen auch kein Hehl daraus. Die Anthropophagen rühmen sich selbst vor aller Welt ihrer wilden Gier, tragen voll Ostentation die Zähne der von ihnen Verspeisten, auf Schnüre gereiht wie Glasperlen, am Halse und schmücken die ursprünglich nur zum Aufhängen von Jagdtrophäen bestimmten Pfähle bei den Wohnungen mit Schädeln ihrer Opfer. Am häufigsten und von allgemeinstem Gebrauch wird das Fett von Menschen verwertet. Dem Genuß ansehnlicher Quantitäten desselben schreiben sie allgemein eine berauschende Wirkung zu; es gelang mir nicht, die Ursache, welche zu dieser sonderbaren Vorstellung Veranlassung gegeben hat, zu erspähen, so oft mir auch von den Niamniam selbst die Sache mitgeteilt wurde. Verspeist werden im Krieg Leute jeden Alters, ja die alten häufiger noch als die jungen, da ihre Hilflosigkeit sie bei Überfällen zur leichteren Beute des Siegers gestaltet. Verspeist werden ferner Leute, die eines plötzlichen Todes starben und in dem Distrikt, wo sie lebten, vereinzelt und ohne den Anhang einer Familie dastanden. Die Nubier wollen sogar Fälle konstatiert haben, in denen Träger von ihren Karawanen, welche, den Strapazen der Reise erliegend, unterwegs verscharrt wurden, aus ihren Gräbern geholt worden sind. Nach den von Niamniam selbst eingezogenen Nachrichten und Erklärungen verabscheuen diejenigen, welche überhaupt Anthropophagen sind, nur dann den Genuß von Menschenfleisch, wenn der Körper einem an ekelhaften Krankheiten Verstorbenen angehörte. Andere wiederum beteuerten, daß bei ihnen zu Hause das Menschenfressen in so hohem Grade Gegenstand des Abscheus sei, daß jedermann sich weigere, mit einem Anthropophagen aus einer Schüssel zu essen"[155].

Dieser bekannte Abschnitt aus seinem Werk, der den Eindruck zu erwecken vermag, Schweinfurth hätte engen Kontakt zu den Zande unterhalten und sich sehr darum bemüht, ihre kannibalistischen Gebräuche zu erforschen, täuscht durch die Formulierungen darüber hinweg, daß er allenfalls hin und wieder die beschriebenen Pfähle gesehen haben kann[156], deren Interpretation, ebenso wie die der Schädelsammlung, auf seiner Phantasie beruhte, die durch die der Mitglieder der Karawane, vermutlich seine Hauptinformationsquellen, gestützt wurde. Ein Teil seiner Angaben ist der Arbeit Piaggias entnommen, ohne dies zu vermerken, wie Evans-Pritchard nachwies[157]. Zudem mußte er den überwiegenden Teil seines Berichts aus der Erinnerung niederschreiben, da seine Notizen Anfang Dezember 1870, nach dem Besuch bei den Zande und Monbuttu, durch einen Brand vernichtet wurden[158]. Er konnte sich weder mit den Zande noch mit den Monbuttu verständigen, sondern benötigte einen bzw. mehrere Dolmetscher.

Der von ihm behauptete allgemein übliche Gebrauch von menschlichem Fett kann gleichfalls nur auf dubiosen Gerüchten beruhen: *"From the evidence of his own narrative it is clear that Schweinfurth had only the most superficial knowledge of what was happening around him and I do not see how he could possibly have discovered that human fat was universally sold, even if it was. Moreover, he does not say that he actually saw it being sold or, indeed, saw it at all"*[159]. Nur gegen Ende seiner Reisebeschreibung findet sich nochmals eine diesbezügliche Andeutung, in der er seine Situation als Wanderer in der dritten Person darstellte: *"Beim Schimmer einer kleinen Öllampe, die er sich selbst ersonnen und in welcher jenes zweifelhafte Fett brennt, dessen Geruch allein schon mit Mißtrauen gegen die Humanität der Eingeborenen erfüllt, schreibt er die Erlebnisse des Tages nieder"*[160]. Daß er hier auf Menschenfett anspielt, ist offensichtlich - wie es aber vorstellbar sein soll, die riesige Karawane mit solchem Fett zu versorgen, ohne daß Schweinfurth näheres dazu sagen kann, bleibt rätselhaft. An anderer Stelle, bezogen auf die Monbuttu, beschrieb er ausführlich die verschiedenen Fette und Ölsorten, die aus Pflanzen und Termiten gewonnen wurden, darunter eine Sorte, die als Beleuchtungsmittel Verwendung fand[161].

Bei den ebenfalls als Kannibalen beschriebenen Monbuttu, die von der Karawane im Anschluß aufgesucht wurden, soll Menschenfett allgemein in Gebrauch gewesen sein - auch hier hat er nichts gesehen und geht über diese kurze Bemerkung nicht hinaus. Menschenfleisch wäre der Inbegriff ihrer kulinarischen Genüsse, und sie versor-

---

[155] Schweinfurth o.J. (1874), 185f.

[156] Vgl. z.B. ebd. 158ff., wo er von Pfählen zur Befestigung von Jagd- und Kriegstrophäen sprach, darunter Arme und Füße in halb skelettiertem Zustand, die daher auch nicht gegessen worden sein können. Evans-Pritchard zufolge (1965, 141) ist es bekannt, daß Azande manchmal Schädel, Hände und Füße als Kriegstrophäen mitbrachten.

[157] Evans-Pritchard 1965, 139f. (z.B. Heiratssitten).

[158] Schweinfurth o.J. (1874), 313.

[159] Evans-Pritchard 1965, 141.

[160] Schweinfurth o.J. (1874), 289.

[161] Ebd. 228.

gen sich auf Raubzügen mit hinreichend großen Vorräten. *"Die erbeuteten Kinder verfallen, nach den Angaben zu urteilen, die mir gemacht wurden, als besonders delikate Bissen der Küche des Königs."* Für König Munsa sollen fast täglich eigens kleine Kinder geschlachtet worden sein. Beim Essen durfte ihn niemand beobachten, und seine Mahlzeitreste wurden in eine dafür bestimmte Grube geworfen - Vorratskammern und Grube hatte Schweinfurth besichtigt, ohne dabei Überreste von Kindern zu erwähnen[162]. Überall im Land stieß er angeblich auf Hinweise für den Kannibalismus der Monbuttu, u.a. in einer Hütte auf den noch frischen Arm eines Menschen, der zum Räuchern oder Dörren über dem Feuer hing. Unmittelbar darauf berichtete er, daß er König Munsa fragen ließ, *"weshalb gerade jetzt, wo wir im Land wären, keine Menschen geschlachtet würden. König Munsa erklärte offen, er wisse, es sei dies für uns ein Greuel, und deshalb würde alle Menschenfresserei, solange wir anwesend seien, verheimlicht"*[163]. Dies ist nicht nur im angeführten Textzusammenhang völlig unlogisch, hatte er doch kurz zuvor angeblich die Zubereitung einer Kannibalenmahlzeit entdeckt, sondern auch angesichts einer früher beschriebenen Szene, wo er den Monbuttu sagen ließ, sie sollten Menschenschädel herbeischaffen, *"soviel als ihr deren von euren Mahlzeiten erübrigt, euch taugen sie doch zu nichts, ich aber gebe euch Kupfer"*[164]. Daraufhin wurden große Mengen an Schädeln und Schädelteilen herbeigeschleppt, was ihn von den kannibalistischen Sitten der Monbuttu vollends überzeugte: *"Sie glaubten, es wäre mir nur um die Masse zu tun, und ich hatte Mühe, den Leuten begreiflich zu machen, daß ich nur intakte Schädel gebrauchen könne, nur für solche würde ich Kupfer hergeben, ich verspräche aber jedes vollständige Stück mit einem großen Armring zu bezahlen. Die meisten Schädel waren nämlich zertrümmert, um das Hirn bequemer herausnehmen zu können."* Überzeugender ist die von ihm selbst erwähnte Erklärung, daß die Leute dachten, er zahle stückweise, und sich daher bemühten, die Stückzahl durch die Zertrümmerung der Schädel zu erhöhen. Nachdem er diesen Irrtum aufgeklärt hatte, wurden besser erhaltene Exemplare abgeliefert: *"Der Zustand, in welchem ich viele Stücke empfing, ließ erkennen, daß sie in Wasser gekocht und mit Messern abgeschabt worden waren; einige schienen direkt von den Mahlzeiten der Eingeborenen zu kommen, denn sie waren noch feucht und trugen den Geruch von frisch Gekochtem an sich; viele sahen aus, als wären sie unter altem Kehricht und Küchenabfällen aufgelesen worden"*[165]. An die Möglichkeit, daß die frisch abgekochten Schädel von Menschen stammen könnten, die eigens für ihn und sein Kupfer umgebracht worden waren, verschwendete er keinen Gedanken.

Die Gelegenheit, sich vom Kannibalismus der Monbuttu mit eigenen Augen zu überzeugen, nahm er nicht wahr: *"Die Aussicht, mich bei weiterem Vordringen von den Monbuttu selbst ins Schlepptau nehmen zu lassen, hatte etwas Verzweifeltes. Ich hätte mich ihren Raubzügen nach Menschenfleisch anschließen, ein täglicher Zeuge ihrer kannibalischen Grausamkeiten sein müssen. Mit einem Wort, bei ernsterer Überlegung erschien mein Vorhaben unausführbar"*[166]. So kehrte er mit der Karawane in das Gebiet der Zande zurück, die ihn, wie bereits erwähnt, nun ebenfalls mit Schädeln belieferten. Er verließ sie nicht, ohne nochmals in herzergreifender Weise ihren Kannibalismus zu schildern: Als er zu einem Gehöft kam, saßen vor einer Hütte eine alte Frau und zwei Kinder, die Kürbisse zerschnitten, vor der anderen Hütte ein Mann mit einer Mandoline. *"Zwischen beiden, auf einer Matte hingestreckt, lag unbedeckt und den glühenden Strahlen der Mittagssonne preisgegeben ein neugeborenes Kind; (...). Alle paar Minuten gab es einen schwachen Atemzug von sich. Meine Begleiter, befragt, was das zu bedeuten habe, erzählten ohne Umschweife, es sei die Leibesfrucht einer auf dem letzten Raubzug erbeuteten Sklavin, die man nach einem anderen Platz gebracht hätte, nachdem ihr das Kindlein abgenommen worden, dessen Pflege ihre Verwertung für die Hausarbeit beeinträchtigt haben würde. Das Würmchen mußte sie zurücklassen, denn es war dazu bestimmt, als leckerer Braten Verwendung zu finden. Man ließ es erbarmungslos so lange liegen, bis es verendet sein würde; man fand es ganz selbstverständlich, dabei gelassen den häuslichen Beschäftigungen nachzugehen, bis der Moment gekommen wäre, das Würmchen in den Kochtopf zu stecken"*[167]. Was immer die

---

[162] Ebd. 229, 214. Auf die Herkunft seiner Informationen wies er an späterer Stelle hin (ebd. 231), wo er sich auf die Erzählungen der nubischen Söldner berief.

[163] Ebd. 230.

[164] Ebd. 209. Zudem war König Munsa ein unabhängiger Herrscher, der zwar mit den Arabern Handel trieb, aber in keiner Weise von ihnen abhängig war und sich auch dem Europäer Schweinfurth gegenüber alles andere als unterwürfig zeigte.

[165] Ebd. 210.

[166] Ebd. 218.

[167] Ebd. 287.

Grundlage dieser romanhaft beschriebenen, phantastischen Szene war - er beobachtete nicht, was tatsächlich passierte. E. E. Evans-Pritchard wies darauf hin, daß nach seiner Kenntnis die Zande Kinder viel zu sehr schätzen, als daß sie ihren Tod zulassen würden: *"But, apart from such considerations, Schweinfurth gives not the slightest evidence that the baby was in fact cooked and eaten or that anyone had any intention of cooking and eating it"*[168]. G. Schweinfurth mag selbst von dem überzeugt gewesen sein, was er über den Kannibalismus der Zande und Monbuttu berichtete - aus heutiger Sicht kann dies nur seiner Leichtgläubigkeit und seiner offenbar lebhaften Phantasie zugeschrieben werden.

Andere Reisende wußten nichts derartiges zu berichten. So führte beispielsweise W. Junker, der von 1875 an über zehn Jahre Zentralafrika erforschte und davon die meiste Zeit bei den Azande verbrachte, nicht eine Gelegenheit an, bei der er Zeuge einer kannibalistischen Handlung war, angesichts der immer wieder behaupteten üblichen Praxis des Menschenfressens eine erstaunliche Leistung. Er traf lediglich die allgemeine Feststellung, daß die Zande Anthropophagen seien, *"sie fröhnen dem Genuß des Menschenfleisches, aber es giebt bei ihnen unstreitig auch Leute, die kein Menschenfleisch essen (...)"*[169], wohl mehr eine Konzession an die verbreitete Überzeugung seiner Zeit und eine Untermalung seiner generellen Einstellung zu Negern[170]. Es scheint, so E. E. Evans-Pritchard, daß Junker, *"who traversed Zandeland in all directions, saw no human skulls and hands and feet and fat or new-born babies awaiting the pot."* Sein Schweigen sei umso bedeutsamer, als auch andere, die sich dort länger aufhielten, nicht darüber berichteten, abgesehen von allgemein gehaltenen Behauptungen, die Zande wären Kannibalen[171], auf die inzwischen wohl niemand mehr verzichten konnte, sollte sein Bericht glaubwürdig erscheinen.

Gegen Ende seiner Untersuchung, nachdem er die Berichte zum Kannibalismus im einzelnen analysiert hatte und sämtlich in überzeugender Weise als unglaubwürdig verwerfen konnte, kam Evans-Pritchard dennoch zu dem überraschenden Ergebnis, daß Kannibalismus zumindest von einigen Azande praktiziert worden sei: *"Now, I think that no one will deny that the evidence of the travellers, each considered independently, ranges from the dubious to the worthless; but there is no smoke without fire, and taking all the evidence together we may conclude that there is a strong probability that cannibalism was practised by at any rate some Azande"*[172]. Begründet wurde dies mit zwei Berichten, einer von Major P. M. Larken, der andere von Monsignor C. R. Lagae, die beide mehrere Jahre bei den Azande verbrachten und deren Sprache flüssig beherrschten - ihre Angaben basierten jedoch nicht *"on anything seen, only on things heard"*[173], nämlich auf den Aussagen von Informanten. Hinzu kommen seine eigenen Notizen, wobei er anmerkte, daß er die Frage des Kannibalismus während seines Aufenthalts bei den Zande nur unzureichend verfolgt hätte[174].

Die Angaben der Informanten bezogen sich auf drei Bereiche: auf eine unbestimmte Vergangenheit, auf 'primitive' Zande bzw. von diesen eroberte Stämme und andere Clans sowie auf Hexen. Der Kontext der Hexerei wurde jedoch von Evans-Pritchard nicht angesprochen, obwohl in der Arbeit von Lagae die diesbezüglichen Begriffe erwähnt sind: *"Les Azande ont certes dans leur langue un terme qui désigne la chair humaine: kawa, et les mangeurs de chair humaine: alikawa"*, was aber nicht genauer ausgeführt wird. Die eigentlichen Zande seien keine Kannibalen, nur einige ursprünglich fremde Gruppen, die heute zu ihnen zählen[175]. Nach M. Kremser werden Personen, die Menschenfleisch essen, von den Azande 'Alikawa' genannt, was in der Literatur mit 'Kannibalen' übersetzt wurde. Das Wort 'kawa' hat aber zwei Bedeutungen. Eine bezieht sich auf materielles Menschenfleisch, die andere wird im Kontext der Hexerei als symbolisches Stück Menschenfleisch im Sinn der ihm innewohnenden Lebenskraft verwandt, die Hexen nachts ihrem Opfer rauben und sich einverleiben oder aufbewahren. Dieser symbolische Aspekt wurde von den europäischen Forschungsreisenden nicht immer vom materiel-

---

[168] Evans-Pritchard 1965, 140.

[169] Junker 1890, zit. nach Kremser 1981a, 101.

[170] Vgl. ebd. 98ff.

[171] Evans-Pritchard 1965, 141ff.

[172] Ebd. 153.

[173] Ebd.

[174] Ebd. 154.

[175] Zit. nach ebd. 150f.

len unterschieden und so, sicher auch gefördert durch die plastischen Schilderungen der Handlungen der Hexer durch die Azande selbst[176], hielt sich das Bild der menschenfressenden Niam-Niam[177].

Wie bereits C. R. Lagae meinte auch P. M. Larken, daß die eigentlichen Azande leugnen würden, ihre Vorfahren seien Kannibalen gewesen; diese Sitte wäre auf die von ihnen eroberten Stämme begrenzt, so etwa die Bangminda, von denen gesagt wurde: *"they used to dig holes in their houses and cover them with leaves, and invite a passer-by to sit down there; whom, having fallen into the hole, they would despatch by pouring boiling water upon him"*, nach Larkens eigenem Urteil jedoch eine Geschichte, die kaum wahr sein könne[178].

Dieser "Fremdgruppentheorie" schloß sich auch Evans-Pritchard an, obwohl sein eigenes Material dem insofern widerspricht, als nach Angabe der Azande in alten Zeiten allgemein Menschen gegessen worden sein sollen: *"no elderly Zande whom I have known to be well informed, a man of affairs, and a thruthful person, has ever, in spite of the embarrassment sometimes felt, attempted to deny that men were eaten in old times, only not by him."* Gegessen worden seien im Krieg Getötete[179] und Verbrecher; in Zeiten der Hungersnot seien Töchter ausgetauscht worden, um sie zu essen - dies ist jedoch als historische Tradition zu verstehen, und niemand hat behauptet, Zeuge einer solchen Handlung gewesen zu sein[180]. In diesen Rahmen gehört eine von Evans-Pritchard aufgezeichnete Geschichte, die Clangegensätze beschreibt und sich auf eine unbestimmte Zeit in der Vergangenheit bezieht, in der die Azande noch wie Tiere im Busch waren, weil sie Menschen töteten und ihre Kameraden aßen, genau wie Löwen, Leoparden und wilde Hunde. Wenn ein Mann damals starb, schnitt sich ein Zande Fleisch ab, nahm es mit nach Hause, schmorte es lange Zeit in einem nur für diesen Zweck bestimmten Topf und trocknete es. Sobald ihm danach war, kochte er sich etwas davon. Die Zande aßen Leute wegen des Fleisches. *"It is thus in truth that Azande used to eat people in the past. Those clans who used to eat people in the past, as Kuagbiaru himself witnessed, were the Akpura, the Agiti, the Abamburo, and many other clans besides. For in the past almost all Azande used to eat people."* Die, die keine Menschen aßen, sahen die anderen als Löwen, Leoparden, Hyänen und wilde Hunde. Sie hatten Angst, auch gegessen zu werden, und die Menschenfresser waren *"in the eyes of men repulsive, horrible people (...). When they came to court, the young warriors gathered around them to ask them about it; since they ate people how did they go about it to eat them? Everybody gathered around them to look at them"*[181].

E. E. Evans-Pritchard kam zu dem Schluß *"that as far as most of Zandeland is concerned cannibalism was a rare practice, was generally practiced only in war, and probably, though, I would add, for the most part, by foreign elements"*[182], d.h., daß er einen Teil der auf Beschuldigungen und Gerüchten basierenden Erzählungen in diesem

---

[176] Ein Zande-Text beschreibt den Vorgang folgendermaßen: Die Hexe, die einen Menschen haßt, geht in Begleitung von anderen Hexen zu seinem Gehöft, holt ihn aus seinem Bett und wirft ihn ins Freie. *"Alle Hexen versammeln sich um ihn herum und zerreißen ihn fast zu Tode. Sobald jede Hexe einen Teil seines Fleisches ergriffen hat, brechen sie auf und kehren zu ihrem Versammlungsplatz zurück. Sie nehmen einen kleinen Hexerei-Topf und beginnen, das Fleisch dieses Mannes darin zu kochen (...)."* Evans-Pritchard 1937, zit. nach Kremser 1981b, 29.

[177] Kremser 1981b, bes. 29f.

[178] Zit. nach Evans-Pritchard 1965, 151.

[179] An späterer Stelle bemerkte Evans-Pritchard, daß kein Grund vorläge, warum die Zande den Kannibalismus unmittelbar nach der Besetzung des Landes durch die Europäer aufgegeben haben sollten, *"at any rate until European repugnance of the custom had been enforced by punitive action. Yet I have not seen recorded any trial of a man on that charge; and, further, I have seen no statement by Belgian officers (...) that anyone was eaten in the long and bloody campaigns they fought in the Congo against the Azande or with the Azande as their allies, campaigns which must have afforded opportunities for cannibalistic feasts on a grand scale."* Evans-Pritchard 1965, 154f. Die einzige Ausnahme stellte F. Delanghe (1894) dar, ein belgischer Offizier, der jedoch auch nicht von kannibalistischen Handlungen berichtete, sondern von einem angeblichen Verbot des inzwischen verstorbenen Königs Wando; ebd. 144f.

[180] Ebd. 153. Genannt wurden Angehörige anderer Clans, die in Kriegen untereinander und gegen die Derwische Gefallene gegessen haben sollen. Die Azande fügen ihr Zeugnis dem der Europäer hinzu - viele der Völker, die heute zu den Azande gerechnet werden, wurden von ihnen des Kannibalismus beschuldigt, und wir stünden denselben Schwierigkeiten gegenüber wie bei der Frage des Kannibalismus der Zande insgesamt, insofern auch diese Beschuldigungen auf Behauptungen und Hörensagen beruhen (ebd. 155).

[181] Evans-Pritchard 1956b, 73f., zit. nach Arens 1980, 149f.

[182] Evans-Pritchard 1965, 158.

Fall akzeptierte, die eigentlichen Azande aber weitgehend ausschließen wollte. Da sich die Reisenden, deren Berichte analysiert wurden, sowohl bei den eigentlichen Azande als auch bei den *"foreign elements"* aufgehalten hatten und in keinem Fall Augenzeugen einer kannibalistischen Handlung geworden sind, ist dieser Argumentation, die auch seinen eigenen Kriterien widerspricht, nicht zu folgen. Sie läßt die Logik und Klarheit vermissen, die den ersten Teil seiner Analyse auszeichnete, und erscheint insgesamt so undeutlich und widersprüchlich, daß nicht mit Sicherheit zu erschließen ist, ob Evans-Pritchard tatsächlich der Meinung war, einige Azande seien in der Vergangenheit Kannibalen gewesen. Am Ende betonte er nochmals die Notwendigkeit der Vorsicht gegenüber Informationen vom Hörensagen[183].

E. Frank veröffentlichte 1987[184] eine "Kritische Studie der Schriftquellen zum Kannibalismus der panosprachigen Indianer Ost-Perus und Brasiliens". Sie basierte auf ca. 150 Quellen, die als Grundlage der gängigen, zusammenfassenden ethnographischen Arbeiten zum Thema Kannibalismus gedient hatten. Über die Hälfte dieser Quellen war bereits im ersten Arbeitsschritt, in dem die Trennung nach Primär- und Sekundärinformationen erfolgte, von der Untersuchung auszuschließen, da es sich um eindeutige, häufig fehlerhafte Zitate und Übertragungen der Information Dritter handelte. Von den rund 60 verbliebenen Quellen, verfaßt von 40 Autoren, die höchstens vier- bis fünfmal zu einer oder zu verschiedenen Gruppen Aussagen machten, konnte E. Frank insgesamt vier benennen, die über jeden Zweifel erhaben schienen, davon zwei aus diesem Jahrhundert[185]. In ihnen wurde vom rituellen Trinken der Knochenasche Verstorbener in drei unterschiedlichen Stammesgruppen der panosprachigen Indianer Ost-Perus berichtet. Alle anderen, in denen zumeist von endo- oder/und exokannibalistischem Fleischverzehr die Rede war, hielten einer quellenkritischen Prüfung der Aussagen selbst oder der Umstände, unter denen sie gemacht wurden, nicht stand und mußten als 'unsicher' bis 'äußerst zweifelhaft' beurteilt werden[186].

Wenn endo- oder exokannibalistisches Fleischessen von einer oder einigen der panosprachigen Gruppen praktiziert worden wäre, hätten sich angesichts von über 400 Jahren Kontaktgeschichte Frank zufolge eindeutigere Belege in den Quellen finden lassen müssen. Ihr Fehlen sei nicht mit dem häufig angeführten Argument zu erklären, daß derartige Praktiken oft nach dem ersten Kontakt mit Europäern aufgegeben wurden und daher in den meist später entstandenen Quellen keinen Niederschlag mehr finden konnten, da auch andere Bräuche trotz intensiver Verurteilung seitens der Europäer teilweise bis in dieses Jahrhundert beibehalten wurden[187]. Aufschlußreich ist die von ihm nur in einer Anmerkung formulierte Frage, ob die Taten der Kannibalen ihr negatives Image im europäischen Denken produzierten, oder ob nicht vielmehr umgekehrt das negative Image aller nicht-europäischen Völker die oder zumindest einige Kannibalismus-Anklagen als adäquaten sprachlichen Ausdruck seiner selbst produzierten[188]? Auf diese Möglichkeit deuten nicht nur das Fehlen von Augenzeugenberichten, sondern auch die unterschiedlichen Bilder, die zeit-, personen- und ereignisabhängig von den Handlungen und Motiven der angeblichen Kannibalen in den Berichten über sie entworfen wurden.

So stellte E. Frank beispielsweise bei den Cashibo eine interessante Entwicklung fest. In den Quellen erschienen sie bis etwa 1790, obwohl bekannt, nicht als Kannibalen. Dann wurden sie, bis etwa 1920, in fast allen Quellen, die sie erwähnten, als Kannibalen der 'tierischen' Variante beschrieben, die Menschen jagten und ihre Verwandten töteten und fraßen, um ihre Gier nach Menschenfleisch zu befriedigen. A. H. Keane berichtete z.B. 1909, daß sie ihre Eltern aßen, aber auch die Schreie des Wildes nachahmten, um Jäger zu fangen und zu fressen[189]. Etwa ab 1830 gab es dann auch Quellen, die sie als Kannibalen der 'menschlichen' Variante beschrieben, nämlich als

---

[183] Ebd. 161.

[184] Hier zit. nach der Auflage 1988.

[185] Amahuaca (Dole 1962); Cashibo (Wistrand, vgl. Frank 1988, 178).

[186] Frank 1988, 177ff.; ders. 1987, 219f.

[187] Frank 1988, 181.

[188] Ebd. VII Anm. 20.

[189] Zit. nach Hogg 1958, 70; ursprünglich berichtet bei Smyth und Lowe 1836, basierend auf einer Erzählung von Padre Plaza, der bei den Setebo missionierte: *"(...) when a Cashibo is pursuing the chase in the woods, and hears an other hunter imitating the cry of an animal that he is in pursuit of, he immediately makes the same cry, for the purpose of enticing the other within his reach and, if he is of an other tribe, kills him if he can, and eats him."* Zit. nach Frank 1988, 44. Vgl. auch Volhard 1939, 341.

rituelle Endokannibalen, die ihre Verwandten aus Pietät aßen[190]. Dann schienen sie auch diese Sitte aufgegeben zu haben, und G. Tessmann bemerkte 1930: *"Indessen ist es sehr möglich, daß sie beim Abkochen der Gebeine und des Schädels zum Zwecke der Herstellung von Pfeilen bzw. Trophäen auch mal in dieser oder jener Sippe Menschenfleisch des Fleisches halber essen oder aßen. Meine Kaschibo leugneten dies zwar ganz energisch und erklärten es für eine Lüge ihrer Feinde, der Tschama. Auch ein Nokomán, der bei den Kaschibo länger gewesen war, sagte, daß die Kaschibo nur mal von der Suppe schlürften ... Die Kaschibo leugneten auch dies"*[191]. Auf den Hinweis Tessmanns, daß Kopf und Körperteile abgekocht wurden, um die Knochen zu erhalten, sei an dieser Stelle ausdrücklich aufmerksam gemacht, da derartige Vorgänge selten erwähnt und dann meist a priori mit Kannibalismus in Verbindung gebracht werden. An späterer Stelle wird darauf zurückzukommen sein. Nach 1940 wurde festgestellt, daß zumindest eine Untergruppe der Cashibo Knochenasche ihrer Verstorbenen trank, sie den Gedanken an Menschenfleisch aber verabscheuten und sich unter anderem deshalb vehement gegen die sie von allen Seiten bedrängenden Repräsentanten der europäischen Zivilisation zur Wehr setzten, weil sie der Überzeugung waren, daß diese sie nicht nur töten, sondern auch auffressen wollten; anders konnten sie sich die Permanenz der Attacken und die Entführung von ganzen Familien nicht erklären[192]. Zeigen uns diese Quellen aus zwei Jahrhunderten, in denen der Kannibalismus der Cashibo auf so unterschiedliche Weise beschrieben wurde, nun eine Entwicklung im Handeln und Denken der Cashibo selbst oder eine Entwicklung im Denken und Wissen der Zeugen in bezug auf das Handeln der Cashibo, wie E. Frank zu Recht fragte? Angesichts der Tatsache, daß kein unzweifelhafter Augenzeugenbericht für den Verzehr von Menschenfleisch vorliegt, ist diese Frage eindeutig zugunsten ihres zweiten Teils zu beantworten[193].

Ein weiterer Aspekt aus Franks Arbeit soll kurz angesprochen werden: In den Berichten der Jesuiten- und Franziskaner-Missionare aus dem 17. und 18. Jahrhundert traten die Indianer als 'tierische' Kannibalen fast immer nur im Zusammenhang mit der Tötung eines Missionars durch noch nicht oder erst sehr kurze Zeit missionierte Indianer auf, ansonsten wurde die menschliche Variante bevorzugt oder der Kannibalismus konnte durch eingehende Kenntnis des betreffenden Stammes ganz ausgeschlossen werden. Genährt wurden die Berichte der Missionare vor allem aus Gerüchten über Kannibalismus und absonderliches Sozialverhalten, die bei den von ihnen missionierten Indianern über andere Stämme kursierten, und denen sie ansonsten häufig skeptisch begegneten[194]. Kannibalismus-Anklagen in Missionsdokumenten lassen sich, so stellte Frank fest, im wesentlichen auf zwei Situationskontexte begrenzen - auf den bereits erwähnten Priestermord und auf den generelleren der 'Situation des unsicheren Kontakts', für den nur oberflächliche Kenntnisse über die jeweils interessierende Gruppe sowie eine feindliche Beziehung zwischen der bereits missionierten und der zu missionierenden Gruppe charakteristisch sind; der überwiegende Teil der Anklagen ist in diesem Kontext entstanden, und zwar auch über das Untersuchungsgebiet hinaus im ganzen Westen Amazoniens. Die Cashibo verblieben über 200 Jahre in dieser Position, was die Permanenz der Beschuldigungen zu erklären vermag. Vergleichbare Strukturen zeigen sich auch in Reisebeschreibungen, finden sich doch entsprechende Informationen gehäuft in bezug auf Gruppen, die zum Zeitpunkt der Anwesenheit des Reisenden in feindlicher Beziehung zu der an den Flußufern wohnenden Bevölkerung standen[195].

Neben diesen Aspekten basieren die Kannibalismus-Anklagen auch auf dem bereits ausgeprägten präkolumbischen Wissen um Menschenfresser, das von europäischen Reisenden in die Fremde mitgebracht wurde, so etwa auf antiken Vorstellungen und dem aus dem Mittelalter übernommenen Image des 'Wilden Mannes' in seiner negativen Version[196]. E. Frank beendete seine Untersuchung mit der Frage, ob die von ihm angedeuteten Mechanismen nicht auch für viele oder sogar alle Quellen, die für andere Räume Kannibalismus behaupten, unterstellt werden müßten?[197].

---

[190] Frank 1987, 217.
[191] Zit. nach Frank 1988, 76.
[192] Frank 1987, 203.
[193] Ebd. 217f.
[194] Frank 1987, 215f.
[195] Frank 1988, 183ff.
[196] Ebd. 191ff. und Kap. IV.3.2.
[197] Frank 1988, 197.

In den nächsten Abschnitten soll diese Frage anhand ausgewählter Beispiele erörtert werden, die sich dadurch auszeichnen, daß sie zu den glaubwürdigsten und immer wieder zitierten bzw. kontrovers behandelten Quellen gehören; sie wurden großteils explizit angeführt, um die These von W. Arens, Kannibalismus als Institution hätte nie existiert, zu widerlegen, daher erlaubt ihre Auswertung auch vorsichtige allgemeine Schlußfolgerungen.

Der Schwerpunkt der Untersuchung liegt auf der Frage nach Augenzeugen des Verzehrs von Menschenfleisch, einer Frage, die in vielen Arbeiten vernachlässigt worden ist, und zwar zugunsten der Diskussion über Augenzeugenschaft allgemein und über die Glaubwürdigkeit der jeweiligen Quellenautoren mit Berücksichtigung ihrer Absichten[198]. Daß die Erörterung dieser Aspekte nicht ausreicht, wird an verschiedenen Beispielen deutlich werden, bei denen es sich zwar um gute Augenzeugenberichte von glaubwürdigen Persönlichkeiten handelt, wie im Fall von J. de Léry, nicht aber um solche, die den Akt des Essens selbst bezeugen, der vorausgesetzt und zum Teil auch beschrieben, jedoch nicht beobachtet wurde. Da dies keine Ausnahme, die auf Zufall oder ungünstige Umstände zurückzuführen wäre[199], sondern die Regel darstellt, ist zu fragen, ob der in den Quellen beschriebene Kannibalismus unter solchen Voraussetzungen noch als reales Phänomen aufgefaßt werden kann. Insbesondere die bereits angesprochene und für den Bereich des Kannibalismus vernachlässigte Rolle des Vorwissens und der Stereotypen muß stärker als bisher Beachtung finden. Wie bestimmend sich das Vorwissen auswirkte, wird an den frühen Entdeckerberichten der Neuzeit deutlich, die wiederum spätere Autoren auf eine Weise, die als paradigmatisch bezeichnet werden kann, beeinflußten und prägten.

3.2 Kolumbus und Vespucci

Die ersten Fahrten in die anfangs noch als "Alte Welt" gesehene "Neue Welt" wurden mit Vorstellungen unternommen, die von der antiken und mittelalterlichen Überlieferung geprägt waren; das Neue wurde als bereits 'Bekanntes' erfahren. Völker, die im paradiesischen Zustand der Unschuld lebten und auf der anderen Seite dem Teufel ergebene Menschenfresser sind erwartet, gefunden und beschrieben worden.

Neben den bereits in Kapitel III besprochenen Vorstellungen spielte auch das damit verbundene mittelalterliche Bild vom 'wilden Mann' eine Rolle, dessen Eigenschaften und Verhaltensweisen auf die Einwohner des neuen Kontinents übertragen wurden.

F. W. Sixel veröffentlichte 1966 eine Untersuchung über die deutsche Vorstellung vom Indianer in der ersten Hälfte des 16. Jahrhunderts anhand der überlieferten Schriftquellen, die in Deutschland zu dieser Zeit im Vergleich mit anderen europäischen Ländern, vor allem Spanien, zahlenmäßig am stärksten vertreten waren. Dies heißt nicht, daß das Interesse an den neuentdeckten Gebieten besonders groß gewesen wäre - theologische Dispute und Schriften zur Bedrohung durch die Türken waren weitaus beliebter[200]. Eine Ausnahme stellen die Vespucci-Briefe dar, und zwar zum einen der wahrscheinlich gefälschte Bericht von der sogenannten dritten Reise, der bis zur Mitte des 16. Jahrhunderts in mindestens 50 Editionen erschien, davon etwa 17 in Deutschland[201], und zum anderen der Sixel zufolge von italienischen Verlegern gefälschte Bericht 'Quatuor Navigationes', der sehr populär war und auch in wissenschaftliche Kompilationen Eingang fand[202]. Die Frage der Fälschungen, oder besser

---

[198] Vgl. z.B. Forsyth 1983; Wendt 1989.

[199] In diesem Zusammenhang meinte I. Brady, daß *"self-consciousness in cannibalism of any type might push it underground to some extent when put under outside scrutiny."* Masturbation in Klöstern und Homosexualität in der Armee seien ebenfalls im Prinzip beobachtbare Phänomene, was sie jedoch nicht notwendig der direkten Beobachtung zugänglich mache (Brady 1982, 599). Dies trifft zwar zu und wäre theoretisch auch für Kannibalismus in einigen Gesellschaften denkbar - ebenso, wie beispielsweise Mord und Inzest im Prinzip beobachtbare Phänomene sind - würde aber nicht das völlige Fehlen von Augenzeugen erklären und ebensowenig die vielen Quellen, nach denen Menschenfresserei in institutionalisierter Form existiert haben soll, die Frage, um die es eigentlich geht.

[200] So z.B. auch in Frankreich; vgl. Delumeau 1989, 397.

[201] Sixel 1966, 87f.

[202] Ebd. 91f.; vgl. z.B. auch noch Volhard 1939, 350.

phantasievollen Ausschmückungen, soll hier nicht interessieren, ebensowenig die Frage nach der Anzahl der Reisen, die Vespucci tatsächlich unternommen hat (vermutlich nur zwei und nicht vier). Bedeutsam ist die Rezeption von 'Mundus Novus' und 'Quatuor Navigationes' mit dem darin vermittelten Indianerbild, das auch die Erwartungen des Publikums erhellt und spätere Autoren beeinflußte. Darauf wird noch einzugehen sein.

Im Rahmen seiner Arbeit verglich F. W. Sixel das in diesen Quellen gezeichnete Indianerbild mit dem damals in Europa geläufigen Bild vom 'wilden Mann'[203] und kam dabei zu erstaunlichen Übereinstimmungen. Der 'wilde Mann' lebte nackt und manchmal behaart im Wald in Höhlen oder unter überhängenden Zweigen. Er kannte keinen Gott, betrieb Idolatrie, kannte kein Recht und keine Regierungsgewalt, lebte promisk und inzestuös, kannte kein Eigentum, sondern nur gemeinschaftlichen Besitz, und erfreute sich guter Gesundheit und eines langen Lebens. Er trug Schmuck aus Blättern und fast immer eine Keule, die bei den Indianern meist durch Pfeil und Bogen ersetzt wurde[204]. Alle diese Merkmale sind auch den südamerikanischen Indianern zugeschrieben worden, sogar das eines gesunden und sehr langen Lebens, was an die ewig gesunden und glücklichen Hyperboreer der Antike erinnert. So führte ein früher anonymer Holzschnitt von 1505 in der begleitenden Beschreibung, die auf dem 'Mundus Novus'-Brief Vespuccis basiert, als charakteristische Merkmale der Bewohner der Neuen Welt Inzest, Kannibalismus (das Menschenfleisch wird in den Rauch gehängt), ein Alter von 150 Jahren und keine Regierung an[205]. Auch Antonio Pigafetta erwähnte ein langes Leben in seiner Beschreibung der Weltumsegelung Magellans, in der er von den Einwohnern Brasiliens, neben ihrer Menschenfresserei, berichtete, daß viele ein Alter von 125-140 Jahren erreichen[206].

Die 'wilden Frauen' konnten so begierig sein, daß sie brave Männer in den Wald lockten und dort verführten. Im Vespucci-Brief 'Quatuor Navigationes' findet sich diese Geschichte fast wörtlich mit der Variante, daß der Vespucci-Gefährte von einer Frau hinterrücks erschlagen und dann von den Eingeborenen verspeist wurde[207].

Der 'wilde Mann' war meist der Sprache nicht mächtig oder konnte nur unverständliche Laute von sich geben[208] - auch dies ein charakteristischer Zug, der häufiger in Reiseberichten auftauchte.

Vom 'wilden Mann' existierte eine gute und eine schlechte Version. Die negative Fassung ist durch Riesenhaftigkeit, unwirtliche Landschaft, manchmal durch Fellkleidung und immer durch Kannibalismus gekennzeichnet, wobei auch Endokannibalismus in diese Vorstellung eingeschlossen ist. In der positiven Version fehlten diese Züge und das 'wilde Volk' wurde mit der Vorstellung vom 'Goldenen Zeitalter' und vom 'Paradies' verbunden[209]. In dieser Form wurden die Indianer gesehen: Die Nicht-Kannibalen bevölkerten eine liebliche Landschaft und wohnten in Hütten, die Kannibalen dagegen lebten in unwirtlichen Gebieten, im Wald und vorzugsweise in Höhlen oder anderen primitiven Unterkünften, auch gern in Fellkleidung, was dazu führte, daß beispielsweise die Eskimo als Menschenfresser bezeichnet wurden. In rein geographischer Hinsicht unterschieden sich diese Gebiete nicht - beide Varianten bewohnten dieselben Gegenden.

Bereits bei C. Kolumbus findet sich die positive und die negative Version des Fremden in Gestalt der Arawak und der Kariben. Die Arawak oder Aruak wurden, zumindest noch auf der ersten Reise, als friedliche, sogar furchtsame und feige Menschen beschrieben, die gut als Arbeitskräfte zu verwenden seien. Sie gingen nackt, wie Gott sie erschaffen hat, haben einen schön geformten Körper und gewinnende Gesichtszüge. *"Was nun die Religion anbelangt, so dünkt es mich, daß sie gar keine eigene Religion besitzen, und da es wohlmeinende Leute sind, so*

---

[203] Zu Spanien z.B. Robe 1972, 39ff.; zu Frankreich Mulertt 1932, 69ff.; allgemein Bernheimer 1952; Husband 1980.

[204] Sixel 1966, 209.

[205] Eames 1922. *"Dise figur anzaigt uns das volck und insel die gefunden ist durch den christlichen künig zu Portigal oder von seinen underthonen. (...) Unnd die mann habendt weyber welche in gefallen, es sey mütter, schwester oder freüudt, darinn haben sy kain underschayd. Sy streyten auch mit einander. Sy essen auch ainander selbs die erschlagen werden, und hencken das selbig fleisch in den rauch. Sy werden alt hundert und fünftzig jar. Und haben kain regiment."* Zit. nach Gewecke 1992a, 108.

[206] Pigafetta 1983, 61. Eine solche Altersannahme findet sich beispielsweise auch noch bei Abbeville 1614 (Wendt 1989, 117 Anm. 2).

[207] Sixel 1966, 211.

[208] Husband 1980, 3.

[209] Sixel 1966, 210; 212.

dürfte es nicht zu schwierig sein, aus ihnen Christen zu machen"[210]. Die Einschätzung, daß es sich um friedliche, unschuldige Menschen handelte und nicht um Menschenfresser, wirkte sich auch auf die Interpretation von Menschenschädeln aus, die in einigen Hütten gefunden wurden, berichtete er doch am 29. November 1492: *"In einer anderen Behausung fanden die Seeleute einen Menschenschädel, der sich in einem Körbchen befand, das seinerseits in einem anderen Korb auf einem Pfahl aufgehängt war; in einer anderen Siedlung machten sie die gleiche Entdeckung. Da diese Behausungen geräumig genug waren, um einigen Leuten Unterkunft zu bieten, so zog ich daraus den Schluß, daß jeder dieser Schädel dem Stammvater der Familie gehört haben müsse, von dem die Einwohner jeder einzelnen Hütte abstammten"*[211]. Auf der zweiten Reise wurden Knochenfunde in einer Hütte bereits als Hinweis darauf interpretiert, daß es sich um eine Behausung von Menschenfressern handeln müsse[212].

Kolumbus ließ immer wieder Indianer gefangennehmen, um sie als Führer zu benutzen und sie dann nach Europa zu transportieren, eine in dieser und in späterer Zeit übliche Vorgehensweise[213]. Wo immer die Spanier an Land gingen, fragten sie nach Gold, indem sie den Eingeborenen solches zeigten, und wurden in südliche Richtung weitergeschickt, zu den Feinden, den Kariben[214].

Die vermeintliche Anthropophagie der Kariben, mit denen Kolumbus frühestens auf seiner zweiten Reise 1493-1496 in Berührung kam[215], ist bereits auf der ersten Reise zur Gewißheit geworden. Die Arawak berichteten ihm mehrfach über deren Sitten, so beispielsweise am 4. November 1492, als er in seinem Bordbuch vermerkte: *"Noch weiter entfernt treffe man Männer an, die nur einäugig seien, und solche, die eine Hundeschnauze hätten, welche sich von Menschenfleisch nährten und jeden Menschen, dessen sie habhaft würden, sofort enthaupteten, um sein Blut zu trinken und ihn zu entmannen"*[216], eine Aussage, die an Marco Polos Bericht und ähnliche Überlieferungen erinnert. Da die Kommunikation mittels Zeichensprache erfolgte, sind die Angaben, die Kolumbus von den Arawak erhalten haben will, weniger auf tatsächliche Informationen als auf sein Vorwissen zurückzuführen.

Kolumbus betonte anfangs, daß er diesen Aussagen nicht glaubte: *"Meine Indianer berichteten mir in ihrer Gebärdensprache viele andere Wunderdinge, doch schenkte ich ihnen nicht Glauben und neige eher zur Annahme, daß die Bewohner Bohíos nur schlauer und klüger als die anderen Eingeborenen seien, die von den ersteren wegen ihrer Kraft- und Mutlosigkeit eingefangen und in die Sklaverei verschleppt wurden"*[217]. Dies hängt damit zusammen, daß er sich in Asien wähnte und die Kariben, Caniba, Camballi zunächst als Untertanen des 'Großen Khan' ansah[218]. Die Hoffnung auf das reiche Cipango[219] und Cathay, der Wunsch nach Gold, Gewürzen und anderen Reichtümern vermischte sich mit der Furcht vor Menschenfressern, deren Existenz gegen Ende der Reise immer mehr zur Gewißheit wurde[220]. In einem auch Zeitgenossen zugänglichen Brief von der ersten Reise an Luis de Santángel schrieb er: *"Mithin sind mir Menschenungeheuer unbekannt geblieben, bis auf eine Insel, 'Quaris' genannt, die zweite Insel nächst der Zufahrt nach Indien, wo eine Bevölkerung haust, die auf allen diesen Inseln für äußerst wild gehalten wird, da sie Menschenfleisch verzehrt. Die Einwohner von Quaris besitzen zahl-*

---

[210] Kolumbus 1981, 46f., 63. Das hier zitierte Bordbuch der ersten Reise ist nur in einer Abschrift von B. de las Casas überliefert und war Zeitgenossen nicht zugänglich; verbreitet war sein Brief von der ersten Reise an Santángel.

[211] Kolumbus 1981, 132.

[212] Vgl. unten.

[213] Z.B. Pigafetta 1983, 69ff.; allgemein dazu Goldmann 1985.

[214] Hulme 1978, 136f.

[215] Einmal, gegen Ende der ersten Reise, vermutete er irrigerweise, es mit Kariben zu tun zu haben, da er auf Indianer traf, die ihm Widerstand leisteten. Bezeichnend ist auch, daß er diesen weitaus häßlichere Gesichtszüge zuschrieb als den bisher angetroffenen Eingeborenen (Kolumbus 1981, 228ff.).

[216] Kolumbus 1981, 92f.

[217] Ebd. 140; vgl. auch 92f., 116f., 122f., 168.

[218] *"Deshalb wiederhole ich noch einmal, daß Caniba nichts anderes sein kann als jener Volksstamm des Großen Khan, dessen Herrschaftsbereich fast bis hierher reichen muß. Er muß Schiffe haben, die bis hierher gelangen, um diese Inselbewohner einzufangen. Da die Gefangenen nicht mehr zurückkommen, so bildete sich der Glaube, daß sie aufgefressen worden seien."* Ebd. 154.

[219] Kolumbus hörte immer wieder das, was er hören wollte: *"Unter den anderen Örtlichkeiten, die nach ihren Angaben als Goldfundorte in Frage kämen, nannten beide Cipango, das sie mit dem Ausdruck 'Cybao' bezeichneten, wo ihren Versicherungen nach dieses Edelmetall in großen Mengen vorhanden sei (...)."* Ebd. 191.

[220] Vgl. Hulme 1978, 130ff.; Kolumbus 1981, 230, 232, 234, 237.

reiche Kanoes, mit denen sie alle indischen Inseln unsicher machen (...) Zum Unterschied von den anderen Inselbewohnern, die unbeschreiblich feige sind, sind diese Männer sehr angriffslustig. (...) Diese wilden Männer unterhalten rege Beziehungen zu den Frauen von Matinino, der ersten Insel, der man begegnet, wenn man von Spanien nach Indien fährt, worauf sich nicht ein einziger Mann befindet. Diese Frauen beschäftigen sich nicht mit Dingen, die ihrem Geschlecht geziemen, sondern handhaben ausschließlich Bogen und Pfeil (...)"[221]. Besucht hatte er die schon bei Marco Polo beschriebene Amazoneninsel[222] ebensowenig wie die von Kariben bewohnten Inseln. Daß es sich bei diesen um Menschenfresser handelte, galt jedoch schon vor Antritt der zweiten Reise als Tatsache; sie wurden zu Namensgebern für die Anthropophagen der Neuzeit. In einem Brief von Dr. Chanca, der als Arzt an der zweiten Reise des Kolumbus teilnahm[223], heißt es über die Landung auf Guadeloupe am 4. November 1493, bei der einige verlassene Hütten entdeckt, durchsucht und geplündert wurden: *"Von allen diesen Dingen brachte er etwas mit, im besonderen aber vier oder fünf menschliche Arm- und Beinknochen. Beim Anblick derselben vermuteten wir, daß wir uns auf Karibeninseln befänden, deren Bewohner Menschenfresser sind"*[224]. Die Sicherheit, mit der dies behauptet wird, ist bezeichnend angesichts der Tatsache, daß die Spanier bis zu diesem Zeitpunkt weder Kariben noch sonstigen Inselbewohnern begegnet waren.

Ein deutlicher Hinweis auf Anwendung und Funktion europäischer Stereotype findet sich in einem Brief von M. de Cuneo über die zweite Reise vom Oktober 1495, in dem es heißt, daß sowohl die Camballi als auch die anderen Indianer wie die Tiere leben und den Beischlaf öffentlich vollziehen, sobald sie die Lust dazu ankomme; außer Bruder und Schwester würden alle miteinander verkehren, und auf allen Inseln, die die Spanier aufsuchten, hätten sie beobachten können, daß die Eingeborenen in starkem Maß Sodomiten seien[225]. Das Urteil über die Einwohner Amerikas, auch über die auf der ersten Reise noch in paradiesischer Unschuld lebenden Arawak, hat sich, wie hier ersichtlich wird, bereits ins Negative verschoben, was mit zwei Faktoren zusammenhängen dürfte: Zum einen blieben die erwarteten Reichtümer noch immer aus und die enttäuschten Hoffnungen übertrugen sich auch auf die Beschreibung von Land und Leuten, zum anderen hatten sich die Beziehungen zu den Indianern stark verschlechtert, und zwar aufgrund der Konflikte zwischen diesen und den von Kolumbus auf der ersten Reise in 'La Navidad' zurückgelassenen Spaniern, von denen keiner mehr lebend angetroffen wurde. Auf vielen Inseln, die Kolumbus anlief, flohen die Bewohner vor den Spaniern aus ihren Dörfern, was die behauptete, an sich schon unwahrscheinliche Beobachtung von öffentlichem Geschlechtsverkehr und Sodomie noch unwahrscheinlicher macht.

Auch die Menschenfresserei wurde immer detaillierter beschrieben, so etwa in dem erwähnten Brief Cuneos, der eine lebhafte Phantasie offenbart: *"Wenn diese Camballi der Indianer habhaft werden, essen sie sie wie wir die Zicklein, und sie sagen, das Fleisch der Jünglinge sei viel besser als das der Weiber. Nach diesem Menschenfleisch sind sie sehr begierig; um es zu essen, bleiben sie oft sechs, acht und zehn Jahre fern von ihrem Land; sie durchstreifen die Inseln und erlegen die Indianer, um sie zu verspeisen. Wenn sie das nicht täten, würden sich die Indianer derart vermehren, daß sie die ganze Erde bevölkerten. Das kommt daher, daß sie sogleich sich fortzupflanzen beginnen, sobald sie zeugungsfähig werden; sie nehmen dabei nur ihre Schwestern aus, alle übrigen Weiber haben sie gemeinsam. Wir fragten die Camballi, wie sie die Indianer rauben; sie erklärten uns, daß sie sich nachts versteckten, bei Tagesanbruch die Häuser umzingelten und ausraubten"*[226]. Es sei nochmals auf die Sprachschwierigkeiten hingewiesen, die ein Verstehen derartiger Informationen nicht ermöglichten, so daß diese nur auf Cuneo selbst zurückgeführt werden können. In dem Brief von Dr. Chanca ist vermerkt: *"Meine Ansicht über die Indianer ist die, daß sie sich bald taufen ließen, wenn wir uns mit ihnen verständigen könnten"*[227] und noch in einem Brief des Kolumbus vom Juli 1503, geschrieben auf Jamaica gegen Ende der vierten Reise, heißt

---

[221] Kolumbus 1981, 295f.

[222] Vgl. Kap. III.2.2. In dem Bericht von Fernando Kolumbus über die zweite Reise seines Vaters nach dessen Bordbuch ist vermerkt, daß eine gefangengenommene Kazikin den Spaniern angeblich detailliert über Amazoneninseln berichtete; *"sie erzählen von dort dasselbe, was man über die Amazonen lesen kann."* Kolumbus 1991, 55. Es sei jedoch darauf hingewiesen, daß man sich weiterhin ganz überwiegend mittels Zeichensprache verständigte.

[223] Die Abfahrt von Cadiz erfolgte Ende September 1493.

[224] Kolumbus 1991, 60.

[225] Ebd. 96. Sodomie gehörte seitdem zu den Standardvorwürfen; vgl. Kap. IV.3.3.

[226] Kolumbus 1991, 94f.

[227] Ebd. 80.

es: *"Um alle diese Lande zu beschreiben und das, was in ihnen ist, muß man erst mehr von den Sprachen wissen, die sich nicht so schnell lernen. Die Völker wohnen dort dicht beieinander, aber jedes von ihnen hat eine andere Sprache, und die einen können sich gar nicht mit den anderen verständigen, leichter verstehen wir die Leute aus Arabien"*[228].

In dem von seinem Sohn überlieferten Bordbuch des Kolumbus von der zweiten Reise sind sechs Frauen erwähnt, Gefangene der Kariben, die zu den Spaniern flüchteten und diesen angeblich durch Zeichen deutlich machten, daß die Bevölkerung der Insel aus Menschenfressern und Sklavenhaltern bestünde, die ihre Männer und Kinder gegessen hätten[229]. Ferner sollen die Kariben, wie an anderer Stelle berichtet wird, ihre männlichen Gefangenen kastriert haben, *"damit sie fett wurden, fast so, wie wir es mit Kapaunen tun, um sie schmackhafter zu machen"*[230]. Genaueres schrieb Dr. Chanca, dem zufolge von den Kariben gefangengehaltene Frauen erzählten - in welcher Sprache dies möglich war, ist nicht vermerkt -, daß die Kariben die Kinder auffräßen, die sie ihnen gebären, gefangene Feinde in ihre Dörfer schleppen, um sie zu verzehren und die im Kampf Getöteten sofort verschlingen würden. *"Die Kariben behaupten, das Fleisch von Männern liefere den besten Schmaus der Welt. Der schönste Beweis für diese Menschenfresserei sind die Gebeine, die wir in ihren Häusern fanden. In einer der Hütten beobachteten wir, wie ein Männerhals in einem Topfe kochte."* Selbst wenn dies der Fall gewesen sein sollte, wären die Spanier kaum in der Lage, einen Männerhals in einem Kochtopf als solchen zu identifizieren. *"Machen sie Knaben zu Gefangenen, dann verstümmeln sie diese und behalten sie so lange, bis sie mannbar werden. Wollen sie nun eine Schmauserei veranstalten, dann tötet man die Jünglinge und frißt sie auf. Drei solcher verstümmelter Knaben flohen zu uns"*[231]. Auch den Arawak wurde inzwischen Menschenfresserei zugetraut: *"Gelingt es ihnen zufällig, bei einem auf sie gerichteten Angriff einige der Eindringlinge gefangenzunehmen, dann fressen sie diese ebenso auf, wie die Kariben sie im entgegengesetzten Falle verzehren würden"*[232].

Die erstaunliche Genauigkeit und die Fülle der Informationen über Menschenfresserei wie auch über das Sexualverhalten, die bereits in den Berichten von der ersten und insbesondere der zweiten Reise zum Vorschein kommen und viele Elemente enthalten, die auch in späteren Quellen auftauchen, werfen Licht auf die aus Europa mitgebrachten Vorstellungen, da die tatsächlichen Kontakte mit der amerikanischen Bevölkerung nur oberflächlich waren, bestimmt durch die Goldsuche und eng begrenzt durch die fehlenden Sprachkenntnisse, die eine Verständigung, geschweige denn ein Verständnis, erschwerten bzw. unmöglich machten. Den Vorstellungen der Spanier mögen die der Arawak über die Kariben, mit denen sie in Feindschaft lebten, entgegengekommen sein, dennoch spiegeln sich in den Quellen die Berichterstatter selbst und ihr Vorwissen, weniger die Handlungen der von ihnen Beschriebenen.

Bestätigt wurden die Phantasien der europäischen Eroberer durch Knochenfunde wie die bereits erwähnten Arm- und Beinknochen sowie Schädel, bei denen es sich vermutlich um Kriegstrophäen und Ahnenreliquien handelte[233]. Weiterhin fanden Kolumbus' Männer, nachdem sie einen Angriff abgewehrt und die Indianer vertrieben hatten, in einem Haus *"einen Männerarm, der zum Rösten an einem Bratspieß steckte"*[234], eine Siegestrophäe bei den Kariben, wie W. Sheldon feststellte, und Ausdruck einer Sitte, die auch später noch üblich war. Pater Labat berichtete beispielsweise 1694 über die Ankunft von 47 Kariben auf Martinique, die in einem ihrer Boote *"the arm of a man barbecued in the bucaneer fashion, that is to say, dried with a slow fire in the smoke"* mit sich führten - daher unser Ausdruck 'Barbecue'[235]. *"They offered it to me very civilly, and informed me it was the arm of an Englishman, whom they had lately killed in a descent on Barbuda, when they massacred six persons, and brought*

---

228 Ebd. 220. In diesem Brief erwähnte Kolumbus auch, daß er Völker gefunden hatte, die Menschen fressen, was durch die Unförmigkeit ihrer Gestalt bewiesen werde (ebd. 219f.).

229 Ebd. 11f.

230 Ebd. 16.

231 Ebd. 63f.

232 Ebd. 67.

233 So berichtete beispielsweise Dr. Chanca, daß sie in den Hütten einer Insel eine große Zahl menschlicher Gebeine und Schädel fanden, *"die um die Hütten hingen gleich Gefäßen, die zum Aufbewahren von Dingen aller Art bestimmt sind."* Ebd. 62. Kolumbus erwähnte viele aufgespießte Menschenköpfe und Körbe mit Menschenknochen; ebd. 14.

234 Ebd. 54.

235 Vgl. Harris 1977, 117f.

away a woman and two children", die später freigekauft wurden[236]. Die Kariben gelten dennoch bis heute als Kannibalen, obwohl die Quellen dafür keineswegs ausreichen. U. Bitterli stellte z.B. 1986 fest: *"Gefürchtet waren freilich die Überfälle der kriegerischen Kariben von den benachbarten Inseln, die (...) mit (...) kannibalischen Orgien endeten"*[237], ohne näher auf die Berichte einzugehen. Die auf Kolumbus und seine Begleiter zurückgehende Fiktion von menschenfressenden Kariben - Caniben - Kannibalen, obwohl nie durch Augenzeugenberichte unterstützt, erhielt sich über die Jahrhunderte und wurde nicht nur auf die Festlandkariben[238] übertragen, sondern etablierte sich, zumindest über das 16. und 17. Jahrhundert, als Merkmal der Einwohner Amerikas in ihrer Gesamtheit.

Die noch auf der ersten Reise des Kolumbus dominierende Paradiesvorstellung hatte dagegen keinen Bestand, sondern wurde, wie deutlich geworden ist, schnell von der Vorstellung von Menschenfressern überlagert[239], eine schon deshalb notwendige Entwicklung, weil die beabsichtigte Versklavung gerechtfertigt werden mußte. Aufschlußreich ist in diesem Zusammenhang eine bereits 1503 von der spanischen Krone erlassene Anordnung, die es nur gestattete, Menschenfresser und Widerstand leistende Indianer - was dasselbe war - gefangenzunehmen und zu versklaven. In der Folge galten immer mehr Inseln, auch solche, die früher von Arawaks bewohnt schienen, als Heimstätte der Kariben[240].

Die ambivalente Haltung gegenüber den Indianern - nicht mehr der Inseln, sondern des Festlands - ist auch in den Briefen A. Vespuccis zu finden, in denen, wie bereits in Kapitel IV.1.1 beschrieben, die positiven Züge von negativen überlagert und verfremdet wurden - Promiskuität, Inzest, die übersteigerte Libido der Frauen[241] und der Kannibalismus dienten diesem Zweck und kamen den Erwartungen des Publikums entgegen. Aufschlußreich ist in diesem Zusammenhang ein von F. Gewecke angeführter Brief Vespuccis an einen unbekannten Empfänger, in dem er sich gegen Zweifel an der Glaubwürdigkeit seiner Angaben zur Wehr setzte, die vom Empfänger und von Dritten an ihn herangetragen worden waren. Bezweifelt wurden unter anderem seine Angaben über das Klima, die Vegetation und die helle Hautfarbe, die nach damaliger Auffassung wegen der starken Sonneneinstrahlung der der Afrikaner entsprochen haben müßte, nicht aber seine Angaben zu den sexuellen und kannibalistischen Praktiken, die offenbar ohne Zweifel akzeptiert wurden[242]. Verbreiteter als der Brief des Kolumbus[243] haben Vespuccis Briefe, gefälscht oder nicht, das Bild Amerikas geprägt und die Werke späterer Reisender und Kompilatoren beeinflußt.

Über den Kannibalismus wußte er zu berichten, daß die Einwohner der Neuen Welt, die 150 Jahre leben und selten krank seien, ihre Gefangenen abschlachten und verspeisen, denn *"Menschenfleisch ist bei ihnen eine ganz gewöhnliche Nahrung. Man kann das umso eher glauben, als ich gesehen habe, wie ein Mann seine Kinder und seine Frau auffraß. Ich kannte einen Mann, von dem man allgemein annahm, er habe dreihundert Menschen aufgefressen. Einmal war ich siebenundzwanzig Tage lang in einer Stadt, wo Menschenfleisch an den Häusern hing genauso wie bei uns das Fleisch beim Metzger ausgestellt ist. Sie waren erstaunt, daß wir unsere Feinde nicht aufessen und ihr Fleisch als Nahrungsmittel schätzen; denn es sei, wie sie sagten, sehr gut"*[244]. In einer Version von 1502 heißt es, daß die toten Feinde zerstückelt und verspeist werden: *"Ihre Gefangenen führen sie als Sklaven ab, mit den Frauen schlafen sie und die jungen Männer verheiraten sie mit ihren Töchtern, und zu gewissen Zei-*

---

[236] Zit. nach Sheldon 1820, 418.

[237] Bitterli 1986, 78; vgl. auch Koch(-Grünberg) 1899, 88ff.; bes. 90, wo das Tötungsritual beschrieben wird - nach Rochefort 1668 -, das bis in Einzelheiten, wie den Aussagen des Gefangenen vor seiner Tötung, mit dem von Staden überlieferten Ritual der Tupinamba übereinstimmt.

[238] Vgl. z.B. Kap. IV.2 (Pater Fritz); Frank 1988, 194.

[239] In noch unbekannten Gegenden der Neuen Welt wurde auch in der Folgezeit nach dem Paradies (das Kolumbus in seinem Brief von der vierten Reise lokalisierte; vgl. Kolumbus 1991, 124ff.), nach dem Jungbrunnen etc. gesucht.

[240] Hulme 1978, 137.

[241] Nachdem er deren Praxis, die männlichen Glieder mit dem Gift bestimmter Tiere zum Anschwellen zu bringen, beschrieben hatte, setzte er hinzu: *"Wenn sie mit Christen zusammenkommen konnten, besudelten sie, getrieben von ihrer außerordentlichen Begierde, eines jeden Schamhaftigkeit."* Zit. nach Gewecke 1992a, 104.

[242] Ebd. 106f.

[243] Ebd. 97 und 105.

[244] 'Novus Mundus', zit. nach Monegal 1982, 86.

ten, wenn sie eine teuflische Raserei überfällt, rufen sie die Verwandten und das ganze Volk zusammen, stellen die Mutter mit ihren Kindern, die sie von dem jungen Mann hat, vor alle hin, töten sie unter gewissen Zeremonien mit Pfeilen, und verspeisen sie, und das gleiche machen sie mit den oben genannten Sklaven und den Kindern, die von ihnen geboren wurden. Das alles ist sicher, denn wir fanden in ihren Häusern viel zum Räuchern aufgehängtes Menschenfleisch, und zehn arme Kreaturen kauften wir ihnen ab, Männer und Frauen, die für dieses Opfer, oder besser für dieses Verbrechen bestimmt waren. (...) Ich kann nur sagen, es ist unmenschlich; einer von ihnen hat mir gestanden, das Fleisch von über zweihundert Menschen gegessen zu haben, und ich glaube das und damit genug"[245]. Das in den Häusern aufgehängte, von Vespucci als menschlich interpretierte Fleisch[246] scheint, wie aus dieser Version hervorgeht, die Grundlage seiner Überlegungen zum Kannibalismus zu bilden. Hingewiesen sei an dieser Stelle nochmals auf die Sprachprobleme, die ein Verstehen der angeführten Aussagen unwahrscheinlich machen, so daß sich in ihnen seine Phantasie spiegeln dürfte. Zuvor berichtete er, daß sie 500 Meilen an der Küste entlangfuhren, oft an Land gingen und von den Eingeborenen freundlich aufgenommen wurden: *"Manchmal blieben wir fünfzehn oder zwanzig Tage ohne Unterbrechung als Freunde und Gäste bei ihnen"*[247], was eine allenfalls oberflächliche Verständigung möglich gemacht haben kann. In den 'Quatuor Navigationes' wendet sich die Beschreibung der Eingeborenen endgültig ins Negative, waren doch Vespucci und seine Gefährten in der "Navigatio Secunda" und "Tertia" äußerst unangenehmen Begegnungen ausgesetzt, die den zunehmend konfliktreich verlaufenden Zusammenstoß der beiden Welten dokumentieren[248]. Veranschaulicht wird dies durch die oben bereits angesprochene Szene, in der angeblich ein Gefährte Vespuccis vor den Augen der Schiffsmannschaft erschlagen, geröstet und verspeist wurde, ohne daß die Europäer in der Lage waren, eine solch *"bestialische Grausamkeit"* zu verhindern[249].

Die in den Quellen hervortretende ambivalente Haltung gegenüber den Indianern spiegelt nicht nur bewußte oder unbewußte Mechanismen der Rechtfertigung von Ausbeutung und Versklavung, sondern stärker noch die Probleme der Begegnung mit einer fremden Kultur, die nach anderen als den in Europa gültigen Wertvorstellungen und Verhaltensnormen lebte. Bei der Entwicklung von der Idealisierung der neuentdeckten Völker zur Verdammung dürfte eine Rolle gespielt haben, daß sich die anfangs als positiv empfundenen Beziehungen rapide verschlechterten, was aufgrund der Unmöglichkeit eines gegenseitigen Verstehens und aufgrund des Überlegenheitsanspruchs der Europäer und ihrer Religion sowie ihrer Gier nach Gold eine unvermeidliche Folge der Begegnung war. Die beiden zur Verfügung stehenden Bilder von "tugendhaft-glückseligen" und "barbarischen" Völkern, deren Attribute hinreichend bestimmt waren[250], erleichterten die Einordnung und Verarbeitung der zunächst als Schock empfundenen Begegnung mit "Fremden". Ebenso wie die Europäer von der Nacktheit auf Promiskuität und abseitige Sexualpraktiken schlossen, schlossen sie entweder aus dem Aussehen, aus feindlichem Verhalten oder aber aus zusätzlichen Indizien wie etwa Knochen in Hütten auf den Kannibalismus der "wilden Menschen". Beides, Sexualität und Menschenfresserei, schmückten sie aus, ihrer Phantasie, traditionellen Klischees und zeitgenössischen Werken folgend.

Die Frage, ob es sich bei den neuentdeckten Völkern überhaupt um Menschen handelte - sie waren ja nicht in der Bibel erwähnt - wurde verschiedentlich diskutiert[251]; Diener Satans waren sie allemal, wissentlich oder nicht. F. de Oviedo, Verfasser der "Historia General y Natural de las Indias", beschrieb 1530 die Bewohner Amerikas auf eine für die damalige Zeit charakteristische Weise: *"Aber von den Indianern und aus den Gegenden, die ich besuchte, weiß ich, daß es einige Sodomiten und viele gibt, die Menschenfleisch essen, Götzenanbeter sind, Menschen opfern und sehr lasterhaft sind. Es sind rohe Leute und ohne jedes Mitleid (...), sie sind vielmehr mitleid-*

---

[245] Zit. nach Behringer 1992, 207f.

[246] Erinnert sei an die Überlegung von M. zu Wied-Neuwied, daß es sich hierbei auch um Affenfleisch gehandelt haben könnte (vgl. Kap. IV.2), ebensogut jedoch um Fleisch von allen möglichen Tierarten. Der Interpretation dienten schon vorhandene Bilder, und das Angetroffene wurde ihnen entsprechend gesehen.

[247] 'Novus Mundus', zit. nach Monegal 1982, 84.

[248] Gewecke 1992a, 112.

[249] Ebd. Dies ist A. Wendt (1989, 15 Anm. 5) zufolge die einzige Quelle, in der das Töten einer Frau zugeschrieben wird.

[250] Gewecke 1992a, 81.

[251] Vgl. z.B. Rudigier 1992, 58.

lose Bestien, und es sind nur wenige, denen fremdes Leid Schmerzen bereitet, und auch viele von diesen haben kein Mitgefühl mit sich selbst, und aus Lust töten sie einander oder lassen sich töten." In seiner 'Historia' vermerkte er, daß das hauptsächliche Streben der Indianer darin bestünde, zu essen, zu trinken und zu schlemmen, ihre Wollust zu befriedigen, den Götzen zu dienen und vielen anderen Schmutzereien nachzugehen[252]. M. Erdheim wies darauf hin, daß die Gestalt des Indianers und die der Hexe, wie auch die Praktiken der Unterdrückung von Frauen und Indianern austauschbar waren - die Haltung gegenüber der fremden Kultur sei immer nur ein Spiegel der Haltung gegenüber den unterdrückten Bereichen der eigenen Kultur. Die Projektion einer exzessiven Sexualität auf die Hexen bestimmte auch das Bild des Indianers, und in beiden Fällen wurde damit das Verfallensein an den Teufel erklärt. Die 'Schwarze Messe' der Hexen tauchte in den Menschenopfern und dem Kannibalismus wieder auf, die als Kern der indianischen Kulturen galten[253]. Dieses Bild rechtfertigte ihre Zerstörung und die Etablierung der europäischen Herrschaft.

3.3 Azteken

B. R. Ortiz de Montellano veröffentlichte 1978 einen Aufsatz mit dem Titel "Aztec Cannibalism: An Ecological Necessity?" als Reaktion auf die von M. Harner und M. Harris aufgestellte These, die Azteken hätten Kannibalismus aus Gründen der Proteinversorgung ausgeübt. So leitete M. Harner seine Arbeit zu diesem Thema mit der Feststellung ein: *"It is the thesis of this paper that large-scale cannibalism, disguised as sacrifice, was the natural consequence"* des Fehlens von tierischem Protein[254]. Diese Behauptung widerlegte Ortiz de Montellano in überzeugender Weise und kam zu dem Ergebnis, daß rituelle Gründe bestimmend waren. Am Ende seines Aufsatzes behandelte er in einem kleineren Abschnitt die Glaubwürdigkeit der Quellen zur Anthropophagie und stellte einleitend fest: *"There is no doubt that ritual cannibalism took place in Central Mexico"*[255]. Im folgenden wies er jedoch nach, daß die Quellen zum aztekischen Kannibalismus, von Cortez über Diaz del Castillo bis Sahagún, als unglaubwürdig zu bezeichnen sind. Sahagún beispielsweise, der als Freund der Indianer galt, mußte sich gegen Verdächtigungen seiner Vorgesetzten, mit der heidnischen Religion zu sympathisieren, zur Wehr setzen. Einige Passagen, die den Kannibalismus in der spanischen Version des Florentiner Codex behandeln, kommen, nach Ortiz de Montellano, in der Náhuatl-Version nicht vor[256]. M. Harner versuchte, dies damit zu erklären, daß Sahagúns Informanten *"probably took the anthropophagic aspect for granted, and may have very commonly failed to mention its practice in their descriptions of the different details of ceremonies and rites"*[257], eine Interpretation, der nur schwer zu folgen ist, waren doch die anderen Aspekte der Opferriten, die ausführlich beschrieben wurden, ebenfalls selbstverständlich für sie.

Die Briefe von H. Cortez und der Bericht von B. Diaz del Castillo[258], die die Eroberung Mexikos 1519 bis 1521 beschreiben, stellen die wichtigsten Quellen zum Kannibalismus der Azteken dar, auf die sich auch M. Harner und M. Harris im wesentlichen bezogen. Beide sind durch das Bemühen gekennzeichnet, die brutale Zerstörung des aztekischen Staates auf die Indianer selbst zurückzuführen, weil diese sich gegen die "Befriedung" durch die

---

252 Zit. nach Erdheim 1982, 58.

253 Ebd.

254 Harner 1977, 119.

255 Ortiz de Montellano 1978, 615.

256 Ebd. 616. So lautet beispielsweise eine Stelle in der spanischen Version: *"The merchants held a banquet in which human flesh was eaten ... they washed and regaled (the victims) so that their flesh would be tasty when they would kill and eat them."* In der Náhuatl-Version ist weder vom 'Mästen' noch vom Verzehr der Opfer die Rede (ebd.). T. Todorov betonte, daß wir nicht mehr auseinanderhalten könnten, was tatsächlich Ausdruck des mexikanischen Standpunkts ist und was lediglich gesagt wurde, um den Spaniern zu gefallen oder sie zu verdrießen: *"Die Spanier sind jedenfalls die Adressaten aller dieser Texte, und der Adressat ist für den Inhalt eines Diskurses ebenso verantwortlich wie sein Autor."* Todorov 1985, 268.

257 Harner 1977, 125.

258 Diaz del Castillo schrieb seinen Bericht erst über vierzig Jahre später nieder (beendet 1568) - schon das allein könnte Zweifel an seinen Aussagen aufkommen lassen.

Spanier zur Wehr setzten. Sind Grausamkeiten und Metzeleien angeführt, so werden sie den indianischen Bundesgenossen zugeschrieben, die sich von den "entsetzten" Spaniern nicht zurückhalten ließen[259]. Dadurch erscheint es verständlich, daß sie ebenfalls als Menschenfresser charakterisiert wurden. Die Bluthunde der Spanier sind nicht erwähnt, ebenso nur selten ihre Methoden wie etwa Hände und Glieder abschlagen, Folter und Verbrennungen[260].

Die Verständigung erfolgte bis zuletzt über Dolmetscher. Anfangs war dies nur Doña Marina, angeblich die Tochter eines aztekischen Adligen, die bei den Mayas als Sklavin lebte und von den Spaniern befreit wurde, sowie Aguilar, ein ebenfalls dort aufgegriffener Spanier, der sich Cortez anschloß[261]. Das Náhuatl der Azteken mußte zuerst in die Maya-Sprache übersetzt werden und dann von Aguilar ins Spanische, bis Doña Marina dies beherrschte.

Cortez erwähnte den Kannibalismus nur selten und war in keinem Fall Augenzeuge. Es ist überraschend, wenn er mitten im Kampf Zurufe von Indianern, wie beispielsweise: *"sie würden aus ihnen am Abend und zum nächsten Frühstück ihr Mahl bereiten"*[262], verstand, was angesichts seiner Unkenntnis des Náhuatl nicht möglich war. Eine Abteilung Spanier, die gegen bis dahin unbekannte Indianer ausgeschickt wurde, stieß auf feindliche Krieger, die soeben ein Dorf in Brand gesteckt hatten. *"Kaum waren sie unser ansichtig geworden"* - Cortez selbst war nicht dabei - *"als sie sich zurückzogen und Sandoval fand auf dem Wege, den sie eingeschlagen hatten, mehrere Maishaufen und darauf gebratene kleine Kinder, die sie angesichts der Spanier im Stich gelassen"*[263] - man konnte nun unbesorgt diese 'Menschenfresser' niedermetzeln. Schon zuvor waren die Spanier an niedergebrannten Farmen vorbeigekommen. Die Erwähnung der gebratenen, vielleicht auch eher verbrannten Kinder muß mit diesen Kriegshandlungen in Verbindung gebracht werden, wenn sie nicht nur als diskreditierende Erfindung zu werten ist.

Diaz del Castillo erwähnte diesen Vorfall nicht. Auch er ist, wie aus seinem Bericht hervorgeht, nie Augenzeuge einer anthropophagen Handlung gewesen. In der Vorrede schrieb er: *"Wer in die Gewalt der feindlichen Indianer kam, wurde den Idolen geopfert, und die anderen sind ihren Tod gestorben. Wenn ihr mich fragt, wo sie ihre Gräber haben, sage ich, daß es die Bäuche der Indianer sind, die ihre Beine, Schenkel, Arme, fleischigen Glieder, Füße und Hände aßen. Das übrige wurde begraben. Ihren Leib warf man den Tigern, Schlangen und Raubvögeln vor (...)"*[264]. Die überwiegende Zahl der Aussagen zum Kannibalismus, die in seinem Bericht enthalten sind, betreffen die Wiedergabe von Drohreden der Indianer, die er nicht verstehen konnte, dann die Wiedergabe von Beratungen der Indianer unter sich und der Gedanken Montezumas[265] sowie Ermahnungen von Cortez, die Indianer sollten den Verzehr von Menschenfleisch und die Sodomie aufgeben[266].

Während des Kampfes um Tenochtitlan wurden 62 Spanier gefangengenommen und geopfert, ein Vorgang, den Diaz del Castillo aus der Ferne beobachtete: *"Wir sahen, wie sie die Leichen (...) die Stufen des Tempels hinunterwarfen, wie andere Henkersknechte sie unten in Empfang nahmen, Arme, Beine und Köpfe von den Leibern trennten, die Gesichtshäute zum Gerben abzogen, wie sie das übrige Fleisch abtrennten, um es später aufzufressen.*

---

[259] Z.B. Cortez 1980, 196; 225.

[260] Siehe dazu Todorov 1985, 168ff. Aufschlußreich ist die, in Teilen vielleicht übertriebene, "Brevísima Relación de la Destrucción de las Indias" (1542) von B. de las Casas, der berichtete, daß die Spanier Hunde hielten, die darauf abgerichtet seien, die Indianer in Stücke zu zerreißen. *"Zur Verpflegung dieser Hunde führen sie auf ihren Märschen eine Menge Indianer bei sich, die in Ketten gehen und wie eine Herde Schweine einhergetrieben werden. Man schlachtet dieselben, und bietet Menschenfleisch öffentlich feil."* Zit. nach Engl 1991, 276. Ähnliche Schilderungen liegen auch von anderen Autoren vor. Cieza de Léon berichtete in seiner Chronik der peruanischen Bürgerkriege: *"Auf unserem Zuge von Cartagena her (...) sah ich im Hause eines Portugiesen namens Roque Martin an einer Stange gevierteilte Indios hängen als Futter für die Hunde, als ob jene wilde Tiere wären."* Zit. nach ebd.

[261] Vgl. D. de Landa 1990, 16f. ("Relación de las cosas de Yucatán", 1566). Aguilar sowie ein weiterer Europäer, der sich Cortez nicht anschließen wollte, waren Schiffbrüchige, die bereits seit einigen Jahren dort lebten.

[262] Cortez 1980, 196; vgl. auch 151.

[263] Ebd. 217.

[264] Diaz del Castillo 1988, 17.

[265] Ebd. z.B. 131, 151, 315, 414; 188, 140, 243.

[266] Ebd. 178, 184f.

Nur die Eingeweide wurden in die Menagerien gebracht (...) In diesem Augenblick griffen die Mexikaner wieder an (...)"[267]. In einer von M. Harner verwendeten Übersetzung heißt es an dieser Stelle: *"Then they ate their flesh with a sauce of pepper and tomatoes"*[268], was die Spanier schwerlich hätten sehen können. Die einzigen Handlungen, die sie tatsächlich beobachteten, dürften die Opferung selbst auf der Plattform des Tempels und das Hinunterwerfen der Leichen gewesen sein. Es scheint, daß hier wie auch an anderen Stellen Gerüchte und Befürchtungen der Spanier zur Gewißheit geworden sind. Gerüchte ähnlicher Art kursierten auch unter den Azteken, was kaum überrascht, wenn man folgende Aussage liest: *"Wir lagerten an einem Bach und verbanden unsere Verwundeten. Weil wir kein Öl hatten, verwendeten wir dazu das Fett eines toten feisten Indianers"*[269].

Aus der Zeit nach der Belagerung und Eroberung von Tenochtitlan berichtete Diaz del Castillo von dem erbärmlichen Zustand der Bevölkerung und den vielen Leichen, die überall herumlagen. Die Einwohner hatten jede Wurzel und die Rinde der Bäume verzehrt. *"Drei Tage und drei Nächte waren die Ausfallstraßen und die Dämme mit langen Zügen von erbärmlichen Gestalten bedeckt. Männer, Weiber und Kinder schleppten ihre entkräfteten Körper aus der Stadt, ein jammervoller Leichenzug, der einen unglaublichen Gestank verbreitete. Nach ihrem Abzug ließ Cortes die Stadt durchsuchen. Zwischen unzählbaren Leichen fand man noch einige arme Leute, die zu schwach waren, sich zu bewegen. Die Stadt sah wie ein frischgepflügter Acker aus; denn die Einwohner hatten jede Wurzel gesucht, herausgerissen und verzehrt. Die Bäume hatten keine Rinde mehr. Es gab kein süßes Wasser, nur Salzwasser. Trotzdem soll niemand das Fleisch der Mexikaner gegessen haben, obgleich jeder gierig war, ein Stück Fleisch von den Tlaxcateken oder den Spaniern zu verzehren"*, von denen viele bei den Kämpfen gefallen waren oder gefangengenommen wurden. Es bleibt unverständlich, warum diese vermeintlichen Menschenfresser lieber hungerten. *"Es hat wohl kaum ein Volk gegeben, das so viel Hunger, Durst und Kriegsnot ausstehen mußte"*[270].

Die behandelten Quellen bilden die Grundlage für die allgemein als Tatsache akzeptierte aztekische Anthropophagie[271] und die darauf aufbauenden Theorien[272]. Die ökonomische, kulturmaterialistische Erklärung für das aztekische Opferbrauchtum basiert auf der Annahme einer sehr hohen Zahl von Opfern[273] und deren Verwertung als Proteinquelle, die aufgrund der oben gemachten Ausführungen, die die Existenz des Kannibalismus zweifelhaft erscheinen lassen, in Frage gestellt werden muß.

In den Quellen finden sich häufiger Angaben über eine Zerlegung der Opfer: Arme, Beine und Kopf wurden abgetrennt und die Knochen in "Gerüsten" aufgeschichtet - Diaz del Castillo erwähnte auch solche aus Schenkelknochen[274]. Es ist nicht bekannt, was mit dem Rumpf geschah - einigen Quellen zufolge wurde er den Tieren im königlichen Zoo vorgeworfen; dies veranlaßte M. Harris zu der Vermutung, er diente den Wärtern dort als Nahrung[275]. Dennoch meinte er, daß *"all edible parts were used in a manner strictly comparable to the consumption of the flesh of domesticated animals"*[276]. Wenn dies tatsächlich der Fall gewesen sein sollte, so ist kaum anzunehmen, daß der größte Teil der menschlichen Körper den Tieren überlassen worden wäre. Der Zugang zu dem Fleisch der Opfer war angeblich nur Privilegierten möglich, so etwa ausgezeichneten Kriegern oder Händlern[277],

---

[267] Ebd. 412.

[268] Harner 1977, 123. Dies wurde zu den meisten Gerichten gegessen, kann also nicht als ein die Glaubwürdigkeit der Aussage unterstützendes Detail gewertet werden.

[269] Diaz del Castillo 1988, 133; vgl. auch ebd. 135; dies war nicht unüblich: Esteban Martín, der Chronist der Expedition von Dalfinger, berichtete ebenfalls darüber (von Hagen 1979, 62).

[270] Diaz del Castillo 1988, 432; vgl. Cortez 1980, 226.

[271] Vgl. z.B. Ebert, 211 (Stichwort Kannibalismus); González Torres 1985.

[272] Vgl. z.B noch Harris 1989, 300ff.

[273] Deren Berechnung unsicher ist und je nach den Voraussetzungen, von denen ausgegangen wird, sehr unterschiedliche Zahlen ergeben kann: vgl. z.B. Ortiz de Montellano 1983; Castile 1980.

[274] Harner 1977, 121; vgl. die Ausgrabungen auf dem Hauptplatz in Mexico-Stadt: Seler 1901, 131; Rathje 1985, 135 (Grabung Matos Moctezuma); vgl. ferner Starr 1898 und Seler 1916 (Rasseln aus menschlichen Röhrenknochen).

[275] Harris 1977, 109.

[276] Ebd.

[277] So heißt es z.B. an einer Stelle im Florentiner Codex, daß das Opfer gekocht wurde und dann *"the nobility, and all the important men ate (the stew); but not the common folk - only the leaders."* Sahagún, zit. nach Arens 1980, 158. Vgl. ebd. 66ff.

die in dieser Position jedoch auch unbeschränkt über tierisches Protein verfügen konnten. Eine weitere Schwierigkeit der kulturmaterialistischen Theorie ergibt sich aus der Tatsache, daß die Opfer lebend zu den Tempeln gebracht und dort auch mit Nahrungsmitteln versorgt werden mußten[278], worauf M. Sahlins 1978 aufmerksam machte: *"descriptions of the rites suggest that the expense incurred in pampering the victim prior to sacrifice makes an economic explanation very dubious"*[279].

Entscheidend ist, daß der aztekische Kannibalismus anhand der Quellen nicht überzeugend belegt werden kann, mithin eine Diskussion über ökonomische oder rituelle Ursachen der Grundlage entbehrt. M. Harner stellte diesbezüglich fest, daß *"certain aspects of their behaviour which might seem remarkable and significant to a European or to an anthropologist, such as cannibalism, probably were too routine an aftermath of sacrifice normally to deserve comment"*[280] - eine Argumentationsweise, mit der sich nahezu jede Theorie begründen ließe.

3.4 Tupinamba

Die Quellen zum Kannibalismus der Gruppen an der brasilianischen Küste, vornehmlich der Tupinamba, sind Gegenstand der Diskussion um die Existenz institutionalisierter Anthropophagie. Sie datieren überwiegend in die zweite Hälfte des 16. Jahrhunderts, einige noch in das 17. Jahrhundert[281]. Zu nennen sind vor allem die Berichte von H. Staden (1557), A. Thévet (1557; 1575) und J. de Léry (1578) sowie die von jesuitischen Missionaren, darunter J. de Aspilcueta Navarro und J. de Anchieta.

Erste Nachrichten über die Menschenfresserei der Küstenbewohner gehen auf Vespucci zurück[282], und auch A. Pigafetta, dessen Schiff Ende 1519 dreizehn Tage vor der Küste Brasiliens ankerte, wußte zu berichten, daß Männer und Frauen wohlgestaltet seien, nackt einhergehen und bisweilen Menschenfleisch essen, aber nur das ihrer Feinde. *"Sie verzehren ihre Feinde jedoch nicht unverzüglich, sondern zerlegen sie und verteilen die Stücke unter die Tapfersten. Jeder nimmt den Teil, der ihm zugefallen ist, mit nach Hause, räuchert ihn und läßt alle acht Tage ein kleines Stück davon braten. Diese Nachricht wurde mir von Juan Carvajo, unserem Steuermann, überbracht"*, der sich vier Jahre dort aufgehalten habe[283].

Die genannten Quellen werden von verschiedenen Autoren als Augenzeugenberichte zum Kannibalismus gewer-

---

Insofern zeigt sich hier ein typisches Motiv, denn von anderen 'Klassen' wird häufiger derartiges behauptet. Bezogen auf andere Quellen beschrieb auch M. Harris diesen Sachverhalt: *"Reports of cannibalism in Egypt, India, and China are associated either with the preparation of exotic dishes for jaded upper-class palates (...)"* und nicht glaubhaft (Harris 1977, 116).

278 Ökonomisch sinnvoller wäre ein Transport der toten Körper: Es ist leichter, einen Mann beim Kampf zu töten als gefangenzunehmen - der Transport wäre problemlos, da die Armeen in jedem Fall zurückkehrten - die zur Versorgung der Gefangenen benötigten Nahrungsmittel würden der eigenen Bevölkerung zugute kommen.

279 Zit. nach Bourdillon u. Fortes 1980, 26 Anm. 7.

280 Harner 1977, 124.

281 Hauptsächlich holländische Quellen; sie betreffen nicht mehr die weitgehend "akkulturierten" oder ausgerotteten Tupinamba. Ihre Stelle nahmen die "Tapuyas" ein, mit denen die Holländer Schwierigkeiten hatten, und die sie als wild, unbeugsam und dem Kannibalismus ergeben beschrieben; vgl. Wendt 1989, 135ff. Zur Bezeichnung und Verteilung der verschiedenen Gruppen im 16. Jahrhundert vgl. Forsyth 1983, 148f.

282 Vgl. Kap. IV.1.1 und 3.1.

283 Pigafetta 1983, 63f. A. Wendt (1989, 19 Anm. 1) zufolge handelte es sich um den portugiesischen Kapitän J. L. Carvalho, der sich lange in einem von Guaraní bewohnten Gebiet zwischen Rio de Janeiro und der La Plata-Mündung aufgehalten hatte. Daraus schloß sie, daß der für die Tupi beschriebene Kannibalismus bis zum La Plata vorkam, m. E. kein zwingender Schluß, sondern nur ein Hinweis darauf, daß Carvalhos Erzählung möglicherweise auf Hörensagen beruhte. Auch Pigafetta war der Meinung, am La Plata wohnten Menschenfresser, die jedoch bei der Ankunft der Europäer vor diesen flüchteten. Grundlage dürfte das Schicksal von J. de Solis gewesen sein, der angeblich vier Jahre zuvor von den Kannibalen *"mit sechzig Mann seines Schiffsvolkes gefressen"* worden war (Pigafetta 1983, 67).

tet[284], von anderen als unglaubwürdig bezeichnet[285]. Beides trifft nicht zu - es handelt sich oft um Augenzeugenberichte, jedoch zeugen sie nicht von kannibalistischen Handlungen, sondern vom vorausgehenden Tötungsritual, und sie sind glaubwürdig, insofern ihnen tatsächliche Beobachtungen zugrunde liegen. In den Quellen ist die Sitte der Küstenstämme ausführlich beschrieben, Gefangene zu machen und diese nach einiger Zeit im Rahmen eines Festes auf eine bestimmte Weise zu töten und zu zerlegen, wobei Einzelheiten von Gebiet zu Gebiet differieren können oder strittig sein mögen. Die Grundzüge der Zeremonie der Gefangenentötung stehen jedoch außer Zweifel. Probleme ergeben sich etwa bei Fragen nach den Zeitpunkten solcher Opferhandlungen und der Zahl der getöteten Gefangenen, nach der tatsächlichen Bedeutung des Rituals und nach der Rolle der Frauen - es ist davon auszugehen, daß die Beobachter vieles mißverstanden und fehlinterpretierten, ferner aber auch davon, daß es sich nicht immer um Augenzeugen der beschriebenen Vorgänge handelte, sondern um die Wiedergabe von Informationen, die unter den Europäern dieses Gebiets bekannt waren.

Die ausführlichen Angaben in vielen Quellen zur Vorbereitung, zu den Dialogen zwischen Opfer und Opferern, die bis in Einzelheiten übereinstimmend geschildert werden, sowie zur Tötung selbst stehen in auffälliger Diskrepanz zu den Angaben, die das Essen betreffen - überwiegend findet sich nur der Hinweis auf den Verzehr des Opfers, und die Berichte brechen an dieser Stelle ab. Einer der besten Augenzeugenberichte mag dies verdeutlichen: Pater Anchieta, der sich 1563 etwa sechs Monate als Geisel in einem Dorf der Tamoyo (Tupinamba) aufhielt, berichtete über die Tötung eines zu seiner Gruppe gehörigen indianischen Sklaven folgendes: *"Aber am Nachmittag, als sie alle trunken vom Wein waren, kamen sie zu dem Haus, in dem wir wohnten und wollten den Sklaven haben (...). Wie Wölfe zerrten die Indianer an ihm mit großer Heftigkeit; schließlich brachten sie ihn nach draußen und zertrümmerten ihm den Schädel, und zusammen mit ihm töteten sie einen anderen ihrer Feinde, den sie sogleich unter großem Jubel in Stücke rissen, wobei sich die Frauen besonders hervortaten, die singend und tanzend umhergingen, und von denen manche die abgeschnittenen Glieder (der Leiche) mit spitzen Stöcken durchbohrten, während andere ihre Hände mit dem Fett (des Opfers) beschmierten und herumliefen, um die Gesichter und Münder von anderen zu beschmieren, und es war so, daß sie das Blut mit den Händen auffingen und aufleckten, ein verabscheuungswürdiges Schauspiel, dergestalt, daß sie ein großes Schlachten veranstalteten, um sich den Bauch vollzuschlagen"*[286]. Damit endet die Aufzeichnung, das Essen wird nicht beschrieben. Ein weiterer Augenzeugenbericht sei an dieser Stelle zitiert, bei dem es sich D. Forsyth zufolge um *"one of the most detailed accounts we have of the cannibalistic rites of the Tupinambá"* handelt[287]. Er stammt aus der 1584 von F. Cardim verfaßten Beschreibung Brasiliens. Nachdem er die Handlungen vor der Tötung ausführlich dargestellt hatte, ging er auch auf die Zerlegung der Leiche ein: *"When the victim is dead, they carry him to a bonfire that has been prepared for this purpose ... and they give him to the butcher, who makes a hole below the stomach, according to their custom, where the young boys first put in their hand and pull out the viscera, until the butcher cuts wherever he wants, and whatever is left in his hands (after each cutting) is the portion for each one, and the rest is shared among the community, except for some special parts which they give to especially honored guests, which they roast, so that (the flesh) doesn't spoil, and with (these parts) they have festivities and drinking in their own lands"*[288]. Wiederum wird das Essen selbst nicht beschrieben, sondern nur das Zerlegen und Verteilen der Leiche. Geröstet wurden die Teile, die zur Mitnahme in andere Dörfer bestimmt waren.

Vorgänge dieser Art, deren Bedeutung im einzelnen wohl unverstanden blieb, finden häufiger Erwähnung, so die Zerlegung der Opfer und das Rösten bzw. Räuchern oder Kochen von Körperteilen. Die Beobachtung derartiger Handlungen konnte, insbesondere unter der gegebenen Voraussetzung, daß man bereits wußte, es mit Menschenfressern zu tun zu haben, zu keiner anderen Interpretation als der führen, die Indianer seien mit der Vorbereitung von Mahlzeiten beschäftigt. Ungeachtet der Glaubwürdigkeit der einzelnen Autoren[289] und ihrer jeweiligen Ein-

---

[284] Forsyth 1983 und 1985; Harris 1988, 222ff.; Wendt 1989.

[285] Arens 1980, 22ff.; Frank 1987, 219.

[286] Zit. nach Harris 1988, 228; vgl. Forsyth 1983, 159.

[287] Forsyth 1983, 166.

[288] Zit. nach ebd. 168.

[289] So dürften nicht alle Beschreibungen auf tatsächliche Beobachtungen zurückgehen, sondern auch allgemein bekanntes Wissen einschließen. Die von W. Arens (1980, 30f.) vertretene These, alle auf Staden folgenden Berichte seien Plagiate, ist jedoch stark übertrieben, zumal er mit der unbegründeten Behauptung, die Arbeiten seien nicht exakt zu datieren, auch die

stellung zu den beschriebenen Gruppen, die, abgesehen vom immer vorhandenen Überlegenheitsgefühl, stark von deren Verhalten gegenüber den Europäern bestimmt war[290], waren sie gar nicht in der Lage, mit den ihnen vertrauten Kategorien und Stereotypvorstellungen etwas anderes zu sehen als die Bestätigung ihrer Erwartungen. Das gelegentlich beobachtete Zerlegen von Körpern und das Räuchern oder Kochen einzelner Teile mag sie vollends überzeugt haben. Wenn sich dennoch keine Augenzeugenberichte des Essens selbst finden, muß davon ausgegangen werden, daß es nicht stattfand und die beobachteten Vorgänge mißverstanden wurden. M. Harris bemerkte in diesem Zusammenhang: *"Falls die Tupinamba wirklich keinen Kannibalismus praktizierten, so können die Jesuiten nicht bloß leichtgläubige Opfer häßlicher Gerüchte, sondern müssen handfeste Lügner gewesen sein. Ich weigere mich, Arens' Behauptung Glauben zu schenken, sie hätten sich gegenseitig belogen, hätten ihre Vorgesetzten in Rom getäuscht und hätten diese Lügnerei über fünfzig Jahre unablässig betrieben (...)"*[291]. Hätten sie dies getan, so wären ihre Lügen vermutlich überzeugender ausgefallen und würden auch den Akt des Essens einschließen, was nicht der Fall ist. Ähnliche Argumente wie Harris führte bereits D. Forsyth an, der außerdem betonte, daß die Jesuiten *"also make it clear that there were non-Tupian Indians who did not practice cannibalism"*[292]. Aufschlußreich ist jedoch, wie diese beschrieben wurden, nämlich als tugendhaftes, idealisiertes Gegenbild zu den menschenfressenden Tupinamba: Die Carijós seien friedlicher und fest im Glauben an Gott, *"they are all subject to one leader, each one lives with his own wife and children separately in his own house, and under no circumstances do they eat human flesh."* Die Ibirajaras überträfen alle anderen in Hinsicht auf ihre Intelligenz; sie gehorchen einem Häuptling und *"have a great horror of eating human flesh, they are satisfied with only one wife, and they carefully protect their virgin daughters - which the other (Indians) don't do - (...) They do not believe in idolatry or in sorcery (...)"*, ihre einzige Unsitte sei, daß sie zuweilen Gefangene im Krieg töten und deren Köpfe als Trophäen behielten[293].

Die Reduzierung der Diskussion auf die Frage nach der Glaubwürdigkeit der Quellenautoren trifft nicht den Kern des Problems, der auf einer anderen Ebene gesucht werden muß: Einerseits haben sie das Essen tatsächlich nicht beobachtet, andererseits zweifelten sie in keiner Weise daran, daß es auf die von ihnen vermutete Art stattfand und sahen sich in ihrer Überzeugung aufgrund von Indizien immer wieder bestätigt.

So berichtete beispielsweise der Jesuit Pater Navarro in einem 1551 verfaßten Brief an Ordensbrüder in Coimbra über seinen Besuch eines Dorfs nahe Baía (Salvador) im Jahr 1549, daß ihm die Einwohner bei seiner Ankunft erzählten, sie hätten *"gerade ein Mädchen getötet, und zeigten mir das Haus, und als ich eintrat, sah ich, daß sie es kochten, um es zu essen, und der Kopf hing an einem Balken; und ich begann zu schelten und zu schmähen, daß sie etwas taten, das so verabscheuungswürdig und wider die Natur war"*[294]. Daraufhin drohte ihm einer der Dorfbewohner an, mit ihm dasselbe zu tun, wenn er nicht schweige, wie ihm sein Dolmetscher mitteilte, der sich weigerte, die Schelte zu übersetzen. Navarro sprach nun selbst zu ihnen, so gut er es vermochte, und *"in the end they became our friends and gave us something to eat. And afterwards I went to other houses in which I found the feet, hands, and heads of men in the smoke."* Er fuhr fort, die Leute zu tadeln und überredete sie, *"to not carry out such a great evil. Afterwards they told us that everyone buried the flesh, even the girl they were cooking, and it seems to me that they reformed somewhat, at least in public one does not see them (do it)"*[295]. Seine Überre-

---

früheren und gleichzeitigen Berichte auf Staden zurückführte. Dennoch gibt seine Überlegung zu denken, daß *"a parade of international travelers all passed through a Tupinamba encampment on different days when the Indians were about to slay a war captive while the main characters were repeating similar statements to each other."* Ebd.

[290] D. Forsyth (1983, 148) zufolge waren die ersten Kontakte der Portugiesen mit den Indianern positiv, was dazu führte, sie als "edle Wilde" zu sehen, die leicht zu christianisieren seien. Nach Beginn der Besiedlung, die sich zunächst auf weit voneinander entfernt liegende Stützpunkte beschränkte, ergaben sich schnell Konflikte, die zu Feindseligkeiten führten; einige Siedlungen mußten aufgegeben werden. In der Folge wurde der Christianisierung hohe Priorität eingeräumt; 1549 trafen die ersten Jesuiten in Baía ein.

[291] Harris 1988, 230.

[292] Forsyth 1983, 172.

[293] Anchieta, zit. nach ebd. 155f. In anderen Quellen werden auch die Carijós als Kannibalen beschrieben, so etwa bei U. Schmidel 1567 (vgl. Wendt 1989, 84).

[294] Zit. nach Harris 1988, 228.

[295] Zit. nach Forsyth 1983, 163.

dungskünste schienen jedoch nicht sehr erfolgreich gewesen zu sein, denn in einem anderen Brief vom März 1550 berichtete er von einem ähnlichen Vorfall, der wahrscheinlich kurz nach dem oben beschriebenen im selben Dorf stattfand[296]: *"als ich eines der Dörfer, in denen ich lehre, besuchen kam, ... ich beim Eintritt ins zweite Haus einen Topf von der Art eines großen irdenen Krugs fand, in dem sie menschliches Fleisch sotten, und als ich kam, nahmen sie gerade Arme, Füße und Köpfe von Menschen heraus, was schrecklich anzusehen war. Ich sah sieben oder acht alte Frauen, die sich kaum auf den Füßen halten konnten, um den Topf herumtanzen und das Feuer schüren, so daß sie aussahen wie Teufel in der Hölle"*[297]. Deutlich wird an diesen Zitaten vor allem das Ausmaß der Unfähigkeit eines Verstehens dessen, wovon er Zeuge war. Deutlich wird aber auch die Einstellung, mit der die Missionare in die Dörfer gingen, um die "Wilden" von ihren "teuflischen" Handlungen abzubringen.

Wenn es sich nicht um eine teils erfundene Rechtfertigungsschrift handelt, sondern die berichteten Ereignisse auf Beobachtungen zurückgehen, so sind den Briefen Navarros einige interessante Einzelheiten zu entnehmen: Zum einen sprach er von Füßen, Händen, Armen und Köpfen, für den Verzehr nicht gerade ergiebige Teile, zum anderen erwähnte er, daß das Fleisch nach Aussage der Eingeborenen vergraben wurde, was er auf seinen Einfluß zurückführte. Aufschlußreich könnte in dieser Hinsicht eine 1618 in Dialogform veröffentlichte Beschreibung Brasiliens sein, wahrscheinlich von A. Fernandes Brandâo verfaßt, der sich Ende des 16. Jahrhunderts dort aufgehalten hatte. Er gab an, daß ein Teil des Fleisches gedörrt, in Baumwollfäden eingewickelt und aufbewahrt werde. Später soll es dann im Rahmen eines neuen Festes in kleine Stücke geteilt und verzehrt worden sein. Inwieweit dies im einzelnen zutrifft bzw. beobachtet wurde, sei dahingestellt. A. Wendt führte dazu eine Parallele an: Bei der Sekundärbestattung der Timbira wurden die Knochen wieder ausgegraben, gesäubert, mit roter Farbe bemalt und mit Baumwollfäden umwickelt, zusammengebunden und bestattet[298]. Interessant ist in diesem Zusammenhang auch die Angabe Thévets, dem zufolge der Gefangene im Haus dessen wohne, dessen Grab er erneuere; er werde im Dorf mit Freude empfangen und liebkost[299]. Demnach hätte er die Stelle eines Verstorbenen in der Gesellschaft eingenommen, die ihn gefangennahm, ein Hinweis darauf, daß die Verhältnisse komplizierter gewesen sein könnten als in den meisten Quellen beschrieben, die ausschließlich Rachsucht als Grund für die "Aufbewahrung" und Tötung der gefangenen Feinde angaben.

Andere Berichterstatter vermerkten weitere Details, die zur Deutung der Vorgänge beitragen könnten, so etwa J. de Léry, der mehrfach Querpfeifen, Flöten und Pfeile erwähnte, die aus den Arm- und Schenkelknochen der Getöteten hergestellt wurden. Um dies tun zu können, ist es erforderlich, den Leichnam zu zerlegen und die Knochen vom Fleisch zu befreien; geeignete Methoden dafür sind Kochen oder Braten der entsprechenden Körperteile, wenn man nicht den natürlichen Verwesungsprozeß abwarten oder Tiere zur Hilfe nehmen will. Ferner sei an die Trophäen der Kariben erinnert, die im Rauch getrocknete, "bukanierte" und damit haltbar gemachte Körperteile aufbewahrten[300]. Léry nahm während seines ca. einjährigen Aufenthalts 1557 im Gebiet von Rio de Janeiro (damals Guanabara bzw. Fort Coligny) an einem Kriegszug der Tupinamba teil - auf die Gefahr hin, von deren Feinden, den *"Margajas, getötet und verspeist zu werden."* Vor Beginn der Kampfhandlungen breiteten sie drohend die Arme aus und *"zeigten sich gegenseitig die Knochen der von ihnen verzehrten Gefangenen und die auf-*

---

[296] Vgl. ebd. 163 und Anm. 9.

[297] Zit. nach Harris 1988, 229. Vgl. Forsyth 1983, 164. Im selben Brief erwähnte er, daß ihm einige Indianer mitteilten, nur alte Frauen würden das Fleisch essen, andere, daß ihre Vorfahren dies getan hätten und sie es auch essen müßten, und warum er sie davon abhalten wolle (ebd.).

[298] Wendt 1989, 65 mit Anm. 1 (nach Nimuendajú).

[299] Ebd. 96 mit Anm. 1. Die Freude der Frauen bei der Ankunft des Gefangenen im Dorf wurde oft erwähnt und wäre mit Thévets Information erklärbar. Staden zufolge wurde der Gefangene dagegen bei der Ankunft geschlagen und beschimpft.

[300] Ein Indiz dafür findet sich im Bericht von H. Staden: *"Das Fleisch des anderen, des Jeronimo, hing in der Hütte, in der auch ich lebte, fast drei Wochen lang in einem Korb über dem Feuer. Dabei wurde es trocken wie Holz."* Staden 1988, 186. Eines Morgens, sehr früh, kochten die Besitzer Stadens das Fleisch wieder auf und aßen es (ebd. 191). Inwieweit er dies selbst beobachten konnte bzw. es sich tatsächlich um dieses "Fleisch" handelte, ist fraglich. Vielleicht liegt ein Mißverständnis vor: Im zweiten Teil des Berichts ist beschrieben, wie Fleisch auf einem Rost haltbar gemacht wird, indem sie *"ein kräftiges Feuer darunter"* machen *"und braten und räuchern das Fleisch, bis es ganz trocken wird."* Ebd. 229, hier als 'Moquém', im ersten Teil als 'Miquem' bezeichnet. Möglicherweise erkannte Staden nicht, daß es sich um unterschiedliche Vorgänge handelte.

gereihten Zähne, von denen sich manche zwei Ketten um den Hals gehängt hatten"[301]. An späterer Stelle berichtete er, daß die getöteten Gefangenen zerlegt und geröstet (bukaniert) wurden. *"Wie groß ihre Zahl auch sei, wenn irgend möglich erhält jeder ein Stück, ehe sie sich zurückziehen"*, was nicht näher erläutert wird, jedoch darauf hindeutet, daß Lérys Angaben zum Essen auf Vermutungen basieren. Gesehen hat er folgendes: *"Kaum wird man durch ihre Dörfer gehen, ohne die Bukans mit Wild und Fisch belegt zu sehen. Sehr oft sieht man auf ihnen aber auch (...) Schenkel, Arme, Beine und andere große Menschenfleischstücke. Das sind ihre Kriegsgefangenen, die sie zu töten und zu verspeisen pflegen"*[302]. Es sei bezweifelt, daß er in der Lage war, die als menschlich identifizierten großen Fleischstücke mit Sicherheit als solche zu erkennen. Arme und Beine sind leichter identifizierbar[303]. Die Tupinamba sammeln *"die Köpfe in Haufen in ihren Dörfern, wie man bei uns in Frankreich die Totenköpfe auf den Friedhöfen sieht. Das erste, was sie tun, wenn Franzosen kommen, ist, sich ihrer Tapferkeit zu rühmen und die vom Fleisch entblößten Köpfe vorzuzeigen. (...) Ähnlich sammeln sie auch die größten Knochen der Schenkel und Arme, um (wie ich schon erwähnte) daraus Pfeifen und Pfeile anzufertigen, ferner die Zähne, die sie ausreißen und aufreihen nach Art der Rosenkränze"*[304].

Aus diesen Hinweisen, die in den Arbeiten über den vermeintlichen Kannibalismus der Tupinamba bisher kaum Beachtung fanden, lassen sich die in den Quellen beschriebenen und zumindest teilweise auf Beobachtung basierenden Vorgänge des Zerlegens, des Bratens oder Kochens und des Räucherns erklären[305], die von den Europäern ihrem Wahrnehmungsmuster gemäß mit Menschenfresserei in Verbindung gebracht wurden. Die Funktionsweise dieses Wahrnehmungsmusters, eine Kombination aus Phantasie, Vorwissen und dessen Bestätigung durch die entsprechende Interpretation von Indizien, läßt sich in einigen Berichten deutlich erkennen, so beispielsweise bei J. de Léry. Gegen Ende seiner "Histoire d'un voyage fait en la terre du Brésil, autrement dite Amérique" beschrieb er seinen ersten Besuch bei den Tupinamba, den er drei Wochen nach seiner Ankunft Anfang 1557 gemeinsam mit einem Dolmetscher unternahm. Sie übernachteten in einem Dorf, in dem sie bei Sonnenuntergang eintrafen - nach Lérys Angaben war dort sechs Stunden zuvor ein Gefangener getötet worden, dessen einzelne Körperteile auf dem Bukan lagen. Er selbst wurde in ein Haus geführt, bekam zu essen und legte sich schlafen. *"Der Lärm aber, den die Wilden vollführten, indem sie, während sie den Gefangenen verzehrten, die ganze Nacht hindurch tanzten und pfiffen, hielt mich wach. Nach einiger Zeit kam einer der Wilden zu mir. In der Hand hielt er einen gekochten und bukanierten Fuß des Gefangenen und forderte mich auf (wie ich erst später erfuhr, denn im Moment hatte ich gar nichts begriffen), davon zu essen. (...) Ich dachte tatsächlich, er wolle mir durch das Stück Menschenfleisch zu verstehen geben, daß ich in Kürze auf die gleiche Weise zubereitet werden würde. Ein Zweifel nach dem anderen kam in mir auf. Ich schöpfte sogar Verdacht, daß mich der Dolmetscher verraten und den Barbaren ausgeliefert haben könnte"*[306]. Seine Ängste sind verständlich, wußte er doch spätestens seit seiner Ankunft, vermutlich aber bereits vor Antritt der Reise, von den kannibalistischen Sitten der Einwohner Brasiliens[307]. Festzuhalten ist, daß er den von ihm vermuteten Verzehr nicht beobachtet hat, da er sich im Haus aufhielt, sondern nur einen Fuß zu sehen bekam, den er dem vor kurzem getöteten Gefangenen zuordnete. Die dafür

---

[301] Léry 1977, 258f. Vgl. ebd. 256: *"Manche der Eingeborenen besitzen sogar Querpfeifen und Flöten, die aus den Arm- und Schenkelknochen derer gefertigt sind, die von ihnen getötet und verspeist wurden."* Vgl. ferner Pater Blasquez, der 1557 in einem Brief berichtete: *"(...) in order to enliven the festivity they played flutes which are made of the shin bones of their enemies when they kill them."* Zit. nach Forsyth 1983, 166.

[302] Léry 1977, 202.

[303] Man denke jedoch beispielsweise an die bereits erwähnte Verwechslungsmöglichkeit mit Affen.

[304] Léry 1977, 268f. Auch H. Staden berichtete von Köpfen, als er in ein ihm unbekanntes Dorf, wo ein Fest stattfand, gebracht wurde: *"Vor der Hütte steckten etwa 15 Köpfe auf Pfählen. Sie stammen von Maracaias, ebenfalls Feinde der Tupinambás, die sie verspeist hatten."* Staden 1988, 136.

[305] Erinnert sei in diesem Zusammenhang auch an den oben erwähnten Bericht Cardims, nach dem die Teile geröstet wurden, die zur Mitnahme in andere Dörfer bestimmt waren.

[306] Léry 1977, 313f.

[307] Noch vor seiner Ankunft in Fort Coligny, als das Schiff an der Küste ankerte, wußte er über die an dieser Stelle angetroffenen, mit den Portugiesen verbündeten Margajas zu berichten, daß diese sie, *"hätten sie uns in ihrer Gewalt gehabt und kein Lösegeld erhalten - totgeschlagen und in Stücke zerrissen haben würden, damit wir ihnen nachher als Nahrung dienten."* Ebd. 85.

gewählte Bezeichnung 'Menschenfleisch' macht deutlich, daß dieser Begriff wahllos Verwendung fand und nicht etwa mit einem mundgerecht zubereiteten Steak assoziiert werden darf.

Aufschlußreich ist auch der Verdacht gegen den Dolmetscher - an anderer Stelle äußerte sich Léry genauer über die Position, die die Dolmetscher oder 'truchements' einnahmen; Wanderer zwischen zwei Welten, "kulturelle Überläufer", einerseits als Vermittler genutzt, andererseits als Verräter gesehen: Wenn die Tupinamba *"uns einluden, das Fleisch ihrer Gefangenen zu essen und wir es zurückwiesen (wie ich und viele der Unsrigen das stets getan haben, denn wir hatten uns - Gott sei Dank! - niemals so weit vergessen!), so erschienen wir ihnen offenbar nicht zuverlässig genug. Zu meinem größten Bedauern muß ich an dieser Stelle sagen, daß einige der Dolmetscher aus der Normandie, die acht oder neun Jahre dort schon im Lande weilten, sich den Wilden anpaßten. Sie führten ein gottloses Leben, indem sie Unzucht mit den Frauen und Mädchen trieben. (...) Noch schlimmer aber war es, daß sie die Wilden übertrafen an Unmenschlichkeit. Ich habe sogar gehört, daß sich einer von ihnen rühmte, er habe Gefangene getötet und gegessen"*[308]. Dies verdeutlicht die Einstellung zu den 'kulturellen Überläufern'[309] und erklärt das oben geschilderte Mißtrauen Lérys, der sich von seinem Dolmetscher, der am Fest teilnahm, verraten fühlte. Am nächsten Morgen wurde das Mißverständnis aufgeklärt, als der Dolmetscher wieder auftauchte und den *"Wilden, die sich über mein Kommen tatsächlich gefreut hatten und, um mir ihre Freundschaft zu beweisen, während der ganzen Nacht nicht von meiner Seite gewichen waren, alles erzählt hatte, sagten sie, daß sie wohl gemerkt hätten, daß ich Angst vor ihnen gehabt hätte. Darüber seien sie sehr betrübt. Mein Trost war ein lautes Riesengelächter, das sie anstimmten (denn sie sind große Spaßmacher), weil sie mich - ohne es selbst zu wissen - so schön genasführt hatten"*[310].

Hinzuweisen bleibt noch darauf, daß Léry seinen Bericht erst 1578 veröffentlichte, nachdem er die Schrecken der Religionskriege in Frankreich auf protestantischer bzw. kalvinistischer Seite am eigenen Leib erfahren und die Belagerung von Sancerre[311] miterlebt hatte. Diese Erfahrungen haben seinen Bericht geprägt, der mehr als politisches bzw. religiöses Traktat denn als ethnographische Abhandlung zu verstehen ist, und sein anfängliches Überlegenheitsgefühl gegenüber den "Wilden" relativiert. Die im Vergleich zu anderen Berichten positive Schilderung der brasilianischen Menschenfresser findet ihr Gegenbild und ihre Erklärung in der negativen der europäischen Greuel. Deutlich wird dies an folgendem Urteil: *"Man verabscheue demnach die Grausamkeiten der wilden Anthropophagen - das heißt Menschenfresser - nicht allzusehr, denn unter uns gibt es weit mehr noch zu verachtende und schlimmere Elemente dieser Spezies. Wie oben gezeigt wurde, fallen diese nicht nur über die mit ihnen verfeindeten Völker her. Sie haben vielmehr gewütet im Blut ihrer Angehörigen, Nachbarn und Landsleute. Daher braucht man nicht allzuweit oder sogar bis nach Amerika zu gehen, um solche abscheulichen Greueltaten zu sehen"*[312]. Nicht nur, daß die "Papisten" gegen eigene Landsleute vorgingen - anders als die 'Wilden', die ihr Fleisch brieten, wollten sie auch *"das Fleisch Jesu Christi lieber roh als geistig verzehren (...). Was noch schlimmer ist, sie wollten es ganz roh kauen und verschlingen, wie es die wilden Quetacas tun, von denen ich früher gesprochen habe, die Menschenfleisch verzehren"*[313]. Dies bezieht sich auf den Konflikt zwischen Léry und seinen Begleitern auf der einen Seite, Villegagnon und seinen Anhängern auf der anderen Seite, der in Fort Coligny zunehmend die Beziehungen zwischen den Europäern bestimmte und mit der Vertreibung der Kalvinisten sowie

---

[308] Ebd. 270f.

[309] Vgl. die Untersuchung dieses Phänomens durch K.-H. Kohl 1987, 7ff.; ferner Kap. IV. Anm. 47.

[310] Léry 1977, 315.

[311] Darüber verfaßte er ebenfalls einen Bericht, und auch in seiner "Histoire d'un voyage" erwähnte er die dortige Hungersnot im Jahr 1573, über die er berichtet hatte, daß *"ein Elternpaar das eigene Kind verzehrte, und einige Soldaten, die das Fleisch der im Krieg Getöteten gekostet hatten, bekannten, sie wären über die Lebenden hergefallen, hätte der Zustand noch länger angedauert."* Léry 1977, 155. Die Hugenottenkriege endeten erst mit dem Edikt von Nantes 1598.

[312] Ebd. 275.

[313] Ebd. 109. Die erwähnten "Quetacas", zu denen kein Kontakt bestand, weder von Seiten der Eingeborenen noch von der der Europäer - mit Ausnahme eines gelegentlich durchgeführten sogenannten stummen Handels, ein Tauschverfahren ohne direkten Kontakt - beschrieb Léry in eher mythischer Weise: Sie seien ein besonders wilder, seltsamer Volksstamm, dessen Sprache von keinem ihrer Nachbarn verstanden werde. Sie führen ständig Krieg und laufen so schnell, daß niemand sie einholen könne. *"Wie die Hunde und Wölfe verzehren sie das Fleisch roh."* Ebd. 90.

schließlich der Hinrichtung einiger Mitglieder dieser Gruppe endete, eine Thematik, die hier nicht näher behandelt werden soll[314].

Schwieriger zu beurteilen ist die 1557 veröffentlichte "Wahrhaftige Geschichte und Beschreibung einer Landschaft der wilden, nackten, grimmigen Menschenfresser-Leute (...)" des Protestanten H. Staden, ein hessischer Söldner, der zwischen 1547 und 1554 in portugiesischen und spanischen Diensten zweimal in die Neue Welt reiste. Sie gilt als einer der besten Augenzeugenberichte zum Kannibalismus der Tupinamba[315]. Die zweite Reise unternahm Staden auf einem spanischen Schiff mit dem Ziel Rio de la Plata bzw. Peru, das jedoch an der brasilianischen Küste strandete; die Besatzung litt großen Hunger und lebte zwei Jahre von Eidechsen, Feldratten und anderem seltsamen Getier[316], bis sich ein Teil der Leute zum portugiesischen Stützpunkt Sao Vicente durchschlug, wo sie Anfang 1553 ankamen. Dort diente Staden im Wachdienst gegen die Eingeborenen auf einer Insel, deren Befestigung noch nicht fertiggestellt war.

1553/1554 hielt er sich etwa neun Monate, seiner Aussage zufolge als Gefangener, bei den Tupinamba auf. Die diesbezüglichen Daten sind unsicher. Am 31. Oktober 1554 fuhr er auf einem französischen Schiff aus Rio de Janeiro ab, offenbar erst, nachdem er von einer schweren Verwundung, die er bei einem Kampf mit einem portugiesischen Schiff davongetragen hatte, genesen war[317]. Dieses Datum bezeichnete D. Forsyth als Datum seiner "Flucht" und rekonstruierte daraus den Zeitpunkt der Gefangennahme (Mitte Januar 1554)[318], was jedoch nicht zutreffen kann. Staden floh auch nicht, sondern wurde von den Franzosen freigekauft und zuvor auf herzliche Weise von den 'Wilden' verabschiedet[319].

Sein Bericht besteht aus zwei Teilen, einem erzählenden und einem 'ethnographischen', die sich in verschiedener Hinsicht voneinander unterscheiden, insbesondere in bezug auf die Beschreibung der kannibalistischen Handlungen - im ersten Teil fehlt der rituelle Kontext, im zweiten Teil wird dieser betont[320].

Staden wußte bereits auf seiner ersten Reise, daß er es mit Kannibalen zu tun hatte[321]. In Sao Vicente war dies allgemein bekannt[322]; zweimal im Jahr, so berichtete er, überfielen die Tupinamba ihre Feinde mit besonderer Vorliebe, im November (Abatí-Zeit) und im August (wenn bestimmte Fische zum Laichen in die Flußmündungen kamen). Bei Abatí handelt es sich um Mais, aus dem, mit Maniok gemischt, ein Cauím genanntes Getränk hergestellt wurde. *"Sobald sie mit den reifen Abatí von ihrem Beutezug heimkommen, machen sie daraus ihr Getränk und verzehren dabei ihre Feinde, wenn sie welche gefangen haben. Sie freuen sich schon das ganze Jahr auf die Abatí-Zeit"*[323]. Bei seiner Gefangennahme fand er sein Vorwissen offenbar bestätigt: Die 'Wilden' *"waren nach*

---

[314] Villegagnon gründete 1555 in der Bucht des heutigen Rio de Janeiro die französische Kolonie Guanabara oder Fort Coligny. Zu ihrer Geschichte, ihrem Ende und den Auseinandersetzungen zwischen Villegagnon und den Kalvinisten vgl. Gewecke 1992a, 159ff. Villegagnon selbst berichtete im März 1557 in einem Brief an Calvin über die Anfangsschwierigkeiten der Kolonie und über die Eingeborenen, *"grausame und wilde Menschen, denen jede Art von Höflichkeit oder Humanität fernliegt (...). Sie haben keine Religion und keinen Begriff von Ehrbarkeit und Tugend. Ebensowenig wissen sie, was Recht und Unrecht ist. Ich habe mich daher oft gefragt, ob wir hier nicht unter wilde Tiere in Menschengestalt geraten sind."* Zit. in: Léry 1977, 339f.

[315] Vgl. Forsyth 1985; Harris 1988, 222ff.; Wendt 1989, 74ff.; Gewecke 1992a, 188 Anm. 6.

[316] *"Anfangs hatten die Wilden uns noch reichlich mit Lebensmitteln versorgt, doch als sie genug von uns eingetauscht hatten, zog der größte Teil von ihnen an andere Orte. Auch durften wir ihnen nicht so recht trauen (...)."* Staden 1988, 96.

[317] Ebd. 198f.

[318] Forsyth 1985, 22 und Anm. 8.

[319] Staden 1988, 196f.

[320] B. Rohdewohld arbeitete in einem Aufsatz (1991, 115ff.) die Textdiskrepanzen zwischen den beiden Teilen heraus und kam zu dem Schluß, daß Dryander, der die Widmungsvorrede verfaßte und Stadens Bericht überarbeitete, oder auch ein anderer, Kompilator des zweiten Teils gewesen sein müsse (ebd. 117). Zum Einfluß Dryanders vgl. auch E. Berg 1989, 192f.

[321] Staden 1988, 76: Die 'Wilden' griffen sie an und machten *"Brandpfeile, mit denen sie unsere Dächer in Brand stecken wollten, und dazu drohten sie, uns aufzufressen, falls sie uns erwischten."*

[322] Staden erzählte beispielsweise die Geschichte eines Überfalls der Tupinamba auf seinen späteren Wachposten, den zu seiner Zeit kein Portugiese übernehmen wollte, da er nicht ausreichend befestigt war. Die Christen konnten sich verteidigen, die dort lebenden Indianer wurden in Stücke geschnitten und verteilt (ebd. 106f.).

[323] Ebd. 111. Im zweiten Teil ist nur von Maniok die Rede, ein Fest soll gewöhnlich einmal im Monat stattfinden, Gefangenentötung wird in diesem Zusammenhang nicht erwähnt (ebd. 232).

ihrem Brauch mit Federn geschmückt und bissen sich in die Arme, um mir damit anzudrohen, daß ich verspeist werden sollte"[324]. Bei seiner Ankunft in Ubatuba wurde er von den Frauen geschlagen und beschimpft, und sie drohten ihm an, daß er gefressen würde[325].

Anläßlich eines Festes in einem benachbarten Dorf, zu dem er mitgenommen wurde, sprach er ausführlich mit dem zur Tötung bestimmten Gefangenen, einem Maracaia. In der Nacht gab es einen Sturm, und am nächsten Morgen erklärte Staden dem Gefangenen, *"der große Wind sei Gott gewesen, der ihn zu sich holen wollte. Am nächsten Tag wurde er verspeist. Wie das zugeht, habe ich in einem späteren Kapitel beschrieben."* Bei der Rückfahrt kam wiederum ein Sturm auf; Staden sollte dafür sorgen, daß er aufhörte: *"Bei uns war ein Junge, der hatte noch einen Knochen von dem Sklaven, mit etwas Fleisch daran, das er aß. Zu ihm sagte ich, er solle den Knochen wegwerfen. Da wurden alle anderen zornig (...). Während wir uns für den Marsch bereit machten, aß der Junge wieder an seinem Knochen und warf ihn dann weg, als wir losgingen. Plötzlich besserte sich das Wetter"*, was er auf seinen Gott zurückführte und den 'Wilden' damit bewies, wie mächtig dieser war[326].

Der hier beschriebene ganz profane Umgang mit Menschenfleisch bei jeder sich bietenden Gelegenheit ist für den ersten Teil des Textes charakteristisch und widerspricht sowohl dem zweiten Teil als auch den bereits behandelten Berichten. Die dem möglicherweise zugrundeliegenden Mißverständnisse sind oben schon angedeutet worden. Daß Staden zu sehen meinte, was er beschrieb, sei nicht bezweifelt; daß dabei jedoch seine Phantasie die Sicht bestimmte, wird insbesondere dann deutlich, wenn er etwa den erwähnten Knochen oder getrocknetes Fleisch als menschlich bezeichnete[327].

Derart kuriose Geschichten wie die oben zitierte bestimmen die Erzählung und erfüllen zwei Funktionen: Zum einen erklären sie, warum Staden selbst nicht getötet wurde, da sein Gott an geeigneter Stelle immer wieder eingriff und seine Macht zeigte, zum anderen dienen sie allgemein der Lobpreisung Gottes, der dem der Portugiesen, die getötet und angeblich gefressen wurden[328], überlegen war - insofern handelt es sich auch um ein protestantisches Glaubensbekenntnis, um eine "Propagandaschrift". So beschrieb er die Tötung eines Sklaven vom Stamm der Carijós, der bereits seit drei Jahren bei den Tupinamba lebte, nachdem er den Portugiesen entflohen war[329]. Für die Tötung ist kein anderer Grund ersichtlich als der, daß der Sklave Staden feindlich gesonnen war, woraufhin er erkrankte und erschlagen wurde: Sie warfen den Kopf weg und sengten die Haut ab[330]. *"Der Körper aber wurde zerschnitten und gleichmäßig aufgeteilt, wie es ihre Gewohnheit ist. Sie aßen ihn bis auf den Kopf und die Gedärme, vor denen ihnen wegen seiner Krankheit ekelte. Danach ging ich von Hütte zu Hütte. In der einen brieten sie die Beine, in der nächsten die Arme, in der dritten Teile des Rumpfes. Da sagte ich zu ihnen: >Der Carijó, den ihr gerade verspeisen wollt, hat oft Lügen über mich erzählt (...). Erst als er damit begann, Lügen über mich zu verbreiten, ist mein Gott zornig geworden, hat ihn krank gemacht und euch in den Sinn gesetzt, ihn zu töten und zu essen. Gewiß wird mein Gott an jedem Schurken ebenso handeln, der mir Böses angetan hat oder antun wird.< Über diese Worte erschraken viele von ihnen, und ich danke dem allmächtigen Gott, daß er sich so gewaltig und mir so gnädig zeigte. An dieser Stelle möchte ich den Leser bitten, daß er bei dem, was ich schreibe, im-*

---

[324] Ebd. 113. Dabei handelte es sich vermutlich weniger um eine Drohgeste als um die übliche Begrüßung, die darin bestand, sich mit den Händen auf den Mund zu schlagen; vgl. Wendt 1989, 76 Anm. 5.

[325] Staden 1988, 122f.

[326] Ebd. 158f.

[327] Ein weiteres Beispiel dafür ist eine Unterhaltung mit Cunhambebe, in deren Verlauf er ihn um das Leben von mehreren Gefangenen bat. *"Er bestimmte aber, daß sie gegessen werden sollten. Vor sich hatte Cunhambebe einen großen Korb voll Menschenfleisch stehen. Er aß gerade von einem Knochen, hielt ihn mir vor die Nase und fragte, ob ich auch davon essen wollte. Ich antwortete: >Sogar ein unvernünftiges Tier frißt selten seinesgleichen, warum sollte dann ein Mensch den anderen fressen.< Er biß hinein und sagte dabei: >Jau ware sche - ich bin ein Tigertier, es schmeckt wohl<."* Ebd. 182.

[328] Ebd. 153; 178ff. Während eines Kriegszugs wurde ein Teil der Gefangenen an Ort und Stelle getötet und "gebraten". Einige wurden lebend nach Ubatuba gebracht, zwei *"weitere Mamelucken, ebenfalls Christen, hatten sie schon gebraten heimgebracht."* Ebd. 184. Es bleibt unklar, welche Teile tatsächlich zurückgebracht wurden, die Angaben im Text sind sehr unspezifisch. Staden glaubte jedenfalls, daß sie dieses "Fleisch" später aufkochten und aßen (ebd. 185f.).

[329] Staden zufolge töten diese keinen, der ihnen zuläuft, es sei denn, er hätte etwas Besonderes verbrochen (ebd. 166).

[330] Hier fehlt das im zweiten Teil berichtete Verschließen des Anus mit einem Stück Holz, ein kurioses Detail, das nur noch von Thévet erwähnt wird, der es von Staden übernommen haben dürfte; vgl. Wendt 1989, 78 und Anm. 1.

mer beachte: Ich mache mir diese Mühe nicht, weil ich Lust habe, Neuigkeiten zu berichten, sondern um die Wohltaten Gottes an den Tag zu bringen, die er mir erwiesen hat"[331]. Diese Geschichte hat insofern wenig Wahrscheinlichkeit für sich, als kein Grund für die Tötung ersichtlich ist - es handelte sich nicht um einen Gefangenen und der Mann war so krank, daß er nicht allein laufen konnte, was eine zeremonielle Tötung verhinderte, wie sie im zweiten Teil beschrieben wird: *"Mit welch feierlichen Gebräuchen sie ihre Feinde töten und essen. Womit diese totgeschlagen werden, und wie sie mit ihnen umgehen"*[332].

Die Einzelheiten der Vorbereitung, des Festes, des Verhaltens des Gefangenen und die Dialoge seien hier nicht näher dargestellt. Der Gefangene erhält am Ende von hinten einen Schlag auf den Kopf, daß *"das Gehirn herausquillt. Sogleich nehmen ihn die Frauen, zerren ihn auf das Feuer und kratzen ihm die Haut ab. Sie machen ihn ganz weiß und verschließen ihm den Hintern mit einem Stück Holz, so daß nichts von ihm abgeht. Ist dann die Haut abgemacht, so nimmt ihn ein Mann und schneidet ihm die Beine über dem Knie und die Arme am Leib ab, worauf die vier Frauen kommen, diese vier Teile nehmen und unter großem Freudengeschrei damit um die Hütte laufen. Daraufhin trennen sie den Rücken mit dem Hintern vom Vorderteil ab. Dieses teilen sie unter sich auf. Die Eingeweide aber behalten die Frauen, die sie kochen und aus der Brühe einen Brei, Mingáu genannt"*[333], *"herstellen. Den trinken sie und die Kinder. Sie essen die Eingeweide und auch das Fleisch vom Kopf; das Hirn, die Zunge und was sonst noch daran genießbar ist, bekommen die Kinder. Ist das alles geschehen, geht jeder wieder heim und nimmt seinen Anteil mit. Derjenige aber, der den Gefangenen getötet hat, gibt sich noch einen Namen. (...) Dies alles habe ich mit eigenen Augen gesehen, ich habe es selbst miterlebt"*[334]. Diese Darstellung ist aus zwei Gründen bemerkenswert: Zum einen wurde nach den Angaben Stadens der Körper aufgeteilt, woraufhin jeder heimging und seinen Anteil mitnahm, d.h. auch hier, wie schon in den zuvor behandelten Berichten, bleibt unklar, was damit tatsächlich geschah; zum anderen sollen Frauen und Kinder Kopf und Eingeweide gegessen haben. Dies widerspricht anderen Berichten, so etwa dem Lérys, der ausdrücklich betonte, daß das Gehirn niemals angerührt werde[335]. Zudem entspricht diese Einteilung europäischen Schlachtvorstellungen, wie B. Bucher herausarbeiten konnte: Männer bekamen offenbar die zentralen und peripheren Teile, den Frauen waren die Innereien vorbehalten sowie der Kopf, ein zwar peripherer Teil, der aber gemäß der europäischen Klassifikation des tierischen Fleisches entweder zu den Schlachtabfällen ("Metzelfleisch") oder dem sogenannten Klein gehörte und jedenfalls nicht gebraten wurde[336].

Es ist heute schwer herauszuarbeiten, was Staden tatsächlich beobachtet hat, was seinem Vorwissen und seiner Phantasie zugeschrieben werden muß, und was der Einwirkung Dryanders zu verdanken ist, der möglicherweise

---

[331] Staden 1988, 169.

[332] Ebd. 251ff. (Kap. 28). Bei der Ankunft wird der Gefangene von Frauen und Kindern geschlagen, dann mit Federn geschmückt. Danach rasiert man ihm die Augenbrauen ab, ein Detail, das nur auf Stadens eigene Erfahrung zurückgehen kann; Léry (1977, 170) berichtete, daß die Tupinamba Augenbrauen und Wimpern, sobald sie zu sprießen beginnen, auszupfen würden. Am Ende des Kapitels erfährt man merkwürdigerweise, daß sie nicht weiter als bis fünf zählen können, ohne daß ersichtlich wird, was diese Information mit der Gefangenentötung zu tun haben könnte. Über die Gründe des Verzehrs heißt es im zweiten Teil: *"Sie essen ihre Feinde nicht, weil sie Hunger haben, sondern aus Haß und großer Feindseligkeit."* Staden 1988, 247.

[333] Mingáu bezeichnet nicht speziell die Zubereitung menschlicher Eingeweide, sondern allgemein eine Methode der Zubereitung von Fisch oder Fleisch. Dieser Brei wurde aus Kürbisgefäßen getrunken; vgl. Staden 1988, 228.

[334] Ebd. 253f.

[335] Léry 1977, 269. Er betonte die Gier der Frauen, besonders der älteren, die weit mehr auf Menschenfleisch erpicht seien als die jungen und ständig darauf drängen würden, Gefangene zu töten; sie versammeln sich sogar in der Nähe des Bukans, um das heruntertropfende Fett aufzufangen (ebd. 266f.) - eine Darstellung, die an die der europäischen Hexen erinnert. Alte Männer sind auffälligerweise in den Berichten nie erwähnt. Léry zufolge wurden Körperteile und Eingeweide sorgsam gereinigt (ebd. 267), Thévet gab dagegen an, daß alles ungereinigt auf den Rost gelegt und auch das Gehirn mit Gier verschlungen würde. Da sich Staden, Thévet und Léry innerhalb weniger Jahre im selben Gebiet aufgehalten haben, können diese Differenzen nur damit erklärt werden, daß größere Teile der beschriebenen Vorgänge nicht auf Beobachtung beruhten, sondern der Phantasie der Autoren zuzuschreiben sind. In einer späteren Ausgabe seines Werks aus dem Jahr 1600 bezog sich Léry auf Stadens Bericht und betonte, daß er die dort namentlich erwähnten Eingeborenen selbst auch kennengelernt hatte (zit. in Forsyth 1985, 30).

[336] Bucher 1982, 81.

den Text nicht nur korrigierte und überarbeitete[337], sondern inhaltlich mitbestimmte und durch Informationen aus anderen Quellen ergänzte, eine in dieser Zeit weder ehrenrührige noch seltene Vorgehensweise[338]. Sicher ist, daß beide gemeinsam einen "Bestseller" erstellten, der weite Verbreitung fand und in viele Sprachen übersetzt wurde, ein Erfolg, der ohne die Betonung des anthropophagen Aspekts nicht denkbar gewesen wäre. Daß Staden Augenzeuge kannibalistischer Handlungen geworden ist, erscheint nach den obigen Ausführungen unwahrscheinlich; daß er dies glaubte, muß dagegen angenommen werden - sein Bericht wirkt an vielen Stellen authentisch, naiv, glaubwürdig, verfaßt von einem einfachen Mann, der seine bemerkenswerten Erlebnisse schildert.

Zu denken ist an eine weitere Möglichkeit, die K.-H. Kohl andeutete[339]; es könnte sich bei Staden auch um einen kulturellen Überläufer gehandelt haben. Diese Möglichkeit läßt sich nicht verifizieren, dafür sprechen mögen die den Bericht beherrschenden Erklärungen, warum er nicht getötet wurde, die Umstände seiner Gefangennahme (er ging allein in den Wald) und der unbekannte Zeitpunkt - das von D. Forsyth rekonstruierte Datum Januar 1554 ist hypothetisch, woraus folgt, daß seine Dienstzeit in Sao Vicente weniger als ein Jahr betragen haben kann[340]. Freigekauft wurde er von Franzosen.

Die Frage nach Stadens Sprachkenntnissen bzw. dem Zeitpunkt ihres Erwerbs ist nicht zu beantworten[341] - er selbst äußerte sich dazu an keiner Stelle. Sicher scheint, daß er zumindest gegen Ende seines Aufenthalts bei den Tupinamba die Sprache so beherrschte, daß eine gute Verständigung möglich war. Hinzuweisen ist darauf, daß es sich bei dem gesamten Bericht um eine nachträgliche Rekonstruktion handelt, da Staden kein "Feldtagebuch" führte - dies trifft auch für die zahlreichen, in wörtlicher Rede wiedergegebenen Unterhaltungen zu, die in dieser Form kaum stattgefunden haben dürften. Inwieweit er das verstand, was er zu hören erwartete, läßt sich im einzelnen nicht klären; die ihm mögliche Einsicht in kulturelle Zusammenhänge war begrenzt[342] durch sein 'Bildungsniveau' und sein Vorverständnis.

Staden berichtete im 'ethnographischen' Teil, daß dem Gefangenen nach seiner Ankunft eine Frau gegeben werde, die ihn versorge und auch mit ihm zu tun habe - wird sie schwanger, so *"ziehen sie das Kind auf, bis es groß ist, um es dann, wenn es ihnen in den Sinn kommt, zu töten und aufzuessen"*[343]. D. Forsyth zufolge könnte Staden diese Information auf dieselbe Weise erlangt haben *"that modern anthropologists do - by observing different individuals at different stages in the process or by listening to what informants told him. (...) he could easily have obtained correct information, even if he didn't actually observe any part of the cycle of raising a male enemy's offspring who was killed and eaten when he reached maturity. (...) his captors constantly recounted to him the gruesome details of eating enemy prisoners"*[344]. Gegen diese Möglichkeit spricht zum einen, daß Staden im erzählenden Teil keinen Hinweis darauf gibt, zum anderen, daß die dort angeführten Aussagen der Tupinamba alles andere als informativ sind. Die Basis der im ethnographischen Teil beschriebenen Gefangenentötung ist nicht genauer zu bestimmen, vermutlich eine Mischung aus allgemein bekanntem Wissen, das er wahrscheinlich bereits in Sao Vicente vermittelt bekam, Beobachtung, eigener Erfahrung[345] und nachträglicher Überarbeitung. Es ist nicht anzunehmen, daß Staden auf die von Forsyth beschriebene Art zutreffende Informationen erlangt haben

---

337 Vgl. seine Widmungsvorrede; Staden 1988, 55.

338 Vgl. z.B. Vajda 1964, 765; ferner Wolf 1989. Erwähnt seien etwa Petrus Martyr Anglerinus (Anghiera), die "Cosmographia" von Sebastian Münster und die von Apianus (von der Dryander 1543 eine Auflage herausgegeben hatte; vgl. Rohdewohld 1991, 132 Anm. 3), M. da Nóbregas Bericht über Brasilien (vgl. Forsyth 1983, 152).

339 Kohl 1987, 143 Anm. 8.

340 Nach der vereinbarten viermonatigen Dienstzeit auf der schlecht befestigten Insel verlangte Staden seinen Abschied, wurde aber überredet zu bleiben; Staden 1988, 109f. Er war, wie bereits erwähnt, protestantischen Glaubens, Sao Vicente ein portugiesischer Stützpunkt.

341 W. Arens (1980, 25f.) vertrat die Auffassung, er hätte die Aussagen der Eingeborenen zumindest anfangs nicht verstehen können, D. Forsyth (1985, 20ff.) war der Meinung, er hätte Tupi bereits in der Zeit seines Schiffbruchs und in Sao Vicente erlernt haben können.

342 Etwa, wenn er feststellte: *"Die Wilden glauben an ein Kürbisgewächs, das etwa die Größe eines mittleren Topfes hat und innen hohl ist"*, womit die Rasseln beschrieben sind; Staden 1988, 242.

343 Ebd. 251. Er erwähnte nicht, ob auch er eine Frau zugeteilt bekam.

344 Forsyth 1985, 18.

345 Ein Indiz dafür könnte beispielsweise das Augenbrauenscheren sein.

kann. Dagegen stehen der Inhalt seines Berichts, die einander widersprechenden Aussagen der beiden Teile und die starke Konzentration auf rein materielle Aspekte der Kultur der Tupinamba. Hinzu kommt, daß die Aufzucht der Kinder von Gefangenen zwecks späterem Verzehr in vielen Berichten auftaucht, und zwar bereits bei Vespucci[346], eine Sitte, die sich auch für die Kariben beschrieben findet, ebenso wie die immer wieder erwähnte Mästung der Gefangenen[347], offensichtlich in dieser Form eher Topoi als Erkenntnisse, die in der fremden Kultur selbst gewonnen wurden.

3.5 Irokesen und Huronen

Aus dem 17. Jahrhundert sind Berichte über die Tötung von Kriegsgefangenen in Nordamerika bei den Irokesen, Huronen und verwandten Stämmen überliefert, die denen über die Tupinamba insofern gleichen, als die der Tötung vorausgehenden Handlungen genauestens beschrieben werden, nicht aber der angeblich folgende Kannibalismus.

Einer der ausführlichsten Augenzeugenberichte stammt von Pater le Jeune, der 1637 zusammen mit Pater le Mercier und Pater Garnier der Folterung eines irokesischen Gefangenen beiwohnte, die sich über viele Stunden erstreckte. Der Gefangene mußte durch die Reihen der Huronen laufen, die ihn schlugen und verbrannten, ihm die Finger brachen, Stöcke durch die Ohren bohrten und ihn mit Bränden traktierten, bis das Fleisch der Beine in Fetzen hing. Wollte er sich ausruhen, mußte er sich auf heißer Asche und glühenden Kohlen niederlassen. Nach sieben Runden fiel er in Ohnmacht, wurde wiederbelebt und weiter gefoltert, am ganzen Körper verbrannt, bis er schließlich endgültig zusammenbrach. *"Deshalb, weil sie fürchteten, er könne auf andere Weise als durch das Messer zu Tode kommen, schnitt ihm einer einen Fuß, ein anderer eine Hand ab, und fast zur gleichen Zeit trennte ihm einer den Kopf von den Schultern und warf ihn in die Menge, wo ihn einer auffing und zu dem (Häuptling) trug, für den er bestimmt war, damit dieser sich daran gütlich tue."*[348] *"Was den Rumpf anging, so blieb er in Arontaen, wo am selben Tag ein Festessen aus ihm bereitet wurde. Wir empfahlen seine Seele Gott und kehrten nach Hause zurück, um die Messe zu lesen. Unterwegs trafen wir einen Wilden, der auf einem Speer eine seiner halbgebratenen Hände trug"*[349], die nach den zuvor beschriebenen Folterungen kaum anders aussehen konnte. Die Missionare wohnten dem von ihnen vermuteten Festessen nicht bei, ihre Beobachtungen lassen darauf schließen, daß die Leiche zerstückelt und möglicherweise an die Teilnehmer auch aus anderen Dörfern verteilt wurde.

W. Arens hatte darauf hingewiesen, daß die Berichte der Jesuiten keine Schilderungen von Augenzeugen des Kannibalismus enthalten[350]. M. Harris zufolge ist es zwar zutreffend, daß sie mehr Angaben über die Folter als über die Koch- und Eßvorgänge liefern, er meinte jedoch, daß der Grund dafür auf der Hand liege: *"Als Augenzeugen, deren eigene Kultur den Kannibalismus verbot, empörte die Jesuiten der Verzehr von Menschenfleisch; aber sie (...) entsetzte und empörte die Art, wie die Opfer umgebracht wurden, noch weit mehr als die Weise, wie*

---

[346] Vgl. Kap. IV.3.1. Ferner Léry 1977, 270; Forsyth 1983, 151, 165.

[347] Etwa im Brief Dr. Chancas von der zweiten Kolumbus-Reise; Kolumbus 1991, 63f. Ferner bei Nóbrega (Forsyth 1983, 152) und Léry (1977, 262): *"Nachdem man sie dann - wie die Schweine am Trog - gemästet hat, werden sie schließlich erschlagen und verspeist."*

[348] Vor Beginn der Folterung hielt der Kriegshäuptling eine Rede, in der er u.a. sagte: *"The Atachonchronons will cut off his head which will be given to Ondessone, with one arm and the liver to make a feast."* Zit. nach Knowles 1940, 182. Daß die Missionare dies wörtlich nahmen, verwundert nicht. Abler machte darauf aufmerksam, daß die Reden der Irokesen und Huronen mit Anspielungen auf Kannibalismus durchzogen seien. *"Given the fondness of Iroquoian diplomats and politicians to speak in metaphor, one can not assume these statements were meant literally. However, neither can one assume that they are metaphor and nothing else."* Abler 1980, 312. Die Annahme, daß es sich nicht nur um Metaphern handelt, wird jedoch lediglich durch Berichte der oben zitierten Qualität gestützt.

[349] Zit. nach Harris 1988, 233f. Zur Folterung s. ebd. 231ff.; ausführlicher Knowles 1940, 181ff.

[350] Arens 1980, 129.

die Leichen zubereitet wurden"[351]. Inwieweit dies das Fehlen von Augenzeugen erklärt, wird nicht näher erläutert. T. S. Abler wies in seinem Aufsatz "Iroquois Cannibalism: Fact Not Fiction" darauf hin, es sei unwahrscheinlich, daß *"Iroquoian anthropophagy is simply Jesuit propaganda"*[352] - wie bereits im Fall der Tupinamba betont, liegt das Problem nicht in bewußten Lügen, sondern darin, daß Folter und Zerstückelung leicht auf diese Weise interpretiert werden konnten, unabhängig davon, was beobachtet wurde.

Die Berichte der Missionare, die meist allein und ohne Unterstützung arbeiteten, sind nicht grundsätzlich als nüchterne Tatsachenberichte aufzufassen. U. Bitterli betonte, daß in ihnen der Märtyrertod zum Teil mit einem Aufwand an morbide ausschweifender Phantasie ausgemalt wurde, der vor Folter und Kannibalismus weniger Abscheu als Faszination verrate - der 'Marterpfahl' galt als Sinnbild für das Kreuz, an dem Christus gelitten hatte[353]. Ohne derartige Phantasien waren solche Missionierungsunternehmen kaum durchzuhalten. Tagesreisen entfernt von Siedlungen der Weißen, allein in Dörfern, in denen sie nicht erwünscht sondern allenfalls geduldet waren, mußten sie die Einsamkeit und die Gefahr, selbst gefoltert oder/und getötet zu werden, ertragen und verarbeiten. Je grausamer und fremdartiger die 'Wilden', desto höher schien die Leistung und der Opferwille der Missionare[354].

Die Vorgänge nach der Tötung der Gefangenen sind fraglich. U. Chodowiec zufolge ist es weitgehend unbekannt, was mit den Knochen geschah; dennoch meinte sie: *"sans doute les éparpillaient-ils après le repas ou les jetaient-ils aux chiens"*[355]. Tatsächlich ist weder bekannt, was mit den Leichen oder ihren Teilen, noch, was mit den Knochen geschah. Gegessen worden sein sollen mal die ganze Leiche, mal das Herz oder Hände, Füße, Ohren, Leber etc., und zwar auch roh, was das "barbarische" besonders unterstreicht. So heißt es in einem Bericht etwa, daß in Gegenwart der *"christian woman, they crushed all his fingers with their teeth; They cut off half of one hand, and they bit off his ears, which they at once swallowed, quite raw"*, in einem anderen, daß ein Priester sah, wie *"two 'drunkards' skin a thigh, after which one left the house and 'reentered the cabin with the liver in his hand'"*, in einem weiteren: *"Then, because I had baptized him, they carried all his limbs, one by one, into the cabin where I abode, - skinning, in my presence, and eating his feet and hands"*[356], eine Beschreibung, die vor allem Licht auf die problematischen Beziehungen zwischen Missionaren und Indianern wirft, weniger als Zeugnis für kannibalistische Gewohnheiten dienen kann.

M. Harris zufolge benutzten Huronen und Irokesen die Folter, um ihrer Jugend eine Haltung erbarmungsloser Aggressivität gegenüber dem Feind anzutrainieren[357]. Einen anderen Aspekt arbeitete P. Sanday heraus. Bei den Huronen fand alle acht bis zwölf Jahre das Fest der Toten statt; diese wurden exhumiert, die Knochen vom Fleisch gereinigt und an einem zentralen Versammlungsplatz erneut bestattet, womit sie in die Gemeinschaft der Seelen eingingen. *"In this way the Huron reaffirmed the ties that united them. By establishing a society of the dead, they regularly recreated the society of the living"*[358]. Diejenigen, die eines gewaltsamen Todes starben, hatten keinen

---

[351] Harris 1988, 234.

[352] Abler 1980, 313.

[353] Bitterli 1986, 118.

[354] Mit noch mehr Vorsicht zu beurteilen sind die Berichte von Soldaten und Siedlern, die an der negativen Darstellung der Indianer interessiert waren, um sie "mit Recht" vertreiben und ausrotten zu können. Diese wurden zwar in den Kriegen zwischen Engländern und Franzosen als Bündnispartner umworben und benutzt, kaum aber als gleichberechtigt gesehen. Sie galten als unberechenbare Wilde, denen nicht zu trauen ist und deren Verhalten nicht verstanden wurde. In diesem Licht ist etwa folgende Aussage über indianische Verbündete zu sehen: *"We witnessed the painful sight of the usual cruelties of the savages who cut the dead into quarters, as in slaughter houses, in order to put them in the pot; the greater number were opened while still warm that their blood might be drank."* Devonville, zit. nach Abler 1980, 313. Das Bild vom "edlen nordamerikanischen Indianer" setzte sich erst zu einer Zeit durch, als dieser keinen wirklichen Machtfaktor mehr darstellte.

[355] Chodowiec 1972, 66. Sie vermerkte, daß die *"préparation culinaire de la chair humaine était, semble-t-il, sommaire; en tout cas, les Jésuites en ont donné peu de descriptions."* Ebd.

[356] Zit. nach Abler 1980, 312, 313.

[357] Harris 1988, 235.

[358] Sanday 1986, 145. Wenn ein Mann den Tod nahen fühlte, richtete er ein Fest aus, zu dem er alle Freunde und wichtigen Leute einlud. Nach seinem Tod fanden weitere Feste statt, und Geschenke wurden verteilt. Die Seele blieb bis zum Fest der Toten ihrem Körper nahe und hielt sich auf dem Friedhof oder in den Dörfern auf.

Zugang zu dieser Gemeinschaft und wurden, soweit ihre Leichen überhaupt verfügbar waren, nicht sekundär bestattet. Die Lösung für das damit entstandene Problem des Verlusts schien darin zu bestehen, jemanden zu finden, der die soziale und emotionale Lücke in der Gesellschaft, wie auch die in der Nachwelt, ausfüllen konnte, die der Tod eines Kriegers hinterließ: der Gefangene, der die Stelle eines Verstorbenen einnahm, indem er adoptiert oder aber gefoltert und getötet wurde, wobei das Folterritual *"emulated the social processes of death and burial"*[359]. Das Opfer gab, wie ein Sterbender, ein Abschiedsfest, der Häuptling kündigte ein Bestattungsfest an, zu dem alle, einschließlich Angehörige anderer Dörfer, eingeladen wurden; Sanday zufolge war es *"the victim's body that provided the feast and the focus for expending the sadistic fury associated with melancholia"*[360]. Angesichts der unzureichenden Belege für die Annahme, der Körper sei gegessen worden, muß nach einer anderen Erklärung gesucht werden, die darin liegen könnte, daß er zerstückelt und, möglicherweise analog der Geschenke bei einer Bestattung, verteilt wurde. Wenn der Gefangene unter anderem auch einen Toten der Gemeinschaft repräsentierte[361], wird ein weiteres Argument für dessen Verzehr fragwürdig: Dem Mythos zufolge gab einer der Kulturheroen, Hiawatha, seinen Kannibalismus unter dem Einfluß des anderen, Deganewida, auf, was Abler zu der Frage veranlaßte, *"how a nation of man-eaters could find Hiawatha's cannibalism striking"*[362] - um die Annahme des Gefangenenverzehrs dennoch aufrechtzuerhalten, wurde eine strikte Trennung in bedrohlichen, nicht praktizierten Endo- und in praktizierten Exokannibalismus vorgenommen[363]; unter den oben beschriebenen Bedingungen wäre eine solche Trennung künstlich, da bei einem Verzehr beide Formen gleichzeitig praktiziert würden. Ein weiteres Moment kommt hinzu, das T. S. Abler erwähnte: In der detaillierten Beschreibung der Folterung von Lt. Boyd, der während der Sullivan-Expedition gefangengenommen wurde, findet sich kein Hinweis darauf, daß irgend ein Teil von ihm gegessen worden ist, was Abler zu der Feststellung führte: *"I have always assumed that it was sometime in the 18th century that the Iroquois abandoned the practice of ritual cannibalism"*[364]. Zu fragen wäre, warum? Zu fragen wäre weiterhin, ob sich nicht möglicherweise die Sicht der Europäer verschoben hatte und damit auch die Interpretation dessen, was sie beobachteten?

3.6 Fore und "Kuru"

Im Frühjahr 1957 begann die Untersuchung einer unter dem Namen "Kuru" bekannt gewordenen, auch als "Lachkrankheit" bezeichneten tödlich verlaufenden Erkrankung des Zentralnervensystems bei den Fore im Hochland von Neuguinea durch den Mediziner D. C. Gajdusek, der für seine Forschungen 1976 den Nobelpreis erhielt. Kuru ("Zittern") ist der im Hochland verwendete Ausdruck, der eine Form der Zauberei beschreibt[365].

---

[359] Ebd. In einer Rede anläßlich des Todes eines Häuptlings heißt es: *"The organs within the breast and the flesh-body are disordered and violently wrenched without ceasing, and so also is the mind."* Zit. nach ebd. 144.

[360] Ebd. 145f.

[361] Dies scheint nicht immer der Fall gewesen zu sein, wie das Beispiel zweier Missionare, die von Irokesen in einem Dorf der Huronen gefoltert und getötet wurden, verdeutlicht. Die Details überlieferten christliche Huronen, die fliehen konnten. Am darauffolgenden Morgen, als die Irokesen abgezogen waren, wurden die Leichen geborgen, untersucht und die Spuren der Folter und des vermeintlichen Kannibalismus schriftlich festgehalten (vgl. Sanday 1986, 127: *"Father de Breboeuf had his legs, thighs, and arms stripped of flesh to the very bone; I saw and touched a large number of blisters, which he had on several places on his body, from the boiling water which these barbarians had poured over him in mockery of Holy Baptism. (...)"*). Zu erwähnen ist in diesem Zusammenhang, daß das Eindringen der Europäer und der von ihnen initiierte Pelzhandel mit den daraus resultierenden Kämpfen um einträgliche Jagdgebiete Krieg und Folter beeinflußt haben, die sich sowohl möglicherweise von der Bedeutung her als auch in ihrer Häufigkeit und Brutalität verschoben. Über die Zahl der Gefangenen, die der Folter ausgesetzt wurden, ist wenig bekannt, sie scheint jedoch gering gewesen zu sein (vgl. Harris 1988, 236). Die Folter von Europäern dürfte vor allem auch den Kulturkonflikt spiegeln.

[362] Abler 1980, 311.

[363] Chodowiec 1972, 68.

[364] Abler 1980, 311.

[365] Vgl. Berndt 1958.

Es handelt sich um eine in die Gruppe der spongiformen Enzephalopathien gehörige, vermutlich durch sogenannte langsame Viren übertragene Krankheit[366]. Der Tod tritt im allgemeinen drei bis neun Monate nach Auftreten der ersten klinischen Symptome ein, die Inkubationszeit liegt zwischen vier oder weniger und zwanzig oder mehr Jahren[367].

Interessant ist im vorliegenden Zusammenhang die seit den sechziger Jahren vertretene und von Gajdusek zunächst verworfene Hypothese der Übertragung durch Kannibalismus, der jedoch nie beobachtet wurde. Da im Labor die Übertragung auf oralem Weg nur unter Schwierigkeiten gelang und bei Schimpansen gar nicht[368], mußte eine andere Möglichkeit gesucht werden, um die seit 1970 auch von Gajdusek akzeptierte, inzwischen weitgehend als Tatsache geltende Kannibalismus-Hypothese zu begründen - es wurde angenommen, daß die Infektion durch den direkten Kontakt mit verseuchtem Gewebe, insbesondere mit Gehirnsubstanz, während der Vorbereitung der Leiche für den Verzehr erfolgte, indem der Erreger über die Hände, die gewöhnlich nicht gewaschen wurden, in offene Wunden, in die Augen oder in die Nase gelangte: *"Infection with the kuru virus was most probably through the cuts and abrasions of the skin, or from nose picking, eye rubbing, or mucosal injury"*[369].

Zu Beginn der Untersuchung Ende der fünfziger Jahre waren Kinder beiderlei Geschlechts etwa gleich häufig betroffen, während unter den Erwachsenen die weitaus überwiegende Zahl der Erkrankten Frauen waren. Seitdem nahm die Häufigkeit der Erkrankungen ab, das Alter stieg, in dem sich erste Symptome zeigten, und die Geschlechterrelation tendierte zum Ausgleich. Das zu Anfang festgestellte ungewöhnliche demographische Profil wurde mit der Art der Übertragung erklärt: Die Infektion sollte erfolgt sein, während die Frauen, die von ihren jüngeren Kindern begleitet wurden, die Leichen von Angehörigen, die an Kuru verstorben waren, zubereiteten und verzehrten. Die Unterdrückung dieser Sitte verhinderte Neuansteckungen und führte zur Normalisierung des demographischen Profils. D. C. Gajdusek stellte fest, das Erscheinungsbild von Kuru und die Veränderungen seien erklärbar mit der *"contamination of close kinsmen with a mourning family group by the opening of the skull of dead victims in a rite of cannibalism, during which all girls, women, babes-in-arms, and toddlers of the kuru victim's family were thoroughly contaminated with the virus. The disease is gradually disappearing with the cessation of cannibalism and has already disappeared in children, with progressively increasing age of the youngest victims"*[370]. Zur Stützung dieser These veröffentlichte er Photographien eines Kuru-Opfers und einer um Fleisch herumsitzenden Gruppe, wodurch der Eindruck vermittelt wird, daß es sich um Menschenfleisch handelt, was der begleitende Kommentar bestätigt[371]. Auf Nachfragen mußte er zugeben, daß es sich lediglich um Schweinefleisch handelte[372]. Dies verdeutlicht die Problematik der Rekonstruktion des Übertragungswegs der Krankheit: Kannibalismus wurde bei den Fore weder durch ihn noch durch andere je beobachtet, und die für seine Existenz sprechenden Indizien sind bestenfalls dubios. Da für die Übertragung von Kuru und die Zusammensetzung der Erkrankten ein alternatives Erklärungsmodell - die Exhumierung von Verstorbenen zwecks Erlangung von Schädeln und Knochen - zur Verfügung steht, wie L. B. Steadman und C. F. Merbs in ihrem Aufsatz "Kuru and Cannibalism?"[373] gezeigt haben, kann Kuru auch nicht umgekehrt die fehlenden Beobachtungen ersetzen.

---

[366] U.a. Kuru und die eng verwandte Creutzfeld-Jacob-Krankheit (CJD) bei Menschen, Scrapie und TME (transmissible mink encephalopathy) bei Tieren (s. Gajdusek 1977), inzwischen auch BSE (bovine spongiforme Enzephalopathie).

[367] Steadman u. Merbs 1982, 613, 622f. Möglicherweise besteht ein Zusammenhang mit dem Grad der Kontamination - je stärker und direkter diese ist, desto kürzer die Inkubationszeit -, ferner mit der Menge (ebd. 623).

[368] Vgl. ebd. 614f.

[369] Gajdusek 1977, 956. Der tatsächliche Übertragungsweg von CJD ist bis heute unklar (Transplantate, Operationsbestecke, Wachstumshormone, Umgang mit verseuchtem Material, Nahrungsaufnahme). Sollte der Weg, entgegen der damaligen Annahme von Gajdusek, doch über den Verdauungstrakt laufen, so wäre im Fall von Kuru - außer der Möglichkeit des Verzehrs von Gehirnsubstanz etc. - auch in Betracht zu ziehen, daß das Agens oder der Erreger über die Hände in den Mund oder auf die normale Nahrung gelangte und so aufgenommen wurde.

[370] Gajdusek 1977, 957.

[371] Ebd. 956.

[372] Arens 1980, 115: persönliche Mitteilung von Gajdusek 1978. Vgl. "Der Spiegel" 28, 1986, 154.

[373] Steadman u. Merbs 1982. Es handelt sich um eine Besprechung von "Kuru: Early Letters and Field-Notes from the Collection of D. Carleton Gajdusek".

R. Glasse, der 1961 bis 1963 Feldforschungen in dieser Region durchführte, stellte fest, daß der Kannibalismus im Norden aufgrund des Einflusses der Europäer 1951 abgeschafft war und mit der Errichtung eines Postens in Moke im selben Jahr auch im Süden schnell abnahm. *"The last bodies were consumed at Atigina and Purosa in 1957"*[374]. Diese Behauptung wird nicht näher erläutert. Andererseits hielt sich R. M. Berndt zu Beginn der fünfziger Jahre (1951-52 und 1952-53) in diesem Gebiet auf, war aber kein Augenzeuge des von ihm postulierten Kannibalismus. Zwei Beispiele (*"actual examples recorded"*), die er im Zusammenhang mit Kuru-Zauberei anführte, berichten von Todesfällen, bei denen die Leichen gegessen worden sein sollen, und zwar bemerkenswerterweise sowohl von Frauen als auch von Männern - Kinder sind nicht erwähnt. Zusätzlich konstatierte er: *"The flesh of a person dying from kuru was often (although not invariably) eaten, however decomposed it may be"*[375]. Woher die Informationen stammen, bleibt unklar. Interessant ist, daß Ende der fünfziger Jahre die Übertragung der Krankheit durch Kannibalismus noch nicht erwogen wurde[376] und hier auch Männer als Kannibalen erscheinen. In einem früheren Aufsatz behauptete er, daß Kannibalismus gewöhnlich als die bevorzugte Methode der Bestattung praktiziert worden sei, aber auch die Leichen von Feinden gegessen wurden. *"Various forms of violence were common - hacking up of living victims, fighting over corpses, violation of dead bodies. Although human flesh was often cooked and eaten almost immediately after death, a favoured method was first to bury the corpse, and then to exhume it after a few days when the flesh was sufficiently decomposed to be tasty..."*; der Grund für den Verzehr war, daß *"dead human flesh, to these people, is food, or potential food"*[377]. Patrouillenberichte, die Berndt zur Unterstützung anführte, sind widersprüchlich: Verwandte, aber keine Feinde, wurden von Männern verzehrt; der Verzehr von Verwandten kam nicht vor; Verwandte, aber keine Feinde, wurden verzehrt - von wem, bleibt unklar[378].

R. Glasse stellte 1967 explizit eine Verbindung zwischen Kannibalismus und der Übertragung von Kuru her. Ihm zufolge waren, als Europäer das Gebiet erstmals betraten, die meisten Frauen Kannibalen, die nur wenige Einschränkungen befolgten, die Körper von Männern, Frauen und Kindern aßen und ihren eigenen Kindern auch Menschenfleisch gaben. Im Süden des Fore-Gebiets sei Kannibalismus unter erwachsenen Männern sehr selten gewesen: *"Despite careful inquiry, I was unable to locate any South Fore men who admitted participating in cannibal meals after moving into the men's house at about the age of eight. Adult male cannibalism appears to have been more common in all the low kuru incidence areas"*[379] - eine interessante Feststellung, die darauf hinweist, daß die Beschreibung des angeblichen Kannibalismus dem Krankheitsbild angepaßt wurde. Glasse erwähnte nicht, ob überhaupt jemand - Frau oder Mann - 'zugegeben' hat, an derartigen Mahlzeiten beteiligt gewesen zu sein. Allgemein findet sich kein Hinweis auf die Herkunft der Angaben[380]. Wenn erwachsene Männer meinten,

---

[374] Glasse 1967, 753.

[375] Berndt 1958, 12f.

[376] Die Forschung konzentrierte sich zunächst u.a. auf genetische Faktoren, Kannibalismus spielte bis Anfang der siebziger Jahre keine Rolle.

[377] Berndt 1952; 1962, zit. nach Steadman u. Merbs 1982, 616. In der 1962 erschienenen Arbeit "Excess and Restraint" verwendete er Material von Landtmann ("The Folk Tales of the Kiwai Papuans", 1917), ohne deutlich zu machen, daß es sich um 'folk tales' handelte. 1969 erkannte er an, daß *"this book has been labeled by critics (unnamed) 'an edifice of incredible-fantasy', and accepts as valid the criticism that he failed to discriminate between the cases that had been observed directly and those based upon hearsay alone."* Die Gelegenheit, dies nachzuholen, nahm er aber nicht wahr (Steadman u. Merbs 1982, 617).

[378] Berndt 1962, nach Steadman u. Merbs 1982, 617.

[379] Glasse 1967, 751. Über die bereits in Kap. IV.2 behandelten Gimi, Nachbarn der Fore, sagte er, daß Feinde verzehrt worden wären, und Männer menschliches Fleisch gegessen hätten, *"but they forbade their sons between the ages of six and ten years from doing so, saying that it would stunt their growth."* Ebd. G. Gillison (1983, Anm. 2) dagegen betonte, daß nur Frauen Kannibalen gewesen seien.

[380] Er betonte, daß *"a full assessment of the role of kinship in cannibal behavior lies beyond the scope of this paper. Indeed, it is doubtful whether such an assessment can still be made, since cannibalism no longer occurs and the wide gap which existed between the ideal rules and practice is difficult to bridge by reconstruction."* Glasse 1967, 752. Die Rekonstruktion einer realen Praxis, zu der u.a. gehört, daß die Fore im Norden *"sometimes buried a body for several days to improve the flavor, considering maggots an extra delicacy"* und dennoch erst lange Zeit später an Kuru starben, nicht sofort an Leichengift, wird jedoch unter solchen Bedingungen vorgenommen, ohne zu erwägen, inwieweit die Brücke tatsächlich aus 'folk tales', He-

sie hätten als Kinder von ihren Müttern Menschenfleisch bekommen, wie die obige Formulierung nahelegt, so wäre zu fragen, inwieweit sie diese Meinung nach ihrem Umzug ins Männerhaus erlernt haben. Glasse und Lindenbaum wiesen in einer späteren Arbeit darauf hin, daß die Toten von Spezialisten für die Bestattung vorbereitet würden, da *"contact with a corpse is thought to be dangerous"*, zumindest in den ersten Tagen. W. Arens betonte, es sei schwer zu verstehen, daß ein Körper sowohl gegessen als auch gemieden werde, es sei denn *"the males assume that it is in the nature of females to break the most basic taboos. This attitude would be consistent, though, in a society with a system of symbolic oppositions in which women, 'like the red pandanus trees, are only partly tamed'"*[381].

Das erste Erscheinen der Krankheit bzw. der Kuru-Zauberei im Norden, nach der Erinnerung von Informanten etwa um 1920, führte Glasse zur Rekonstruktion der Entstehung des Kannibalismus, eine Sitte, die aus dem Norden übernommen worden sei, zunächst von den nördlichen Fore um die Jahrhundertwende, etwas später auch im Süden: *"The recency of cannibalism in the south may help to explain why few men were cannibals there; there was insufficient time for men to overcome their traditional conservatism"*[382]. Ähnlich abenteuerliche Spekulationen finden sich auch bei M. Harris, der feststellte: *"Früher gruben dann die Frauen nach einer Wartezeit von unbekannter Dauer die Knochen wieder aus und säuberten sie, ohne indes etwas von dem Fleisch zu essen. In den zwanziger Jahren dieses Jahrhunderts änderten die Frauen diese Praxis, vielleicht um einen Ausgleich für die verringerten Fleischrationen zu schaffen, die sie von den Mannsleuten erhielten. Sie gruben die Leichen schon nach zwei oder drei Tagen wieder aus, und fingen an, das ganze Fleisch zu essen (...)"*[383].

Über die traditionellen Bestattungssitten bei den Fore selbst ist wenig bekannt, wie L. B. Steadman und C. F. Merbs feststellten. Der Umgang mit verwesenden Körpern, die Entnahme von Knochen und insbesondere Schädeln aus den Gräbern, vornehmlich durch Frauen, war jedoch in ganz Neuguinea verbreitet, ohne im Zusammenhang mit Kannibalismus zu stehen[384]. Indirekte Hinweise finden sich auch für die Fore, denn R. M. Berndt berichtete: *"In about 1950, when two Seventh Day Adventists visited (the area), the natives were told to bury all human bones and skulls ... At that time the bones had been anointed with pigs' blood, a feast held, and the bones finally placed on a raised platform; through these propitiatory rites, it was said, the spirits of the deceased kinfolk would look kindly upon them"*, ferner sprach er vom *"enforced burying of the bones in this as in other districts"*[385], d.h. die ursprünglichen Bestattungssitten wurden etwa gleichzeitig mit dem angenommenen Kannibalismus unterdrückt, teils aus hygienischen, teils aus religiösen Gründen.

Wie eingangs erwähnt, wurde die Übertragung von Kuru nicht mit dem Essen selbst in Zusammenhang gebracht. Gajdusek schrieb, daß die Fore *"did the autopsies bare-handed and did not wash thereafter; they wiped their hands on their bodies and in their hair, picked sores, scratched insect bites, wiped their infants' eyes, and cleaned their noses, and they ate with their hands"*[386]. Festzuhalten bleibt, daß Kannibalismus bei der Übertragung der Krankheit keine Rolle gespielt haben dürfte, da die beschriebenen Indizien, die die Exhumierung von Leichen im

---

xerei-Beschuldigungen, symbolischen Kategorien etc. besteht. Eine von Glasse erwähnte Einzelheit bei der Zerlegung von Körpern bezieht sich auf die Gallenblase, die vorsichtig entfernt werden müsse, da sie, *"if ruptured, would ruin the taste of the meat."* Ebd. 751. F. J. P. Poole berichtete von den Bimin-Kuskusmin, daß sie von nicht mehr als voll menschlich angesehenen Nachbargruppen annehmen, diese sähen Menschen als gewöhnliches Essen, das sie in großen Erdöfen zubereiten; sie entfernen nur die Gallenblase, da diese das Fleisch verderbe (Poole 1983, 11), eine Parallele, die darauf hindeuten könnte, daß bestimmte Vorstellungen weit verbreitet waren.

381 Arens 1980, 110f.

382 Glasse 1967, 753.

383 Harris 1988, 220.

384 Eine Beschreibung der Entnahme von Schädeln gaben Steadman und Merbs am Beispiel der Hewa, bei denen der Schädel etwa ein oder zwei Monate nach der Bestattung entnommen wird, eine Aufgabe der Frauen: *"As can be seen in Figure 1, a Hewa woman has threaded a strip of lawyer cane into one eye of the deceased, through his decomposing brain, and out the other eye. She then used the cane to pull the skull from the spinal column. (...) her hands are grasping the brain-contaminated cane."* Steadman u. Merbs 1982, 620 u. Fig. 1. Weitere Beispiele ebd. 619f.

385 Berndt 1952, zit. nach Steadman u. Merbs 1982, 620f.

386 Zit. nach ebd. 619. Bei experimentell infizierten Tieren wurde festgestellt, daß *"the more peripheral the route of inoculation, the longer and more variable are the incubation periods."* Ebd. 623.

Zusammenhang mit Totenriten und den daraus resultierenden Kontakt mit verseuchtem Gewebe/Gehirn wahrscheinlich machen, sowohl die Infektion selbst als auch die Zusammensetzung der Infizierten erklären können. Da Kannibalismus nie beobachtet wurde, und die oben wiedergegebenen Darstellungen eher auf der Phantasie sowohl der Ethnologen als auch der (männlichen?) Informanten basieren, vielleicht ferner auf der von benachbarten Gruppen, sollte er nicht weiterhin als reales Faktum behandelt werden. Der Eindruck, daß die Beschreibung des Kannibalismus dem Krankheitsbild von Kuru angepaßt wurde und nicht umgekehrt, läßt sich ebenfalls nicht vermeiden, wenn man die frühen Berichte mit den späteren vergleicht, ein weiteres Argument gegen seine Existenz bei den Fore.

4. Ergebnisse

Die Untersuchung des Kannibalismus in neuzeitlichen Quellen war der Frage nach Augenzeugen des Essens gewidmet. Ihre Existenz wäre die Voraussetzung für die zahlreichen Modelle, Einteilungen und Motiverörterungen dieses Phänomens, die auf der Grundlage von Menschenfresserei als gesellschaftlich akzeptierter und praktizierter Sitte entworfen wurden. Eine weitere wichtige Frage war die nach der Rolle, die Vorwissen und Stereotypen für die Interpretation von Erlebtem und Gesehenem spielen. Sie fand bisher für den Bereich des Kannibalismus nur ungenügend Beachtung, obwohl hier der Ausgangspunkt vieler Berichte zu suchen ist, wie oben gezeigt werden konnte. In ihnen findet sich das wiedergegeben, womit man gerechnet hatte und wofür man Bestätigung suchte und fand, indem Geschichten vom Hörensagen kolportiert und verschiedene Indizien, vom Aussehen bis zu Knochen in Häusern, entsprechend dem vorhandenen Wahrnehmungsmuster interpretiert wurden, ohne daß eine Bestätigung durch Beobachtung notwendig schien.

Lange Zeit wurde die Frage nach Augenzeugen des Essens ignoriert oder als unbedeutend behandelt. Auch heute ist der Ausgangspunkt von Untersuchungen häufig noch der Glaube an die in Quellen gegebene Information, diese oder jene Gruppe betreibe Menschenfresserei, unabhängig von der Qualität und Glaubwürdigkeit der Angaben im Detail - anschließend werden dann Argumente gesucht, die das jeweilige Fehlen von Augenzeugen erklären helfen. Ausgangspunkt für eine angemessene Quellenkritik hat jedoch nicht Glaube sondern Zweifel zu sein, und es sind dieselben kritischen Maßstäbe der Beurteilung anzulegen wie für andere beschriebene Verhaltensweisen und Beobachtungen.

Wie gezeigt werden konnte, sind die Quellen zum Kannibalismus hinsichtlich der Frage nach Augenzeugen des Essens unbrauchbar[387]. Ohne Augenzeugen ist nicht von einem realen Phänomen auszugehen, wie vielfach noch postuliert, sondern davon, daß es sich um symbolische Strukturen und Denksysteme handelt, die als solche zu untersuchen wären.

Auch die Frage der Definition des Kannibalismus muß erneut aufgegriffen werden, da verschiedenste Handlungen, vom Knochenaschetrinken bis zum vollständigen Verzehr eines menschlichen Körpers, darunter zusammengefaßt sind. Auf diese Weise werden eher symbolisch zu verstehende Akte mit solchen vermischt, die der allgemein verbreiteten Vorstellung von Menschenfresserei entsprechen, die mit Fleischessen, dem Verzehr von menschlichen Körpern oder Teilen von ihnen verhaftet ist. Die Grenze zwischen symbolischer und realer Praxis wäre hier zu ziehen: einerseits Handlungen wie Knochenaschetrinken, die Aufnahme kleiner Partikel von Haut, Fleisch und Knochenmark, das Saugen an Knochen mit noch anhaftenden Fleischresten[388], andererseits der Verzehr von Fleischstücken. Wird der Begriff in seiner derzeitigen, umfassenden Bedeutung beibehalten, so wäre

[387] Dies gilt insbesondere auch für die Quellen, die zur Widerlegung der These von Arens nach Erscheinen seiner Arbeit 1979 zusammengestellt wurden; vgl. die Analysen in Kap. IV.2 und 3 (z.B. Sahlins 1979; Abler 1980; Brown u. Tuzin 1983; Spennemann 1987; Harris 1989, 216ff.; Wendt 1989). Vgl. ferner Arens 1988, 225.

[388] Vgl. Poole 1983, 15-17; B. Malinowski 1983, 119f.

auch der europäische Kannibalismus bis in das 19. Jahrhundert hinein zu untersuchen - etwa das Trinken von Blut hingerichteter Personen und die Aufnahme von zerkleinerten Knochen.

L. Vajda schlug den Terminus 'Para-Ethnographie' zur Bezeichnung jener Daten und theoretischen Überlegungen vor, die einst als ethnographisch-ethnologische Tatsachen oder Erkenntnisse galten, die jedoch nicht auf direkte oder indirekte kritische Beobachtung zurückgehen[389]. Er bezog sich dabei auf den von Mžik geprägten Begriff 'Parageographie'. Dieser verstand darunter Daten, die Denkprozessen der verschiedensten Art ihre scheinbare, oft aber hartnäckig verfochtene Realität verdanken, wie etwa der Verarbeitung von Ergebnissen religiöser, philosophischer und wissenschaftlicher Spekulation, von Mythen, Sagen, Märchen und direkten Fälschungen[390]. Der Kannibalismus als gesellschaftlich akzeptierte Praxis muß dem Bereich der 'Para-Ethnographie' zugeordnet werden, solange keine überzeugenden und eindeutigen Augenzeugenberichte für das Essen von Menschen vorliegen. Die symbolischen Dimensionen des Kannibalismus sind separat zu untersuchen. Dabei wäre vor allem eine Erörterung der Frage interessant, aus welchem Grund Menschen nicht als Nahrungsmittel Verwendung fanden.

---

[389] Vajda 1964, 761 Anm. 4.
[390] Ebd.

Schlußwort

In der hier vorgelegten Arbeit wurden Quellen zur Anthropophagie aus prähistorischer, antiker, mittelalterlicher und Neuzeit untersucht[1]. Als Ergebnis ist festzuhalten, daß sich keine überzeugenden, unzweifelhaften Hinweise fanden, die den Schluß zulassen würden, Kannibalismus hätte als gesellschaftlich akzeptierter und praktizierter Brauch je existiert.

Zahlreiche Hinweise in den behandelten Quellen deuten vielmehr auf ein langlebiges, im Lauf der Zeit immer detaillierter ausgearbeitetes Phantasiegebilde, das als stereotypes System Bestandteil der menschlichen Gedankenwelt war und ist, dauerhaft, kritischem Urteil nur beschränkt zugänglich und bei genauer Betrachtung substanzlos.

Die archäologischen Quellen sind abhängig von externen Interpretationsmodellen. Kriterien, die eine ausschließliche Deutung als Hinweis auf Kannibalismus auf der Grundlage von Knochenbefunden oder Befundkontexten ermöglichen, konnten nicht benannt werden.

Den Schriftquellen fehlt die notwendige Stringenz. Augenzeugen für das Essen von Menschen ließen sich weder in antiken und mittelalterlichen noch in neuzeitlichen Berichten überzeugend nachweisen. Solange dies nicht erfolgt, ist davon auszugehen, daß es sich bei dem Phänomen des gesellschaftlich akzeptierten Kannibalismus um eine Fiktion handelt.

Die derzeitige Situation, wie sie hier beschrieben wurde, schließt aus, daß archäologische Quellen mit Hilfe von entsprechenden neuzeitlichen oder antiken Berichten gedeutet werden können, wie dies auch umgekehrt gültig ist. Solange keine unzweifelhaften Hinweise auf kannibalistische Handlungen aus den verschiedenen Disziplinen vorliegen, ist eine solche Vorgehensweise abzulehnen.

---

[1] Vgl. die Abschnitte "Zusammenfassung" und "Ergebnisse" in den Kapiteln II bis IV.

Literaturverzeichnis

Abkürzungen erfolgen gemäß den "Richtlinien für Veröffentlichungen der RGK". Im Text wird die Literatur, wenn sie im Literaturverzeichnis angegeben ist, nur mit dem Namen des Autors und dem Erscheinungsjahr der hier verwendeten Ausgabe zitiert. Stimmt dieses nicht mit dem erstmaligen Erscheinungsjahr überein, so ist letzteres, soweit bekannt, in Klammern im Literaturverzeichnis vermerkt (dabei kann es sich auch um fremdsprachige Ausgaben handeln).

Abels 1977: B.-U. Abels, Spuren von Anthropophagie an hallstattzeitlichen Skelettresten. In: P. Schröter (Hrsg.), Festschrift 75 Jahre Anthropologische Staatssammlung München 1902-1977, München 1977, 113-116.

Ders. 1988: Zwei neue frühlatènezeitliche Amulette aus Oberfranken. Das Arch. Jahr in Bayern 1987, 1988, 78-80.

Ders. 1991: Kannibalismus auf der Ehrenbürg. Das Arch. Jahr in Bayern 1990, 1991, 68-70.

Abels u. Radunz 1975/76: B.-U. Abels und K. Radunz, Menschliche Skelettreste in einer hallstattzeitlichen Siedlungsgrube bei Lichtenfels, Stadtteil Mistelfeld. Geschichte am Obermain, Colloquium Historicum Wirsbergense 10, 1975/76, 43-56.

Abler 1980: T. Abler, Iroquois Cannibalism: Fact Not Fiction. Ethnohistory 27, 1980, 309-316.

Adam von Bremen: Hamburgische Kirchengeschichte. Übersetzt von J. C. M. Laurent. Berlin 1850.

Adamek 1961: F. Adamek, Pravěké Hradisko u Obřan. Brno 1961.

Agde 1934: H. Agde, Eigentümliche spätbronzezeitliche Skelettfunde um Halle. Mannus 26, 1934, 330-339.

Aird 1985: P. M. Aird, On distinguishing butchery from other postmortem destruction: A methodological experiment applied to a faunal sample from Roman Lincoln. In: Fieller, Gilbertson u. Ralph (Hrsg.), Palaeobiological Investigations, 1985, 5-18.

Aitchison 1989: S. Aitchison, Neue Ergebnisse der Ausgrabung in der Altheimer Feuchtbodensiedlung von Ergolding-Fischergasse, Lkr. Landshut. Vorträge des 7. Niederbayer. Archäologentages, Deggendorf 1989, 9-15.

Aitchison, Engelhardt u. Moore 1988: S. Aitchison, B. Engelhardt und P. Moore, Neue Ausgrabungen in einer Feuchtbodensiedlung der jungneolithischen Altheimer Gruppe in Ergolding. Das Arch. Jahr in Bayern 1987, 1988, 43-47.

Aladžov 1985: Z. T. Aladžov, Die Religion der heidnischen Protobulgaren im Lichte einiger archäologischer Denkmäler. Prähist. Zeitschr. 60, 1985, 70-92.

Alexander 1979: J. A. Alexander, Islam in Africa: The Archaeological Recognition of Religion. In: Burnham u. Kingsbury (Hrsg.), Space, Hierarchy and Society, 1979, 215-228.

Almgren 1905: O. Almgren, "Kung Björns hög". Stockholm 1905.

Ambros 1969: C. Ambros, Bemerkungen zur Auswertung der Tierknochen aus Siedlungsgrabungen. In: Boessneck (Hrsg.), Archäologisch-biologische Zusammenarbeit, 1969, 76-87.

Ders. 1971: Ein Beitrag zur Frage der Anthropophagie in den bronzezeitlichen Siedlungen der Slowakei. Anthropologia (Bratislava) 17, 1971, 1-14.

Ders. 1978: A Contribution to the Anthropology of the Bronze Age in Slovakia. Anthropologie (Brno) 16, 1978, 143-145.

Amerika 1492-1992. Neue Welten - Neue Wirklichkeiten: Essays. Aus Anlaß der Ausstellung Amerika 1492-1992 in Berlin. Braunschweig 1992.

Amira 1922: K. von Amira, Die germanischen Todesstrafen. Untersuchungen zur Rechts- und Religionsgeschichte. Abhandl. Bayer. Akad. Wiss., Phil.-philol. u. hist. Kl. XXXI, 3. München 1922.

Andersen 1988: N. H. Andersen, Sarup. Two Neolithic Enclosures in South-West Funen. Journal of Danish Arch. 7, 1988, 93-114.

Andersen u. Geertinger 1984: S. R. Andersen und P. Geertinger, Bog Bodies in the Light of Forensic Medicine. Journal of Danish Arch. 3, 1984, 111-119.

Andersen 1987: S. T. Andersen, The Bog Find from Sigersdal. Comment by the Excavator. Journal of Danish Arch. 6, 1987, 220-222.

Anderson 1969: K. M. Anderson, Ethnographic analogy and archaeological interpretation. Science 163, 1969, 133-138.

Andree 1976/86: C. Andree, Rudolf Virchow als Prähistoriker. Bd. I-III, Köln-Wien 1976/1986.

Andree u. Grimm 1929: J. Andree und P. Grimm, Die Diebeshöhle bei Uftrungen am Südharz. Jahresschr. Halle 17, 1929, 16-39.

Andree 1887: R. Andree, Die Anthropophagie, eine ethnographische Studie. Leipzig 1887.

Ders. 1912: Menschenschädel als Trinkgefässe. Zeitschr. Ver. Volkskunde 22, 1912, 1-33.

Andres 1928: F. Andres, Buphonia-Opfer und Opfer im Kulte des Xipe-Totec. In: Festschrift P. W. Schmidt, 1928, 175-180.

Andrews u. Cook 1985: P. Andrews und J. Cook, Natural modifications to bones in a temperate setting. Man N.S. 20, 1985, 675-691.

Angeli 1970: W. Angeli, Zur Deutung der Funde aus der Býčí skála-Höhle. In: Krieger und Salzherren, Hallstattkultur im Ostalpenraum. Mainz 1970, 139-150.

Ardrey 1978: R. Ardrey, Adam kam aus Afrika. Auf der Suche nach unseren Vorfahren. Wien-München 1978 (African Genesis, 1961).

Arens 1980: W. Arens, The Man-Eating Myth. Anthropology and Anthropophagy. Oxford Univ. Press 1980 ([1]1979).

Rez.: Man N.S. 15, 1980, 203-205 (P. G. Riviere); Anthropological Quaterly 53, 1980 (J. W. Springer); American Anthropologist 84, 1982, 595-611 (I. Brady).

Ders. 1988: An Anthropological Approach to Ritual: Evidence, Context and Interpretation. In: Hägg, Marinatos u. Nordquist (Hrsg.), Early Greek Cult Practice, 1988, 223-228.

Ariès 1985: P. Ariès, Geschichte des Todes. München 1985 ([1]1978).

Ariès u. Béjin 1992: P. Ariès und A. Béjin (Hrsg.), Die Masken des Begehrens und die Metamorphosen der Sinnlichkeit. Zur Geschichte der Sexualität im Abendland. Frankfurt/M. 1992 ([1]1982).

Artelt 1931: W. Artelt, Keltische Leichenzerstückelung nach neuen Funden. Die medizinische Welt 5, 1931, 33-35.

Ashley-Montagu 1937: M. F. Ashley-Montagu, Cannibalism and Primitive Man. Science 86, 1937, 56f.

Asmus 1942: G. Asmus, Die altpaläolithischen Menschenfunde im Spiegel ihrer Kulturen. Mitt. Anthr. Ges. Wien 72, 1942, 243-277.

Dies. 1954: Zur Anthropologie der Funde von Regensburg-Pürkelgut. Bayer. Vorgeschbl. 20, 1954, 105-113.

Atkinson 1956: R. J. C. Atkinson, Stonehenge. London 1956.

Attali 1981: J. Attali, Die kannibalische Ordnung. Von der Magie zur Computermedizin. Frankfurt 1981.

Auerbach 1967: E. Auerbach, Mimesis: Dargestellte Wirklichkeit in der abendländischen Literatur. Bern 1967 ([1]1946).

Augé 1972: M. Augé, Les métamorphoses du vampire. D'une société de consommation à l'autre. In: Destins du cannibalisme. Nouvelle Revue de Psychanalyse 6, 1972, 129-148.

Baal 1966: J. van Baal, Dema. Description and Analysis of Marind-anim Culture. The Hague 1966.

Ders. 1976: Offering, sacrifice and gift. Numen 23, 1976, 161-178.

Ders. 1981: Man's Quest for Partnership: The anthropological foundations of ethics and religion. Assen 1981.

Baaren 1964: T. P. van Baaren, Theoretical Speculations On Sacrifice. Numen 11, 1964, 1-12.

Babcock 1922: W. H. Babcock, Legendary Islands of the Atlantic: A Study in Medieval Geography. New York 1922.

Bach 1978: A. Bach, Neolithische Populationen im Mittelelbe-Saale-Gebiet. Zur Anthropologie des Neolithikums unter besonderer Berücksichtigung der Bandkeramiker. Weimar 1978.

Bach u. Bruchhaus 1989: A. Bach und H. Bruchhaus, Das Skelettmaterial aus der neolithischen Grube von Melchendorf, Kr. Erfurt. In: Schlette u. Kaufmann (Hrsg.), Religion und Kult, 1989, 171-174.

Bach 1974: H. Bach, Menschliche Skelettreste aus Kniegrotte und Urdhöhle. In: Feustel, Die Kniegrotte, 1974, 202-206.

Bächtold-Stäubli, HDA: H. Bächtold-Stäubli (Hrsg.), Handwörterbuch des deutschen Aberglaubens. Bd. I (1927) - Bd. X (1942), Berlin und Leipzig 1927ff.

Baer u. von Hellwald 1874: W. Baer und F. von Hellwald, Der Vorgeschichtliche Mensch. Ursprung und Entwicklung des Menschengeschlechtes. Leipzig 1874.

Bahn 1983: B. W. Bahn, Neue Gräberfelder und Siedlungen der Urnenfelderzeit von Melchendorf, Stkr. Erfurt. Ausgr. u. Funde 28, 1983, 231-237.

Ders. 1989: Eine Grube der Baalberger Kultur mit kultischem Befund von Melchendorf, Kr. Erfurt-

Stadt. In: Schlette u. Kaufmann (Hrsg.), Religion und Kult, 1989, 165-170.

Ders. 1991: Zum Bestattungswesen der Urnenfelderzeit in Thüringen. In: Horst u. Keiling (Hrsg.), Bestattungswesen und Totenkult, 1991, 83-94.

Bahnschulte 1941: B. Bahnschulte, Die "Leichenhöhle". Die merkwürdigste Kulturhöhle des Hönnetales. Zeitschr. für Karst- und Höhlenkunde 3/4, 1941, 25-31.

Baier 1987: L. Baier, Die große Ketzerei. Verfolgung und Ausrottung der Katharer durch Kirche und Wissenschaft. Berlin 1987 ([1]1984).

Bakker 1986: L. Bakker, Neue Untersuchungen am römischen Gräberfeld an der Frölichstraße in Augsburg. Das Arch. Jahr in Bayern 1985, 1986, 113-116.

Balcer u. Biggerstaff 1972: B. Balcer und R. H. Biggerstaff, Znalezisko zuchwy ludzkiej w jamie kultury pucharów lejkowatych na stanowisku Pieczyska w Zawichoście, Pow. Sandomierz (A Human Mandible found in a pit of the Funnel Beaker Culture at the Pieczyska Site, at Zawichost, Sandomierz District). Wiadomosci Arch. 37, 1972, 90-95.

Banner 1927: J. Banner, A magyarországi zsugoritott temetkezések (Die in Ungarn gefundenen Hockergräber). Dolgozatok Szeged 3, 1927, 1-122.

Baring-Gould 1967: S. Baring-Gould, Curious Myths of the Middle Ages. New York 1967 ([1]1866-68).

Baritz 1961: L. Baritz, The Idea of the West. The American Historical Review 66, 1961, 618-640.

Bárta 1958: J. Bárta, Majda-Hraškova jaskyňá a jej kultová funkcia v dobe halstatškej (Die Majda-Hraško-Höhle und ihre Funktion in der Hallstattzeit). Slovenská Arch. 6, 1958, 347-360.

Bartel 1982: B. Bartel, A Historical Review of Ethnological and Archaeological Analysis of Mortuary Practice. Journal Anthr. Arch. 1, 1982, 32-58.

Barthel 1981: H.-J. Barthel, Die Tierknochenreste der bandkeramischen Siedlungsgrube von Nägelstedt, Kr. Bad Langensalza. Ausgr. u. Funde 26, 1981, 234-236.

Barthel 1963: T. S. Barthel, Die Stele 31 von Tikal. Tribus 12, 1963, 159-214.

Ders. 1979: Aspekte der rituellen Tötung in Altamerika. In: Stietencron (Hrsg.), Angst und Gewalt, 1979, 157-170.

Bauch 1988: W. Bauch, Eine Nachbestattung der Einzelgrabkultur mit Pferdeschädel in einem Megalithgrab von Borgstedt, Kreis Rendsburg-Eckernförde. Offa 45, 1988, 43-73.

Baudet 1965: H. Baudet, Paradise on Earth: Some Thoughts on European Images of Non-European Man. New Haven-London 1965.

Baudrillard 1982: J. Baudrillard, Der symbolische Tausch und der Tod. München 1982 ([1]1976).

Baudy 1983: G. J. Baudy, Hierarchie oder: Die Verteilung des Fleisches. Eine ethologische Studie über die Tischordnung als Wurzel sozialer Organisation, mit besonderer Berücksichtigung der altgriechischen Gesellschaft. In: Gladigow u. Kippenberg (Hrsg.), Neue Ansätze in der Religionswissenschaft, 1983, 131-174.

Baum 1979: N. Baum, Eine Untersuchung zur Frage der "Zweistufigen Bestattung". Mitt. Naturhist. Ges. Nürnberg (Natur und Mensch), 1979, 106f.

Ders. 1991: Sammler/Jäger oder Ackerbauern? Eine paläodontologische Untersuchung zur kulturhistorischen Stellung der Kopfbestattungen aus der Großen Ofnet-Höhle in Schwaben. Arch. Korrbl. 21, 1991, 469-474.

Bay 1957: R. Bay, Die menschlichen Schädel aus den Abfallgruben der gallischen Ansiedlung bei der alten Gasfabrik in Basel. Acta Anatomica 30 (Festschrift E. Ludwig), 1957, 28-37.

Bayer 1923: J. Bayer, Ein sicherer Fall von prähistorischem Kannibalismus bei Hankenfeld, G.B. Atzenbrugg, NÖ. Mitt. Anthr. Ges. Wien 42, 1923, 83f.

Ders. 1928: Die Ossarner Kultur, eine äneolithische Mischkultur im östlichen Mitteleuropa. Eiszeit und Urgeschichte 5, 1928, 60-91.

Ders. 1930a: Bemerkung zu den "Opfergruben" von Lossow und Ossarn. Mannus 22, 1930, 374.

Ders. 1930b: Ein Getreideopfer aus dem Endneolithikum Mitteleuropas. Forschungen und Fortschritte 6, 1930, 117f.

Beals 1959: R. L. Beals, On the Study of Missionary Policies. American Anthropologist 61, 1959, 298-301.

Beattie 1964: J. Beattie, Other Cultures. Aims, Methods and Achievements in Social Anthropology. London 1964.

Beattie 1980: J. H. M. Beattie, On Understanding Sacrifice. In: Bourdillon u. Fortes (Hrsg.), Sacrifice, 1980, 29-44.

Beattie u. Geiger 1992: O. Beattie und J. Geiger, Der eisige Schlaf. Das Schicksal der Franklin-Expedition. München 1992.

Becher 1967: H. Becher, Die endokannibalistischen Riten als früheste Erscheinungsformen der Anthropophagie. Zeitschr. Ethn. 92, 1967, 248-253.

Beck 1970: H. Beck, Germanische Menschenopfer in der literarischen Überlieferung. In: Jankuhn (Hrsg.), Vorgeschichtliche Heiligtümer und Opferplätze, 1970, 240-258.

Becker 1972: J. Becker, Das Brasilienbild bei Sebastian Münster. Wiener Ethnohist. Bl. 5, 1972, 43-61.

Bednarczyk 1988: J. Bednarczyk, Die Ausgrabung eines Kultplatzes und einer Siedlung der Przeworsk-Kultur in Inowrocław, Kujawien. Offa 45, 1988, 167-180.

Bégouen 1912: M. le Comte Bégouen, Quelques observations sur la décapitation aux temps préhistoriques. Bull. Soc. Préhist. France 9, 1912, 336-340.

Behm-Blancke 1956: G. Behm-Blancke, Bronze- und hallstattzeitliche Kulthöhlen im Gipsgebirge bei Bad Frankenhausen. Ausgr. u. Funde 1, 1956, 276f.

Ders. 1957: Germanische Mooropferplätze in Thüringen. Ausgr. u. Funde 2, 1957, 129-135.

Ders. 1958: Höhlen, Heiligtümer, Kannibalen. Archäologische Forschungen im Kyffhäuser. Leipzig 1958.

Ders. 1960: Latènezeitliche Opferfunde aus dem germanischen Moor- und Seeheiligtum Oberdorla, Kr. Mühlhausen. Ausgr. u. Funde 5, 1960, 232-235.

Ders. 1964: Zur Herkunft der neolithischen "Neurochirurgenschule" in Mitteldeutschland. Ausgr. u. Funde 9, 1964, 238-242.

Ders. 1965: Das germanische Tierknochenopfer und sein Ursprung. Ausgr. u. Funde 10, 1965, 233-239.

Ders. 1976a: Zur Funktion bronze- und früheisenzeitlicher Kulthöhlen im Mittelgebirgsraum. Ausgr. u. Funde 21, 1976, 80-88.

Ders. 1976b: Kult und Ideologie. In: J. Herrmann (Hrsg.), Die Germanen I, 1976, 363-385.

Ders. 1979: Trankgaben und Trinkzeremonien im Totenkult der Völkerwanderungszeit. Alt-Thüringen 16, 1979, 171-227.

Ders. 1989: Zum Weltbild der Schnurkeramiker. Alt-Thüringen 24, 1989, 117-150.

Behrends 1984: R. H. Behrends, Eine befestigte Siedlung der Michelsberger Kultur in Bruchsal, Lkr. Karlsruhe. Arch. Nachr. aus Baden 33, 1984, 10-13.

Ders. 1988: Ein weiteres Michelsberger Erdwerk in Bruchsal, Landkreis Karlsruhe. Arch. Ausgr. in Baden-Württemberg 1987, 1988, 54-57.

Ders. 1989: Das Michelsberger Erdwerk im Gewann "Aue" in Bruchsal, Kr. Karlsruhe. Arch. Ausgr. in Baden-Württemberg 1988, 1989, 44-47.

Behrens 1953: H. Behrens Ein Siedlungs- und Begräbnisplatz der Trichterbecherkultur bei Weißenfels an der Saale. Jahresschr. Halle 37, 1953, 67-108.

Ders. 1964: Die neolithisch-frühmetallzeitlichen Tierskelettfunde der Alten Welt. Studien zu ihrer Wesensdeutung und historischen Problematik. Veröffentl. Landesmus. Vorgesch. Halle 19, 1964.

Ders. 1973: Die Jungsteinzeit im Mittelelbe-Saale-Gebiet. Veröffentl. Landesmus. Vorgesch. Halle 27, 1973.

Ders. 1976/77: Matriarchat und Patriarchat in der Steinzeit? Archäologisch-ethnologische Überlegungen zur Entstehung von Mutterrecht und Vaterrecht. Acta Praehist. et Arch. 7-8, 1976/77, 65-71.

Ders. 1991: Das Sozialverhalten des Urmenschen (homo erectus). Prähist. Zeitschr. 66, 1991, 10-13.

Behrens u. Schröter 1980: H. Behrens und E. Schröter, Siedlungen und Gräber der Trichterbecherkultur und Schnurkeramik bei Halle (Saale). Veröffentl. Landesmus. Vorgesch. Halle 34, 1980.

Behrensmeyer 1983: A. K. Behrensmeyer, Patterns of natural bone distribution on recent land surfaces: Implications for archaeological site formation. In: Clutton-Brock u. Grigson (Hrsg.), Animals and Archaeology, 1983, 93-106.

Behrensmeyer, Gordon u. Yanagi 1986: A. K. Behrensmeyer, K. D. Gordon und G. T. Yanagi, Trampling as a cause of bone surface damage and pseudo-cutmarks. Nature 319, 1986, 768-771.

Behrensmeyer, Gordon, Yanagi u. Hill 1980: A. K. Behrensmeyer, K. D. Gordon, G. T. Yanagi und A. P. Hill (Hrsg.), Fossils in the Making. Vertebrate Taphonomy and Paleoecology. Univ. of Chicago Press 1980.

Behringer 1988: W. Behringer (Hrsg.), Hexen und Hexenprozesse in Deutschland. München 1988.

Ders. 1992: (Hrsg.), Amerika. Die Entdeckung und Entstehung einer neuen Welt. München 1992.

Beier 1983: H. J. Beier, Die Grab- und Bestattungssitten der Walternienburger und der Bernburger Kultur. Neolithische Studien III, Wiss. Beitr. Martin-Luther-Univ. Halle-Wittenberg 30, 1983.

Bell 1935: F. L. S. Bell, Warfare among the Tonga. Oceania 5, 1935, 253-279.

Bellintani u. Cassoli 1984: G. F. Bellintani und P. F. Cassoli, Utilizzazione dei femori umani come utensili nella stazione protostorica di Frattesina (Rovigo). Padusa 20, 1984, 203-208.

Benac 1961: A. Benac, Studien zur Stein- und Kupferzeit im nordwestlichen Balkan. Ber. RGK 42, 1961, 1-170.

Bendann 1930: E. Bendann, Death Customs. An Analytical Study of Burial Rites. New York 1930.

Beninger 1931: E. Beninger, Die Leichenzerstückelung als vor- und frühgeschichtliche Bestattungssitte. Anthropos 26, 1931, 769-781.

Bennike u. Ebbesen 1986: P. Bennike und K. Ebbesen, The Bog Find from Sigersdal. Human Sacrifice in the Early Neolithic. Journal of Danish Arch. 5, 1986, 85-115.

Benoît 1968: F. Benoît, Résultats historiques des fouilles d'Entremont. Gallia 26, 1968, 1-31.

Ders. 1975: The Celtic oppidum of Entremont, Provence. In: Recent archaeological excavations in Europe (Hrsg. R. Bruce-Mitford), London-Boston 1975, 227-259.

Beranek 1962: A. Beranek, Zur Deutung keltischer Kopfdarstellungen. Ethn.-Arch. Zeitschr. 3, 1962, 1-12.

Berg 1989: E. Berg, >Wie ich in der tyrannischen Völcker Gewalt kommen bin<. Hans Stadens Reisen in die Neue Welt. In: Brenner (Hrsg.), Der Reisebericht, 1989, 178-196

Berg 1956: F. Berg, Ein neolithisches Schädelnest aus Poigen, NÖ. Arch. Austriaca 19/20, 1956, 70-76.

Berg, Rolle u. Seemann 1981: S. Berg, R. Rolle und H. Seemann, Der Archäologe und der Tod. Archäologie und Gerichtsmedizin. München und Luzern 1981.

Bergemann 1893: P. Bergemann, Die Verbreitung der Anthropophagie über die Erde und Ermittelung einiger Wesenszüge dieses Brauches. Eine ethnographisch-ethnologische Studie. Bunzlau 1893.

Berger u. Joos 1977: L. Berger und M. Joos, Zur Wasserführung der Zihl bei der Station LaTène. Festschrift W. Drack, 1977, 68-76.

Bergler 1966: R. Bergler, Psychologie stereotyper Systeme. Ein Beitrag zur Sozial- und Entwicklungspsychologie. Bern und Stuttgart 1966.

Bergmann 1973: J. Bergmann, Jungbronzezeitlicher Totenkult und die Entstehung und Bedeutung der europäischen Hausurnensitte. Germania 51, 1973, 54-72.

Ders. 1982: Ein Gräberfeld der jüngeren Bronze- und älteren Eisenzeit bei Vollmarshausen, Kr. Kassel. Kasseler Beitr. Vor- u. Frühgesch. 5, 1982.

Berndt 1958: R. M. Berndt, A "Devastating Disease Syndrome": Kuru Sorcery in the Eastern Highlands of New Guinea. Sociologus 8, 1958, 4-28.

Ders. 1962: Excess and Restraint: Social Control Among a New Guinea Mountain People. Chicago 1962.

Bernheimer 1952: R. Bernheimer, Wild Men in the Middle Ages. A Study in Art, Sentiment and Demonology. Cambridge (Mass.) 1952.

Bersu 1930: G. Bersu, Vorgeschichtliche Siedlungen auf dem Goldberg bei Nördlingen. Deutschtum und Ausland 23/24 (Neue deutsche Ausgrabungen, Hrsg. G. Rodenwaldt), Münster 1930, 130ff.

Best 1926: E. Best, Notes on customs, ritual, and beliefs pertaining to sickness, death, burial, and exhumation among the Maori of New Zealand. Journal Polynesian Soc. 35, 1926, 6-30.

Die Bibel. Nach der Übersetzung M. Luthers. Revidierter Text 1975. Stuttgart 1978.

Bickermann 1927: E. Bickermann, Ritualmord und Eselskult. Ein Beitrag zur Geschichte antiker Publizistik. Monatsschr. für Gesch. und Wiss. des Judentums 71, 1927, 171-187, 255-264.

Biel 1975: J. Biel, Eine Befestigung der Jungsteinzeit bei Ilsfeld, Landkreis Heilbronn. Denkmalpflege in Baden-Württemberg 4, 1975, 28-30.

Ders. 1988a: Ein bandkeramischer Friedhof in Fellbach-Oeffingen, Rems-Murr-Kreis. Arch. Ausgr. in Baden-Württemberg 1987, 1988, 38-40.

Ders. 1988b: Abschließende Untersuchung eines Michelsberger Erdwerkes bei Heilbronn-Klingenberg. Arch. Ausgr. in Baden-Württemberg 1987, 1988, 50-54.

Binford 1967: L. R. Binford, Smudge Pits and Hide Smoking: The Use of Analogy in Archaeological Reasoning. American Antiquity 32, 1967, 1-12.

Ders. 1971: Mortuary Practices: Their Study and their Potential. In: Brown (Hrsg.), Approaches to the Social Dimensions of Mortuary Practices, 1971, 6-29.

Ders. 1981: Bones. Ancient Man and Modern Myths. New York 1981.

Ders. 1984: Die Vorzeit war ganz anders. Methoden und Ergebnisse der Neuen Archäologie. München 1984.

Ders. 1989: Debating Archaeology. San Diego 1989.

Binford u. Ho 1986: L. R. Binford und C. K. Ho, Taphonomy at a distance. Current Anthr. 26, 1986, 413-442.

Bird 1986: R. J. Bird, Is cannibalism all in the mind? Nature 322, 1986, 20.

Birkner 1913: F. Birkner, Die vorgeschichtliche Besiedlung des Hohlensteins. Nördlinger Jahrbuch 2, 1913, 186-190.

Ders. 1914: Der paläolithische Mensch im bayerischen Ries. Wiener Prähist. Zeitschr. 1, 1914, 15f.

Ders. 1936: Ur- und Vorzeit Bayerns. München 1936.

Bittel, Schiek u. Müller 1990: K. Bittel, S. Schiek und D. Müller, Die keltischen Viereckschanzen. Atlas archäologischer Geländedenkmäler Baden-Württemberg 1. Stuttgart 1990.

Bitterli 1970: U. Bitterli, Die Entdeckung des schwarzen Afrikaners. Versuch einer Geistesgeschichte der europäisch-afrikanischen Beziehungen an der Guineaküste im 17. und 18. Jahrhundert. Zürich und Freiburg i.B. 1970.

Ders. 1976: Die >Wilden< und die >Zivilisierten<. Grundzüge einer Geistes- und Kulturgeschichte der europäisch-überseeischen Begegnung. München 1976.

Ders. 1980 u. 1981: (Hrsg.), Die Entdeckung und Eroberung der Welt. Dokumente und Berichte. Bd. I: Amerika, Afrika (1980). Bd. II: Asien, Australien, Pazifik (1981). München.

Ders. 1986: Alte Welt - Neue Welt. Formen des europäisch-überseeischen Kulturkontakts vom 15. bis 18. Jahrhundert. München 1986.

Blänkle 1985: P. H. Blänkle, Anthropologische Untersuchung von körperbestatteten Säuglingen sowie eines tierischen und eines menschlich-tierischen Leichenbrandes der Spätlatènezeit aus Kelheim/Donau. Bayer. Vorgeschbl. 50, 1985, 210-218.

Blanc 1961: A. C. Blanc, Some Evidence for the Ideologies of Early Man. In: Washburn (Hrsg.), Social Life, 1961, 119-136.

Blauert 1989: A. Blauert, Frühe Hexenverfolgungen. Ketzer-, Zauberei- und Hexenprozesse des 15. Jahrhunderts. Hamburg 1989.

Bleicher 1982/83: W. Bleicher, Eisenzeitliche Funde aus der Honerthöhle. Karst und Höhle 1982/83, 113-115.

Bleuer 1988: E. Bleuer, Die Knochen- und Geweihartefakte der Siedlung Seeberg, Burgäschisee-Süd. Sonderdruck aus Acta Bernensia II. Bern 1988.

Bloch u. Parry 1982: M. Bloch und J. Parry, Death and the Regeneration of Life. Cambridge Univ. Press 1982.

Boardman u. Kurtz 1971: J. Boardman und D. C. Kurtz, Greek Burial Customs. London 1971.

Boas 1895: F. Boas, The Social Organization and Secret Societies of the Kwakiutl Indians. Report of the U.S. National Museum, 1895.

Boas 1948: G. Boas, Essays on Primitivism and Related Ideas in the Middle Ages. Baltimore 1948.

Boddington, Garland u. Janaway 1987: A. Boddington, A. N. Garland und R. C. Janaway (Hrsg.), Death, decay and reconstruction. Approaches to archaeology and forensic science. Manchester Univ. Press 1987.

Boehm 1932: F. Boehm, Formen und Motive der Anthropophagie. Imago 18, 1932, 150-188.

Boelicke 1976/77: U. Boelicke, Das neolithische Erdwerk Urmitz. Acta Praehist. et Arch. 7-8, 1976/77, 73-121.

Börner 1984: K. H. Börner, Auf der Suche nach dem irdischen Paradies. Zur Ikonographie der geographischen Utopie. Frankfurt/M. 1984.

Boessneck 1969: J. Boessneck (Hrsg.), Archäologisch-biologische Zusammenarbeit in der Vor- und Frühgeschichtsforschung. Münchener Kolloquium 1967. Wiesbaden 1969.

Boessneck u.a. 1971: J. Boessneck, A. von den Driesch, U. Meyer-Lemppenau und E. Wechsler-von Ohlen, Die Tierknochenfunde aus dem Oppidum von Manching. Die Ausgrabungen in Manching 6, 1971.

Boessneck u. von den Driesch 1975: J. Boessneck und A. von den Driesch, Schnittspuren an neolithischen Tierknochen. Ein Beitrag zur Schlachttierzerlegung in vorgeschichtlicher Zeit. Germania 53, 1975, 1-23.

Dies. 1988: Knochenabfall von Opfermahlen und Weihgaben aus dem Heraion von Samos (7. Jh. v. Chr.). München 1988.

Boessneck, von den Driesch u. Gejvall 1968: J. Boessneck, A. von den Driesch und N. G. Gejvall, The Archaeology of Skedemosse III. Die Knochenfunde von Säugetieren und vom Menschen. München 1968.

Bolgar 1979: R. R. Bolgar (Hrsg.), Classical Influences on Western Thought A. D. 1650-1870. Cambridge 1979.

Bolle 1983/84: K. W. Bolle, A world of sacrifice. History of religions 23, 1983/84, 37-63.

Bonaparte 1928: M. Bonaparte, Über die Symbolik der Kopftrophäen. Imago 14, 1928, 100-141.

Bonnet 1899: A. Bonnet, Die steinzeitliche Ansiedelung auf dem Michelsberge bei Untergrombach. Veröffentl. Karlsruhe 1899, 39-54.

Borst 1988: A. Borst, Barbaren, Ketzer und Artisten. Welten des Mittelalters. München-Zürich 1988.

Boulotis 1982: C. Boulotis, Ein Gründungsdepositum im minoischen Palast von Kato Zakros - minoisch-mykenisches Bauopfer. Arch. Korrbl. 12, 1982, 153-166.

Bourdieu 1987: P. Bourdieu, Sozialer Sinn. Kritik der theoretischen Vernunft. Frankfurt/M. 1987.

Bourdillon u. Fortes 1980: M. F. C. Bourdillon und M. Fortes (Hrsg.), Sacrifice. London 1980.

Bouzek u. Koutecký 1980: J. Bouzek und D. Koutecký, Mohylové a knovízské kostrové "Pohřby" v jámách ze severozápadních Čech (Skelettbestattungen in Gruben der Knovízer und Hügelgräberkultur aus Nordwest-Böhmen). Památky Arch. 71, 1980, 360-432.

Bowen 1987: E. S. Bowen (= L. Bohannan), Rückkehr zum Lachen. Ein ethnologischer Roman. Frankfurt/M. 1987 ([1]1954).

Brace 1964: C. L. Brace, The fate of the "classic" neanderthals: A consideration of hominid catastrophy. Current Anthr. 5, 1964, 3-43.

Bradley u. Gordon 1988: R. Bradley und K. Gordon, Human skulls from the River Thames, their dating and significance. Antiquity 62, 1988, 503-509.

Brady 1982a: I. Brady, The Myth-Eating Man. American Anthropologist 84, 1982, 595-611.

Ders. 1982b: Les Iles Marquises: Ethnography from another beachhead. American Ethnologist 9, 1982, 185-190.

Brain 1980: C. K. Brain, Some Criteria for the Recognition of Bone-Collecting Agencies in African Caves. In: Behrensmeyer u. Hill (Hrsg.), Fossils in the Making, 1980, 107-130.

Ders. 1981: The Hunters or the Hunted? An Introduction to African Cave Taphonomy. Univ. of Chicago Press 1981.

Brain 1970: R. Brain, Child-witches. In: Douglas (Hrsg.), Witchcraft, Confessions and Accusations, 1970, 161-179.

Branigan 1987: K. Branigan, Ritual interference with human bones in the Mesara tholoi. In: Laffineur (Hrsg.), Thanatos, 1987, 43-51.

Braudel u.a. 1990: F. Braudel u.a., Der Historiker als Menschenfresser. Über den Beruf des Geschichtsschreibers. Berlin 1990.

Breddin 1980: R. Breddin, Ein Tiergrab mit Bronzepfeilspitzen von Tornow, Kr. Calau. Ausgr. u. Funde 25, 1980, 72-76.

Breitinger 1976: E. Breitinger, Das Kalvarium unter dem späturnenfelderzeitlichen Wall von Stillfried an der March. Forsch. in Stillfried 2 (Veröffentl. Österr. Arbeitsgem. Ur- u. Frühgesch. 9), 1976, 86-100.

Ders. 1980: Skelette aus einer späturnenfelderzeitlichen Speichergrube in der Wallburg von Stillfried an der March, NÖ. Forsch. in Stillfried 4 (Veröffentl. Österr. Arbeitsgem. Ur- u. Frühgesch. 13/14), 1980, 45-106.

Ders. 1987: Die Skelette der Doppelbestattung aus einer frühbronzezeitlichen Kulturgrube bei Oberndorf/Ebene im Traisental, NÖ. Mitt. Anthr. Ges. Wien 117, 1987, 47-89.

Brenner 1989: P. J. Brenner (Hrsg.), Der Reisebericht. Die Entwicklung einer Gattung in der deutschen Literatur. Frankfurt/M. 1989.

Breuil u. Obermaier 1909: H. Breuil und H. Obermaier, Crânes paléolitiques façonnés en coupes. L'Anthropologie 20, 1909, 523-530.

Brockway 1983: R. W. Brockway, The origins of religion debate and its implications: A psychological perspective. Valcamonica Symposium III (1979), 1980, 55-61.

Brøndsted 1960: J. Brøndsted, Nordische Vorzeit. Bd. 1: Steinzeit in Dänemark. Neumünster 1960.

Brothwell 1961: D. A. Brothwell, Cannibalism in Early Britain. Antiquity 35, 1961, 304-307.

Ders. 1971/72: Forensic aspects of the so-called Neolithic skeleton Q1 from Maiden Castle, Dorset. World Arch. 3, 1971/72, 233-241.

Brothwell u. Sandison 1967: D. A. Brothwell und A. T. Sandison (Hrsg.), Diseases in Antiquity. A Survey of the Diseases, Injuries and Surgery of Early Populations. Springfield (Ill.) 1967.

Browe 1930: P. Browe, Die Eucharistie als Zaubermittel im Mittelalter. Archiv für Kulturgesch. 20, 1930, 134-154.

Brown 1971: J. A. Brown (Hrsg.), Approaches to the Social Dimensions of Mortuary Practices. Memoirs Soc. American Arch. 25, 1971.

Brown u. Tuzin 1983: P. Brown und D. Tuzin (Hrsg.), The Ethnography of Cannibalism. Washington 1983.

Brown 1970: P. Brown, Sorcery, Demons, and the Rise of Christianity from Late Antiquity into the Middle Ages. In: Douglas (Hrsg.), Witchcraft, Confessions and Accusations, 1970, 17-45.

Brückner 1966: W. Brückner, Bildnis und Brauch. Studien zur Bildfunktion der Effigies. Berlin 1966.

Ders. 1988: Stereotype Anschauungen über Alltag und Volksleben in der Aufklärungsliteratur. Neue Wahrnehmungsparadigmen, ethnozentrische Vorurteile und merkantile Argumentationsmuster. In: Gerndt (Hrsg.), Stereotypvorstellungen, 1988, 121-131.

Brunaux 1984: J. L. Brunaux, Lieux de culte et pratiques rituelles des celtes. Fornvännen 79, 1984, 150-164.

Ders. 1986: Les Gaulois. Sanctuaires et rites. Collection des Hesperides, Ed. Errance 1986.

Brunaux, Meniel u. Poplin 1985: J. L. Brunaux, P. Meniel und F. Poplin, Gournay I. Les fouilles sur le sanctuaire et l'oppidum (1975-1984). Revue Arch. de Picardie 1985.

Bruyn 1936: A. G. de Bruyn, Bauopfer in Häusern. Die Kunde 4, 1936, 152f.

Bucher 1982: B. Bucher, Die Phantasien der Eroberer. Zur graphischen Repräsentation des Kannibalismus in de Brys 'America'. In: Kohl (Hrsg.), Mythen der Neuen Welt, 1982, 75-91.

Bunn 1981: H. T. Bunn, Archaeological evidence for meat-eating by Plio-Pleistocene hominids from Koobi Fora and Olduvai Gorge. Nature 291, 1981, 574-577.

Burke 1985: P. Burke, Helden, Schurken und Narren. Europäische Volkskultur in der frühen Neuzeit. München 1985 ([1]1978).

Burkert 1972: W. Burkert, Homo Necans. Interpretationen altgriechischer Opferriten und Mythen. Religionsgeschichtliche Versuche und Vorarbeiten 32, Berlin-New York 1972.

Ders. 1976: Opfertypen und antike Gesellschaftsstruktur. In: Stephenson (Hrsg.), Der Religionswandel unserer Zeit, 1976, 168-187.

Ders. 1981: Glaube und Verhalten: Zeichengehalt und Wirkungsmacht von Opferritualen. In: Le Sacrifice dans l'Antiquité, Entretiens sur l'Antiquité Classique 27, 1981, 91-125.

Ders. 1983: Anthropologie des religiösen Opfers: Die Sakralisierung der Gewalt. In: Friedrich von Siemens Stiftung, Themen XL, 1983, 15-47.

Burnham u. Kingsbury 1979: B. C. Burnham und J. Kingsbury (Hrsg.), Space, Hierarchy and Society: Interdisciplinary studies in social area analysis. Brit. Arch. Reports Int. Ser. 59, 1979.

Bursch 1954: F. C. Bursch, Ethnologie und Vorgeschichte. Saeculum 5, 1954, 292-303.

Buttler u. Haberey 1936: W. Buttler und W. Haberey, Die bandkeramische Ansiedlung bei Köln-Lindenthal. Röm.-Germ. Forsch. 11, 1936.

Cadoux 1984: J.-L. Cadoux, L'ossuaire Gaulois de Ribemont-sur-Ancre (Somme). Premières observations, premières questions. Gallia 42, 1984, 53-78.

Ders. 1987: L'ossuaire Gaulois (La Tène II - La Tène III) de Ribemont-sur-Ancre (Somme). In: Duday u. Masset (Hrsg.), Anthropologie physique et Archéologie, 1987, 351-357.

Caesar: G. I. Caesar, Der gallische Krieg. Übersetzt von M. Deissmann. Stuttgart 1980.

Capasso u. Picardi 1980: L. Capasso und M. Picardi, La Grotta dello Scoglietto: Un probabile centro nosocomiale dell'antica età del Bronzo in Toscana. Riv. Scienze Preist. 35, 1980, 165-181.

Capelle 1980: T. Capelle, Bildzeugnisse frühgeschichtlicher Menschenopfer. Offa 37, 1980, 97-100.

Ders. 1985: Programmatisches zu einer Untersuchung frühgeschichtlicher Bauopfer. Frühmittelalterl. Stud. 19, 1985, 498-501.

Ders. 1987: Eisenzeitliche Bauopfer. Frühmittelalterl. Stud. 21, 1987, 182-205.

Capellini 1873: Capellini, Grotta dei Colombi à l'île Palmaria, Golfe de la Spezia, station de cannibales à l'époque de la Madeleine. Congrès International d'Anthr. et d'Arch. Préhist. 5 (Bologna 1871), 1873, 392-416.

Carneiro 1941: J. F. Carneiro, A antropofagia entre os índios do Brasil. Acta Americana 5, 1941, 159-184.

Carthaus 1911: E. Carthaus, Über die Ausgrabungen in der Veledahöhle unweit Velmede im oberen Ruhrtale. Prähist. Zeitschr. 3, 1911, 132-144.

Carvajal 1973: G. de Carvajal, Das Tagebuch des Fray Gaspar de Carvajal. In: Grün (Hrsg.), Die Eroberung von Peru, 1973, 237-282.

Caselitz 1982: P. Caselitz, Zur Sitte der Mehrfachbestattung in der römischen Kaiserzeit. Hamburger Beitr. Arch. 8, 1982, 173-200.

Castile 1980: G. P. Castile, Purple People Eaters?: A Comment on Aztec Elite Class Cannibalism a la Harris-Harner. American Anthropologist 82, 1980, 389-391.

Chadwick Hawkes u. Wells 1975: S. Chadwick Hawkes und C. Wells, Crime and Punishment in an Anglo-Saxon Cemetery? Antiquity 49, 1975, 118-122.

Chapman, Kinnes u. Randsborg 1981: R. Chapman, I. Kinnes und K. Randsborg (Hrsg.), The archaeology of death. Cambridge Univ. Press 1981.

Chase Sardi 1964: M. Chase Sardi, Avaporú - Algunas fuentes documentales para el estúdio de la antropofagia Guaraní. Revista del Ateneo Paraguayo 3, Asunción 1964.

Chauvet 1897: G. Chauvet, Stations humaines quaternaires de la Charente. Bull. et Mém. Soc. Arch. Hist. de la Charente, Ser. 6, Tome VI, 1897, 221-338.

Chiapelli 1976: F. Chiapelli (Hrsg.), First Images of America. The Impact of the New World on the Old. Berkeley-Los Angeles-London 1976.

Chierici 1873: Chierici, Sur des sacrifices humains à l'âge de la pierre polie. Congrès International d'Anthr. et d'Arch. Préhist. 6 (Bruxelles 1872), 1873, 363-369.

Childe 1929: V. G. Childe, The Danube in Prehistory. Oxford 1929.

Ders. 1975: Soziale Evolution. Frankfurt/M. 1975.

Chlingensperg auf Berg 1904: M. von Chlingensperg auf Berg, Der Knochenhügel am Langacker und die vorgeschichtliche Herdstelle am Eisenbichl bei Reichenhall in Oberbayern. Mitt. Anthr. Ges. Wien 34, 1904, 53-70.

Chochol 1954: J. Chochol, Antropologický charakter lidských pozůstatků z knovízské jámy v Kutné Hoře. Arch. Rozhledy 6, 1954, 50-52.

Ders. 1967: Zur Problematik der vor- und frühgeschichtlichen Schädeltrepanation. Anthropologische Wertung einiger Funde aus Böhmen. Anthropologie (Brno) V/3, 1967, 3-34.

Ders. 1972: Anthropologische Problematik der böhmischen Knovizer Kultur. Homo 23 (Festschrift K. Gerhardt), 1972, 12-19.

Ders. 1979: Kosterné nálezy ze sídlištních jam knovízské kultury v severozápadních Čechách (Skelettfunde aus Siedlungsgruben der Knovízer Kultur in Nordwestböhmen). Památky Arch. 70, 1979, 21-41.

Chochol u. Hrala 1971: J. Chochol und J. Hrala, Antropologická problematika kostrových hrobů knovízské kultury v Čechách (Zur anthropologischen Problematik der Körpergräber der Knovízer Kultur in Böhmen). Památky Arch. 62, 1971, 324-363.

Chodowiec 1972: U. Chodowiec, La hantise et la pratique. Le cannibalisme iroquois. In: Destins du cannibalisme. Nouvelle Revue de Psychanalyse 6, 1972, 55-69.

Chong 1990: K. R. Chong, Cannibalism in China. Wakefield 1990.

Christlein u. Schmotz 1977/78: R. Christlein und K. Schmotz, Zur Kenntnis des jungsteinzeitlichen Grabenwerks von Kothingeichendorf. Jahresber. Hist. Ver. Straubing 80, 1977/78, 43-56.

Ciugudean 1983: H. Ciugudean, Funeral and Magic Practices in the Cemeteries of the Cotofeni Culture. Valcamonica Symposium III (1979), 1980, 169-176.

Claessen 1983: H. J. M. Claessen, Kinship, chiefdom, and reciprocity - on the use of anthropological concepts in archaeology. In: Roman and Native in the Low Countries. Symposium Amsterdam 1980, 1983, 211-222.

Clastres 1972: H. Clastres, Les beaux-frères ennemies. A propos du cannibalisme Tupinamba. In: Destins du cannibalisme. Nouvelle Revue de Psychanalyse 6, 1972, 71-82.

Clastres 1976: P. Clastres, Staatsfeinde. Studien zur politischen Anthropologie. Frankfurt/M. 1976.

Claus 1958: M. Claus, Die Pipinsburg bei Osterode am Harz. Neue Ausgrabungen in Deutschland, 1958, 161-174.

Ders. 1964: Frühbronzezeitliche Funde aus der Rothestein-Höhle im Ith. Beih. Bonner Jahrb. 10/I (Studien aus Alteuropa, Festschrift K. Tackenberg), 1964, 153-165.

Clifford u. Marcus 1986: J. Clifford und G. Marcus (Hrsg.), Writing Culture. Berkeley und Los Angeles 1986.

Cloß 1952: A. Cloß, Das Versenkungsopfer. Wiener Beitr. Kulturgesch. u. Linguistik 9 (Festschrift Wiener Schule), 1952, 66-107.

Clutton-Brock u. Grigson 1983: J. Clutton-Brock und C. Grigson (Hrsg.), Animals and Archaeology: 1. Hunters and their Prey. Brit. Arch. Reports Int. Ser. 163, 1983.

Coblenz 1962a: W. Coblenz, Bandkeramischer Kannibalismus in Zauschwitz. Ausgr. u. Funde 7, 1962, 67-69.

Ders. 1962b: Neolithische Grube mit Gehörnen aus Zauschwitz. Ausgr. u. Funde 7, 1962, 74f.

Coblenz u. Fritzsche 1961: W. Coblenz und K. Fritzsche, Dreifache Rinderbestattung mit Kugelamphoren aus Zauschwitz, Kr. Borna. Ausgr. u. Funde 6, 1961, 62-69.

Dies. 1962: Doppelbestattung der Kugelamphorenkultur neben der rituellen Rinderbeisetzung von Zauschwitz. Ausgr. u. Funde 7, 1962, 77-82.

Dies. 1973: Neolithische Siedlungsbestattung mit 3 Skeletten und Resten weiterer Schädel aus Zauschwitz, Kr. Borna. Ausgr. u. Funde 18, 1973, 276-81.

Dies. 1980: Kleinstkindbestattung in einer reich ausgestatteten Salzmünder Grube mit Muschelschichten von Zauschwitz, Kr. Borna. Ausgr. u. Funde 25, 1980, 5-17.

Coblenz u. Simon 1979: W. Coblenz und K. Simon (Hrsg.), Archäologische Denkmale und Funde. 25 Jahre Bodendenkmalpflege in der Deutschen Demokratischen Republik. Berlin 1979.

Cohen 1969: Y. A. Cohen, Ends and Means in Political Control: State Organization and the Punishment of Adultery, Incest, and Violation of Celibacy. American Anthropologist 71, 1969, 658-687.

Cohn 1969: N. Cohn, Die Protokolle der Weisen von Zion. Der Mythos von der jüdischen Weltverschwörung. Köln-Berlin 1969.

Ders. 1970: The Myth of Satan and his Human Servants. In: Douglas (Hrsg.), Witchcraft, Confessions and Accusations, 1970, 3-16.

Ders. 1977: Europe's Inner Demons. An Inquiry Inspired by the Great Witch-Hunt. London 1977.

Ders. 1988: Das neue irdische Paradies. Revolutionärer Millenarismus und mystischer Anarchismus im mittelalterlichen Europa. Reinbek bei Hamburg 1988 ([1]1957).

Cole 1902: H. Cole, Notes on the Wagogo of German East Africa. Journal Royal Anthr. Inst. Great Britain and Ireland 32, 1902, 305-338.

Colpe 1970: C. Colpe, Theoretische Möglichkeiten zur Identifizierung von Heiligtümern und Interpretation von Opfern in ur- und parahistorischen Epo-chen. In: Jankuhn (Hrsg.), Vorgeschichtliche Heiligtümer und Opferplätze, 1970, 18-39.

Ders. 1977: (Hrsg.), Die Diskussion um das "Heilige". Darmstadt 1977.

Comşa 1974: E. Comşa, Die Bestattungssitten im rumänischen Neolithikum. Jahresschr. Halle 58, 1974, 113-156.

Cortés 1980: H. Cortés, Die Eroberung Mexikos. Drei Berichte von Hernán Cortés an Kaiser Karl V. Hrsg. C. Litterscheid. Frankfurt/M. 1980.

Courtin u. Villa 1986a: J. Courtin, P. Villa, D. Helmer, P. Shipman, C. Bouville und E. Mahieu, Un cas de cannibalisme au Néolitique. Boucherie et rejet de restes humains et animaux dans la grotte de Fontbrégoua à Salernes (Var). Gallia Préhist. 29, 1986, 143-171.

Dies. 1986b: J. Courtin, P. Villa, C. Bouville, D. Helmer, E. Mahieu, P. Shipman, G. Belluomini und M. Branca, Cannibalism in the Neolithic. Science 233, 1986, 431-437.

Cranstone 1971: B. A. L. Cranstone, The Tifalmin: A 'Neolithic' people in New Guinea. World Arch. 3, 1971, 132-142.

Crocombe u. Crocombe 1968: R. G. und M. Crocombe, The Works of Ta'unga. Canberra 1968.

Čujanová-Jílková 1971: E. Čujanová-Jílková, Žárové hroby na sídlištích z rozhraní starši a střední doby bronzové v česko-bavorské oblasti (Brandgräber in Siedlungen aus dem Übergang der älteren zur mittleren Bronzezeit im böhmisch-bayerischen Bereich). Arch. Rozhledy 23, 1971, 683-699.

Cunliffe 1984: B. Cunliffe, Danebury: An Iron Age Hillfort in Hampshire. CBA Research Report 52. IX (Vol. 2, the finds). London 1984.

Ders. 1988: Celtic Death Rituals. Archaeology 41, 1988, 39-43.

Cupillard o.J.: C. Cupillard, La question du cannibalisme préhistorique. In: La mort à travers l'archéologie franc-comtoise, 31-33.

Czarnetzki 1977: A. Czarnetzki, Artifizielle Veränderungen an den Skelettresten aus dem Neandertal? In: P. Schröter (Hrsg.), Festschrift 75 Jahre Anthropologische Staatssammlung München 1902-1977, München 1977, 215-219.

Czarnetzki, Uhlig u. Wolf 1985: A. Czarnetzki, C. Uhlig und R. Wolf, Menschen des Frühen Mittelalters im Spiegel der Anthropologie und Medizin. München-Speyer 1985.

Dämmer 1974: H.-W. Dämmer, Zu späthallstattzeitlichen Zweischalen-Nadeln und zur Datierung des Frauengrabes auf der Heuneburg. Fundber. Baden-Württemberg 1, 1974, 284-292.

Ders. 1986: San Pietro Montagnon. Studien zu vor- und frühgeschichtlichen Heiligtümern 1. Mainz 1986.

Dämmer, Reim u. Taute 1974: H.-W. Dämmer, H. Reim und W. Taute, Probegrabungen in der Burghöhle von Dietfurt im oberen Donautal. Fundber. Baden-Württemberg 1, 1974, 1-25.

Danner 1990: B. Danner, Das anthropologische Material aus dem Siedlungsbereich des frühmittelalterlichen Seehandelsplatzes Ralswiek, Kreis Rügen. Überarbeitete Diplomarbeit Martin-Luther-Universität Halle/Wittenberg 1989. Ulm 1990.

Dannheimer u. Gebhard 1993: H. Dannheimer und R. Gebhard (Hrsg.), Das keltische Jahrtausend. Ausstellungskataloge der Prähistorischen Staatssammlung München 23. Mainz 1993.

Davidson 1988: H. R. E. Davidson, Myths and symbols in pagan Europe. Early Scandinavian and Celtic religions. Manchester Univ. Press 1988.

Davies 1983: N. Davies, Opfertod und Menschenopfer. Glaube, Liebe und Verzweiflung in der Geschichte der Menschheit. Frankfurt/M.-Berlin-Wien 1983.

Daxelmüller 1982/83: C. Daxelmüller, Heil- und Volksglaube. In: Aus dem Alltag einer mittelalterlichen Stadt. Focke-Museum, 1982/83, 181-192.

Ders. 1988: Folklore vor dem Staatsanwalt. Anmerkungen zu antijüdischen Stereotypen und ihren Opfern. In: Gerndt (Hrsg.), Stereotypvorstellungen, 1988, 20-32.

Dehn 1981: W. Dehn, "Heilige" Felsen und Felsheiligtümer. Festschrift W. Coblenz I, 1981, 373-384.

Dehn u. Sangmeister 1954: W. Dehn und E. Sangmeister, Die Steinzeit im Ries. Materialh. bayer. Vorgesch. 3, 1954.

Dehnke 1972: R. Dehnke, Kultfeuerstellen bei Narthauen im Kreise Verden. Nachr. Niedersachs. Urgesch. 41, 1972, 22-33.

Laet 1958: S. J. de Laet, The Low Countries. Ancient Peoples and Places 5, 1958.

Ders. 1966: Von grafmonument tot helligdom. Brüssel 1966.

Delgado 1884: J. F. N. Delgado, La Grotte de Furninha a Peniche. Congrès International d'Anthr. et d'Arch. Préhist. 9 (Lissabon 1880), 1884, 207-264.

Delumeau 1989: J. Delumeau, Angst im Abendland. Die Geschichte kollektiver Ängste im Europa des 14. bis 18. Jahrhunderts. Reinbek bei Hamburg 1989 ([1]1978).

Descamps 1925: P. Descamps, Le cannibalisme, ses causes et ses modalités. L'Anthropologie 35, 1925, 321-344.

Detienne 1972: M. Detienne, Entre bêtes et dieux. In: Destins du cannibalisme. Nouvelle Revue de Psychanalyse 6, 1972, 231-246.

Detzner 1921: H. Detzner, Vier Jahre unter Kannibalen. Von 1914 bis zum Waffenstillstand unter deutscher Flagge im unerforschten Innern von Neuguinea. Berlin 1921.

Diaz del Castillo 1988: B. Diaz del Castillo, Die Geschichte der Eroberung von Mexiko. Frankfurt/M. 1988 (u.a. 1632).

Dieck 1951: A. Dieck, Tacitus Germania 12 und die männlichen Moorleichen. Die Kunde N.F. 2, 1951, 48-52.

Ders. 1958: Zur Geschichte der Moorleichenforschung und Moorleichendeutung. Jahresschr. Halle 41/42, 1958, 96-107.

Ders. 1965: Die europäischen Moorleichenfunde (Hominidenmoorfunde). Göttinger Schr. Vor- u. Frühgesch. 5, Neumünster 1965.

Ders. 1969: Archäologische Belege für den Brauch des Skalpierens in Europa. Neue Ausgr. u. Forsch. in Niedersachsen 4, 1969, 359-371.

Ders. 1974: Postmortale Lageveränderungen in vor- und frühgeschichtlichen Gräbern. Arch. Korrbl. 4, 1974, 277-283.

Dieck u. Anger 1978: A. Dieck und S. Anger, Skalpieren in Europa seit dem Neolithikum bis um 1767 nach Chr. Bonner Hefte zur Vorgesch. 17, 1978, 153-240.

Dočkalová 1988: M. Dočkalová (Hrsg.), Antropofagie a pohřební ritus doby bronzové. Materiály z Pracovního Setkání, Oktober. Moravské muz., Ústav Anthropos, Brno 1988.

Doerr 1935: E. Doerr, Bestattungsformen in Ozeanien. Anthropos 30, 1935, 369-420, 727-765.

Dohnal 1989: V. Dohnal, Zur Frage der vor- und frühurnenfelderzeitlichen Opferstätten in Mähren. Zeitschr. Arch. 23, 1989, 19-35.

Dohrn-Ihmig 1983: M. Dohrn-Ihmig, Das bandkeramische Gräberfeld von Aldenhoven-Niedermerz, Kreis Düren. In: Archäologie in den rheinischen Lössböden, Köln 1983, 47-190.

Dole 1962: G. Dole, Endocannibalism among the Amahuaca Indians. Transactions of the New York Academy of Sciences (Ser. II) 24, 1962, 567-573.

Dombay 1969: J. Dombay, Die Siedlung und das Gräberfeld in Zengövárkony. Arch. Hung. 37, 1969.

Dombrowski 1976: B. W. W. Dombrowski, Killing in Sacrifice: The Most Profound Experience of God? Numen 23, 1976, 136-144.

Domonkos u. Franz 1925: L. Domonkos und L. Franz, Zur Bükker Kultur. Wiener Prähist. Zeitschr. 12, 1925, 84-96.

Dornstreich u. Morren 1974: M. D. Dornstreich und G. E. B. Morren, Does New Guinea Cannibalism Have Nutritional Value? Human Ecology 2, 1974, 1-12.

Douglas 1970: M. Douglas (Hrsg.), Witchcraft, Confessions and Accusations. London 1970.

Dies. 1981: Ritual, Tabu und Körpersymbolik. Sozialanthropologische Studien in Industriegesellschaft und Stammeskultur. Frankfurt/M. 1981 ([1]1970).

Dies. 1988: Reinheit und Gefährdung. Eine Studie zu Vorstellungen von Verunreinigung und Tabu. Frankfurt/M. 1988 ([1]1966).

Drechsler-Bižić 1979: R. Drechsler-Bižić, Nekropola brončanog doba u pećini Bezdanjači kod Vrhovina (Das bronzezeitliche Gräberfeld in der Höhle Bezdanjača bei Vrhovine). Vjesnik Zagreb 12, 1979, 27-78.

Driehaus 1960: J. Driehaus, Die Altheimer Gruppe und das Jungneolithikum in Mitteleuropa. Mainz 1960.

Rez.: Germania 39, 1961, 508-516 (U. Fischer).

Driesch 1979: A. von den Driesch, Tierknochenfunde aus Karlstein, Landkreis Berchtesgadener Land. Bayer. Vorgeschbl. 44, 1979, 149-170.

Drucker 1955: P. Drucker, Indians of the Northwest Coast. New York 1955.

Duday u. Masset 1987: H. Duday und C. Masset (Hrsg.), Anthropologie physique et Archéologie. Méthodes d'Etude des Sépultures. Colloquium Toulouse 1982, Paris 1987.

Dudley u. Novak 1972: E. Dudley und M. E. Novak (Hrsg.), The Wild Man Within: An Image in

Western Thought from the Renaissance to Romanticism. Pittsburgh 1972.

Dücker 1875: Baron de Dücker, Notice sur les sépultures à urnes dans le Nord de l'Allemagne. Congrès International d'Anthr. et d'Arch. Préhist. 4 (Kopenhagen 1869), 1875, 314f.

Dülmen 1988: R. van Dülmen, Theater des Schrekkens. Gerichtspraxis und Strafrituale in der frühen Neuzeit. München 1988.

Ders. 1990: (Hrsg.), Verbrechen, Strafen und soziale Kontrolle. Studien zur historischen Kulturforschung III. Frankfurt/M. 1990.

Duerr 1984: H. P. Duerr (Hrsg.), Die Mitte der Welt. Aufsätze zu Mircea Eliade. Frankfurt/M. 1984.

Ders. 1985: (Hrsg.), Der Wissenschaftler und das Irrationale. Beiträge aus Ethnologie und Anthropologie I und II. Frankfurt/M. 1985 ([1]1980).

Ders. 1987a: (Hrsg.), Authentizität und Betrug in der Ethnologie. Frankfurt/M. 1987.

Ders. 1987b: (Hrsg.), Die wilde Seele. Zur Ethnopsychoanalyse von Georges Devereux. Frankfurt/M. 1987.

Durand-Tullou u. Poulain-Josien 1958: A. Durand-Tullou und T. Poulain-Josien, Le dolmen à couloir du "Sotch de la Gardie", Commune de Rogues (Gard). Bull. Soc. Préhist. France 55, 1958, 497-506.

Durkheim 1965: E. Durkheim, The elementary forms of the religious life. London 1965 ([1]1912).

Dušek 1985: S. Dušek, Kaiserzeitliches Grubenhaus mit jüngerer Nachbestattung von Großobringen, Kreis Weimar. Zeitschr. Arch. 19, 1985, 169-178.

Dux 1982: G. Dux, Die Logik der Weltbilder. Sinnstrukturen im Wandel der Geschichte. Frankfurt/M. 1982.

Eames 1922: W. Eames, Description of a Wood Engraving Illustrating the South American Indians (1505). Bulletin of the New York Public Library 26, 1922, 755-760.

Ebenbauer 1974: A. Ebenbauer, Ursprungsglaube, Herrschergott und Menschenopfer. Beobachtungen zum Semnonenkult (Germania c. 39). In: Antiquitates Indogermanicae (Festschrift H. Güntert), 1974, 233-249.

Ebert 1921/22: M. Ebert, Die Anfänge des europäischen Totenkultes. Prähist. Zeitschr. 13/14, 1921/22, 1-19.

Ebert: M. Ebert (Hrsg.), Reallexikon der Vorgeschichte, Bd. 1 bis Bd. 15. Berlin 1924-1932.

Eckes 1954: R. Eckes, Neolithische Skelettgräber bei Regensburg-Pürkelgut. Bayer. Vorgeschbl. 20, 1954, 97-104.

Eckstein 1982: A. M. Eckstein, Human Sacrifice and Fear of Military Disaster in Republican Rome. American Journal of Ancient Hist. 7, 1982, 69-95.

Eder 1988: K. Eder, Die Vergesellschaftung der Natur. Studien zur sozialen Evolution der praktischen Vernunft. Frankfurt/M. 1988.

Eggert 1976: M. K. H. Eggert, On the Interrelationship of Prehistoric Archaeology and Cultural Anthropology. Prähist. Zeitschr. 51, 1976, 56-60.

Ders. 1978a: Prähistorische Archäologie und Ethnologie: Studien zur amerikanischen New Archaeology. Prähist. Zeitschr. 53, 1978, 6-164.

Ders. 1978b: Zum Kulturkonzept in der prähistorischen Archäologie. Bonner Jahrb. 178, 1978, 1-20.

Ders. 1988: Riesentumuli und Sozialorganisation: Vergleichende Betrachtungen zu den sogenannten >Fürstenhügeln< der späten Hallstattzeit. Arch. Korrbl. 18, 1988, 263-274.

Ders. 1989: Die "Fürstensitze" der Späthallstattzeit. Bemerkungen zu einem archäologischen Konstrukt. Hammaburg N.F. 9 (Festschrift W. Hübener), 1989, 53-66.

Ders. 1991: Die konstruierte Wirklichkeit: Bemerkungen zum Problem der archäologischen Interpretation am Beispiel der späten Hallstattzeit. Hephaistos 10, 1991, 5-20.

Ehgartner u. Jungwirth 1956: W. Ehgartner und J. Jungwirth, Ein neolithisches Schädelnest aus Poigen, NÖ. Arch. Austriaca 19/20, 1956, 77-89.

Ehrenreich 1910: P. Ehrenreich, Die allgemeine Mythologie und ihre ethnologischen Grundlagen. Leipzig 1910.

Ehrich 1948/49: P. Ehrich, Die vorgeschichtlichen Totenhäuser und der Hausgedanke im Bestattungsbrauch. Hammaburg 1, 1948/49, 200-216.

Ehrich 1976: R. W. Ehrich, Anthropological Theory and Method: Some Applications to Southeastern and Central European Prehistoric Archaeology. Arch. Austriaca, Beih. 13 (Festschrift R. Pittioni I), 1976, 177-187.

Ehrlich 1936: B. Ehrlich, Succase. Eine Siedlung der jungsteinzeitlichen Schnurkeramiker im Kreise Elbing. Elbinger Jahrb. 12/13, 1936, 41-98.

Eibner 1976: C. Eibner, Eine späturnenfelderzeitliche Grube unter den Aufschüttungen des Westwalles von Stillfried. Zum Befund einer Schädeldeposition. Forsch. in Stillfried 2 (Veröffentl. Österr. Arbeitsgem. Ur- u. Frühgesch. 9), 1976, 70-85.

Ders. 1980: Die Mehrfachbestattung aus einer Grube unter dem urnenfelderzeitlichen Wall in Stillfried an der March, NÖ. Forsch. in Stillfried 4 (Veröffentl. Österr. Arbeitsgem. Ur- u. Frühgesch. 13/14), 1980, 107-142.

Ders. 1981: Ein urnenfelderzeitliches anthropomorphes Tonidol aus Neusiedl an der Zaya, Pol. Bez. Mistelbach, Niederösterreich. Festschrift W. Coblenz I, 1981, 355-361.

Eickhoff u. Herrmann 1985: S. Eickhoff und B. Herrmann, Surface Marks on Bones from a Neolithic Collective Grave (Odagsen, Lower Saxony). A Study on Differential Diagnosis. Journal of Human Evolution 14, 1985, 263-274.

Elgar 1992: M. A. Elgar, Cannibalism. Ecology and evolution among diverse taxa. Oxford Univ. Press 1992.

Eliade 1961: M. Eliade, Das Mysterium der Wiedergeburt. Initiationsriten, ihre kulturelle und religiöse Bedeutung. Zürich und Stuttgart 1961 ([1]1958).

Ders. 1974/75: Some Observations on European Witchcraft. History of Religions 14, 1974/75, 149-172.

Ders. 1978: Geschichte der religiösen Ideen I. Von der Steinzeit bis zu den Mysterien von Eleusis. Freiburg-Basel-Wien 1978 ([1]1976).

Ders 1986: Kosmos und Geschichte. Der Mythos der ewigen Wiederkehr. Frankfurt/M. 1986 ([1]1949).

Eliade u. Kitagawa 1963: M. Eliade und J. M. Kitagawa (Hrsg.), Grundfragen der Religionswissenschaft. Salzburg 1963 ([1]1959).

Ellis 1968: R. S. Ellis, Foundation Deposits in Ancient Mesopotamia. New Haven-London 1968.

Ellison u. Drewett 1971: A. Ellison und P. Drewett, Pits and Post-holes in the British Iron Age: some alternative explanations. Proc. Prehist. Soc. 37, 1971, 183-194.

Ender 1988: W. Ender, Eine Siedlungsgrube der Spätlatènezeit vom Staffelberg. Das Arch. Jahr in Bayern 1987, 1988, 86-88.

Endert 1987: D. van Endert, Das Osttor des Oppidums von Manching. Die Ausgrabungen in Manching 10, 1987.

Endrich 1951: P. Endrich, Vor- und Frühgeschichte der Stadt Würzburg. Mainfränkische Heimatkunde 3, 1951.

Engelhardt u. Schmotz 1983/84: B. Engelhardt und K. Schmotz, Grabenwerke des älteren und mittleren Neolithikums in Niederbayern. Symposium mittelneolithische Grabenanlagen (Kult-/Befestigungsanlagen) in Zentraleuropa. Mitt. Österr. Arbeitsgem. Ur- u. Frühgesch. 33/34, 1983/84, 27-63.

Engelmayer 1967: R. Engelmayer, Eine neolithische Wohnbestattung aus Poysdorf, pol. Bez. Mistelbach, NÖ. Mitt. Anthr. Ges. Wien 96/97, 1967, 64-67.

Engels 1986: F. Engels, Anteil der Arbeit an der Menschwerdung des Affen. Berlin 1986.

Engl 1991: L. Engl und T. Engl (Hrsg.), Die Eroberung Perus in Augenzeugenberichten. München 1991 ([1]1975).

Erb 1993: R. Erb (Hrsg.), Die Legende vom Ritualmord. Zur Geschichte der Blutbeschuldigung gegen die Juden. Berlin 1993.

Erdheim 1982: M. Erdheim, Anthropologische Modelle des 16. Jahrhunderts. Über Las Casas, Oviedo und Sahagún. In: Kohl (Hrsg.), Mythen der Neuen Welt, 1982, 57-67.

Erl 1953: J. R. Erl, Die Dietersberghöhle bei Egloffstein. Abhandl. Naturhist. Ges. Nürnberg 26/5, 1953.

Erskine 1853: J. E. Erskine, Journal of a Cruise among the Islands of the Western Pacific. London 1853.

Etter u. Menk 1983: H. Etter und R. Menk, Die neolithischen und frühbronzezeitlichen menschlichen Skelette aus Zürich-Mozartstraße. Archives Suisses Anthr. Générale 47, 1983, 83-102.

Evans-Pritchard 1956a: E. E. Evans-Pritchard, Nuer Religion. Oxford 1956.

Ders. 1956b: Cannibalism: A Zande Text. Africa 26, 1956, 73f.

Ders. 1965: Zande Cannibalism. In: Ders., The Position of Women in Primitive Society and other Essays in Social Anthropology. London 1965, 133-164 ([1]1960).

Ders. 1981a: A History of Anthropological Thought. London 1981.

Ders. 1981b: Theorien über primitive Religionen. Frankfurt/M. 1981 ([1]1965).

Ders. 1988: Hexerei, Orakel und Magie bei den Zande. Von Eva Gillies gekürzte und eingeleitete Ausgabe. Übersetzt von B. Luchesi. Frankfurt/M. 1988 ([1]1937).

Farkas u. Marcsik 1976: G. Farkas und A. Marcsik, Das Sammelgrab von Gomolava (Jugoslavien) aus der Urzeit. Anthropologie (Brno) 14, 1976, 93-96.

Favret-Saada 1979: J. Favret-Saada, Die Wörter, der Zauber, der Tod. Der Hexenglaube im Hainland von Westfrankreich. Frankfurt/M. 1979.

Felgenhauer 1965: F. Felgenhauer Ein "Tonaltar" der Notenkopfkeramik aus Herrnbaumgarten, p.B. Mistelbach, NÖ. Arch. Austriaca 38, 1965 1-20.

Feustel 1974: R. Feustel, Die Kniegrotte. Eine Magdalénien-Station in Thüringen. Weimar 1974.

Fiedler 1974: L. Fiedler, Eine Bestattung in einer Grube mit jüngerer Bandkeramik von Koblenz-Rübenach. Arch. Korrbl. 4, 1974, 113-116.

Fieller, Gilbertson u. Ralph 1985: N. R. J. Fieller, D. D. Gilbertson und N. G. A. Ralph (Hrsg.), Palaeobiological Investigations. Brit. Arch. Reports Int. Ser. 266, 1985.

Filip 1970: J. Filip, Keltische Kultplätze und Heiligtümer in Böhmen. In: Jankuhn (Hrsg.), Vorgeschichtliche Heiligtümer und Opferplätze, 1970, 63-71.

Finley 1962: M. I. Finley, The Black Sea and Danubian Regions and the Slave Trade in Antiquity. Klio 40, 1962, 51-59.

Firth 1963: R. Firth, Offering and Sacrifice: Problems of Organisation. Journal Royal Anthr. Inst. Great Britain and Ireland 93, 1963, 12-24.

Fisch 1984: J. Fisch, Der märchenhafte Orient. Die Umwertung einer Tradition von Marco Polo bis Macaulay. Saeculum 35, 1984, 246-266.

Fisch 1989: S. Fisch, Forschungsreisen im 19. Jahrhundert. In: Brenner (Hrsg.), Der Reisebericht, 1989, 383-405.

Fischer 1966: F. Fischer, Das Oppidum von Altenburg-Rheinau. Ein Vorbericht. Germania 44, 1966, 286-312.

Fischer 1981a: H. Fischer, Zur Theorie der Feldforschung. In: Schmied-Kowarzik u. Stagl (Hrsg.), Grundfragen der Ethnologie, 1981, 63-77.

Ders. 1981b: Die Hamburger Südsee-Expedition. Über Ethnographie und Kolonialismus. Frankfurt/M. 1981.

Fischer, Rieckhoff-Pauli u. Spindler 1984: T. Fischer, S. Rieckhoff-Pauli und K. Spindler, Grabungen in der spätkeltischen Siedlung im Sulztal bei Berching-Pollanten, Landkreis Neumarkt, Oberpfalz. Germania 62, 1984, 311-372.

Fischer 1956: U. Fischer, Die Gräber der Steinzeit im Saalegebiet. Vorgesch. Forsch. 15, 1956.

Fletcher 1986: R. J. Fletcher, Inseln der Illusion. Briefe aus der Südsee. Frankfurt/M. 1986 (^{1}1923).

Flinn, Turner u. Brew 1976: L. Flinn, C. G. Turner und A. Brew, Additional Evidence for Cannibalism in the Southwest: The Case of LA 4528. American Antiquity 41, 1976, 308-318.

Förtsch 1902: O. Förtsch, Bronzezeitliche Gräber von Goseck. Jahresschr. Halle 1, 1902, 62-74.

Forrer 1922: Forrer, Crâne-trophée scalpé néolitique trouvé à Achenheim, environs de Strasbourg. Revue anthr. 32, 1922, 244f.

Forster 1983: G. Forster, Reise um die Welt. Hrsg. G. Steiner. Frankfurt/M. 1983 (^{1}1777; Berlin 1784).

Forsyth 1983: D. W. Forsyth, The Beginnings of Brazilian Anthropology: Jesuits and Tupinamba Cannibalism. Journal of Anthr. Research 39, 1983, 147-178.

Ders. 1985: Three Cheers for Hans Staden: The Case for Brazilian Cannibalism. Ethnohistory 32, 1985, 17-36.

Fountoulakis 1987: M. Fountoulakis, Some unusual burial practices in the Early Helladic necropolis of Manika. In: Laffineur (Hrsg.), Thanatos, 1987, 29-33.

Fraas 1877: Fraas, Der Steinhauser Knüppelbau bei Schussenried. Korrbl. Dt. Ges. Anthr. Ethn. u. Urgesch., 1877, 160f.

Frank 1987: E. Frank, >Sie fressen Menschen, wie ihr scheußliches Aussehen beweist...<. Kritische Überlegungen zu Zeugen und Quellen der Menschenfresserei. In: Duerr (Hrsg.), Authentizität und Betrug in der Ethnologie, 1987, 199-224.

Ders. 1988: "... y se lo comen." Kritische Studie der Schriftquellen zum Kannibalismus der panosprachigen Indianer Ost-Perus und Brasiliens. Bonn 1988 (^{1}1987).

Frazer 1989: J. G. Frazer, Der Goldene Zweig. Reinbek bei Hamburg 1989 (^{1}1922).

Freising 1941: H. Freising, Mährische Funde und Forschungen im Jahre 1937. Mitt. Anthr. Ges. Wien 71, 1941, 322-337.

Freud 1980: S. Freud, Totem und Tabu. Frankfurt/M. 1980.

Ders. 1981: Der Mann Moses und die monotheistische Religion. Schriften über die Religion. Hamburg 1981.

Frey 1991: S. Frey, Bad Wimpfen I. Osteologische Untersuchungen an Schlacht- und Siedlungsabfällen aus dem römischen Vicus von Bad Wimpfen. Forsch. u. Ber. Vor- u. Frühgesch. Baden-Württemberg 39, 1991.

Friedman 1981: J. B. Friedman, The Monstrous Races in Medieval Art and Thought. Cambridge (Mass.) 1981.

Friedrich 1943: A. Friedrich, Knochen und Skelett in der Vorstellungswelt Nordasiens. Wiener Beitr. Kulturgesch. u. Linguistik 5, 1943, 189-247.

Friesinger 1963: H. Friesinger, Anthropophagie und ihre Erscheinungsformen im Spiegel der Bodenfunde. Mitt. Urgesch. Arbeitsgem. Wien 14, 1963, 1-31.

Fritz 1973: S. Fritz, Das Tagebuch des Jesuitenpaters Samuel Fritz. In: Grün (Hrsg.), Die Eroberung von Peru, 1973, 285-334.

Frödin u. Fürst 1919: O. Frödin und C. M. Fürst, "Hat man im Norden in der Steinzeit skalpiert?" Übersetzt von A. Winkler. Mannus 13, 1921, 52-66.

Fulcheri, Massa u. Garetto 1986: F. Fulcheri, E. R. Massa und T. D. Garetto, Differential Diagnosis between Palaeopathological and Non-pathological Post-mortem Environmental Factors in Ancient Human Remains. Journal of Human Evolution 15, 1986, 71-75.

Furger u. Schibler 1988: A. R. Furger und J. Schibler, Die Tierknochenfunde aus Augusta Raurica (Grabungen 1955-1974). Mit einem Beitrag zu den Menschenknochenfunden von 1955-1988 von Bruno Kaufmann. Forschungen in Augst 9, 1988.

Furst 1972: P. T. Furst (Hrsg.), Flesh of the Gods. The Ritual Use of Hallucinogens. London 1972.

Gajdusek 1977: D. C. Gajdusek, Unconventional Viruses and the Origin and Disappearance of Kuru. Science 197, 1977, 943-960.

Gall 1981: W. Gall, Bandkeramische Siedlungsgrube bei Nägelstedt, Kr. Bad Langensalza. Ausgr. u. Funde 26, 1981, 229-234.

Gallet de Santerre 1980: H. Gallet de Santerre, Ensérune. Les silos de la terrasse est. Gallia, Suppl. 39, 1980.

Gamble u. Boismier 1991: C. S. Gamble und W. A. Boismier (Hrsg.), Ethnoarchaeological Approaches to Mobile Campsites. Hunter-Gatherer and Pastoralist Case Studies. International Monographs in Prehistory, Ethnoarchaeological Series 1. Ann Arbor 1991.

Ganslmeier 1988a: R. Ganslmeier, Kinderbestattungen in einem frühmittelalterlichen Dorf. Die Ausgrabungen in der Gemeinde Pilsting. Das Arch. Jahr in Bayern 1987, 1988, 153.

Ders. 1988b: Anmerkungen zu seltenen Bestattungsformen. Eine Körperbestattung der Urnenfelderzeit von Altdorf, Ldkr. Landshut, Niederbayern. Bayer. Vorgeschbl. 53, 1988, 17-46.

Gargett 1989: R. H. Gargett, Grave Shortcomings. The Evidence for Neandertal Burial. Current Anthr. 30, 1989, 157-177.

Garn u. Block 1970: S. M. Garn und W. D. Block, The limited nutritional value of cannibalism. American Anthropologist 72, 1970, 106.

Garrigou 1867a: F. Garrigou, Sur l'âge du bronze et du fer dans les cavernes des Pyrénées ariégeoises. Bull. Soc. Anthr. Paris 2, Ser. II, 1867, 184-212.

Ders. 1867b: Importance des ossements cassées des gisements paléo-archéologiques et du mode de cassure. Bull. Soc. Anthr. Paris 2, Ser. II, 1867, 284-294.

Ders. 1867c: L'anthropophagie chez les peuples des âges du renne et de la pierre polie dans les cavernes du midi de la France. Bull. Soc. Anthr. Paris 2, Ser. II, 1867, 326-332.

Geary 1980: P. J. Geary, Zur Problematik der Interpretation archäologischer Quellen für die Geistes- und Religionsgeschichte. Arch. Austriaca 64, 1980, 111-118.

Gebühr 1979: M. Gebühr, Das Kindergrab von Windeby. Versuch einer Rehabilitation. Offa 36, 1979, 75-107.

Gebühr, Hartung u. Meier 1989: M. Gebühr, M. Hartung und H. Meier, Das Gräberfeld von Neubrandenburg. Beobachtungen zum anthropologischen und archäologischen Befund. Hammaburg N.F. 9 (Festschrift W. Hübener), 1989, 85-107.

Geertz 1987: C. Geertz, >Aus der Perspektive des Eingeborenen<. Zum Problem des ethnologischen Verstehens. In: Ders., Dichte Beschreibung. Beiträge zum Verstehen kultureller Systeme, Frankfurt/M. 1987, 289-309 ([1]1977).

Ders. 1990: Die künstlichen Wilden. Der Anthropologe als Schriftsteller. München-Wien 1990 ([1]1988).

Geilenbrügge, Hahn u. Weski 1986: U. Geilenbrügge, E. Hahn und T. Weski, Ausgrabungen 1984 und 1985 im spätkeltischen Oppidum von Manching. Das Arch. Jahr in Bayern 1985, 1986, 91-93.

Geisler 1978: H. Geisler, Die Opferschächte von Frankfurt/O.-Lossow. In: W. Coblenz u. F. Horst (Hrsg.), Mitteleuropäische Bronzezeit. Historiker-Ges. der DDR, Tagung Dresden 1975, Berlin 1978, 307-313.

Geisler u. Griesa 1982: H. Geisler und S. Griesa, Neue Forschungsergebnisse auf dem Burgwall Frankfurt/O.-Lossow. Ausgr. u. Funde 27, 1982, 272-274.

Gejvall 1955: N.-G. Gejvall, Human Bones in Buildings. In: Stenberger, Vallhagar, 1955, 766f.

Gennep 1986: A. van Gennep, Übergangsriten (Les rites de passage). Frankfurt/M. 1986 ([1]1909).

Gensen 1965: R. Gensen, Manching 3. Die Ausgrabung des Osttores in den Jahren 1962 bis 1963. Germania 43, 1965, 49-62.

Gerhardt 1951: K. Gerhardt, Künstliche Veränderungen am Hinterhauptsloch vorgeschichtlicher Schädel. Germania 29, 1951, 182-184.

Ders. 1981: Ein Schädel aus einer bandkeramischen Abfallgrube von Königschaffhausen, Kreis Emmendingen. Fundber. Baden-Württemberg 6, 1981, 59-64.

Gerhardt u. Naber 1983: K. Gerhardt und F. B. Naber, Die mesolithische Doppelbestattung bei Altessing, Gem. Essing, Ldkr. Kelheim/Ndb. Bayer. Vorgeschbl. 48, 1983, 1-30.

Gerhardt u. Strahm 1975: K. Gerhardt und C. Strahm, Die Pfahlbau-Schädel von Vinelz, Kanton Bern. Anthropologische Analyse und archäologische Interpretation in neuer Sicht. Archives Suisses Anthr. Générale 39, 1975, 43-92.

Gerndt 1988: H. Gerndt (Hrsg.), Stereotypvorstellungen im Alltagsleben. Beiträge zum Themenkreis Fremdbilder - Selbstbilder - Identität. Münchener Beitr. Volkskunde 8 (Festschrift G. R. Schroubek), 1988.

Gersbach 1969: E. Gersbach, Urgeschichte des Hochrheins. Funde und Fundstellen in den Landkreisen Säckingen und Waldshut. Bad. Fundber. Sonderh. 11, 1969.

Geschwinde 1988: M. Geschwinde, Höhlen im Ith. Urgeschichtliche Opferstätten im südniedersächsischen Bergland. Veröffentl. urgesch. Sammlungen Landesmus. Hannover 33, 1988.

Gewecke 1992a: F. Gewecke, Wie die neue Welt in die alte kam. München 1992 ([1]1986).

Dies. 1992b: Von "guten Wilden" und "nacketen grimmigen menschenfresser leuthen" - das Bild des Amerikaners als Fiktion. In: Amerika 1492-1992, 1992, 61-70.

Ghillany 1842: F. W. Ghillany, Die Menschenopfer der alten Hebräer. Nürnberg 1842.

Ghoneim-Graf 1978: I. Ghoneim-Graf, Möglichkeiten und Grenzen archäologischer Interpretation. Eine aktual-archäologische Untersuchung an afrikanischen Gruppen. Arbeiten zur Urgeschichte des Menschen 3 (Hrsg. H. Ziegert), Hamburg 1978.

Gieseler 1938: W. Gieseler, Anthropologischer Bericht über die Kopfbestattung und die Knochentrümmerstätte des Hohlensteins im Lonetal. Verhandlungen der deutschen Gesellschaft für Rassenforschung 9, 1938, 213-229.

Ders. 1952: Schädelverletzungen, Kannibalismus und Bestattungen im europäischen Paläolithikum. Aus der Heimat 60, 1952, 161-173.

Ders. 1953: Das jungpaläolithische Skelett von Neuessing, Lkr. Kelheim in Niederbayern; ein Beispiel für Kannibalismus und nachfolgende Bestattung. Aus der Heimat 61, 1953, 161-174.

Ders. 1977: Das jungpaläolithische Skelett von Neuessing. In: P. Schröter (Hrsg.), Festschrift 75 Jahre Anthropologische Staatssammlung München 1902-1977, München 1977, 39-51.

Gifford 1980: D. P. Gifford, Ethnoarchaeological Contributions to the Taphonomy of Human Sites. In: Behrensmeyer u. Hill (Hrsg.), Fossils in the Making, 1980, 93-106.

Gillison 1980: G. Gillison, Images of Nature in Gimi Thought. In: MacCormack u. Strathern (Hrsg.), Nature, Culture and Gender, 1980, 147-173.

Dies. 1983: Cannibalism among Women in the Eastern Highlands of Papua New Guinea. In: Brown u. Tuzin (Hrsg.), The Ethnography of Cannibalism, 1983, 33-50.

Gimbutas 1974: M. Gimbutas, The Gods and Goddesses of Old Europe 7000 to 3500 BC. Myths, Legends and Cult Images. London 1974.

Ginzburg 1990: C. Ginzburg, Hexensabbat. Entzifferung einer nächtlichen Geschichte. Berlin 1990 ([1]1989).

Girard 1992: R. Girard, Das Heilige und die Gewalt. Frankfurt/M. 1992 ([1]1972).

Girtler 1976: R. Girtler, Wissenschaftstheorie und ihre Möglichkeiten in der Urgeschichte. Festschrift R. Pittioni I, 1976, 23-41.

Gladigow 1984: B. Gladigow, Die Teilung des Opfers. Zur Interpretation von Opfern in vor- und frühgeschichtlichen Epochen. Frühmittelalterl. Stud. 18, 1984, 19-43.

Ders. 1986: Homo publice necans. Kulturelle Bedingungen kollektiven Tötens. Saeculum 37, 1986, 150-165.

Ders. 1992: Mögliche Gegenstände und notwendige Quellen einer Religionsgeschichte. In: Germanische Religionsgeschichte. Quellen und Quellenprobleme (Hrsg. H. Beck, D. Ellmers u. K. Schier), RGA Ergbd. 5. Berlin-New York 1992.

Gladigow u. Kippenberg 1983: B. Gladigow und H. G. Kippenberg (Hrsg.), Neue Ansätze in der Religionswissenschaft. Forum Religionswiss. 4, München 1983.

Glasse 1967: R. Glasse, Cannibalism in the Kuru Region of New Guinea. Transactions of the New York Academy of Sciences (Ser. II) 29, 1967, 748-754.

Glowatzki u. Ulrich-Bochsler 1978: G. Glowatzki und S. Ulrich-Bochsler, Absolute Altersbestimmung an einem Femurfragment von Vinelz, Amt Erlach/ Kanton Bern. Archives Suisses Anthr. Générale 42, 1978, 49-51.

Gnoli u. Vernant 1982: G. Gnoli und J. P. Vernant, La mort, les morts dans les sociétés anciennes. Paris 1982.

Götz 1933: B. Götz, Die Bedeutung des Opfers bei den Völkern. Leipzig 1933.

Götz 1972: I. Götz, Anthropologische Auswertung der Skelettfunde aus der Höhle "Windloch bei Kürmreuth", Ldkrs. Amberg/Opf. Mitt. Verband deutscher Höhlen- und Karstforscher 18, 1972, 113-118.

Götz 1988: R. Götz, Der Dämonenpakt bei Augustinus. In: Schwaiger (Hrsg.), Teufelsglaube und Hexenprozesse, 1988, 57-84.

Götze 1893: A. Götze, Menschenopfer im Bärenhügel bei Wohlsborn, Grossh. Sachsen-Weimar. Zeitschr. Ethn. 25, 1893, (142)-(146).

Ders. 1900: Eine neolithische Begräbniss-Stelle bei Ketzin, Kr. Ost-Havelland, Provinz Brandenburg. Zeitschr. Ethn. 32, 1900, 146-151.

Goldman 1970: I. Goldman, Ancient Polynesian Society. Chicago Univ. Press 1970.

Goldmann 1985: S. Goldmann, Wilde in Europa. Aspekte und Orte ihrer Zurschaustellung. In: Theye (Hrsg.), Wir und die Wilden, 1985, 243-269.

González Torres 1985: Y. González Torres, El sacrificio humano entre los Mexicas. México 1985.

Gorecki 1991: P. P. Gorecki, Horticulturalists as hunter-gatherers: rock shelter usage in Papua New Guinea. In: Gamble u. Boismier (Hrsg.), Ethnoarchaeological Approaches, 1991, 237-262.

Gräber 1939: H. Gräber, Die eisenzeitlichen Skelettfunde aus den Schachthöhlen Peterloch bei Woppenthal und der Esperhöhle bei Leutzdorf. Mit einem Beitrag von R. Erl. Inaugural-Diss. der Medizinischen Fakultät der Universität Erlangen. Anatomisches Inst. Maschinenschrift. Erlangen 1939.

Gräbner 1911: F. Gräbner, Methode der Ethnologie. Heidelberg 1911.

Gramsch 1979: B. Gramsch, Neue Ausgrabungen auf dem mesolithisch-neolithischen Fundplatz Friesack, Kr. Nauen. Ausgr. u. Funde 24, 1979, 56-61.

Graumann u. Moscovici 1987: C. F. Graumann und S. Moscovici (Hrsg.), Changing Conceptions of Conspiracy. New York 1987.

Grebe 1973: K. Grebe, Untersuchungen auf der Dominsel zu Brandenburg (Havel). Ausgr. u. Funde 18, 1973, 156-162.

Green 1972: A. Green, Le cannibalisme: Réalité ou fantasme agi? In: Destins du cannibalisme. Nouvelle Revue de Psychanalyse 6, 1972, 27-52.

Green 1975: A. R. W. Green, The Role of Human Sacrifice in the Ancient Near East. American School of Oriental Research, Diss. Ser. 1, 1975.

Greenfield 1988: H. J. Greenfield, Bone consumption by pigs in a contemporary Serbian village: Implications for the interpretation of prehistoric faunal remains. Journal Field Arch. 15, 1988, 473-479.

Griesa 1989: S. Griesa, Früheisenzeitliche Kultplätze. In: Schlette u. Kaufmann (Hrsg.), Religion und Kult, 1989, 251-259.

Grimm 1957: H. Grimm, Ein Baggerfund aus der Peene: Schädel mit Trepanation der Stirnpartie. Ausgr. u. Funde 2, 1957, 89-93.

Ders. 1964/65: Ein neuer Beleg für die Herstellung von Knochenscheiben aus menschlichen Hirnschädelknochen durch postmortale Trepanation. Zeitschr. Morphologie u. Anthr. 56, 1964/65, 60-62.

Ders. 1971: Eigenartige Befunde an Leichenbränden der Schönfelder Kultur aus Wahlitz, Kreis Burg. Jahresschr. Halle 55, 1971, 157-167.

Ders. 1976: Paläopathologische Befunde an Menschenresten aus dem Neolithikum der DDR als Hinweise auf Lebensablauf und Bevölkerungsgeschichte. Ausgr. u. Funde 21, 1976, 268-277.

Ders. 1981: Die bronzezeitlichen menschlichen Skelettreste von Zauschwitz, Kreis Borna. Festschrift W. Coblenz I, 1981, 439-462.

Ders. 1991: Menschliche Knochen in bandkeramischen und bronzezeitlichen Gruben von Zauschwitz (Gemeinde Weideroda, Landkreis Borna). Arbeits- u. Forschber. Sachsen 34, 1991, 7-21.

Grimm u. Strauch 1959: H. Grimm und R. Strauch, Schliffuntersuchungen an Knochen zum Nachweis einer Feuerbehandlung bei der Bestattung. Ausgr. u. Funde 4, 1959, 262-264.

Grimm u. Ullrich 1965: H. Grimm und H. Ullrich, Ein jungpaläolithischer Schädel und Skelettreste aus Döbritz, Kr. Pößneck. Alt-Thüringen 7, 1965, 50-89.

Groh 1987: D. Groh, The Temptation of Conspiracy Theory, or: Why Do Bad Things Happen to Good People? Part II: Case Studies. In: Graumann u. Moscovici (Hrsg.), Changing Conceptions of Conspiracy, 1987, 15-37.

Grün u. Grün 1973: R. und E. Grün (Hrsg.), Die Eroberung von Peru. Pizarro und andere Conquistadoren 1526-1712. Tübingen und Basel 1973.

Grupe 1984: G. Grupe, Verteilungsmuster von Skelettelementen in neolithischen Kollektivgräbern als Ergebnis natürlicher Dekompositionsphänomene. Arch. Korrbl. 14, 1984, 141-143.

Grupe u. Herrmann 1986: G. Grupe und B. Herrmann, Die Skelettreste aus dem neolithischen Kollektivgrab von Odagsen, Stadt Einbeck, Ldkr. Northeim. Rekonstruktion der Bevölkerung und deren Bestattungssitte. Nachr. Niedersachs. Urgesch. 55, 1986, 41-91.

Grygiel u. Bolus 1984: R. Grygiel und M. Bolus, Eine Abfallgrube der Lengyel-Kultur aus Brzcść Kujawski, Fdst. 4 (Polen). Arch. Korrbl. 14, 1984, 263-271.

Gudger 1924: E. W. Gudger, Pliny's Historia Naturalis. The most popular natural history ever published. Isis 6, 1924, 269-281.

Guiard 1930: E. Guiard, La trépanation crânienne chez les néolithiques et chez les primitifs modernes. Paris 1930.

Guillon 1987: F. Guillon, Brûles frais ou brûles secs? In: Duday u. Masset (Hrsg.), Anthropologie physique et Archéologie, 1987, 191-193.

Gusinde 1925: M. Gusinde, Meine Forschungsreisen ins Feuerland und deren Ergebnisse. Mitt. Anthr. Ges. Wien 55, 1925, (16)-(30).

Habenstein u. Lamers 1963: R. W. Habenstein und W. M. Lamers, Funeral Customs the World Over. Milwaukee 1963.

Habermas u. Minkmar 1992: R. Habermas und N. Minkmar (Hrsg.), Das Schwein des Häuptlings. Beiträge zur Historischen Anthropologie. Berlin 1992.

Hachmann 1970: R. Hachmann, Die Goten und Skandinavien. Berlin 1970.

Ders. 1973: Die östlichen Grenzen der Michelsberger Kultur. Symposium über die Entstehung und Chronologie der Badener Kultur. Bratislava 1973, 79-109.

Hackman 1913: A. Hackman, Ein Opferfund der Völkerwanderungszeit in Finnland. Festschrift O. Montelius, 1913, 299-316.

Hägg u. Marinatos 1981: R. Hägg und N. Marinatos (Hrsg.), Sanctuaries and Cults in the Aegean Bronze Age. Proc. 1. International Symposium at the Swedish Inst. at Athens, May 1980, Stockholm 1981.

Hägg, Marinatos u. Nordquist 1988: R. Hägg, N. Marinatos und G. C. Nordquist (Hrsg.), Early Greek Cult Practice. Proc. 5. International Symposium at the Swedish Inst. at Athens, June 1986, Stockholm 1988.

Haekel 1954: J. Haekel, Initiationen und Geheimbünde an der Nordwestküste Nordamerikas (Zum Problem ihrer Entstehung). Mitt. Anthr. Ges. Wien 83, 1954, 167-190.

Hänsel 1991: B. Hänsel, Berlin und die prähistorische Archäologie. Mitt. Berliner Ges. Anthr. Ethn. u. Urgesch. 12, 1991, 9-17.

Hänsel u. Kalicz 1986: B. Hänsel und N. Kalicz, Das bronzezeitliche Gräberfeld von Mezőcsát, Kom. Borsod, Nordostungarn. Ber. RGK 67, 1986, 5-88.

Härke 1989: H. Härke, Die anglo-amerikanische Diskussion zur Gräberanalyse. Arch. Korrbl. 19, 1989, 185-194.

Ders. 1993: Intentionale und funktionale Daten. Ein Beitrag zur Theorie und Methodik der Gräberarchäologie. Arch. Korrbl. 23, 1993, 141-146.

Hässler 1972: H.-J. Hässler, Winter- und Sommergräber. Bemerkungen zur Bestattungssitte der vorrömischen und römischen Eisenzeit. Arch. Informationen 1, 1972, 73-75.

Häusler 1966: A. Häusler, Zum Verhältnis von Männern, Frauen und Kindern in Gräbern der Steinzeit. Arbeits- u. Forschber. Sachsen 14, 1966, 25-73.

Ders. 1968: Kritische Bemerkungen zum Versuch soziologischer Deutungen ur- und frühgeschichtlicher Gräberfelder - erläutert am Beispiel des Gräberfeldes von Hallstatt. Ethn.-Arch. Zeitschr. 9, 1968, 1-30.

Ders. 1971: Die Bestattungssitten des Früh- und Mittelneolithikums und ihre Interpretation. In: Evolution und Revolution im Alten Orient und in Europa. Das Neolithikum als historische Erscheinung. Historiker-Ges. der DDR, Tagung Halle 1969. Berlin 1971, 101-119.

Ders. 1975: Zur Problematik der Gräbersoziologie. In: K.-H. Otto u. H.-J. Brachmann (Hrsg.), Moderne Probleme der Archäologie. Historiker-Ges. der DDR, Tagung Dresden 1973, Berlin 1975, 83-102.

Ders. 1991: Bemerkungen zu Bestattungsritual und Paläodemographie des Neolithikums. In: Horst u. Keiling (Hrsg.), Bestattungswesen und Totenkult, 1991, 41-54.

Hagen 1979: V. von Hagen, Auf der Suche nach dem Goldenen Mann. Die Geschichte von El Dorado. Reinbek bei Hamburg 1979.

Haglund 1976: L. Haglund, Disposal of the Dead among Australian Aborigines: Archaeological Data and Interpretation. Teil 2: Problems of Method and Theory relating to Archaeological Mortuary Data. Theses and Papers in North-European Archaeology 5, 1976.

Hahne u. Windhausen 1908: H. Hahne und A. Windhausen, Die Einhornhöhle bei Scharzfeld am Harz. Jahrb. Provincialmus. Hannover 1908, 40-62.

Hahnel 1987: B. Hahnel, Skelettreste in einer frühbronzezeitlichen Siedlungsgrube in Waidendorf, NÖ. Fundber. Österreich 26, 1987, 15-17.

Hallpike 1977: C. R. Hallpike, Bloodshed and Vengeance in the Papuan Mountains. Oxford 1977.

Halm-Tisserant 1993: M. Halm-Tisserant, Cannibalisme et Immortalité. L'enfant dans le chaudron en Grèce ancienne. Paris 1993.

Hammes 1987: M. Hammes, Hexenwahn und Hexenprozesse. Frankfurt/M. 1987 ([1]1977).

Hand 1976: W. D. Hand, The Effect of the Discovery on Ethnological and Folklore Studies in Europe. In: Chiapelli (Hrsg.), First Images of America, 1976, 45-55.

Hanitzsch u. Toepfer 1963: H. Hanitzsch und V. Toepfer, Ausgrabungen auf der "Altenburg" bei Nebra (Unstrut). Ausgr. u. Funde 8, 1963, 6-9.

Hansen 1964: J. Hansen, Zauberwahn, Inquisition und Hexenprozeß im Mittelalter und die Entstehung der großen Hexenverfolgung. Aalen 1964 ([1]1900).

Hansen 1991: S. Hansen, Studien zu den Metalldeponierungen während der Urnenfelderzeit im Rhein-Main-Gebiet. Universitätsforsch. Prähist. Arch. 5, 1991.

Hanser 1987: P. Hanser, Dimensionen des Handels in rezenten Stammeskulturen: Ethnographische Beispiele aus Neuguinea. Arch. Informationen 10, 1987, 30-41.

Happ 1991: G. Happ, Bestattungen und Menschenreste in "Häusern" und Siedlungen des steinzeitlichen Mitteleuropa. Europäische Hochschulschriften R. 38, Bd. 33. Frankfurt/M. 1991.

Rez.: Germania 70, 1992, 130-132 (U. Fischer).

Harck 1984a: O. Harck, Bauopfer und Kultplätze, Gräberfelder. In: Archäologische und naturwissenschaftliche Untersuchungen an ländlichen und frühstädtischen Siedlungen im deutschen Küstengebiet vom 5. Jahrhundert v. Chr. bis zum 11. Jahrhundert n. Chr. Bd. 1: Ländliche Siedlungen (Hrsg. G. Kossack, K.-E. Behre u. P. Schmid), Weinheim 1984, 342-349.

Ders. 1984b: Gefäßopfer der Eisenzeit im nördlichen Mitteleuropa. Frühmittelalterl. Stud. 18, 1984, 102-121.

Harmening 1979: D. Harmening, Superstitio. Überlieferungs- und theoriegeschichtliche Untersuchungen zur kirchlich-theologischen Aberglaubensliteratur des Mittelalters. Berlin 1979.

Ders. 1991: Zauberei im Abendland. Vom Anteil der Gelehrten am Wahn der Leute. Skizzen zur Geschichte des Aberglaubens. Würzburg 1991.

Harner 1977: M. Harner, The Ecological Basis for Aztec Sacrifice. American Ethnologist 4, 1977, 117-135.

Harris 1959: M. Harris, The Economy Has No Surplus? American Anthropologist 61, 1959, 185-199.

Ders. 1977: Cannibals and Kings. The Origins of Cultures. New York 1977.

Ders. 1988: Wohlgeschmack und Widerwillen. Die Rätsel der Nahrungstabus. Stuttgart 1988 ([1]1985).

Ders. 1989: Kulturanthropologie. Ein Lehrbuch. Frankfurt/M.-New York 1989.

Hartl 1972: J. Hartl, Die eponyme Fundstelle Knovíz. Praha 1972.

Hartmann 1988: A. Hartmann, Der Hexenwahn im Herzogtum und Kurfürstentum Bayern im 16. und 17. Jahrhundert. In: Schwaiger (Hrsg.), Teufelsglaube und Hexenprozesse, 1988, 103-127.

Hasenfratz 1982: H.-P. Hasenfratz, Die toten Lebenden. Eine religionsphänomenologische Studie zum sozialen Tod in archaischen Gesellschaften. Zugleich ein kritischer Beitrag zur sogenannten Strafopfertheorie. Beih. Zeitschr. Religions- u. Geistesgesch. 24, Leiden 1982.

Ders. 1983: Zum sozialen Tod in archaischen Gesellschaften. Saeculum 34, 1983, 126-137.

Hasselhof u. Schünemann 1987: D. Hasselhof und D. Schünemann, Der Giersberg bei Armsen, Gde. Kirchlinteln, Ldkr. Verden. Eine sakrale Stätte der jüngeren Bronzezeit? Ein Vorbericht. Zeitschr. Arch. 21, 1987, 83-89.

Haverkamp 1981: A. Haverkamp (Hrsg.), Zur Geschichte der Juden im Deutschland des späten Mittelalters und der frühen Neuzeit. Stuttgart 1981.

Heege 1990/91: A. Heege, Siedlungsbestattung, Sonderbestattung, Abfall? Ein Kinderskelett der jüngeren vorrömischen Eisenzeit vom "Steinbühl" bei Nörten-Hardenberg, Ldkr. Northeim - Archäologischer Befund. Die Kunde N.F. 41/42, 1990/91, 397-416.

Heger 1917: F. Heger, Schädelkultus der Dayak und anderer Stämme des malaiischen Archipels. Mitt. Anthr. Ges. Wien 47, 1917, 101-108.

Heiderich 1910: Heiderich, Ein Schädel aus einer steinzeitlichen Wohngrube bei Hanau. Korrbl. Dt. Ges. Anthr. Ethn. u. Urgesch. 41, 1910, 20f.

Heiler 1961: F. Heiler Erscheinungsformen und Wesen der Religion. Stuttgart 1961.

Heiling-Schmoll o.J.: I. Heiling-Schmoll, Sonderbestattungen und Tierdepositionen. Kat. Niederösterr. Landesmus. N.F. 158, 43-48.

Heiling-Schmoll u. Kritscher 1985: I. Heiling-Schmoll und H. Kritscher, Ein jungneolithisches Calvarium mit Schabtrepanation aus Zillingtal. Wiss. Arbeiten Burgenland 71, 1985, 27-49.

Heine-Geldern 1917: R. von Heine-Geldern, Kopfjagd und Menschenopfer in Assam und Birma und ihre Ausstrahlungen nach Vorderindien. Mitt. Anthr. Ges. Wien 47, 1917, 1-65.

Heintze 1971: B. Heintze, Bestattung in Angola - eine synchronisch-diachronische Analyse. Paideuma 17, 1971, 145-205.

Hellwig 1919: A. Hellwig, Die Bedeutung des kriminellen Aberglaubens für die gerichtliche Medizin. Berlin 1919.

Helmuth 1968: H. Helmuth, Kannibalismus in Paläanthropologie und Ethnologie. Ethn.-Arch. Zeitschr. 9, 1968, 101-119.

Henke 1981: W. Henke, Der gepfählte Schädel von Langenfeld. Bonner Jahrb. 181, 1981, 425-436.

Henkenius 1893: H. Henkenius, Entstehung und Verbreitung der Anthropophagie. Deutsche Rundschau für Geographie und Statistik 15, 1893, 348-357.

Henninger 1940/41: J. Henninger, Kannibalismus in Arabien? Eine quellenkritische Untersuchung im Anschluß an eine neue Monographie über den Kannibalismus. Anthropos 35/36, 1940/41, 631-646.

Ders. 1958: Menschenopfer bei den Arabern. Anthropos 53, 1958, 721-805.

Henningsen 1984: G. Henningsen, Die >Frauen von außerhalb<. Der Zusammenhang von Feenkult, Hexenwahn und Armut im 16. und 17. Jahrhundert auf Sizilien. In: Duerr (Hrsg.), Die Mitte der Welt, 1984, 164-182.

Henrichs 1973: A. Henrichs, Pagan Ritual and the Alleged Crimes of the Early Christians: A Reconsideration. In: Kyriakon, Festschrift J. Quasten (Hrsg. P. Granfield u. J. A. Jungmann) I, Münster 1973, 18-35.

Henschen 1966: F. Henschen, Der menschliche Schädel in der Kulturgeschichte. Verständliche Wissenschaften 39, Berlin 1966.

Hentig 1954: H. von Hentig, Die Strafe 1. Frühformen und kulturgeschichtliche Zusammenhänge. Berlin-Göttingen-Heidelberg 1954.

Ders. 1987: Vom Ursprung der Henkersmahlzeit. Nördlingen 1987 ([1]1958).

Herbert 1980: T. W. Herbert Jr., Marquesan Encounters: Melville and the Meaning of Civilisation. Harvard Univ. Press 1980.

Hermann 1956: A. Hermann, Zergliedern und Zusammenfügen - Religionsgeschichtliches zur Mumifizierung. Numen 3, 1956, 81-96.

Herodot: Historien. Übersetzt von A. Horneffer. Hrsg. H. W. Haussig. Stuttgart 1971.

Herrmann u. Rötting 1986: B. Herrmann und H. Rötting, Menschliche Skeletteile aus mittelalterlichen Kloaken. Arch. Korrbl. 16, 1986, 485-487.

Herrmann, Grupe, Hummel, Piepenbrink u. Schutkowski 1990: B. Herrmann, G. Grupe, S. Hummel, H. Piepenbrink und H. Schutkowski, Prähistorische Anthropologie. Leitfaden der Feld- und Labormethoden. Berlin-Heidelberg-New York 1990.

Herrmann 1973: F.-R. Herrmann, Die Grabung am inneren Wall im Oppidum von Kelheim im Jahre 1971. Germania 51, 1973, 133-146.

Herrmann 1984: J. Herrmann, Ralswiek - Seehandelsplatz, Hafen und Kultstätte. Arbeitsstand 1983. Ausgr. u. Funde 29, 1984, 128-135.

Ders. 1983: (Hrsg.), Die Germanen. 2 Bd. Ausgearbeitet unter Leitung von B. Krüger. Veröffentl. Zentralinst. Alte Gesch. u. Arch. Akad. Wiss. DDR 4, 1983.

Ders. 1988: (Hrsg.), Griechische und lateinische Quellen zur Frühgeschichte Mitteleuropas I. Von Homer bis Plutarch. Schriften und Quellen der Alten Welt 37, 1, Berlin 1988.

Hertz 1907: R. Hertz, Contribution à une étude sur la répresentation collective de la mort. Année Sociologique 10, 1907, 48-137 (auch in: ders., Death and the Right Hand, Aberdeen 1960, 25-86).

Heukemes 1986: B. Heukemes, Eine Mehrfachbestattung der Michelsberger Kultur in Heidelberg-Handschuhsheim, Rhein-Neckar-Kreis. Arch. Ausgr. in Baden-Württemberg 1985, 1986, 70-74.

Hill 1979: A. Hill, Butchery and Natural Disarticulation: An Investigatory Technique. American Antiquity 44, 1979, 739-744.

Ders. 1986: Tools, teeth and trampling. Nature 319, 1986, 719f.

Hodder 1986: I. Hodder, Reading the past. Current approaches to interpretation in archaeology. Cambridge Univ. Press 1986.

Hodgen 1964: M. T. Hodgen, Early Anthropology in the Sixteenth and Seventeenth Centuries. Philadelphia 1964.

Höckmann 1972: O. Höckmann, Andeutungen zu Religion und Kultus der bandkeramischen Kultur. In: Aktuelle Fragen der Bandkeramik, Akten der Pannonia-Konferenzen I, Székesfehérvár 1972, 187-209.

Ders. 1982: Zur Verteilung von Männer- und Frauengräbern auf Gräberfeldern des Frühneolithikums und des älteren Mittelneolithikums. Jahrb. RGZM 29, 1982, 13-73.

Hörmann 1930: K. Hörmann, Vorgeschichtliche Leichendörrung, die Mittelstufe zwischen Bestatten und Verbrennen. Festschrift K. Schumacher, 1930, 77-79.

Hoffmann 1971: E. Hoffmann, Spuren anthropophager Riten und von Schädelkult in Freilandsiedlungen der sächsisch-thüringischen Bandkeramik. Ein Beitrag zur Geschichte der Anthropophagie und ihrer Motivation. Ethn.-Arch. Zeitschr. 12, 1971, 1-27.

Dies. 1973: Zur Problematik der bandkeramischen Brandbestattungen in Mitteleuropa. Jahresschr. Halle 57, 1973, 71-103.

Hoffmann 1939: R. Hoffmann, Ein tragischer Tod in der Quellzisterne. Germanen-Erbe 1939, 109-112.

Hoffmann 1963: W. Hoffmann, Eine jungsteinzeitliche Opferstätte (?) in Düsedau, Kr. Osterburg. Ausgr. u. Funde 8, 1963, 27f.

Hogg 1958: G. Hogg, Cannibalism and Human Sacrifice. London 1958.

Holck 1986: P. Holck, Cremated Bones. A Medical-Anthropological Study of an Archaeological Material on Cremation Burials. Antropologiske Skrifter 1, Oslo 1986.

Holmes 1987: L. D. Holmes, Über Sinn und Unsinn von *restudies*. In: Duerr (Hrsg.), Authentizität und Betrug in der Ethnologie, 1987, 225-251.

Homer: Odyssee. Übersetzt von J. H. Voss. Stuttgart 1975.

Ders.: Ilias. Übertragen von H. Rupé. München und Zürich 1983.

Honegger 1978: C. Honegger (Hrsg.), Die Hexen der Neuzeit. Studien zur Sozialgeschichte eines kulturellen Deutungsmusters. Frankfurt/M. 1978

Honko 1973: L. Honko, Zur Klassifikation der Riten. Temenos 11, 1973, 61-77.

Honour 1982: H. Honour, Wissenschaft und Exotismus. Die europäischen Künstler und die außereuropäische Welt. In: Kohl (Hrsg.), Mythen der Neuen Welt, 1982, 22-47.

Horst 1976: F. Horst, Siedlung und Opferplatz der jüngeren Bronzezeit von Zedau, Ot. von Osterburg (Altmark). Zeitschr. Arch. 10, 1976, 121-130.

Horst u. Keiling 1991: F. Horst und H. Keiling (Hrsg.), Bestattungswesen und Totenkult in ur- und frühgeschichtlicher Zeit. Beiträge zu Grabbrauch, Bestattungssitten, Beigabenausstattung und Totenkult. Historiker-Ges. der DDR, Tagung 1987 in Neubrandenburg. Berlin 1991.

Horstmann 1979: A. Horstmann, Der Mythosbegriff vom frühen Christentum bis zur Gegenwart. Archiv für Begriffsgesch. 23, 1979, 7-54, 197-245.

Hrala 1989: J. Hrala, Kultbräuche im Bestattungswesen der Knovízer Kultur. In: Schlette u. Kaufmann (Hrsg.), Religion und Kult, 1989 245-249.

Hrala u. Fridrich 1972: J. Hrala und J. Fridrich, Kultovní objekt v knovízské osadě u Mutějovic (Ein Kultobjekt in der Knovízer Siedlung bei Mutějovice). Arch. Rozhledy 24, 1972, 601-614, 685-688.

Hubert 1980: F. Hubert, Zum Silexbergbau von Spiennes. In: Weisgerber (Bearb.), 5000 Jahre Feuersteinbergbau, 1980, 124-139.

Hubert u. Mauss 1968: H. Hubert und M. Mauss, Sacrifice, its Nature and Function. London 1968 ([1]1898).

Hübner 1986/87: K. Hübner, Die nicht endende Geschichte des Mythischen. Scheidewege, Jahresschr. für skeptisches Denken 16, 1986/87, 16-29.

Hughes 1991: D. D. Hughes, Human Sacrifice in Ancient Greece. London 1991.

Hülle 1931: W. Hülle, Eine slawische Schädelbestattung im Burgwall am Kapellenberge bei Landsberg, Kr. Delitzsch. Jahresschr. Halle 19, 1931, 96-104.

Hüttel 1981: H.-G. Hüttel, Religionsarchäologische Kategorien. In: H. Müller-Karpe (Hrsg.), Allgemeine und Vergleichende Archäologie als Forschungsgegenstand. Kolloquien zur Allgemeinen und Vergleichenden Arch. 1, 1981, 157-173.

Huizinga 1987: J. Huizinga, Homo Ludens. Vom Ursprung der Kultur im Spiel. Reinbek bei Hamburg 1987 ([1]1938).

Hulme 1978: P. Hulme, Columbus and the Cannibals: A Study of the Reports of Anthropophagy in the

Journal of Christopher Columbus. Ibero-Amerikanisches Archiv N.F. 4, 1978, 115-139.

Humphreys u. King 1981: S. C. Humphreys und H. King, Mortality and Immortality: The Anthropology and Archaeology of Death. New York 1981.

Hunger u. Leopold 1978: H. Hunger und D. Leopold, Identifikation. Berlin-Heidelberg-New York 1978.

Hunn 1982: Did the Aztecs lack potential animal domesticates? American Ethnologist 9, 1982, 578f.

Huntington u. Metcalf 1979: R. Huntington und P. Metcalf, Celebrations of Death. The Anthropology of Mortuary Ritual. Cambridge Univ. Press 1979.

Husband 1980: T. Husband (Hrsg.), The Wild Man. Medieval Myth and Symbolism. New York, Metropolitan Museum of Art 1980.

Imhof, Jacomet u.a. 1977: B. Imhof, S. Jacomet, M. Joos, H.-R. Kissling, B. Ritter und J. Schibler, Naturwissenschaftliche Untersuchungen zur Spätlatène-Siedlung Basel-Gasfabrik. Festschrift E. Schmid, 1977, 91-134.

Ischer 1928: T. Ischer, Die Pfahlbauten des Bielersees. Biel 1928.

Iwanowskij 1891: A. A. Iwanowskij, Berichte über das gleichzeitige Vorkommen des Verbrennens und Begrabens bei den westmongolischen Torguten. Zeitschr. Ethn. 23, 1891, 422f.

Jacob 1972: T. Jacob, The problem of head-hunting and brain-eating among Pleistocene men in Indonesia. Arch. and Physical Anthr. in Oceania 7, 1972, 81-91.

Jacob-Friesen 1963: K. H. Jacob-Friesen, Einführung in Niedersachsens Urgeschichte. Teil II: Bronzezeit. Hildesheim 1963.

Jacobsen u. Cullen 1981: T. W. Jacobsen und T. Cullen, A Consideration of Mortuary Practices in Neolithic Greece: Burials from Franchthi Cave. In: Humphreys u. King (Hrsg.), Mortality and Immortality, 1981, 79-101.

Jacques-Chaquin 1987: N. Jacques-Chaquin, Demoniac Conspiracy. In: Graumann u. Moscovici (Hrsg.), Changing Conceptions of Conspiracy, 1987, 71-85.

Jakab 1978: J. Jakab, Intentional Interference on the Skeletons of the Otomani People found at the Cultic Object in Spišský Štvrtok. Anthropologie (Brno) 16, 1978, 139-141.

James 1933: E. O. James, Origins of Sacrifice. A Study in Comparative Religion. London 1933.

Ders. 1960: Religionen der Vorzeit. Köln 1960.

Ders. 1962: Sacrifice and Sacrament. London 1962.

Jankuhn 1958: H. Jankuhn, Zur Deutung der Moorleichenfunde von Windeby. Prähist. Zeitschr. 36, 1958, 189-219.

Ders. 1966a: Archäologische Bemerkungen zur Glaubwürdigkeit des Tacitus in der Germania. Nachr. Akad. Wiss. Göttingen, Phil. Hist. Kl. 10, 1966, 411-426.

Ders. 1966b: Zur Deutung der Tierknochenfunde aus La Tène. In: Helvetia Antiqua (Festschrift E. Vogt), 1966, 155-158.

Ders. 1967: Archäologische Beobachtungen zu Tier- und Menschenopfern bei den Germanen in der römischen Kaiserzeit. Nachr. Akad. Wiss. Göttingen, Phil. Hist. Kl. 1, 1967, 115-147.

Ders. 1968: Spuren von Anthropophagie in der Capitulatio de partibus Saxoniae? Nachr. Akad. Wiss. Göttingen, Phil. Hist. Kl. 3, 1968, 59-71.

Ders. 1970: (Hrsg.), Vorgeschichtliche Heiligtümer und Opferplätze in Mittel- und Nordeuropa. Symposium Reinhausen. Abhandl. Akad. Wiss. Göttingen, Phil. Hist. Kl. 3, Nr. 74, 1970.

Jankuhn, Nehlsen u. Roth 1978: H. Jankuhn, H. Nehlsen und H. Roth (Hrsg.), Zum Grabfrevel in vor- und frühgeschichtlicher Zeit. Untersuchungen zu Grabraub und "haugbrot" in Mittel- und Nordeuropa. Abhandl. Akad. Wiss. Göttingen, Phil. Hist. Kl. 3, Nr. 113, 1978.

Jankuhn u. Timpe 1989: H. Jankuhn und D. Timpe (Hrsg.), Beiträge zum Verständnis der Germania des Tacitus, Teil I. Abhandl. Akad. Wiss. Göttingen, Phil. Hist. Kl. 3, Nr. 175, 1989.

Jansová 1974: Zur Münzprägung auf dem Oppidum Závist. Památky Arch. 65, 1-33.

Jaźdźewski 1958: K. Jaźdźewski, Uwagi ogólne o osadzie neolitycznej w Gródku Nadbużnym w Powiecie Hrubieszowskim (Stanowisko 1C) (Allgemeine Bemerkungen über die neolithische Ansiedlung in Gródek Nadbuźny, Kreis Hrubieszów, Woiw. Lublin (Fundstelle 1C)). Arch. Polski 2, 1958, 279-286.

Jeggle 1986: U. Jeggle, Der Kopf des Körpers. Eine volkskundliche Anatomie. Weinheim und Berlin 1986.

Jelgersma 1928: H. C. Jelgersma, Der Kannibalismus und seine Verdrängung im alten Ägypten. Imago 14, 1928, 275-292.

Jelínek 1957: J. Jelínek, Antropofagie a pohřební ritus doby bronzové na podkladě nálezů z Moravy a z okolních území - Anthropofagy and the burial rite in the Bronze Age on the basis of the finds from Moravia and the neighbouring regions. Časopis Brno 42, 85-134.

Ders. 1968a: Ein neuer Skelettfund der Věteřov-Kultur aus der mittleren Bronzezeit. Anthropologie (Brno) 6, 1968, 23-25.

Ders. 1968b: Three trephined early Bronze age skulls from Bohemia. Anthropologie (Brno) 6, 1968, 25-32.

Ders. 1978: Die Rassengeschichte der Tschechoslowakei. In: Rassengeschichte der Menschheit. Europa 3. Österreich, Tschechoslowakei, Polen. München 1978, 35ff.

Ders. 1983: Neolithic Skeletal Material from Čičarovce, East Slovakia. Anthropologie (Brno) 21, 1983, 103-111.

Ders. 1988: Pozdněúnětická jáma s lidskými pozůstatky na Cézavách u Blučiny (Proto-Úněticer Grube mit menschlichen Überresten in Cézavy bei Blučina). In: Dočkalová (Hrsg.), Antropofagie, 1988, 43-50, 226.

Jensen 1944/49: A. E. Jensen, Das Weltbild einer frühen Kultur. Paideuma 3, 1944/49, 1-83.

Ders. 1950: Über das Töten als kulturgeschichtliche Erscheinung. Paideuma 4, 1950, 23-38.

Ders. 1954/58: Der Ursprung des Bodenbaus in mythologischer Sicht. Bemerkungen zu H. Baumann, Das doppelte Geschlecht. Paideuma 6, 1954/58, 169-180.

Ders. 1960: Mythos und Kult bei Naturvölkern. Religionswissenschaftliche Betrachtungen. Studien zur Kulturkunde 10, Wiesbaden 1960 ([1]1951).

Jettmar 1969: K. Jettmar, Altentötung in Dardistan. Paideuma 15, 1969, 162.

Jeunesse u. Ehretsmann 1988: C. Jeunesse und M. Ehretsmann, La jeune femme, le cheval et le silo. Une tombe de LaTène ancienne sur le site de Wettolsheim <Ricoh> (Haut-Rhin). Cahiers Alsaciens 31, 1988, 45-54.

Jilg 1988: W. Jilg, "Hexe" und "Hexerei" als kultur- und religionsgeschichtliches Phänomen. In: Schwaiger (Hrsg.), Teufelsglaube und Hexenprozesse, 1988, 37-56.

Joachim 1979: H.-E. Joachim, Latènezeitliche Siedlungsreste in Mechternich-Antweiler, Kr. Euskirchen. Bonner Jahrb. 179, 1979, 443-464.

Johnson 1947: M. Johnson, Mit dem Kurbelkasten bei den Menschenfressern. Abenteuer auf den Neuen Hebriden. Wiesbaden 1947.

Jordan 1968: W. D. Jordan, White over Black: American Attitudes Toward the Negro, 1550-1812. Chapel Hill 1968.

Jorns 1953: W. Jorns, Neue Bodenurkunden aus Starkenburg. Veröffentl. Amt für Bodendenkmalpflege im Regierungsbez. Darmstadt, Heft 2, 1953.

Jungwirth 1956: J. Jungwirth, Ein neolithischer Schädel aus Bisamberg bei Wien. Mitt. Anthr. Ges. Wien 86, 1956, 71-74.

Ders. 1967: Zwei lengyelzeitliche Schädel aus Poysdorf, Niederösterreich. Mitt. Anthr. Ges. Wien 96/97, 1967, 57-63.

Jungwirth u. Strouhal 1970: J. Jungwirth und E. Strouhal, Die menschlichen Skelette aus dem neolithischen Hornsteinbergwerk von Mauer bei Wien. Mitt. Anthr. Ges. Wien 100, 1970, 85-110.

Kahlke 1954: D. Kahlke, Die Bestattungssitten des donauländischen Kulturkreises der jüngeren Steinzeit. Teil I: Linienbandkeramik. Berlin 1954.

Kalicz-Schreiber 1981: R. Kalicz-Schreiber, Opfergruben aus der Frühbronzezeit in der Umgebung von Budapest. Slovenská Arch. 29, 1981, 75-85.

Kalous 1974: M. Kalous, Cannibals and Tongo Players of Sierra Leone. Auckland 1974.

Kandert 1982: J. Kandert, Poznámky k využití etnografických údajů v případě výkladu knovízských "hrobů" (Bemerkungen zur Applikation ethnographischer Erkenntnisse am Beispiel der Deutung von Knoviser "Gräbern"). Arch. Rozhledy 34, 1982, 190-200.

Károlyi 1964: L. Károlyi, Die vor- und frühgeschichtlichen Trepanationen in Europa. I. Deutschland. Homo 15, 1964, 200-218.

Karsten 1876: H. Karsten, Cannibalismus der Ur-Bewohner Europa's. Zeitschr. Ethn. 8, 1876, (75)-(77).

Kaufmann 1989: D. Kaufmann, Kultische Äußerungen im Frühneolithikum des Elbe-Saale-Gebietes. In: Schlette u. Kaufmann (Hrsg.), Religion und Kult, 1989, 111-139.

Kaulich, Koenigswald u. Wagner 1982: B. Kaulich, W. von Koenigswald und A. Wagner, Mittelpaläolithische, vorgeschichtliche und mittelalterliche Funde aus der Kemathenhöhle, Gde. Kipfenberg, Lkr. Eichstätt. Abhandl. Naturhist. Ges. Nürnberg 39, 1982, 21-45.

Kenner 1970: H. Kenner, Das Phänomen der verkehrten Welt in der griechisch-römischen Antike. Bonn 1970.

Kenton 1954: E. Kenton, The Jesuit Relations and Allied Documents. Travels and Explorations of the Jesuit Missionaries in North America (1610-1791). New York 1954.

Kerényi 1940: K. Kerényi, Kore. Zum Mythologem vom göttlichen Mädchen. Paideuma 1, 1940, 341-380.

Kersten 1933: W. Kersten, Der Beginn der Latène-Zeit in Nordostbayern. Prähist. Zeitschr. 24, 1933, 96-174.

Kidd 1953: K. E. Kidd, The excavation and identification of a Huron ossuary. American Antiquity 18, 1953, 359-379.

Kilgour 1990: M. Kilgour, From Communion to Cannibalism. An Anatomy of Metaphors of Incorporation. Princeton Univ. Press 1990.

Kimmig 1947: W. Kimmig, Neue Michelsbergfunde am Oberrhein. Bad. Fundber. 17, 1941-47, 95-127.

Ders. 1948/49: Zur Frage der Rössener Kultur am südlichen Oberrhein. Bad. Fundber. 18, 1948/49, 42-62.

Ders. 1965: Zur Interpretation der Opferszene auf dem Gundestrup-Kessel. Fundber. Schwaben N.F. 17, 1965, 135-143.

Ders. 1976: Götter - Druiden - Heiligtümer. Zeugnisse keltischer Religionsübung. Jahrbuch der Wittheit zu Bremen XX, 1976, 43-72.

Ders. 1992: Die "Wasserburg Buchau" - eine spätbronzezeitliche Siedlung. Forschungsgeschichte - Kleinfunde. Materialh. Vor- u. Frühgesch. Baden-Württemberg 16, 1992.

Kind 1987: C.-J. Kind, Das Felsställe. Eine jungpaläolithisch-frühmesolithische Abri-Station bei Ehingen-Mühlen, Alb-Donau-Kreis. Die Grabungen 1975-1980. Forsch. u. Ber. Vor- u. Frühgesch. Baden-Württemberg 23, 1987.

Ders. 1989: Ulm-Eggingen. Die Ausgrabungen 1982 bis 1985 in der bandkeramischen Siedlung und der mittelalterlichen Wüstung. Forsch. u. Ber. Vor- u. Frühgesch. Baden-Württemberg 34, 1989.

Kippenberg u. Luchesi 1987: H. G. Kippenberg und B. Luchesi (Hrsg.), Magie. Die sozialwissenschaftliche Kontroverse über das Verstehen fremden Denkens. Frankfurt/M. 1987 ([1]1978).

Kirchner 1968: H. Kirchner, Bemerkungen zu einer systematischen Opferfundforschung. Festschrift H. Jankuhn, 1968, 379-389.

Kirsch 1977: E. Kirsch, Ein Kollektivgrab mit Totenkultplatz der Havelländischen Kultur bei Buchow-Karpzow, Kr. Nauen. Ausgr. u. Funde 22, 1977, 52-55.

Kiss Maerth 1971: O. Kiss Maerth, Der Anfang war das Ende. Der Mensch entstand durch Kannibalismus - Intelligenz ist eßbar. Düsseldorf-Wien 1971.

Kiszely 1970: L. Kiszely, On the Peculiar Custom of the Artificial Mutilation of the Foramen occipitale magnum. Acta Arch. Hung. 22, 1970, 301-321.

Klemm 1985: S. Klemm, Die prähistorischen Funde aus den Höhlen der Umgebung von Baden. Die Höhle, Wiss. Beih. 34, 1985, 85-96.

Klindt-Jensen 1957: O. Klindt-Jensen, Denmark before the Vikings. London 1957.

Klingbeil 1932: W. Klingbeil, Kopf- und Maskenzauber in der Vorgeschichte und bei den Primitiven. Berlin 1932.

Kluckhohn 1942: C. Kluckhohn, Myths and rituals: A general theory. Harvard Theological Review 35, 1942, 45-79.

Kluge 1985: J. Kluge, Spätkeltische Gräber mit Säuglings- und Ferkelbestattungen aus Kelheim, Niederbayern. Bayer. Vorgeschbl. 50, 1985, 183-209.

Klusemann 1919: K. Klusemann, Das Bauopfer. Eine ethnographisch-prähistorisch-linguistische Studie. Graz 1919.

Kneipp u. Büttner 1988: J. Kneipp und H. Büttner, Anthropophagie in der jüngsten Bandkeramik der Wetterau. Germania 66, 1988, 489-497.

Knöll 1980: H. Knöll, Sind die nordwestdeutschen Megalithgräber Ossuarien gewesen? Arch. Korrbl. 10, 1980, 315-318.

Knowles 1940: N. Knowles, The Torture of Captives by the Indians of Eastern North America. Proc. American Phil. Soc. 82, 1940, 151-225.

Koch 1970: K.-F. Koch, Cannibalistic Revenge in Jalé Warfare. Natural Hist. 79, 1970, 40-51.

Koch 1972: R. Koch, Das Erdwerk der Michelsberger Kultur auf dem Hetzenberg bei Heilbronn-Neckargartach. Teil II: A. I. Beyer: Die Tierknochenfunde. Forsch. u. Ber. Vor- u. Frühgesch. Baden-Württemberg 3/II, 1972.

Koch(-Grünberg) 1899: T. Koch(-Grünberg), Die Anthropophagie der südamerikanischen Indianer. Internationales Archiv für Ethnographie 12, 1899, 78-110.

Koch-Hillebrecht 1978: M. Koch-Hillebrecht, Der Stoff, aus dem die Dummheit ist. Eine Sozialpsychologie der Vorurteile. München 1978.

Koenigswald 1960: G. H. R. von Koenigswald, Bemerkungen zum Skelettkult: Beobachtungen auf Java und den Philippinen. Anthr. Anz. 24, 1960, 168-177.

Koepping 1985: K.-P. Koepping, Lachen und Leib, Scham und Schweigen, Sprache und Spiel. Die Ethnologie als feucht-fröhliche Wissenschaft. In:

Duerr (Hrsg.), Der Wissenschaftler und das Irrationale II, 1985, 119-152.

Kötting 1984: B. Kötting, Opfer in religionsvergleichender Sicht. Frühmittelalterl. Stud. 18, 1984, 44-47.

Kohl 1979: K. H. Kohl, Exotik als Beruf. Erfahrung und Trauma der Ethnographie. Wiesbaden 1979. (Überarbeitete Neuausgabe Frankfurt/M.-New York 1986).

Ders. 1982: (Hrsg.), Mythen der Neuen Welt. Zur Entdeckungsgeschichte Lateinamerikas. Berlin, Horizonte '82, 1982.

Ders. 1986: Entzauberter Blick. Das Bild vom guten Wilden. Frankfurt/M. 1986 ([1]1981).

Ders. 1987: Abwehr und Verlangen. Frankfurt/M.-New York 1987. Darin:

- >Travestie der Lebensformen< oder >kulturelle Konversion<? Zur Geschichte des kulturellen Überläufertums, 7-38.

- >Der Verdammte der Inseln<. Bronislaw Kaspar Malinowski (1884-1942), 39-62.

- Über einige der frühesten graphischen Darstellungen der Bewohner der Neuen Welt in der europäischen Kunst, 63-87.

Ders. 1988: Ein verlorener Gegenstand? Zur Widerstandsfähigkeit autochthoner Religionen gegenüber dem Vordringen der Weltreligionen. In: Zinser (Hrsg.), Religionswissenschaft, 1988, 252-273.

Ders. 1993: Ethnologie - die Wissenschaft vom kulturell Fremden. Eine Einführung. München 1993.

Kohnke u. Vladi 1987: H.-G. Kohnke und F. Vladi, Die Einhornhöhle bei Scharzfeld. In: Damit die Jahrtausende nicht spurlos vergehen... Archäologische Denkmalpflege im Landkreis Osterode am Harz 1986/87, 1987, 21-27.

Kolata 1987: G. Kolata, Kannibalismus: Mythos oder Wirklichkeit? Bild der Wissenschaft 24, Oktober 1987, 108-120.

Kolumbus 1981: C. Kolumbus, Bordbuch. Mit einem Nachwort von F. Gewecke. Frankfurt/M. 1981.

Ders. 1991: Dokumente seines Lebens und seiner Reisen 1451-1506. 2 Bd. Leipzig 1991.

Koppers 1936: W. Koppers, Pferdeopfer und Pferdekult der Indogermanen. Wiener Beitr. Kulturgesch. u. Linguistik 4, 1936, 279-411.

Ders. 1952: Der historische Gedanke in der Ethnologie und Prähistorie. Wiener Beitr. Kulturgesch. u. Linguistik 9 (Festschrift Wiener Schule), 1952, 11-65.

Koreisl 1934: W. Koreisl, Speisebeigaben in Gräbern der Hallstattzeit Mitteleuropas. Eine Studie zur Geschichte des Totenkultes. Mitt. Anthr. Ges. Wien 64, 1934, 229-264.

Korfmann 1987: M. Korfmann (Hrsg.), Demircihüyük. Die Ergebnisse der Ausgrabungen 1975-1978. Band II: Naturwissenschaftliche Untersuchungen. Mainz 1987.

Koty 1939: J. Koty, Die Behandlung der Alten und Kranken bei den Naturvölkern. Stuttgart 1939.

Krämer 1924: A. Krämer, Das Ofnet-Problem. Fundber. Schwaben N.F. 2, 1924, 1-3.

Krämer 1966: W. Krämer, Prähistorische Brandopferplätze. Helvetia Antiqua (Festschrift E. Vogt), 1966, 111-122.

Ders. 1985: Die Grabfunde von Manching und die latènezeitlichen Flachgräber in Südbayern. Die Ausgrabungen in Manching 9, 1985.

Kraft 1932: G. Kraft, Neue Funde der Latènezeit aus Oberbaden. Bad. Fundber. 2, 1929-32, 262-298.

Ders. 1936: Breisach-Hochstetten. Vorläufiger Bericht über die Ausgrabungen 1931-1934. Bad. Fundber. 3, 1933-36, 225-302.

Kraft 1971: H.-P. Kraft, Ein Grabfund der Rössener Kultur aus Ladenburg bei Mannheim. Arch. Korrbl. 1, 1971, 137-139.

Kramer 1978: F. Kramer, Die *social anthropology* und das Problem der Darstellung anderer Gesellschaften. In: Ders. u. Sigrist (Hrsg.), Gesellschaften ohne Staat 1, 1978, 9-27.

Ders. 1981: Verkehrte Welten. Zur imaginären Ethnographie des 19. Jahrhunderts. Frankfurt/M. 1981.

Kramer u. Sigrist 1978: F. Kramer und C. Sigrist (Hrsg.), Gesellschaften ohne Staat. Bd. 1: Gleichheit und Gegenseitigkeit. Bd. 2: Genealogie und Solidarität. Frankfurt/M. 1978.

Krebs 1933: A. Krebs, Die westfälischen Höhlen in jungvorgeschichtlicher Zeit. Mannus 25, 1933, 207-234.

Kreimeier 1985: K. Kreimeier, <In die schwarze Farbe der Nacht gehüllt...>. Afrika und wir. In: Theye (Hrsg.), Wir und die Wilden, 1985, 96-131.

Kreiner 1983/84: L. Kreiner, Eine Katakomben-Bestattung der späten Münchshöfener Gruppe aus Thalham, Gde. Landau, Ldkr. Dingolfing-Landau. Gäubodenmus. Straubing, Ausgr. u. Funde in Altbayern, 1983/84, 9f.

Kremser 1981a: M. Kremser, Das Bild der >menschenfressenden Niam Niam< in den Berichten deutscher Forschungsreisender des 19. Jahrhunderts. Wiener Ethnohist. Bl. 21, 1981, 77-111.

Ders. 1981b: Archetypische Motive im Hexenwesen und ihre kulturspezifischen Formen bei den Azande in Zentralafrika. Mitt. Anthr. Ges. Wien 111, 1981, 16-33.

Krenn 1929: K. Krenn, Schädelbecher. Sudeta 5, 1929, 73-122.

Kreutz 1990/91: K. Kreutz, Ein Kinderskelett der jüngeren vorrömischen Eisenzeit vom "Steinbühl" bei Nörten-Hardenberg, Ldkr. Northeim - Anthropologischer Befund. Die Kunde N.F. 41/42, 1990/91, 417-421.

Kriegler 1930: K. Kriegler, Das Doppelgrab und andere prähistorische Funde von Nagy-Sáro am Granfluss. Sudeta 6, 1930, 106-115.

Kroeber 1927: A. L. Kroeber, Disposal of the Dead. American Anthropologist N.S. 29, 1927, 308-315.

Krüger 1980: T. Krüger, Untersuchung einer Wohnstation der frühen Bronzezeit in der Nasensteinhöhle bei Holzen, Kr. Holzminden. Materialh. Ur- u. Frühgesch. Niedersachsen 16 (Festschrift K. Raddatz), 1980, 205-233.

Kruk u. Milisauskas 1982: J. Kruk und S. Milisauskas, A Multiple Neolithic Burial at Bronocice, Poland. Germania 60, 1982, 211-216.

Kubach 1978/79: W. Kubach, Deponierungen in Mooren der südhessischen Oberrheinebene. Jahresber. Inst. Vorgesch. Frankfurt 1978/79, 189-309.

Ders. 1983: Bronzezeitliche Deponierungen im nordhessischen sowie im Weser- und Leinebergland. Jahrb. RGZM 30, 1983, 113-159.

Kubik 1971: G. Kubik, Zur inneren Kritik ethnographischer Feldberichte aus der kolonialen Periode. Wiener Ethnohist. Bl. 2, 1971, 31-41.

Kuhn 1979: T. S. Kuhn, Die Struktur wissenschaftlicher Revolutionen. Frankfurt/M. 1979 ([1]1962).

Kulczycka-Leciejewiczowa 1988: A. Kulczycka-Leciejewiczowa Erste Gemeinschaften der Linienbandkeramik-Kultur auf polnischem Boden. Zeitschr. Arch. 23, 1988, 137-182.

Kunkel 1955: O. Kunkel, Die Jungfernhöhle bei Tiefenellern. Eine neolithische Kultstätte auf dem fränkischen Jura bei Bamberg. Münchener Beitr. Vor- u. Frühgesch. 5, 1955.

Ders. 1958: Die Jungfernhöhle, eine neolithische Kultstätte in Oberfranken. Neue Ausgrabungen in Deutschland 1958, 54-67.

Kunt u. Nyikes 1986: E. Kunt und M. Nyikes, Tod - Gesellschaft - Kultur. In: Sich, Figge u. Hinderling (Hrsg.), Sterben und Tod, 1986, 45-58.

Kunter 1980: M. Kunter, Die prähistorische Schädeltrepanation. In: Weisgerber (Bearb.), 5000 Jahre Feuersteinbergbau, 1980, 333-337.

Ders. 1981: Frakturen und Verletzungen des vor- und frühgeschichtlichen Menschen. Arch. u. Naturwiss. 2, 1981, 221-246.

Kunwald 1970: G. Kunwald, Der Moorfund im Rappendam auf Seeland. Prähist. Zeitschr. 45, 1970, 42-88.

Kuper 1991: M. Kuper, Über die Wut im Bauch des Kannibalen. >Die meisten Vorstellungen sind falsch<. In: Lorbeer u. Wild (Hrsg.), Menschenfresser - Negerküsse, 1991, 36-45.

Kurth, May u. Sitzenstock 1972: G. Kurth, E. May und W. Sitzenstock, Erste Befunde an den spätbronzezeitlichen Menschenresten aus der Gemarkung Runstedt, Krs. Helmstedt. Homo 23 (Festschrift K. Gerhardt), 1972, 113-124.

Kurth u. Röhrer-Ertl 1980: G. Kurth und O. Röhrer-Ertl, Anthropologie und Populationsbiologie. Beiträge zur Vor- und Frühgeschichte. Bonner Hefte 21, 1980.

Kuss 1958: S. E. Kuss, Tierreste aus römischen Brunnen von Pforzheim. Beitr. naturkundliche Forsch. Südwestdeutschland 17, 1958, 166-173.

Kyll 1964: N. Kyll, Die Bestattung des Toten mit dem Gesicht nach unten. Zu einer Sonderform des Begräbnisses im Trierer Land. Trierer Zeitschr. 27, 1964, 168-183.

Labby 1976: D. Labby, Incest as Cannibalism: The Yapese Analysis. Journal Polynesian Soc. 85, 1976, 171-179.

Labouvie 1990: E. Labouvie, Wider Wahrsagerei, Segnerei und Zauberei. Kirchliche Versuche zur Ausgrenzung von Aberglaube und Volksmagie seit dem 16. Jahrhundert. In: van Dülmen (Hrsg.), Verbrechen, Strafen und soziale Kontrolle, 1990, 15-55.

Dies. 1991: Zauberei und Hexenwerk. Ländlicher Hexenglaube in der frühen Neuzeit. Frankfurt/M. 1991.

Ladenbauer-Orel 1965: H. Ladenbauer-Orel, Die kultische Hirschbestattung von Lang-Enzersdorf bei Wien. Mitt. Anthr. Ges. Wien 95, 1965, 250-258.

Laffineur 1987: R. Laffineur (Hrsg.), Thanatos. Les coutumes funéraires en Egée à l'âge du Bronze. Aegaeum 1. Colloque Liège 1986. Liège 1987.

La Fontaine 1972: J. S. La Fontaine, The Interpretation of Ritual. London 1972.

Lais 1932: R. Lais, Bericht über zwei Ausgrabungen im Gebiet des Isteiner Klotzes. Bad. Fundber. 2, 1932, 248-251.

Ders. 1948: Die Höhle an der Kachelfluh bei Kleinkems im Badischen Oberland (Eine Jaspisgrube und Grabstätte der jüngeren Steinzeit). Freiburg i.B. 1948.

Lambot 1989: B. Lambot, Les Sanctuaires du Bronze final et premier âge du Fer en France septentrionale. In: La Civilisation de Hallstatt, Colloquium Liège 1987, 1989, 201-273.

Lanczkowski 1978: G. Lanczkowski, Einführung in die Religionsphänomenologie. Darmstadt 1978.

Landa 1990: Diego de Landa, Bericht aus Yucatán (Relación de las cosas de Yucatán, verf. 1566). Leipzig 1990.

Lange 1975: G. Lange, Zu den menschlichen Skeletten aus der Latène-Siedlung bei Nordenstadt. Fundber. Hessen 13, 1973 (1975), 293-296.

Ders. 1983: Die menschlichen Skelettreste aus dem Oppidum von Manching. Die Ausgrabungen in Manching 7, 1983.

Rez.: Germania 62, 1984, 531f. (R. Meyer-Orlac); Bonner Jahrb. 185, 1985, 572-575 (H. Lorenz); Fundber. Baden-Württemberg 13, 1988, 797f. (G. Ziegelmayer); Prähist. Zeitschr. 65, 1990, 108-110 (B. Herrmann).

Lange u. Müller 1975: G. Lange und N. Müller, Ein menschliches Skelett aus dem Brunnen einer Villa rustica bei Frankfurt a.M.-Schwanheim. Fundber. Hessen 15, 1975 (1977), 315-326.

Lange u. Schultz 1982: G. Lange und M. Schultz, Die menschlichen Skelette aus dem Lagergraben der römischen Erdbefestigung bei Heldenbergen, Main-Kinzig-Kreis. Hanauer Geschbl. 28, 1982, 29-34.

Langmuir 1972: G. I. Langmuir, The Knight's Tale of Young Hugh of Lincoln. Speculum 47, 1972, 459-482.

Lanpo 1989: J. Lanpo, On Problems of the Beijing-Man Site: A Critique of New Interpretations. Current Anthr. 30, 1989, 200-205.

Lartet 1869: L. M. Lartet, Une sépulture des Troglodytes du Périgord à Cro-Magnon. Mat. Hist. Prim. et Nat. Homme 2, 5. Ser., 1869, 97-108.

Lartet u. Chaplain 1874: L. M. Lartet und D. Chaplain, Sur une sépulture des anciens Troglodytes des Pyrénées superposée à un foyer contenant dés débris humains associés à des dents sculptées de Lion et d'Ours. Mat. Hist. Prim. et Nat. Homme 9, 2. Ser., Tom. V, 1874, 101-167.

Las Casas 1981: B. de las Casas, Kurzgefaßter Bericht von der Verwüstung der westindischen Länder. Hrsg. H. M. Enzensberger. Frankfurt/M. 1981.

Lash 1968: N. Lash, His Presence in the World: A Study of Eucharistic Worship and Theology. London 1968.

Laughlin 1961: W. S. Laughlin, Acquisition Of Anatomical Knowledge By Ancient Man. In: Washburn (Hrsg.), Social Life of Early Man, 1961, 150-175.

Laur-Belart 1940: R. Laur-Belart Ein problematischer Skelettfund. Ur-Schweiz 4, 1940, 34-42.

Ders. 1942: Ein problematischer Skelettfund beginnt sich abzuklären. Ur-Schweiz 6, 1942, 51-55.

Leach 1973: E. Leach, Concluding Address. In: Renfrew (Hrsg.), The explanation of culture change, 1973, 761-771.

Ders. 1977: A view from the bridge. In: Spriggs (Hrsg.), Archaeology and anthropology, 1977, 161-176.

Ders. 1978: Kultur und Kommunikation. Zur Logik symbolischer Zusammenhänge. Frankfurt/M. 1978.

Lebende Tote. Totenkult in Mexiko. Übersee Museum Bremen, Frankfurt/M. 1986.

Lebzelter 1926: V. Lebzelter, Die Stellung der Funde von Egolzwil. Zu Otto Schlaginhaufen's Werk: Die menschlichen Skelettreste aus der Steinzeit des Wauwylersees. Mitt. Anthr. Ges. Wien 56, 1926, 110-114.

Lechner 1955: K. Lechner, Byzanz und die Barbaren. Saeculum 6, 1955, 292-306.

Leclerc 1976: G. Leclerc, Anthropologie und Kolonialismus. Frankfurt/M.-Berlin-Wien 1976.

Leder 1980: K. B. Leder, Todesstrafe - Ursprung, Geschichte, Opfer. Wien-München 1980.

Leeuw 1921/22: G. van der Leeuw, Die do-ut-des-Formel in der Opfertheorie. Archiv Religionswiss. 20, 1921/22, 241-253.

Ders. 1933: Phänomenologie der Religion. Tübingen 1933.

Le Goff 1990: J. Le Goff, Die Geburt des Fegefeuers. Vom Wandel des Weltbildes im Mittelalter. München 1990 ([1]1981).

Lehmann 1928: E. Lehmann, Der bronzezeitliche Friedhof auf dem Erfurter Flughafen. Mannus 20, 1928, 54-78.

Ders. 1929: Knowiser Kultur in Thüringen und vorgeschichtlicher Kannibalismus. Mannus, Ergbd. 7, 1929, 107-122.

Leja 1963: F. Leja, Neuentdeckungen im Windloch bei Kürmreuth, Landkreis Amberg (Oberpfalz). Mitt.

Verband deutscher Höhlen- und Karstforscher 3, 1963, 52-57.

Ders. 1987: Vorgeschichtliche Funde aus dem Kleebergschacht im Bärnhofer Wald, Lkr. Amberg-Sulzbach (Oberpfalz). Ein neuentdeckter Opferschacht in der Fränkischen Alb, sowie Funde aus benachbarten Schachthöhlen. Abhandl. Naturhist. Ges. Nürnberg 41, 1987.

Ders. 1991: Ungewöhnliche urnenfelderzeitliche Skelettfunde in der Höhle von Loch. Das Arch. Jahr in Bayern 1990, 1991, 50-52.

Le Mort 1988: F. Le Mort, Le Décharnement du Cadavre chez les Néandertaliens: quelques Exemples. In: L'Homme de Neanderthal 5: La Pensée. Colloquium Liège 1986, 1988, 43-55.

Lenneis 1981: E. Lenneis, Eine linearbandkeramische Siedlungsbestattung aus Würnitz, p.B. Korneuburg, Niederösterreich. Arch. Austriaca 65, 1981, 21-34.

Leroi-Gourhan 1980: A. Leroi-Gourhan, Die Religionen der Vorgeschichte. Paläolithikum. Frankfurt/M. 1980 ([1]1964).

Ders. 1988: Hand und Wort. Die Evolution von Technik, Sprache und Kunst. Frankfurt/M. 1988 ([1]1964).

Le Roy Ladurie 1989: E. Le Roy Ladurie, Montaillou. Ein Dorf vor dem Inquisitor 1294-1324. Frankfurt/M.-Berlin 1989 ([1]1975).

Léry 1977: J. de Léry, Unter Menschenfressern am Amazonas. Brasilianisches Tagebuch 1556-1558. Tübingen und Basel 1977.

Lestringant 1982: F. Lestringant, Catholiques et cannibales. Le thème du cannibalisme dans le discours protestant au temps des guerres de religion. In: Pratiques et discours alimentaires à la Renaissance. Actes du colloque de Tours 1979, Paris 1982, 233-245.

Leube 1971: A. Leube, Mooropferungen im unteren Odergebiet. Veröffentl. Mus. Ur- u. Frühgesch. Potsdam 6, 1971, 99-101.

Ders. 1989: Kultische Handlungen auf Siedlungen der römischen Kaiserzeit im Gebiet zwischen Elbe und Oder. In: Schlette u. Kaufmann (Hrsg.), Religion und Kult, 1989, 283-287.

Levi-Strauss 1979: C. Levi-Strauss, Traurige Tropen. Frankfurt/M. 1979 ([1]1955).

Ders. 1981a: Die elementaren Strukturen der Verwandtschaft. Übersetzt von E. Moldenhauer. Frankfurt/M. 1981.

Ders. 1981b: Strukturale Anthropologie I. Frankfurt/M. 1981 ([1]1958).

Levy 1981/82: J. E. Levy, Religious Ritual and Social Stratification in Prehistoric Societies: An Example from Bronze Age Denmark. History of Religions 21, 1981/82, 172-188.

Dies. 1982: Religion and Social Organisation in Bronze Age Denmark. An analysis of Ritual Hoard Finds. Brit. Arch. Reports Int. Ser. 124, 1982.

Lewis 1987: I. M. Lewis, Der Kochkessel der Kannibalen. In: Duerr (Hrsg.), Die wilde Seele, 1987, 370-382.

Ders. 1989: Schamanen, Hexer, Kannibalen. Die Realität des Religiösen. Frankfurt/M. 1989.

Lichardus 1968: J. Lichardus, Jaskyňa Domica. Bratislava 1968.

Ders. 1974: Studien zur Bükker Kultur. Saarbrücker Beitr. Altkde. 12, 1974.

Rez.: Prähist. Zeitschr. 52, 1977, 86-92 (W. Meier-Arendt).

Ders. 1986: Le rituel funéraire de la culture de Michelsberg dans la région du Rhin supérieur et moyen. Festschrift G. Bailloud, 1986, 343-358.

Lienau 1913: M. M. Lienau, Über stelenartige Grabsteine, Sonnenkult und Opferstätten, Anzeichen von Menschenopfern, sowie über mehrfache Bestattungen in stein- und bronzezeitlichen Grabhügeln der Lüneburger Gegend im Anschluß an zwei auch durch Funde interessante Grabhügel der älteren Bronzezeit. Mannus 5, 1913, 195-234.

Ders. 1928: Der Burgwall an der steilen Wand bei Lossow. Mannus 20, 1928, 212f.

Lienhardt 1964: G. Lienhardt, Social anthropology. London 1964.

Lies 1967: H. Lies, Ein neolithischer Graben auf einer Elbtalterrasse bei Barleben, Kr. Wolmirstedt. Ausgr. u. Funde 12, 1967, 9-12.

Ders. 1973: Ein mittelbronzezeitliches Grabhaus mit Gestücktenbestattung von Menz, Kr. Burg. Ausgr. u. Funde 18, 1973, 31-37.

Lindenbaum 1979: S. Lindenbaum, Kuru Sorcery: Disease and Danger in the New Guinea Highlands. Palo Alto 1979.

Dies. 1983: Cannibalism. Symbolic Production and Consumption. In: Brown u. Tuzin (Hrsg.), The Ethnography of Cannibalism, 1983, 94-106.

Lindig 1972: W. Lindig, Die Kulturen der Eskimo und Indianer Nordamerikas. Handbuch der Kulturgeschichte II, Kulturen der Völker. Frankfurt/M. 1972.

Lindig u. Münzel 1976: W. Lindig und M. Münzel, Die Indianer. Kulturen und Geschichte der Indianer Nord-, Mittel- und Südamerikas. München 1976.

Lóczy 1878: L. von Lóczy, Die Liszkovaer Höhle in Baráthegy. Eine vorgeschichtliche Höhlenwohnung und deren Überreste. Budapest 1878.

Loeb 1964: E. M. Loeb, The Blood Sacrifice Complex. New York 1964 ([1]1927).

Loiskandl 1966: H. Loiskandl, Edle Wilde, Heiden und Barbaren. Fremdheit als Bewertungskriterium zwischen Kulturen. Mödling bei Wien 1966.

Loisy 1920: A. Loisy, Essai historique sur le sacrifice. Paris 1920.

Lorbeer u. Wild 1991: M. Lorbeer und H. Wild (Hrsg.), Menschenfresser - Negerküsse... Das Bild vom Fremden im deutschen Alltag. Berlin 1991.

Lorenz 1978: H. Lorenz, Totenbrauchtum und Tracht. Untersuchungen zur regionalen Gliederung der frühen Latènezeit. Ber. RGK 59, 1978, 1-380.

Ders. 1985: Rezension von G. Lange: Die menschlichen Skelettreste aus dem Oppidum von Manching. Bonner Jahrb. 185, 1985, 572-575.

Ders. 1986: Rundgang durch eine keltische Stadt. Pfaffenhofen 1986.

Lovejoy u. Boas 1965: A. O. Lovejoy und G. Boas, Primitivism and Related Ideas in Antiquity. A Documentary History of Primitivism an Related Ideas I. New York 1965 ([1]1935).

Lowie 1960: R. H. Lowie, Primitive Religion. London 1960 ([1]1952).

Loy u. Wood 1989: T. H. Loy und A. R. Wood, Blood Residue Analysis at Çayönü Tepesi, Turkey. Journal of Field Arch. 16, 1989, 451-460.

Luchesi 1982: E. Luchesi, Von den >Wilden/Nacketen/Grimmigen Menscherfresser Leuthen/in der Newenwelt America gelegen<. Hans Staden und die Popularität der >Kannibalen< im 16. Jahrhundert. In: Kohl (Hrsg.), Mythen der Neuen Welt, 1982, 71-74.

Luchesi u. Taskov-Köhler 1985: E. Luchesi und N. Taskov-Köhler, Die Wilden und das Wilde. Rhetorische Figuren, Entwürfe, Streitreden und Bekenntnisse um die Bewohner Südamerikas. In: Theye (Hrsg.), Wir und die Wilden, 1985, 143-176.

Lüning 1967: J. Lüning, Die Michelsberger Kultur. Ber. RGK 48, 1967, 1-356.

Ders. 1981: Eine Siedlung der mittelneolithischen Gruppe Bischheim in Schernau, Ldkr. Kitzingen. Materialh. Bayer. Vorgesch. R. A, Bd. 44, 1981.

Ders. 1988: Zur Verbreitung und Datierung bandkeramischer Erdwerke. Arch. Korrbl. 18, 1988, 155-158.

MacCormack 1983: C. P. MacCormack, Human Leopards and Crocodiles: Political Meanings of Categorical Anomalies. In: Brown u. Tuzin (Hrsg.), The Ethnography of Cannibalism, 1983, 51-60.

MacCormack u. Strathern 1980: C. P. MacCormack und M. Strathern (Hrsg.), Nature, Culture and Gender. Cambridge Univ. Press 1980.

MacLeod 1925: W. C. MacLeod, Certain mortuary aspects of Northwest Coast culture. American Anthropologist 27, 1925, 122-148.

Maier 1976: F. Maier, Ein Gefäßdepot mit bemalter Keramik von Manching. Germania 54, 1976, 63-74.

Ders. 1985: Vorbericht über die Ausgrabung 1984 in dem spätkeltischen Oppidum von Manching. Germania 63, 1985, 17-55.

Maier u. Geilenbrügge 1992: F. Maier, U. Geilenbrügge, E. Hahn, H.-J. Köhler und S. Sievers, Ergebnisse der Ausgrabungen 1984-1987 in Manching (2 Bd.). Manching 15, 1992.

Maier u. Linke 1987: R. Maier und F.-A. Linke, Die Lichtensteinhöhle bei Dorste, Stadt Osterode am Harz. In: Damit die Jahrtausende nicht spurlos vergehen... Archäologische Denkmalpflege im Landkreis Osterode am Harz 1986/87, 1987, 29-35.

Maier 1961: R. A. Maier, Neolithische Tierknochen-Idole und Tierknochen-Anhänger Europas. Ber. RGK 42, 1961, 171-305.

Ders. 1962: Fragen zu neolithischen Erdwerken Südbayerns. Jahresber. Bayer. Bodendenkmalpflege 1962, 5-21.

Ders. 1965a: "Michelsberg-Altheimer" Skelettgruben von Inningen bei Augsburg in Bayerisch-Schwaben. Germania 43, 1965, 8-16.

Ders. 1965b: Eine vorgeschichtliche Felsspalten-Füllung im Fränkischen Jura mit Sach-, Tier- und Menschenresten. Bayer. Vorgeschbl. 30, 1965, 262-268.

Ders. 1969: Versuche über Traditionen des "Stoffwerts" von Tierknochen und Traditionen primitiven "Tierdenkens" in der Kultur- und Religionsgeschichte. München 1969.

Ders. 1977: Urgeschichtliche Opferreste aus einer Felsspalte und einer Schachthöhle der Fränkischen Alb. Germania 55, 1977, 21-32.

Ders. 1978: Zum <Abschnittswall im Walde Brand> des Katalogs Eichstätt von Friedrich Winkelmann. Germania 56, 1978, 235-238.

Ders. 1984: Schachthöhlen und Felstürme als urgeschichtliche Opferplätze. In: Führer zu archäologischen Denkmälern in Deutschland 5. Regensburg. Kelheim. Straubing I, 1984, 204-211.

Ders. 1989: Nochmals zum nichtchristlichen Totenbrauchtum auf einem neuzeitlichen Bestattungsplatz bei der Stadt Erding. Das Arch. Jahr in Bayern 1988, 1989, 168-171.

Makiewicz 1987: T. Makiewicz, tyczne problemy badań religioznawczych w archeologii (Theoretische Probleme der religionswissenschaftlichen Forschungen in der Archäologie). Przeglad Arch. 34, 1987, 233-251.

Ders. 1988: Opfer und Opferplätze der vorrömischen und römischen Eisenzeit in Polen. Prähist. Zeitschr. 63, 1988, 81-112.

Ders. 1989: Tieropfer und Opferplätze der vorrömischen und römischen Eisenzeit in Polen. In: Schlette u. Kaufmann (Hrsg.), Religion und Kult, 1989, 261-272.

Makkay 1975: J. Makkay, Über neolithische Opferformen. Valcamonica Symposium (Capo di Ponte 1972), 1975, 161-173.

Ders. 1978: Mahlstein und das rituale Mahlen in den prähistorischen Opferzeremonien. Acta Arch. Hung. 30, 1978, 13-36.

Ders. 1980/81: Eine Kultstätte der Bodrogkeresztur-Kultur in Szarvas und Fragen der sakralen Hügel. Mitt. Arch. Inst. Budapest 10-11, 1980/81, 45-57.

Ders. 1983: Foundation Sacrifices in Neolithic Houses of the Carpathian Basin. Valcamonica Symposium III (1979), 1983, 157-167.

Ders. 1986: Bauopfer in der Lengyel-Kultur und seine Beziehungen zu den Bauopferformen der Körös-Kultur und der Linienbandkeramik. Internationales Symposium über die Lengyel-Kultur in Nové Vozokany 1984, Nitra-Wien 1986, 169-175.

Malez 1970: M. Malez (Hrsg.), Krapina 1899-1969. Zagreb 1970.

Malinowski 1979: B. Malinowski, Geschlecht und Verdrängung in primitiven Gesellschaften. Frankfurt/M. 1979 ([1]1927).

Ders. 1983a: Das Geschlechtsleben der Wilden in Nordwest-Melanesien. Liebe, Ehe und Familienleben bei den Eingeborenen der Trobriand-Inseln, Britisch-Neuguinea. Frankfurt/M. 1983 ([1]1927).

Ders. 1983b: Magie, Wissenschaft und Religion. Und andere Schriften. Frankfurt/M. 1983.

Ders. 1984: Argonauten des westlichen Pazifik. Ein Bericht über Unternehmungen und Abenteuer der Eingeborenen in den Inselwelten von Melanesisch-Neuguinea. Frankfurt/M. 1984 ([1]1922).

Ders. 1986: Ein Tagebuch im strikten Sinn des Wortes. Neuguinea 1914-1918. Frankfurt/M. 1986 ([1]1967).

Malinowski 1970: T. Malinowski Problème du cannibalisme parmi la population de la civilisation lusacienne en Pologne. Actes du 7. Congrès International des Sciences Préhist. et Protohist. (Prague 1966), 1970, 722-726.

Malmer 1962: M. P. Malmer, Jungneolithische Studien. Lund 1962.

Ders. 1984: On the Social Function of Pile Dwellings and Megaliths. In: G. Burenhult (Hrsg.), The Archaeology of Carrowmore. Theses and Papers in North-European Archaeology 14, Stockholm 1984, 371-375.

Ders. 1986: Aspects of Neolithic Ritual Sites. In: Steinsland (Hrsg.), Words and Objects, 1986, 91-110.

Mania 1971: D. Mania, Eine jungbronzezeitliche und eine jüngere Befestigungsanlage auf der "Altenburg" bei Nebra (Unstrut). Jahresschr. Halle 55, 1971, 169-188.

Mania u. Baumann 1968: D. Mania und W. Baumann, Eine endneolithische Knochenbestattung von Schadeleben, Kr. Aschersleben. Ausgr. u. Funde 13, 1968, 28f.

Manz 1968: W. Manz, Das Stereotyp. Zur Operationalisierung eines sozialwissenschaftlichen Begriffs. Meisenheim a. Glan 1968.

Mariën 1970: M.-E. Mariën, Le Trou de l'Ambre au Bois de Wérimont, Eprave. Bruxelles 1970.

Ders. 1975: Massacre et sacrifice humain: Deux cas d'interpretation. Valcamonica Symposium (Capo di Ponte 1972), 1975, 253-261.

Maringer 1942/43: J. Maringer, Menschenopfer im Bestattungsbrauch Alteuropas. Eine Untersuchung über die Doppel- und Mehrfachbestattungen im vor- und frühgeschichtlichen Europa, insbesondere Mitteleuropa. Anthropos 37/38, 1942/43, 1-112.

Ders. 1956: Vorgeschichtliche Religion. Religionen im steinzeitlichen Europa. Zürich-Köln 1956.

Ders. 1973: See- und Mooropfer in vorgeschichtlicher Zeit. Saeculum 24, 1973, 396-417.

Ders. 1974: Das Feuer in Kult und Glauben der vorgeschichtlichen Menschen. Anthropos 69, 1974, 68-112.

Ders. 1979: Das Bauopfer im vor- und frühgeschichtlichen Europa. Humanitas Religiosa (Festschrift H. Biezais), 1979, 222-227.

Ders. 1980a: Menschliche Unterkiefer und Zähne in Brauch und Glauben der vorgeschichtlichen Menschen. Anthr. Anz. 38, 1980, 69-73.

Ders. 1980b: Hände und Fingerverstümmelung in Kunst und Glauben der vorgeschichtlichen Menschen. Homo 31, 1980, 45-53.

Ders. 1980/81: Der Hund in der Mythologie der vorgeschichtlichen Menschen. Acta Praehist. et Arch. 11/12, 1980/81, 37-41.

Ders. 1982: Der menschliche Kopf/Schädel in Riten und Kult der vorgeschichtlichen Zeit. Anthropos 77, 1982, 703-740.

Marschall 1972: O. Marschall, Eine Gruppen- und eine Doppelbestattung der Baalberger Gruppe bei Wansleben, Kr. Eisleben. Ausgr. u. Funde 17, 1972, 20-25.

Ders. 1978: Siedlungs- und Begräbnisplätze der Baalberger Gruppe in Wansleben am See und in Siersleben, Kr. Eisleben. Ausgr. u. Funde 23, 1978, 153-165.

Ders. 1987: Eine Siedlung der Baalberger Gruppe bei Polleben, Kr. Eisleben. Ausgr. u. Funde 32, 1987, 164-171.

Marschalleck 1966: K. H. Marschalleck, Die Moorleichen - ein kultisches Problem. Mitt. Berliner Ges. Anthr. Ethn. u. Urgesch. 1, 1966, 68-74.

Marshack 1988: A. Marshack, The Neanderthals and the Human Capacity for Symbolic Thought: Cognitive and Problem-solving Aspects of Moustérian Symbol. In: L'Homme de Néanderthal 5: La Pensée. Colloque Liège 1986. Liège 1988, 57-91.

Martin 1920: R. Martin, Über Skeletkult und verwandte Vorstellungen. Mitt. der Geographisch-Ethnographischen Ges. Zürich 20, 1919/20, 5-63.

Masson 1981: P. Masson, Interpretative Probleme in Prozessen interkultureller Verständigung. In: Schmied-Kowarzik u. Stagl (Hrsg.), Grundfragen der Ethnologie, 1981, 125-149.

Matiegka 1896: H. Matiegka, Anthropophagie in der prähistorischen Ansiedlung bei Knovize und in prähistorischer Zeit überhaupt. Mitt. Anthr. Ges. Wien 26 (N.F. 16), 1896, 129-140.

Maurer 1982: H. Maurer, Neolithische Kultobjekte aus dem niederösterreichischen Manhartsbergbereich. Hückeswagen 1982.

Mauss 1989: M. Mauss, Die Gabe. Form und Funktion des Austauschs in archaischen Gesellschaften (1923/24). In: Ders., Soziologie und Anthropologie 2, Frankfurt/M. 1989, 9-144.

McLeod 1981: M. D. McLeod, The Asante. London 1981.

Meek 1976: R. L. Meek, Social Science and the Ignoble Savage. Cambridge Univ. Press 1976.

Meillassoux 1989: C. Meillassoux, Anthropologie der Sklaverei. Frankfurt/M. 1989.

Meisenheimer 1989: M. Meisenheimer, Das Totenritual, geprägt durch Jenseitsvorstellungen und Gesellschaftsrealität. Theorie des Totenrituals eines kupferzeitlichen Friedhofs zu Tiszapolgár-Basatanya (Ungarn). Brit. Arch. Reports Int. Ser. 475, 1989.

Rez.: Germania 70, 1992, 132-138 (J. Petrasch).

Mellaart 1967: J. Mellaart, Çatal Hüyük. A Neolithic Town in Anatolia. Thames and Hudson 1967.

Mendes Pinto 1987: F. Mendes Pinto, Merkwürdige Reisen im fernsten Asien: 1537-1558 (Peregrinaçam). Stuttgart-Wien 1987.

Métraux 1947: A. Métraux, Mourning rites and burial forms of the South American Indians. América Indigena 7, 1947, 7-44.

Meuli 1945: K. Meuli, Griechische Opferbräuche. Phyllobolia (Festschrift P. v. d. Mühll), 1945, 185-288.

Meyer-Orlac 1982: R. Meyer-Orlac, Mensch und Tod: Archäologischer Befund - Grenzen der Interpretation. Hohenschäftlarn 1982.

Miller 1975: G. J. Miller, A Study of Cuts, Grooves, and Other Marks on Recent and Fossil Bone: II. Weathering Cracks, Fractures, Splinters, and Other Similiar Natural Phenomena. In: Swanson (Hrsg.), Lithic Technology, 1975, 211-226.

Miller 1976: J. C. Miller, Kings and Kinsmen. Oxford 1976.

Miner 1972: E. Miner, The Wild Man Through the Looking Glass. In: Dudley u. Novak (Hrsg.), The Wild Man Within, 1972, 87-114.

Miszkiewicz 1979: B. Miszkiewicz, Die ältesten Skelettfunde in Niederschlesien. Archives Suisses Anthr. Générale 43, 1979, 101-111.

Modderman 1976: P. J. R. Modderman, The Aveburys and their Continental Counterparts. In: To illustrate the monuments (Festschrift S. Piggott), 1976, 100-106.

Ders. 1983/84a: Einige Gedanken zur Deutung der mittelneolithischen Grabenanlagen. Mitt. Österr. Arbeitsgem. Ur- u. Frühgesch. 33/34, 1983/84, 347-350.

Ders. 1983/84b: Eisenzeitliche Feuergruben aus Hienheim, Lkr. Kelheim. Jahresber. Bayer. Bodendenkmalpflege 24/25, 1983/84, 7-11.

Ders. 1986: Die neolithische Besiedlung bei Hienheim, Ldkr. Kelheim, Teil II-IV. Materialh. bayer. Vorgesch. R. A, Bd. 57, 1986.

Modrijan 1972: W. Modrijan, Die steirischen Höhlen als Wohnstätten des Menschen. In: Ders. (Hrsg.), Höhlenforschung in der Steiermark, 1972, 61-86.

Mötefindt 1914: H. Mötefindt, Die Diebeshöhle bei Uftrungen, Kr. Sangershausen. Zeitschr. Ethn. 46, 1914, 646-661.

Mogk 1909: E. Mogk, Die Menschenopfer bei den Germanen. Abhandl. Königl. Sächs. Ges. Wiss., Phil. Hist. Kl. 27, 1909, 601ff.

Ders. 1912: Ein Nachwort zu den Menschenopfern bei den Germanen. Archiv Religionswiss. 15, 1912, 422-434.

Monegal 1982: E. R. Monegal (Hrsg.), Chroniken Lateinamerikas von Kolumbus bis zu den Unabhängigkeitskriegen. Frankfurt/M. 1982.

Montagu 1968: A. Montagu (Hrsg.), The Concept of the Primitive. New York 1968.

Ders. 1973: (Hrsg.), Man and Aggression. New York 1973.

Mortillet 1886: G. de Mortillet, Anthropophagie (Paléoethnologie). Dictionnaire des Sciences Anthropologiques 1, Paris 1886.

Mortillet 1914: P. de Mortillet, Origine du Culte des Morts: Les Sépultures Préhistoriques. Paris 1914.

Morton 1954: F. Morton, Hallstatt. Die letzten 150 Jahre. Hallstatt 1954.

Moschkau 1967: R. Moschkau, Ein mittelalterlicher Grapen mit Menschenhaar vom Matthäi-Kirchhof in Leipzig. Ausgr. u. Funde 12, 1967, 107-110.

Moser 1968: M. Moser, Schachthöhlen als Kult- und Opferstätten. Die Höhle, Zeitschr. für Karst- und Höhlenkunde 19, 1968, 6-20.

Ders. 1969a: Über den Stand der archäologischen Forschungen in Schachthöhlen Deutschlands unter Berücksichtigung ausländischer Parallelfundstellen. Abhandlungen 5. Internationaler Kongreß für Speläologie, Stuttgart, Bd. 3, H. 11, 1969, H 11/1 - H 11/10.

Ders. 1969b: Opferhöhlen. Der Zwiebelturm 24, 1969, 276-280.

Moser, Geyer u. Walter 1970: M. Moser, M. Geyer und E. Walter, Prähistorische Forschungen in Schachthöhlen Oberfrankens. Die Höhle, Zeitschr. für Karst- und Höhlenkunde 21, 1970, 90-105.

Moser u. Übelacker 1977: M. Moser und L. Übelacker, Prähistorische Schädelamulette und chirurgischer Knochenabfall aus Höhlen des Fränkischen Juras. In: P. Schröter (Hrsg.), Festschrift 75 Jahre Anthropologische Staatssammlung München 1902-1977, München 1977, 97-112.

Moskovsky 1975: E. Moskovsky, Deutungsmöglichkeiten von sogenannten Opferfunden. Acta Arch. Hung. 27, 1975, 5-12.

Moßler 1949: G. Moßler, Die jungsteinzeitlichen Schädelbecher vom Taborac. Mitt. Geogr. Ges. Wien 91, 1949, 123-133.

Dies. 1954: Neues zum vorgeschichtlichen Pfahlbau im Keutschacher See. In: Beiträge zur älteren europäischen Kulturgeschichte (Festschrift R. Egger III), 1954, 76-109.

Mozsolics 1987: A. Mozsolics, Verwahr- oder Opferfunde? Bemerkungen zur Arbeit von K. H. Willroth. Acta Arch. Hung. 39, 1987, 93-98.

Much 1876: M. Much, Ein neuer Fund einer aus einem menschlichen Schädel gemachten Schale. Mitt. Anthr. Ges. Wien 6, 1876, 120f.

Mühlmann 1930: W. Mühlmann, Die Schädel aus einer neolithischen Siedlung bei Altenburg in Baden. Zeitschr. Morphologie u. Anthr. 28, 1930, 244f.

Müller 1991: D. W. Müller, Nichtmegalithische Kollektivgräber der Bernburger Kultur. Ein Beitrag zur Ossuarien-Diskussion. In: Horst u. Keiling (Hrsg.), Bestattungswesen und Totenkult, 1991, 55-62.

Müller 1986: F. Müller, Der latènezeitliche Massenfund von der Tiefenau bei Bern. Arch. Korrbl. 16, 1986, 191f.

Müller 1957: H.-H. Müller, Eine bandkeramische Siedlungsbestattung von Ballenstedt, Kr. Quedlinburg. Jahresschr. Halle 41, 1957, 191-196.

Ders. 1977: Die Tierreste aus der Wiprechtsburg bei Groitzsch, Kr. Borna. Arbeits- u. Forschber. Sachsen 22, 1977, 101-170.

Müller 1968: K. E. Müller, Zur Frage der Altentötung im westeurasiatischen Raum. Paideuma 14, 1968, 17-44.

Ders. 1973/74: Grundzüge der agrarischen Lebens- und Weltanschauung. Paideuma 19/20, 1973/74, 54-124.

Ders. 1972 u. 1980: Geschichte der antiken Ethnographie und ethnologischen Theoriebildung. Von den Anfängen bis auf die byzantinischen Historiographien. Studien zur Kulturkunde 29 (Teil I), 1972 und 52 (Teil II), 1980.

Ders. 1989: Die bessere und die schlechtere Hälfte. Ethnologie des Geschlechterkonflikts. Frankfurt/M.-New York 1989.

Müller 1921/22: P. Müller, Ein steinzeitliches Kindermassengrab zu Lipkeschbruch, Neumark. Prähist. Zeitschr. 13/14, 1921/22, 156f.

Müller 1985: R. Müller, Die Grabfunde der Jastorf- und Latènezeit an unterer Saale und Mittelelbe. Veröffentl. Landesmus. Halle 38, 1985.

Müller-Beck 1983: H. Müller-Beck (Hrsg.), Urgeschichte in Baden-Württemberg. Stuttgart 1983.

Müller-Kuales 1939: G. Müller-Kuales, Bestattungen der Badener Kultur auf älteren Siedlungstrümmern in Békásmegyer (Krottendorf) bei Budapest. Mitt. Anthr. Ges. Wien 69, 1939, 166-173.

Müller-Wille 1989: M. Müller-Wille, Heidnische Opferplätze im frühgeschichtlichen Europa nördlich der Alpen. Die archäologische Überlieferung und ihre Deutung. Berichte aus den Sitzungen der Joachim Jungius-Gesellschaft der Wissenschaften e.V. Hamburg, Jg. 7, H. 3, 1989.

Münzel 1983: M. Münzel, Gejagte Jäger. Die Aché in Ostparaguay. Frankfurt/M. 1983.

Mulertt 1932: W. Mulertt, Der 'wilde Mann' in Frankreich. Zeitschr. für französische Sprache und Literatur 56, 1932, 69-88.

Munksgaard 1984: E. Munksgaard, Bog Bodies - a Brief Survey of Interpretations. Journal of Danish Arch. 3, 1984, 120-123.

Murray 1985: S. O. Murray, Die ethnoromantische Versuchung. In: Duerr (Hrsg.), Der Wissenschaftler und das Irrationale I, 1985, 104-112.

Nadler 1985: M. Nadler, Zu den vorgeschichtlichen Funden aus der Mittelnische bei Kelheim. Festschrift 10 Jahre Landesamt für Denkmalpflege Niederbayern, 1985, 25-36.

Ders. 1991: Eine Opfergrube der späten Urnenfelderzeit aus Hohentrüdingen. Das Arch. Jahr in Bayern 1990, 1991, 55-57.

Narr 1960: K. J. Narr, Rezension von G. Behm-Blancke: Altsteinzeitliche Rastplätze im Travertingebiet von Taubach, Weimar, Ehringsdorf/Alt-Thüringen, Jahresschrift des Museums für Ur- und Frühgeschichte Thüringens 4, 1959/60. Zeitschr. Ethn. 85, 1960, 278-281.

Ders. 1963: Wege zum Verständnis prähistorischer Religionsformen. Kairos 5, 1963, 179-188.

Ders. 1977: Das Rätsel von Neuessing. Bemerkungen zu dem Skelettfund aus der Mittleren Klause. In: P. Schröter (Hrsg.), Festschrift 75 Jahre Anthropologische Staatssammlung München 1902-1977, München 1977, 53-56.

Ders. 1982: Struktur und Ereignis: Einige urgeschichtliche Aspekte. In: N. A. Luyten (Hrsg.), Wege zum Wirklichkeitsverständnis. Struktur und Ereignis I. Veröffentl. Inst. Görres-Ges. interdisziplinäre Forsch. 11. Freiburg-München 1982, 35-61.

Ders. 1991: Hienheim, Schernau, Kelheim: Mögliche Lehren und erneute Fragen. Prähist. Zeitschr. 66, 1991, 1-9.

Needham 1973: R. Needham (Hrsg.), Right and Left: Essays on Dual Classification. Univ. of Chicago Press 1973.

Nehring 1884: A. Nehring, Über die Höhle von Holzen (Kreis Holzminden). Zeitschr. Ethn. 16, 1884, (83)-(95).

Nekvasil u. Podborský 1991: J. Nekvasil und V. Podborský, Die Bronzegefäße in Mähren. PBF II, 13, 1991.

Nesner 1988: H.-J. Nesner, "Hexenbulle" (1484) und "Hexenhammer" (1487). In: Schwaiger (Hrsg.), Teufelsglaube und Hexenprozesse, 1988, 85-101.

Neugebauer 1961: A. Neugebauer, Zwei vorgeschichtliche Tierskelette von Zauschwitz, Kr. Borna. Ausgr. u. Funde 6, 1961, 61f.

Neugebauer 1975: J.-W. Neugebauer, Bronzezeitliche Ansiedlungen in Großweikersdorf, p.B. Tulln, NÖ. Ein Beitrag zur Gliederung der Věteřov-Kultur in Niederösterreich. Arch. Austriaca 58, 1975, 5-73.

Ders. 1983/84: Befestigungen und Kultanlagen des Mittelneolithikums in Niederösterreich am Beispiel von Falkenstein-"Schanzboden" und Friebritz. Mitt. Österr. Arbeitsgem. Ur- u. Frühgesch. 33/34 (Symposium über mittelneolithische Grabenanlagen in Zentraleuropa), 2. Teil, 1983/84, 175-187.

Ders. 1987: Die Bronzezeit im Osten Österreichs. Forschungsber. zur Ur- und Frühgesch. 13, 1987.

Ders. 1991: Die Nekropole F von Gemeinlebarn, Niederösterreich. Röm.-Germ. Forsch. 49, 1991.

Ders. 1992: Früh- und mittelbronzezeitliche Sonderbestattungen in Ostösterreich. In: Universitätsforsch. Prähist. Arch. 8 (Festschrift zum 50jährigen Bestehen des Institutes für Ur- und Frühgeschichte der Leopold-Franzens-Universität Innsbruck), 1992, 433-444.

Neugebauer u. Gattringer 1976: J.-W. Neugebauer und A. Gattringer, Eine frühbronzezeitliche Kulturgrube mit Doppelbestattung aus der KG. Oberndorf/Ebene (OG. Stadt Herzogenburg, p.B. St. Pölten, NÖ). Mitt. Anthr. Ges. Wien 116, 1976, 48-64.

Neuville 1931: H. Neuville, Cannibalisme et carences alimentaires. L'Anthropologie 41, 1931, 552-556.

Newton 1968: A. P. Newton (Hrsg.), Travel and Travellers of the Middle Ages. London 1968 ([1]1926). Darin ders.:

- (i)"Travellers' Tales" of Wonder and Imagination. (ii) European Travellers in Africa in the Middle Ages, 159-173.

Nippel 1990: W. Nippel, Griechen, Barbaren und >Wilde<. Alte Geschichte und Sozialanthropologie. Frankfurt/M. 1990.

Nitzschke 1964: W. Nitzschke, Eine Siedlungsbestattung der frühen Eisenzeit mit anthropomorphen Anhängern von Landsberg, Saalkreis. Ausgr. u. Funde 9, 1964, 38-41.

Ders. 1965: Neue Untersuchungen auf dem Gelände der slawischen Burg in Landsberg, Saalkreis. Ausgr. u. Funde 10, 1965, 46-48.

Nock 1932: A. D. Nock, Cremation and Burial in the Roman Empire. Harvard Theological Review 25, 1932, 321-359.

Nüesch. 1902a: J. Nüesch, Der Dachsenbüel, eine Höhle aus früh-neolithischer Zeit, bei Herblingen, Kanton Schaffhausen. Zürich 1902.

Ders. 1902b: Das Schweizersbild, eine Niederlassung aus palaeolithischer und neolithischer Zeit. Neue Denkschr. der allgemeinen schweizerischen Ges. für die gesammten Naturwiss. 35, Basel 1902.

Nuglisch 1960: K. Nuglisch, Das bronzezeitliche Gräberfeld von Heldrungen, Kr. Artern. Jahresschr. Halle 44, 1960, 135-179.

Oakley u. Hoskins 1951: K. P. Oakley und C. R. Hoskins, Application du Test de la Fluorine aux Crâne de Fontéchevade (Charente). L'Anthropologie 55, 1951, 239-242.

Obermaier 1928: H. Obermaier, Leichennagelung in Altspanien. Festschrift P. W. Schmidt, 1928, 943-948.

Oeftiger 1984: C. Oeftiger, Mehrfachbestattungen im Westhallstattkreis. Zum Problem der Totenfolge. Bonn 1984.

Ohler 1990: N. Ohler, Sterben und Tod im Mittelalter. München und Zürich 1990.

Ders. 1991: Reisen im Mittelalter. München 1991.

Offenberger 1982: J. Offenberger, Der Pfahlbau im Keutschachersee in Kärnten. Fundber. Österr. 21, 1982, 133-141.

Olschki 1941: L. Olschki, What Columbus Saw on Landing in the West Indies. Proc. American Phil. Soc. 84, 1941, 633-659.

Olsen u. Shipman 1988: S. L. Olsen und P. Shipman, Surface Modification on Bone: Trampling versus Butchery. Journal of Arch. Science 15, 1988, 535-553.

Olshausen 1892: O. Olshausen, Leichenverbrennung (und Teilverbrennung). Zeitschr. Ethn. 24, 1892, (129)-(177).

Orme 1974: B. Orme, Twentieth-Century Prehistorians and the Idea of Ethnographic Parallels. Man N.S. 9, 1974, 199-212.

Ders. 1981: Anthropology for Archaeologists. London 1981.

Ortiz de Montellano 1978: B. R. Ortiz de Montellano, Aztec Cannibalism: An Ecological Necessity? Science 200, 1978, 611-617.

Ders. 1983: Counting Skulls: Comment on the Aztec Cannibalism Theory of Harner-Harris. American Anthropologist 85, 1983, 403-406.

Ó'Súilleabháin 1945: S. Ó'Súilleabháin, Foundation Sacrifices. Journal Soc. Antiqu. Ireland 75, 1945, 45-52.

Ottaway u. Hill 1985: B. S. Ottaway und P. H. Hill, Vorbericht der Ausgrabung 1983 in Ergolding-Fischergasse. Festschrift 10 Jahre Landesamt für Denkmalpflege Niederbayern, 1985, 38-45.

Ottaway u. Hodgson 1985: B. S. Ottaway und J. Hodgson, Ausgrabungen auf dem Galgenberg bei Kopfham. Das Arch. Jahr in Bayern 1984, 1985, 37-39.

Otto 1939: W. F. Otto, Der Sinn der eleusinischen Mysterien. Eranos-Jahrbuch VII, 1939, 83-112.

Ders. 1983: Die Manen oder Von den Urformen des Totenglaubens. Eine Untersuchung zur Religion der Griechen, Römer und Semiten und zum Volksglauben überhaupt. Darmstadt 1983 ([1]1927).

Ottoson 1980: M. Ottoson, Temples and Cult Places in Palestine. Acta Universitatis Upsaliensis, Boreas 12, 1980.

Pader 1982: E.-J. Pader, Symbolism, Social Relations and the Interpretation of Mortuary Remains. Brit. Arch. Reports Int. Ser. 130, 1982.

Pätzold 1983: J. Pätzold, Die vor- und frühgeschichtlichen Geländedenkmäler Niederbayerns. Materialh. bayer. Vorgesch. R. B, Bd. 2, 1983.

Paret 1955: O. Paret, Das Steinzeitdorf Ehrenstein bei Ulm (Donau). Stuttgart 1955.

Ders. 1961: Württemberg in vor- und frühgeschichtlicher Zeit. Stuttgart 1961.

Parry 1982: J. Parry, Sacrificial death and the necrophagous ascetic. In: Bloch u. Parry (Hrsg.), Death and the Regeneration of Life, 1982, 74-110.

Pastron u. Clewlow 1974: A. G. Pastron und C. W. Clewlow Jr., The Ethno-Archaeology of an unusual Tarahumara Burial Cave. Man N.S. 9, 1974, 308-310.

Pauli 1975: L. Pauli, Keltischer Volksglaube. Amulette und Sonderbestattungen am Dürrnberg bei Hallein und im eisenzeitlichen Mitteleuropa. Münchener Beitr. Vor- u. Frühgesch. 28, 1975.

Ders. 1977: Heidnisches und Christliches im frühmittelalterlichen Bayern. Bayer. Vorgeschbl. 42, 1977, 147-157.

Ders. 1978: Ungewöhnliche Grabfunde aus frühgeschichtlicher Zeit: Archäologische Analyse und anthropologischer Befund. Homo 29, 1978, 44-53.

Pauli u. Glowatzki 1979: L. Pauli und G. Glowatzki, Frühgeschichtlicher Volksglaube und seine Opferstatt. Germania 57, 1979, 143-152.

Pavelčík 1963/64: J. Pavelčík, Nálezy zbytků lidských koster na "Hradě" v Bánově (Überreste menschlicher Knochen auf "Hrad" in Bánov). Festschrift K. Tihelka, 1963/64, 67-69.

Pentikäinen 1969: J. Pentikäinen, The Dead without Status. Temenos 4, 1969, 92-102.

Persson 1931: A. W. Persson, The Royal Tombs at Dendra near Midea. Lund 1931.

Pertlwieser 1975: M. Pertlwieser, Die "Berglitzl" von Gusen. Ein neolithisch-frühbronzezeitlicher Opferplatz an der oberösterreichischen Donau. Evkönyve Szeged 1974-75, 299-310.

Ders. 1976: Ergänzungen, Fakten und Überlegungen zum Kultplatz 'Berglitzl' in Gusen, Oberösterreich. Mannus N.F. 42, 1976, 17-27.

Peschel 1992: C. Peschel, Regel und Ausnahme. Linearbandkeramische Bestattungssitten in Deutschland und angrenzenden Gebieten, unter besonderer Berücksichtigung der Sonderbestattungen. Internationale Archäologie 9, Buch am Erlbach 1992.

Peschel 1980: K. Peschel, Bandkeramische Funde von der mittleren Saale. Ausgr. u. Funde 25, 1980, 242-252.

Ders. 1989: Der Kultfund von Possendorf. Jahresschr. Halle 72, 1989, 43-59.

Peter 1972: J.-P. Peter, Ogres d'archives. Textes présenté par J.-P. Peter. In: Destins du cannibalisme. Nouvelle Revue de Psychanalyse 6, 1972, 249-267.

Petersen 1875: Petersen, Sur la question d'anthropophagie. Congrès International d'Anthr. et d'Arch. Préhist. 4 (Kopenhagen 1869), 1875, 176-178.

Petit 1988: J.-P. Petit, Puits et fosses rituels en Gaule d'après l'exemple de Bliesbruck (Moselle). Edité par le Groupe d'Etude pour le Développement et l'Aménagement du Site Archéologique de Bliesbruck, 1988.

Petrasch 1985/86: J. Petrasch, Das Altheimer Erdwerk bei Alkofen, Gem. Bad Abbach, Lkr. Kelheim. Jahresber. Bayer. Bodendenkmalpflege 26/27, 1985/86, 33-80.

Ders. 1986: Typologie und Funktion neolithischer Öfen in Mittel- und Südosteuropa. Acta Praehist. et Arch. 18, 1986, 33-83.

Ders. 1990: Mittelneolithische Kreisgrabenanlagen in Mitteleuropa. Ber. RGK 71, 1990, 407-564.

Petres 1972: É. F. Petres, On Celtic Animal and Human Sacrifices. Acta Arch. Hung. 24, 1972, 365-383.

Pettazzoni 1950: R. Pettazzoni, Die Wahrheit des Mythos. Paideuma 4, 1950, 1-10.

Petzoldt 1978: L. Petzoldt (Hrsg.), Magie und Religion. Beiträge zu einer Theorie der Magie. Darmstadt 1978.

Pieta 1971: K. Pieta, Die Höhensiedlung der Puchover Gruppe bei Liptovská Mara. Arch. Rozhledy 23, 1971, 326-334.

Pfeiffer 1914: L. Pfeiffer, Die steinzeitliche Muscheltechnik und ihre Beziehungen zur Gegenwart. Jena 1914.

Pfister 1974: F. Pfister, Der Reliquienkult im Altertum. Religionsgeschichtliche Versuche und Vorarbeiten. 1. (1909), 2. (1912). Berlin-New York 1974.

Pigafetta 1983: A. Pigafetta, Die erste Reise um die Erde. Ein Augenzeugenbericht von der Weltumsegelung Magellans 1519-1522 (Hrsg. R. Grün). Stuttgart 1983.

Piggott 1940: S. Piggott, A trepanned skull of the Beaker period from Dorset and the practice of trepanning in prehistoric Europe. Proc. Prehist. Soc. 6, 1940, 112-132.

Pittard 1899: E. Pittard, Sur de nouveau crânes provenant de diverses stations lacustres de l'époque néolitique et de l'âge du Bronze en Suisse. L'Anthropologie 10, 1899, 281-289.

Ders. 1906: Deux nouveaux crânes humains de cités lacustres (âge de la pierre polie et âge du Bronze) en Suisse. L'Anthropologie 17, 1906, 547-557.

Pittioni 1968: R. Pittioni, Zur Interpretation der Station Latène. Provincialia (Festschrift R. Laur-Belart), 1968, 615-618.

Pleiner 1958: R. Pleiner, Úhava o halštatsko-laténské sídlištní keramice severozápadnich chech (Erwägungen über die nordwestböhmische Siedlungskeramik der Hallstatt-Latènezeit). Památky Arch. 49, 1958, 119-142.

Pleinerová 1981: I. Pleinerová, Zu einigen Sonderformen der Mehrbestattungen in der Aunjetitzer Kultur. Festschrift W. A. von Brunn, 1981, 349-362.

Pochat 1970: G. Pochat, Der Exotismus während des Mittelalters und der Renaissance. Voraussetzungen, Entwicklung und Wandel eines bildnerischen Vokabulars. Stockholm Studies in History of Art 21, Uppsala 1970.

Podborský 1988: V. Podborský, Těšetice-Kyjovice 4. Rondel osady lidu s moravskou malovanou keramikou. Brno 1988.

Ders. 1989: Neolithische Kultsitten der Bevölkerung im mährischen Gebiet. In: Schlette u. Kaufmann (Hrsg.), Religion und Kult, 1989, 175-191.

Polenz 1982/83: H. Polenz, Überlegungen zur Nutzung westfälischer Höhlen während der vorrömischen Eisenzeit. Karst und Höhle 1982/83, 117-120.

Poliakov 1979: L. Poliakov, Geschichte des Antisemitismus. I: Von der Antike bis zu den Kreuzzügen. II: Das Zeitalter der Verteufelung und des Ghettos. Worms 1979 ([1]1955).

Polo 1983: M. Polo, Von Venedig nach China. Die größte Reise des 13. Jahrhunderts (Hrsg. T. A. Knust). Stuttgart 1983.

Polson 1962: C. J. Polson, The Disposal of the Dead. London 1962.

Poole 1983: F. J. P. Poole, Cannibals, Tricksters, and Witches: Anthropophagic Images Among Bimin-Kuskusmin. In: Brown u. Tuzin (Hrsg.), The Ethnography of Cannibalism, 1983, 6-32.

Potts u. Shipman 1981: R. Potts und P. Shipman, Cutmarks made by stone tools on bones from Olduvai Gorge, Tanzania. Nature 291, 1981, 577-580.

Preidel 1953: H. Preidel, Leichenzerstückelung und Seuchenfriedhöfe bei den Germanen der Völkerwanderungszeit. Stifter-Jahrbuch 3, 1953, 203-211.

Preuss 1957: J. Preuss, Ein Grabhügel der Baalberger Gruppe von Preußlitz, Kr. Bernburg. Jahresschr. Halle 41, 1957, 197-212.

Ders. 1966: Die Baalberger Gruppe in Mitteldeutschland. Veröffentl. Landesmus. Vorgesch. Halle 21, 1966.

Price 1978: B. J. Price, Demystification, enriddlement and Aztec cannibalism: A materialist rejoinder to Harner. American Ethnologist 5, 1978, 98-115.

Primas 1977: M. Primas, Untersuchungen zu den Bestattungssitten der ausgehenden Kupfer- und frühen Bronzezeit. Ber. RGK 58, 1977, 1-160.

Dies. 1979: Gräberfeldanalyse und Siedlungsforschung. Ansätze zu einer Rekonstruktion der frühbronzezeitlichen Sozialsysteme im südöstlichen Mitteleuropa. Archives Suisses Anthr. Générale 43, 1979, 139-150.

Pyrgaki 1987: M. Pyrgaki, L'habitat au cours de la préhistoire (de la période précéramique à l'âge du bronze) d'après les trouvailles effectuées à Sesklo et à Dimini, en Thessalie. Athènes 1987.

Ráček 1985: M. Ráček, Die nicht zu Erde wurden ... Kulturgeschichte der konservierenden Bestattungsformen. Wien-Köln-Graz 1985.

Raczky 1982: P. Raczky, A házba való temetkezé szokásának kezdetei Délkelet-Európában (Origins of the custom of burying the dead inside houses in South-East-Europe). Előmunkálatok a Magyarság Néprajzához 10, 1982, 17-26.

Radcliffe-Brown 1922: A. R. Radcliffe-Brown, The Andaman Islanders. Cambridge Univ. Press 1922.

Raddatz 1952: K. Raddatz, Zur Deutung der Funde von LaTène. Offa 11, 1952, 24-28.

Ders. 1980: Anmerkungen zum Totenbrauchtum im Mittelneolithikum. Nachr. Niedersachs. Urgesch. 49, 1980, 61-65.

Radin 1957: P. Radin, Primitive Religion. Its Nature and Origin. New York 1957 ([1]1937).

Randall 1971: M. E. Randall, Comment on "The Limited Nutritional Value of Cannibalism". American Anthropologist 73, 1971, 269.

Rataj 1958: J. Rataj, Únětické pohřebiště na Hrušově (Das Aunjetitzer Gräberfeld in Hrušov (Bez. Ml. Boleslav), Böhmen). Arch. Rozhledy 10, 1958, 305-312.

Rathje 1985: W. L. Rathje, The cannibal debate. The Wilson Quarterly 9, 1985, 134f.

Ratzel 1887: F. Ratzel, Zur Beurtheilung der Anthropophagie. Mitt. Anthr. Ges. Wien 17, 1887, 81-85.

Raulff 1987: U. Raulff (Hrsg.), Mentalitäten-Geschichte. Zur historischen Rekonstruktion geistiger Prozesse. Berlin 1987.

Rech 1974: M. Rech, Opferfunde der Stein-/Kupferzeit in Nordeuropa. Arch. Korrbl. 4, 1974, 307-313.

Ders. 1979: Studien zu Depotfunden der Trichterbecher- und Einzelgrabkultur des Nordens. Offa-Bücher 39, 1979.

Ders. 1980: Bauopfer und Deponierungssitten in Mesoamerika. Beitr. zur Allgemeinen und Vergleichenden Arch. 2, 1980, 505-528.

Redondi 1991: P. Redondi, Galilei, der Ketzer. München 1991 ([1]1983).

Reed 1974: P. P. Reed, Alive: The story of the Andes survivors. Philadelphia 1974.

Reichel-Dolmatoff 1967: C. Reichel-Dolmatoff, Notas sobre el simbolismo religioso de los Indios de la Sierra Nevada de Santa Marta. Razón y Fabula, Revista de la Univ. de los Andes 1, 1967, 55-72.

Reichenberger 1988: A. Reichenberger, Temenos - Templum - Nemeton - Viereckschanze. Bemerkungen zu Namen und Bedeutung. Jahrb. RGZM 35, 1988, 285-298.

Reid 1979: S. Reid, The Kwakiutl Man Eater. Anthropologica 21, 1979, 247-275.

Reim 1976: H. Reim, Die Burghöhle bei Dietfurt, Gde. Inzigkofen-Vilsingen, Krs. Sigmaringen. Zur nachmesolithischen Besiedlung von Höhlen im Donautal zwischen Tuttlingen und Sigmaringen. Mitt. Verband deutscher Höhlen- und Karstforscher 22, 1976, 85-95.

Ders. 1978: Ein frühalamannischer Bestattungsplatz in der Sontheimer Höhle bei Heroldstatt-Sontheim, Alb-Donau-Kreis. Arch. Ausgr. 1977, 1978, 79-83.

Ders. 1980: Ein Kultplatz der Urnenfelder- und Hallstattkultur bei Berghülen-Treffensbuch, Alb-Donau-Kreis. Arch. Ausgr. 1979, 1980, 33-38.

Reinecke 1897: P. Reinecke, Eine neolithische Ansiedlung mit Bandkeramik in Württemberg. Prähist. Bl. 9, 1897, 19-22.

Reinecke u. Wagner 1926: P. Reinecke und F. Wagner, Neue Funde und Forschungen. Bayer. Vorgeschfreund. 1926, 64f.

Reisenhauer 1977: H. Reisenhauer, Bronzezeitliche Funde aus dem Brunnerschacht bei Vorra, Ldkr. Nürnberger Land. In: P. Schröter (Hrsg.), Festschrift 75 Jahre Anthropologische Staatssammlung München 1902-1977, München 1977, 97-104.

Renfrew 1973: C. Renfrew (Hrsg.), The explanation of culture change: Models in prehistory. London 1973.

Richter 1960: E. Richter, Die "andächtige Beraubung" geistlicher Toter als volksglaubenskundliches Phänomen. Ein volkskundlicher Grundbeitrag zur Geschichte der Reliquienverehrung. Bayer. Jahrb. für Volkskunde 1960, 82-104.

Rittershofer 1987: K.-F. Rittershofer, Grabraub in der Bronzezeit. Ber. RGK 68, 1987, 5-23.

Robe 1972: S. L. Robe, Wild Men and Spain's Brave New World. In: Dudley u. Novak (Hrsg.), The Wild Man Within, 1972, 39-53.

Röder 1943: J. Röder, Der Kreisgrabenfriedhof von Mülheim, Ldkr. Koblenz. Germania 27, 1943, 1-20.

Ders. 1948: Der Goloring. Ein eisenzeitliches Heiligtum vom Henge-Charakter im Koberner Wald (Landkreis Koblenz). Bonner Jahrb. 148, 1948, 81-132.

Rösler 1983: H. Rösler, Eine mittelbronzezeitliche Opferstelle auf dem Gräberfeld der Lausitzer Kultur von Drehna, Kr. Luckau. Ausgr. u. Funde 28, 1983, 57-64.

Rohde 1961: E. Rohde, Psyche. Seelencult und Unsterblichkeitsglaube der Griechen. Darmstadt 1961 ([1]1894).

Rohdewohld 1991: B. Rohdewohld, Zur Problematik der ethnohistorischen Auswertung des Reiseberichts von Hans Staden. Neue Romania 10, 1991, 115-134.

Roheim 1977: G. Roheim, Psychoanalyse und Anthropologie. Drei Studien über die Kultur und das Unbewußte. Frankfurt/M. 1977 ([1]1950).

Rohrbacher u. Schmidt 1991: S. Rohrbacher und M. Schmidt, Judenbilder. Kulturgeschichte antijüdischer Mythen und antisemitischer Vorurteile. Reinbek bei Hamburg 1991.

Rohrl 1970: V. J. Rohrl, A nutritional factor in Windigo Psychosis. American Anthropologist 72, 1970, 97-101.

Rolle 1970: R. Rolle, Zum Problem der Menschenopfer und kultischen Anthropophagie in der vorrömischen Eisenzeit. Neue Ausgr. u. Forsch. in Niedersachsen 6, 1970, 46-52.

Rollefson 1986: G. O. Rollefson, Neolithic 'Ain Ghazal' (Jordan): Ritual and Ceremony, II. Paléorient 12, 1986, 45-52.

Romilly 1886: H. H. Romilly, The Western Pacific and New Guinea: Notes on the Natives, Christian and Cannibal. London 1886.

Roper 1969: M. K. Roper, A survey of evidence for intrahuman killing in the Pleistocene. Current Anthr. 10, 1969, 427-459.

Roscoe 1902: J. Roscoe, Further Notes on the Manners and Customs of the Baganda. Journal Royal Anthr. Inst. Great Britain and Ireland 32, 1902, 25-80.

Rosensprung 1936: L. M. Rosensprung, Die menschlichen Skelettreste aus der Bejciskala-Höhle (Hallstattzeit). Mitt. Anthr. Ges. Wien 66, 1936, 338-344.

Ross 1959: A. Ross, The Human Head in Insular Pagan Celtic Religion. Proc. Soc. Antiqu. Scotland 91, 1959, 10-43.

Dies. 1962: Severed Heads in Wells: An Aspect of the Well-Cult. Scottish Studies 6, 1962, 31-48.

Dies. 1968: Shafts, Pits, Wells? Sanctuaries of the Belgic Britons. Studies in Ancient Europe (Festschrift S. Piggott), 1968, 255-285.

Dies. 1976: Ritual Rubbish? The Newstead Pits. Festschrift S. Piggott, 1976, 230-237.

Ross 1968: E. D. Ross, Prester John and the Empire of Ethiopia. In: Newton (Hrsg.), Travel and Travellers of the Middle Ages, 1968, 174-194.

Rothe 1982/83: D. Rothe, Ur- und frühgeschichtliche Funde in südwestfälischen Höhlen. Karst und Höhle 1982/83, 95-111.

Roujou 1867: A. Roujou, Remarques sur les foyers de Villeneuve-Saint-Georges. Bull. Soc. Anthr. Paris 2, Ser. II, 1867, 236-240.

Rouse 1964: I. Rouse, Prehistory of the West Indies. The Indians Columbus encountered when he discovered the New World were moving up from South America. Science 144, 1964, 499-513.

Rozoy 1965: J.-G. Rozoy, Les tombes sans crânes à La-Tène I au Mont-Troté. Bull. Soc. Préhist. France 62, 1965, 253-261.

Rudigier 1992: B. Rudigier, Das "Heilige Experiment" - der Gott der Weißen. Über die Christianisierung der Neuen Welt. In: Amerika 1492-1992, 1992, 53-60.

Rudolph 1968: W. Rudolph, Der kulturelle Relativismus. Berlin 1968.

Ruffie u. Sournia 1992: J. Ruffie und J.-C. Sournia, Die Seuchen in der Geschichte der Menschheit. München 1992.

Ruoff 1964: U. Ruoff, Eine Spätlatènesiedlung bei Marthalen. Jahrb. Schweiz. Ges. Urgesch. 51, 1964, 47-62.

Russell 1987: M. D. Russell, Mortuary Practices at the Krapina Neandertal Site. American Journal of Physical Anthr. 72, 1987, 381-397.

- Bone Breakage in the Krapina Hominid Collection, ebd., 373-379.

Rutkowski 1985: B. Rutkowski, Untersuchungen zu bronzezeitlichen Bergheiligtümern auf Kreta. Germania 63, 1985, 345-359.

Rutot 1907: A. Rutot, Le cannibalisme à l'époque des cavernes en Belgique. Bull. préhist. 4, 1907, 318-126.

Ruttkay 1970: E. Ruttkay, Das jungsteinzeitliche Hornsteinbergwerk mit Bestattung von der Antonshöhe bei Mauer (Wien 23). Mitt. Anthr. Ges. Wien 100, 1970, 70-83.

Saád 1930: A. von Saád, Ein Fall von Kannibalismus aus der Neolithzeit in der Istalloskőer Höhle, Ungarn, Bükk-Gebirge. Eiszeit und Urgeschichte 7, 1930, 107-110.

Saal 1974: W. Saal, Briquetagefunde aus Meuschau, Kr. Merseburg. Ausgr. u. Funde 19, 1974, 17-19.

Sagan 1974: E. Sagan, Cannibalism, Human Aggression and Cultural Form. London 1974.

Ders. 1982: Toward a Theory of Human Sacrifice. The Journal of Psychohistory 10, 1982, 115-140.

Ders. 1987: Tyrannei und Herrschaft. Die Wurzeln von Individualismus, Despotismus und modernem Staat. Hawaii - Tahiti - Buganda. Reinbek bei Hamburg 1987 ([1]1985).

Sahlins 1972: M. Sahlins, Stone Age Economics. Chicago 1972.

Ders. 1978: Culture as Protein and Profit. New York Review of Books, Nov. 23, 1978, 45-52.

Ders. 1979: Cannibalism: An Exchange. New York Review of Books, March 22, 1979, 46f.

Ders. 1981: Kultur und praktische Vernunft. Frankfurt/M. 1981 ([1]1976).

Ders. 1983: Raw Women, Cooked Men, and Other "Great Things" of the Fiji Islands. In: Brown u. Tuzin (Hrsg.), The Ethnography of Cannibalism, 1983, 72-93.

Ders. 1986: Der Tod des Kapitän Cook. Geschichte als Metapher und Mythos als Wirklichkeit in der Frühgeschichte des Königreiches Hawaii. Berlin 1986.

Sakellarakis u. Sapouna-Sakellaraki 1981: Y. Sakellarakis und E. Sapouna-Sakellaraki, Drama of Death in a Minoan Temple. National Geographic 159, 1981, 204-223.

Salaš 1988: M. Salaš, Poznámky k interpretaci lidských kosterních pozůstatků velatického osídlení na Cézavách u Blučiny (Zur Interpretation der menschlichen Skelettüberreste der Velatice-Besiedlung in Cézavy bei Blučina). In: Dočkalová (Hrsg.), Antropofagie, 1988, 189-200, 246-248.

Ders. 1990: Únětická sídlištní jáma s lidskými kosterními pozůstatky na Cézavách u Blučiny (Die Úněticer Vorratsgrube mit menschlichen Skelettresten auf Cézavy bei Blučina). Památky Arch. 81, 1990, 275-307.

Sampson 1987: A. Sampson, The Early Helladic graves of Manika: Contribution to the socioeconomic conditions of the Early Bronze Age. In: Laffineur (Hrsg.), Thanatos, 1987, 19-28.

Sanday 1986: P. Reeves Sanday, Divine hunger. Cannibalism as a cultural system. Cambridge Univ. Press 1986.

Sangmeister 1962: E. Sangmeister, Urnenfelderzeitliche Siedlungsfunde auf dem "Höhlenstein" bei Hüfingen, Ldkrs. Donaueschingen. Bad. Fundber. 22, 1962, 17-23.

Ders. 1977: Zur Bedeutung urgeschichtlicher Kulturgrenzen. Historia Integra (Festschrift E. Hassinger), 1977, 9-31.

Sarbach 1961/62: R. Sarbach, Das Eggli bei Spiez (Berner Oberland), eine Kultstätte der Urnenfelder- und Hallstattzeit. Jahrb. Hist. Mus. Bern 41/42, 1961/62, 478-487.

Sartori 1898: P. Sartori, Über das Bauopfer. Zeitschr. Ethn. 30, 1898, 1-54.

Schaaff 1966: U. Schaaff, Zur Belegung latènezeitlicher Friedhöfe der Schweiz. Jahrb. RGZM 13, 1966, 49-59.

Schaaffhausen 1870: H. Schaaffhausen, Die Menschenfresserei und das Menschenopfer. Archiv für Anthr. 4, 1870, 245-286.

Ders. 1888: Die vorgeschichtliche Ansiedelung in Andernach. Bonner Jahrb. 86, 1888, 1-41.

Schacht 1982: S. Schacht, Ein verziertes Schädelrondell von Vanselow, Kr. Demmin. Ausgr. u. Funde 27, 1982, 100-105.

Schäfer 1976: G. Schäfer, Eine "Opfergrube" der vorrömischen Eisenzeit bei Karby, Kreis Rendsburg-Eckernförde. Die Heimat 83, 1976, 122-124.

Schaefer 1971: U. Schaefer, Künstliche Eröffnung des Foramen occipitale magnum bei Vormenschen und rezenten Schimpansen. Anthr. Anz. 33, 1971, 109-113.

Schaeffer 1925/26: F.-A. Schaeffer, Sépultures d'accroupis et caves de cabanes néolithique d'Achenheim. Cahiers Arch. et Hist. Alsace 61, 1925/26, 273-285.

Schäffer u. Steger 1985: J. Schäffer und U. Steger, Zu neuen Tierknochenfunden aus dem Oppidum von Manching (Grabungsjahre 1965-1967 und 1971). Germania 63, 1985, 57-73.

Schauer 1981: P. Schauer, Urnenfelderzeitliche Opferplätze in Höhlen und Felsspalten. Festschrift W. A. von Brunn, 1981, 403-418.

Scheck 1977: K. Scheck, Die Tierknochen aus dem jungsteinzeitlichen Dorf Ehrenstein. Forsch. u. Ber. Vor- u. Frühgesch. Baden-Württemberg 9, 1977.

Scheffrahn 1974: W. Scheffrahn, Anthropologischer Bericht zum neolithischen Skelett von Meilen (Feldmeilen-Vorderfeld) 1971. Archives Suisses Anthr. Générale 38, 1974, 15-27.

Schermer 1951: H. Schermer, Zwei Opfergruben der Spätlatènezeit von Wallertheim/Rheinhessen. Germania 29, 1951, 252f.

Schiefenhövel 1986: W. Schiefenhövel, Sterben und Tod bei den Eipo im Hochland von West-Neuguinea. In: Sich, Figge u. Hinderling (Hrsg.), Sterben und Tod, 1986, 191-208.

Schietzel 1965: K. Schietzel, Müddersheim. Eine Ansiedlung der jüngeren Bandkeramik im Rheinland. Fundamenta R. A, Bd. 1, 1965.

Schlabow 1953: K. Schlabow, Leichtvergängliche Stoffe aus der Wurtengrabung Hessens, 5. Das Hausopfer von Hessens. Probleme der Küstenforschung im Gebiet der südlichen Nordsee 5, 1953, 26-43.

Schlaginhaufen 1924: O. Schlaginhaufen, Die anthropologischen Funde aus den Pfahlbauten der Schweiz (Pfahlbauten, Zehnter Bericht). Mitt. Antiqu. Ges. Zürich 29, 1924, 220-241.

Ders. 1925: Die menschlichen Skelettreste aus der Steinzeit des Wauwilersees (Luzern) und ihre Stellung zu anderen anthropologischen Funden aus der Steinzeit. Zürich 1925.

Ders. 1948a: Über ein Skelett aus der Latène-Zeit mit trepaniertem Schädel. Festschrift O. Tschumi, 1948, 97-111.

Ders. 1948b: Die prähistorischen menschlichen Knochenreste von Alt-Tierstein. Argovia 60, 1948, 31-37.

Schlenther 1955: U. Schlenther, Begräbnissitten bei außereuropäischen Völkern im Vergleich zur Urgeschichte. Die Kunde N.F. 6, 1955, 67-73.

Dies. 1960: Brandbestattung und Seelenglauben. Verbreitung und Ursachen der Leichenverbrennung bei außereuropäischen Völkern. Berlin 1960.

Schlette u. Kaufmann 1989: F. Schlette und D. Kaufmann (Hrsg.), Religion und Kult in ur- und frühgeschichtlicher Zeit. Historiker-Ges. der DDR, XIII. Tagung 1985 in Halle. Berlin 1989.

Rez.: Acta Praehist. et Arch. 22, 1990 (S. Hansen).

Schlüter 1975: W. Schlüter, Vorbericht über die Ausgrabungen auf der Pipinsburg bei Osterode am Harz im Jahre 1974. Nachr. Niedersachs. Urgesch. 44, 1975, 113-140.

Ders. 1987: Die Pipinsburg bei Osterode am Harz. In: Damit die Jahrtausende nicht spurlos vergehen... Archäologische Denkmalpflege im Landkreis Osterode am Harz 1986/87, 1987, 37-45.

Schmid 1969: E. Schmid, Knochenfunde als archäologische Quellen durch sorgfältige Ausgrabungen. In: Boessneck (Hrsg.), Archäologisch-biologische Zusammenarbeit, 1969, 100-111.

Schmidt 1956: B. Schmidt, Eine Dreierbestattung der Baalberger Kultur von Wildschütz. Jahresschr. Halle 40, 1956, 9-12.

Ders. u. Wagner 1983: B. Schmidt und K. Wagner, Eine spätbronzezeitliche Siedlungsgrube von Klosterhäseler, Kr. Naumburg. Ausgr. u. Funde 28, 1983, 182-189.

Schmidt 1949: L. Schmidt, Die Bedeutung der modernen Volksglaubensforschung für die Urgeschichte. Arch. Austriaca 4, 1949, 140-167.

Schmidt 1988: M. Schmidt, Ritualmordbeschuldigungen und exemplarisches Wissen. In: Gerndt (Hrsg.), Stereotypvorstellungen, 1988, 44-56.

Schmidt 1913: R. R. Schmidt, Die altsteinzeitlichen Schädelgräber der Ofnet und der Bestattungsritus der Diluvialzeit. Stuttgart 1913.

Schmidt-Thomé 1987: P. Schmidt-Thomé, Eine Grottenburg am Isteiner Klotz, Gemeinde Efringen-Kirchen, Kreis Lörrach. Ausgr. in Baden-Württemberg 1986, 1987, 236-241.

Schmied-Kowarzik u. Stagl 1981: W. Schmied-Kowarzik und J. Stagl (Hrsg.), Grundfragen der Ethnologie. Beiträge zur gegenwärtigen Theoriediskussion. Berlin 1981.

Schmitz 1958: C. A. Schmitz, Zum Problem des Kannibalismus im nördlichen Neuguinea. Paideuma 6, 1954-58, 381-410.

Ders. 1964: (Hrsg.), Religionsethnologie. Frankfurt/M. 1964.

Schmitz u. Pieper 1992: R.-W. Schmitz und P. Pieper, Schnittspuren und Kratzer. Anthropogene Veränderungen am Skelett des Urmenschenfundes aus dem Neandertal - Vorläufige Befundaufnahme. Das Rheinische Landesmuseum Bonn, Berichte, 1992, 17-19.

Schneebaum 1970: T. Schneebaum, Keep the River on Your Right. New York 1970 ([1]1969).

Schönberger 1952: H. Schönberger, Die Spätlatènezeit in der Wetterau. Saalburg-Jahrb. 11, 1952, 21-130.

Schöppl v. Sonnwalden 1992: H. Schöppl v. Sonnwalden, Kannibalismus bei den nordamerikanischen Indianern und Eskimo. Wyk auf Föhr 1992.

Schofield 1951: J. N. Schofield, Archaeology and the Afterlife. London 1951.

Schott 1979a: L. Schott, Schädelbestattungen als Zeugnisse kultischen Denkens beim Altpaläolithiker. Biologische Rundschau 17, 1979, 34-39.

Ders. 1979b: Schädelkult, Kopfjagd und Kannibalismus in ihren wechselseitigen Beziehungen. Biologische Rundschau 17, 1979, 373-378.

Ders. 1979c: Schädelkult im Mittelpleistozän? Ethn.-Arch. Zeitschr. 20, 1979, 1-14.

Ders. 1982: Schädelbestattungen und Schädelkult im Lichte archäologischer Zeugnisse. Festschrift W. Coblenz II, 1982, 461-469.

Ders. 1983: Cannibalism as a factor favouring the spreading of a virus disease. Anthropologie (Brno) 21, 1983, 73-75.

Schreiber 1984: R. Schreiber, Überreste einer Siedlung aus der frühen Bronzezeit im Botanischen Garten von Soroksár. Budapest Régiségei 26, 1984, 135-143.

Schröter 1977/78: P. Schröter, Der Beitrag Niederbayerns zur Anthropologie der Steinzeiten in Bayern. Jahresber. Hist. Ver. Straubing 1977/78, 5-20.

Ders. 1979: Ein Knochenartefakt beim "jungpaläolithischen" Skelettfund aus der mittleren Klause bei Neuessing (Niederbayern). Arch. Korrbl. 9, 1979, 155-158.

Ders. 1985a: Skelettreste aus zwei römischen Brunnen von Regensburg-Harting als archäologische Belege für Menschenopfer bei den Germanen der Kaiserzeit. Das Arch. Jahr in Bayern 1984, 1985, 118-120.

Ders. 1985b: Zu den Menschenresten aus dem Abri "Mittelnische" im Donaudurchbruch unweit Kelheim (Niederbayern). Festschrift 10 Jahre Landesamt für Denkmalpflege Niederbayern, 1985, 37.

Schroubek 1982: G. R. Schroubek, Zur Kriminalgeschichte der Blutbeschuldigung. >Ritualmord<-Opfer und Justizmordopfer. Monatsschr. Kriminologie und Strafrechtsreform 65, 1982, 2-17.

Schubart 1959: H. Schubart, Ausgrabungen auf dem früheisenzeitlichen Burgwall von Basedow, Kr. Malchin, 1958. Ausgr. u. Funde 4, 1959, 182-186.

Schuchhardt 1920: C. Schuchhardt, Die Anfänge der Leichenverbrennung. Sitzber. Preuß. Akad. Wiss. 26, 1920, 499-521.

Schuldt 1973: E. Schuldt, Die steinzeitliche Inselsiedlung im Malchiner See bei Basedow, Kr. Malchin. Jahrb. Bodendenkmalpflege Mecklenburg, 1973, 7-65.

Schulze 1953/54: W. Schulze, Der Vorwurf des Ritualmordes gegen die Christen im Altertum und in der Neuzeit. Zeitschr. für Kirchengesch. 65, 1953/54, 304-306.

Schutzbier u. Hahnel 1987: H. Schutzbier und B. Hahnel, Skelettreste in einer urnenfelderzeitlichen Siedlungsgrube in Mannersdorf am Leithagebirge, NÖ. Fundber. Österreich 26, 1987, 85-93.

Schwab 1972: H. Schwab, Entdeckung einer keltischen Brücke an der Zihl und ihre Bedeutung für LaTène. Arch. Korrbl. 2, 1972, 289-294.

Dies. 1974: Neue Ergebnisse zur Topographie von La-Tène. Germania 52, 1974, 348-367.

Schwabedissen 1958: H. Schwabedissen, Untersuchung mesolithisch-neolithischer Moorsiedlungen in Schleswig-Holstein. Neue Ausgrabungen in Deutschland, 1958, 26-42.

Schwaiger 1988: G. Schwaiger (Hrsg.), Teufelsglaube und Hexenprozesse. München 1988.

Schwarz 1960: K. Schwarz, Spätkeltische Viereckschanzen. Ergebnisse der topographischen Vermessung und der Ausgrabungen 1957-1959. Jahresber. bayer. Bodendenkmalpflege 1960, 7-11.

Ders. 1962: Zum Stand der Ausgrabungen in der spätkeltischen Viereckschanze von Holzhausen. Jahresber. Bayer. Bodendenkmalpflege 1962, 22-77.

Schwarz 1939: R. Schwarz, Trepanierte Schädelfunde aus Basel und Umgebung. Jahrb. Schweiz. Ges. Urgesch. 31, 1939, 144-148.

Schweinfurth 1873: G. Schweinfurth, Das Volk der Monbuttu in Central-Afrika. Zeitschr. Ethn. 5, 1873, 1-33.

Ders. o.J.: Im Herzen von Afrika, 1868-1871. Hrsg. H. Gussenbauer ([1]1874).

Schwenn 1915: F. Schwenn, Die Menschenopfer bei den Griechen und Römern. Religionsgeschichtliche Versuche und Vorarbeiten 15, Heft 3. Gießen 1915.

Schwidetzky 1965: I. Schwidetzky, Sonderbestattungen und ihre paläodemographische Bedeutung. Homo 16, 1965, 230-247.

Scurla 1972: H. Scurla (Hrsg.), Beiderseits des Amazonas. Reisen deutscher Forscher des 19. Jahrhunderts durch Südamerika. Berlin 1972.

Seewald 1971: C. Seewald, Postmesolithische Funde vom Hohlenstein im Lonetal. Fundber. Schwaben N.F. 19, 1971, 342-395.

Seger 1906: H. Seger, Die Steinzeit in Schlesien. Archiv für Anthr. 33, 1906, 116-141.

Seitz u. Schottorf 1956: H. J. Seitz und R. Schottorf, Der Osterstein bei Unterfinningen (Ldkr. Dillingen), eine vorgeschichtliche Kultstätte. Bayer. Vorgeschbl. 21, 1956, 75-85.

Seler 1901: E. Seler, Die Ausgrabungen am Orte des Haupttempels in Mexico. Mitt. Anthr. Ges. Wien 31, 1901, 113-137.

Ders. 1916: Altmexikanische Knochenrassel. Zeitschr. Ethn. 48, 1916, 392-402.

Sell 1952: H. J. Sell, Der schlimme Tod bei den Völkern Indonesiens. Internationales Archiv für Ethnographie 46, 1952, 212-264.

Seyffert 1912: C. Seyffert, Menschenzähne als Schmuck. Deutsche Monatsschrift für Zahnheilkunde 30, 1912, 604-618.

Shankman 1969: P. Shankman, Le Rôti et le Boulli: Lévi-Strauss' Theory of Cannibalism. American Anthropologist 71, 1969, 54-69.

Shanks u. Tilley 1987: M. Shanks und C. Tilley (Hrsg.), Social Theory and Archaeology. Cambridge 1987.

Shaw 1982/83: B. D. Shaw, <Eaters of Flesh, Drinkers of Milk>: The Ancient Mediterranean Ideology of the Pastoral Nomad. Ancient Soc. 13/14, 1982/83, 5-31.

Sheldon 1820: W. Sheldon, Brief Account of the Caraibs who inhabited the Antilles. Transactions American Antiqu. Soc. 1, 1820, 365-433.

Shipman 1981: P. Shipman, Life History of a Fossil: An Introduction to Vertebrate Taphonomy and Paleoecology. Harvard Univ. Press 1981.

Dies. 1983: Early hominid lifestyle: Hunting and gathering or foraging and scavenging? In: Clutton-Brock u. Grigson (Hrsg.), Animals and Archaeology, 1983, 31-49.

Shipman u. Rose 1983: P. Shipman und J. Rose, Early hominid hunting, butchering, and carcass-processing behaviors. Approaches to the fossil record (bone-mark criteria in early hominid behavior). Journal of Anthr. Arch. 2, 1983, 57-98.

Sich, Figge u. Hinderling 1986: D. Sich, H. H. Figge und P. Hinderling (Hrsg.), Sterben und Tod. Eine kulturvergleichende Analyse. Verhandl. VII. Internationale Fachkonferenz Ethnomedizin, Heidelberg 1984. Braunschweig-Wiesbaden 1986.

Sidler 1971: N. Sidler, Zur Universalität des Inzesttabus. Eine kritische Untersuchung der These und der Einwände. Stuttgart 1971.

Siebenmann 1992: G. Siebenmann, Vom Zauber der Erfindungen zum Trug der Empfindungen. Amerika im Spiegel der Literatur. In: Amerika 1492-1992, 1992, 78-87.

Sievers 1989: S. Sievers, Die Waffen von Manching unter Berücksichtigung des Übergangs von LT C zu LT D. Ein Zwischenbericht. Germania 67, 1989, 97-120.

Simpson 1984: A. W. Simpson, Cannibalism and the Common Law: The story of the tragic last voyage of the 'Mignonette' and the strange legal proceedings to which it gave rise. Univ. of Chicago Press 1984.

Sinclair 1977: A. Sinclair, The Savage. A History of Misunderstanding. London 1977.

Sixel 1966: F. W. Sixel, Die deutsche Vorstellung vom Indianer in der ersten Hälfte des 16. Jahrhunderts. Annali del Pontificio Museo Missionario etnologico già Lateranensi 30, 1966, 9-230.

Škerlj 1939: B. Škerlj, Kannibalismus im Altpaläolithikum? Quartär 2, 1939, 108-119.

Slessarev 1959: V. Slessarev, Prester John. The Letter and the Legend. Univ. of Minnesota Press 1959.

Smith 1959: I. Smith, Excavations at Windmill Hill, Avebury, Wilts. 1957-8. Wiltshire Arch. and Natural Hist. Magazine 57, 1959, 149-162.

Smith 1980/81: J. Z. Smith, The Bare Facts of Ritual. History of Religions 20, 1980/81, 112-127.

Smith 1927: W. R. Smith, The Religion of the Semites. London 1927 ([1]1898).

Smolla 1964: G. Smolla, Analogien und Polaritäten. Bonner Jahrb. Beih. 10/I (Festschrift K. Tackenberg), 1964, 30-35.

Soldan u. Heppe 1986: W. G. Soldan und H. Heppe, Geschichte der Hexenprozesse. 2 Bd., nach der Ausgabe Cotta 1880. Kettwig 1986.

Sole 1982: J. Sole, Christliche Mythen. Von der Renaissance bis zur Aufklärung. Frankfurt/M.-Berlin-Wien 1982.

Sommer 1991: U. Sommer, Zur Entstehung archäologischer Fundvergesellschaftungen - Versuch einer archäologischen Taphonomie. In: Studien zur Siedlungsarchäologie I. Universitätsforsch. Prähist. Arch. 6, 1991, 50-174.

Soudský 1969: B. Soudský, Trapezförmige und apsidale Bauten des Spätlengyeler Horizontes der Stichbandkeramik - chronologische und kulturelle Beziehungen. Štud. Zvesti AÚSAV 1969, 375-381.

Soudský u. Rybová 1962: B. Soudský und A. Rybová, Libenice. Keltská Svatyně ve Středních Čechách (Sanctuaire celtique en Bohême centrale). Praha 1962.

Spee 1986: F. von Spee, Cautio Criminalis oder Rechtliches Bedenken wegen der Hexenprozesse. München 1986 ([1]1631).

Spennemann 1984: D. R. Spennemann, Burgerroth. Eine spätneolithische Höhensiedlung in Unterfranken. Brit. Arch. Reports Int. Ser. 219, 1984.

Ders. 1987: Cannibalism in Fiji: The Analysis of Butchering Marks on Human Bones and the Historical Record. With an Appendix on Experimental Butchering with Bamboo Blades. Domodomo 5 (2), 1987, 29-46.

Speyer 1963: W. Speyer, Zu den Vorwürfen der Heiden gegen die Christen. Jahrb. für Antike und Christentum 6, 1963, 129-135.

Spiel 1974: C. Spiel, Menschen essen Menschen. Die Welt der Kannibalen. Frankfurt/M. 1974.

Spindler 1982: K. Spindler, Totenfolge bei Skythen, Thrakern und Kelten. Abhandl. Naturhist. Ges. Nürnberg 39, 1982, 197-214.

Sprague 1968: R. Sprague, A suggested terminology and classification for burial description. American Antiquity 33, 1968, 479-485.

Sprenger u. Institoris 1987: J. Sprenger und H. Institoris, Der Hexenhammer (Malleus maleficarum). München 1987 (Erstdruck 1487).

Spriggs 1982: M. Spriggs (Hrsg.), Archaeology and Anthropology: Areas of mutual interest. Brit. Arch. Reports Suppl. Ser. 19, 1982.

Spurný 1961: V. Spurný, K rituálním poměrům ve střední době bronzové na Moravé (Zu den rituellen Verhältnissen in der mittleren Bronzezeit in Mähren). Památky Arch. 52, 1961, 186-194.

Ders. 1969: Rituelle Bräuche in der Anfangszeit der Lausitzer Kultur in Mähren. In: Beiträge zur Lausitzer Kultur. Arbeits- u. Forschber. Sachsen, Beih. 7, Tagung Dresden 1967, Berlin 1969, 283-293.

Staal 1979: F. Staal, The Meaninglessness of Ritual. Numen 26, 1979, 2-22.

Staden 1988: H. Staden, Brasilien. Die wahrhaftige Historie der wilden, nackten, grimmigen Menschenfresser-Leute 1548-1555. Nördlingen 1988 (Erstausgabe 1557).

Stagl 1985: J. Stagl, Die Beschreibung des Fremden in der Wissenschaft. In: Duerr (Hrsg.), Der Wissenschaftler und das Irrationale II, 1985, 96-118.

Stahlhofen 1978: H. Stahlhofen, Eine spätbronzezeitliche Webstuhlgrube in Wallwitz, Kr. Burg. Ausgr. u. Funde 23, 1978, 179-183.

Stahlhofen u. Kurzhals 1983: H. Stahlhofen und A. Kurzhals, Neolithische Rinderbestattungen bei Derenburg, Kr. Wernigerode. Ausgr. u. Funde 28, 1983, 157-160.

Stanley 1878: H. M. Stanley, Durch den dunklen Welt-teil. Hamburg 1878.

Starr 1898: F. Starr, Notched Bones from Mexico. Proc. Davenport-Acad. of Natural Sciences 7, 1898.

Steadman 1975: L. B. Steadman, Cannibal Witches among the Hewa. Oceania 46, 1975, 114-121.

Steadman u. Merbs 1982: L. B. Steadman und C. F. Merbs, Kuru and Cannibalism? American Anthropologist 84, 1982, 611-627.

Steenstrup 1890: J. Steenstrup, Die Mammuthjäger-Station bei Předmost im österreichischen Kronlande Mähren. Mitt. Anthr. Ges. Wien 20, 1890, 1-31.

Stegmiller 1924: P. F. Stegmiller, Opfer und Opferbräuche der Khasi. Mitt. Anthr. Ges. Wien 54, 1924, 211-231.

Stein 1976: F. Stein, Bronzezeitliche Hortfunde in Süddeutschland. Beiträge zur Interpretation einer Quellengattung. Saarbrücker Beitr. Altkde. 23 u. 24, 1976.

Steinbach 1896: Steinbach, Einige Schädel von der Insel Nauru (Pleasant Island). Zeitschr. Ethn. 28, 1896, (545)-(551).

Steinmetz 1896: R. Steinmetz, Endokannibalismus. Mitt. Anthr. Ges. Wien 16, 1896, 1-60.

Steins 1972: M. Steins, Das Bild des Schwarzen in der europäischen Kolonialliteratur 1870-1918. Ein Beitrag zur literarischen Imagologie. Frankfurt/M. 1972.

Steinsland 1986: G. Steinsland (Hrsg.), Words and Objects. Towards a Dialogue Between Archaeology and History of Religion. Norwegian Univ. Press 1986.

Stenberger 1955: M. Stenberger, Vallhagar. A Migration Period Settlement on Gotland/Sweden II. Kopenhagen-Stockholm 1955.

Stentzler 1979: F. Stentzler, Versuch über den Tausch. Zur Kritik des Strukturalismus. Berlin 1979.

Stephenson 1976: G. Stephenson (Hrsg.), Der Religionswandel unserer Zeit im Spiegel der Religionswissenschaft. Darmstadt 1976.

Ders. 1985: (Hrsg.), Leben und Tod in den Religionen. Symbol und Wirklichkeit. Darmstadt 1985 ([1]1980).

Stietencron 1979: H. von Stietencron (Hrsg.), Angst und Gewalt. Ihre Präsenz und ihre Bewältigung in den Religionen. Düsseldorf 1979.

Stimmig 1925: R. Stimmig, Einige Jungsteinzeitfunde meiner Privatsammlung aus den Provinzen Brandenburg und Sachsen. Festschrift A. Götze, 1925, 34-43.

Stjernquist 1962/63: B. Stjernquist, Präliminarien zu einer Untersuchung von Opferfunden. Begriffsbestimmung und Theoriebildung. Meddel. Lund 1962/63, 5-64.

Dies. 1970: Germanische Quellenopfer. In: Jankuhn (Hrsg.), Vorgeschichtliche Heiligtümer und Opferplätze, 1970, 78-99.

Dies. 1971: Archaeological Analysis of Prehistoric Society. Scripta Minora. Lund 1971.

Dies. 1987: Spring-cults in Scandinavian Prehistory. Acta Universitatis Upsaliensis, Boreas 15, 1987, 149-157.

Stloukal 1978: M. Stloukal, An Outline of the Researches on the Anthropology of the Bronze Age in Moravia. Anthropologie (Brno) 15, 1978, 117-121.

Ders. 1979: Anthropologische Problematik der Bronzezeit in der Tschechoslowakei. Archives Suisses Anthr. Générale 43, 1979, 79-86.

Ders. 1981: Anthropologische Funde aus der Býčí skála-Höhle. Anthropologie 19/2, 1981, 111-114.

Stocking 1983: G. W. Stocking Jr. (Hrsg.), Observers observed. Essays on Ethnographic Fieldwork. History of Anthropology Bd. I, Wisconsin/London 1983. Darin ders.:

- The Ethnographer's Magic. Fieldwork in British Anthropology from Tylor to Malinowski, 70-120.

Stöcker 1939: F. Stöcker, Die Schädelfunde aus der Dietersberghöhle. Abhandl. Naturhist. Ges. Nürnberg 26, 1939, 167-218.

Stöhr 1959: W. Stöhr, Das Totenritual der Dajak. Ethnologica N.F. 1, Köln 1959.

Storch 1984/85: H.-P. Storch, Frühneolithische Bestattungssitten. Ein Beitrag zur Urgeschichte des südlichen Oberrheins. Acta Praehist. et Arch. 16/17, 1984/85, 23-53.

Stork 1982: I. Stork, Jungsteinzeitliche Siedlungen in Poppenweiler, Stadt Ludwigsburg. Arch. Ausgr. in Baden-Württemberg 1981, 1982, 51-53.

Ders. 1983: Die jungsteinzeitliche Befestigung auf dem >Silberberg< in Leonberg, Kreis Böblingen. Arch. Ausgr. in Baden-Württemberg 1982, 1983, 39f.

Strömberg 1963: M. Strömberg, Kultische Steinsetzungen in Schonen. Meddel. Lund, 1963, 148-185.

Stroh 1970: A. Stroh, Bemerkungen zum hallstattzeitlichen Totenkult in der Oberpfalz. Germania 48, 1970, 123-125.

Stroh 1954: F. Stroh, Ein Münchshofer Grab in Ufer bei Ebelsberg, OÖ. Arch. Austriaca 14, 1954, 35-42.

Struve 1967: K. W. Struve, Die Moorleiche von Dätgen. Ein Diskussionsbeitrag zur Strafopferthese. Offa 24, 1967, 33-83.

Stubbe 1985: H. Stubbe, Formen der Trauer. Eine kulturanthropologische Untersuchung. Berlin 1985.

Ders. 1986: Prolegomena zu einer kulturanthropologischen Theorie der Trauer. In: Sich, Figge u. Hinderling (Hrsg.), Sterben und Tod, 1986, 237-255.

Stuchlíková, Stuchlík u. Stloukal 1985: J. Stuchlíková, S. Stuchlík und M. Stloukal, Ein Věteřov-Massenbegräbnis aus Velké Pavlovice. Anthropologie 23, 1985, 51-68.

Stuckmann 1883: C. Stuckmann, Die Einhornhöhle bei Scharzfeld am Harz. Archiv für Anthr. 14, 1883, 191-232.

Stümpel 1970: B. Stümpel, Neues aus den urgeschichtlichen Siedlungen von Wallertheim, Kr. Alzey. Beiträge zur Latènezeit im Mainzer Becken X. Mainzer Zeitschr. 65, 1970, 139-151.

Swanson 1975: E. H. Swanson (Hrsg.), Lithic Technology. Making and Using Stone Tools. Chicago 1975.

Szalay 1971: M. Szalay, Verlässlichkeit und Gültigkeit in der Ethnohistorie. Wiener Ethnohist. Bl. 2, 1971, 21-30.

Szombathy 1937: J. Szombathy, Altertumsfunde aus Höhlen bei St. Kanzian im österreichischen Küstenlande (bei Triest). Mitt. Prähist. Komm. Wien 2, 1937, 127-190.

Tackenberg 1955: K. Tackenberg, Zum Problem der Teilbestattungen und der Totenfurcht in prähistorischer Zeit. Von fremden Völkern und Kulturen. Beiträge zur Völkerkunde (Festschrift H. Plischke), 1955, 97-103.

Tannahill 1975: R. Tannahill, Flesh and Blood. A History of the Cannibal Complex. London 1975.

Tasić 1972: N. Tasić, An Early Iron Age Collective Tomb at Gomolava. Arch. Iugoslavica 13, 1972, 27-37.

Taute 1988: W. Taute, Die Burghöhle Dietfurt an der oberen Donau, Gemeinde Inzigkofen-Vilsingen, Kreis Sigmaringen. Arch. Ausgr. in Baden-Württemberg 1987, 1988, 32-38.

Teichler 1960: M. I. Teichler, Windigo Psychosis: A study of a relationship between belief and behaviour among the Indians of Northeastern Canada. American Ethnological Society (Proc. 1960 Annu. Spring Meeting), 1960.

Teržan 1992: B. Teržan, Bemerkungen zu H. Parzingers Chronologie der Späthallstatt- und Frühlatènezeit. Prähist. Zeitschr. 67, 1992, 66-89.

Teschler-Nicola, Schultz, Killian u. Lubec 1986: M. Teschler-Nicola, M. Schultz, W. Killian und G. Lubec, Osteologische Untersuchungen an dem Kinderskelett aus der mittelneolithischen Kreisgrabenanlage von Kamegg, Niederösterreich. Arch. Austriaca 70, 1986, 113-136.

Tessmann 1930: G. Tessmann, Die Indianer Nordost-Perus. Hamburg 1930.

Theye 1985: T. Theye (Hrsg.), Wir und die Wilden. Einblicke in eine kannibalische Beziehung. Reinbek bei Hamburg 1985. Darin ders.:

- Optische Trophäen. Vom Holzschnitt zum Foto-Album: Eine Bild-Geschichte der Wilden, 18-95.

Thiedmann u. Schleifring 1992: A. Thiedmann und J. H. Schleifring, Bemerkungen zur Praxis frühmittelalterlichen Grabraubs. Arch. Korrbl. 22, 1992, 435-439.

Thiel 1981: J. F. Thiel, Quellen der Ethnologie und ihre Rezeption. In: Schmied-Kowarzik u. Stagl (Hrsg.), Grundfragen der Ethnologie, 1981, 79-91.

Ders. 1984: Religionsethnologie. Grundbegriffe der Religionen schriftloser Völker. Collectanea Instituti Anthropos 33, Berlin 1984.

Thomas 1976: L. V. Thomas, Anthropologie de la mort. Paris 1976.

Thomsen 1909: A. Thomsen, Der Trug des Prometheus. Archiv für Religionswiss. 12, 1909, 460-490.

Thomsen 1983: C. W. Thomsen, Menschenfresser in der Kunst und Literatur, in fernen Ländern, Mythen, Märchen und Satiren, in Dramen, Liedern, Epen und Romanen. Eine kannibalische Text-Bild-Dokumentation. Wien 1983.

Ders. 1987: "Man-Eating" and the Myths of the "New World" - Anthropological, Pictorial, and Literary Variants. In: Graumann u. Moscovici (Hrsg.), Changing Conceptions of Conspiracy, 1987, 39-69.

Thurnwald 1908: R. Thurnwald, Nachrichten aus Nissan und von den Karolinen. Zeitschr. Ethn. 40, 1908, 106-115.

Tihelka 1956: K. Tihelka, Neolitické jámy na Cezavách u Blučiny (Neolithische Gruben in der Flur "Cezavy" bei Blučina). Casopis Brno 41, 1956, 45-52.

Ders. 1969: Velatice culture burials at Blučina. Praha 1969.

Timpe 1986: D. Timpe, Ethnologische Begriffsbildung in der Antike. In: H. Beck (Hrsg.), Germanenprobleme in heutiger Sicht (Ergbd. 1 zum RGA), Berlin-New York 1986, 22-40.

Todorov 1985: T. Todorov, Die Eroberung Amerikas. Das Problem des Anderen. Frankfurt/M. 1985.

Tomschik 1929: J. Tomschik, Über prähistorische Anthropophagie. Ein Versuch zur Lösung des Problems auf kulturhistorischer Grundlage. Ungedr. Phil. Diss. Wien 1929.

Torbrügge 1979: W. Torbrügge, Die Hallstattzeit in der Oberpfalz, I. Materialh. bayer. Vorgesch. R. A, Bd. 39, 1979.

Tovornik 1974: V. Tovornik, Der Schalenstein am urgeschichtlichen Opferplatz auf der "Berglitzl" in Gusen. Jahrb. Österr. Musealver. 119, 1974, 19-22.

Trauwitz-Hellwig 1929: J. A. von Trauwitz-Hellwig, Urmensch und Totenglaube. München 1929.

Ders. 1935: Totenverehrung, Totenabwehr und Vorgeschichte. München 1935.

Treuil 1987: R. Treuil, Où sont donc les tombes néolithiques? In: Laffineur (Hrsg.), Thanatos, 1987, 11-13.

Trigger 1982: B. G. Trigger, Ethnohistory: Problems and Prospects. Ethnohistory 29, 1982, 1-19.

Trimborn 1938: H. Trimborn, Der Kannibalismus im Caucatal. Zeitschr. Ethn. 70, 1938, 310-330.

Trinkaus 1985: E. Trinkaus, Cannibalism and Burial at Krapina. Journal of Human Evolution 14, 1985, 203-216.

Trnka 1986: G. Trnka, Vorläufige Ausgrabungsergebnisse der Kreisgrabenanlage von Kamegg, Niederösterreich. Arch. Austriaca 70, 1986, 87-103.

Tröltsch 1902: E. von Tröltsch, Die Pfahlbauten des Bodenseegebietes. Stuttgart 1902.

Tschumi 1949: O. Tschumi, Ganz- und Teilbestattung in der Urzeit. Archiv der Julius-Klaus-Stiftung 24 (Festschrift O. Schlaginhaufen), 1949, 609-615.

Turner 1967: V. W. Turner, The Forest of Symbols. Aspects of Ndembu Ritual. New York 1967.

Ders. 1977: Sacrifice as quintessential process: Prophylaxis or abandonment? History of Religions 16, 1977, 189-215.

Ders. 1989: Das Ritual. Struktur und Anti-Struktur. Frankfurt/M.-New York 1989 ([1]1969).

Ucko 1969: P. J. Ucko, Ethnography and Archaeological Interpretation of Funerary Remains. World Arch. 1, 1969, 262-280.

Ucko u. Rosenfeld 1967: P. J. Ucko und A. Rosenfeld, Palaeolithic Cave Art. London 1967.

Uerpmann 1977: H.-P. Uerpmann, Schlachterei-Technik und Fleischversorgung im römischen Militärlager von Dangstetten (Landkreis Waldshut). Festschrift E. Schmid, 1977, 261-272.

Uhsadel-Gülke 1972: C. Uhsadel-Gülke, Knochen und Kessel. Beiträge zur klassischen Philologie 43, 1972.

Ullrich 1975: H. Ullrich, Bemerkungen zu den Fundumständen und zur Deutung der menschlichen Skelettreste aus der Urdhöhle bei Döbritz. Zeitschr. Arch. 9, 1975, 307-318.

Ders. 1978: Kannibalismus und Leichenzerstückelung beim Neandertaler von Krapina. In: Krapinski pračovjek i evolucija hominida (Hrsg. M. Malez). Zagreb 1978, 293-318.

Ders. 1982: Artificial Injuries on Fossil Human Bones and the Problem of Cannibalism, Skull-Cult, and Burial-Rites. Anthropos (Brno) 21, 1982, 253-262.

Ders. 1984: Petralona - eine rituelle Schädelbestattung? Ethn.-Arch. Zeitschr. 25, 1984, 585-627.

Ders. 1986: Manipulations on human corpses, mortuary practice and burial rites in Palaeolithic times. Anthropos (Brno) 23, 1986, 227-236.

Ders. 1989: Kannibalismus im Paläolithikum. In: Schlette u. Kaufmann (Hrsg.), Religion und Kult, 1989, 51-71.

Ders. 1991a: Totenriten und Bestattung im Paläolithikum. In: Horst u. Keiling (Hrsg.), Bestattungswesen und Totenkult, 1991, 23-34.

Ders. 1991b: Totenriten, Bestattungen, Schädelkult und Kannibalismus im Paläolithikum. Mitt. Berliner Ges. Anthr. Ethn. u. Urgesch. 12, 1991, 19-30.

Ulrich-Bochsler 1981: S. Ulrich-Bochsler, Die menschlichen Skelettreste aus den Cortaillod-Schichten von Twann. In: Die neolithischen Ufersiedlungen von Twann. Bd. 11: Tierknochenfunde. Zweiter Bericht, 1981, 128-130.

Unverzagt 1958: W. Unverzagt, Ausgrabungen in der Burg von Lebus/Oder während der Jahre 1941-1944. Ausgr. u. Funde 3, 1958, 119-126.

Urban 1979: O. H. Urban, Ein lengyelzeitliches Grab aus Bisamberg, Niederösterreich. Arch. Korrbl. 9, 1979, 377-383.

Urban, Teschler-Nicola u. Schultz 1985: O. H. Urban, M. Teschler-Nicola und M. Schultz, Die latènezeitlichen Gräberfelder von Katzelsdorf und Guntramsdorf, Niederösterreich. Ein Beitrag zur Kenntnis der Trepanation bei den Kelten. Arch. Austriaca 69, 1985, 13-104.

Vajda 1964: L. Vajda, Traditionelle Konzeption und Realität in der Ethnologie. Festschrift A. E. Jensen, München 1964, 759-790.

Vallois 1961: H. V. Vallois, The Social Life of Early Man: The Evidence of Skeletons. In: Washburn (Hrsg.), Social Life of Early Man, 1961, 214-235.

Veit 1988: U. Veit, Des Fürsten neue Schuhe - Überlegungen zum Befund von Hochdorf. Germania 66, 1988, 162-169.

Velde 1973: P. van de Velde, Rituals, Skins and Homer: The Danubian 'Tan-Pits'. Analecta Praehist. Leidensia 6, 1973, 50-65.

Ders. 1979a: The social anthropology of a neolithic graveyard in the Netherlands. Current Anthr. 20, 1979, 37-58.

Ders. 1979b: On Bandkeramik Social Structure. An Analysis of Pot Decoration and Hut Distributions from the Central European Neolithic Communities of Elsloo and Hienheim. Analecta Praehist. Leidensia 12, 1979.

Verneau 1894: R. Verneau, Un nouveau crâne humain d'une cité lacustre. L'Anthropologie 5, 1894, 54-66.

Villa u. Courtin 1983: P. Villa und J. Courtin, The Interpretation of Stratified Sites. A View from Underground. Journal of Arch. Science 10, 1983, 267-281.

Villa, Courtin u. Helmer 1985: P. Villa, J. Courtin und D. Helmer, Restes osseux et structures d'habitat en grotte: L'apport des remontages dans la Baume Fontbrégoua. Bull. Soc. Préhist. France 82, 1985, 10-12, 389-421.

Villeneuve 1979: R. Villeneuve, Les Cannibales. Paris 1979.

Virchow 1870: R. Virchow, Über einen Besuch der westfälischen Knochenhöhlen. Zeitschr. Ethn. 2, 1870, 358-367.

Vivelo 1988: F. R. Vivelo, Handbuch der Kulturanthropologie. Eine grundlegende Einführung. München 1988 ([1]1978).

Vladár 1977: J. Vladár, Zur Problematik der befestigten Siedlungen der ausgehenden älteren Bronzezeit in der Slowakei. Marburger Stud. zur Vor- und Frühgesch. 1, 1977, 175-192.

Vlassa 1972: N. Vlassa, Eine frühneolithische Kultur mit bemalter Keramik der Vor-Starčevo-Körös-Zeit in Cluj-Gura Baciului, Siebenbürgen. Prähist. Zeitschr. 47, 1972, 174-197.

Vlček u. Kukla 1959: E. Vlček und J. Kukla, Halštatské kultovní masky z lidských lebek z Hraškovy jeskyně z Kilenc-fa v Jihoslovenském krasu (Die hallstattzeitlichen Kultmasken aus Menschenschädeln aus der "Hraska" Höhle (Kilenc-fa) im südslowakischen Karst). Památky Arch. 50, 1959, 507-556.

Vlček u. Hájek 1963: E. Vlček und L. Hájek, A ritual well and the find of an early Bronze Age iron dagger at Gánovce near Poprad (Czechoslovakia). Festschrift P. Bosch-Gimpera, 1963, 427-439.

Völzing 1938: O. Völzing, Die Grabungen 1937 am Hohlestein im Lonetal, Markung Asselfingen, Kr. Ulm. Fundber. Schwaben N.F. 9, 1935/38, 1-7.

Vogt 1872: C. Vogt, L'anthropophagie et les sacrifices humains. Mat. Hist. Prim. et Nat. Homme 7, 2. Ser., 1872, 249-251.

Ders. 1873: Anthropophagie et sacrifices humains. Congrès International d'Anthr. et d'Arch. Préhist. 5 (Bologna 1871), 1873, 295-328.

Vogt 1989: H.-J. Vogt, Der jungbronzezeitliche Opferplatz von Zauschwitz, Ot. v. Weideroda, Kr. Borna. In: Schlette u. Kaufmann (Hrsg.), Religion und Kult, 1989, 241-244.

Voigt 1963: T. Voigt, Zur Problematik der spätneolithischen Brandbestattungen in Mitteleuropa. Jahresschr. Halle 47, 1963, 181-242.

Volhard 1939: E. Volhard, Kannibalismus. Studien zur Kulturkunde 5, 1939.

Vollrath 1959: F. Vollrath, Siedlungskeramik aus Höhlen der mittleren Frankenalb. Abhandl. Naturhist. Ges. Nürnberg 28/2, 1959.

Ders. 1967a: Zur Frage der Bestattungen in Schachthöhlen der Frankenalb. Mitt. Verband deutsche Höhlen- und Karstforscher 13, 1967, 12-16.

Ders. 1967b: Höhlen der mittleren Frankenalb als Wohnplätze in den vorgeschichtlichen Metallzeiten. Jahresschr. für Karst- und Höhlenkunde 7, 1967, 67-109.

Vorbichler 1956: A. Vorbichler, Das Opfer auf den uns heute noch erreichbaren ältesten Stufen der Menschheitsgeschichte. Eine Begriffsstudie. St.-Gabrieler Studien XV, Mödling bei Wien 1956.

Waal Malefijt 1968: A. de Waal Malefijt, Homo Monstrosus. Scientific American 219, 1968, 112-118.

Wahl 1982: J. Wahl, Leichenbranduntersuchungen. Ein Überblick über die Bearbeitungs- und Aussagemöglichkeiten von Brandgräbern. Prähist. Zeitschr. 57, 1982, 1-125.

Ders. 1985: Ein neolithisches Massengrab bei Talheim, Landkreis Heilbronn. Arch. Ausgr. in Baden-Württemberg 1984, 1985, 30-32.

Wahl u. Höhn 1988: J. Wahl und B. Höhn, Eine Mehrfachbestattung der Michelsberger Kultur aus Heidelberg-Handschuhsheim, Rhein-Neckar-Kreis. Fundber. Baden-Württemberg 13, 1988, 123-198.

Wahl u. König 1987: J. Wahl und H. G. König, Anthropologisch-traumatologische Untersuchung der menschlichen Skelettreste aus dem bandkeramischen Massengrab bei Talheim, Kreis Heilbronn. Fundber. Baden-Württemberg 12, 1987, 65-193.

Wahl u. Planck 1989: J. Wahl und D. Planck, Ein menschliches Kalottenbruchstück als Schöpf- oder

Grabgerät. Fundber. Baden-Württemberg 14, 1989, 373-385.

Wahl u. Wahl 1984: J. Wahl und S. Wahl, Zur Technik der Leichenverbrennung: II. Vorbereitung der Leiche und Behandlung der Knochenreste anhand ethnologischer Quellen. Arch. Korrbl. 14, 1984, 443-451.

Wahle 1911: E. Wahle, Ein Fall von Skelettbestattung und ein neolithisches Totenopfer aus dem Mansfeldischen. Mannus Ergbd. 2, 1911, 30-35.

Wait 1985: G. A. Wait, Ritual and Religion in Iron Age Britain. Brit. Arch. Reports Brit. Ser. 149 (i, ii), 1985.

Walens 1981: S. Walens, Feasting with Cannibals: An Essay on Kwakiutl Cosmology. Princeton 1981.

Walens u. Wagner 1971: S. Walens und R. Wagner, Pigs, proteins and people-eaters. American Anthropologist 73, 1971, 269f.

Wall, Musgrave u. Warren 1986: S. M. Wall, J. H. Musgrave und P. M. Warren, Human Bones from a late Minoan Ib House at Knossos. Annu. Brit. School Athens 81, 1986, 333-388.

Wallace 1951: W. J. Wallace, The mortuary caves of Calaveras County, California. Archaeology 4, 1951, 199-203.

Walter 1983: D. Walter, Frühbronzezeitliche "Sonderbestattungen" aus Herbsleben, Kr. Bad Langensalza. Ausgr. u. Funde 28, 1983, 225-231.

Ders. 1985: Thüringer Höhlen und ihre holozänen Bodenaltertümer. Weimarer Monographien zur Ur- und Frühgeschichte 14, 1985.

Walther 1989: W. Walther, Eine schnurkeramische "Sonderbestattung" von Seebergen, Kreis Gotha. Ausgr. u. Funde 34, 1989, 217-222.

Wangerin 1986: E. Wangerin, Ein Massengrab aus der Zeit des Dreißigjährigen Krieges in Höchstadt a.d. Aisch. Das Arch. Jahr in Bayern 1985, 1986, 157f.

Wankel 1870: H. Wankel, Der Menschenknochenfund in der Býčiskálahöhle. Mitt. Anthr. Ges. 1, 1870, 101-105.

Ders. 1882a: Über einen prähistorischen Schädel mit einer Resection des Hinterhauptes. Mitt. Anthr. Ges. Wien 12, 1882, 123-128.

Ders. 1882b: Bilder aus der mährischen Schweiz und ihrer Vergangenheit. Wien 1882.

Wankel 1873: J. Wankel, Eine Opferstätte bei Raigern in Mähren. Mitt. Anthr. Ges. Wien 3, 1873, 75-94.

Warnke 1982: D. Warnke, Eine "Vampir-Bestattung" aus dem frühgeschichtlichen Hügelgräberfeld in den "Schwarzen Bergen" bei Ralswiek auf Rügen. Ausgr. u. Funde 27, 1982, 113-117.

Warren 1981: P. Warren, Minoan Crete and Ecstatic Religion. Preliminary Observations on the 1979 Excavations at Knossos. In: Hägg u. Marinatos (Hrsg.), Sanctuaries and Cults, 1982, 155-167.

Washburn 1961: S. L. Washburn (Hrsg.), Social Life of Early Man. Viking Fund Publications in Anthropology 31, Chicago 1982.

Wegewitz 1955: W. Wegewitz, Zum Problem der "Abfallgruben". Nachr. Niedersachs. Urgesch. 24, 1955, 3-31.

Ders. 1960: Eine Schädelbestattung der Einzelgrabkultur. Nachr. Niedersachs. Urgesch. 29, 1960, 6-17.

Weidkuhn 1976: P. Weidkuhn, Prestigewirtschaft und Religion. Überlegungen eines Ethnologen. In: Stephenson (Hrsg.), Der Religionswandel unserer Zeit, 1976, 1-29.

Weinert 1954: H. Weinert, Die mesolithische Teilbestattung von Schmöckwitz bei Berlin. Zeitschr. Morphologie u. Anthr. 46, 1954, 408-420.

Weinzierl 1897: R. von Weinzierl, Neue Funde auf der Lösskuppe, südöstlich von Lobositz an der Elbe (Reiser'sche Ziegelei). Zeitschr. Ethn. 29, 1897, (42)-(51).

Weisgerber 1980: G. Weisgerber (Bearb.), 5000 Jahre Feuersteinbergbau. Die Suche nach dem Stahl der Steinzeit. Deutsches Bergbaumuseum Bochum 1980.

Weiss 1983: G. Weiss, Zur Archäologie des Todes. Mitt. Anthr. Ges. Wien 113, 1983, 27-32.

Dies. 1986: Zur Anthropologie des Todes. Konzeptionen außereuropäischer (Stammes-) Gesellschaften zu Totenkult und Jenseitsglauben. In: Sich, Figge u. Hinderling (Hrsg.), Sterben und Tod, 1986, 217-226.

Weissmüller 1986: W. Weissmüller, Postmesolithische Funde aus Höhlen und Abris am Beispiel des südlichen Riesrandgebiets. Brit. Arch. Reports Int. Ser. 279, 1986.

Welck 1985: K. v. Welck, >Unsere< nordamerikanischen Indianer. Streifzüge durch die Literatur. In: Theye (Hrsg.), Wir und die Wilden, 1985, 177-207.

Wells 1967: C. Wells, Pseudopathology. In: Brothwell u. Sandison (Hrsg.), Diseases in Antiquity, 1967, 5-19.

Wendt 1989: A. Wendt, Kannibalismus in Brasilien. Eine Analyse europäischer Reiseberichte und Amerika-Darstellungen für die Zeit zwischen 1500 und

1654. Europäische Hochschulschriften R. 19, Bd. 5, 1989.

Weninger 1941: J. Weninger, Eine seltsame Mehrbestattung aus der frühen Bronzezeit von Schleinbach in Niederdonau. Niederdonau - Natur und Kultur 10, 1941.

Wernert 1936: P. Wernert, L'anthropophagie rituelle et la chasse aux têtes aux époques actuelles et au Paléolitique. L'Anthropologie 46, 1936, 33-43.

Wesel 1980: U. Wesel, Der Mythos vom Matriarchat. Über Bachofens Mutterrecht und die Stellung von Frauen in frühen Gesellschaften. Frankfurt/M. 1980.

Wetzel 1938: R. Wetzel, Die Kopfbestattung und die Knochentrümmerstätte des Hohlesteins im Rahmen der Urgeschichte des Lonetales. Verhand-lungen der deutschen Gesellschaft für Rassenforschung 9, 1938, 193-211.

Ders. 1961: Der Hohlestein im Lonetal. Dokumente alteuropäischer Kulturen vom Eiszeitalter bis zur Völkerwanderung. Mitt. Ver. Naturwiss. und Mathematik in Ulm 26, 1961.

Whimster 1981: R. Whimster, Burial Practices in Iron Age Britain. A Discussion and Gazetteer of the Evidence c. 700 B.C. - A.D. 43. Brit. Arch. Reports Brit. Ser. 90 (i, ii), 1981.

White 1972: H. White, The Forms of Wildness: Archaeology of an Idea. In: Dudley u. Novak (Hrsg.), The Wild Man Within, 1972, 3-38.

White 1987: T. D. White, Cannibals at Klasies? Cutmarks on a fragment of human skull join a growing body of clues to suggest that the Klasies River caves may hold dark secrets about their early inhabitants. Sagittarius 2, 1987, 6-9.

White u. Toth 1991: T. D. White und N. Toth, The cultural significance of Grotta Guattari reconsidered. 2. The question of ritual cannibalism at Grotta Guattari. Current Anthr. 32, 1991, 118-138.

Whittle 1988: A. Whittle, Problems in Neolithic Archaeology. Cambridge 1988.

Wiedemer 1963: H. R. Wiedemer, Menschliche Skelettreste aus Spätlatène-Siedlungen im Alpenvorland (Zum Problem der römischen Landnahme in der Schweiz und Süddeutschland). Germania 41, 1963, 269-280.

Wilke 1931: G. Wilke, Die Bestattung in Bauchlage. Mannus 23, 1931, 202-206.

Ders. 1933: Die Bestattung in Bauchlage und verwandte Bräuche. Festschrift M. Sarmento, 1933, 449-460.

Ders. 1936: Die Heilkunde in der europäischen Vorzeit. Leipzig 1936.

Willvonseder 1937: K. Willvonseder, Zwei Grabfunde der Badener Kultur mit Metallbeigaben aus Niederösterreich. Wiener Prähist. Zeitschr. 24, 1937, 15-28.

Willvonseder u. Loos 1937: K. Willvonseder und S. Loos, Untersuchung eines Bernsteinschmuckes der älteren Bronzezeit von Leopoldsdorf in Niederösterreich. Nachrbl. Dt. Vorzeit 13, 1937, 204-207.

Wilson 1985: B. Wilson, Degraded bones, feature type and spatial patterning on an Iron Age occupation site in Oxfordshire, England. In: Fieller, Gilbertson u. Ralph (Hrsg.), Palaeobiological Investigations, 1985, 81-93.

Winkler u. Großschmidt 1987a: E.-M. Winkler und K. Großschmidt, Symptome einer Hungerosteopathie an einem Skelett aus einer urnenfelderzeitlichen Siedlungsgrube in Mannersdorf am Leithagebirge, NÖ. Fundber. Österreich 26, 1987, 95-102.

Dies. 1987b: Osteopathologische Befunde an Skelettresten der Aunjetitzkultur aus Waidendorf, NÖ. Fundber. Österreich 26, 1987, 19-24.

Wirz 1984: A. Wirz, Sklaverei und kapitalistisches Weltsystem. Frankfurt/M. 1984.

Wirz 1922, 1925: P. Wirz, Die Marind-anim von Holländisch Süd-Neuguinea. 2 Bd. Abhandl. aus dem Gebiet der Auslandskunde der Hamburgischen Univ. 10, 1922 u. 16, 1925.

Ders. 1934: Beiträge zur Ethnographie des Papua-Golfes, Britisch-Neuguinea. Abhandl. und Ber. der Museen für Tierkunde und Völkerkunde zu Dresden 19, Nr. 2, 1934.

Witherspoon 1985: G. Witherspoon, Relativismus in der ethnographischen Theorie und Praxis. In: Duerr (Hrsg.), Der Wissenschaftler und das Irrationale II, 1985, 7-34.

Wittkower 1942: R. Wittkower, Marvels of the East: A Study in the History of Monsters. Journal of the Warburg and Courtauld Institutes 5, 1942, 159-197.

Woldan 1970: E. Woldan, Die älteste Literatur über die portugiesischen Entdeckungen und Eroberungen in Originalausgaben. Wiener Ethnohist. Bl. 1, 1970, 5-13.

Wolf 1989: G. Wolf, Die deutschsprachigen Reiseberichte des Spätmittelalters. In: Brenner (Hrsg.), Der Reisebericht, 1989, 81-116.

Wolfram 1986: S. Wolfram, Zur Theoriediskussion in der prähistorischen Archäologie Großbritanniens. Ein forschungsgeschichtlicher Überblick über die

Jahre 1968-1982. Brit. Arch. Reports Int. Ser. 306, 1986.

Wollemann 1883: A. Wollemann, Ausgrabung einer Höhle im Ith bei dem Dorfe Holzen (Harz). Zeitschr. Ethn. 15, 1883, (516)-(520).

Wollschläger 1973: H. Wollschläger, Die bewaffneten Wallfahrten gen Jerusalem. Geschichte der Kreuzzüge. Zürich 1973.

Wosinsky 1888: M. Wosinsky, Das Prähistorische Schanzwerk von Lengyel. Seine Erbauer und Bewohner. Budapest 1888.

Wright 1987: J. C. Wright, Death and Power at Mycenae: Changing Symbols in Mortuary Practice. In: Laffineur (Hrsg.), Thanatos, 1987, 171-184.

Wyss 1955: R. Wyss, Funde aus der alten Zihl und ihre Deutung. Germania 33, 1955, 349-354.

Ders. 1967: Ein jungsteinzeitliches Hockergräberfeld mit Kollektivbestattungen bei Lenzburg, Kt. Aargau. Germania 45, 1967, 20-34.

Ders. 1974: Grabriten, Opferplätze und weitere Belege zur geistigen Kultur der Latènezeit. Ur- und frühgesch. Arch. der Schweiz 4, 1974, 167-196.

Zalai-Gaál 1984: I. Zalai-Gaál, Neolithischer Schädelkult und Menschenopfer Funde von dem Komitat Tolna. A Szekszárdi Béri Balogh Adám Muzeum Évkönyve 12, 1984, 37-42.

Zegwaard 1959: G. A. Zegwaard, Headhunting Practices of the Asmat of Netherlands New Guinea. American Anthropologist 61, 1959, 1020-1041.

Zeitler 1988: J. P. Zeitler, Demographische Klischees und archäologische Widersprüche: Das spätbronzezeitliche Gräberfeld von Wendelstein, Lkr. Roth. Tagung des West- und Süddeutschen Verbandes für Altertumsforschung in Ettlingen, Resumées der Vorträge, 1988, 27f.

Zerries 1969: O. Zerries, Entstehung oder Erwerb der Kulturpflanzen und Beginn des Bodenbaues im Mythos der Indianer Südamerikas. Paideuma 15, 1969, 64-124.

Zimmermann 1935: G. Zimmermann, Jungsteinzeitliche Schädelfunde aus Langenlois und deren Beziehung zur Pfahlbaurasse. Archiv der Julius-Klaus-Stiftung 10, 1935, 227-236.

Zimmermann 1970: W. H. Zimmermann, Urgeschichtliche Opferfunde aus Flüssen, Mooren, Quellen und Brunnen Südwestdeutschlands (Ein Beitrag zu den in Opferfunden vorherrschenden Fundkategorien). Neue Ausgr. und Forsch. in Niedersachsen 6, 1970, 53-92.

Zinser 1977: H. Zinser, Mythos und Arbeit. Wiesbaden 1977.

Ders. 1981: Der Mythos des Mutterrechts. Verhandlung von drei aktuellen Theorien des Geschlechterkampfes. Frankfurt/M.-Berlin-Wien 1981.

Ders. 1988: (Hrsg.), Religionswissenschaft. Eine Einführung. Berlin 1988.

Zischka, Ottomeyer u. Bäumler 1993: U. Zischka, H. Ottomeyer und S. Bäumler (Hrsg.), Die anständige Lust. Von Eßkultur und Tafelsitten. Ausstellung Münchner Stadtmuseum. München 1993.

Zotz 1932: L. F. Zotz, Totenfurcht und Aberglaube bei den Germanen der Völkerwanderungszeit. Volk und Rasse 7, 1932, 185-193.

Züchner 1978: C. Züchner, Eisenzeitliche und mittelalterliche Funde aus dem Pulverloch bei Draisendorf, Ldkr. Forchheim. Jahresber. bayer. Bodendenkmalpflege 17/18, 1978, 9-33.

Ders. 1980: Die Funde aus der Geudensteinhöhle bei Gösseldorf, Lkr. Bayreuth, Oberfranken. Bayer. Vorgeschbl. 45, 1980, 1-9.

Zürn 1957: H. Zürn, Ein jungsteinzeitlicher Grabhügel bei Unterjettingen (Kr. Böblingen). Fundber. Schwaben N.F. 14, 1957, 133-138.

Zukier 1987: H. Zukier, The Conspiratorial Imperative: Medieval Jewry in Western Europe. In: Graumann u. Moscovici (Hrsg.), Changing Conceptions of Conspiracy, 1987, 87-103.

Ortsregister (zu Kapitel II)